21世纪全国本科院校电气信息类创新型应用人才培养规划教材

微波技术基础及其应用

编　著　李泽民　黄　卉
主　审　顾宝良

内 容 简 介

本书力求以简明的方式介绍实(常)用微波技术基础所涉及的数学描述，使学生从大篇幅的数学推演中跳出来而将思路集中于对结论数学表达式的认识；从数学描述中派生出许多实用的基础概念，这些概念用于指导实际工作时可带来许多方便。本书计划授课时数为48学时(3学分)，具体授课内容为以下7章：第1章均匀双线传输线的基本理论；第2章规则金属波导；第3章微带传输线介质波导和光纤综述；第4章实际中常用的线性无源微波元器件；第5章实际中常用的有损耗非互易微波元器件；第6章微波技术中的微波选频器件；第7章微波工程仿真设计简介。上述7章内容，基本可以满足近代微波专业工作所需的基础知识和基本设计要求。

本书适合大学本科电子信息和通信等相关专业使用，也可以供从事通信和电子信息行业的技术人员参考。

图书在版编目(CIP)数据

微波技术基础及其应用/李泽民，黄卉编著．—北京：北京大学出版社，2013.3
(21世纪全国本科院校电气信息类创新型应用人才培养规划教材)
ISBN 978-7-301-21849-5

Ⅰ.①微…　Ⅱ.①李…　②黄…　Ⅲ.①微波技术—高等学校—教材　Ⅳ.①TN015

中国版本图书馆CIP数据核字(2012)第308909号

书　　名：微波技术基础及其应用
著作责任者：李泽民　黄　卉　编著
策 划 编 辑：程志强
责 任 编 辑：程志强
标 准 书 号：ISBN 978-7-301-21849-5/TN · 0093
出 版 发 行：北京大学出版社
地　　址：北京市海淀区成府路205号　100871
网　　址：http://www.pup.cn　新浪官方微博：@北京大学出版社
电 子 信 箱：pup_6@163.com
电　　话：邮购部62752015　发行部62750672　编辑部62750667　出版部62754962
印 刷 者：北京大学印刷厂
经 销 者：新华书店
787毫米×1092毫米　16开本　26.5印张　615千字
2013年3月第1版　2014年11月第2次印刷
定　　价：49.00元

前　言

在人类近5万年的历史长河中科学技术发展也不过是近百年的事情，而通信科学技术也只是在近代才获得飞速发展和进步。事实上，这是在不断发展的电路理论和电磁场理论的基础上才得以实现的。

1831年法拉第提出了电磁感应定律、1873年麦克斯韦尔提出了电磁场理论、1888年赫兹实验证明了电磁波的存在、1895年波波夫和马可尼先后设计了火花发报机电路并发明了简单的火花发报机等，为近代通信科学技术奠定了最早期的基础，为人类迈入通信科学技术领域进行了前期探索，并提供了方便快捷的信息交流手段；当然，也为人类战争对抗提供了隐形手段。

在第二次世界大战中人们将电磁波谱应用拓展到了微波波段，随后由于通信和对抗的需要微波技术也逐步进入了应用领域，并在之后的近一个世纪获得了飞速发展和进步。微波技术所涉及的技术和理论领域十分广泛而且仍在不断发展，几乎无法用一本“书”或是“教材”将其涵盖。20世纪国内外众多学者编著了许多关于微波技术领域的书籍，几乎均是从原理、基础和应用层面进行论述。例如黄宏嘉教授编著的《微波原理》(科学出版社，1963年)，叶培大教授编著的《微波技术基础》(人民邮电出版社，1976年)，叶培大和吴彝尊教授编著的《光波导技术基本理论》(人民邮电出版社，1984年)，廖乘恩教授编著的《微波技术基础》(国防工业出版社，1984年)，鲍家善教授编著的《微波原理》(高等教育出版社，1965年)，R·E·柯林著、侯元庆译的《导波场论》(上海科学技术出版社，1966年)，Om p. Gandhi 编著的 *Microwave Engineering and Application* (Pergamon Press，1981年)，R·A·瓦尔特朗著、徐鲤庭译的《波导电磁波原理》(人民邮电出版社，1977年)，等等。即便如此，由于上述书籍过于偏重理论不适合当代大学本科教学的需要，为此笔者根据在东南大学成贤学院的教学实践，初步尝试编写本书并冠名为《微波技术基础及其应用》，以避免过多理论讲授而又不损伤最基本的实用理论。

本书是东南大学成贤学院“十二五”规划教材，本书力求以简明方式介绍实(常)用微波技术基础所涉及的数学描述，使学生从大篇幅的数学推演中跳出来而将思路集中于对结论数学表达式的认识，从而派生出许多实用的基础概念，这些概念可为实际工作带来许多方便。本书计划授课时数为48学时(3学分)，授课内容为7章。第1章均匀双线传输线的基本理论 主要围绕以下思路进行讨论：以均匀传输线方程(电报方程)为核心、以阻抗圆图和导纳圆图为归属，较全面地为后续各章奠定理论概念和技术基础；单就理论层面而论，本章是“路”向“场”概念认识的过渡。第2章规则金属波导主要围绕以下思路进行讨论：以无源麦克斯韦方程为核心、以金属矩形波导和金属圆波导中导波场为归属，较全面地讨论规则金属波导的传输特性，为设计和正确使用规则金属波导提供依据；单从理论层面上而论，本章纯属是对“场”概念的认识。第3章微带传输线介质波导和光纤综述所涉及的内容是介质传输线中的导波场及其传输特性和微带传输线的设计计算方法。微带传

输线可以将微波领域中使用的电路集成在基片上构成平面电路，电路生产重复性好且便于构成各种有源电路，正是微带传输具有上述特点使其在微波技术中获得广泛应用。若将微带传输线用于毫米波和亚毫米波段，其设计将非常复杂。人们曾一度将金属波导应用于毫米波段构成各种传输器件，但终因尺寸太小难以实现，最后又将目光转向介质传输线。目前，介质波导在毫米波段和亚毫米波段获得广泛应用。毫米波和亚毫米波在实用中具有测量精度高、分辨能力强、载送信息容量大、设备设计尺寸小、重量轻和能穿透等离子等优点，使其在通信、雷达、导弹制导、射电天文学、原子和分子结构研究和超导现象研究和等离子体密度测量等方面都具有非常好的实用价值。光纤又称为光导纤维，它也是一种介质传输线。考虑到求解光纤导波场与求解圆形介质波导导波场的方法基本近似，因而本书避开了对于光纤冗长的数学描述而直接引用圆形介质波导的某些概念，而将重点放在对光纤实用问题综述性的讨论上，这无疑是初学者所希望的。20 世纪 60 年代人们将特大容量通信寄希望于金属圆导的 H_{01} 模，但因其有难以克服的缺点致使各国进行的试验均以失败告终。1966 年 7 月英国标准电信研究所英籍华人 K. C. Kao 和 G. A. Daves 撰文明确提出可以用玻璃制作衰减为 20dB/km 的光导纤维，并指出光导纤维可以用作通信的早期预见，1968 年两人又撰文宣称他们在 0.85μm 波长上测量 SiO_2 玻璃折算光纤衰减为 5dB/km。1970 年美国康宁公司宣布研制成功衰减为 20dB/km 的光纤，从此为特大容量通信找到了传输手段，继而产生了光纤通信。光纤通信的出现被认为是通信史上一次根本性的变革。目前光纤在医疗和国防等领域也获得广泛应用。第 4 章实际中常用的线性无源微波元器件介绍实际中常用的线性无源微波元器件，在讨论中为了获得一种贴近实际的分析方法，有必要首先介绍微波网络理论的相关概念；为此，建立微波网络的概念和介绍相关的网络参数，并用散射矩阵 S 参数描述和测量微波网络，为使用“路”的观念描述常见的线性无源微波元器件提供一种有力的数学方法，使其具有可测量性和避开烦琐的数学论述而具有实用性。实际中常用的线性微波元器件主要介绍以下内容：在微波电路中几种实现常见功能的微波元器件、微波电路中实现分支连接使用的微波元器件和匹配连接的微波器件等；这类微波元器件在组成微波电路时，是必不可少的。第 5 章实际中常用的有损耗非互易微波元器件主要介绍微波铁氧体的物理性能和利用它构成的微波铁氧体非互易器件(单向器和环行器)；在微波电路中若要使微波信号单向传输，就需要使用微波铁氧体非互易器件，它可以构成微波电路中的“级间隔离”和“分路隔离”而保证电路“级间稳定”而不互相牵引，并保证微波信号“分路隔离”而不互相影响；在组成微波电路时，微波铁氧器件是必不可少的。第 6 章微波技术中的微波选频器件使用微波选频器件的题名，介绍微波技术中常用的微波谐振腔(器)和微波滤波器，这样做可以将上述两种器件和实际应用结合起来考虑而减少“就事论事”的感觉。对于具体内容的介绍方面，本章主要讨论在微波技术实际中常用的谐振腔(器)和以归一化低通原型滤波器为基础的微波滤波器的设计思想；由于实际微波滤波器种类很多，本章只能结合内容需要做一些简单的设计介绍。第 7 章微波工程仿真设计简介主要介绍 ADS2009 的基本工作界面，用具体实例说明如何利用 ADS2009 实现微波电路匹配仿真设计。

本书绪论和第 1～6 章由李泽民编写，第 7 章由东南大学成贤学院黄卉编写，全书由李泽民统编修改定稿，并由东南大学信息科学与工程学院顾宝良教授主审。顾宝良教

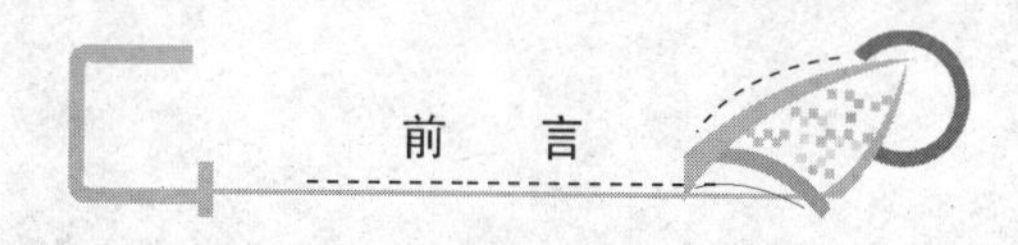

授详细地审阅了所有书稿，并对本书的内容设置和章节安排提供了宝贵的意见和建议。

本书适合大学本科电子信息、通信等相关专业使用，也可以供从事通信和电子信息行业的技术人员参考。

编者
2012 年 11 月

推荐出版说明

通信和信息科学技术是近代飞速发展和进步的一门极为重要的学科，而电磁场理论和微波技术是通信和信息科学技术发展的基础。因此，作为电子信息专业本科应用型人才培养，电磁场理论和微波技术两门课程是极为重要的专业基础课程，也可以说是两门看家课程。

微波技术所涉及的理论和技术领域十分广泛而且仍在不断发展，几乎无法用一本“书”或是“教材”将其涵盖。上世纪国内外众多学者编著了许多关于微波技术领域的书籍或教材，几乎均是从原理、基础和应用层面进行论述。这些教材和书籍中理论分析推导过于偏重，实用基础概念偏少，不适合当代大学本科教学需要。为此，李泽民教授根据在东南大学成贤学院三年的教学实践和他多年的科研实践经验体会，主持编写了这本冠名为《微波技术基础及其应用》、适合于东南大学成贤学院应用型人才培养的教材。该教材避免了过多理论讲授但又不损伤最基本的实用理论，力求以简明方式(部分采用流程图方式)介绍实(常)用微波技术基础所涉及的数学描述且不拘泥于书写形式，使学生从大篇幅的数学推演中跳出来，将思路集中于对结论数学表达式的认识，从而派生出许多实用基础概念，这些概念用于实际工作可带来许多方便。

李泽民教授和黄卉老师合作编著的《微波技术基础及其应用》教材是在不断发展的电路基础和电磁场理论基础上，应用“路”和“场”概念以简明通俗的语句，力求理论结合实际，写出应用型教材。该教材共有 7 章。第 1 章均匀传输线基本理论以均匀传输线方程(电报方程)为核心，阻抗圆图和导纳圆图为归属，较全面地为后续各章奠定理论概念和技术基础，本章是“路”向“场”概念认识的过渡。第 2 章规则金属波导以无源麦克斯韦方程为核心，以金属矩形波导和金属圆波导中导波场为归属，较全面地讨论规则金属波导的传输特性，为设计和正确使用规则金属波导提供依据，这是“场”概念的认识。第 3 章微带传输线介质波导和光纤综述微带传输线可以将微波领域中使用的电路集成在基片上构成平面电路，电路生产重复性好且便于构成各种有源电路。正是微带传输具有上述特点，才使其在微波技术中获得广泛应用。若将微带传输线用于毫米波和亚毫米波段，则因其尺寸太小，设计非常复杂而难以实现。目前在毫米波和亚毫米波段广泛应用介质波导作为传输媒体。毫米波和亚毫米波在实用中具有测量精度高、分辨能力强、载送信息容量大、设备设计尺寸小、重量轻和能穿透等离子等优点，使其在通信、雷达、导弹制导、射电天文学、原子和分子结构研究、超导现象研究和等离子体密度测量等方面都具有非常好的实用价值。光纤又称为光导纤维，它也是一种介质传输线。考虑到求解光纤导波场与求解圆形介质波导导波场的方法基本近似，因而该教材避开了对于光纤冗长的数学描述，而直接引用圆形介质波导的某些概念，并将重点放在对光纤实用问题综述性的讨论。光导纤维的诞生为特大容量通信找到了传输媒体，从而出现了光纤通信。光纤通信的出现被认为是通信史上一次根本性的变革。第 4 章实际中常用的线性无源微波元器件介绍实际中常用的线性无源微波元器件，可以采用一种贴近实际的分析方法进行分析。该章首先介绍微波网络理论的相关概念，并建立微波网络的概念和相关的网络参数，用散射矩阵 S 参数描述和测量

微波网络。这为使用“路”的观念描述常见的线性无源微波元器件提供一种实用的数学方法，从而使其具有可测量性和避开烦琐的数学论述。实际中常用的线性微波元器件主要有：在微波电路中几种常见功能的微波元器件、微波电路中分支连接使用的微波元器件和匹配连接的微波器件等。第5章实际中常用的有损耗非互易微波元器件主要介绍根据微波铁氧体的物理性能，它可以构成微波铁氧体非互易器件(单向器和环行器)；在微波电路中若要使微波信号单向传输，就需要使用微波铁氧体非互易器件，它可以构成微波电路中的“级间隔离”和“分路隔离”，从而保证电路“级间稳定”而不互相牵引，保证微波信号“分路隔离”而不互相影响。第6章微波技术中的微波选频器件主要讨论在微波技术实际中常用的谐振腔(器)，和以归一化低通原型滤波器为基础的微波滤波器的设计思想；由于实际微波滤波器种类很多，因此只能结合内容需要对几种重要的常用微波滤波器作简单设计介绍。第7章微波工程仿真设计简介主要介绍ADS2009的基本工作界面，以具体实例说明如何利用ADS2009实现匹配电路设计。

在该教材中涉及的基础知识和基本分析方法能做到尽量阐述详尽，不仅重视教而且更重视读，能做到力求增加可读性。该教材中的各章节还列举了足够的例题，帮助学生加深对基础知识的理解，以减少学生阅读和自学的困难。

《微波技术基础及其应用》是东南大学成贤学院的“十二五”规划教材，该教材可作为电子信息专业本科应用型人才培养的实用性教材，同时也可供与电子通信等相关专业的学生使用，还可作为电子通信和电子信息技术相关工程技术人员的一本很有用的参考书。

主审　东南大学信息科学与工程学院教授　顾宝良

2011年11月1日于南京

目　录

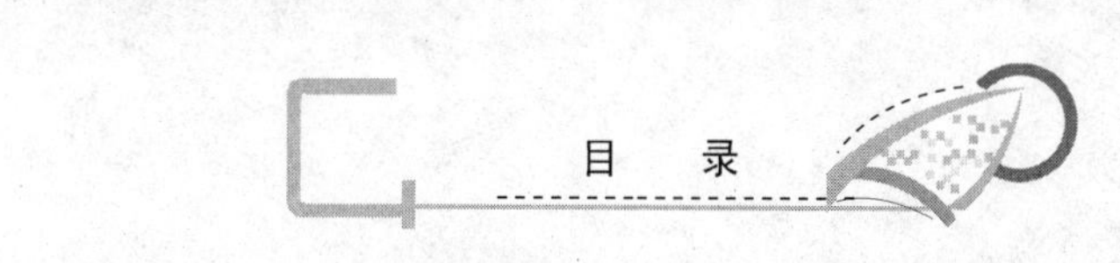

绪　论

信息技术发展过程是基于对电磁波谱的开拓使用的过程，图 0-1 所示是电磁波谱图。在图 0-1 中，按照频率的高低(波长的短长)将电磁波谱划分为以下各种波段：超长波、长波、中波、短波、米波、分米波、厘米波、毫米波和亚毫米波等波段，20 世纪 70 年代又进一步开拓使用了微米波波段。在很长一段时间内仅使用长波、中波和短波，即仅限于利用于 0.3～30MHz 这样一段很窄的波谱，但这段波谱很快就被无线电广播、通信、导航、气象等业务“占满”了，真可以说是“拥挤不堪”。之后不久人们就对波长短于 10m 的波段技术进行研究，但当时并未获得广泛应用。直到第二次世界大战及战后，由于雷达、电视广播和数字通信等技术、特别是近代移动通信技术的发展，才使微波技术获得广泛的应用。与此同时微波技术理论也日渐成熟，20 世纪 50 年代起逐渐形成“微波技术基础”课程。

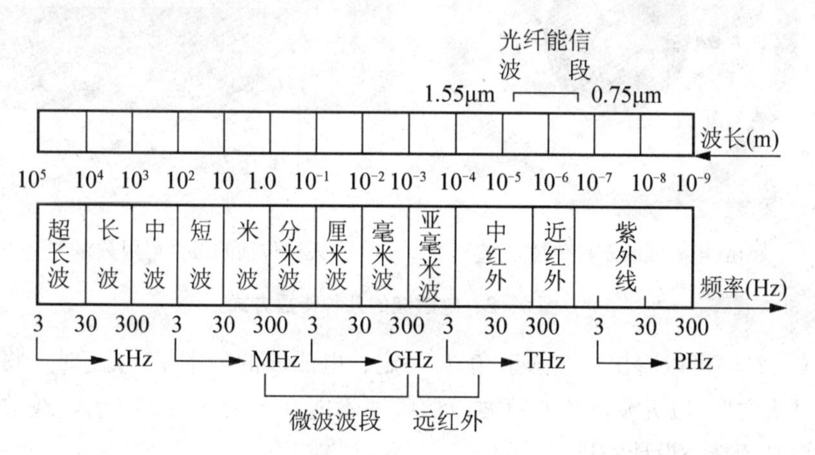

图 0-1　电磁波波谱图

本书将分米波、厘米波、毫米波和亚毫米波通称为“微波”，即将电磁波谱中的 300MHz～3.0THz 的电磁波波段通称为“微波波段”；但也有人将 1000MHz～3.0THz 的电磁波波段称为“微波波段”。本书所涉及的微波技术基础含微米波(0.75～1.55μm 光波波段)技术基础，即含光纤技术基础。

0.1　微波的特点

微波具有许多特点，为了正确地使用微波和对微波技术进行理论分析，必须掌握微波的以下主要特点。

1. 微波是以直线方式传播的

图 0-2 所示是电磁波的几种主要传播方式，由该图看出：中、长波可以绕地球曲面绕射传播到地球的任何一个地区、角落，地球上的大尺寸障碍物(如高山、森林、高大建筑物等)都不会对中长波的传播构成明显影响，这是由于中、长波的波长 $\lambda=10^2\sim10^4$m 大于地球上障碍物尺寸的缘故；因此，地球上的障碍物只对波长短的"短波"特别是"微波"传播产生阻挡损耗。中、长波的传播方式被称为"地波"传播，而短波则是在"地球表面"和"电离层"之间以地球表面为"波导"进行"跳跃"式的传播，这种传播方式被称为"天波"传播。

天波传播的最大可用频率由下式确定：

$$f_{max}=\sqrt{80.8N_{max}}\sec\theta_0 \tag{0-1}$$

式中：N_{max}为电离层中的最大电子密度；θ_0 为电磁波射入电离层的入射角 。

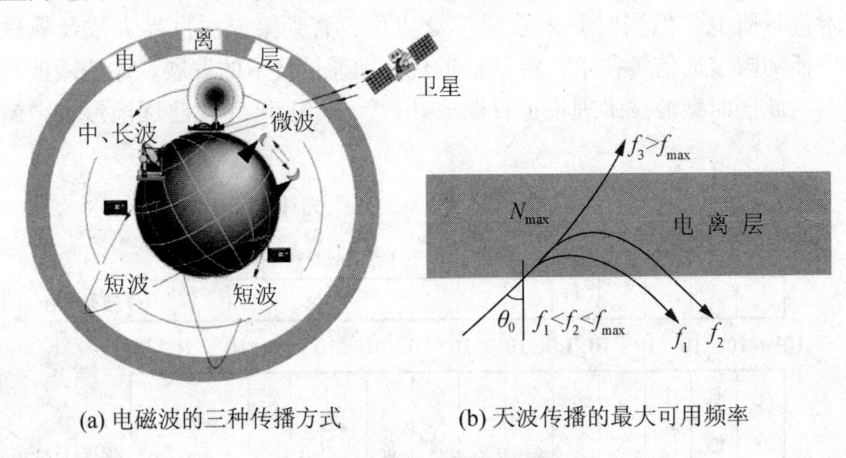

(a) 电磁波的三种传播方式　　(b) 天波传播的最大可用频率

图 0-2　电磁波的几种传播方式

由图 0-2(b)可以看出：当入射角 θ_0 一定、电磁波的频率 $f>f_{max}$时，将"穿透"电离层射向"太空"。以天波传播的短波通信频率不能高于最大可用 f_{max}，通常短波通信所使用的频率必须精心设计安排。

综上所述可见：因为微波的波长太短，若以"地波"方式传播，将受地面障碍物阻挡；若试图以"天波"方式传播则因微波频率太高将穿透电离层射向太空而形不成"天波"，故微波在地面上只能在视距范围(通常为 50km 左右)以直线方式传播，这种传播方式称之为"空间波"。地面微波中继通信使用的是微波空间波传播方式，每隔 50km 左右设置一个"中继站"采用接力的方式传送微波信号进行地面长途通信；若将微波穿透电离层直射太空，则可进行卫星通信和进行太空探索业务(图 0-2)。

2. 微波波段占有非常宽的频谱资源可供使用

电磁波是以一种物质形态存在的，当今它是一种不可替代和缺少的物质资源。人们使用电磁波的频率资源时都要经过精心设计，各国都制定了相应的管理规范、设有相应的管理机构对电磁波的频率资源进行管理。我国电磁波的频率资源由"无线电管理委员会"管理，以做到"物尽其用"。由图 0-3 可以看出：微波波段占有的频谱资源

$\Delta f_1=2999.7\text{GHz}$，它是中波、短波和米波占有的总频谱资源 $\Delta f_2=2999.7\times10^{-4}\text{GHz}$ 的10000倍。微波波段占有如此宽广的频谱资源，为信息产业业务发展提供了广阔的频率使用空间。例如，国际无线电咨询委员会CCIR(Consultative Committee International)建议1～40GHz的频段作为微波通信和卫星通信使用频段，它仅占有39GHz宽的频段；而这39GHz的频宽只占微波波段占有的频谱资源 $\Delta f_1=2999.7\text{GHz}$ 的98‰，真是微不足道。显然，这39GHz的频宽在微波波段以下的波段则无法安插。

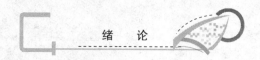

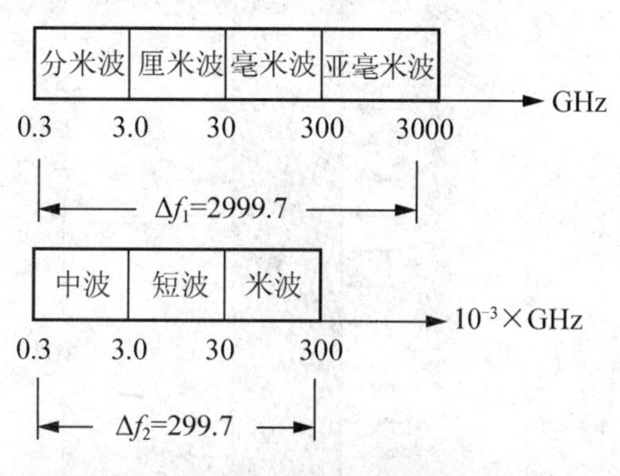

图0-3　微波波段广阔的频谱资源

我国目前使用2、4、6、7、8、11GHz频段作为数字微波通信的频段，以11GHz频段为例粗略估算它所具有的频宽为

$$\Delta f_{11\text{GHz}}=\frac{10}{100}\times11\text{GHz}\approx1\text{GHz}$$

根据CCIR的建议，在宽 $\Delta f_{11\text{GHz}}\approx1\text{GHz}$ 的频道内可以安排12个标准1920路"数字电话"信道，具体微波频谱安排如图0-4所示。图中共安排24个微波载频 $f_1\sim f_{24}$ 构成24个微波波道，其中收、发各占12个微波波道，每个波道载送1920路数字电话。在 $\Delta f_{11\text{GHz}}\approx1\text{GHz}$ 的频谱中应扣除两种必要的频段"开销"(收、发波道间隔开销90MHz，和边缘保护间隔开销15 MHz)，共用去105MHz，还剩895MHz频段。在895MHz频段内可容纳12×1920=23040个"数字电话"的通信容量；若用一个微波波道做备用还可容纳11×1920=21120个"数字电话"的通信容量。可见，微波波段占有如此宽广的频谱资源确实为信息产业的业务发展提供了广阔的频率使用空间。

3. 微波领域使用的传输线和元器件的参数是分布的

下面以双线传输为例来说明这样一个概念：在低频领域所使用的传输线和元器件的参数是集中的，而微波领域使用的传输线和元器件的参数则是分布的。例如，如果将低频领域通常使用的等长度 l 的双线传输线使用在高频领域，将呈现出由图0-5(a)转换成0—5(b)所示的图像；这是因为根据频率 $f=c/\lambda$(c 是光速)可知：图0-5(b)的工作频率 f_2 是图0-5(a)的工作频率 f_1 的 10^8 倍，即 $f_2=10^8 f_1$；如果相对于 λ 而言来观察长度为 l 的双线传输线，将会有以下两种感觉：① 图0-5(a)的传输线长度 l 仅为波长 λ_1 的"万分之一"，故在传输线上感觉不到信号的"交变"而近似等效于直流工作状态；② 对于图0-5(b)的传输线长度 l 为波长 λ_2 的"一万倍"(相当于"长线"传输线)，故感觉到传输线处于高频交流工作状态。因此，在图0-5(b)中交流参数电感 L 和电容 C 就体现出来了，同时损耗电阻 R

和电导 G 也随频率升高而增加。上述 L、C、R 和 G 将沿线按照“微分线段 Δz”一段接一段地均匀分布，形成沿传输线单位长度上的参数(对于均匀传输线)，从而形成图 0－5(b)的图像。在第一章中将对图 0－5(b)的情况作详细讨论，它将是微波技术的“核心”基础之一。

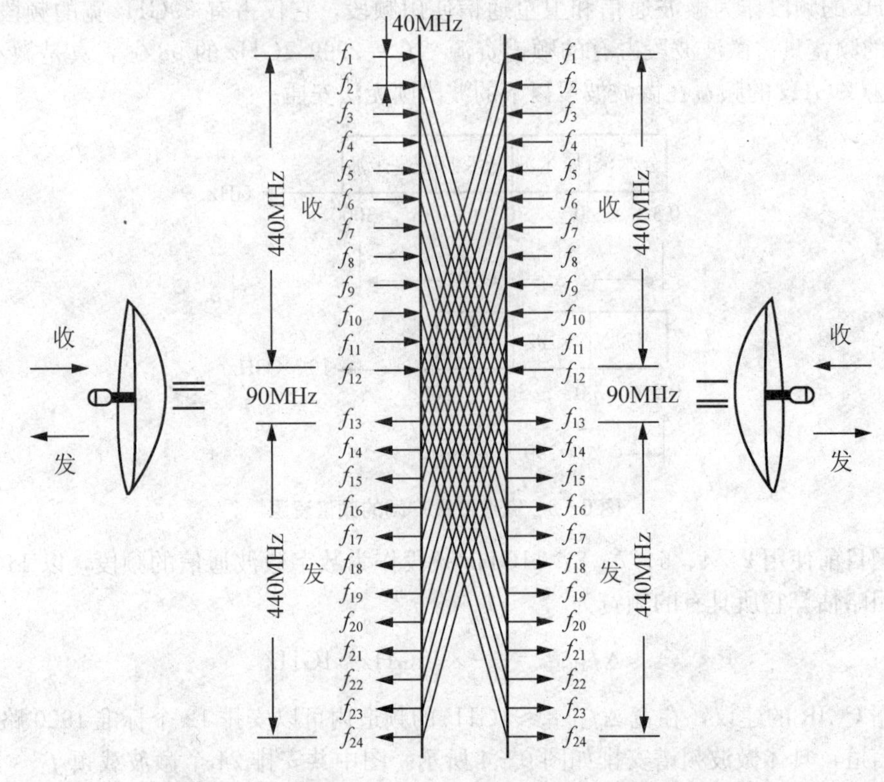

图 0－4　数字微波(11GHz)接力通信中继站收、发频率排列

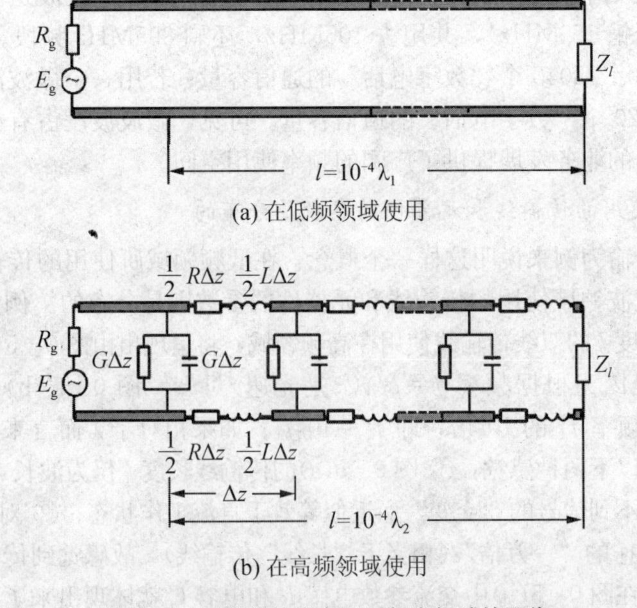

(a) 在低频领域使用

(b) 在高频领域使用

图 0－5　双线传输线在不同频率领域的图像

在微波领域工作的元器件的几何尺寸都能和微波波长 λ 相比拟，沿微波元器件上的任何一个“几何方向”都能感觉得到“信号”的“交变”，因而根据图 0-5(b)情况可以作以下一般性的推论：微波领域使用的传输线和元器件的参数是分布的，沿几何尺寸方向分布。因而，如果说低频电路是“集中参数电路”，那么微波电路就是“分布参数电路”；在微波分布参数电路中包括电流(磁场)、电压(电场)和阻抗在内的微波电路所有参数都是分布的，它们都是空间变量 x、y、z 的函数；而电流(磁场)和电压(电场)，还应该是时间的函数。

以上推论非常重要，对于习惯研究低频电路的初学者必须作以上“观念”转变，或者说必须将“路”的观念转换为“场”的观念。否则，就会妨碍初学者对微波领域的问题的正常思考。

4. 微波抗干扰能力强

工作在微波波段的传输线和元器件可以避免外界的工业干扰和雷电干扰，这是因为微波具有强抗干扰能力的缘故。工业“电火花”干扰和雷电干扰，通常表现为一个如图 0-6(a)中“实线”所示的“单个脉冲”；为讨论简单起见，不妨近似将它看成是一个如“虚线”所示的“矩形脉冲”。而矩形脉冲的频谱函数为

$$F(\omega)=2\frac{A}{\omega}\sin\frac{\omega\tau}{2} \tag{0-2}$$

图 0-6(b)是它的频谱分布图。根据图 0-6(b)可以近似看出：工业干扰和雷电干扰的强度(能量)主要集中在低频区域，根本覆盖不到微波波段，因而微波抗干扰能力强。试验表明：当 $f>120\text{MHz}$ 时已经察觉不到工业干扰和雷电干扰。

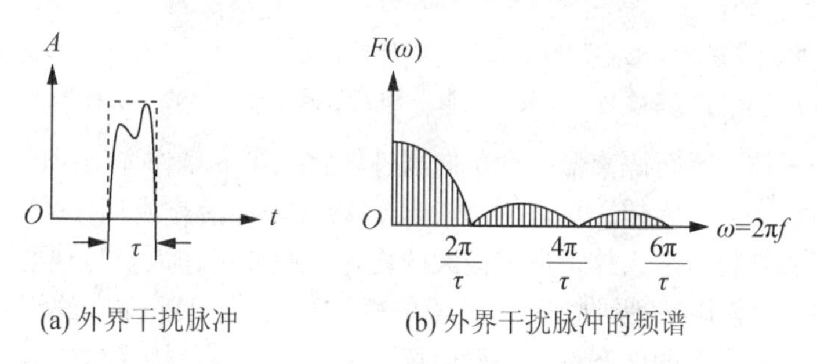

图 0-6　外界干扰脉冲及其频谱

5. 微波穿入金属和非金属物质及人体时的表现

根据电磁场理论，电磁波穿入物质的深度 δ 可近似用下式计算，即

$$\delta\approx\sqrt{\frac{2}{\omega\mu\sigma}}=\sqrt{\frac{2\rho}{\omega\mu}} \tag{0-3}$$

式中：$\omega=2\pi f$ 为电磁波的角频率；σ 为物质的电导率；$\rho=1/\sigma$ 为物质的电阻率；μ 为物质的磁导率。

由式(0-3)可以看出：物质的电导率 σ 越高，电磁波穿入物质的深度 δ 就越深；电磁波频率 f 越高，趋表深度 δ 就越浅。因此，微波频率 f 太高，很难穿入到物质内部而只趋于金属导体表面。例如，金属铜在中波频率 $f=1\text{MHz}$ 时的趋表深度 $\delta=0.0667\text{mm}$；而在

微波 $f=400\text{MHz}$ 时的趋表深度 $\delta=0.003335\text{mm}$。因此，金属导体中的微波电流是趋表电流，也正是这种趋表电流使导线发热而产生了图 0-5(b)中的分布电阻 R；如果利用微波金属波导中的趋表电流，则可以制造雷达中使用的“隙缝天线”。为了某种需要必须使微波深深地穿进物质内部产生效应，就必须选择电阻率 ρ 高的物质，例如，制造微波铁氧体器件就是根据这一思路。铁氧体是一种绝缘材料其电阻率 $\rho\approx10^6\sim10^8\Omega/\text{cm}$(比金属钢的 ρ 大 $10^{11}\sim10^{13}$ 倍)，电磁场深入其内部控制因电子“自转”(电子围绕原子核旋转为“公转”)产生的“自旋磁场”使之变成为各向异性物质。铁氧体对不同极化方向旋转的微波磁场提供不同的导磁率 μ，利用这一特性可制造如图 0-7 所示的微波铁氧体“环行隔离器”和微波铁氧体单向器件。图 0-7 的“环行隔离器”中的微波信号沿①→②→③端口单向环行传输由②端口输出到负载 Z_l，而负载方向反送过来的反射信号将被③端口的吸收负载吸收；这样就隔离了负载 Z_l 的变化对信号源的影响，使之获得稳定的输出。

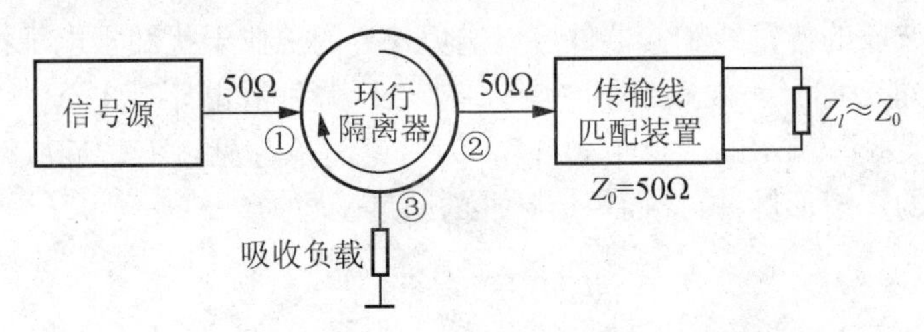

图 0-7　微波铁氧体“歪行隔离器”实际应用框图

注意

微波电子电路中的“振荡器电路”都应采用“环行隔离器”加以隔离保护，以免受负载变化的影响造成“停振”或输出不稳定，这时的“环行隔离器”相当于低频电路中的“射极跟随器”。

关于微波铁氧体“环行隔离器”和单向器件，将在第 5 章作详细讨论。

利用控制微波穿入“人体”可以对人的某些器官进行治疗或理疗；微波穿入“人体”必须加以控制，否则将对“人体”造成极大的伤害。微波工作人员特别要警惕 2GHz 微波波段的长期照射(人体 100%吸收 2GHz 波段的微波)，即便 1W 左右的小功率长期照射也要注意，已有造成人眼失明的案例。一般而言，微波工作人员接受微波波段的长期照射都要加以保护，应享受专项津贴补助。利用控制微波穿入“食物”可以煮、蒸食物，这就是“微波炉”的原理。

0.2　课程特点及学习方法

“微波技术基础及其应用”是一门基础应用课程，本课程对电子工程专业的学生很重要。从认识论的观点看，它是继“电磁场理论”之后实际运用“场”的观点培养学生思维方法的一种手段(或方法)。大学 4 年的培养，学生本职地学习一些具体课程以获得所需立足于现代社会的知识和技能固然重要，但更重要的应该透过课程学习，培养学生的思维方法以在专业上“与时俱进”而具有更新知识的基础和创新的潜能。从专业技能培养观点看，电子工程专业学生通过大学 4 年学习必须具备“路”和“场”的全面知识结构和技能，两者缺一不可。本课程的任务是培养学生初步具备在微波技术领域内的设计思想和能力，从理论侧面看本课程具有以下两个特点：

1. 本课程是“路”和“场”知识的过渡和最佳结合点

课程的第 1 章 均匀传输线的基本理论是以电路理论为基础，在图 0－5(b)电路中引入分布参数概念并加入空间一维 z 变量，使初学者逐步过渡到“场”的思维方法。后续各章基本上均是用“场”的方法求解和讨论问题，但为了使初学者易于理解和使所研究的问题具有实际可操作性和可测量性，又必须引用“路”的观点和方法处理和讨论问题。例如，在第 4 章涉及微波网络的内容中，说明如何将“场”的问题转化成“路”的问题进行讨论；之后具体讨论一些常见的无源微波元器件时，用“路”的思维方法可以避开烦琐的“场”的数学推导而着眼于实际测量，使所研究的问题具有实际可测量性和可操作性。因此，本课程是有关“路”和“场”知识的过渡和最佳结合点，这对培养学生的思维方法非常有益。

2. 本课程涉及的数学方法对初学者往往是一个难点

本课程所涉及的数学方法对初学者往往是一个难点，其主体是“数学物理方程”的具体应用。它涉及“传输线方程”、“无源麦克斯韦方程”和常用的一种求解“数学物理方程”的方法，即“分离变量法”。另外还会涉及像“第一类贝塞尔函数”和“第二类贝塞尔函数(又称涅曼函数)”等一些其他特殊函数及“线性代数”等数学方法，它们都属于“工程数学”范畴的一些数学方法。根据本书读者的基本情况，本书将慎重处理这些数学方法，尽可能使其深入浅出，必要地讲解而又不过分拘泥于数学描述。

根据上述课程特点建议采用以下方法学习本课程(供参考)：

1) 初学者应在低频领域习惯的“路的观念”转变为“场的观念”

所谓将“路的观念”转变为“场的观念”，简单地说就是将电压 U 的观念转变为电场 E 的观念和电流 I 的观念转变为磁场 H 的观念；与此同时要建立“时—空”观念。所谓“时—空”观念，具体地说就是应将电压 U 和电流 I 不仅要看成是“时间 t”的函数，而且还应看成是“一维空间”的函数；将电场 E 和磁场 H 不仅看成是“时间 t”的函数，还应看成是“三维空间 x、y、z”的函数，这就是从“路的观念”转变为“场的观念”的基本实质。用场的观念看，以上 4 个量(即 U、I、E 和 H)在空间是分布的；而由它们派生出的阻抗 Z 这个量，阻抗 Z 在空间也应是分布的；

2) 多做习题且要联系实际多思考

课程习题是将基本理论具体化和实际化的另一种理论体系，通过做习题练习不仅可以巩固加深和纠正对基本理论的理解，更重要的它还是锻炼独立工作能力和独立处理实际问题能力的一种强有力的手段。例如，在实际中遇到的实际工程问题，也许往往就是以往做过的一道习题，甚至是一道简单的习题。因此独立完成课程习题非常重要，而且要联系在学习和日常生活中所能接触到的相关实际问题多思考。完成基本理论学习只是完成学习的一半，而更重要的一半则是多做习题。

练　习　题

1. 电磁波波谱是怎样划分成实用电磁波波段的？微波波段使用哪一段波谱？

2. 微波具有哪些主要特点？

3. 通常按照2～4b占用1Hz频谱去估算计算PCM数字信号占用“频谱宽度”，试问：① 数码率为139.264Mbit/s、标准数字电话为1920路的PCM数字信号应占用的频谱宽度为多宽，即$\Delta f_{数安电话}=$？② 按照图0-4的频率分配方案，要求在$\Delta f_{11GHz}\approx$1GHz微波频谱内安排12×1920=23040个数字电话能做得到吗？为什么？

4. 微波铁氧体的电阻率$\rho\approx10^{6}\sim10^{8}\,\Omega/\mathrm{cm}$，它比金属钢的$\rho$值大$10^{11}\sim10^{13}$，如果给定磁导率$\mu=4\pi\times10^{-7}$ H/m试问：$f=400$MHz的微波电磁场穿入金属钢的深度为多少，即$\delta=$？

5. 你是怎样理解“路的观念”转变为“场的观念”这一命题的？

6. 你能简单说明图0-5(b)中的分布电阻R形成的物理原因吗？

第1章 均匀双线传输线的基本理论

教学目标

本章以均匀传输线方程(电报方程)为核心、以阻抗圆图和导纳圆图(统称史密斯Smith圆图)为归属，较系统地对传输线的基本理论做了讨论，为后续各章奠定必需的理论和技术基础。单就理论层面而论，本章是“路”向“场”概念认识的过渡；就技术应用层面而言，本章所涉及的一些基本概念将触及微波技术应用领域的诸多方面。因此就本书全局而论，不论是从理论基础上或是技术基础上于读者都非常重要。

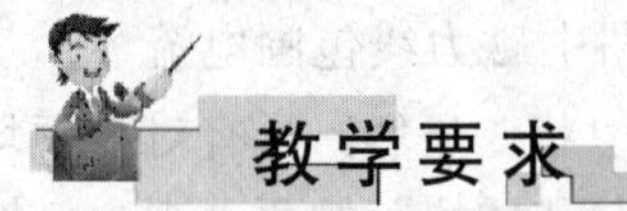

教学要求

① 一般了解均匀双线传输线基本理论在微波技术应用领域的重要性；② 一般掌握(或了解)“均匀双线传输线方程”及其“解”的基本形式，重点掌握由它们所引导出的TEM波(模)的在传输线中的传输概念，为后续各相关章节学习各种波导(或传输线)中传输不同电磁波型(模)的概念打好基础；③ 重点掌握无损耗均匀双线传输线的相移常数β、特性阻抗Z_0、输入阻抗$Z_{in}(z)$、相速v_p和波导波长λ_ε等各种传输参数的含义及其在理论和实际方面的应用(教师切忌毫无发挥地、乏味地讲解这些传输参数)；④ 重点掌握传输线中“行波”和“驻波”的概念和它们数学表达方式；⑤ 重点掌握Smith圆图的绘制原理及其在信息工程中的实际应用；并了解Smith圆图仿真软件的使用价值，为深入学习第7章做概念上的准备。

计划学时和教学手段

本章为10计划学时，使用本书配套的PPT(简单动画)课件完成教学内容讲授。

1.1 基本概念和起步数学表达方式

在展开讨论均匀双线传输线的基本理论以前，了解一些有关传输线的基本概念是非常必要的；为了对日常生活中常见的传输线上升到理论层面来认识，不可避免地要涉及数学分析处理以便得一些“量”的关系供工程设计使用；为了使数学分析体现层次感，本节仅建立起步数学表达式而不作进一步推导。

1.1.1 均匀双线传输线的电信号传输及其传输波型

许多传输线是日常生活中常见的传输线(例如，50Hz 电力传输线、电话传输线、有线电视传输线等)，它们都是传输电(能量)信号的金属媒体。由两根金属导线组成的传输线称之为双线传输线。所谓均匀双线传输线是指这样的传输线：传输线准直、两导线之间的距离和导线的线径处均匀相等，以及传输的分布参数 R、G、L、C (图 0-5(b))沿传输线均匀分布的传输线。本章研究高频均匀双线传输线的基本理论，均匀双线传输线在高频工作时供理论研究的物理图形如图 1-1 所示。图 1-1(a)是长度为 l 的均匀传输线上的电压 $u(t, z)$、电流 $i(t, z)$以及由两者引起电场 $\vec{E}$ 和磁场 $\vec{H}$ 的示意图；图 1-1(b)是在 l 长度的线上截取$\lambda/2$ 线段加以放大的电磁场分布的图形，在该图中磁力线包围电流 $i(t, z)$、电力线跨在两导线之间与电压 $u(t, z)$对应，两者均呈现辐射状。显然，只有对高频均匀双线传输线才能作这样的描绘和想象。图 1-1 展现了“路”和“场”的两种观念，按照低频中习惯了的“路”的观念则认为信号源 E_g的功率是由电流 i 携带到负载 Z_l 的，而负载 Z_l 的吸收功率则为 $P_l=I^2R_l$；按照“场”的观念则认为信号源 E_g 的功率是由传输线引导 TEM 波传输并携带能流密度矢量 $\vec{S}$(坡印亭矢量)传送给负载 Z_l 的。而由坡印亭矢量

$$\vec{S}=\vec{E}\times\vec{H} \tag{1-1}$$

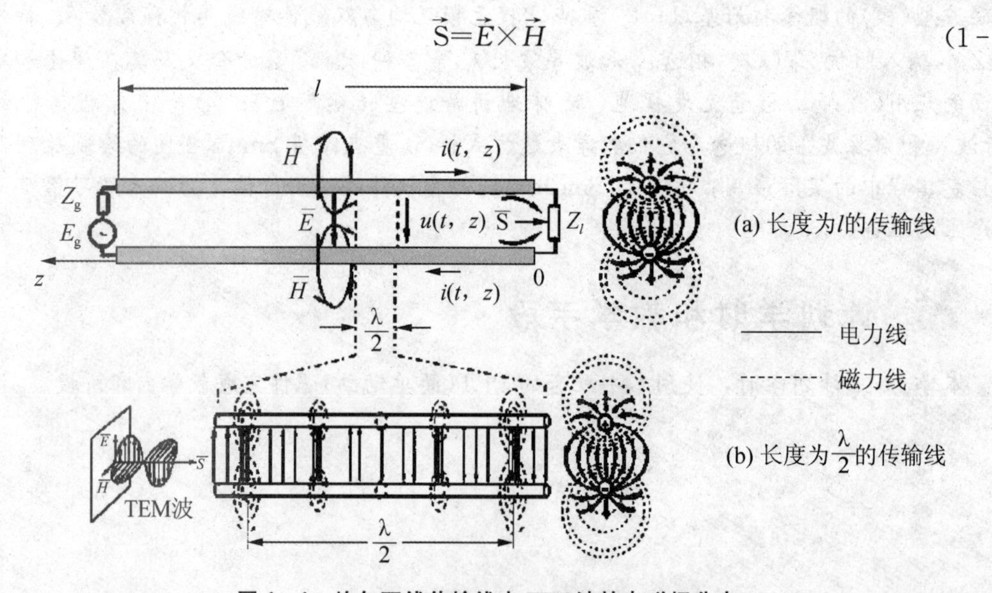

图 1-1 均匀双线传输线中 TEM 波的电磁场分布

所表示的 TEM 波是指传输线中的电场 $\vec{E}$ 和磁场 $\vec{H}$ 均落(处)在垂直于双线传输线传输 z 方向的横截面上的波型，它是研究双线传输线、金属波导、微带线、介质波导和光纤的基本波型。金属波导、微带线、介质波导和光纤分别是不同电磁波波段使用的不同传输线，它们分别传输各种不同的波型。这些波型是 TEM、TE_{mn}、TM_{mn}、EH_{mn} 和 HE_{mn} 波，其中后 4 种波型是均是由 TEM 波干涉叠加而成(关于这一概念将在第 2 章中以 TE_{10} 为例运用“部分波概念”加以证明，用来加深对各种不同传输线中传输的不同波型的物理实质理解)。

综上所述可见：使用“场”的观念认识均匀双线传输线中传输 TEM 波的概念非常重要，在后续各章的讨论中将反复运用 TEM 波概念；均匀双线传输线仅传输 TEM 波型是所有传输线中(包括双线传输线、金属波导、微带线、介质波导和光纤)的信号载体。

1.1.2　描述均匀双线传输线数学表达方式

1. 均匀双线传输线方程的建立

传输线理论是前苏联科学院通信院士 A. A. 皮斯托尔科尔斯始创的，他最初于 1927 年在《无线电报和无线电话》刊物上发表了传输理论的基本原理，后历经史密斯等人不断丰富和发展这一理论，从而形成了今天完整成熟的“双线传输线理论”。它是解决微波工程实际问题的有力依据，可以毫不夸张地说它所涵盖的概念遍及整个微波工程领域。

为了研究均匀双线传输线的基本理论，应先建立均匀双线传输线方程用以作为数学描述的起步。

1）研究均匀双线传输线的物理模型

图 0－5(b)是均匀双线传输线的高频物理模型，在绪论中曾指出：传输线若是处于“高频交流”工作状态，它的交流参数电感 L 和电容 C 就体现出来了，同时损耗电阻 R 和电导 G 也随频率升高而增加；交流参数电感 L 和电容 C 以及电阻 R 和电导 G，将沿线按照“微分线段 Δz”一段接一段地均匀分布(对于均匀传输线)从而形成像图 0－5(b)那样的图像。它是研究均匀双线传输线的物理模型，该模型中的参数 R、L、C 和 G 形成物理原因如下：分布电阻 R 是高频电流“趋表效应”使导线发热引起的，它代表传输线单位长度上的分布损耗；分布电感 L 是包围导线的磁场引起的，它代表单位长度上的分布电感；分布电容 C 是跨在两导线之间的电场引起的，它代表单位长度上的分布电容；分布电导 G 是两导线之间的漏电电流引起的，它代表单位长度上的分布电导。表 1－1 中给出了这些分布参数的计算公式，这些计算公式表明：对于一定结构的均匀双线传输线而言，上述分布参数是可以计算的。

2）如何建立均匀双线传输线方程

为了建立均匀双线传输线方程，可在图 0－5(b)中截取“微分线段 Δz”将它等效成一个如图 1－2 所示的“Γ 形网络”(即具有集中电感 $L\Delta z$、集中电容 $C\Delta z$、集中电阻 $R\Delta z$ 和集中电导 $G\Delta z$ 元件的 Γ 形网络)来进行讨论。Γ 形网络的“串臂元件”是微分线段 Δz 中两个串臂元件的合并值，即 $R\Delta z=2\times(1/2)\times R\Delta z$ 和 $L\Delta z=2\times(1/2)\times L\Delta z$。之所以能将 Γ 形网络当作集中参数网络处理，是因为“微分线段 Δz”远小于工作波长 λ 即 $\Delta z\ll\lambda$ 的缘故；这样，就使得“微分线段 Δz”内的参数 $L\Delta z$、$C\Delta z$、$R\Delta z$ 和 $G\Delta z$ 不再“分布”了，

而成为了集中参数(L、C、R 和 G 仍为分布参数)。

表 1-1　双线传输线和同轴传输线分布参数计算公式

分布参数	传输线的类型	
	双线（D、d）	同轴（D、d）
R/(Ω/m)	$\frac{2}{\pi d}\sqrt{\frac{\omega\mu_0}{2\sigma_2}}$	$\sqrt{\frac{f\mu_0}{4\pi\sigma_2}}\left(\frac{2}{d}+\frac{2}{D}\right)$
G/(S/m)	$\frac{\pi\sigma_1}{\ln\frac{D+\sqrt{D^2-d^2}}{d}}$	$\frac{2\pi\sigma_1}{\ln\frac{D}{d}}$
L/(H/m)	$\frac{\mu_0}{\pi}\ln\frac{D+\sqrt{D^2-d^2}}{d}$	$\frac{\mu_0}{2\pi}\ln\frac{D}{d}$
C/(F/m)	$\frac{\pi\varepsilon_1}{\ln\frac{D+\sqrt{D^2-d^2}}{d}}$	$\frac{2\pi\varepsilon_1}{\ln\frac{D}{d}}$

注：ε_1 是填充介质的介电常数；μ_0 是填充介质的电磁导率；σ_1 是填充介质的漏电导率；σ_2 是传输导体的电导率。

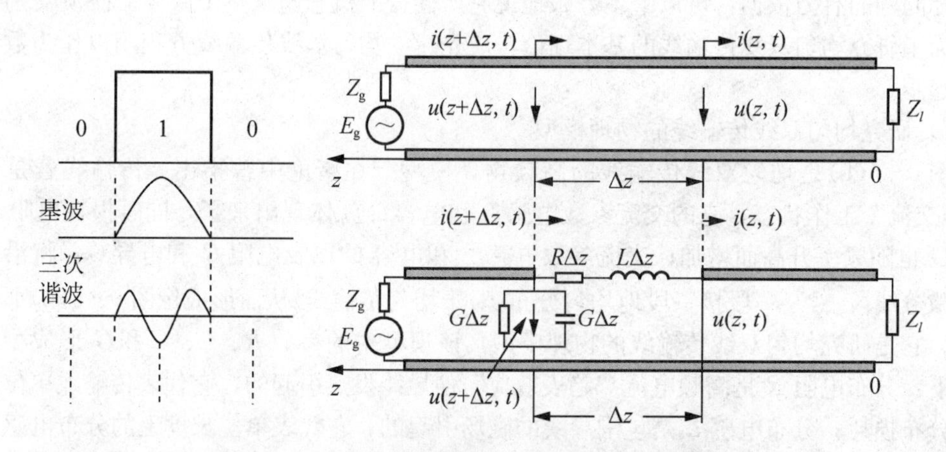

图 1-2　均匀双线传输线上微分微 Δz 的等效电路

根据图 1-2 运用克希荷夫(Kirchhoff)定理可建立以下方程：

$$\Delta i(z,t)=i(z+\Delta z,t)-i(z,t)=\left[Gu(z,t)+C\frac{\partial u(z,t)}{\partial t}\right]\Delta z \tag{1-2a}$$

$$\Delta u(z,t)=u(z+\Delta z,t)-u(z,t)=\left[Ri(z,t)+L\frac{\partial i(z,t)}{\partial t}\right]\Delta z \tag{1-2b}$$

将以上两个方程两边同除以 Δz，并令 $\Delta z\to 0$ 可得

$$\frac{\partial u(z,t)}{\partial z}=Ri(z,t)+L\frac{\partial i(z,t)}{\partial t} \tag{1-3a}$$

$$\frac{\partial i(z,t)}{\partial z}=Gi(z,t)+C\frac{\partial u(z,t)}{\partial t} \tag{1-3b}$$

方程(1-3)是有名的“电报方程”，也就是需要建立的均匀双线传输线方程。

在工程中为了实际应用和简化分析需要，通常假设电压 $u(z, t)$和电流 $i(z, t)$是随着空间 z 和时间 t 变化的余弦函数(或正弦函数)，通常称之为简谐波函数，这是因为余弦波(或正弦波)是组成非余弦波(或非正弦波)基本“成分”的缘故。例如，在图 1-2 中，如果传输线上传输数字信号 010 是一种非余弦波，它是由不同频率的余弦波(或正弦波)的合成波形。因而对于用数字信号 010 激励传输线的结果，只要分析一个基波的余弦波(或正弦波)的情况就足够了，其他谐波的情况均相同；最后，将不同谐波的分析结果叠加起来就可以获得所希望的总结果。因此为了实际应用和简化分析的需要，通常假设 $u(z, t)$和 $i(z, t)$为以下简谐波：

$$\begin{aligned} u(z,t) &= Re[U(z)e^{j\omega t}] \\ i(z,t) &= Re[I(z)e^{j\omega t}] \end{aligned} \tag{1-4}$$

式中：$U(z)$和 $I(z)$分别是传输线上某 z 点处的电压和电流的复数有效值(均为矢量)，它们是空间的一维简谐波函数；而 $e^{j\omega t}$ 则是时间 t 的简谐波函数。$e^{j\omega t}$ 和 $U(z)$(或 $I(z)$) 是具有时间 t 和空间 z 变量的两个独立变量的函数，它们的变量是分离的。因此，式(1-4)具备数学意义上的简谐波函数特点。

将式(1-4)代入方程(1-3)就可以得到使用简谐波激励的特定均匀双线传输线方程，即

$$\frac{dU(z)}{dz} = (R + j\omega L)I(z) = ZI(z) \tag{1-5a}$$

$$\frac{dI(z)}{dz} = (G + j\omega C)U(z) = YU(z) \tag{1-5b}$$

式中：

$$Z = R + j\omega L \tag{1-6a}$$

$$Y = G + j\omega C \tag{1-6b}$$

如图 1-2 所示，它们分别是均匀传输线单位长度串联阻抗和单位长度并联导纳。对于微波低损耗传输线而言，$R \ll \omega L$ 和 $G \ll \omega C$ 总是成立的。例如，f =2GHz 的铜质同轴传输线，其尺寸标注如图 1-3 所示。假设 D=2cm 和 d=0.8cm，内外导体之间填充介质的 ε_r=2.5 和漏电导 $\sigma_1 = 10^{-8}$S/m，引用表 1-1 的公式计算可得：

$$\begin{aligned} R &= 0.32 \times 10^{-2}\,\Omega/m \\ L &= 1.83 \times 10^{-7}\,H/m \\ C &= 0.15 \times 10^{-9}\,F/m \\ G &= 6.8 \times 10^{-8}\,S/m \end{aligned}$$

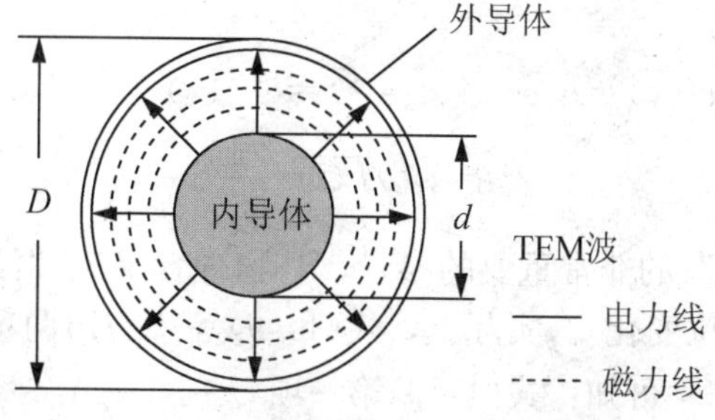

图 1-3　同轴传输线剖面尺寸图

从而得 $\omega L=2.3\times10^3\,\Omega/\mathrm{m}$ 和 $\omega C=1.89\times10^{-6}\,\mathrm{S/m}$，可见 $R\ll\omega L$ 和 $G\ll\omega C$。

2. 均匀无损耗双线传输线方程

均匀双线传输线的无损耗是一个相对概念，通常当 $\omega L\geqslant10R$ 和 $\omega C\geqslant10G$ 时可以不考虑 R 和 G 的影响；而当双线传输线工作频率为“几百 KHz”和 同轴传输线工作频率为“几 MHz”时，以上条件就可以获得满足。因此，如果将不考虑 R 和 G 的影响的均匀双线传输线视为均匀无损耗双线传输线，那么在高频波段工作的均匀双线传输线均可当作无损耗传输线来讨论。根据这一概念可令 $R\approx0$、$G\approx0$，并将它们代入方程(1-5)就可以得到均匀无损耗双线传输线方程，即

$$\frac{\mathrm{d}U(z)}{\mathrm{d}z}=\mathrm{j}\omega LI(z) \tag{1-7a}$$

$$\frac{\mathrm{d}I(z)}{\mathrm{d}z}=\mathrm{j}\omega CU(z) \tag{1-7b}$$

方程(1-5)和(1-7)是描述均匀传输线上传输简谐波的均匀双线传输线方程，它们是研究均匀双线传输线基本理论的起步数学表达方式。建立方程(1-5)和(1-7)是本章的关键，后续的讨论均是围绕方程(1-5)和(1-7)进行，从而派生出许多实际工作中十分有用的概念。

1.2 均匀无损耗双线传输线

从某种意义上讲，均匀无损耗双线传输线是一种标准的数学物理模型，它派生出许多常用的概念和计算公式，以及广泛使用的阻抗圆图和导纳圆图也是在它的基础上构建的。因此，对均匀无损耗双线传输线的讨论已经突破了它本身的数学意义和价值。从本节的讨论开始，将使读者逐步明确讨论均匀无损耗双线传输线的实用意义和价值。

1.2.1 均匀无损耗双线传输线方程的解(答)及其研究

将方程(1-7)两边对 z 求导并交叉代入所得求导的结果，可得

$$\frac{\mathrm{d}^2U(z)}{\mathrm{d}z^2}=-\omega^2LCU(z) \tag{1-8a}$$

$$\frac{\mathrm{d}^2I(z)}{\mathrm{d}z^2}=-\omega^2LCI(z) \tag{1-8b}$$

方程(1-8)是两个常微分方程，此时再考虑到式(1-4)的物理含义，显然它们分别是电压 $U(z)$ 和电流 $I(z)$ 简谐波常微分方程，或称之为“一维(空间 z)波动方程”。方程(1-8a)的通解有简谐波波动性，即

$$U(z)=A_1\mathrm{e}^{\mathrm{j}\beta z}+A_2\mathrm{e}^{-\mathrm{j}\beta z}=U^+(z)+U^-(z) \tag{1-9}$$

式中：

$$\beta=\omega\sqrt{LC}=\frac{2\pi}{\lambda} \tag{1-10}$$

β 是一个称为“相移常数”的非常重要的参量，其物理含义是“波”在传播 z 方向上单位长度上的“相移”(或相位变化)。实际上，式(1-9)等式右边两项是表示由传输线引导传播的两个“波”。由图 1-4 可知：式(1-9)第一项 $U^+(z)=A_1\mathrm{e}^{\mathrm{j}\beta z}$ 是沿传输线“$-z$”方向

传播的电压“入射波”，第二项$U^{-}(z)=A_2e^{-j\beta z}$是沿传输线“$+z$”方向传播的“反射波”，而$U(z)$则是“入射波”和“反射波”的合成波。上述入射波和反射波在传输过程“相位”越传越滞后，相位滞后的量值为$\beta z=(2\pi/\lambda)\times z$。上述相位滞后的量值是空间传输距离$z$引起的，它应由$e^{j\omega t}$简谐波引起的相位超前按照式(1-4)的约定形式进行补偿，即按照

$$u(z,\ t)=Re[U(z)e^{j\omega t}]=Re[(A_1e^{j\beta z}+A_2e^{-j\beta z})\times e^{j\omega t}] \tag{1-11}$$

的形式进行补偿。这样一来，就有了一个“波”在“时—空”上传播的概念。例如，入射波$\vec{S}_i=A_1e^{j(\omega t+\beta z)}$和反射波$\vec{S}_r=A_1e^{j(\omega t-\beta z)}$由于受到“时—空”的制约，它们在传播过程中的相位是不变化的；因而，图1-4中TEM波在传播过程其“波阵面”(等相位面)上的相位是不变化的。因此，$e^{\pm j(\omega t-\beta z)}$是图1-4中TEM“入射波”和“反射波”的相位因子，它反映了TEM波在传播过程其“波阵面”(即等相位面)上的相位不变化的物理实质。应指出，任何“波”的移动(或传播)是“波阵面”(即等相位面)的移动(或传播)，且都应受“时—空”相位因子$e^{j(\omega t-\beta S)}$(其中S是几何空间中任意传播途径)的制约；这一概念非常重要，在本书后续相关章节以至在《天线》教科书中将反复引用。通过以上讨论可以看出相移常数β，确实是一个非常重要的参量。

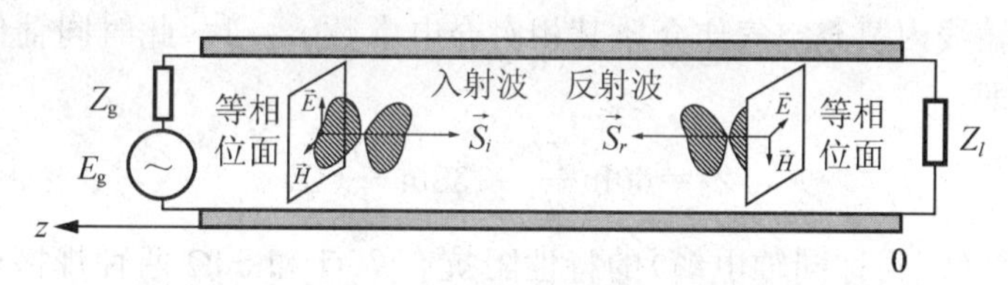

图1-4　均匀无损耗传输线上的入射波和反射波

将式(1-9)代入式(1-7a)可得

$$I(z)=\frac{1}{Z_0}(A_1e^{j\beta z}-A_2e^{-j\beta z})=I^{+}(z)-I^{-}(z) \tag{1-12}$$

式中：$I^{+}(z)=A_1e^{j\beta z}$是沿传输线“$-z$”方向传播的电流“入射波”；$I^{-}(z)=A_2e^{-j\beta z}$是沿传输线“$+z$”方向传播的电流“反射波”。可见，传输线上电流$I(z)$也是由入射波和反射波合成的；令

$$Z_0=\frac{U^{+}(z)}{I^{+}(z)}=\sqrt{\frac{L}{C}}\,(\Omega) \tag{1-13}$$

式中，L和C是传输线单位长度上的分布电感和分布电容。Z_0是一个称为“特性阻抗”的非常重要的参量，根据表1-1中L和C计算公式可知，它应具有阻抗的量纲(欧姆)。其物理意义是：当传输线上反射波为零时，传输线对入射波呈现的阻抗。它是传输线的本质阻抗它仅与传输线自身参数L和C有关的一个纯电阻；当传输线终端所接的负载$Z_l=Z_0$时传输线上就没有反射波，通常将这种状况称之为“阻抗匹配”。在实际工作中通常要力求获得“设备”端口匹配以使得“设备”端口没有反射(波)，这是最寻常不过的实际工作经验，其理论依据就在于此。例如，某台仪器的“输入端口”和“输出端口”的阻抗为50Ω，那么就应该选用特性阻抗$Z_0=50\Omega$同轴传输线与之端接，从而获得端口匹配；例如，某台彩色电视机的天线输入端口的阻抗为75Ω，那么就应该选用特性阻抗$Z_0=75\Omega$同轴传输线与之端接，以将天线所接收到的信号有效地传送至天线输入端口；此时，天线输入端口匹配从而获得清晰的电视图像和伴音。

将表1-1中L和C的计算公式代入式(1-13)，可分别求得同轴传输线和双线传输线的特性阻抗的常用公式如下。

(1) 同轴传输线特性阻抗常用计算公式为

$$Z_0=\sqrt{\frac{L_{同轴}}{C_{同轴}}}=\frac{60}{\sqrt{\varepsilon_r}}\ln\frac{D}{d}=\frac{138}{\sqrt{\varepsilon_r}}\lg\frac{D}{d}(\Omega) \tag{1-14}$$

式中：(参见表1-1或图1-4)D和d分别是同轴传输线外导体内直径和内导体外直径；ε_r是内外导体间填充介质的相对介电常数。

【例1-1】 今有一种直径$d=0.5\text{cm}$的铜棒(俗称为“铜圆”)，要求利用它作同轴线的内导体设计一种特性阻抗$Z_0=75\Omega$的专用同轴线，并要求该同轴线内填充$\varepsilon_r=2.25$的聚四氟乙烯介质，试问：应配用内直径D为多少的铜管作同轴线的外导体？

解： 根据式(1-14)，应配用内直径

$$D=d\times\text{arcln}(Z_0\times\frac{\sqrt{\varepsilon_r}}{60})=0.5\times\text{arcln}(75\times\frac{\sqrt{2.25}}{60})=3.25(\text{cm})$$

铜管作同轴线的外导体。

如果同轴传输线内填充空气作介质其相对介电常数$\varepsilon_r=1$，此时同轴传输线的特性阻抗按下式计算，即

$$Z_0=60\ln\frac{D}{d}=138\lg\frac{D}{d}(\Omega) \tag{1-15}$$

目前市售同轴传输线(俗称同轴电缆)的特性阻抗有75Ω和50Ω两种规格可供选择，如果实际工作中要求特殊规格只得另行设计。

(2) 双线传输线特性阻抗常用计算公式为

$$\begin{aligned}Z_0&=\sqrt{\frac{L_{双线}}{C_{双线}}}=120\ln[\frac{D}{d}+\sqrt{(\frac{D}{d})^2-1}]\\&\approx120\ln\frac{D}{d}=276\lg\frac{2D}{d}(\Omega)\end{aligned} \tag{1-16}$$

式中：d是导线直径；D是两导线之间的距离。

【例1-2】 某双线传输线的导线直径$d=3\text{mm}$、两导线轴线之间的距离$D=10\text{cm}$，试求该双线传输线的特性阻抗Z_0。

解： 根据式(1-16)，可得

$$Z_0=276\lg\frac{2D}{d}=276\lg\frac{200}{3}=503(\Omega)$$

实际双线传输线的特性阻抗一般为250～700Ω，最常用的是250Ω、400Ω和600Ω等3种规格。

注意

式(1-9)和(1-12)中的A_1和A_2用物理语言称为“波”的“幅度”，用纯数学语言则应称为待定的积分常数。显然“波”的“幅度”大小与传输线的工作状态有关，不过这是一个模糊的概念不能确切说明什么；为了明确说明问题必须用数学方法确定的积分常数A_1和A_2从而使式(1-9)和式(1-12)具有明确的意义，它们应根据如图1-5所示的传输线的“边界条件”确定。

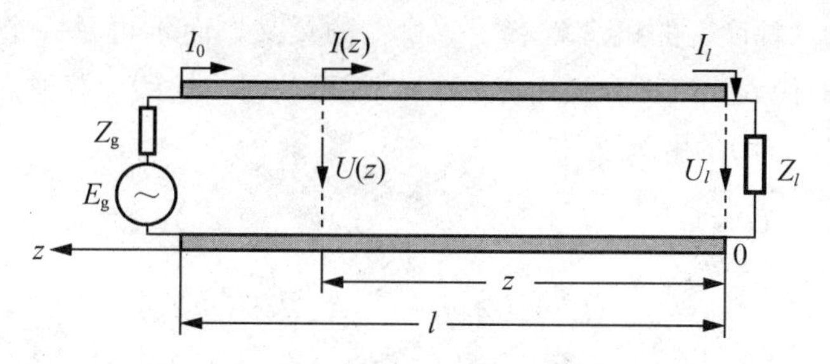

图 1-5　均匀无损耗传输线上的边界条件

图 1-5 表明的所谓“边界条件”有 3 种：① 传输线终端电压U_l和电流I_l；② 传输线始端电压U_0和电流I_0；③ 信号源电动势E_g、内阻抗Z_g和负载阻抗Z_l。在这 3 种边界条件中前一种是传输线“终端”条件，后两种是传输线“始端”和“终端”的综合条件。实际问题是想要通过边界条件来确定积分常数A_1和A_2，进而根据式(1-9)和式(1-12)具体计算传输线上任意点z处的电压$U(z)$和电流$I(z)$。在这种情况下，选择第一种边界条件是合理的，这是因为：① 在图 1-6 所示的实际系统中，想要知道发射机的电动势E_g和内阻抗Z_g根本不现实；② 想要实际测量发射机输出端口处的电压U_0和电流I_0几乎不可能；③ 想要实际知道发射天线的输入阻抗$Z_{in}(=Z_l)$，难度太大；④ 想要实际获得天线输入端口处即终端电压U_l和电流I_l则比较容易实现。因此，选择第一种边界条件是合理和常用的；第三种边界条件仅在讨论信号源和负载之间的匹配问题时才有其理论价值。下面仅研究在已知第一种边界条件时求传输线上任意点z处的电压$U(z)$电流和$I(z)$的情况，而对于第三种边界条件的情况，本书只打算引用其“求解”所得的最后结论，来讨论信号源和负载之间的匹配问题；对于第二种边界条件情况的求解，由读者自己作为理论锻炼完成(实际中几乎不涉及这种情况)。

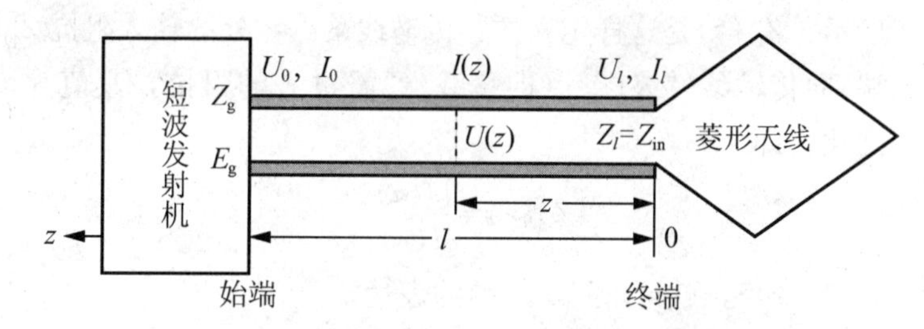

图 1-6　用双线传输线作短波发射机馈天线馈的示意图

下面研究在已知第一种边界条件下，求传输线上任意点z处的电流$I(z)$和电压$U(z)$的解。在图 1-6 中，将$z=0$处$U(0)=U_l$和$I(0)=I_l$的条件代入式(1-9)和式(1-12)可得

$$U_l=A_1+A_2 \tag{1-17a}$$

$$I_l=\frac{1}{Z_0}(A_1-A_2) \tag{1-17b}$$

因此可得

$$A_1=\frac{1}{2}(U_l+I_lZ_0) \tag{1-18a}$$

$$A_2=\frac{1}{2}(U_l-I_lZ_0) \tag{1-18b}$$

这样一来“波”的“幅度”的概念就有了“量”的意义，而不再是一个模糊不确定的概念；再将式(1-18)代入式(1-9)和式(1-12)，就可获得传输线上任意点 z 处有确定意义的电压 $U(z)$ 和电流 $I(z)$ 的解为

$$U(z)=\frac{1}{2}(U_l+I_lZ_0)e^{j\beta z}+\frac{1}{2}(U_l-I_lZ_0)e^{-j\beta z} \tag{1-19a}$$

$$I(z)=\frac{1}{2Z_0}(U_l+I_lZ_0)e^{j\beta z}-\frac{1}{2Z_0}(U_l-I_lZ_0)e^{-j\beta z} \tag{1-19b}$$

如果将函数 $e^{\pm j\beta z}=\cos\beta z\pm j\sin\beta z$ 应用于式(1-19)，就可将它变换为三角函数的表达形式：

$$U(z)=U_l\cos\beta z+jZ_0I_l\sin\beta z \tag{1-20a}$$

$$I(z)=I_l\cos\beta z+j\frac{U_l}{Z_0}\sin\beta z \tag{1-20b}$$

这个解答非常有用，由它进一步派生出的许多概念和参量几乎遍及整个微波工程领域。

1.2.2 均匀无损耗双线传输线的输入阻抗、相速及线内波长

前面曾提到从某种意义上讲均匀无损耗双线传输线是一种标准的数学物理模型，它派生出工程中许多常用的概念、参量和计算公式。除了已经介绍过的“相移常数 β”和“特性阻抗 Z_0”外，下面还有“输入阻抗”、“相速”和“线内波长”等几个常用参量需要独立进行讨论。

1. 均匀无损耗双线传输线的输入阻抗

均匀无损耗传输线的输入阻抗 $Z_{in}(z)$ 是讨论传输线问题的一个关键参量，它是根据第一种“边界条件”求解均匀无损耗传输线方程所获得的电压 $U(z)$ 和电流 $I(z)$ 所派生出的参量。如图1-7所示，$Z_{in}(z)$ 是这样定义的：传输线某点 z 处的输入阻抗 $Z_{in}(z)$ 是指从该 z 点(相当于输入端)向传输线“终端”(即负载端)看过去的阻抗，其值为该 z 点的电压 $U(z)$ 和电流 $I(z)$ 之比，即

$$Z_{in}(z)=\frac{U(z)}{I(z)} \tag{1-21}$$

将式(1-20)代入式(1-21)，就可求得 $Z_{in}(z)$ 的表达式：

$$Z_{in}(z)=\frac{U_l\cos\beta z+jI_lZ_0\sin\beta z}{I_l\cos\beta z+j\dfrac{U_l}{Z_0}\sin\beta z}=Z_0\frac{Z_l+jZ_0\tan\beta z}{Z_0+jZ_l\tan\beta z} \tag{1-22}$$

式中：Z_0 是传输线的特性阻抗；Z_l 是传输线的终端负载阻抗。

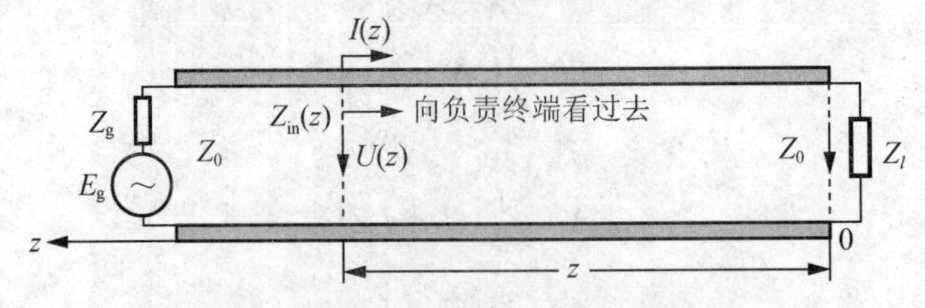

图1-7 传输线输入阻抗定义用图

均匀无损耗传输线的输入阻抗 $Z_{in}(z)$ 的表达式(1-22)是一个十分重要的公式，将由它派生出许多常用概念和工程计算公式，也是构建工程中使用的阻抗圆图和导纳圆图的基本理论依据。

2. 均匀无损耗双线传输线上的瞬时电压和电流波及其相速和线内波长

根据式(1-18)看出：积分常数 A_1 和 A_2 是一个复数，即 $A_1=|A_1|e^{j\psi_1}$ 和 $A_2=|A_2|e^{j\psi_2}$；再考虑到式(1-4)、式(1-9)和式(1-12)，就可将均匀无损耗双线传输线上的瞬时电压和电流波表示为

$$u(z,t)=\underbrace{|A_1|\cos(\omega t+\psi_1+\beta z)}_{\text{入射波(路)}\rightarrow}+\underbrace{|A_2|\cos(\omega t+\psi_2-\beta z)}_{\leftarrow\text{反射波(路)}} \tag{1-23a}$$

$$i(z,t)=\frac{|A_1|}{Z_0}\cos(\omega t+\psi_1+\beta z)-\frac{|A_2|}{Z_0}\cos(\omega t+\psi_2-\beta z) \tag{1-23b}$$

式(1-23)和图1-8都直观表明：传输线线中瞬时的电压和电流，产生了传输线中瞬时的电场和磁场；它们都以“入射波”和“反射波”的形式，和以相速 υ_p 在传输线中传播。所谓“相速 υ_p”、对于电压和电流波而言，是指“波”的等相位“点”传播的速度；对于由电场和磁场构成的TEM波而言，则是指“等相位面”传播的速度。

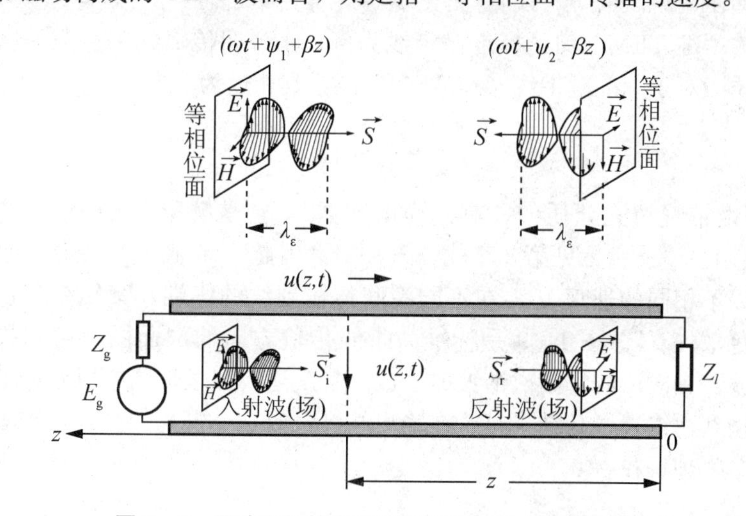

图1-8　用路和场的方法理解传输线中“波”的概念

总之，不管怎样定义相速，其共同点是“波”在传播过程中相位是不变的，而为一个常数；若以沿着图1-9传输线“$-z$”方向传播的入射波为例，则下式应该成立：

$$(\omega t+\psi_1+\beta z)=\text{常数}$$

将上式中的 z 对 t 求导就可得相速表达式，即

$$\upsilon_p=\frac{dz}{dt}=\frac{\omega}{\beta} \tag{1-24}$$

将式(1-10)代入式(1-24)和根据表1-1，就可得到均匀无损耗传输线上可计算的“波”的传播速度，即相速为

$$\upsilon_p=\frac{\omega}{\beta}=\frac{1}{\sqrt{LC}}=\frac{1}{\sqrt{\mu_0\varepsilon_1}}=\frac{c}{\sqrt{\varepsilon_r}} \tag{1-25}$$

式中：$c=3\times10^8\text{m/s}$ 为光速；ε_r 为传输线中填充介质的相对介电常数；相速 υ_p 为又一个非常重要的派生参量。

式(1-25)表明均匀无损耗传输线中“波”的传播速度与频率 f 无关(因为 $c=3\times10^8\text{m/s}$ 和 ε_r 都是常数)。当传输线上传输宽频带信号(如图1-9中的数字信号)时，各频率分量的“波”将以相同的速度 υ_p 在同一瞬间传输到线的终端，其合成输出信号不会产生所谓“色散失真”(又称为相位失真或时延失真)；这类均匀传输线一般都是传输纯TEM波，称之为“非色散传输线”；但不是所有导波传输线都是非色散传输线，而有损耗双线传输线、金属波导、介质波导、微带线和光纤等则是色散传输线。在这些色散传输线中，“波”的传播相速 υ_p 均与频率 f 有关(是频率 f 的函数)，当它们传输宽频带信号时各频率分量的“波”将以不相同的相速 υ_p 在不同瞬间传输到线的终端，而合成一种失真的输出波形。此时，输出信号产生了“色散失真”。

注 意

在通信系统中，需要采取许多措施克服色散失真。色散传输线中传输的“波”一般都不是纯TEM波，它们传输的波型是复杂的 TE_{mn}、TM_{mn}、EH_{mn} 和 HE_{mn} 等波型。上述复杂波型，都是TEM波的合成波；这些复杂波型的传播相速 υ_p 均与频率 f 有关，从而引起色散失真。

下面以传输“准TEM”波的标准微带线为例，来说明传输线中色散失真现象较容易理解其物理实质。对于标准微带线“准TEM”波，其相速为

$$\upsilon_p=\frac{c}{\sqrt{\varepsilon_e(f)}} \tag{1-26}$$

式中：$\varepsilon_e(f)$ 为微带线填充介质的“有效介电常数”，它是频率 f 的函数(注意：这里将“概念”提前使用，请读者参见第3章式(3-45))。因此 υ_p 将随频率变化，这将引起不同频率的“波”以不相同的速度 υ_p、在不同瞬间传输到线的终端，其结果是：合成输出信号，产生了“色散失真”。图1-9是标准微带线传输方向的剖面图，输入数字信号“1”可以看成是基波、三次谐波等高次谐波的合成，各次谐波在微带线中以不同的相速 υ_p、在不同的瞬间传输到达终端，其结果是：在输出端将合成一个失真的“1”，这就是所谓“色散失真”的简单物理解释。

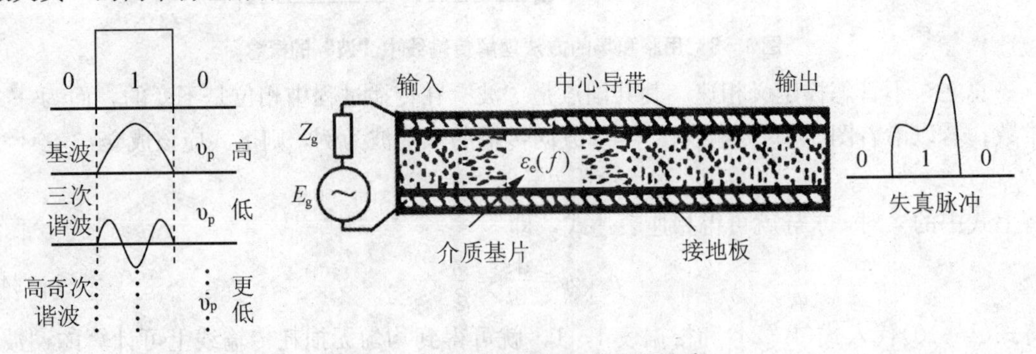

图1-9　微带传输线输中的色散失真

图1-8所示的传输线上，“波”的相位相差 2π 的两点之间的距离为“线内波长 λ_ε”；再根据式(1-10)，有

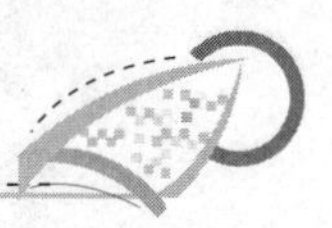

$$\beta\lambda_\varepsilon=2\pi$$

故

$$\lambda_\varepsilon=\frac{2\pi}{\beta}=\frac{v_p}{f}=v_p T \tag{1-27}$$

式中：f 为波的振荡频率；T 为波的振荡周期。

线(带)内波长 λ_ε 又是一个非常重要的派生参量，它不同于传输线信号源的信号波长 λ_0。λ_0 通常是指信号在自由空间中所呈现的波长；而 λ_ε 则是指信号馈送进入传输线后，在传输线中所呈现的波长；λ_ε 可以通过测量获得。将式(1-25)代入式(1-27)，可得

$$\lambda_\varepsilon=\frac{\lambda_0}{\sqrt{\varepsilon_r}} \tag{1-28}$$

即是说，信号馈送入进传输线以后其波长将要缩短$\sqrt{\varepsilon_r}$倍。

【例 1-3】 在你完成例 1-1 中的同轴传输线设计并制成实物后，当使用频率 $f=$ 4GHz 时，试问：该同轴传输线此时的线内波长 λ_ε。

解：当使用频率 $f=$4GHz 时，其信号波长为

$$\lambda_0=\frac{c}{f}=\frac{3\times10^{10}\,\text{cm/s}}{4\times10^{9}/\text{s}}=7.5\text{cm}$$

再根据例 1-3 和式(1-28)，可得线内波长为

$$\lambda_\varepsilon=\frac{\lambda_0}{\sqrt{\varepsilon_r}}=\frac{7.5\text{cm}}{\sqrt{2.25}}=3\text{cm}$$

注 意

在介质填充的传输线(包括色散传输线和非色散传输线)中传输的信号，其波长 λ_0 都要“缩短”或“加长”(在金属波导中)；在空气介质填充的非色散双线传输线中不存在这种现象。传输线的这种物理属性，在设计微波元器件的几何尺寸时应加以考虑；另外，可以将各种不同类型传输线统称为“波导”，这是因为它们都能引导“波”传输的缘故。因此，比较合理地应将线(带)内波长称为“波导波长”(在后续各章讨论中，都将沿用这一名词)。

1.3 均匀无损耗传输线的实际工作状况分析

在前面的讨论中已作了所需的理论铺垫，下面将进行应用型的讨论。其首要问题应知道均匀无损耗在实际工作中可能出现的状态，从而引导出更多的实际应用问题。

1.3.1 均匀无损耗传输线上的反射系数和反射系数圆

前面所谈论的相移常数 β、特性阻抗 Z_0、输入阻抗 $Z_{in}(z)$、相速 v_p 和波导波长 λ_ε 等参量都是一些体现均匀无损耗传输线本身的传输特性参量，它们具有浓厚的传输线本身固有参量的色彩；当使用某固定传输线(如商品传输线)传输信号时，必须受这些参量的制约；为了实际需要，也可以再增加定义某种参量。例如，均匀无损耗线上的反射系数就是这样的一个参量。反射系数可用来描述传输线中实际上可能出现的工作状态，可以根据需要人为地控制它、调整它以达到某项工程设计(如通信系统工程中“天线—馈线架设工程”)设计的目的或达到某种微波器件设计的目的。传输线上某 z 点处反射系数定义如下：

$$\Gamma(z)=\frac{\text{线上某}\,z\,\text{点处反射波电压或反射波电流}}{\text{线上某}\,z\,\text{点处入射波电压或入射波电流}}$$

因此，电压反射系数为

$$\Gamma_u(z)=\frac{U^-(z)}{U^+(z)} \tag{1-29}$$

电流反射系数为

$$\Gamma_i(z)=\frac{I^-(z)}{I^+(z)} \tag{1-30}$$

式中：$U^+(z)$和$U^-(z)$、$I^+(z)$和$I^-(z)$，分别表示传输线上任意z点处的电压入射波和电压反射波、电流入射波和电流反射波。

为了求取反射系数$\Gamma(z)$的具体表达式，可将式(1-19)变换为以下形式，即

$$\begin{aligned}U(z)&=\frac{1}{2}(U_l+I_lZ_0)\mathrm{e}^{+\mathrm{j}\beta z}+\frac{1}{2}(U_l-I_lZ_0)\mathrm{e}^{-\mathrm{j}\beta z}\\&=U_l^+\mathrm{e}^{+\mathrm{j}\beta z}+U_l^-\mathrm{e}^{-\mathrm{j}\beta z}\end{aligned} \tag{1-31a}$$

$$\begin{aligned}I(z)&=\frac{1}{2Z_0}(U_l+I_lZ_0)\mathrm{e}^{+\mathrm{j}\beta z}-\frac{1}{2Z_0}(U_l-I_lZ_0)\mathrm{e}^{-\mathrm{j}\beta z}\\&=I_l^+\mathrm{e}^{+\mathrm{j}\beta z}+I_l^-\mathrm{e}^{-\mathrm{j}\beta z}\end{aligned} \tag{1-31b}$$

根据式(1-31a)和图1-10(a)，可求得均匀无损耗线上任意一点z处的反射系数为

$$\Gamma(z)=\frac{U_l^-\mathrm{e}^{-\mathrm{j}\beta z}}{U_l^+\mathrm{e}^{+\mathrm{j}\beta z}}=-\frac{I_l^-\mathrm{e}^{-\mathrm{j}\beta z}}{I_l^+\mathrm{e}^{+\mathrm{j}\beta z}}=|\Gamma_l|\mathrm{e}^{\mathrm{j}(\phi_l-2\beta z)} \tag{1-32}$$

式中：$\Gamma_l=\Gamma_l(0)$为传输线终端负载Z_l处的反射系数，根据式(1-31a)可求得它的表达式为

$$\begin{aligned}\Gamma_l&=\frac{U_l^-}{U_l^+}=\frac{(U_l-Z_0I_l)}{2}\Big/\frac{(U_l+Z_0I_l)}{2}\\&=\frac{Z_l-Z_0}{Z_l+Z_0}=\left|\frac{Z_l-Z_0}{Z_l+Z_0}\right|\mathrm{e}^{\mathrm{j}\phi_l}=|\Gamma_l|\mathrm{e}^{\mathrm{j}\phi_l}\end{aligned} \tag{1-33}$$

式(1-32)表明均匀无损耗线上任意一点z处的反射系数$\Gamma(z)$是一个复数，因此可以将它放置在复平面内绘制成如图1-10(b)所示的“反射系数圆”。$\Gamma(z)$圆是在(Γ_R，jΓ_I)坐标系中是按以下方法绘制的：以坐标原点“0”为圆心和以$|\Gamma_l(0)|=|\Gamma_l|$为半径，跟随其相位角($\phi_l-2\beta z$)变化旋转绘制而成。

注意

如果信号在传输线终端全部被反射回来(即$U_l^-=U_l^+$)，则$|\Gamma(z)|=|\Gamma(0)|=|\Gamma_l|=1$；一般情况下信号在传输线终端不是全部被反射回来，故$|\Gamma(z)|=|\Gamma(0)|=|\Gamma_l|<1$；这说明：$|\Gamma(z)|=|\Gamma(0)|=|\Gamma_l|=1$的圆是最大圆，其他$\Gamma(z)$圆全部落在最大圆的内部构成一簇同心圆。

反射系数矢量为

$$\Gamma(z)=|\Gamma_l|\mathrm{e}^{\mathrm{j}(\phi_l-2\beta z)}$$

其旋转方向有以下两种：“向信源方向”，和“向负载方向”。向信源方向是指随变量z增加而使相位角“$-2\beta z$”增加，形成“顺时针方向旋转”；向负载方向是指随变量z减少而使相位角“$-2\beta z$”减少，形成“逆时针方向旋转”。显然，以上旋转方向和图1-10(a)所示的传输线上沿z变量变化方向是一一对应的，这种旋转概念十分重要，它是正确使用阻抗圆图的重要基础。

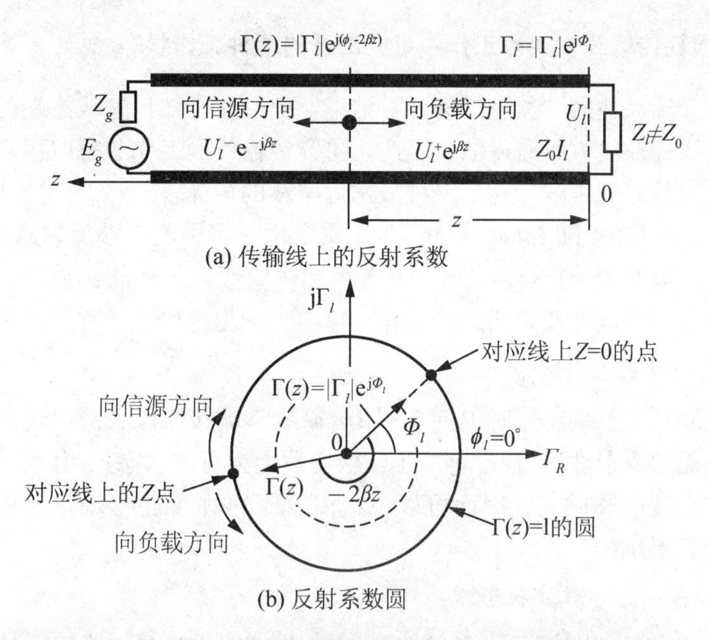

图 1-10　均匀无损耗传输线上的反射系数及反射系数圆

1.3.2　均匀无损耗传输线的输入阻抗与反射系数的关系

由反射系数圆的绘制，可以给出一个重要的启发：如果能找出传输线上某 z 点处的输入阻抗 $Z_{in}(z)$和该 z 点处反射系数 $\Gamma(z)$的某种关系，也就可以将输入阻抗 $Z_{in}(z)$放置在同一(Γ_R，jΓ_l)坐标系中绘制成“某种图形(阻抗圆图)”，这就是建立所谓“阻抗圆图”的基本设想。为了建立输入阻抗 $Z_{in}(z)$与反射系数 $\Gamma(z)$的关系，需要将式(1-31)变换成以下形式：

$$U(z)=U_l^+\mathrm{e}^{+\mathrm{j}\beta z}+U_l^-\mathrm{e}^{-\mathrm{j}\beta z}=U^+(z)[1+\Gamma(z)] \tag{1-34a}$$

$$I(z)=I_l^+\mathrm{e}^{+\mathrm{j}\beta z}+I_l^-\mathrm{e}^{-\mathrm{j}\beta z}=I^+(z)[1-\Gamma(z)] \tag{1-34b}$$

式中：

$$\Gamma(z)=|\Gamma_l|\mathrm{e}^{\mathrm{j}(\phi_l-2\beta z)} \tag{1-34c}$$

根据以上(1-34)方程，即可得到

$$Z_{in}(z)=\frac{U^+(Z)}{I^+(Z)}\left[\frac{1+\Gamma(z)}{1-\Gamma(z)}\right]=Z_0\,\frac{1+\Gamma(z)}{1-\Gamma(z)} \tag{1-35}$$

式(1-35)给出了输入阻抗 $Z_{in}(z)$与反射系数 $\Gamma(z)$的关系；如果在传输线终端($z=0$)处，就表示传输线的终端负载阻抗：

$$Z_l=Z_{in}(0)=Z_0\,\frac{1+\Gamma_l}{1-\Gamma_l} \tag{1-36}$$

虽然有了式(1-35)，但现在就着手绘制“阻抗圆图”为时尚早。这是因为不仅仅是为了获得图形本身，而更重要的是要通过图形反映出传输线的工作状态，和用图解法计算传输线工作状态以满足实际工程计算的需要。因此，下面将集中研究均匀无损耗传输线在实际工作中可能出现的各种工作状态；之后再来绘制完整的阻抗圆图。

1.3.3 均匀无损耗传输线在实际工作中可能出现的几种工作状态

以上所有读者感兴趣的“数学—物理”结论，都是在已知传输线终端的边界条件下求解均匀无损耗双线传输线方程获得的。因此，研究传输线的工作状态时仅局限于研究传输线终端条件对工作状态的影响，这是一种最贴近实际的情况。

根据式(1-36)可知：随着负载阻抗 Z_l 性质变化，将引起终端反射系数 $\Gamma(0)=\Gamma_l$ 也随着变化；这样，也使 $\Gamma(z)=|\Gamma_l|e^{j(\phi_l-2\beta z)}$ 所描述传输线的工作状态也随着变化。根据实际工程中可能出现的负载性质，均匀无损耗传输线可能出现以下3种工作状态。

1. 第一种工作状态：行波状态

根据式(1-33)，当 $Z_l=Z_0$ 时 $\Gamma_l=0$，即传输线终端接匹配负载的情况。此时线上仅有“入射波”而无“反射波”，通常将这工作状态称之为行波状态。因此，由式(1-13)所表达的特性阻抗也就能够成立。因而可以说：传输线的特性阻抗 Z_0，就是传输线处于行波状态下所呈现的阻抗。

2. 第二种工作状态：驻波状态

根据式(1-33)，当 $Z_l=0$ 时，$\Gamma_l=-1$，是传输线终端负载短路的情况；

当 $Z_l\to\infty$ 时，$\Gamma_l=+1$，是传输线终端负载开路的情况；

当 $Z_l=\pm jX_l$ 时，$|\Gamma_l|=1$，是传输线终端短接纯电抗负载的情况。

在以上3种终端负载情况下，传输线上既有“入射波”还有与入射波幅度相等的“反射波”；这时在线上形成全反射工作状态，通常将这工作状态称为驻波状态。

3. 第三种工作状态：行驻波状态

当 $Z_l=R_l\pm jX_l$ 时，$|\Gamma_l|<1$(式(1-51))，即传输线终端接复阻抗负载的情况。此时传输线上既有“入射波”还有部分“反射波”，从而在线上形成部分反射波工作状态，通常将这工作状态称为行驻波状态。

实际上所有高频信道系统“负载接口”处都是处于以上几种可能的情况，即任何高频信道系统接口处可能出现的工作状态有：**行波状态、驻波状态和行驻波状态**。为了使信道畅通，总是力图使系统获得理想的行波状态。实际上，一般只能获得行驻波状态；通常在信号传输通道中，要力图减少驻波状态。如果在信道系统出现驻波状态，轻则造成系统传输效力不高、重则还要损坏设备；注意：在有些微波器件(例如，某些微波元件、微波谐振腔和微波滤波器等，参见第6章)往往要利用驻波状态。可见对均匀无损耗传输线的工作状态进行分析具有非常重要的实际意义，它不仅仅是一种理论上的含义。

1.3.4 具体分析均匀无损耗传输线的3种工作状态

对任何信道系统(如电路系统、无源传输系统、路由传输系统等)而言，分析问题的最基本参量实际只有3个：电压、电流和阻抗，其他如放大系数、传输系数、功率等都是根据研究问题的需要而派生出来的参量。因此，在具体分析均匀无损耗双线传输线工作状态时知道3种工作状态下的电压、电流分布和阻抗特性就够了，其他可以根据需要再定义一些参量就可以对3种工作状态进行具体描述。

1. 行波工作状态分析

当均匀无损耗双线传输线终端接匹配负载即 $Z_l=Z_0$ 时，传输线上仅仅有入射波而无反射波。此时，根据方程(1－31)可以得到以下传输线上电压和电流分布表达式：

$$U(z)=\frac{1}{2}(U_l+I_lZ_0)e^{j\beta z}=U_l^+e^{j\beta z} \tag{1-37a}$$

$$I(z)=\frac{1}{2Z_0}(U_l+I_lZ_0)e^{j\beta z}=I_l^+e^{j\beta z} \tag{1-37b}$$

再根据式(1－4)，可将线上的瞬时电压和瞬时电流表示为

$$u(z, t)=Re[\sqrt{2}U(z)e^{j\omega t}]=|U_l^+|\cos(\omega t+\beta z+\phi_l) \tag{1-38a}$$

$$i(z, t)=Re[\sqrt{2}I(z)e^{j\omega t}]=|I_l^+|\cos(\omega t+\beta z+\phi_l) \tag{1-38b}$$

式中：ϕ_l 为终端电压和电流的相位角。

如图 1－11 所示，是均匀无损耗双线传输线上 t_1、t_2 和 t_3 三个时刻的入射行波的传输图像。

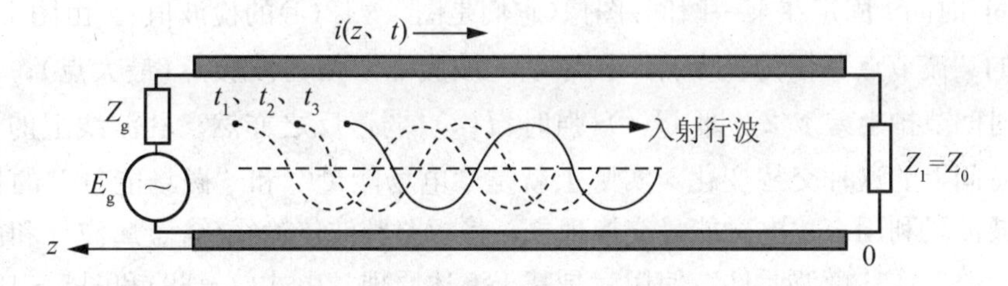

图 1－11　均匀无损耗传输线上 t_1、t_2 和 t_3 三个时刻行波传输

从以上分析可以看出均匀无损耗双线传输线处于“行波状态”时，具有以下特点：① 传输线终端必须接匹配负载，即 $Z_l=Z_0$；② 沿传输线电压和电流，分别是以相同的幅度 $|U(z)|$ 和 $|I(z)|$、相同的相位 $(\omega t+\beta z+\phi_l)$ 和相同相速 $v_p=\omega/\beta$ 向负载终端传输的；③ 根据式(1－37)可知，传输线上点任意点的输入阻抗均等于特性阻抗，即：

$$Z_{in}(z)=\frac{U(z)}{I(z)}=Z_0$$

2. 驻波工作状态分析

终端负载 $Z_l=0$ 或 $Z_l\to\infty$ 或 $Z_l=\pm jX_l$ 时，传输线处于驻波工作状态。在这种情况下，传输线上既有入射波又有反射波。下面分别对 3 种负载引起线上的驻波工作状态进行分析和讨论。

1) 终端短路均匀无损耗传输线

终端短路线是负载 $Z_l=0$ 的传输线，故将 $U_l=I_lZ_l=0$ 代入式(1－20)就可得到终端短路线上驻波幅值电压和驻波幅值电流分布方程：

$$U(z)=jZ_0I_l\sin\beta z \tag{1-39a}$$

$$I(z)=I_l\cos\beta z \tag{1-39b}$$

再根据式(1－4)和式(1－39)，可将线上驻波瞬时电压和驻波瞬时电流表示为

$$u(z, t)=Re[\sqrt{2}U(z)e^{j\omega t}]=\sqrt{2}Z_0I_l\sin\beta z\cos(\omega t+\frac{\pi}{2}+\phi_l) \tag{1-40a}$$

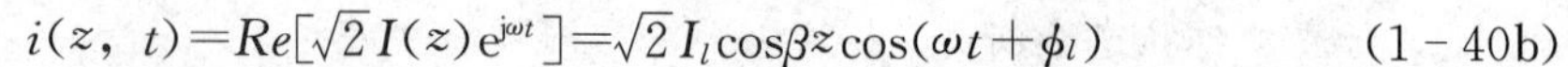

$$i(z,\ t)=Re[\sqrt{2}I(z)e^{j\omega t}]=\sqrt{2}I_l\cos\beta z\cos(\omega t+\phi_l) \quad (1-40b)$$

在图 1-12 中绘制了终端短路均匀无损耗传输线上驻波瞬时电压和驻波瞬时电流的图形和由它们派生出的沿线阻抗分布图形。根据式(1-40)、式(1-39)和图 1-12 可以看出终端短路均匀无损耗传输线处于驻波状态时，具有以下特点。

(1) 瞬时电压 $u(z,\ t)$ 和电流 $i(z,\ t)$ 沿线分别按 $\cos(\omega t+\pi/2+\phi_l)$ 和 $\cos(\omega t+\phi_l)$ 函数规律变化(仅随时间 t 变化)而呈现如图 1-12(a)所示的驻波振荡，它们与式(1-38)中的由 $\cos(\omega t+\beta z+\phi_l)$ 所表达的行波状态相比较，少了一个空间 z 变量。因此它们不沿传输线传播，而呈现沿线分布的驻波振荡；驻波振荡电压 $u(z,\ t)$ 和电流 $i(z,\ t)$ 的振幅值，沿传输线分别按 $\sqrt{2}Z_0I_l\sin\beta z$ 和 $\sqrt{2}I_l\cos\beta z$ 的规律分布，两者在时间上的相位差 $\pi/2$；由于两者时间相位差 $\pi/2$，故 $u(z,\ t)$ 振幅强时 $i(z,\ t)$ 振幅弱，反之亦然。

(2) 根据驻波振荡电压 $u(z,\ t)$ 和电流 $i(z,\ t)$ 的振幅值沿传输线(沿空间坐标 z)分别按 $\sqrt{2}Z_0I_l\sin\beta z$ 和 $\sqrt{2}I_l\cos\beta z$ 规律分布，在图 1-12(b)中绘制了 $|U(z)|$ 振幅值和 $|I(z)|$ 振幅值的瞬间(时间 t 固定在某一瞬间)图像(它们是图 1-12(a)的检波值)。由图 1-12(b)看出：它们的“波节点”恒为波节点(零点)，“波腹点”恒为波腹点(最大点)；$|U(z)|$ 和 $|I(z)|$ 在时间节拍上差 $\pi/2$，即 $|U(z)|$ 强时 $|I(z)|$ 弱，反之亦然。驻波线上的 $|U(z)|$ 和 $|I(z)|$ 在时间上的这种交替变化，实际上就是“电场能量”和“磁场能量”的相互转换。通常在微波波段利用上述电磁能量交换现象，将短路驻波传输线(含金属波导和微带线)当作“谐振回路”或“微波元件”使用就是基于上述原理。由式(1-39)和图 1-12(b)看出：当 $\beta z=n\pi(n=0,\ 1,\ 2,\ 3,\ \cdots)$ 时，表明在沿线 $z=n\lambda/2$ 的位置为电压“波节点”和电流“波腹点”；而当 $\beta z=(2n+1)\pi/2(n=0,\ 1,\ 2,\ 3,\ \cdots)$ 时，表明在沿线 $z=(2n+1)\lambda/4$ 的位置为电压“波腹点”和电流“波节点”。

(3) 因为电压 $u(z,\ t)$ 和电流 $i(z,\ t)$ 在时间相位差 $\pi/2$，故无损耗短路传输线上实际没有有功功率传输，只有“无功功率”交换。因此，均匀无损耗短路传输线的阻抗应为纯电抗。根据式(1-22)、并令该式中的 $Z_l=0$ 或根据式(1-39)，就可得到均匀无损耗短路传输线输入阻抗表达式为

$$Z_{in}^{S}(z)=jZ_0\tan\beta z \quad (1-41)$$

根据式(1-41)可以看出：均匀无损耗短路传输线输入阻抗 $Z_{in}^{S}(z)$ 是 z 的函数，即是说 $Z_{in}^{S}(z)$ 沿传输线是按 $\tan\beta z$ 函数分布的；在图 1-12(c)中绘制了 $Z_{in}^{S}(z)$ 的分布图形。由图 1-12(c)可以看出：$Z_{in}^{S}(z)$ 分布按照 $\tan\beta z$ 函数规律变化，在短路传输线终端 $z=0$ 处 $Z_{in}^{S}(z)=0$，它等效一个“串联谐振电路”；在 $0<z<\lambda/4$ 区间内 $Z_{in}^{S}(z)=+jX_{in}$，它等效于一个“电感”；在 $z=\lambda/4$ 处 $Z_{in}^{S}(z)\to\infty$，它等效一个“并联谐振电路”；在 $\lambda/4<z<\lambda/2$ 区间内 $Z_{in}^{S}(z)=-jX_{in}$，它等效于一个“电容”；在 $z=\lambda/2$ 处 $Z_{in}^{S}(z)=0$，它等效一个“串联谐振电路”。此后，上述输入阻抗性质将沿线每隔 $\lambda/2$ 重复一次、每隔 $\lambda/4$ 变换一次。请读者记住均匀无损耗短路传输线输入阻抗 $Z_{in}^{S}(z)$ 这些特性，它们在后续各章节中将反复引用，在微波技术和天线工程实际工作中它们是不可缺少的重要概念。

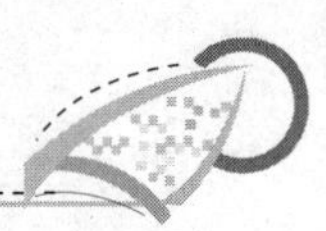

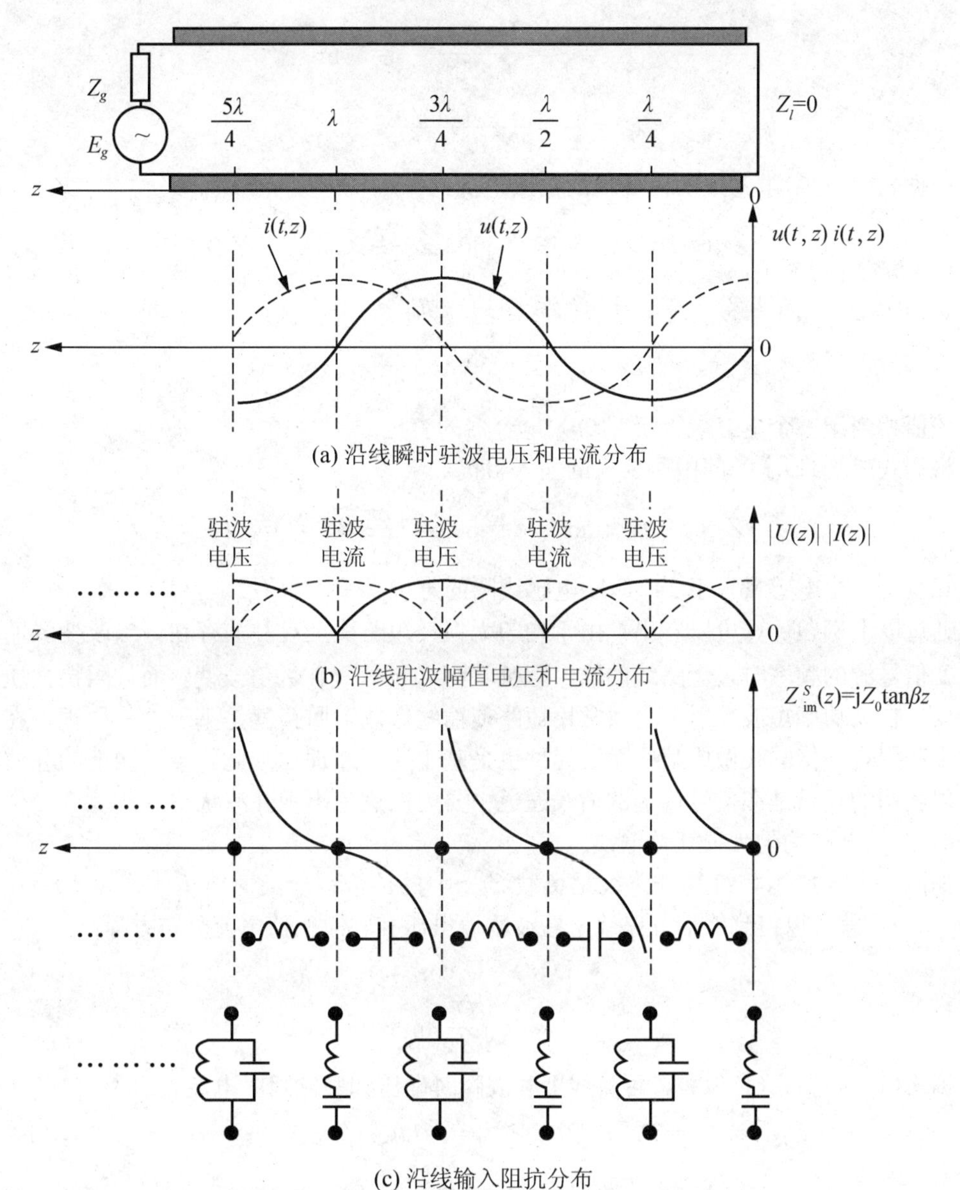

图 1-12　均匀无损耗短路传输线上驻波和输入阻抗分布

【**例 1-4**】均匀无损耗双线短路传输线的导线直径 d=3mm、两导线的中心距离 D=100cm，试求：① 当信号源的工作频率 f=6MHz 短路线的长度 l=35m 和 23m 时，输入阻抗 $Z_{\rm in}^{\rm S}(z)$为多少？② 当信号源的工作频率 f=8.71MHz、短路线的长度 l=23m 时，输入阻抗 $Z_{\rm in}^{\rm S}(z)$为多少？

解：该题按以下几步计算。

根据式(1-16)求题中均匀无损耗双线传输线的特性阻抗为

$$Z_0=276\lg\frac{2D}{d}=276\lg\frac{200}{3}=503\Omega$$

求信号源的两种工作波长：

$$\lambda_{01}=\frac{c}{f}=\frac{3\times10^8\text{m/s}}{6\times10^6/\text{s}}=50\text{m}$$

$$\lambda_{02}=\frac{c}{f}=\frac{3\times10^8\text{m/s}}{8.71\times10^6/\text{s}}=35\text{m}$$

根据式(1-41)求①中两种要求的输入阻抗：

$$Z_{\text{in}}^{\text{S}}(z)=\text{j}Z_0\tan\frac{2\pi}{\lambda_{01}}z=\text{j}503\tan\frac{2\pi}{50}\times35\approx\text{j}1548\Omega$$

该值相当于一个电感量等于 41μH 电感线圈的感抗；

$$Z_{\text{in}}^{\text{S}}(z)=\text{j}Z_0\tan\frac{2\pi}{\lambda_{01}}z=\text{j}503\tan\frac{2\pi}{50}\times23\approx-\text{j}126\Omega$$

该值相当于一个电容量等于 210μF 电容器的容抗。

根据式(1-41)求②问中所要求的输入阻抗：

$$Z_{\text{in}}^{\text{S}}(z)=\text{j}Z_0\tan\frac{2\pi}{\lambda_{02}}z=\text{j}503\tan\frac{2\pi}{35}\times23\approx\text{j}775\Omega$$

该值相当于一个电感量等于 14.4μH 电感线圈的感抗。

通过以上例题计算可以看出：由于均匀无损耗短路线上有驻波存在，当改变线的长度或改变信号源的频率时，短路线的输入阻抗 $Z_{\text{in}}^{\text{S}}(z)$不仅仅在数值改变，而且阻抗性质也可以改变。在大功率短波发射电台通常用短路传输线做调谐回路就是基于这一原理；在微波技术中利用短路传输线做成某些微波元件也是基于这一原理。因此，传输线上的驻波状态是可以利用的，只是在信号传输的馈线通道中要力图避免出现驻波状态。

2）终端开路均匀无损耗传输线

如图 1-13 所示，终端开路线是负载 $Z_l\to\infty$的传输线；此时将 $I_l=(U_l/Z_l)=0$ 代入式(1-20)，就可以得到终端开路线上驻波幅值电压和驻波幅值电流分布方程：

$$U(z)=U_l\cos\beta z \tag{1-42a}$$

$$I(z)=\text{j}\frac{U_l}{Z_0}\sin\beta z \tag{1-42b}$$

再根据式(1-4)和式(1-42)，可将线上驻波瞬时电压和驻波瞬时电流表示为

$$u(z,t)=Re[\sqrt{2}U(z)\text{e}^{\text{j}\omega t}]=\sqrt{2}U_l\cos\beta z\cos(\omega t+\phi_l) \tag{1-43a}$$

$$i(z,t)=Re[\sqrt{2}I(z)\text{e}^{\text{j}\omega t}]=\sqrt{2}\frac{U_l}{Z_0}\sin\beta z\cos\left(\omega t+\frac{\pi}{2}+\phi_l\right) \tag{1-43b}$$

在图 1-13 中绘制了终端开路均匀无损耗传输线上驻波瞬时电压和驻波瞬时电流的图形和由它们派生出的沿线阻抗分布图形。根据式(1-43)、式(1-42)和图 1-13 可以看出，终端开路均匀无损耗传输线处于“驻波状态”时具有以下特点。

(1) 瞬时电压 $u(z,t)$和电流 $i(z,t)$沿线分别按 $\cos(\omega t+\phi_l)$和$\cos(\omega t+\pi/2+\phi_l)$函数规律变化(仅随时间 t 变化)，而呈现如图 1-13(a)所示的驻波振荡，它们与式(1-38)中由 $\cos(\omega t+\beta z+\phi_l)$所表达的行波状态相比较少了一个空间 z 变量。因此，它们不沿传输线传播而呈现沿线分布的驻波振荡；驻波振荡电压 $u(z,t)$和电流 $i(z,t)$的振幅值，沿传输线分别按$\sqrt{2}U_l\cos\beta z$ 和$\sqrt{2}(U_l/Z_0)\sin\beta z$ 的规律分布，两者在时间上的相位差 $\pi/2$；由于两者时间相位差 $\pi/2$，故 $u(z,t)$振幅强时 $i(z,t)$振幅弱，反之亦然。

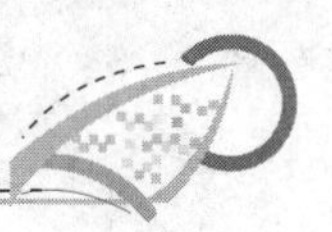

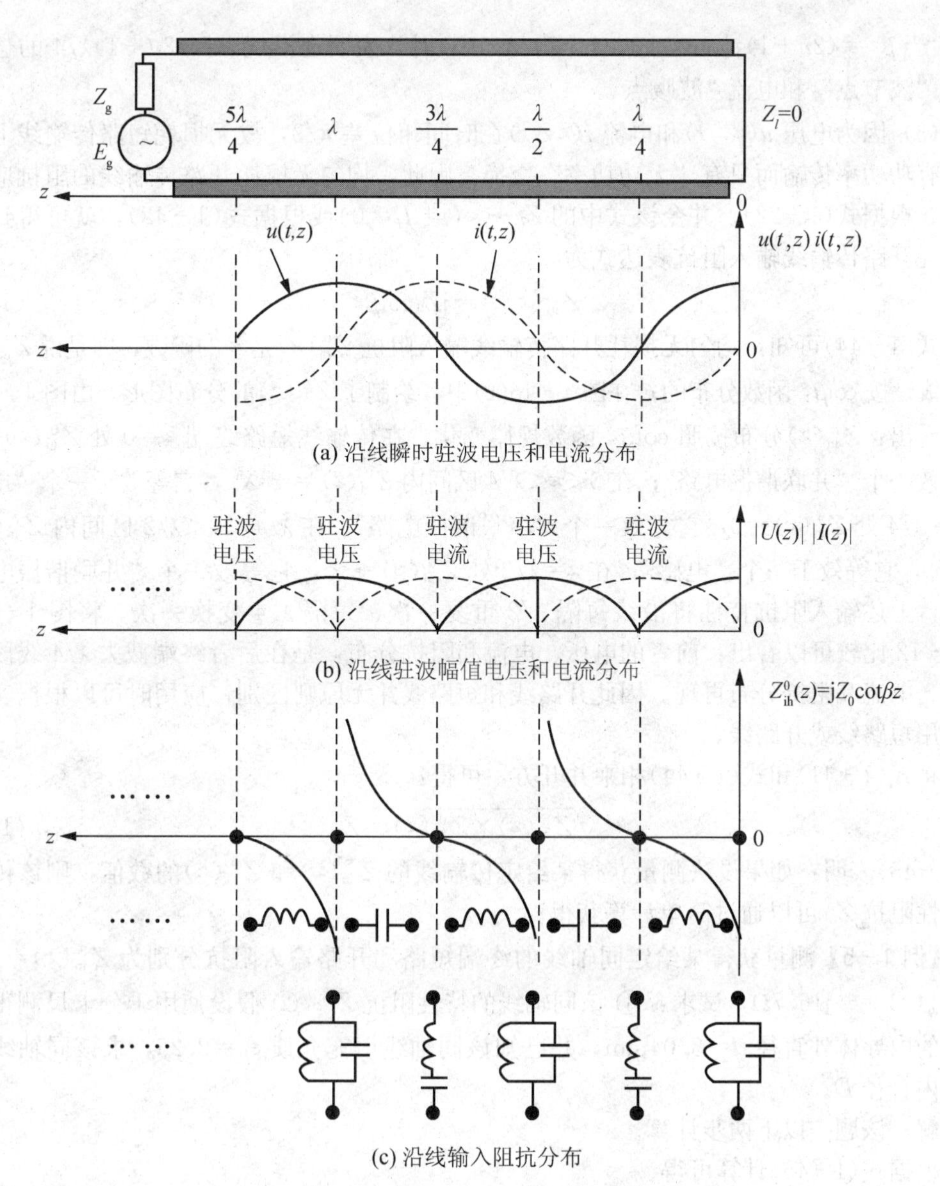

(c) 沿线输入阻抗分布

图 1-13　均匀无损耗开路传输线上驻波和输入阻抗分布

(2) 根据驻波振荡电压 $u(z, t)$ 和电流 $i(z, t)$ 的振幅沿传输线(沿空间坐标 z)分别按 $\sqrt{2}U_l\cos\beta z$ 和 $\sqrt{2}(U_l/Z_0)\sin\beta z$ 规律分布，在图 1-13(b)中绘制了 $|U(z)|$ 振幅值和 $|I(z)|$ 振幅值的瞬间(时间 t 固定在某一瞬间)图像(它们是图 1-13(a)的检波值)；由图 1-13(b)看出：它们的“波节点”恒为波节点(零点)，“波腹点”恒为波腹点(最大点)；$|U(z)|$ 和 $|I(z)|$ 在时间节拍上差 $\pi/2$，即 $|U(z)|$ 强时 $|I(z)|$ 弱，反之亦然。驻波线上的 $|U(z)|$ 和 $|I(z)|$ 在时间上的这种交替变化，实际上就是“电场能量”和“磁场能量”的相互转换。通常在微波波段利用上述电磁能量交换现象，将开路驻波传输线(含金属波导和微带线)当作“谐振回路”或“微波元件”使用就是基于上述原理。根据式(1-42)和图 1-13(b)看出：当 $\beta z= n\pi(n=0, 1, 2, 3, \cdots)$ 时，表明在沿线 $z=n\lambda/2$ 的位置为电压“波腹点”和电流“波节

点”；当 $\beta z=(2n+1)\pi/2(n=0, 1, 2, 3, \cdots)$时，表明在沿线 $z=(2n+1)\lambda/4$ 的位置为电压“波节点”和电流“波腹点”。

(3) 因为电压 $u(z, t)$和电流 $i(z, t)$在时间相位差 $\pi/2$，故无损耗短路传输线上实际没有有功功率传输而只有“无功功率”交换。因此，均匀无损耗开路传输线的阻抗应为纯电抗。根据式(1-22)、并令该式中的 $Z_l\rightarrow\infty$(或 $I_l=0$)或根据式(1-42)，就可得到均匀无损耗开路传输线输入阻抗表达式为

$$Z_{in}^{0}(z)=-jZ_0\cot\beta z \tag{1-44}$$

根据式(1-44)可知：均匀无损耗开路传输线输入阻抗 $Z_{in}^{0}(z)$是 z 的函数，即是说 $Z_{in}^{0}(z)$沿传输线是按 $\cot\beta z$ 函数分布的；在图 1-13(c)中，绘制了 $Z_{in}^{0}(z)$的分布图形。由图 1-13(c)可以看出：$Z_{in}^{0}(z)$分布按照 $\cot\beta z$ 函数规律变化，在传输线短路终端 $z=0$ 处 $Z_{in}^{0}(z)\rightarrow\infty$、它等效一个“并联谐振电路”；在 $0<z<\lambda/4$ 区间内 $Z_{in}^{0}(z)=-jX_{in}$，它等效于一个“电容”；在 $z=\lambda/4$ 处 $Z_{in}^{0}(z)=0$，它等效一个“串联谐振电路”；在 $\lambda/4<z<\lambda/2$ 区间内 $Z_{in}^{0}(z)=+jX_{in}$，它等效于一个“电感”；在 $z=\lambda/2$ 处 $Z_{in}^{0}(z)\rightarrow\infty$，它等效一个“并联谐振电路”。此后，上述输入阻抗特性将沿线每隔 $\lambda/2$ 重复一次、每隔 $\lambda/4$ 变换一次。将图 1-13 和图 1-12 比较可以看出：前者的电压、电流和阻抗分布，是在后者终端截去 $\lambda/4$ 线段后的电压、电流和阻抗分布再现。因此开路线和短路线并无原则区别，应用时可以根据实际情况选用短路线或开路线。

将式(1-41)和式(1-44)相乘并开方，可得：

$$\sqrt{Z_{in}^{S}(z)\times Z_{in}^{0}(z)}=Z_0 \tag{1-45}$$

式(1-45)表明：如果设法测量获得某给定传输线的 $Z_{in}^{S}(z)$和 $Z_{in}^{0}(z)$的数值，则该传输线的特性阻抗 Z_0 可以通过简单计算获得。

【例 1-5】 测量获得某给定同轴线的终端短路和开路输入阻抗分别为 $Z_{in}^{S}(z)=j150\Omega$ 和 $Z_{in}^{0}(z)=-j16.7\Omega$，试求：① 该同轴线的特性阻抗 Z_0；② 假设使用千分卡尺测得该同轴线的内导体外直径 $d=3.04$mm，并已知该同轴线填充介质 $\varepsilon_r=2.25$，求该同轴线的外导体内直径 D。

解：该题按以下两步计算。

根据式(1-45)计算可得

$$Z_0=\sqrt{Z_{in}^{S}(z)\times Z_{in}^{0}(z)}=\sqrt{j150\times(-j16.7)}\approx 50\Omega$$

根据式(1-14)得

$$D=d\times\text{arcln}\left(Z_0\times\frac{\sqrt{\varepsilon_r}}{60}\right)=3.04\times\text{arcln}\left(50\times\frac{\sqrt{2.25}}{60}\right)=10.6\text{mm}$$

在实际中，可能会遇到类似这种简单计算的实例。

3) 终端接有纯电抗负载的均匀无损耗传输线

均匀无损耗传输线终端接负载 $Z_l=\pm jX_l$ 时，线上将出现驻波；图 1-14 和图 1-15 所示是线上驻波和输入阻抗分布。由图 1-14 和图 1-15 两图看出：传输线终端(即 $z=0$

处)接电感或电容(即 $Z_l=\pm jX_l$)负载时，终端的驻波电压和电流既不是“波腹点”也不是“波节点”，都具有一定数值，而它们的输入阻抗则分别为感抗或电抗。对于上述终端情况，可用“延长线段法”进行分析。

由图 1-14 可见：当终端负载为纯电感(即 $Z_l=+jX_l$)时的传输线，可以用一段“短于 λ./4”的短路线 L_S(虚线段)来等效负载电感值而成为短路传输线(包括影印部分)；此时可将分析短路传输线的结论全部复制过来，作为分析终端负载为纯电感(即 $Z_l=+jX_l$)时的传输线结论。根据式(1-41)，L_S 的长度可用下式计算：

$$L_S=\frac{\lambda}{2\pi}\arctan(\frac{X_l}{Z_0}) \tag{1-46}$$

因此终端负载为纯电感(即 $Z_l=+jX_l$)时传输线的输入阻抗，可引用式(1-41)稍加修改成下式：

$$Z_{in}^L(z)=jZ_0\tan\beta(z+L_S) \tag{1-47}$$

由图 1-15 看出：当终端负载为纯电容(即 $Z_l=-jX_l$)时的传输线，可以用一段“短于 λ/4”的开路线 L_0(虚线段)来等效负载电容而成为开路传输线(包括影印部分)；此时，可将分析开路传输线的结论全部复制过来，作为分析终端负载为纯电容(即 $Z_l=-jX_l$)时的传输线结论。根据式(1-44)，L_0的长度可用下式计算：

$$L_0=\frac{\lambda}{2\pi}\text{arccot}(\frac{X_l}{Z_0}) \tag{1-48}$$

因此终端负载为纯电容(即 $Z_l=-jX_l$)时传输线的输入阻抗，可引用式(1-44)稍加修改成下式：

$$Z_{in}^C(z)=-jZ_0\cot\beta(z+L_0) \tag{1-49}$$

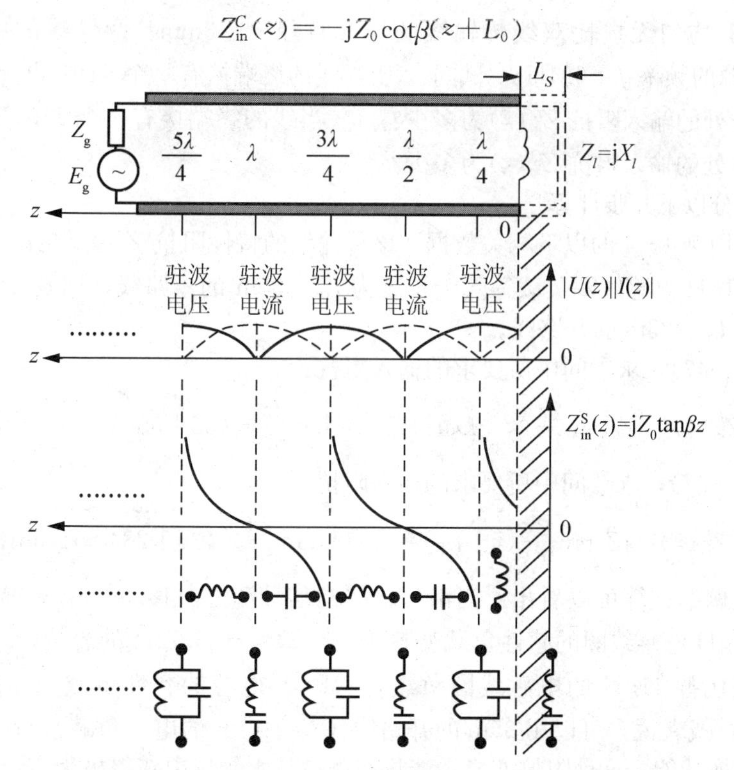

图 1-14　均匀无损耗传输线终端接“纯感抗”负载时驻波和阻抗分布

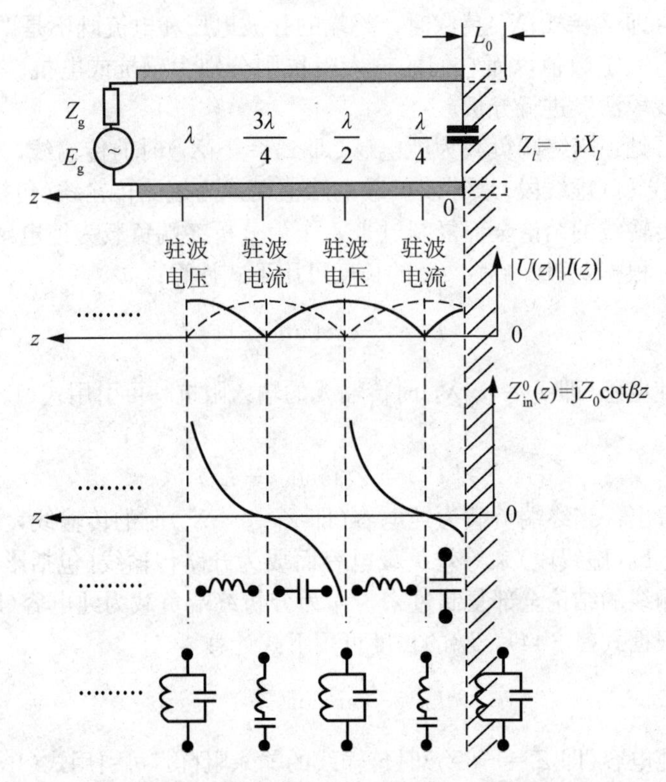

图 1-15　均匀无损耗传输线终端接“纯容抗”负载时驻波和阻抗分布

【例 1-6】均匀无损耗双线传输线的导线直径 $d=3$mm、两导线的中心距离 $D=100$cm、信号源的频率 $f=6$MHz，试问：① 当线的终端接有一个 41μH 电感线圈负载时，距离负载 35m 处的输入阻抗 $Z_{in}^L(z)$为多少?；② 当线的终端接有一个 210μF 电容负载时，距离负载 35m 处的输入阻抗 $Z_{in}^C(z)$为多少?

解：该题分以下几步计算。

本题可借用例 1-4 的以下相关数据：该传输线的特性阻抗 $Z_0=503\Omega$、线的工作波长 $\lambda_{01}=50$m 和 41μH 电感线圈负载等效于长度为 $L_S=35$m 的短路线，以及 210μF 电容负载等效于长度为 $L_0=23$m 的开路线。

根据式(1-47)，求①问中所要求的输入阻抗：

$$Z_{in}^L(z)=jZ_0\tan\frac{2\pi}{\lambda_{01}}(z+L_S)=j503\times\tan\frac{2\pi}{50}\times(35+35)\approx-j0.72\Omega$$

根据式(1-47)，求②问中所要求的输入阻抗：

$$Z_{in}^L(z)=jZ_0\tan\frac{2\pi}{\lambda_{01}}(z+L_S)=j503\times\tan\frac{2\pi}{50}\times(35+23)\approx j1.58\Omega$$

通过以上例题计算可以看出：当沿传输线向信号源方向移动 35m 距离时阻抗性质发生了改变：41μH 电感线圈的感性负载变换为 $Z_{in}^L(z)\approx-j0.72\Omega$ 的容抗(或者说，可以用 35m 的短路线代替 41μH 的电感线圈负载)，210μF 电容的容性负载变换成为 $Z_{in}^L(z)\approx j1.58\Omega$ 的感抗(或者说，可以用 35m 的开路线代替 210μF 的电容负载)。这具体表明了传输线的阻抗变换功能，这种阻抗变换功能将在微波技术领域中获得极为广泛应用。

4）驻波工作状态小结

均匀无损耗传输线的驻波工作状态分析，是微波技术基础理论非常重要的组成部分；从应用层面来看驻波状态，有时应力图避免、有时应加以利用。驻波状态有以下主要特点。

(1) 传输线上出现纯(全)驻波时，传输线的终端负载为短路、或为开路、或为纯电抗。

(2) 沿传输线上的电流和电压呈现全驻波分布，而具有“波节点”和“波腹点”。短路传输线终端为电流波腹点和电压波节点，开路传输线终端为电流波节点和电压波腹点；传输线的终端接有纯电感负载时，离开终端向信号源方向数过去第一个出现的是电压波腹点；传输线的终端接有纯电容负载时，离开终端向信号源方向数过去第一个出现的是电压波节点。

(3) 沿传输线各点的电压和电流的时间相位有 $\pi/2$ 的相位差，它反映了沿传输线上不存在“有功功率”传输而只有“无功功率”交换而形成电磁振荡。当“电场能量”和“磁场能量”相等时，就形成沿线分布的“并联谐振电路”或“串联谐振电路”；当“电场能量”大于“磁场能量”时，就形成沿线分布的“电容”；当“磁场能量”大于“电场能量”时，就形成沿线分布的“电感”。

(4) 沿线各点输入阻抗或为“感抗”、或为“容抗”、或为“并联谐振电路”或“串联谐振电路”，它们均每隔 $\lambda/2$ 重复一次、每隔 $\lambda/4$ 变换一次。沿传输线各点输入阻抗可以用以下各式计算。

当传输线终端短路时

$Z_{\text{in}}^{\text{S}}(z)=\text{j}Z_0\tan\beta z$

当传输线终端开路时

$Z_{\text{in}}^{0}(z)=-\text{j}Z_0\cot\beta z$

当传输线终端接电感负载时

$Z_{\text{in}}^{\text{S}}(z)=\text{j}Z_0\tan\beta(z+L_{\text{S}})$

当传输线终端接电容负载时

$Z_{\text{in}}^{0}(z)=-\text{j}Z_0\cot\beta(z+L_0)$

3. 行驻波工作状态分析

1）一般性分析

当 $Z_l=R_l\pm\text{j}X_l$ 时 $|\Gamma_l|<1$，即传输线终端接复阻抗负载情况。此时传输线上既有入射波还有部分反射波，从而在线上形成部分反射工作状态，通常将这工作状态称为“行驻波状态”。传输线上的部分反射波和入射波相干涉，形成传输线上的部分驻波；此时，传输线上的电压和电流(利用了三角函数 $\text{e}^{\pm\text{j}x}=\cos x\pm\text{j}\sin x$ 关系)可以求解获得以下表达式：

$$\begin{aligned}U(z)&=U_1^{+}\text{e}^{\text{j}\beta z}+U_1^{-}\text{e}^{-\text{j}\beta z}=U_1^{+}\text{e}^{\text{j}\beta z}+\Gamma_1 U_1^{+}\text{e}^{-\text{j}\beta z}\\&=U_1^{+}\text{e}^{\text{j}\beta z}-\Gamma_1 U_1^{+}\text{e}^{\text{j}\beta z}+\Gamma_1 U_1^{+}\text{e}^{\text{j}\beta z}+\Gamma_1\text{e}^{-\text{j}\beta z}\\&=\underbrace{U_1^{+}(1-\Gamma_1)\text{e}^{\text{j}\beta z}}_{\text{行波}}+2\underbrace{|\Gamma_1|U_1^{+}\cos(\beta z}_{\text{行波}}+\phi_1)\end{aligned}\tag{1-50a}$$

$$\begin{aligned}I(z)&=U_1^{+}\text{e}^{-\text{j}\beta z}+I_1^{-}\text{e}^{\text{j}\beta z}=I_1^{+}\text{e}^{\text{j}\beta z}-\Gamma_1 I_1^{+}\text{e}^{-\text{j}\beta z}\\&=I_1^{+}\text{e}^{\text{j}\beta z}-\Gamma_1 I_1^{+}\text{e}^{\text{j}\beta z}+\Gamma_1 I_1^{+}\text{e}^{\text{j}\beta z}-\Gamma_1 I_1^{+}\text{e}^{-\text{j}\beta z}\\&=\underbrace{I_1^{+}(1-\Gamma_1)\text{e}^{\text{j}\beta z}}_{\text{行波}}+2\text{j}\underbrace{|\Gamma_1|I_1^{+}\sin(\beta z}_{\text{行波}}+\phi_1)\end{aligned}\tag{1-50b}$$

显然上式中的第一项是传输线上传播的行波，第二项是在传输线上振荡而不传播的驻波；驻波电压和驻波电流在时间相位上相差 π/2(因为驻波电流多乘一个"j")，即沿线电压振幅强时电流振幅弱；反之亦然。上述现象是一种实际存在的情况。在微波传输通道中要尽量避免出现纯驻波，但不可避免出现部分驻波。在后面的讨论中，将相应定义一个"驻波比 ρ"或"行波系数 K "参量来衡量部分驻波的大小。

式(1－50)中的终端电压反射系数 Γ_l 是传输线终端接 $Z_l=R_l\pm jX_l$ 负载时的电压反射系数。Γ_l 可以根据式(1－33)求得：

$$\begin{aligned}\Gamma_l &=\frac{Z_l-Z_0}{Z_l+Z_0}=\frac{R_l^2-Z_0^2+X_l^2}{(R_l+Z_0)^2+X_l^2}\pm j\,\frac{2X_lZ_0}{(R_l+Z_0)^2+X_l^2}\\ &=|\Gamma_l|\,e^{\pm j\phi_l}\end{aligned} \tag{1－51}$$

式中：

$$|\Gamma_l|=\sqrt{\frac{(R_l-Z_0)^2+X_l^2}{(R_l+Z_0)^2+X_l^2}}<1 \tag{1－51a}$$

$$\phi_l=\arctan\frac{2X_lZ_0}{R_l^2+X_l^2-Z_0^2} \tag{1－51b}$$

图 1－16 所示是传输线终端接有几种常见负载时的传输线上的驻波电压和驻波电流分布，以及传输线上的行波传播图形，它表明了传输线的行驻波工作状态。将图 1－16 和图 1－12、图 1－13、图 1－14 以及图 1－15 进行比较，可以发现图 1－16 有以下特点。

(1) 传输线中包含有向终端负载方向传播的行波。

(2) 驻波"波节点"不为零而具有一定的数值，这是因为有行波成分存在的缘故；沿传输线行波电压和行波电流有效值的幅度不变，且具有一定的数值。

(3) 驻波电流振荡幅度比驻波电压振荡幅度小，这是因为终端负载中含有电阻 R 成分而使驻波电流振荡幅度小的缘故，即 $I(z)\approx(U(z)/R_l)<U(z)$。

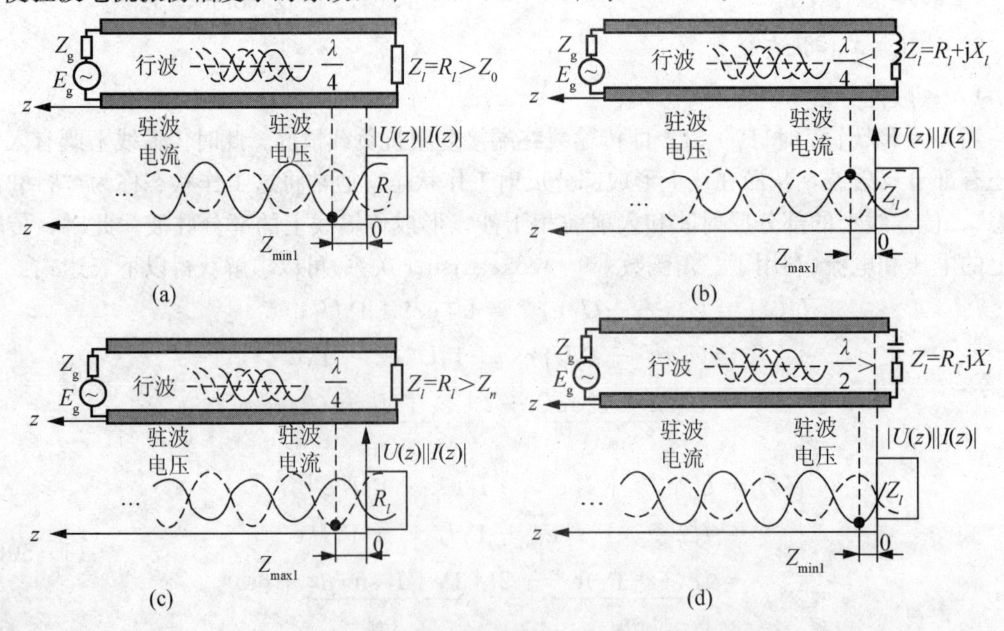

图 1－16　均匀无损耗传输线终端接常见负载时驻波分布

2）细节性分析

（1）求波腹点和波节点处的电流和电压的幅度值。

实际中为了计算和测量行驻波状态下传输线上的部分驻波的状况，必须从理论上知道驻波波腹点和波节点处的电流和电压的幅度值；再根据理论确定的上述幅度值定义一个“驻波比 ρ”或“行波系数 K”参量，作为衡量部分驻波的大小的依据，以便计算和测量。由式(1-32)可知，当传输线处在行驻波状态时，线上的电压和电流可分别表示为

$$U(z)=U^{+}(z)+\Gamma(z)U^{+}(z)=U_l^{+}\mathrm{e}^{\mathrm{j}\beta z}\left[1+|\Gamma_l|\mathrm{e}^{\mathrm{j}(\phi_l-2\beta z)}\right] \tag{1-52a}$$

$$I(z)=I^{+}(z)-\Gamma(z)I^{+}(z)=I_l^{+}\mathrm{e}^{\mathrm{j}\beta z}\left[1-|\Gamma_l|\mathrm{e}^{\mathrm{j}(\phi_l-2\beta z)}\right] \tag{1-52b}$$

注意

式(1-50)中的电压和电流中包含了行波成分，而驻波成分是叠加在其上的。因此，出现了图1-16所示的“波节点”不为零的驻波分布。

当 $\phi_l-2\beta z=0$ 时，传输线上将出现电压“波腹点”和电流“波节点”，即

$$\begin{aligned}|U(z)|_{\max}&=|U_l^{+}|(1+|\Gamma_l|)\\|I(z)|_{\min}&=|I_l^{+}|(1-|\Gamma_l|)\end{aligned} \tag{1-53a}$$

当 $\phi_l-2\beta z=-\pi$ 时，传输线上将出现电压“波节点”和电流“波腹点”，即

$$\begin{aligned}|U(z)|_{\min}&=|U_l^{+}|(1-|\Gamma_l|)\\|I(z)|_{\max}&=|I_l^{+}|(1+|\Gamma_l|)\end{aligned} \tag{1-53b}$$

式(1-53)表明：在行驻波状态下因为 $|\Gamma_l|<1$，故电压和电流“波腹点”的振幅不是 $|U_l^{+}|$ 和 $|I_l^{+}|$ 的两倍；此外，“波节点”也不为零。

（2）实际中常用的驻波比和行波系数参数。

为了计算和测量行驻波状态下传输线的部分驻波状况，通常人为定义一个“驻波比 ρ”或“行波系数 K”来进行描述。

驻波比 ρ 的定义：为了测量方便，通常将驻波比 ρ 定义为传输线上两个相邻“波腹电压”和“波节电压”之比。根据式(1-53)有

$$\rho=\frac{|U(z)|_{\max}}{|U(z)|_{\min}}=\frac{1+|\Gamma_l|}{1-|\Gamma_l|} \tag{1-54}$$

一般而言，$\rho=1\sim\infty$；当 $\rho=1$ 时，表示传输线上仅传输行波而无驻波；当 $\rho\to\infty$ 时，表示传输线上仅有驻波而无行波。当 $\rho=1$ 时，传输线是一种理想的匹配状态；当 $\rho\to\infty$ 时，传输线是一种完全失配状态。对于微波元器件输入端口和输出端口与外部连接时，最理想的要求 $\rho=1.05$ 左右，一般可以做到 $\rho=1.1\sim1.2$。

行波系数 K 的定义：传输线上两个相邻“波节电压”和“波腹电压”之比。根据式(1-53)有

$$K=\frac{|U(z)|_{\min}}{|U(z)|_{\max}}=\frac{1-|\Gamma_l|}{1+|\Gamma_l|}=-\frac{1}{\rho} \tag{1-55}$$

一般而言，$K=0\sim1$；当 $K=1$ 时表示传输线上仅传输行波而无驻波(传输线是一种理想的匹配状态)；当 $K=0$ 时表示传输线上仅有驻波而无行波(传输线是一种完全失配状态)；实际中习惯上通常提对 ρ 的技术指标要求，有些资料中也有提出对 K 的技术指标要

求的。

通过测量驻波比和通过式(1-54)或式(1-55)的换算，可以获得传输线终端反射系数的模值，即

$$|\Gamma_l|=\frac{\rho-1}{\rho+1}=\frac{1-K}{1+K} \tag{1-56}$$

由式(1-33)$\Gamma_l=|\Gamma_l|e^{j\phi_l}$可见：为了确定终端反射系数 Γ_l，还需要确定其相角 ϕ_l；为此，可利用式(1-52)来确定 ϕ_l。在式(1-52)中令 $\phi_l-2\beta z=0$，可以求得第一个电压波腹点和电流波节点距终端的距离分别为

$$z_{\max 1}=\frac{\phi_l}{2\beta}=\frac{\phi_l\lambda}{4\pi} \tag{1-57}$$

$$z_{\min 1}=\frac{\phi_l}{2\beta}=\frac{\phi_l\lambda}{4\pi}+\frac{\lambda}{4}=z_{\max 1}+\frac{\lambda}{4} \tag{1-58}$$

因而，根据式(1-58)便可以求得相角 ϕ_l 的计算式，即

$$\phi_l=\frac{4\pi}{\lambda}z_{\min 1}-\pi\pm 2n\pi(n=0,1,2,3,\cdots) \tag{1-59}$$

从式(1-59)、式(1-56)和式(1-33)可以看出：如果能设法通过测量获得 ρ 和 $z_{\min 1}$（或 $z_{\max 1}$）就可以根据式(1-33)求得 Γ_l；如果再给定传输线特性阻抗 Z_0，就可以通过式(1-36)计算传输线的负载阻抗，即

$$Z_l=Z_{\text{in}}(0)=Z_0\frac{1+\Gamma_l}{1-\Gamma_l}$$

事实上随着传输线终端负载阻抗 Z_l 的性质不同，$z_{\max 1}$ 和 $z_{\min 1}$ 长度也不同。下面讨论终端接入不同性质负载阻抗 Z_l 时，确定 $z_{\max 1}$ 可能的取值和取值范围，以便帮助测量判断。

(3) 不同性质终端负载阻抗时 $z_{\max 1}$ 和 $z_{\min 1}$ 的取值和取值范围。

① 终端负载阻抗 $Z_l=R_l>Z_0$ 时，将 $Z_l=R_l>Z_0$ 代入式(1-51b)可得 $\phi_l=0°$，再根据式(1-57)可以确定 $z_{\max 1}=0$。这说明：传输线负载终端($z=0$ 处)为电压波腹点和电流波节点，如图 1-16(a)所示。

② 终端负载阻抗 $Z_l=R_l<Z_0$ 时，将 $Z_l=R_l<Z_0$ 代入式(1-51b)可得 $\phi_l=\pi$，再根据式(1-57)可以确定 $z_{\max 1}=\lambda/4$。这说明：传输线负载终端($z=0$ 处)为电压波节点和电流波腹点，如图 1-16(c)所示。

③ 终端负载阻抗 $Z_l=R_l+jX_l$ 时，在这种负载情况下根据式(1-51b)判断 $0<\phi_l<2\pi$，再根据式(1-57)可以确定 $0<z_{\max 1}<\lambda/4$。这说明：离开传输线负载终端($z=0$ 处)，第一个出现的是电压波腹点和电流波节点，如图 1-16(b)所示。

④ 终端负载阻抗 $Z_l=R_l-jX_l$ 时，在这种负载情况下根据式(1-51b)判断 $\pi<\phi_l<2\pi$，再根据式(1-57)可以确定和 $\lambda/4<z_{\max 1}<\lambda/2$。这说明：离开传输线负载终端($z=0$ 处)，第一个出现的是电压波节点和电流波腹点，如图 1-16(d)所示。

以上 4 种传输线终端负载是常见的实际负载，如果将以上结论用于实际测量则对实际工作具有以下指导意义：在已知信号源波长 λ 情况下，如果测量获得 $z_{\max 1}$ 或 $z_{\min 1}$ 值便可以判断终端负载阻抗 Z_l 的性质和计算终端负载阻抗 Z_l 的数值。上述判断，可以为微波阻抗测量奠定理论基础。

3）行驻波状态传输线的输入阻抗

传输线处在行驻波状态下的输入阻抗，应使用式(1－22)计算。图 1－17 所示是传输线终端接常见负载阻抗 $Z_l=R_l+jX_l$ 时的沿线输入阻抗分布曲线；图中离开负载终端($z=0$ 处)z_{max1} 的距离，将出现第一个电压波腹点和电流波节点、以后每隔 $\lambda/2$ 重复一次。沿线电压波腹点和电流波节点处的输入阻抗，根据式(1－53)可以表示为

$$R_{max}(z)=Z_0\frac{1+|\Gamma_l|}{1-|\Gamma_l|}=\rho Z_0>Z_0 \tag{1-60}$$

为一个纯电阻；再根据式(1－58)可以看出：离开负载终端($z=0$ 处)$z_{min1}=z_{max1}+\lambda/4$ 的距离，将出现第一个电流波腹点和电压波节点，之后每隔 $\lambda/2$ 重复一次。沿线电流波腹点和电压波节点处的输入阻抗根据式(1－53)可以表示为

$$R_{min}(z)=Z_0\frac{1-|\Gamma_l|}{1+|\Gamma_l|}=\frac{Z_0}{\rho}<Z_0 \tag{1-61}$$

也为一个纯电阻。另外，将式(1－60)和式(1－61)相乘可得

$$R_{max}(z)\times R_{min}(z)=Z_0^2$$

或

$$Z_0=\sqrt{R_{max}(z)\times R_{min}(z)} \tag{1-62}$$

由图 1－17 还可以看出在 $R_{max}(z)$ 和 $R_{min}(z)$ 之间交替分布着“复感抗”和“复容抗”。

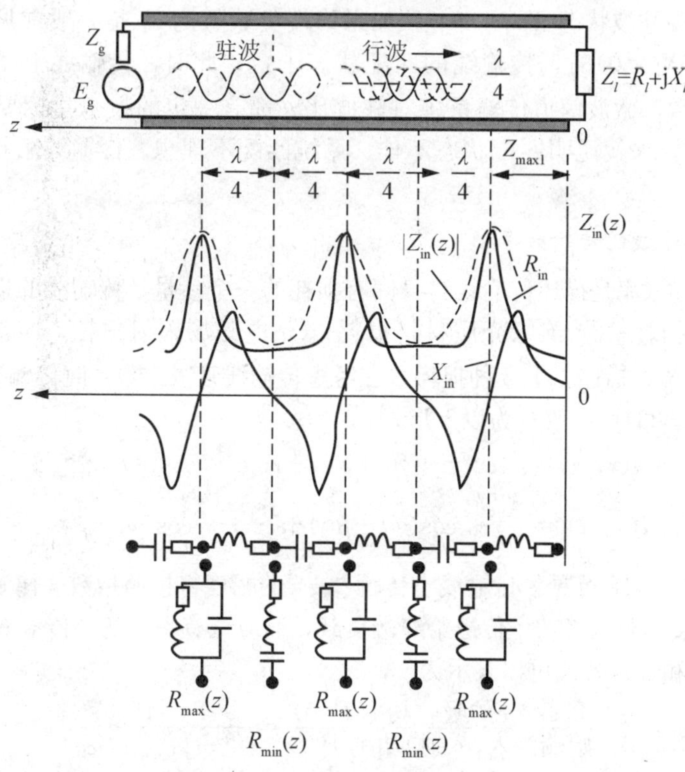

图 1－17 均匀无损耗传输线终端一般负载时的输入阻抗分布曲线

注意

① 以上沿线分布的各种不同性质的阻抗，均是每隔$\lambda/4$交换一次、每隔$\lambda/2$重复一次；② 对于传输线终端接入其他性质负载时的输入阻抗分布情况，只需在图1-17中将z_{max1}变更为相应负载的z_{max1}即可；此外，其他沿线输入阻抗的分布情况不变。例如，传输线终端接负载$Z_l=R_l>Z_0$时，只需在图1-17中令$z_{max1}=0$即可得到沿线输入阻抗分布情况。

1.4 均匀传输线的阻抗匹配问题

在实际工作中，例如，微波元器件端口(输入端口或输出端口)之间连接、天线和馈线连接等，要解决的基本问题是阻抗匹配问题，而研究讨论这个问题的基本“物理模型”是“以均匀传输线为基础的阻抗匹配”。以均匀传输线的阻抗匹配为基础展开讨论所得的数学结论，可广泛用于微波工程、天线工程等实际中。

1.4.1 为什么传输线需要阻抗匹配

研究传输线的阻抗匹配，是研究当传输线终端接入负载阻抗Z_l以后线上所呈现的工作状态。如果终端负载阻抗Z_l等于传输线的特性阻抗Z_0(即$Z_l=Z_0$)时，传输线是匹配的；此时，传输线上呈现行波状态($\rho=1$)。如果$Z_l=0$或∞时，传输线是全失配的；此时，传输线上呈现驻波状态(即$\rho=\infty$)。如果终端负载阻抗Z_l是一般常见负载$Z_l=R_l\pm jX_l$(或$R_l=0$或$X_l=0$)时，传输线的匹配状态未定；此时，传输线上呈现行驻波状态($1<\rho<\infty$)。通常，微波信道传输系统对驻波比ρ都有一定的技术指标要求(如要求$\rho=1.2$等)；达不到要求就说明匹配状态不佳、系统匹配不理想。传输线阻抗不匹配将产生以下一些问题。

1. 不匹配传输线的传输效率低

传输线的传输效率是描述传输线自身固有损耗的一个参量，传输线的损耗包括：① 传输线的导体材料损耗；② 绝缘介质材料损耗；③ 电磁场辐射损耗。通常用传输线自身“衰减常数α”来统一描述以上3种损耗，在考虑传输线衰减常数α时传输线就成为有损耗线。此时，式(1-23)可以改写为以下形式：

$$u(z,\ t)=A_1\mathrm{e}^{\mathrm{j}\alpha z}\cos(\omega t+\beta z)+A_2\mathrm{e}^{-\mathrm{j}\alpha z}\cos(\omega t-\beta z) \tag{1-63a}$$

$$i(z,\ t)=\frac{A_1\mathrm{e}^{\mathrm{j}\alpha z}}{Z_0}\cos(\omega t+\beta z)+\frac{A_2\mathrm{e}^{-\mathrm{j}\alpha z}}{Z_0}\cos(\omega t-\beta z) \tag{1-63b}$$

由式(1-63)和图1-18可见：传输线上传输“波”的幅度将按照指数规律$\mathrm{e}^{\pm\alpha z}$衰减；此时，传输线就不可能100%地将功率传送给终端负载，而应该有一定的“传输效率”。传输线的传输效率的定义和计算公式可以表示为

$$\eta=\frac{\text{负载}Z_l\text{的吸收功率}P(0)}{\text{始端注入(入射)功率}P(l)}=\frac{1-|\Gamma_l|^2}{\mathrm{e}^{2\alpha l}-|\Gamma_l|^2\mathrm{e}^{-2\alpha l}} \tag{1-64}$$

式中：α为计及传输线固有损耗时的衰减常数。

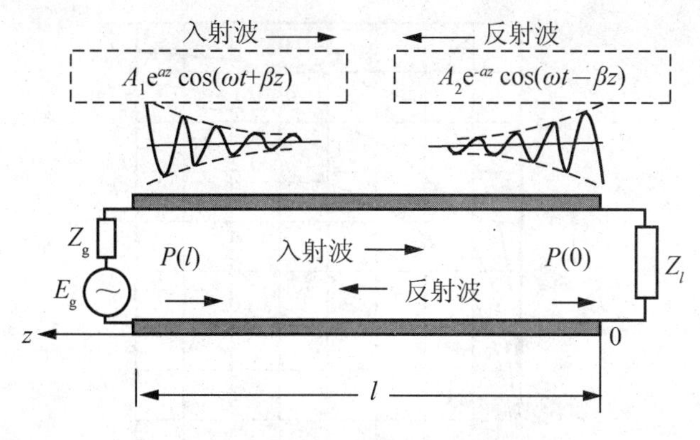

图 1-18　计算均匀传输线传输效率图

从理论上讲，衰减常数 α 是一个考虑到了表 1-1 中的分布参数 R 和 G 影响的传输线的固有参量；此时，均匀双线传输线可视为有损耗传输线。衰减常数 α 可用下式计算，即

$$\alpha=\frac{1}{2}(RY+GZ_0) \tag{1-65}$$

利用双曲函数 $\sinh x=0.5\times(e^x-e^{-x})$ 和 $\cosh x=0.5\times(e^x+e^{-x})$ 关系，可以将式(1-64)改写成为以下形式：

$$\eta=\frac{1}{\cosh 2\alpha+0.5(\frac{1}{\rho}+\rho)\sinh 2\alpha} \tag{1-66}$$

式中：$\rho=1/K$ 为驻波比，而 K 为行波系数。

再根据级数 $\sinh x=x+\frac{x^2}{2!}+\frac{x^4}{4!}+\frac{x^6}{6!}+\frac{x^8}{8!}+\cdots\approx x$ 和 $\cosh x=1+\frac{x^2}{2!}+\frac{x^4}{4!}+\frac{x^6}{6!}+\frac{x^8}{8!}+\cdots\approx 1$ 的关系(当 x 很小)可知：如果传输线的衰减常数 α 是一个很小的值时，就可认为式(1-66)中的 $\cosh 2\alpha\approx 1$ 和 $\sinh 2\alpha\approx 2\alpha$。据此，经进一步简化后，可将式(1-66)再改写成为以下形式：

$$\eta\approx 1-(K+\frac{1}{K})\alpha l=1-(\frac{1}{\rho}+\rho)\alpha l \tag{1-67}$$

由式(1-67)可见：① 当行波系数 K 为一定值时，如果传输线衰减常数 α 越小、线的长度 l 越短，则传输线的传输效率 η 就越高；② 对于一定的传输线(即为 $\alpha l<1$ 的一定值)，如果匹配得越好(即 $K<1$ 时越大)，则传输线的传输效率 η 就越高。图 1-19 给出了传输效率与行波系数的关系曲线，由该图看出：$K<0.5$（即 $\rho=1/K<2$)时，传输线匹配好坏(即 K 的大小)严重影响传输线的传输效率；当 $K>0.5$（即 $\rho=1/K<2$)时，上述影响就小多了；特别当 $K>0.75$（即 $\rho=1/K<1.33$)时，上述影响就更小了。因此如果仅考虑传输线的传输效率的话，只需做到驻波比 $\rho=1/K<2$ 就可以了。

2. 不匹配传输线将引起附加损耗

不匹配传输线还会再增加传输线的附加损耗，这种附加损耗是由传输线上的反射波引起的。式(1-67)不仅考虑传输线自身衰减常数 α 的微小损耗对传输效率的影响，还将传输线终端匹配好坏(或终端反射波)的影响也考虑到了。但需指出：式(1-67)只是体现了

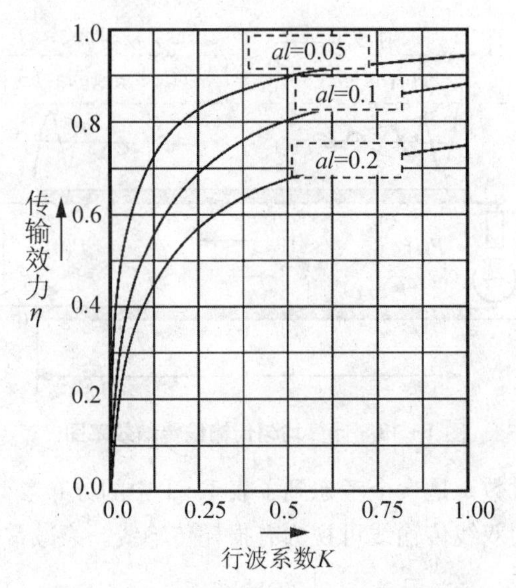

图 1-19 传输效率与行波系数关系曲线

传输线负载终端反射波对传输效率 η 的影响；另外，终端反射波的影响还可以用传输线上任意 z 点处引起的传输线损耗体现出来。对此，可以定义一个"回波损耗"参数来定量说明。

1）回波损耗

参见图 1-20，无损耗均匀传输线上某 z 点处回波损耗的定义和计算公式如下：

$$L_{\mathrm{R}}(z)=\frac{\text{传输线上任意 } z \text{ 点处的入射波功率 } P_{+}(z)}{\text{传输线上任意 } z \text{ 点处的反射波功率 } P_{-}(z)}=\frac{1}{|\Gamma(z)|^{2}} \tag{1-68a}$$

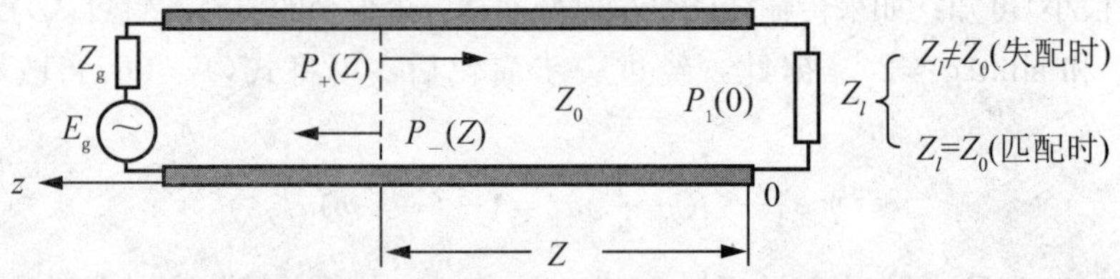

图 1-20 定义回波损耗和插入损耗的用图

用分贝表示的无损耗传输线终端的回波损耗为

$$L_{\mathrm{R}}(\mathrm{dB})=-20\lg|\Gamma_l|\,\mathrm{dB} \tag{1-68b}$$

由式(1-68)可见：传输线负载终端失配越严重 ρ 越大(即 Γ_l 越大)，回波损耗 $L_{\mathrm{R}}(z)$ 也就越大。由此可见：任何微波传输系统都必须将负载终端匹配好，以使驻波比 ρ 达到所要求的指标。通常计算一条微波传输路由系统的总体传输损耗时，回波损耗 $L_{\mathrm{R}}(z)$ 通常是用对驻波比 ρ 要求方式提出来的，并将它分配到各种具体微波元器件作为技术指标来要求；调测微波元器件时，必须严格设法保证达到驻波比 ρ 的技术指标要求；否则，将影响微波传输路由系统的总体指标。

2）插入损耗

回波损耗是指传输线终端负载失配引起的，而"插入损耗"则是传输线上某 z 点不均

匀和不连续处产生反射波引起的。插入损耗将使传输线终端负载的吸收功率减少，从而降低传输效率。下面介绍插入损耗，以得出一些有用的结论。

如图1-20所示，无损耗非均匀传输线上某z点处插入损耗的定义和计算公式如下：

$$L_A(z)=\frac{\text{传输线上任意}\ z\ \text{点处的入射波功率}\ P_+(z)}{\text{传输线负载}\ Z_l\ \text{的吸收功率}\ P_l(0)}=\frac{1}{|\Gamma(z)|^2} \tag{1-69}$$

再根据式(1-32)和式(1-54)，可将上式改写成以下形式：

$$L_A(z)=\frac{1}{1-|\Gamma(z)|^2}=(\frac{\rho+1}{2\rho})^2 \tag{1-70a}$$

或用分贝表示为

$$L_A(\mathrm{dB})=10\lg\frac{1}{1-|\Gamma(z)|^2}=20\lg(\frac{\rho+1}{2\sqrt{\rho}})\mathrm{dB} \tag{1-70b}$$

由式(1-70)可见：传输线中途某z点处出现不均匀和不连续处的驻波比ρ越大，该z点处的插入损耗$L_A(z)$也就越大。在计算一条微波传输路由系统的总体传输损耗时，插入损耗$L_A(z)$通常是用对驻波比ρ要求方式提出来的，并将它分配到各种具体微波元器件作为技术指标来要求；调测微波元器件时，必须严格设法保证达到驻波比ρ的技术指标要求；否则，将影响微波传输路由系统的总体指标。

综上讨论可见：一种微波元器件接入微波信道系统中所引起的回波损耗$L_R(z)$和插入损耗$L_A(z)$，都通过驻波比ρ反映出来；接入微波信道系统中的微波元器件技术指标要求，也是用驻波比ρ方式来规范的(例如，要求某种微波元器件输入和输出端口的驻波比$\rho\leqslant 1.05$)。生产微波元器件的厂家必须达到规范的技术指标要求；否则，将影响微波传输路由系统的总体指标。目前许多市售微波元器件说明书上所注明的技术指标要求，是根据某种总体指标规范提出的(生产元器件的厂家不一定都知道这种根据)。

【例1-7】 在某2GHz波段微波通信机的阻抗为50Ω同轴线支路中，插接入一个如图1-21所示的“交指滤波器”；该滤波器的同轴输入和输出端口的阻抗均为$Z_c=50\Omega$，要求端口驻波比$\rho\leqslant 1.05$。① 如果输出端口接入一个$Z_l=75\Omega$的负载时，试求输入端口的回波损耗L_R(dB)；② 如果滤波器输入端口没有插接好、而具有与输出端口相同的驻波比，试求该滤波器引进的插入损耗L_A(dB)。

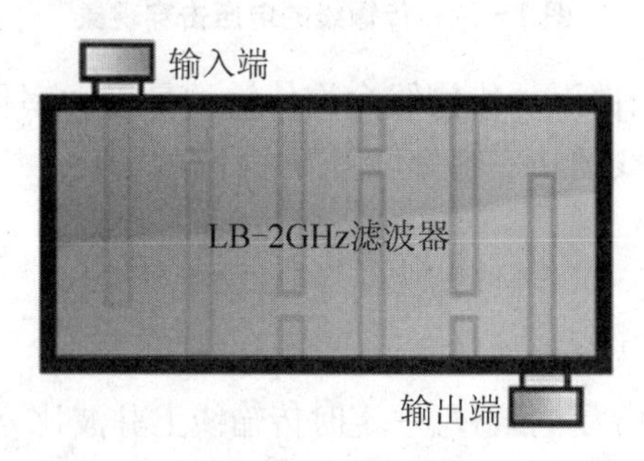

图1-21　2GHz波段使用的交指滤波器

解：(1) 求输出端口接入一个$Z_l=75\Omega$的负载时输入端口的回波损耗。
根据式(1-32)和式(1-33)，可求得输出端口反射系数大小为

$$|\Gamma_l|=|\frac{Z_l-Z_c}{Z_l+Z_c}|=\frac{75-50}{75+50}=0.2$$

$$|\Gamma_l|=|\frac{Z_l-Z_c}{Z_l+Z_c}|=\frac{75-50}{75+50}=0.2$$

再根据式(1-54)，可求得输出端口的驻波比为

$$\rho_1=\frac{1+|\Gamma_l|}{1-|\Gamma_l|}=\frac{1+0.2}{1-0.2}=1.5$$

因为 $\rho_1>\rho\leqslant 1.05$，说明滤波器输出端口是失配的。

因此，根据式(1-68b)可求得输出端口不匹配引起输入端口的回波损耗为

$$L_R(\mathrm{dB})=-20\lg|\Gamma_l|^2=-20\lg 0.4\approx 8\ \mathrm{dB}$$

(2) 求该滤波器输入端口没有插接好引进的插入损耗 。

根据式(1-70b)，可求得滤波器输入端口没有插接好(即不匹配端口处)的插入损耗为

$$L_A(\mathrm{dB})=20\lg\frac{(1+\rho_1)}{2\sqrt{\rho_1}}=20\lg\frac{2.5}{2\times\sqrt{1.5}}=0.177\mathrm{dB}$$

根据以上计算可以得出一个实际中常用的结论：正确使用任何一种微波器件，应使其输入端口和输出端口都要匹配好；这样，可以减少微波信道中的附加损耗。

3. 不匹配传输线的功率容量低

如果传输线匹配不够理想、线上驻波成分过大，将像图 1-22 所示的那样传输线(包括金属波导)要发生“电压穿击”。这种电压击穿现象如果发生在如图 1-22(b)所示的波导馈线中(例如数千兆瓦输出功率的雷达机馈线中)，其后果将是严重的。

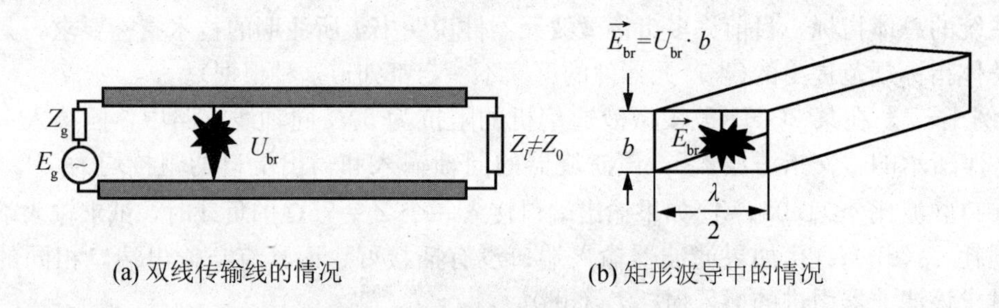

(a) 双线传输线的情况　　(b) 矩形波导中的情况

图 1-22　传输线的电压击穿现象

在不发生电压击穿的条件下，传输线允许传输的最大功率称为传输线的“功率容量”或称为“极限功率”。传输线的功率容量可用下式计算，即

$$P_{br}=0.5\frac{U_{br}^2}{Z_0\rho} \tag{1-71}$$

式中：U_{br}为传输线的击穿电压。

由式(1-71)可见：当击穿电压 U_{br} 一定时传输线上驻波比 ρ 越大，传输线的功率容量 P_{br} 就越低、也就越容易被击穿。因此，做好传输线的匹配使驻波比 ρ 达到技术指标要求，可以保护传输线系统的安全。对于像雷达机那样的大功率馈线系统的安全，特别需要保护；否则，后果是严重的。

1.4.2　传输线的阻抗匹配问题的提出

1. 传输线阻抗匹配的种类

从前面的讨论中可以看出传输线阻抗匹配的重要性，在微波技术实际工作中通常要花费很多的精力研究和获得传输线阻抗匹配。实际中的传输线阻抗匹配问题很复杂，处理起来很棘手，许多阻抗匹配问题往往是依靠实际经验解决的。生产厂家出厂的微波元器件要达标产品技术指标要求，基本上都是依靠试验定型。如图 1－23(a)所示，从理论层面可以将传输线阻抗匹配问题归结为以下两大类：① 信号源与传输线之间的阻抗匹配；② 负载与传输线之间的阻抗匹配。图 1－23(b)中“匹配器 1”用来解决信号源与传输线之间的阻抗匹配；“匹配器 2”用来解决负载与传输线之间的阻抗匹配。理论原则就这样简单，但这不能构成对实际有具体指导意义的依据；为此，下面将细节研究这些问题。

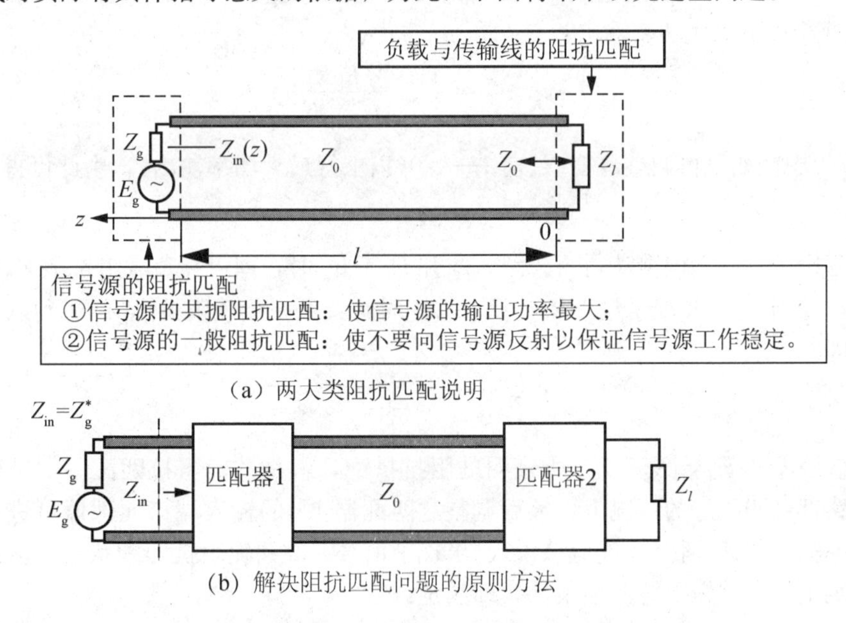

(a) 两大类阻抗匹配说明

(b) 解决阻抗匹配问题的原则方法

图 1－23　传输线的阻抗匹配问题

2. 传输线的阻抗匹配问题

从图 1－23 看出，传输线的阻抗匹配存在两方面问题：① 如何处理好信号源的内阻抗 Z_g 的共轭阻抗 Z_g^*，与信号源的负载阻抗 Z_{in}(如果加入“匹配器 1”，则为它的输入阻抗)之间的共轭阻抗匹配；② 如何处理好传输线的一般性的阻抗匹配，它包括传输线与负载 Z_l 之间的匹配(通常使用匹配器 2，使两者获得匹配)和信号源与负载 Z_{in}(如果加入“匹配器 1”，则为它的输入阻抗)之间的阻抗匹配。处理好第①项匹配，可以使信号源的输出功率最大；处理好第②项匹配，将消除反射波对信号源的影响以保证信号源工作稳定和使信号源的输出功率最大限度地被负载吸收。下面分别讨论这两种匹配。

1) 信号源的共轭阻抗匹配

如图 1－24 所示，如果信号源的内阻抗 Z_g 与其负载阻抗 Z_{in}互为共轭(复数)阻抗时，信号源可以获得最大的功率输出；这种阻抗搭配关系称为“共轭阻抗匹配”。图 1－23(b)

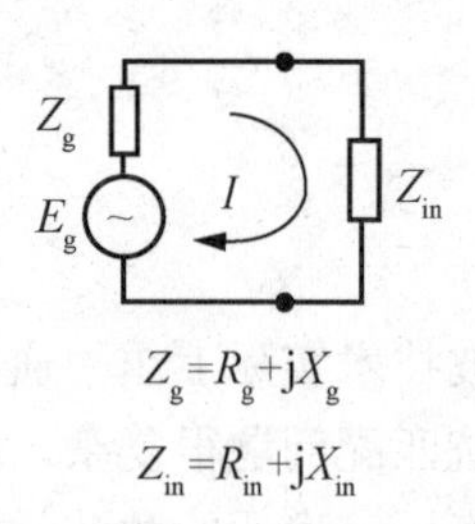

图 1-24　信号源的共轭阻抗匹配

的"匹配器 1"对信号源就应该做到共轭阻抗匹配，理论上才是合理的。

图 1-24 可以看成是图 1-23(b)输入端的等效电路，回路中的电流等于

$$I=\frac{E_g}{Z_g+Z_{in}}=\frac{E_g}{(R_g+jX_g)+(R_{in}+jX_{in})} \tag{1-72}$$

信号源输出给负载的实功率为

$$P=\frac{1}{2}R_{in}I\times I^*=\frac{1}{2}R_{in}\frac{E_g}{(R_g+jX_g)^2+(R_{in}+jX_{in})^2} \tag{1-73}$$

在式(1-73)中如果调整变化电抗 X_{in}(调匹配器 1)使得 $X_{in}=-X_g$(或 $X_g=-X_{in}$)时，负载 Z_{in}上可以获得以下最大功率输出：

$$P|_{X_{in}=-X_g}=\frac{1}{2}\times\frac{E_g^2R_{in}}{(R_{in}+R_g)^2} \tag{1-74}$$

在式(1-74)中，如果再调整改变 R_{in}使$\frac{dP}{dR_{in}}=0$(以求得最大功率输出)，由此可得

$$R_{in}=R_g \tag{1-75}$$

综上分析可见：当调整获得 $X_{in}=-X_g$ 和 $R_{in}=R_g$ 时，即可在负载阻抗上 Z_{in}得到最大功率输出；即当 $Z_{in}=R_{in}+jX_{in}=R_g-jX_g=Z_g^*$ 时，就可在负载阻抗上 Z_{in}得到以下最大功率输出，即

$$P_{max}=\frac{E_g^2}{8R_g} \tag{1-76}$$

由 $Z_{in}=R_{in}+jX_{in}=R_g-jX_g=Z_g^*$ 所表明的阻抗搭配，就是共轭阻抗匹配。如果确认系统后面的通路都已匹配好的情况下，最后调整"匹配器 1"的输入端口元件值可进一步获得了最大功率输出的话，估计(或应该说)已出现了信号源的共轭阻抗匹配状态；从而说明信号源已满足了以下共轭阻抗匹配条件，即满足：

$$Z_{in}=Z_g^* \quad \text{或} \quad X_{in}=-X_g \text{ 和 } R_{in}=R_g \tag{1-77}$$

注 意

根据以上理论指导调测工作时，应该有意识地想到为什么要这样调整。当然盲目调整也能调整好，但上升不到理性认识也总结不出有用的经验。

2) 一般性阻抗匹配

图 1-25 表示的是引起一般性的阻抗匹配问题的机理，传输线上发生的多次来回反射波将造成以下几方面影响：① 冲击信号源，使信号源输出信号不稳定(时而大，时而小)；② 在传输线上干涉成为驻波，从而引进一些附加损耗和破坏传输线信道的安全(传输大功率信号时，传输线有可能被击穿)；③ 使负载阻抗 Z_l 的吸功率减少，即不能使信号源的功率有效地传送给负载 Z_l。因此，必须做好传输线系统的阻抗匹配。

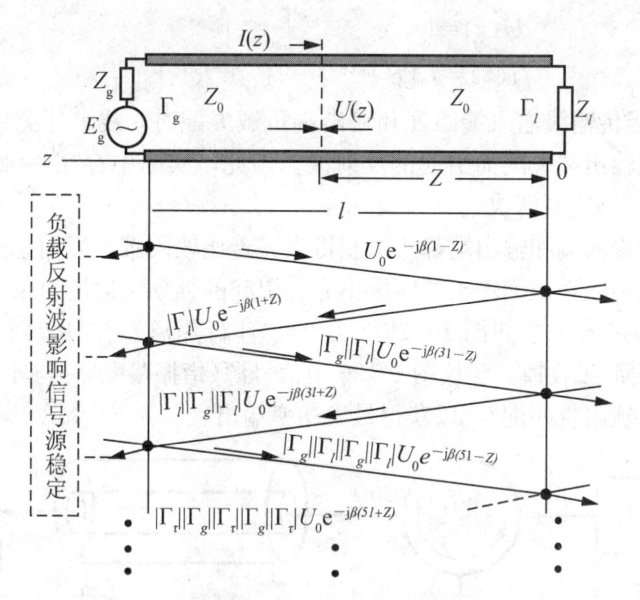

图 1-25　失配传输线上任意一点 Z 处的 $U(z)$ 和 $I(z)$

根据式(1-33)可知：如果信号源与传输线输入端不匹配，即 $Z_g \neq Z_0$，则输入端的反射系数为

$$|\Gamma_g| = \left|\frac{Z_g - Z_0}{Z_g + Z_0}\right| \tag{1-78}$$

如果负载阻抗 $Z_l \neq Z_0$，则传输线的输出端不匹配，此时输出端的反射系数为

$$|\Gamma_l| = \left|\frac{Z_l - Z_0}{Z_l + Z_0}\right| \tag{1-79}$$

传输线输入端和输出端都不匹配，将产生的如图 1-25 所示的多次来回反射波。可以证明在传输线输入端和输出端都不匹配的情况下，传输线上任意一点 z 处的电压和电流为

$$\begin{aligned} U(z) &= U_0 \frac{e^{-j\beta l}}{1 - |\Gamma_g||\Gamma_l| e^{-j2\beta l}} (e^{j\beta z} + |\Gamma_l| e^{-j\beta z}) \\ I(z) &= I_0 \frac{e^{-j\beta l}}{1 - |\Gamma_g||\Gamma_l| e^{-j2\beta l}} (e^{j\beta z} - |\Gamma_l| e^{-j\beta z}) \end{aligned} \tag{1-80}$$

根据式(1-78)、式(1-79)和式(1-82)可看出：当 $Z_g = Z_l = Z_0$，则有 $\Gamma_g = \Gamma_l = 0$；即传输线输入端和输出端都匹配($Z_g = Z_l = Z_0$)时，有

$$\begin{aligned} U(z) &= U_0 e^{-j\beta(l-z)} \\ I(z) &= I_0 e^{-j\beta(l-z)} \end{aligned} \tag{1-81}$$

式(1-81)表明：当传输线输入端和输出端都匹配时，线上任意一点 z 处的电压和电流均为入射行波而不出现反射波。在实际中如果出现上述情况，则说明整个传输线信道系统为全行波状态，但这仅是理想工作状态。实际上，任何信号传输系统总是处在行驻波状态。

3. 负载与传输线阻抗匹配问题

在式(1-80)中当 $Z_g = Z_0$ 和 $Z_l \neq Z_0$ 时，则 $\Gamma_g = 0$ 和 $\Gamma_l \neq 0$；此时，式(1-82)可以改写成为

$$U(z)=U_0\left[e^{-j\beta(l+z)}+|\Gamma_l|e^{-j\beta(l-z)}\right]$$
$$I(z)=I_0\left[e^{-j\beta(l+z)}-|\Gamma_l|e^{-j\beta(l-z)}\right] \tag{1-82}$$

式(1-82)表明：当传输线输入端匹配和输出端负载失配时，线上任意一点 z 处的电压和电流均有因传输线输出端失配而引起的反射波。因此，实际中存在一种负载阻抗 Z_l 与传输线 Z_0 阻抗匹配问题需要解决。

要求传输系统输入端和输出端都匹配获得很完善比较困难，因而总是存在对信号源的反射波。为了消除传输系统因输出端匹配不完善引起的强劲反射波对信号源的冲击，通常在信号源的输出端接入一个如图 1-26 所示的“环行隔离器”；用环行隔离器③端口的“吸收负载”将反射波吸收掉。建议图 1-26 中信号源(指振荡电路)与环行隔离器端口①之间最好调配成“共轭阻抗匹配”，以获得最大功率输出。

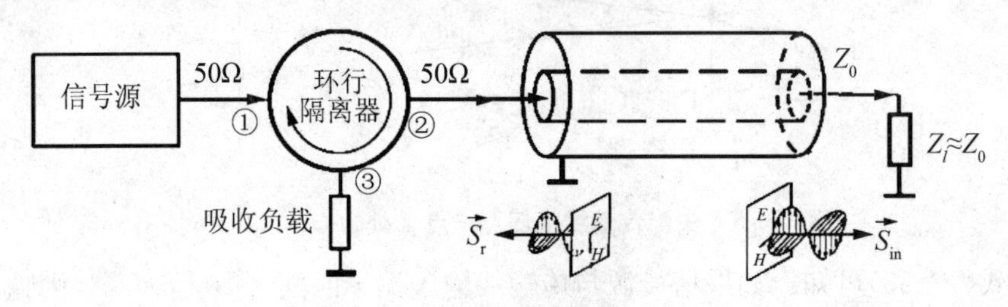

图 1-26　用环形器隔离反射波

1.4.3　如何实现(或获得)传输线的阻抗匹配

实际中要解决的匹配问题大多是负载阻抗 Z_l 与传输线 Z_0 阻抗匹配问题，而很少有人提出解决信号源的“共轭阻抗匹配”具体的理论方法(通常依靠调测)；在微波技术领域内，实现“负载与传输线(或系统)之间的阻抗匹配”的具体的理论方法很多。即：实现图 1-23(b)中“匹配器 2”的方法很多，其中有的简单易行的也有的加工制造复杂的。简单易行的阻抗匹配器的技术指标要求可以低一些(例如，匹配带宽可以窄一些)，复杂阻抗匹配器的技术指标要求高一些(例如，要求宽带匹配)。一般对阻抗匹配器提出以下主要技术指标：① 插入损耗 $L_r(z)$要小；② 频带要宽；③ 调整方便使能适应负载变化。下面介绍两种常见的阻抗匹配器，在第 4 章还将介绍几种微波阻抗匹配器。

1. $\frac{\lambda}{4}$阻抗变换器

1) 终端负载 $Z_l=R_l$ 的情况

图 1-27 所示，是一个“$\lambda/4$ 波长阻抗变换器”原理图。变换器由一段长为 $l=\lambda/4$、特性阻抗为 Z_{01}的传输线构成。图中 $R_l\neq Z_0$，即在未插接入 $\lambda/4$ 波长阻抗变换器以前，传输线与负载 R_l 是失配的；而当插接入“$\lambda/4$ 波长阻抗变换器”以后，可利用传输线的 $\lambda/4$ 的阻抗变换性将负载阻抗 R_l 变换为 Z_0 以获得匹配。为此，令阻抗变换器的长 $l=z=\lambda/4$ 代入式(1-22)可得

$$Z_{in}(z)\big|_{z=\frac{\lambda}{4}}=Z_{01}\frac{R_l+jZ_{01}\tan\beta z}{Z_{01}+jR_l\tan\beta z}=\frac{Z_{01}^2}{R_l}=Z_0$$

故求得变换器的特性阻抗为

$$Z_{01}=\sqrt{R_l \times Z_0} \tag{1-83}$$

求得 Z_{01} 以后再根据式(1－14)或式(1－16)，就可以设计出采用同轴传输线或采用双线传输线构成的 $\lambda/4$ 波长阻抗变换器的具体尺寸，具体计算方法如下。

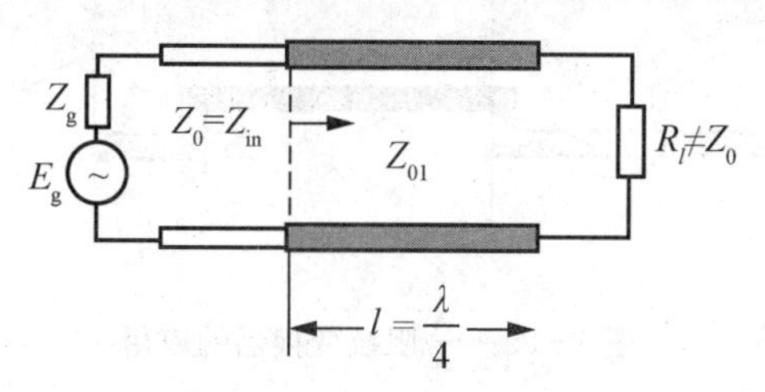

图 1－27　$\frac{\lambda}{4}$阻抗变换器

(1) 同轴传输线$\frac{\lambda}{4}$波长阻抗变换器的具体尺寸计算。

$$Z_{01}=\frac{60}{\sqrt{\varepsilon_r}}\ln\frac{D}{d}(\Omega) \tag{1-84a}$$

(2) 双线传输线$\frac{\lambda}{4}$波长阻抗变换器的具体尺寸计算。

$$Z_{01}=120\ln\frac{D}{d}(\Omega) \tag{1-84b}$$

根据式(1－83)和式(1－84)可以设计出两种不同 $\lambda/4$ 波长阻抗变换器的结构尺寸，具体计算可参照例 1－1 和例 1－2。

2) 终端负载 $Z_l=R_l+\mathrm{j}X_l$ 的情况

图 1－28 所示是“$\lambda/4$ 波长阻抗变换器”接有复负载阻抗 $Z_l=R_l+\mathrm{j}X_l$的情况；在这种情况下只需在变换器和负载之间插接入一段 l_1长度的传输线，利用该段传输线将“复负载阻抗”变换成为“实阻抗”以后，便可以利用式(1－85)和式(1－86)对 $\lambda/4$ 波长阻抗变换器进行设计。对此，下面举例说明。

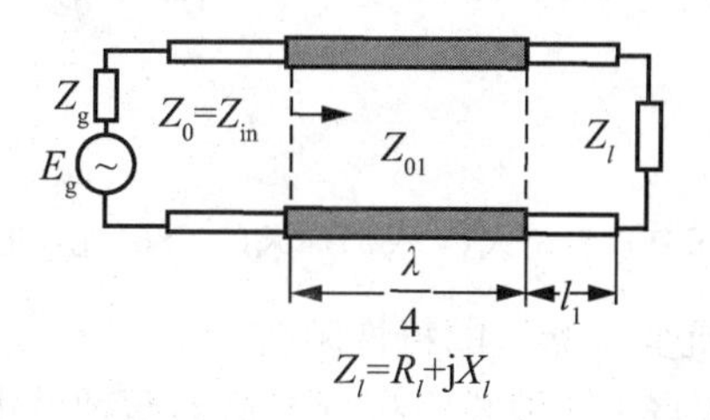

图 1－28　$\frac{\lambda}{4}$阻抗变换器

【例 1－8】 如图 1－29 所示，某无线电短波广播电台发射天线的输入阻抗 $Z_{in}=150+\mathrm{j}150(\Omega)$、天线用双线传输线作馈线和特性阻抗 $Z_0=600\Omega$；已知短波波长 $\lambda=20\mathrm{m}$，假设天线的双线馈线的直径 $d=6\mathrm{mm}$，试设计图中的“$\lambda/4$ 波长阻抗变换器”的具体尺寸。

解： (1) 先计算图中 l_1的长度。

根据式(1－51)，可以求得天线输入端口处的反射系数为

$$\Gamma_l=\frac{Z_{in}-Z_0}{Z_{in}+Z_0}=\frac{150+\mathrm{j}150-600}{150+\mathrm{j}150+600}=|\Gamma_l|\mathrm{e}^{\mathrm{j}\phi_l}=0.62\mathrm{e}^{\mathrm{j}150.23^0}$$

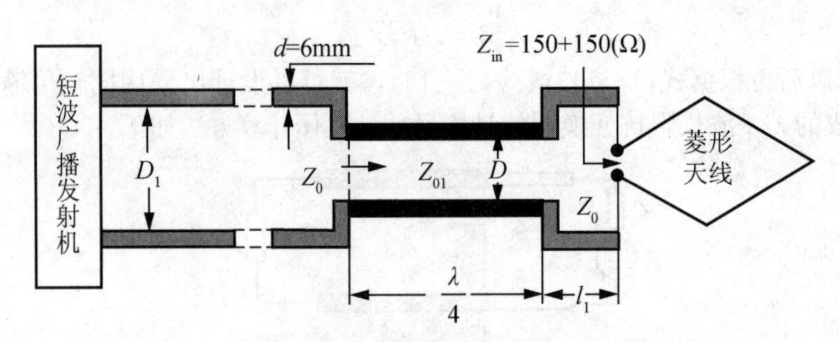

图 1-29 $\frac{\lambda}{4}$阻抗变换器的应用

根据式(1-57)，可求得离开得天线输入端口处的第一个电压波腹点的距离为

$$l_1=z_{\max1}=\frac{\phi_l}{2\beta}=\frac{150.23^\circ}{720^\circ}\times\lambda=0.21\times20\text{m}=4.17\text{m}$$

根据式(1-58)，可以求得离开得天线输入端口处的第一个电压波节点的距为

$$l_1=z_{\min1}=\frac{\phi_l}{2\beta}+\frac{\lambda}{4}=z_{\max1}+\frac{20}{4}=4.16\text{m}+5\text{m}=9.16\text{m}$$

以上两个 l_1数值在线上分别对应的是纯电阻 $R_{\max}$和 $R_{\min}$，它们都是实阻抗，但只能选择一个可以实现的合理值。

(2) 计算电压波腹点和电压波节点处的输入阻抗。

根据式(1-60)，可以求得离开得天线输入端口处的第一个电压波腹点处的输入阻抗为

$$R_{\max}=Z_0\frac{1+|\Gamma(z)|}{1-|\Gamma(z)|}=600\times\frac{1+0.62}{1-0.62}=2560\Omega$$

根据式(1-61)，可以求得离开得天线输入端口处的第一个电压波节点处的输入阻抗为

$$R_{\min}(z)=Z_0\frac{1-|\Gamma_l|}{1+|\Gamma_l|}=600\times\frac{1-0.62}{1+0.62}=141\Omega$$

注意

$R_{\max}$和 $R_{\min}$都是实阻抗，因而可以引用式(1-85)和式(1-86)进行进一步设计计算。

(3) 计算“λ/4 波长阻抗变换器”的特性阻抗。

根据式(1-83)，可以求得 λ/4 波长阻抗变换器的两种可供选择的特性阻抗分别为

$$Z_{01}=\sqrt{R_l\times Z_0}=\sqrt{600\times2560}\approx1240\Omega$$

或

$$Z_{01}=\sqrt{R_l\times Z_0}=\sqrt{600\times141}\approx291\Omega$$

(4) 设计“$\frac{\lambda}{4}$波长阻抗变换器”的尺寸。

对于 $Z_{01}=1240\Omega$ 的情况，根据式(1-86b)可得阻抗变换器双线之间的距离为

$$D=d\times\text{arcln}\frac{Z_{01}}{120}=6\times\text{arcln}\frac{1240}{120}\approx184\text{m}$$

按 $D=184\text{m}$ 的尺寸设计 $\lambda/4$ 波长阻抗变换器不合理，结构尺寸太大。

对于 $Z_{01}=291\Omega$ 的情况，根据式(1-86b)可得阻抗变换器双线之间的距离为

$$D=d\times\text{arcln}\frac{Z_{01}}{120}=6\times\text{arcln}\frac{291}{120}\approx0.068\text{m}$$

按 $D=0.068\text{m}$ 的尺寸设计 $\lambda/4$ 波长阻抗变换器比较合理，结构尺寸可实现。

计算双线传输线馈线的 D_1 为

$$D_1=d\times\text{arcln}\frac{Z_0}{120}=6\times\text{arcln}\frac{600}{120}\approx0.89\text{m}$$

综上计算看出，图 1-29 所示的 $\lambda/4$ 波长阻抗变换器的合理尺寸为：阻抗变换器的设计长度等于 $\lambda/4=20\text{m}/4=5\text{m}$；阻抗变换器的双线之间距离等于 $D=0.068\text{m}$，这个尺寸小于 $D_1=0.89\text{m}$，容易实现。

2. 短路线分支阻抗匹配器

图 1-30 所示是一个“短路线分支阻抗匹配器”的原理图。这种阻抗匹配器广泛用于短波和微波(结构形式不同)传输系统中，它较图 1-29 所示的 $\lambda/4$ 波长阻抗变换器具有结构简单、安装容易和调节方便等优点。其简单原理是：在原来不匹配的传输线上设计选择一个距离负载终端(图中为菱形天线的输入端)为 L 距离的位置(图中为 $A-A$ 参考面的位置)，从该位置向负载终端看过去的输入导纳为 $Y_{in}=G_{in}\pm jB_{in}$；如果设计使得 $Y_{in}=G_{in}=Y_0$(图中传输线的特性导纳)，就可以使传输得到线匹配；而 $Y_{in}=G_{in}\pm jB_{in}=Y_0$ 的电纳 $\pm jB_{in}$ 部分可以用并联“短路线分支”提供一个在数值上为 $\mp jB_{in}$ 的电纳将它“抵消掉”，以使 $Y_{in}=G_{in}=Y_0$ 成立，从而使传输线匹配。计算这种匹配器的简单的方法是使用下面将要介绍的 Smith 圆图和第 7 章将要介绍的 Smith 圆图的仿真软件；此外，还有数学解析方法和网络参数方法等。关于数学解析方法太繁冗，不拟介绍；在第 4 章中，将使用网络参数方法求解(见例 4-1)，以帮助读者对网络参数的理解。

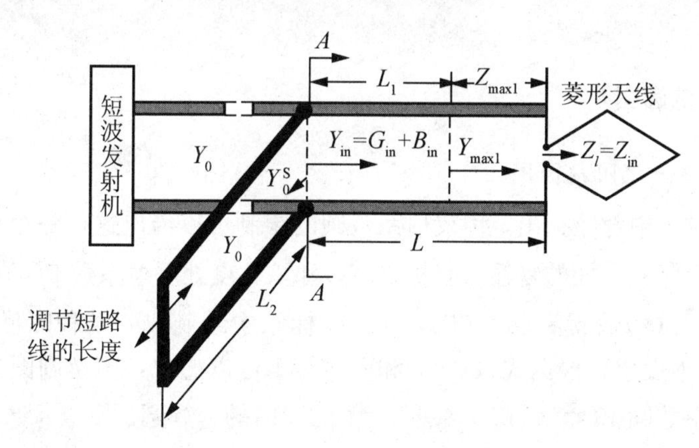

图 1-30　短路线分支阻抗匹配器

1.5　阻抗圆图和导纳圆图

由上一节讨论可以看出：《双线传输线理论》是解决高频传输系统工程中的相关实际

问题非常重要的依据，它所涵盖的概念遍及整个微波工程领域；上一节提供了许多解析计算公式，而在工程实际中更多的是采用“图解法”来求解传输线的相关问题。这方面的细节图解曲线很多，而阻抗圆图和导纳圆图(统称 Smith 圆图)则是最简单易行的。可以说，阻抗圆图和导纳圆图是求解微波工程问题不可多得的工具；近代基于个人计算机的 Smith 圆图的软件问世，更是给微波工程设计仿真计算带来更多的方便。Smith 圆图能够极简便求解以下一些问题。

(1) 当给定传输线的终端负载阻抗时，可以直接圆图上读出传输线上任意 z 点处的输入阻抗。若用解析法计算，则需引用式(1-22)为基本计算式的相关公式进行烦琐的计算。

(2) 对于一定长度的传输线当知道其输入阻抗时，可从圆图上直接读出输出(负载)阻抗(即上面问题的反应用)；根据已知的负载阻抗和所需的输入阻抗，可直接从圆图上读出传输线的长度，这种问题若引用以式(1-22)为基本计算式的相关公式进行计算，将是烦琐的。

(3) 极简便地解决传输系统的阻抗匹配问题，不需要做像例 1-9 和例 1-10 那样冗长烦琐的计算。

(4) 从圆图上可以直接将阻抗转换成导纳，或将导纳转换成阻抗。

(5) 在圆图上可以根据传输线的终端负载阻抗，直接查找出传输线上的反射系数和驻波比的数值，而不必使用式(1-32)、式(1-33)和式(1-51)进行冗长烦琐的计算。

应该指出：阻抗圆图和导纳圆图是求解微波工程技术问题不可多得的工具；更值得注意的是，目前阻抗圆图和导纳圆图已实现了计算机可视化编程，将其显示在个人计算机上或测量仪器的屏幕上方便使用。例如，如果在个人计算机上安装了类似 ADS(参见第 7 章)或 Win-Smith 等仿真软件将使操作 Smith 圆图简易化和精确化。对此，下面将用例 1-15 具体说明。

1.5.1 归一化阻抗圆图

1. 怎样绘制归一化阻抗圆图

在 1.3.2 的讨论中曾经指出，由反射系数圆的绘制可以给出这样一个重要的启发：如果能找出传输线上某 z 点处的复输入阻抗 $Z_{in}(z)$ 和该 z 点处反射系数 $\Gamma(z)$ 的某种关系，也就可以将复阻抗 $Z_{in}(z)$ 放置在同一(Γ_R，jΓ_I)坐标系中绘制成“某种图形”。这就是建立“阻抗圆图”的基本设想。根据式(1-35)和图 1-11 可以想象：阻抗圆图(或导纳圆图)是绘制在单位反射系数圆 $\Gamma(z)=|\Gamma_l|e^{j(\phi_l-2\beta z)}=1$ 的圆内的一簇圆。

事实上，工程上广泛使用的阻抗圆图(或导纳圆图)是指归一化阻抗圆图(或归一化导纳圆图)。为此，需将式(1-35)对传输线的性阻抗 Z_0 取归一化，即

$$\widetilde{Z}_{in}(z)=\frac{Z_{in}(z)}{Z_0}=\frac{1+\Gamma(z)}{1-\Gamma(z)}=\widetilde{R}_{in}+j\widetilde{X}_{in} \tag{1-85}$$

式中：$\widetilde{Z}_{in}(z)$是归一化输入阻抗；$\widetilde{R}_{in}$是归一化输入电阻；$\widetilde{X}_{in}$是归一化输入电抗。

阻抗圆图是根据式(1-85)绘制而成，注意：经归一化处理的参量 $\widetilde{Z}_{in}(z)$、$\widetilde{R}_{in}$ 和 $\widetilde{X}_{in}$ 与传输线的性阻抗 Z_0 无关，即 Smith 圆图与具体的传输线无关。因而，这些归一化参量和 Smith 圆图具有工程上的通用性，它们不针对任何具体传输线；当 Smith 圆图应用于具体传输线时，只需将归一化参量乘以被研究的具体传输线的特性阻抗 Z_0 就可以获得被研究的具体传输线的参量了。

根据式(1-85)，有

$$\begin{aligned}\widetilde{R}_{in}+\mathrm{j}\widetilde{X}_{in}&=\frac{Z_{in}(z)}{Z_0}=\frac{1+\Gamma(z)}{1-\Gamma(z)}=\frac{1+(\Gamma_R+\mathrm{j}\Gamma_I)}{1-(\Gamma_R+\mathrm{j}\Gamma_I)}\\&=\frac{1-\Gamma_R^2-\Gamma_I^2}{(1-\Gamma_R)^2+\Gamma_I^2}+\mathrm{j}\,\frac{2\Gamma_I}{(1-\Gamma_R)^2+\Gamma_I^2}\end{aligned}\tag{1-86}$$

令上式两边的实部和虚部分别相等，可得到以下两个圆方程：

$$\left(\Gamma_R-\frac{\widetilde{R}_{in}}{\widetilde{R}_{in}+1}\right)^2+\Gamma_I^2=\left(\frac{1}{\widetilde{R}_{in}+1}\right)^2\tag{1-87a}$$

$$(\Gamma_R-1)^2+\left(\Gamma_I-\frac{1}{\widetilde{X}_{in}}\right)^2=\left(\frac{1}{\widetilde{X}_{in}}\right)^2\tag{1-87b}$$

以上两个圆方程是在 Γ 复平面上以 $\Gamma(z)=|\Gamma_l|\mathrm{e}^{\mathrm{j}(\phi_l-2\beta z)}$ 半径旋转的两种圆，它们分别是以 $\widetilde{R}_{in}$ 和 $\widetilde{X}_{in}$ 为参变量。因此 Γ 复平面上每一个以 $\widetilde{R}_{in}$ 为参变量的 $\Gamma(z)=|\Gamma_l|\mathrm{e}^{\mathrm{j}(\phi_l-2\beta z)}$ 圆，表示一个固定的 $\widetilde{R}_{in}$ 值；Γ 复平面上每一个以 $\widetilde{X}_{in}$ 为参变量的 $\Gamma(z)=|\Gamma_l|\mathrm{e}^{\mathrm{j}(\phi_l-2\beta z)}$ 圆，表示一个固定的 $\widetilde{X}_{in}$ 值。表 1-2 和表 1-3 分别给出了几个 $\Gamma(z)=|\Gamma_l|\mathrm{e}^{\mathrm{j}(\phi_l-2\beta z)}$ 圆的数据举例，图 1-31 和图 1-32 分别按表中数据绘制出了相应的圆图。以 $\widetilde{R}_{in}$ 为参变量者称之为“归一化电阻圆”；以 $\widetilde{X}_{in}$ 为参变量者称之为“归一化电抗圆”。读者可以按照表中的数据自行绘制一遍“归一化电阻圆”和“归一化电抗圆”，以加深理解。

将图 1-31 和图 1-32 图叠加起来，取 $\Gamma(z)=1$ 圆内的归一化电阻圆和归一化电抗圆图形；之后再将上述叠加图形右旋 90°，就构成了图 1-33(a)所示阻抗圆图的基本图形结构。在图 1-33(b)中注明了阻抗圆图上的一些特殊点，下面说明这些特殊点的含义。

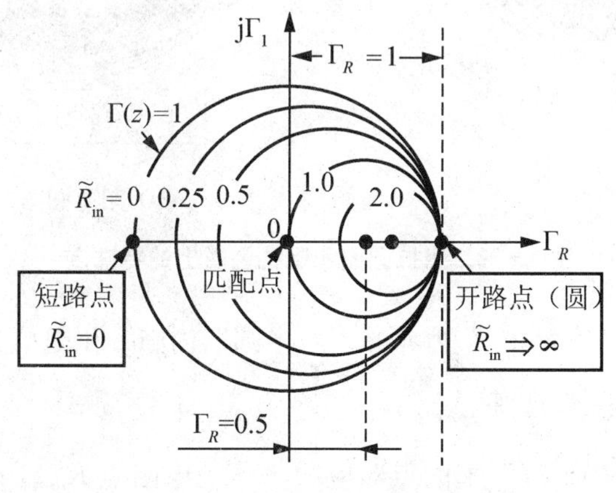

图 1-31　归一化电阻圆

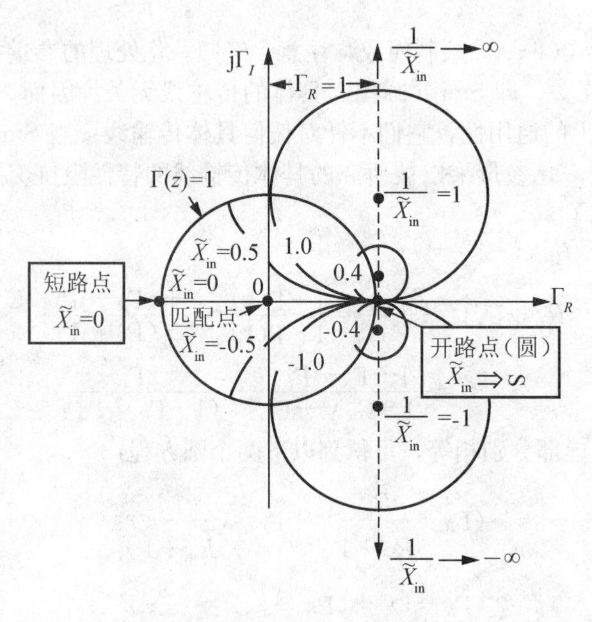

图 1-32　归一化电抗圆

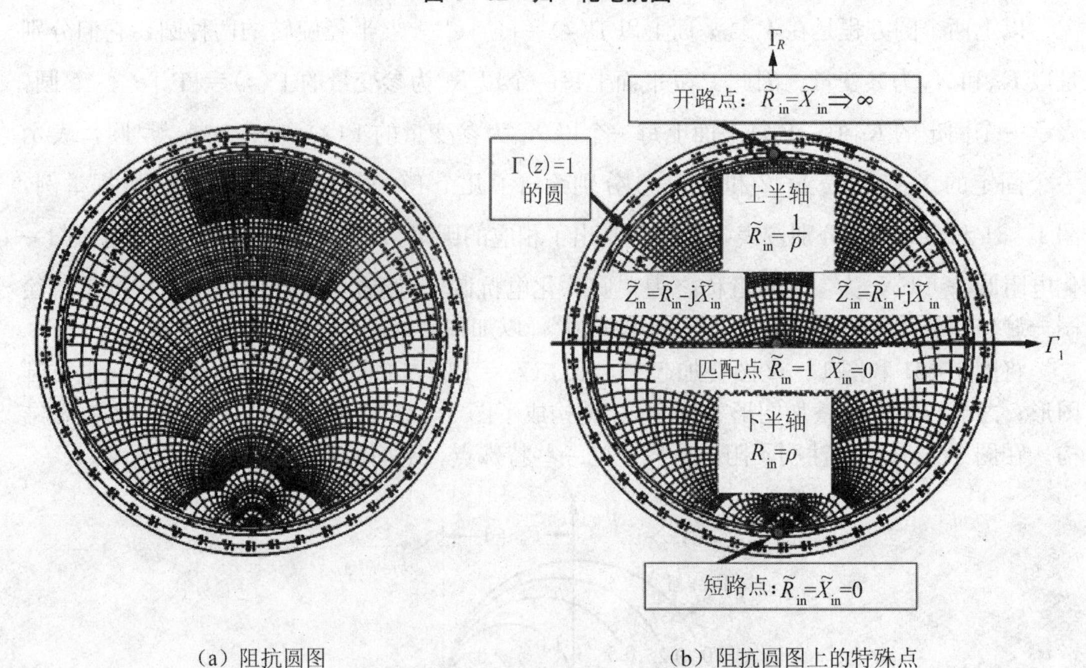

(a) 阻抗圆图　　　　(b) 阻抗圆图上的特殊点

图 1-33　阻抗圆图和阻抗圆图上的特殊点

(1) 阻抗圆图上以“实轴 Γ_R”为界的“右半圆”内归一化阻抗为 $\widetilde{Z}_{in}=\widetilde{R}_{in}+j\widetilde{X}_{in}$；“左半圆”内归一化阻抗为 $\widetilde{Z}_{in}=\widetilde{R}_{in}-j\widetilde{X}_{in}$。

(2) 阻抗圆图上“实轴 Γ_R”上的点对应归一化纯电阻点 $\widetilde{R}_{max}$，“上半 Γ_R 实轴”对应传输线上的电流波腹点和电压波节点，其上的数据表示 $\widetilde{R}_{min}=K=1/\rho$ 的读数；“下半 Γ_R

实轴”对应传输线上的电压波腹点和电流波节点，其上的数据表示 $\widetilde{R}_{max}=\rho$ 的读数。

（3）在 $\Gamma(z)=1$ 圆上的“点”对应归一化纯电抗点，其“右半圆”上的数据表示“$+j\widetilde{X}_{in}$”的读数、而“左半圆”上的数据表示“$-j\widetilde{X}_{in}$”的读数。

（4）阻抗圆图上的“顶点”对应传输线上的“短路点”，该点的读数为 $\widetilde{X}_{in}=\widetilde{R}_{in}=0$；“底点”对应传输线上的“开路点”，该点的读数为 $\widetilde{X}_{in}=\widetilde{R}_{in}\to\infty$；“中心点”对应传输线上的“匹配点”，该点的读数为 $\widetilde{X}_{in}=0$，$\widetilde{R}_{in}=1$。

表 1-2　几个归一化电阻圆的数据举例

$\widetilde{R}_{in}$圆方程	$\left(\Gamma_R-\dfrac{\widetilde{R}_{in}}{\widetilde{R}_{in}+1}\right)^2+\Gamma_I^2=\left(\dfrac{1}{\widetilde{R}_{in}+1}\right)^2$		
$\widetilde{R}_{in}=\dfrac{R_{in}}{Z_0}$	圆心坐标		半径
	$\Gamma_R=\dfrac{\widetilde{R}_{in}}{\widetilde{R}_{in}+1}$	$\Gamma_I=0$	$\dfrac{1}{\widetilde{R}_{in}+1}$
0.00	0.00	0.00	1.00
0.25	0.20	0.00	0.80
0.50	0.33	0.00	0.66
1.00	0.50	0.00	0.50
2.00	0.66	0.00	0.33
∞	1.00	0.00	0.00

表 1-3　几个归一化电抗圆的数据举例

$\widetilde{X}_{in}$圆方程	$(\Gamma_R-1)^2+\left(\Gamma_I-\dfrac{1}{\widetilde{X}_{in}}\right)^2=\left(\dfrac{1}{\widetilde{X}_{in}}\right)^2$		
$\widetilde{X}_{in}=\dfrac{X_{in}}{Z_0}$	圆心坐标		半径
	$\Gamma_R=1$	$\Gamma_I=\dfrac{1}{\widetilde{X}_{in}}$	$\dfrac{1}{\widetilde{X}_{in}}$
0.00	1.00	∞	∞
±0.25	1.00	±4.00	0.80
±0.50	1.00	±2.00	0.66
±1.00	1.00	±1.00	0.50
±2.00	1.00	±0.50	0.33
∞	1.00	0.00	0.00

2. 怎样标注阻抗圆图外围数据

图 1-33(a)是将阻抗圆图的外围 $\Gamma(z)=1$ 的圆放大的图形，从该图可以看出：在圆图

的外围 $\Gamma(z)=1$ 的圆上标注有传输线的电长度 $\bar{z}$ 和终端反射系数相角 ϕ_l 两种数据，下面分别介绍这两种数据。

1）传输线电长度的定义及其在圆图外围标注

电长度的定义为

$$\Delta\bar{Z}=\frac{\text{线上移动的几何距离}\ \Delta Z}{\lambda} \tag{1-88}$$

式中：λ 是传输线的工作波长。

根据式(1-88)的定义并参见图 1-34(b)，如果在传输线上从终端原点开始向信号源方向移动 $\Delta z=\lambda/4$ 的距离，它相当于移动电长度 $\bar{z}=0.25\lambda/\lambda=0.25$；此时，对应传输线的输入阻抗由“短路”(串联谐振)变换为“开路”(并联谐振)中间经过“感抗”区域；再参见图 1-34(a)，如果在阻抗圆图的外围 $\Gamma(z)=1$ 的圆上标注电长度 $\bar{z}$ 时，则上述 $\bar{z}=0.25$ 的移动所引起输入阻抗的变化，等同于从阻抗圆图的“顶点”(对应图 1-34(a)左边的短路点)出发顺时针旋转半圈即旋转 $\bar{z}=0.25$ 后到达“底点”(对应图 1-34(a)右边的开路点)中间也经过“感抗”区。这表明：沿阻抗圆图外围旋转半圈($\bar{z}=0.25$)相当于在传输线上移动了 $\lambda/4$；如果沿阻抗圆图外围旋转一圈($\bar{z}=0.5$)相当于在传输线上移动了 $\lambda/2$，如此等等。因此，沿阻抗圆图外围旋转就等同于在传输线上移动，而且两者所经历输入阻抗的变化也是一一对应的。

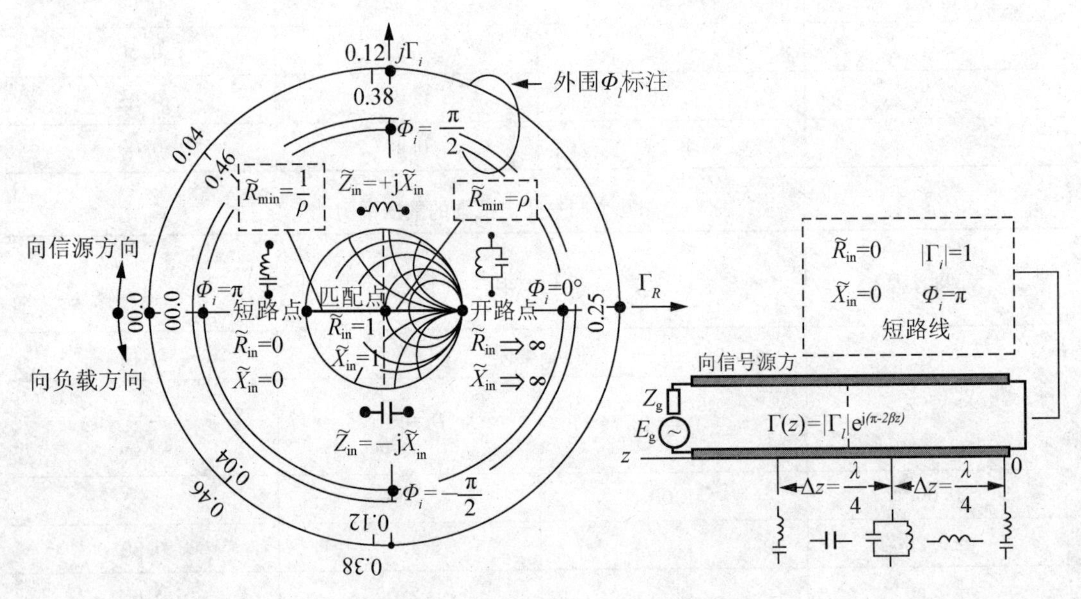

(a) 阻抗圆图的外围标注　　(b) 圆图外围标注与传输线对应关系

图 1-34　阻抗圆图外围圆上数据标注方法

2）圆图外圈 $\Gamma(z)=1$ 的相角 ϕ_l 是怎样标注的

根据式(1-32)，若从圆图“顶点”出发、顺时针向信号源方向旋转，则

$$\Gamma(z)=|\Gamma_l|e^{j(\phi_l-2\beta\Delta z)}=|\Gamma_l|e^{j(\pi-\Delta\phi)} \tag{1-89a}$$

若从圆图“顶点”出发、逆时针向负载源方向旋转，则

$$\Gamma(z)=|\Gamma_l|e^{j(\phi_l+2\beta\Delta z)}=|\Gamma_l|e^{j(-\pi+\Delta\phi)} \tag{1-89b}$$

由式(1-89)看出：在传输线上移动 Δz 的距离与的转动角 $\Delta\phi$ 有以下关系，即

$$\Delta\phi=2\beta\Delta z=2\times\frac{2\pi}{\lambda}\Delta z=4\pi\times\bar{z}=720^\circ\times\bar{z} \tag{1-90}$$

根据式(1-89b)和式(1-90)可得以下数据表。

电长度 $\bar{z}$	0	0.125	0.25
$-\Delta\phi=4\pi\times\bar{z}$	0°	$-\frac{\pi}{2}$	$-\pi$
ϕ_l	π	$\frac{\pi}{2}$	0°

参见图1-34(a)其外围的右半圈 ϕ_l 的标注数据，与该表的数据是对应的。

根据式(1-89b)和式(1-109)可得以下数据表。

电长度 $\bar{z}$	0	0.125	0.25
$+\Delta\phi=4\pi\times\bar{z}$	0°	$\frac{\pi}{2}$	π
ϕ_l	$-\pi$	$-\frac{\pi}{2}$	0°

参见图1-34(a)其外围的左半圈 ϕ_l 的标注数据，与该表的数据是对应的。

综上所述可见：均匀无损耗双线传输线的所有“特征”，全部都反映到了“阻抗圆图”上。因此阻抗圆图是求解传输线相关问题不可多得的图解工具，在信息工程实际中获得了广泛应用。下面研究归一化导纳圆图。

1.5.2　归一化导纳圆图

实际中许多微波电路和微波元器件是由微波元件“并联”而成，在这种情况下使用“导纳”计算比较方便；用来计算导纳的圆图，称之为“导纳圆图”。设归一化导为

$$\tilde{Y}_{in}(z)=\frac{1}{\tilde{Z}_{in}(z)}=\tilde{G}_{in}+j\tilde{B}_{in} \tag{1-91}$$

式中：$\tilde{G}_{in}=G_{in}/Y_0$ 是归一化电导；$\tilde{B}_{in}=B_{in}/Y_0$ 是归一化电纳；$Y_0=1/Z_0$ 是特性导纳。

根据式(1-29)、式(1-30)和式(1-31)，可将归一化导纳表示为

$$\tilde{Y}_{in}(z)=\frac{1}{\tilde{Z}_{in}(z)}=\frac{1+\Gamma_i(z)}{1-\Gamma_i(z)}=\tilde{G}_{in}+j\tilde{B}_{in} \tag{1-92}$$

式中：$\Gamma_i(z)$是电流反射系数。以上式(1-92)与下面式(1-93)，

$$\tilde{Z}_{in}(z)=\frac{Z_{in}(z)}{Z_0}=\frac{1+\Gamma(z)}{1-\Gamma(z)}=\tilde{R}_{in}+j\tilde{X}_{in} \tag{1-93}$$

具有完全相同的形式。因此，只需做以下变换：

$$\tilde{R}_{in}\rightarrow\tilde{G}_{in}、\tilde{X}_{in}\rightarrow\tilde{B}_{in}\text{和 }\Gamma(z)\rightarrow\Gamma_i(z)$$

就可以按照理解“归一化阻抗圆图”完全一样的思维方法理解“归一化导纳圆图”；或者说：归一化导纳圆图不需要重新绘制，而只需改变一下思维方法去理解就可以了。对此，

利用$\lambda/4$传输线的阻抗变换特性可以提供这种思维方法。参见图1-27(令图中的$R_l=Z_l$)，并根据式(1-85)有

$$Z_{in}\times Z_l=Z_{01}^2$$

或

$$\widetilde{Z}_{in}\times\widetilde{Z}_l=1$$

再因为

$$\widetilde{Y}_{in}=\frac{1}{\widetilde{Z}_{in}} \quad 即 \quad \widetilde{Y}_{in}\times\widetilde{Z}_{in}=1 \tag{1-94}$$

$$\widetilde{Y}_l=\frac{1}{\widetilde{Z}_l} \quad 即 \quad \widetilde{Y}_l\times\widetilde{Z}_l=1 \tag{1-95}$$

因此，根据式(1-94)(相当于经过$\lambda/4$传输线的阻抗变换)、式(1-95)和式(1-96)，可得

$$\widetilde{Y}_{in}=\widetilde{Z}_l(\widetilde{Z}_l\ 在阻抗圆图上应读数为\ \widetilde{Z}_{inl}) \tag{1-96a}$$

$$\widetilde{Z}_{in}=\widetilde{Y}_l(\widetilde{Y}_l\ 在导纳圆图上应读数为\ \widetilde{Y}_{inl}) \tag{1-96b}$$

根据以上推论可见：如果根据图1-27中的$\widetilde{Z}_l$值，在阻抗圆图上查找到对应的$\widetilde{Z}_{inl}$值；之后，经过$\lambda/4$传输线的阻抗变换后就转化成为了$\widetilde{Y}_{in}$值；或者说：阻抗圆图上的任何一点读数($\widetilde{R}_{in}$，$\widetilde{X}_{in}$)沿等反射系数Γ圆旋转$\bar{z}=0.25$距离后，所读得的读数($\widetilde{G}_{in}$，$\widetilde{B}_{in}$)就是导纳圆图上的读数；或者更进一步说，将“归一化阻抗圆图”旋转180°就变成了“归一化导纳圆图”；反之亦然。图1-35给出了归一化阻抗圆图旋转180°，就变成为归一化导

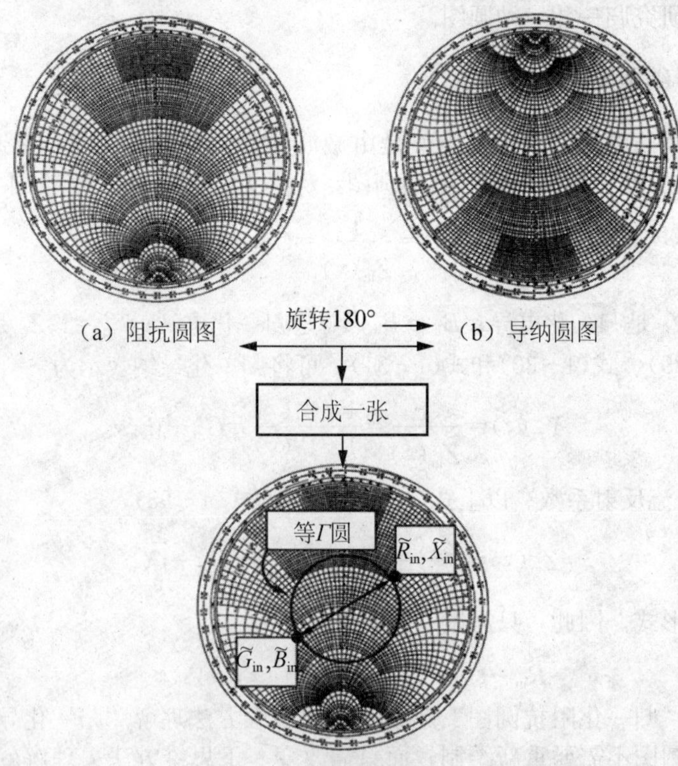

图1-35　阻抗(导纳)圆图

纳圆图的直观图形。但需注意：实际只需将阻抗圆图和导纳圆图合用一张圆图就可以了，此时只要在理解上做一个转变即可；当要解决串联问题时，将圆图理解成阻抗圆图并当作阻抗圆图使用；当要解决并联问题时，将圆图理解成导纳圆图并当作导纳圆图使用。

表 1-4 中给出了阻抗圆图与导纳圆图上一些特殊点的含义对照，使用圆图时务必注意表中的差异。

表 1-4　阻抗圆图和导纳圆图特殊点含义对照表

特殊点	阻抗圆图	含义	导纳圆图	含义
(0，0)	$\tilde{R}_{in}=1$，$\tilde{X}_{in}=0$	匹 配 点	$\tilde{G}_{in}=1$，$\tilde{B}_{in}=0$	匹 配 点
(1，0)	$\tilde{R}_{in}=\tilde{X}_{in}\Rightarrow\infty$	开 路 点	$\tilde{G}_{in}=1$，$\tilde{B}_{in}\Rightarrow\infty$	短 路 点
(−1，0)	$\tilde{R}_{in}=\tilde{X}_{in}=0$	短 路 点	$\tilde{G}_{in}=\tilde{B}_{in}=0$	开 路 点
右半圆内	$\tilde{R}_{in}+j\tilde{X}_{in}$	感　　抗	$\tilde{G}_{in}+j\tilde{B}_{in}$	容　　抗
左半圆内	$\tilde{R}_{in}-j\tilde{X}_{in}$	容　　抗	$\tilde{G}_{in}-j\tilde{B}_{in}$	感　　抗
左半单位圆周边	$\tilde{R}_{in}=0$，$\tilde{X}_{in}>0$	纯 电 感	$\tilde{G}_{in}=0$，$\tilde{B}_{in}>0$	纯 电 容
左半单位圆周边	$\tilde{R}_{in}=0$，$\tilde{X}_{in}<0$	纯 电 感	$\tilde{G}_{in}=0$，$\tilde{B}_{in}<0$	纯 电 感
上半实轴	$\tilde{R}_{in}<1$，$\tilde{X}_{in}=0$	电压节点阻　　抗	$\tilde{G}_{in}<1$，$\tilde{B}_{in}=0$	电压腹点阻　　抗
下半实轴	$\tilde{R}_{in}>1$，$\tilde{X}_{in}=0$	电压腹点阻　　抗	$\tilde{G}_{in}>1$，$\tilde{B}_{in}=0$	电压节点阻　　抗
阻抗圆图和导纳圆图				

1.5.3　阻抗圆图和导纳圆图应用举例

下面使用一些举例来说明阻抗圆图和导纳圆图在实际中计算中的应用，通过这些例题可以练习阻抗圆图和导纳圆图的操作细节和技巧，为解决实际工程问题做好一些必要的理论铺垫。

1. 熟悉几道计算例题

【例 1-9】 如图 1-36(b)所示同轴传输线的特性阻抗 $Z_0=50\Omega$、负载阻抗 $Z_l=100+j50(\Omega)$，试求：距离负载 0.24λ 处的输入阻抗 $Z_{in}(z)$。

解：(1) 计算归一化负载阻抗。

$$\widetilde{Z}_l=\frac{Z_l}{Z_0}=\frac{100+\mathrm{j}50}{50}=2+\mathrm{j}1$$

根据该值查找到图 1-35(b)所示的阻抗圆图中的 A 点，对应电长度为 0.213。

(2) 在圆图上求解距离终端 0.24λ 处的归一化的 $\widetilde{Z}_{\mathrm{in}}(z)$。

在图 1-36(a)上从 A 点出发沿着等 $\Gamma(z)$ 圆、向信号源方向旋转 0.24(电长度)到达 0.453(=0.213+0.24)找到 B 点，读得

$$\widetilde{Z}_{\mathrm{in}}(z)=0.42-\mathrm{j}0.25$$

(3) 求解距离终端 0.24λ 处的输入阻抗 $Z_{\mathrm{in}}(z)$。

根据式(1-93)可得

$$Z_{\mathrm{in}}(z)=\widetilde{Z}_{\mathrm{in}}(z)\times Z_0=(0.42-\mathrm{j}0.25)\times 50\Omega=21-\mathrm{j}12.5(\Omega)$$

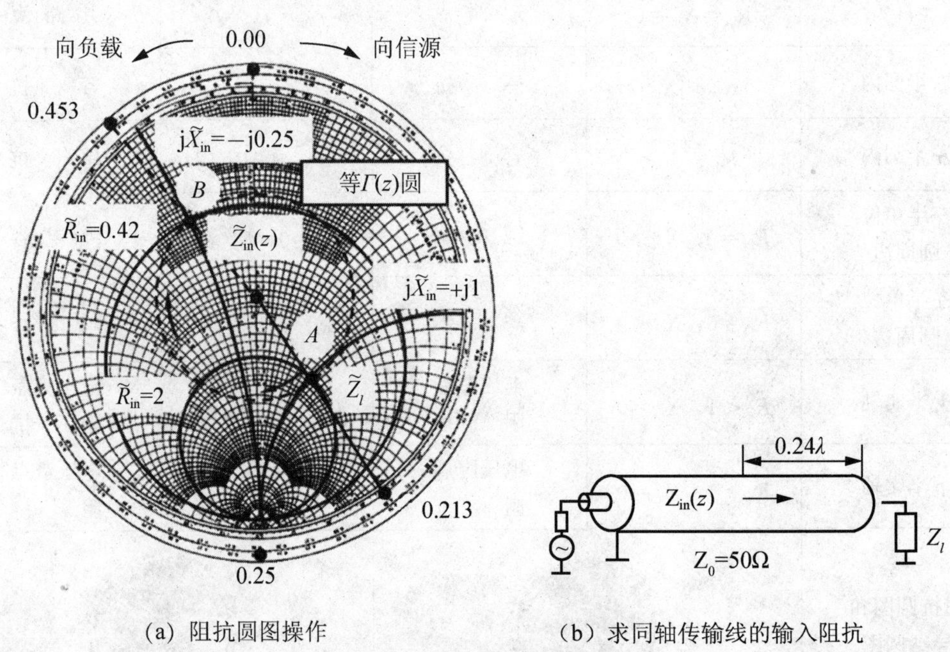

(a) 阻抗圆图操作　　　　(b) 求同轴传输线的输入阻抗

图 1-36　阻抗圆图的应用(例 1-10)

【例 1-10】 使用如图 1-37(b)所示的“同轴测量线”测得驻波比 $\rho=1.66$、第一个电压波节点距离终端 $z_{\mathrm{min1}}=10\mathrm{mm}$、相邻两波节点的距离为 50mm，试求终端负载 Z_l。

解：(1) 根据 $\rho=1.66=\widetilde{R}_{\mathrm{max}}$ 在圆图下半实轴上找到 A 点，该点对应测量线上的第一个电压波腹点。

(2) 从图 1-36(a)上的下半实轴的 A 点出发，沿着等 $\rho=1.66=\widetilde{R}_{\mathrm{max}}$ 圆旋转 180°在圆图上半实轴上找到 $\widetilde{R}_{\mathrm{min}}=1/\rho=0.602$ 的 B 点，该点对应测量线上的第一个电压波节点，其电长度为

$$\bar{z}=\frac{z_{\mathrm{min1}}}{\lambda}=\frac{10\mathrm{cm}}{2\times 50\mathrm{cm}}=0.1$$

(3) 求终端负载阻抗 Z_l。

再从图 1-36(a)上的 B 点出发沿着等驻波比 $\rho=1.66=\widetilde{R}_{max}$ 圆向着负载方向旋转 $\bar{z}=0.1$ 电长度到达 C 点，在该点读得

$$\widetilde{Z}_l=0.76-j0.4$$

该值就是所求的归一化负载阻抗值，根据式(1-93)便可确定负载阻抗值为

$$Z_l=\widetilde{Z}_l\times Z_0=(0.76-j0.4)\times 50\Omega=38j-20(\Omega)$$

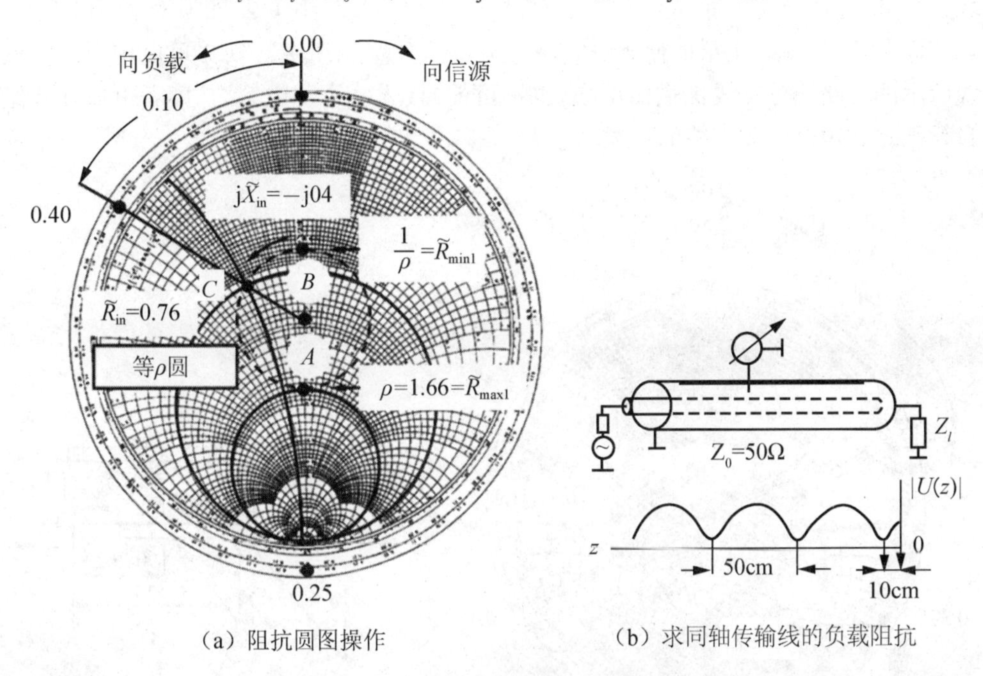

(a) 阻抗圆图操作　　　(b) 求同轴传输线的负载阻抗

图 1-37　阻抗圆图的应用

【例 1-11】 如图 1-38(b)所示的双线传输线的终端接有一个归一化负载导纳 $\widetilde{Y}_l=0.5-j0.6$、传输的工作波长 $\lambda=0.1$m，若要使该负载与传输线匹配，试问：需要距传输线终端多大的距离 z 和并联接入多大的归一化电纳 $\widetilde{B}_{in}$ 才能获得匹配。

解： (1) 在图 1-38(a)所示的导纳圆图上找到与负载导纳 $\widetilde{Y}_l=0.5-j0.6$ 的对应点 A，而 A 点所在的等驻波比圆(虚线圆)与 $\widetilde{G}_{in}=1$ 的圆相交 B、C 两点，由这两点分别读得

$$\widetilde{Y}_{inB}=\widetilde{G}_{in}+j\widetilde{B}_{in}=1+j1.1$$

$$\widetilde{Y}_{inC}=\widetilde{G}_{in}-j\widetilde{B}_{in}=1-j1.1$$

(2) 从图 1-38(a)所示导纳圆图上的 A 点出发、沿着 A 点所在的等驻波比圆(虚线圆)向信号源方向旋转电长度 $0.162+0.1=0.262$ 到达 B 点，它对应在图 1-38(b)所示的传输线上向信号源方向移动 $0.262\lambda=0.262\times 0.1\text{m}=2.62\text{cm}$，故在图 1-38(b)所示的传输线上距离负载终端 2.62cm 处并联接入一个 $j\widetilde{B}_{in}=-j1.1$ 去抵消 B 点处的 $j\widetilde{B}_{in}=+j1.1$，

而使 $\widetilde{Y}_{inB}=\widetilde{G}_{in}=1$ 从而使传输线获得匹配。注意：$j\widetilde{B}_{in}=-j1.1$ 可以用图 1-38(b)中虚线所示的短路线分支线提供、而不必(也不可能)接入一个“电感”，读者可以在导纳圆图上自行确定该短路线分支线的长度；

(3) 同理，从图 1-38(a)所示导纳圆图上的 A 点出发、沿着 A 点所在的等驻波比圆(虚线圆)向信号源方向旋转电长度 0.335+0.1=0.435 到达 C 点，它对应在图 1-38(b)所示的传输线上向信号源方向移动 $0.435\lambda=0.435\times0.1\text{m}=4.35\text{cm}$。故在图 1-38(b)所示传输线上距离负载终端 4.35cm 处并联接入一个 $j\widetilde{B}_{in}=+j1.1$ 去抵消 C 点处的 $j\widetilde{B}_{in}=-j1.1$，而使 $\widetilde{Y}_{inC}=\widetilde{G}_{in}=1$ 从而使传输线获得匹配。注意：$j\widetilde{B}_{in}=+j1.1$ 可以用图 1-38(b)中虚线所示的短路线分支线提供而不必(也不可能)接入一个“电容”，读者可以在导纳圆图上自行确定该短路线分支线的长度。

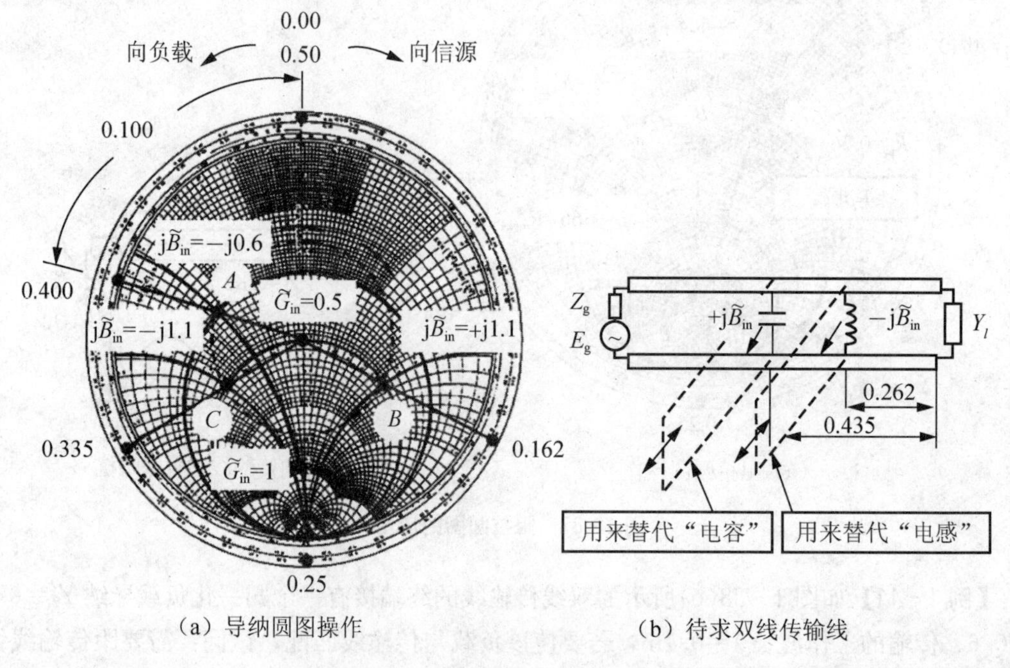

(a) 导纳圆图操作　　(b) 待求双线传输线

图 1-38　导纳圆图的应用(例 1-11)

由该例题看出：使用导纳圆图计算“短路线分支阻抗匹配器”非常简单、而不必解进行烦琐的计算。

2. 关于使用 Smith 圆图仿真软件问题

在 Smith 圆图上传统的手工操作存在以下缺点：① 由于 Smith 圆图上的归一化阻抗圆和导纳圆曲线束太密集，使得在图上“读数”依靠“估计”而导致误差较大且容易出错；② 在 Smith 圆图上求解实际问题，要求具有较为熟练和细心的专业技巧。如果使用仿真软件工具进行微波电路设计、代替传统的在 Smith 圆图上手工操作，则可以避免上述缺点、给微波工程设计带来极大的方便。在第 7 章中将结合微波电路阻抗匹配问题，对使用仿真软件工具 ADS2009 做具体的操作介绍。

练　习　题

1. 试根据 $Z_0=\sqrt{L_{同轴}/C_{同轴}}$ 和 $Z_0=\sqrt{L_{双线}/C_{双线}}$，利用表 1-1 中的 L 和 C 的表达式证明书中的式(1-14)和式(1-16)。

2. 怎样认识理解图 1-0-T 所示双线传输线的物理模型？什么是传输线的特性阻抗 Z_0？试根据图 1-0-T 写出 Z_0 的一般性表达式。

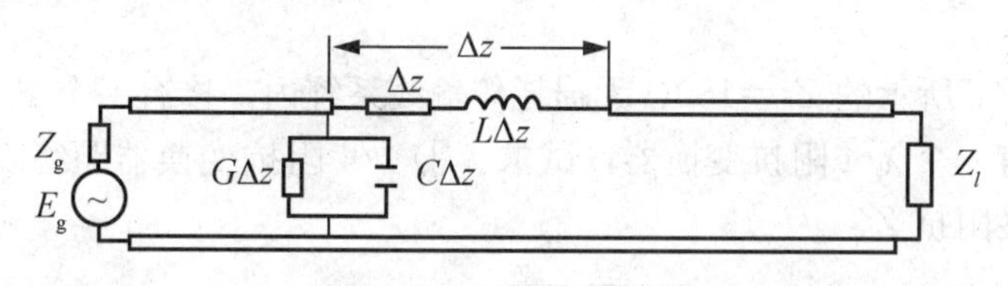

图 1-0-T

3. 图 1-1-T 所示电路由 4 段无损耗传输线组成，已知图中 $E_g=50\text{V}$，$Z_0=Z_g=Z_{11}=100\Omega$，试求：① 各线段的驻波比并分析各线段的工作状态；② 求负载 Z_{11} 和 Z_{12} 所吸收的功率。

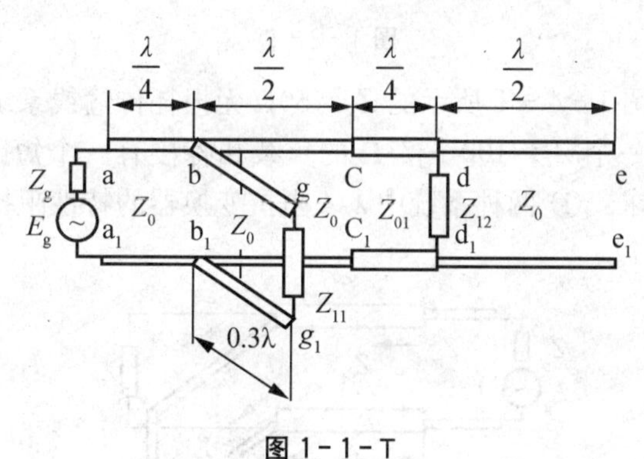

图 1-1-T

4. 在无损耗双线传输线上测得短路线的输入阻抗 $Z_{in}^{s}(z)$、开路线的阻抗 $Z_{in}^{0}(z)$ 和传输线终端接任意实际负载 Z_l 时的输入阻抗 $Z_{in}(z)$，试证明实际负载可用下式表示，即

$$Z_l=Z_{in}^{0}(z)\frac{Z_{in}^{s}(z)-Z_{in}(z)}{Z_{in}(z)-Z_{in}^{0}(z)}$$

5. 某双线传输线导线的直径 $d=2\text{mm}$、两导线之间的距离 $D=10\text{cm}$、该传输线放置在空气中，试求其特性阻抗 Z_0。

6. 试证明无损耗双线传输线的负载阻抗可用下式表示，即

$$Z_l=Z_0\frac{K-\tan\beta z_{min1}}{1-\mathrm{j}K\tan\beta z_{min1}}$$

式中：K 为线上的行波系数；z_{min1} 为第一个电压波节点到负载的距离。

7. 某同轴传输线内导体外直径 $d=10\text{mm}$、外导体内直径 $D=23\text{mm}$、该同轴传输线内填充空气，试求其特性阻抗 Z_0；若内部填充 $\varepsilon_r=2.25$ 的介质试求其特性阻抗 Z_0 及在 $f=300\text{MHz}$ 时的波长。

8. 已知真空(空气)的介电常数 $\varepsilon_0=8.854\times10^{-12}$ F/m、磁导率 $\mu_0=1.257\times10^{-6}$ H/m，某放置在空气中的无损耗双线传输线的单位长度分布电容 $C=60$PF/m，试求：① 该传输线的单位长度的分布电感 L；② 该传输线的特性阻抗 Z_0(提示：根据表 1-1 中的公式计算)。

9. 设有一种特性阻抗 $Z_0=50\Omega$ 的均匀传输线终端接负载 $R_1=100\Omega$，试求：① 终端负载反射系数 Γ_1；② 在距离负载 $0.2\lambda 0.25\lambda$ 及 0.5λ 处的输入阻抗及反射系数。

10. 求内、外导体直径分别为 0.25cm 和 0.75cm 的空气同轴线的特性阻抗 Z_0；若在内、外导体间之间填充介电常数 $\varepsilon_r=2.25$ 的介质，求特性阻抗及在 $f=300$MHz 时的波长。

11. 图 1-2-T 所示的 $Z_0=150\Omega$ 无损耗传输线系统内，接有一个 $Z_l=250+\mathrm{j}100\Omega$ 的负载阻抗以及接有一个 $\lambda/4$ 阻抗变换器，试求：① $\lambda/4$ 阻抗变换器距终端距离 l_1；② $\lambda/4$ 阻抗变换器的特性阻抗 Z_{01}。

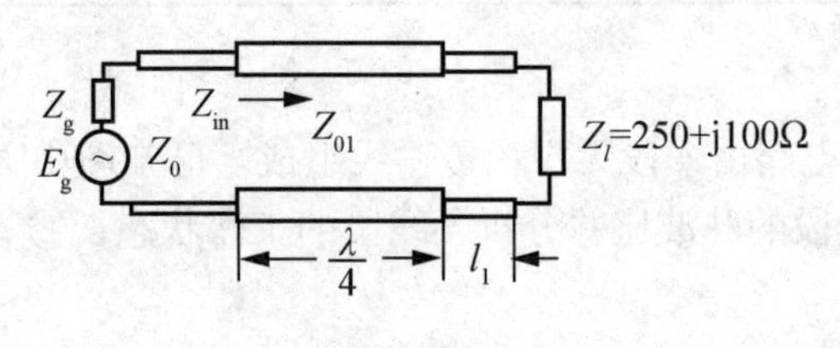

图 1-2-T

12. 图 1-3-T 和图 1-4-T 所示的 $Z_0=50\Omega$ 无损耗传输线系统内各接有一个 $\lambda/4$ 阻抗变换器，终端各接有一个 $Z_l=100+\mathrm{j}75\Omega$ 的负载和各接有一个短路线分支阻抗匹配器，以使系统获得匹配，试求：① 两种系统中 $\lambda/4$ 阻抗变换器的特性阻抗 Z_{01}；② 两种系统中短路枝节匹配线的长度 l。

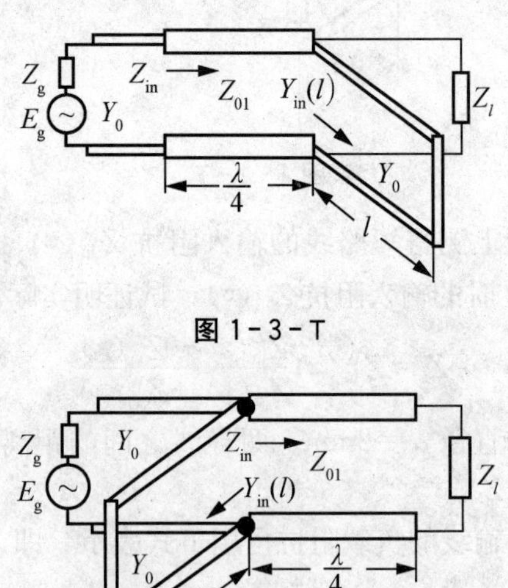

图 1-3-T

图 1-4-T

13. 图 1-5-T 所示的一段特性阻抗 $Z_0=50\Omega$、长度为 l 的均匀无损耗传输线，它放置在 $\varepsilon_r=2.25$、$\mu_r=1$ 的介质中且终端接有一个 $R_l=1\Omega$ 的负载，当工作频率 $f=100$MHz

时该线段 $l=0.25\lambda$，试求：① 该传输线段的实际长度 l；② 该传输线段负载终端反射系数 Γ_l；③ 该传输线段输入端反射系数 $\Gamma(l)$；④ 该传输线段输入阻抗 $Z_{in}(l)$。

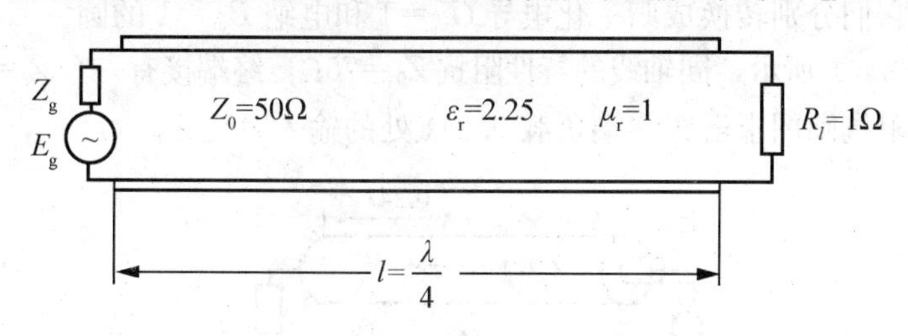

图 1-5-T

14. 实际中往往因特殊需要设计一种如图 1-6-T 所示的支撑空气同轴线内导体的介质支撑片，如果介质支撑片采用聚苯乙烯(其介电常数 $\varepsilon_r=2.54$)；设空气同轴线的外 导体内直径 $D=7$mm、内导体外直径 $d=2$mm，设计要求在介质支撑片处理论上不应该产生反射，其处理办法是缩小介质支撑片部分中的同轴线的内导体外直径以构成很小的一段聚苯乙烯介质填充的同轴线，试求聚苯乙烯介质填充部分同轴线内导体的外直径的设计尺寸 d_1。

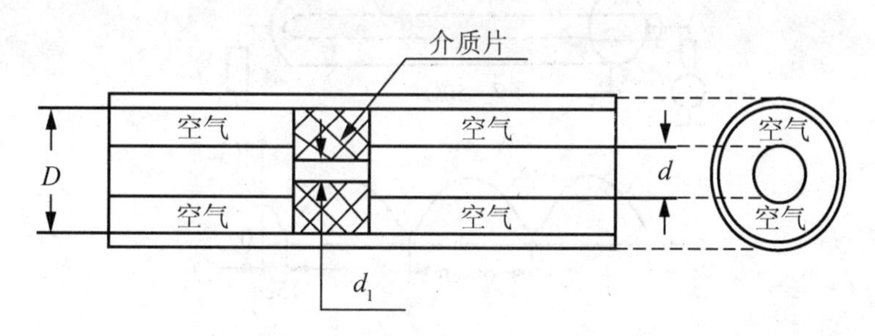

图 1-6-T

15. 在图 1-7-T 所示的填充 $\varepsilon_r=2.54$ 聚苯乙烯介质的同轴传输线中传输 $f=20$MHz 的 TEM 波，当终端短路($R_l=0$)时测得输入阻抗 $R_{in}^s=4.61\Omega$；当终端短路($R_l=\infty$)时测得输入阻抗 $R_{in}^0=1390\Omega$，试求：① 该同轴传输线的带内波长 λ_ε；② 同轴传输线的特性阻抗 Z_0。

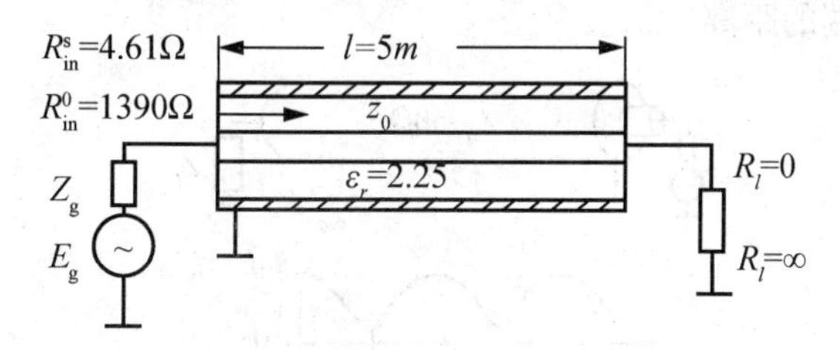

图 1-7-T

16. 以下两式分别是在反射系数坐标系中的两个归一化圆方程。

$$\left(\Gamma_R-\frac{\widetilde{R}_{in}}{\widetilde{R}_{in}+1}\right)^2+\Gamma_I^2=\left(\frac{1}{\widetilde{R}_{in}+1}\right)^2$$

$$(\Gamma_R-1)^2+\left(\Gamma_I-\frac{1}{\widetilde{X}_{in}}\right)^2=\left(\frac{1}{\widetilde{X}_{in}}\right)^2$$

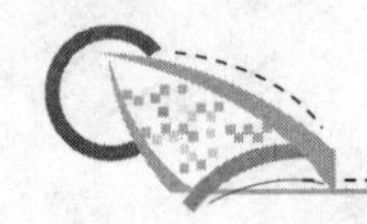

试根据以上两式在反射系数坐标系中的反射系$|\Gamma|=1$的圆内，绘制$\widetilde{R}_{in}=1$和$\widetilde{X}_{in}=1$的两个圆，并将它们分别转换成归一化电导$\widetilde{G}_{in}=1$和电纳$\widetilde{B}_{in}=1$的圆。

17. 如图1-8-T所示，同轴线的特性阻抗$Z_0=75\Omega$，终端接有一个$Z_l=140-j75(\Omega)$的负载阻抗，试用阻抗圆图求解距终端负载0.24λ处的输入阻抗$Z_{in}(z)$。

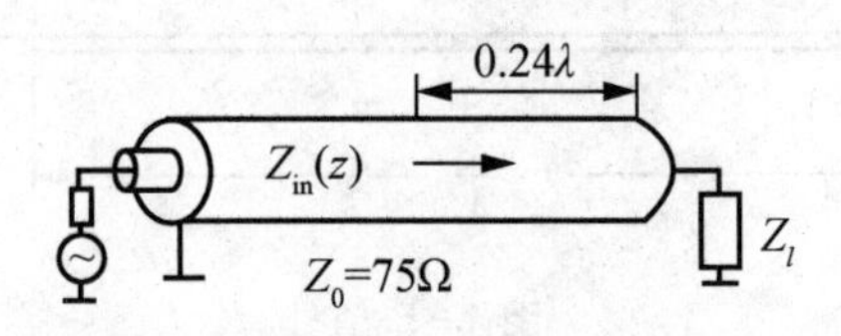

图1-8-T

18. 用图1-9-T所示的特性阻抗$Z_0=50\Omega$同轴测量线测得线上的驻波比$\rho=1.66$，第一个电压波节点矩终端的距离$z_{min1}=15cm$和相邻两波节点的距离为60cm，试用Smith圆图求终端负载导纳Y_l。

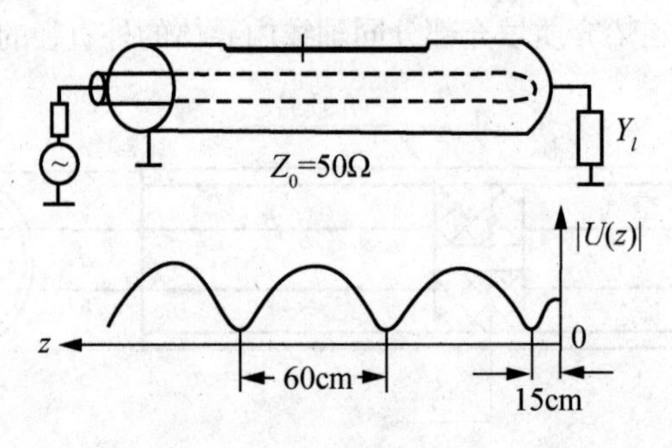

图1-9-T

19. 如图1-10-T所示，同轴线的特性阻抗$Z_0=50\Omega$，激励信号源的信号波长λ=15cm、负载终端处的反射系数$\Gamma=0.3e^{j60^{\circ}}$，试用阻抗圆图求：① 电压波腹和电压波节处的阻抗$R_{max}$、$R_{min}$；② 终端负载阻抗$Z_l$；③ 第一个电压波腹点矩终端的距离$z_{max1}$；④ 第一个电压波节点矩终端的距离$z_{min1}$。

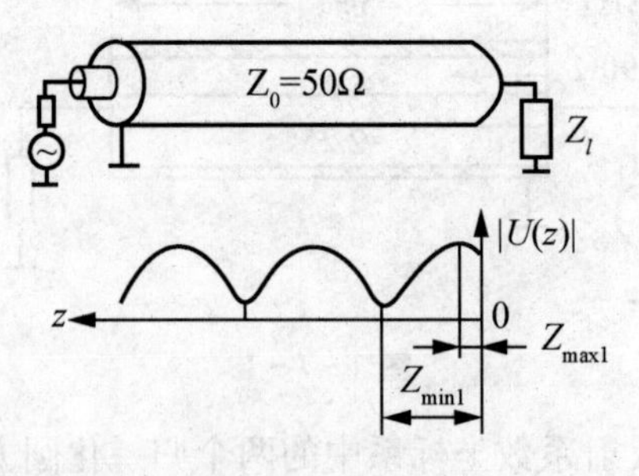

图1-10-T

20. 如图1-11-T所示的特性阻抗$Z_0=50\Omega$传输线终端接有一个$Z_l=50\Omega$匹配负载，距离终端$l_1=0.2\lambda$处串联接入$Z_1^s=20+j30(\Omega)$的阻抗，用阻抗圆图和导纳圆图试求：距离终端$l_2=0.3\lambda$处的输入阻抗$Z_{in}(l_2)$和输入导纳$Y_{in}(l_2)$

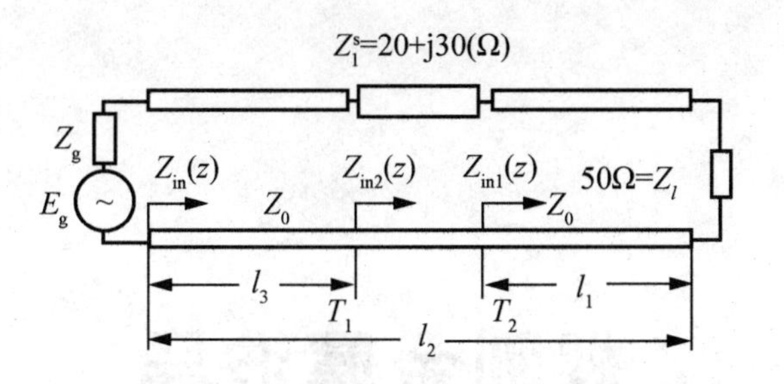

图 1-11-T

21. 图 1-12-T 所示特性阻抗 $Z_0=50\Omega$ 的无损耗传输线终端接有一个负载阻抗 $Z_l=25\Omega+j75(\Omega)$，图中采用短路线分支阻抗匹配器进行匹配，试用 Smith 圆图求短路线分支线接入位置 L_1 和短路线分支线的长度 L_2。

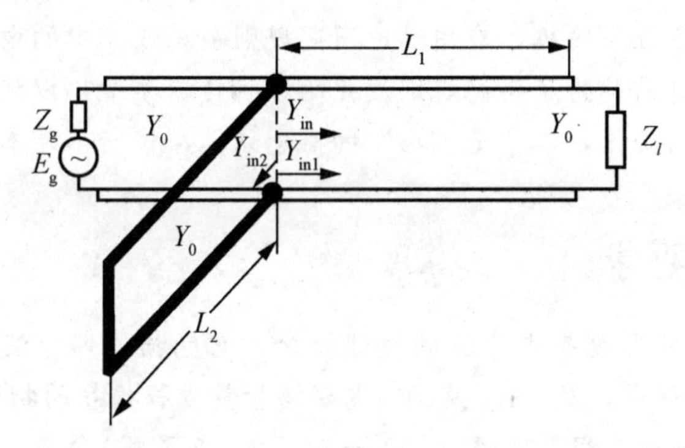

图 1-12-T

第2章

规则金属波导

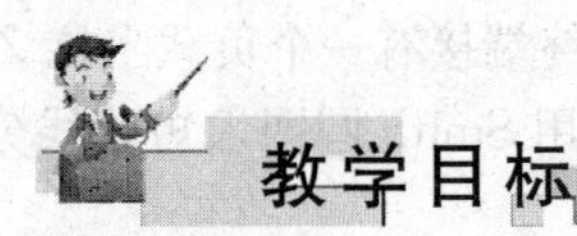

教学目标

本章以麦克斯韦方程为依据，应用性地研究规则金属波导中的电磁场的分布和传输的波型(或传输模)；其目的是为了研究规则波导的各种传输参量，以使问题的讨论深入到应用层面。单就理论层面而论，本章是“场”的概念认识，但它不是本章的主要目的。

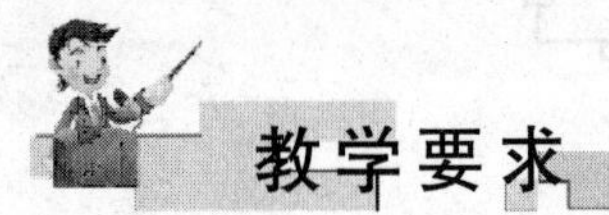

教学要求

① 重点掌握金属矩形波导中导波的数理概念，它包括：部分波的概念和矩形波导中传输的TE_{10}模(波)的形成，及TE_{10}模(波)电磁场分量方程推导的物理含义(可结合第1章双线传输线中TEM传输方程来理解)；② 一般掌握(或了解)金属波导的一般性数学分析方法(教师可使用流程图的方式对金属波导中传输的TE_{mn}和TM_{mn}波的电磁场分量方程的推导，做深受学生欢迎的非重点处理)；③ 重点掌握金属波导波导中TE_{mn}和TM_{mn}波(模)的场分量方程所表达的物理概念，及金属波导的传输特性及其参数；重点掌握金属波导的应用；④ 简单介绍同轴传输线中的高次模和它们的截止波长等。

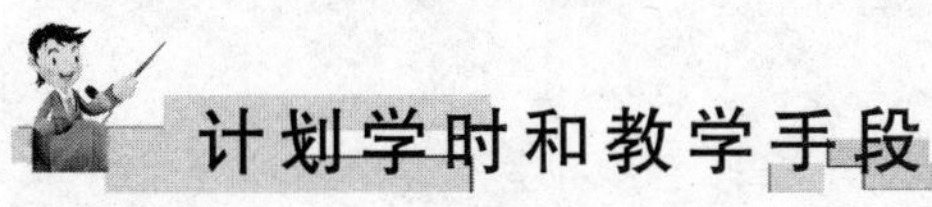

计划学时和教学手段

本章计划为8学时，使用本书配套的PPT(简单动画)课件完成教学内容讲授。

2.1 基本概念和起步数学表达方式

金属波导、微带线、介质波导和光纤分别是不同电磁波波段使用的不同传输线，本章研究规则金属波导的基本理论和它在实际应用层面中的一些问题。本章所介绍的规则金属波导是指金属矩形波导管(图 2-1(a))和金属圆形波导管(图 2-25))；金属波导管和双线传输线不同，它们是封闭式的微波传输线系统。在金属波导管中携带能量的电磁波被封闭在管中传输，以避免辐射损耗；它们用作为分米波、厘米波和毫米波等波段的电磁波传输线。所谓规则金属波导是一个理论上的概念，它是指波导管准直、无限长、金属内管壁光滑平整，波导管的横截面尺寸和管内填充介质沿传输 z 方向处处均匀不变。作规则金属波导的假设是为了在数学上获得一个理想的边界条件，而不使分析复杂化。

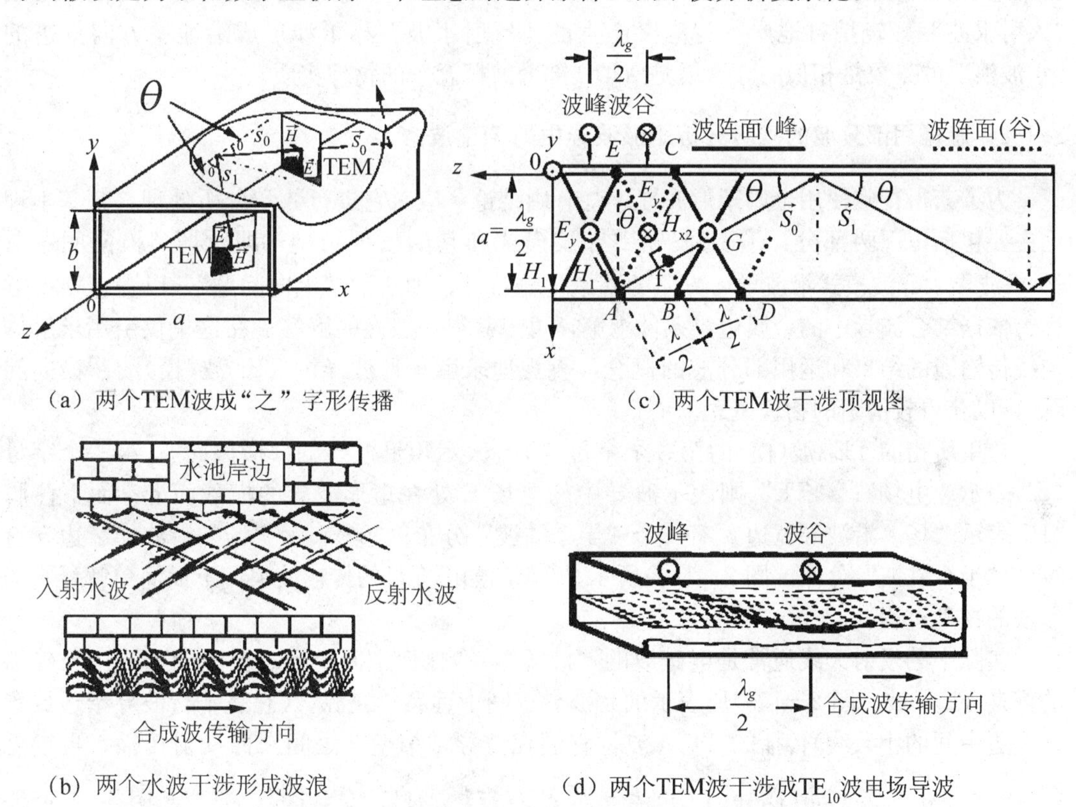

(a) 两个TEM波成“之”字形传播

(b) 两个水波干涉形成波浪

(c) 两个TEM波干涉顶视图

(d) 两个TEM波干涉成TE_{10}波电场导波

图 2-1 矩形波导中两个 TEM 干涉形 TE_{10} 成波

2.1.1 金属矩形波导中的部分波概念

通过第一章的讨论可以看出：双线传输线是电磁波的载体，它按人的应用要求引导电磁波传输，这种被引导传输的电磁波称为电磁导波(或定向电磁波)，简称为导波。因此广义而言：双线传输线中传输的也是一种波导，它是一种如图 1-1 所示的那样电磁场暴露在双线传输线周围空间的非封闭式波导。双线传输线中的导波辐射损耗大，它只能在米波以下的波段使用；而如图 2－1 所示的金属矩形波导传输的是封闭式波导，其电磁场被封闭在金属波导管中避免了辐射损耗。因此，金属波导管可以在分米波、厘米波和毫米波等波段使用。

图 1－1 所示双线传输线中的导波是 TEM 波；而图 2－1(a)所示矩形波导中的导波是 TE_{mn} 和 TM_{mn} 波。TE_{mn} 和 TM_{mn} 波是 TEM 波在矩形波导内表壁之间来回反射相干涉而形成的沿“$-z$”方向(假设的方向)传输的“合成波”。图 2－1 所示是矩形波导中的 TE_{10} 波的合成过程和合成结果。矩形波导被放置在直角坐标系中，它的宽边宽度为 a、窄边高为 b。下面对上述物理过程作较详细的分析，它有助于对较深层次的数学分析(以麦克斯韦方程为基础的分析)的理解。

由图 2－1(d)可以看出：电场“合成波”是一种沿波导 z 轴方向传输的“波浪”，这和日常生活所观察到的如图 2－1(b)所示的景象是相似的，即它与微风吹动静静的池水形成“入射水波”轻轻拍打池岸，与池岸产生的“反射水波”相干涉形成沿池岸方向推进的“水波浪”的景象是相似的。这就是所谓“部分波概念”的物理实质。

2.1.2 怎样用部分波的概念分析矩形波导中的 TE_{10} 波

为了获得正确使用金属矩形波导一些有用结论，应对它进行数学分析处理，其基本理论主要包括以下两部分：① 求波导中导波模式和它的场型结构，即所谓“横向问题”；② 求波导中导波模式沿波导 z 方向的基本传输特性，即所谓“纵向问题”。以麦克斯韦方程为依据结合波导中的金属边界条件求解，可以获得一般性的解答；在这里仅引用求解均匀线传输线的结果和运用部分波的概念，直观地求解矩形波导中 TE_{10} 波(模)的“横向问题”，以获得较清晰的物理概念。

这里所指的 TE_{10} 波(模)的第一个字母“T”表示矩形波导的“横截面”；第二个字母“E”表示“电场”；“TE”则表示波导中的电场 E 处在矩形波导的横截面上；而下注脚“1”表示“场”沿波导宽边 a 有一个“半个驻波”分布；“0”表示“场”沿波导窄边 b 有零个“半个驻波”分布。图 2－1(d)所示是 TE_{10} 波电场 E 的传输波浪，下面简单解释它的形成的物理过程。

实际中的发射天线通常是电磁波的“波源”，在任何空间中远离波源的“远区”传播的都是 TEM 波。图 2－1(a)所表示的是波导空间中远离“波源”(它是平行波导窄边放置于宽边中间的小天线)传播的 TEM 波，它们在波导“窄壁”之间来回反射传播；再参见图 2－1(c)，上述 TEM 波阵面上的 $\vec{E}=E_y$ 和 $\vec{H}=H_{x1或2}$(注意：图 2－1(c)是图 2－1(a)的顶视图)。在图 2－1(c)中用“实线——”表示 TEM 波峰的“波阵面”、用“虚线 ------”表示 TEM 波谷的“波阵面”，用这两种相距 $\lambda/2$(λ 是馈送入波导中信号的波长)波阵面，表示投射到波导窄壁上的“入射波”和经波导窄壁反射的“反射波”。以上入射波和反射波相干涉的结果，用以下方式表示：在图 2－1(c)中“TEM 波峰波阵面”相交点“⊙”，表示干涉形成波峰；“TEM 波谷波阵面”相交点“⊗”，表示干涉形成波谷。它们与图 2－1(d)所示 TE_{10} 波“导波波浪”的“波峰⊙”，和波谷“⊗”相对应。另外，再注意图 2－1(c)中的 A、B、C、D、E 等点，它们是“TEM 波峰波阵面”与“TEM 波谷波阵面”相交点；在这些相交点的电场应该为零，即 $E_y=0$ 满足波导窄边金属内表壁上切线电场为零的边界条件。因此，图 2-1(d)所示的 TE_{10} 波"导波波浪"沿波导窄边金属内表壁上是一种不振荡的"直线"，而"导波波浪"则是围绕不振荡"直线"上下波动、以"波浪"的形式沿波导 z 轴负方向传输。

根据图 2-1(a)和(c)可以看出：和双线传输线一样，沿矩形波导 z 轴负方向传输的 E_y 分量是由上述"入射 TEM 波"和"反射 TEM 波"相干涉形成的，即 E_y 分量为

$$E_y=A_1 e^{-j(\beta_x x+\beta_z z)}-A_2 e^{-j(-\beta_x x+\beta_z z)} \tag{2-1}$$

式(2-1)中的第一项表示以入射角$(90°-\theta)$投射到波导"窄壁"上的入射波 $\vec{S}_i=\vec{E}_y\times\vec{H}_{x1}$；第二项表示以反射角$(90°-\theta)$从波导"窄壁"反射的反射波 $\vec{S}_0=\vec{E}_y\times\vec{H}_{x2}$。式中：$A_1$ 和 A_2分别是"入射波"和"反射波"的"幅度"；$\beta_x=2\pi/\lambda_x$ 是沿 x 方向的"相移常数"；$\lambda_x=2a$ 是沿 x 方向分布"驻波"的波长；$\beta_z=2\pi/\lambda_g$ 是沿 z 方向的"相移常数"；第二项前的"负号"表示入射 TEM 波经过"金属内窄壁"反射后，E_y 的相位翻转了 180°后所形成反射 TEM 波；以上入射波和反射波相叠加，使"金属内窄壁"上的 $E_y=0$，以满足边界条件。

令式(2-1)中的 $A=A_1=A_2$，再经简单变换可得

$$\begin{aligned}E_y&=Ae^{-j(\beta_x x+\beta_z z)}-Ae^{-j(-\beta_x x+\beta_z z)}\\&=A(e^{-j\beta_x x}-e^{j\beta_x x})e^{-j\beta_z z}\end{aligned} \tag{2-2}$$

再利用三角函数 $e^{\pm jx}=\cos x\pm j\sin x$ 关系，并根据图 2-1(a)和(c)可知 $\beta_x=2\pi/\lambda_x=\pi/a$，最后可得：

$$E_y=-2jA\sin(\frac{\pi}{a}x)e^{-j\beta_z z} \tag{2-3}$$

这就是矩形波导中 TE_{10} 波(模)的电场 E_y 分量。

同理，根据图 2-1(a)和(c)可以看出：沿矩形波导 z 负方向传输的 H_x 分量是由前面所说的"入射 TEM 波"和"反射 TEM 波"相干涉形成的，即 H_x 分量为

$$H_x=(H_{x1}-H_{x2})\cos\theta=\frac{E_y}{\eta}\cos\theta \tag{2-4}$$

式中：$\eta=\sqrt{\mu/\varepsilon}$ 为波导中填充介质的波阻抗，当波导中为空气填充时 $\eta_0=\sqrt{\mu_0/\varepsilon_0}=120\pi\approx377\Omega$；将式(2-3)代入式(2-4)可得：

$$H_x=2jA\sin(\frac{\pi}{a}x)\cos\theta e^{-j\beta_z z} \tag{2-5}$$

再根据图 2-1(a)和(c)可以证明 $\cos\theta/\eta_0=\beta_z/\omega\mu_0$，故式(2-4)可以改写成以下形式：

$$H_x=2jA\frac{\beta_z}{\omega\mu_0}\sin(\frac{\pi}{a}x)e^{-j\beta_z z} \tag{2-6}$$

使用完全相同的方法可以求得 H_z 分量，即

$$H_z=2A\frac{\pi}{\omega\mu_0 a}\cos(\frac{\pi}{a}x)e^{-j\beta_z z} \tag{2-7}$$

在式(2-7)中令 $H_{10}=2A\pi/\omega\mu_0 a$，并将它分别乘式(2-3)和式(2-6)，可得矩形波导中 TE_{10} 波(模)的电磁场分量方程。

$$
\begin{aligned}
&E_y=-\frac{\omega\mu_0 a}{\pi}H_{10}\sin\left(\frac{\pi}{a}x\right)e^{j(\omega t-\beta_z z+\frac{\pi}{2})}\\
&H_x=\frac{\beta_z a}{\pi}H_{10}\sin\left(\frac{\pi}{a}x\right)e^{j(\omega t-\beta_z z+\frac{\pi}{2})}\\
&H_z=H_{10}\cos\left(\frac{\pi}{a}x\right)e^{j(\omega t-\beta_z z)}\\
&E_x=E_z=H_y=0
\end{aligned}
\tag{2-8}
$$

根据式(1-4)，可求得矩形波导中 TE_{10} 波的电磁场分量的瞬时值。

$$
\begin{aligned}
&e_y=\frac{\omega\mu_0 a}{\pi}H_{10}\sin\left(\frac{\pi}{a}x\right)\sin(\omega t-\beta_z z)\\
&h_x=-\frac{\beta_z a}{\pi}H_{10}\sin\left(\frac{\pi}{a}x\right)\sin(\omega t-\beta_z z)\\
&h_z=H_{10}\cos\left(\frac{\pi}{a}x\right)\cos(\omega t-\beta_z z)\\
&e_x=e_z=h_y=0
\end{aligned}
\tag{2-9}
$$

根据方程(2-8)和方程(2-9)可得出以下有用结论。

(1) 金属矩形波导中传输的 TE_{10} 波，只有 E_y、H_x 和 H_z 三个电磁场分量，这 3 个场分量沿坐标 y 轴方向均没有变化。

(2) E_y、H_x 和 H_z 三个电磁场分量沿 x 轴呈现驻波分布；沿 x 轴的驻波场瞬时值 e_y、h_x 和 h_z 分布如图 2-2 所示，它们沿 x 轴都呈现“1 个半个驻波”分布，而沿 y 轴分布没有变化，因此记为 TE_{10} 波(模)。

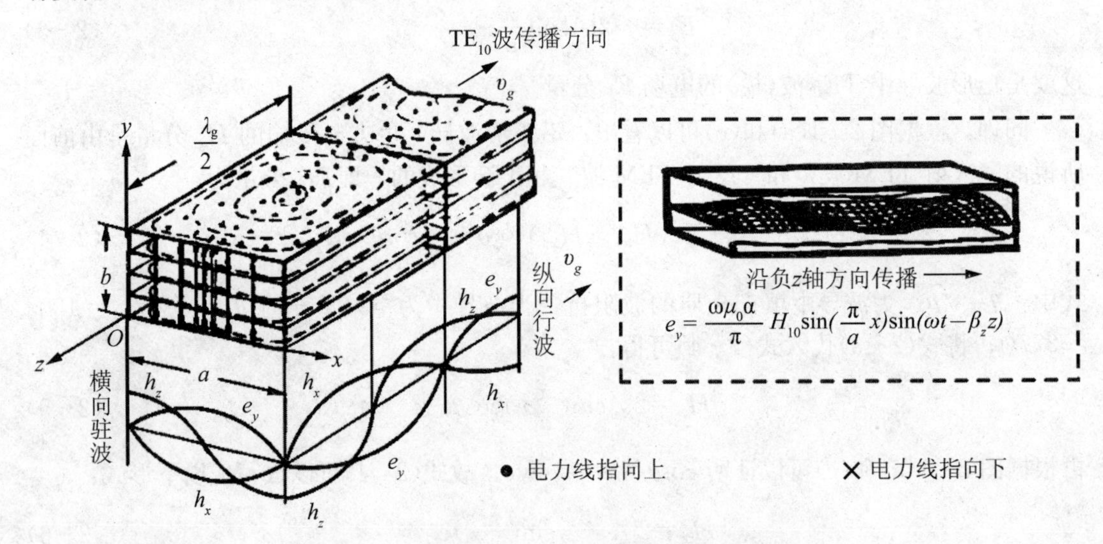

图 2-2　矩形波导中 TE_{10} 波(模)的电磁场结构图

(3) 参见图 2-2 所示的瞬时值 e_y 和 h_x，它们沿 x 轴呈现正弦分布，而瞬时值 h_z 沿 x 轴呈现余弦分布；当 $x=0$ 和 a 时，e_y 和 h_x 都等于零而 h_z 为最大值；当 $x=a/2$ 时，e_y 和 h_x 都为最大值而 h_z 等于零。上述电磁场分布情况表明：在波导空间中电力线分布最密集(E_y 最强)的地方，代表 H_x 强度的磁力线分布也最密集，而代表 H_z 强度的磁力线分布最

稀疏；并注意：H_x 的“磁力线”和 H_z 的“磁力线”在 xoz 平面内首尾相接封闭成类似椭圆形(虚线)曲线。

(4) 在图2-2的 xOy 平面内，E_y 和 H_x 相互垂直；沿 z 轴方向观察，E_y 和 H_x 的时间相位同相，E_y 和 H_x 与 H_z 时间相位相差90°。波导中电磁场分量的这种时间相位关系，是波导中“传输模”电磁场分量的特点。

(5) E_y、H_x 和 H_z 三个电磁场分量，沿坐标 z 轴方向呈现行波分布。图2-2中是它们沿 z 轴的行波瞬时值 e_y、h_x 和 h_z 分布情况，它们是沿 z 轴负方向传播的行波。注意：在图中虚线框中给出了电场分量 e_y 的三维传输波，沿 z 轴方向波长是波导波长 λ_g；在以后的讨论中，将证明波导波长大于信号波长(即 $\lambda_g > \lambda_0$)。

2.2 金属矩形波导

2.2.1 金属矩形波导中的 TE_{mn} 波和 TM_{mn} 波

上一节仅以矩形波导中的 TE_{10} 导波传输模为例，讨论了矩形波导传输电磁波的物理实质。方程(2-8)和方程(2-9)只是一般性分析的一个特例，并未由此得出更多的关于矩形波导的传输特性有用的结论 。为了对金属矩形波导进行一般性的研究，理论上应对所研究的问题做以下分析处理：① 在如图2-3所示的波导空间中，结合金属边界条件求解麦克斯韦分量方程以获得矩形波导中导波传输波的电磁场分量；② 根据求得导波传输波的电磁场分量数学表达式，进一步地研究实际中有用的波导传输特性。在下面的讨论中将简要描述矩形波导中导波传输模的电磁场分量数学表达式，并实用性地研究金属矩形波导的传输特性。

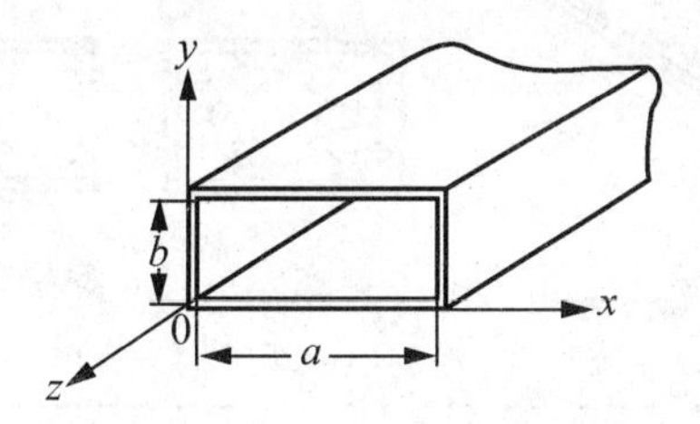

图2-3 直角坐标系中的矩形波导

矩形波导中的传输波是 TE_{mn} 波(模)和 TM_{mn} 波(模)。为了概念上认识金属矩形波导中的传输模，需注意以下两个问题。

1. 怎样识别矩形波导中的 TE_{mn} 模

像矩形波导中 TE_{10} 波那样，矩形波导中 TE_{mn} 波(模)和 TM_{mn} 波(模)也是用电磁场分量来描述的，只是这种纯数学表达方式掩盖了波导中传输模的传输物理实质。实际上矩形波导空间中有4个金属边界，因而根据 TE_{10} 波形成的物理概念可以作以下推论：矩形波导中 TE_{mn} 波(模)和 TM_{mn} 波(模)是由4个TEM平面波在矩形波导空间中的4个金属边界来回反射(用“之”传输路径传播)相互干涉形成的沿波导 z 轴方向传输的“合成波”。或者简单地说：金属波导中传输的TE_{mn}波(模)和TM_{mn}波(模)是由4个TEM平面波干涉形成的导波。

矩形波导中的TE_{mn}波(模)又称为“横电波”，它是指电场分量处在波导横截面上，而电场分量$E_z=0$和磁场分量$H_z\neq0$的一类电磁波型。TE_{mn}的注脚m和n称为“波指数”，每一对m和n对应矩形波导中的一种TE_{mn}模。$m=0$，1，2，3，…表示波导中“导波模场”沿x轴(或宽边a)半个驻波分布的个数；$n=0$，1，2，3，…表示波导中“导波模场”沿y轴(或窄边b)半个驻波分布的个数。例如，图2-2中矩形波导中TE_{10}波的波指数$m=1$、$n=0$；在图2-4中给出了TE_{20}、TE_{01}和TE_{11}等3种导波模的电磁场结构图形，由该图看出它们的波指数分别为$m=2$，0，1和$n=0$，1，1。

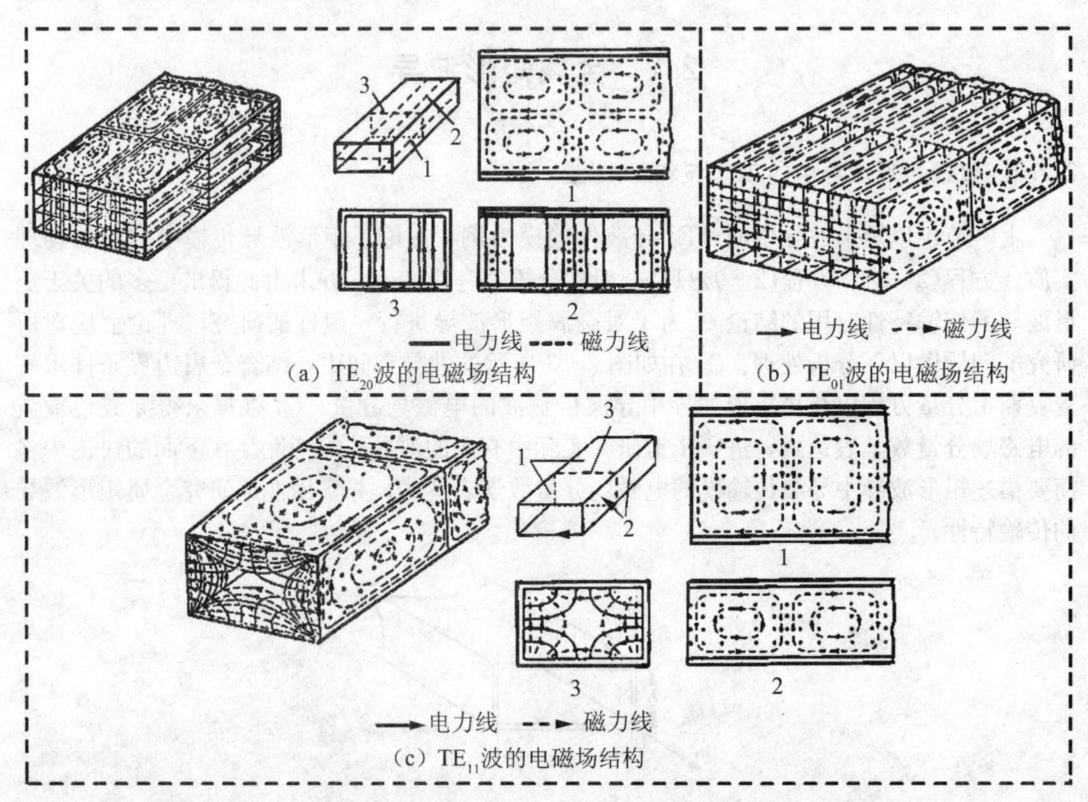

图2-4　矩形波导中TE_{20}、TE_{01}和TE_{11}等3种导波模的场结构图

2. 怎样识别矩形波导中的TM_{mn}模

矩形波导中的TM_{mn}波(模)又称为“横磁波”，它是指磁场分量处在波导横截面上，而磁场分量$H_z=0$和电场分量$E_z\neq0$的一类电磁波型。同样，TM_{mn}的注脚m和n称为“波指数”，每一对m和n对应波导中的一种TM_{mn}模。$m=0$，1，2，3，…表示波导中“导波模场”沿x轴(或宽边a)半个驻波分布的个数；$n=0$，1，2，3，…表示波导中“导波模场”沿y轴(或窄边b)半个驻波分布的个数。例如，图2-5(a)所示是矩形波导中TM_{11}模的电磁场结构图形，其波指数$m=1$、$n=1$；图2-5(b)是TM_{21}模的电磁场结构图形，其波指数$m=2$、$n=1$。

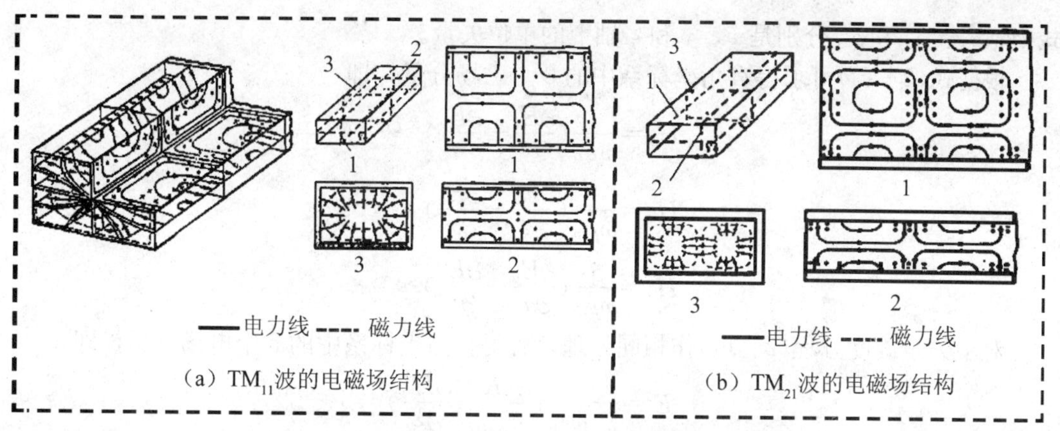

图 2-5 矩形波导中 TM_{11} 和 TM_{21} 导波模的场结构图

2.2.2 金属矩形波导中 TE_{mn} 模和 TM_{mn} 模的纯数学描述

1. 关于无源自由空间中的麦克斯韦方程

麦克斯韦方程是宏观世界中描述交变电磁场基本规律的方程，在远离激励源(天线)的自由空间中，电磁简谐波麦克斯韦方程可以写成以下形式：

$$\nabla\times\vec{E}=-j\omega\mu_0\vec{H} \tag{2-10}$$

$$\nabla\times\vec{H}=j\omega\varepsilon_0\vec{E} \tag{2-11}$$

式中：μ_0 是自由空间中介质的磁导率；ε_0 是自由空间中介质的介电常数。

式(2-10)和(2-11)是两个旋度方程，在图 2-6 所示的直角坐标系和圆柱坐标系中，它们可分别展开成分量形式。

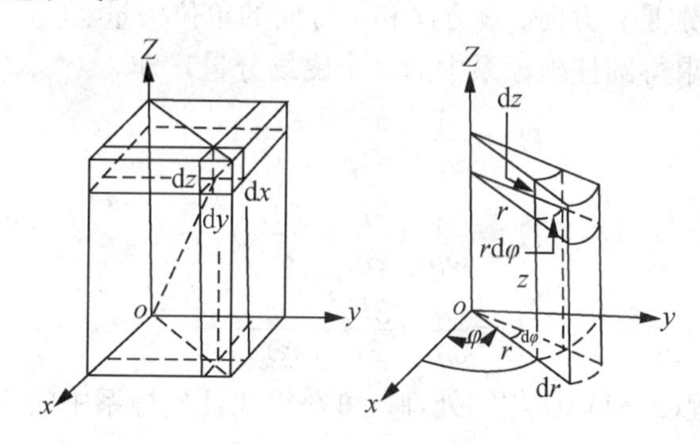

图 2-6 直角坐标和圆柱坐标

1) 在直角坐标系中

在直角坐标中矢量旋度方程(2-10)，可在直角坐标空间中展开成以下分量形式：

$$\nabla\times\vec{E}=\begin{vmatrix}\vec{a}_x & \vec{a}_y & \vec{a}_z\\ \dfrac{\partial}{\partial x} & \dfrac{\partial}{\partial y} & \dfrac{\partial}{\partial z}\\ E_x & E_y & E_z\end{vmatrix}=[\vec{a}_x(\frac{\partial E_z}{\partial y}-\frac{\partial E_y}{\partial z})+\vec{a}_y(\frac{\partial E_x}{\partial z}-\frac{\partial E_z}{\partial x})+\vec{a}_z(\frac{\partial E_y}{\partial x}-\frac{\partial E_x}{\partial y}) \tag{2-12}$$

$$=-j\omega\mu_0(\vec{a}_xH_x+\vec{a}_yH_y+\vec{a}_zH_z)]$$

式中：$\vec{a}_x$、$\vec{a}_y$ 和 $\vec{a}_z$ 分别是 x、y 和 z 轴上的单位矢量。

根据式(2-12)可求得直角坐标系中的3个磁场分量，即

$$
\begin{aligned}
H_x&=\frac{\mathrm{j}}{\omega\mu_0}\left(\frac{\partial E_z}{\partial y}-\frac{\partial E_y}{\partial z}\right)\\
H_y&=\frac{\mathrm{j}}{\omega\mu_0}\left(\frac{\partial E_x}{\partial z}-\frac{\partial E_z}{\partial x}\right)\\
H_z&=\frac{\mathrm{j}}{\omega\mu_0}\left(\frac{\partial E_y}{\partial x}-\frac{\partial E_x}{\partial y}\right)
\end{aligned}
\tag{2-13}
$$

对于矢量旋度方程(2-11)作相同处理，可得直角坐标系中的3个电场分量，即

$$
\begin{aligned}
E_x&=-\frac{\mathrm{j}}{\omega\varepsilon_0}\left(\frac{\partial H_z}{\partial y}-\frac{\partial H_y}{\partial z}\right)\\
E_y&=-\frac{\mathrm{j}}{\omega\varepsilon_0}\left(\frac{\partial H_x}{\partial z}-\frac{\partial H_z}{\partial x}\right)\\
E_z&=-\frac{\mathrm{j}}{\omega\varepsilon_0}\left(\frac{\partial H_y}{\partial x}-\frac{\partial H_x}{\partial y}\right)
\end{aligned}
\tag{2-14}
$$

2）在圆柱坐标系中

在圆柱坐标系中矢量旋度方程(2-10)，可在圆柱坐标空间中展开成分量形式，即

$$
\begin{aligned}
\nabla\times\vec{E}&=\begin{vmatrix}\vec{a}_r & \vec{a}_\varphi & \vec{a}_z\\ \dfrac{\partial}{\partial r} & \dfrac{\partial}{r\partial\varphi} & \dfrac{\partial}{\partial z}\\ E_r & E_\varphi & E_z\end{vmatrix}=\vec{a}_r\left(\frac{\partial E_z}{r\partial\varphi}-\frac{\partial E_\varphi}{\partial z}\right)+\vec{a}_\varphi\left(\frac{\partial E_r}{\partial z}-\frac{\partial E_z}{\partial r}\right)+\vec{a}_z\left(\frac{\partial E_\varphi}{\partial r}-\frac{\partial E_r}{r\partial\varphi}\right)\\
&=-\mathrm{j}\omega\mu_0(\vec{a}_rH_r+\vec{a}_\varphi H_\varphi+\vec{a}_zH_z)
\end{aligned}
\tag{2-15}
$$

式中：$\vec{a}_r$、$\vec{a}_\varphi$ 和 $\vec{a}_z$ 分别是 r 方向、φ 方向和 z 方向的单位矢量。

根据式(2-15)可求得圆柱坐标系中的3个磁场分量，即

$$
\begin{aligned}
H_r&=\frac{\mathrm{j}}{\omega\mu_0}\left(\frac{\partial E_z}{r\partial\varphi}-\frac{\partial E_\varphi}{\partial z}\right)\\
H_\varphi&=\frac{\mathrm{j}}{\omega\mu_0}\left(\frac{\partial E_r}{\partial z}-\frac{\partial E_z}{\partial r}\right)\\
H_z&=\frac{\mathrm{j}}{\omega\mu_0}\left(\frac{\partial E_\varphi}{\partial r}-\frac{\partial E_x}{r\partial\varphi}\right)
\end{aligned}
\tag{2-16}
$$

对于矢量旋度方程(2-11)作相同处理，可获得圆柱坐标系中的3个电场分量，即

$$
\begin{aligned}
E_r&=-\frac{\mathrm{j}}{\omega\varepsilon_0}\left(\frac{\partial H_z}{r\partial\varphi}-\frac{\partial H_\varphi}{\partial z}\right)\\
E_\varphi&=-\frac{\mathrm{j}}{\omega\varepsilon_0}\left(\frac{\partial H_r}{\partial z}-\frac{\partial H_z}{\partial r}\right)\\
E_z&=-\frac{\mathrm{j}}{\omega\varepsilon_0}\left(\frac{\partial H_\kappa}{\partial r}-\frac{\partial H_x}{r\partial\varphi}\right)
\end{aligned}
\tag{2-17}
$$

式(2-13)、(2-14)、(2-16)和(2-17)是求解矩形波导和圆柱形波导空间中传输模的基本电磁场方程。根据这些基本方程结合波导空间的具体电磁场边界条件，可以获得导波场的一般性的解答。式(2-8)和式(2-9)，只是一般性解答的一个特例，但它们所蕴涵

的物理概念，则适用于对导波场一般性分析所得结果的认识。

2. 矩形波导中传输模的纯数学描述

对矩形波导中导波模进行纯数学描述有以下两个目的：① 为了获得矩形波导中导波模的电磁场分量表达式；② 根据所获得的数学结果研究波导的传输特性，以指导实际应用是最基本目的。

矩形波导中导波模的数学推导过程是经典的也是烦琐的[1][7]，原则上可以说：在图 2-4 所示的波导空间中，结合金属边界条件求解麦克斯韦分量方程以获得矩形波导中导波传输波的电磁场分量；具体求解时为了避免烦琐的数学推导，下面拟使用流程图 2-7 来表明数学推导的思路，并对图中的几个关键步骤做一些解释。

(1) 如果求解 TE_{mn}模，可令电场分量 $E_z=0$ 和磁场分量 $H_z\neq0$；如果求解 TM_{mn}模，可令电场分量 $E_z\neq0$ 和磁场分量 $H_z=0$；

(2) 为了求解标量亥姆霍兹(xyz 三维空间波动方程，注意：第 1 章式(1-8)是一维 z 空间波动方程)，需按照“分量变量法”将 $H_z\neq0$ 和 $E_z\neq0$ 分量写成“变量分离”的形式。

$$
\begin{aligned}
H_z&=H(x)H(y)\mathrm{e}^{-\mathrm{j}\beta_z z}\\
E_z&=E(x)E(y)\mathrm{e}^{-\mathrm{j}\beta_z z}
\end{aligned}
\tag{2-18}
$$

代入标量亥姆霍兹方程求解，对于 TE_{mn}模求得

$$
\begin{aligned}
H(x)&=A_1\cos(K_x x)+A_2\sin(K_x x)\\
H(y)&=B_1\cos(K_y y)+B_2\sin(K_y y)
\end{aligned}
\tag{2-19}
$$

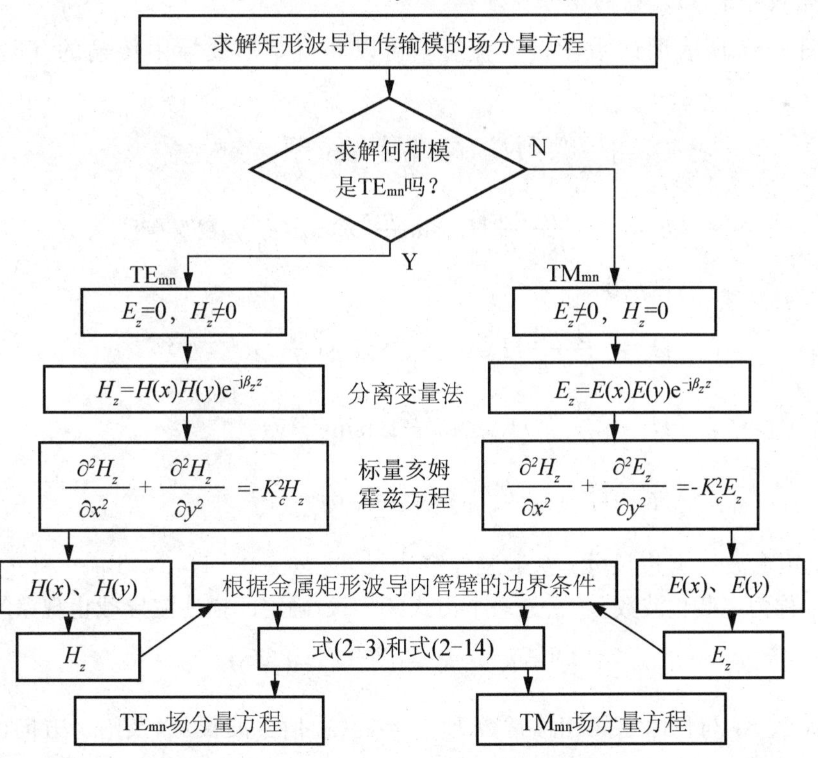

图 2-7 求解继续波导传输模的纯数学描述流程

(3) 根据金属矩形波导内表壁以下边界条件：

在波导内左、右侧面壁上，即在 $x=0$ 和 $x=a$ 处有

$$E_y=0 \text{ 和 } \frac{\partial H_z}{\partial x}=0$$

和在波导内上、下壁上、即在 $y=0$ 和 $y=b$ 处有

$$E_x=0 \text{ 和 } \frac{\partial H_z}{\partial y}=0$$

确定式(2-19)中的待定的任意常数将 $A_2=0$、$B_2=0$ 以及

$$K_x=\frac{m\pi}{a}(m=0,\ 1,\ 2,\ 3,\ \cdots) \tag{2-20a}$$

和

$$K_y=\frac{n\pi}{b}(n=0,\ 1,\ 2,\ 3,\ \cdots) \tag{2-20b}$$

以获得以下 $H_z\neq0$ 分量的特解为

$$H_z=H_{mn}\cos(\frac{m\pi}{a}x)\cos(\frac{n\pi}{b}y)\mathrm{e}^{-\mathrm{j}\beta_z z} \tag{2-21a}$$

同理，可求得 $E_z\neq0$ 的分量解为

$$E_z=E_{mn}\sin(\frac{m\pi}{a}x)\sin(\frac{n\pi}{b}y)\mathrm{e}^{\mathrm{j}(\omega t-\beta_z z)} \tag{2-21b}$$

(4) 将式(2-21a)和式(2-21b)、$E_z=0$(对于 TE_{mn} 模)和 $H_z=0$(对于 TM_{mn} 模)代入式(2-13)和式(2-14)，就可以分别求得 TE_{mn} 模和 TM_{mn} 模的场分量方程。

3. 矩形波导中 TE_{mn} 模的场分量方程

根据图2-7所表明的数学推导流程，可以获得矩形波导中传输的 TE_{mn} 模场分量方程。

$$\begin{aligned}
E_x&=\mathrm{j}\frac{\omega\mu_0}{K_c^2}\frac{n\pi}{b}H_{mn}\cos(\frac{m\pi}{a}x)\sin(\frac{n\pi}{b}y)\mathrm{e}^{\mathrm{j}(\omega t-\beta_z z)}\\
E_y&=-\mathrm{j}\frac{\omega\mu_0}{K_c^2}\frac{m\pi}{a}H_{mn}\sin(\frac{m\pi}{a}x)\cos(\frac{n\pi}{b}y)\mathrm{e}^{\mathrm{j}(\omega t-\beta_z z)}\\
E_z&=0\\
H_x&=\mathrm{j}\frac{\beta_z}{K_c^2}\frac{m\pi}{a}H_{mn}\sin(\frac{m\pi}{a}x)\cos(\frac{n\pi}{b}y)\mathrm{e}^{\mathrm{j}(\omega t-\beta_z z)}\\
H_y&=\mathrm{j}\frac{\beta_z}{K_c^2}\frac{n\pi}{b}H_{mn}\cos(\frac{m\pi}{a}x)\sin(\frac{n\pi}{b}y)\mathrm{e}^{\mathrm{j}(\omega t-\beta_z z)}\\
H_z&=H_{mn}\cos(\frac{m\pi}{a}x)\cos(\frac{n\pi}{b}y)\mathrm{e}^{\mathrm{j}(\omega t-\beta_z z)}
\end{aligned} \tag{2-22}$$

式中：a 是矩形波导宽边尺寸；b 是波导窄边尺寸；$m=0$，1，2，3，…和 $n=0$，1，2，3，…；K_c 称为“截止波数”，它是一个由式(2-20)确定的描述波导截止现象的参数，即

$$K_c^2=K_x^2+K_y^2=(\frac{m\pi}{a})^2+(\frac{n\pi}{b})^2 \tag{2-23}$$

截止波数 K_c 与自由空间相移常数 $K=2\pi/\lambda_0$(λ_0 信号波长)以及沿 z 方向的相移常数 $\beta_z=2\pi/\lambda_g$，有以下关系：

$$K_c^2=K^2-\beta_z^2 \tag{2-24}$$

由电磁场分量方程(2-22)可知，矩形波导中原则上可传输无穷多个TE_{mn}模；在2.1节中用部分波的概念所求得的TE_{10}模的电磁场分量方程(2-8)，它只是方程(2-22)的一个特例；如果在方程(2-22)中令$m=1$、$n=0$，就可以获得方程(2-8)。因此，可以有理由认为：矩形波导中的TE_{mn}波应该是TEM波(4个)的合成波，从而赋予了电磁场分量方程(2-22)明确的物理意义。

实际上，数学上的TE_{mn}(或TM_{mn}模)是图2-1所述物理上TEM传输模的高度概括和抽象，即：数学是物理学的最高境界(哲学是数学和物理学的最高境界，也有唯心派学者称神学是哲学的最高境界)。不可以想象，可以使用图2-1所示的描述方法获得由式(1-22)所表达的场分量方程；面对纷纭复杂的客观世界，不可以总是想使用直观的物理方法获得所期望的结果是难以做到的。因此，必须寻求数学途径，用纯数学方法做抽象描述。在第1章的讨论中因为是一维空间的数学问题，而且与读者已经熟悉了的“路”的问题相衔接，因此理解起来相对比较简单；现在面临“场”的问题，可能会带来一些理解上的困难。建议读者记住“部分波的概念”、对图2-1的描述和图2-7所示的数学描述流程，对学习本课程将受益匪浅。

4. 矩形波导中TM_{mn}模的场分量方程

根据图2-7所表明的数学推导流程，可以获得矩形波导中传输的TE_{mn}模场分量方程。

$$\begin{aligned}
E_x&=\mathrm{j}\,\frac{\beta_z}{K_c^2}\frac{m\pi}{a}E_{mn}\cos\left(\frac{m\pi}{a}x\right)\sin\left(\frac{n\pi}{b}y\right)\mathrm{e}^{\mathrm{j}(\omega t-\beta_z z)}\\
E_y&=-\mathrm{j}\,\frac{\beta_z}{K_c^2}\frac{n\pi}{b}E_{mn}\sin\left(\frac{m\pi}{a}x\right)\cos\left(\frac{n\pi}{b}y\right)\mathrm{e}^{\mathrm{j}(\omega t-\beta_z z)}\\
E_z&=E_{mn}\sin\left(\frac{m\pi}{a}x\right)\sin\left(\frac{n\pi}{b}y\right)\mathrm{e}^{\mathrm{j}(\omega t-\beta_z z)}\\
H_x&=\mathrm{j}\,\frac{\omega\varepsilon_0}{K_c^2}\frac{n\pi}{b}E_{mn}\sin\left(\frac{m\pi}{a}x\right)\cos\left(\frac{n\pi}{b}y\right)\mathrm{e}^{\mathrm{j}(\omega t-\beta_z z)}\\
H_y&=-\mathrm{j}\,\frac{\omega\varepsilon_0}{K_c^2}\frac{m\pi}{a}E_{mn}\cos\left(\frac{m\pi}{a}x\right)\sin\left(\frac{n\pi}{b}y\right)\mathrm{e}^{\mathrm{j}(\omega t-\beta_z z)}\\
H_z&=0
\end{aligned} \tag{2-25}$$

式中：a是矩形波导宽边尺寸；b是波导窄边尺寸；$m=0$，1，2，3，…和$n=0$，1，2，3，…；

$$K_c^2=\left(\frac{m\pi}{a}\right)^2+\left(\frac{n\pi}{b}\right)^2 \tag{2-26}$$

由电磁场分量方程(2-24)可知，矩形波导中原则上可传输无穷多个TM_{mn}模；同前理，实际上也可以有理由认为：矩形波导中的TE_{mn}波应该是TEM波(4个)的合成波，从而赋予了电磁场分量方程(2-24)明确的物理意义。

2.2.3　金属矩形波导的传输特性

综合以上讨论可以知道：① 矩形波导中传输有无数个TE_{mn}和TM_{mn}模，它们是TEM

波向波导“内壁面”投射后来回反射形成的合成波；② TE_{mn}和TM_{mn}模是波导中传输信号的载体，不过就实质而论矩形波导和双线传输线一样传输信号的载体都是TEM波。尽管如此，矩形波导和双线传输线传输信号的传输特性则不尽相同。下面研究矩形波导的传输特性，这些传输特性对于正确使用矩形波导和设计矩形波导都有重要的指导价值。

1. 矩形波导的截止现象和截止波长

和双线传输线不同，矩形波导传输信号时要产生一种“截止现象”。对于矩形波导中的TE_{10}波而言，根据图2-1(a)可以看出：当投射角$\theta=90°$时，TEM波将在“内侧壁”之间来回反射而不再沿波导轴向z传输，这就是矩形波导中的“截止现象”。实际中通常说波导截止了，就是指波导中发生了截止现象；再根据图2-1(b)中的三角形ΔAEf，可以建立以下关系：

$$\sin\theta=\frac{\lambda/2}{a}\quad 即\quad \cos\theta=\sqrt{1-\left(\frac{\lambda}{2a}\right)^2} \tag{2-27}$$

当投射角$\theta=90°$时，波导截止；波导截止时对应的工作波长λ，称之为截止波长λ_c。显然，根据式(2-27)可求得矩形波导中TE_{10}波长为

$$\lambda_{cTE10}=2a \tag{2-28}$$

根据式(1-27)，可求得TE_{10}波的截止波数为

$$K_{cTE10}=\frac{2\pi}{\lambda_{cTE10}}=\frac{\pi}{a} \tag{2-29}$$

式中：a是矩形波导宽边内尺寸。

因此，实际上式(2-23)或式(2-25)是矩形波导中TE_{mn}和TM_{mn}模的截止波数，如果令式(2-23)或式(2-25)中的$m=1$和$n=0$，也可以得到TE_{10}波的截止波数为

$$K_{cTE10}=\sqrt{\left(\frac{m\pi}{a}\right)^2+\left(\frac{n\pi}{b}\right)^2}=\frac{\pi}{a} \tag{2-30}$$

可见，式(2-29)只是式(2-30)的一个特例。这表明：可以从式(2-23)或式(2-26)出发，一般性地研究矩形波导中的截止现象和截止波长；这样做，可以使发生在矩形波导中的截止现象从图2-1所示的直观物理图像中抽象出来理解。

根据式(2-24)可得

$$K_c^2=K^2-\beta_z^2=\omega^2\mu_0\varepsilon_0-\beta_z^2 \tag{2-31}$$

上式中$\beta_Z=2\pi/\lambda_g$是导波沿波导轴向z的相移常数，它应是一个实数。另外由上式可见：对于给定的矩形波导(K_c和$\mu\varepsilon$都给定)和给定传输模式(即m和n给定)而言，波导的传输工作状况完全取决于送入波导中信号的频率ω。因此，当使用一种具体波导时应该看看该种波导是否适合使用的频率；否则，就得不到所期盼的传输状况。

根据式(2-27)可得

$$\beta_z^2=\omega^2\mu\varepsilon-K_c^2 \tag{2-32}$$

式中：μ是波导填充介质的磁导率；ε是波导填充介质的介电常数。

随着输入矩形波导中信号频率ω的高低不同，根据式(2-32)可对波导中可能出现的传输工作状况作以下3种推论。

(1) 如果信号频率ω较低使$K_c^2>\omega^2\mu\varepsilon$时，则$\beta_Z=\mathrm{j}\sqrt{\omega^2\mu\varepsilon-K_c^2}$为“虚数”，此时传播因子$e^{j\beta_z z}$变成为$e^{-\beta_z z}$而成为衰减因子。此时由(2—22)方程组和(2—25)方程组所表达的波导中的电磁场分量都不能传输了，将很快地被衰减掉。

(2) 如果信号频率ω较高使$K_c^2<\omega^2\mu\varepsilon$时，则$\beta_Z=\mathrm{j}\sqrt{\omega^2\mu\varepsilon-K_c^2}$为“实数”，此时传播因子变成为$e^{\pm j\beta_z z}$，仍然为传播因子。此时由方程组(2-22)和方程组(2-25)所表达的波导中的电磁场分量都能在波导中传输，而构成波导中的各种各样的传输模。

(3) 如果信号频率ω为某一临界值使$K_c^2=\omega^2\mu\varepsilon$时，则$\beta_Z=\mathrm{j}\sqrt{\omega^2\mu\varepsilon-K_c^2}$，此时波导处于能否传输导波模的“临界状态”。处在临界状态的波导中没有沿波导轴向z传输的电磁波，只有TEM波在内侧壁之间来回反射形成驻波电磁振荡。

从图2-1(a)和(b)所表达的物理概念抽象出来，用数学语言表达波导中的截止现象时可令$K_c^2=\omega^2\mu\varepsilon$；此时所对应的频率$\omega_c=2\pi f_c$，称之为“截止(临界)频率”；通常用将与$f_c$对应的波长，称为截止波长$\lambda_c$。

根据$K_c^2=\omega^2\mu\varepsilon$，可求得截止(临界)频率为

$$f_c=\frac{K_c}{2\pi\sqrt{\mu\varepsilon}}=\frac{K_c}{2\pi}\upsilon \tag{2-33}$$

式中：$\upsilon=1/\sqrt{\mu\varepsilon}$为介质中的光速。根据式(2-33)可求得相应的截止波长为

$$\lambda_c=\frac{\upsilon}{f_c}=\frac{2\pi}{K_c} \tag{2-34}$$

将式(2-23)或式(2-26)代入式(2-34)，就可以获得矩形波导中TE_{mn}和TM_{mn}波截止波长的一般性的表达式，即

$$\lambda_c=\frac{2}{\sqrt{\left(\frac{m}{a}\right)^2+\left(\frac{n}{b}\right)^2}} \tag{2-35}$$

式中：a是矩形波导宽边内尺寸；b是矩形波导窄边内尺寸。

【例2-1】 查附录C可知：国产标准矩形波导BJ-48的内尺寸$a=47.55\text{mm}$和$b=22.15\text{mm}$。试根据式(2-42)计算：波导中TE_{10}、TE_{20}、TE_{01}、TE_{11}和TM_{11}模的截止波长λ_c各为多少？

解： 令$m=1$和$n=0$；$m=2$和$n=0$；$m=0$和$n=1$；$m=1$和$n=1$。

代入式(2-42)，可得

$$\lambda_{cTE10}=2a=95.1\text{mm}、\lambda_{cTE20}=a=47.55\text{mm}$$

$$\lambda_{cTE01}=2b=44.30\text{mm}\ 和$$

$$\lambda_{cTE11}=\lambda_{cTM11}=\frac{2ab}{\sqrt{a^2+b^2}}=40.16\text{mm}$$

广义而言，截止波长λ_c(或截止频率f_c)是一切波导传输线的重要传输参量；对于矩形波导而言，它们是在求解导波电磁场方程(2-22)和(2-25)中派生出来的参量，有明确的物理意义。研究矩形波导的截止波长λ_c(或截止频率f_c)时，应注意以下两点。

(1) 因为只有当 $K_c^2<\omega^2\mu\varepsilon$ 时，由方程组(2-22)和方程组(2-31)所表达的波导中的电磁场分量都能在波导中传输；而对于一定尺寸的波导和一定的工作模式，$K_c=\omega\sqrt{\mu\varepsilon}$ 是一个(对应一定截止波长 λ_c)常数。在这种情况下，例如，对于例 2-1 中的 TE_{11} 和 TM_{11} 模而言，只有工作波长 $\lambda<\lambda_{cTE_{11}}$ 或 $\lambda_{cTM_{11}}$ ($f>f_{cTE_{11}}$ 或 $f_{cTM_{11}}$)的导波电磁场分量才能在波导中传输(使用 TE_{10}、TE_{20}、TE_{01}、TE_{11} 和 TM_{11} 模场结构方式传输)。顺便指出：双线传输线的截止波长 $\lambda_c=\infty$(或截止频率 $f_c=0$)，即双线传输线中没有传输截止现象。

(2) 根据式(2-35)可以看出：波导中具有相同波指数 m、n 的不同导波模式，它们具有相同截止波长 λ_c(例如，例 2-1 中 TE_{11} 和 TM_{11} 模的 $\lambda_{cTE_{11}}=\lambda_{cTM_{11}}=25.18$mm)的现象称之为导波模式(之间)"简并"。因为在矩形波导中不存在 TM_{m0} 和 TM_{0n}，因而除了 TE_{m0} 模和 TE_{0n} 模没有简并模以外，其他所有波指数 $m\neq0$ 和 $n\neq0$ 的 TE_{mn} 模和 TM_{mn} 模之间都是简并的。波导中截止波长相同的不同波型称之为"简并波"，它通常是以寄生波的身份出现在波导中。波导中总是不可避免要出现一些不均匀性或因特殊使用需要在波导壁上开槽或打孔和波导弯曲变形等这些因素，都将引起寄生波。

2. 矩形波导中的单模传输及工作频带

矩形波导中原则上可以传输无穷多个导波模，但实际中是不允许这样传输的。一般而言，在波导中如果使用包括寄生波在内的多模"载送信号"将给传输带来许多麻烦，例如，会产生信号色散失真、模间干扰和码间干扰(从而增大数字通信的误码率)和增加传输损耗等，这一切在光纤波导中显得尤其重要。因此利用波导空间传输信号(双线传输线除外)时，存在一个单模传输和如何人为控制获得单模传输的问题。

通常将波导中截止波长最长的模称为最低模。图 2-8 给出了矩形波导中的截止波长分布图，其中 TE_{10} 波的截止波长 $\lambda_{cTE10}=2a$ 为最长，故 TE_{10} 波是矩形波导中的最低模；相对 TE_{10} 波而言，TE_{20}、TE_{01}、TE_{11} 和 TM_{11}…模都是高次模。根据 $K_c^2<\omega^2\mu\varepsilon$ 条件推论可知：对于宽边 a 大于窄边 b(即 $a>b$)的矩形波导，且在波导中激励起的导波电场分量 E_y 平行于波导的 b 边(正常矩形波导和正常使用矩形波导，都属于这种情况)和当满足

$$a<\lambda_0<2a(当\ a>2b) \tag{2-36a}$$

或

$$2b<\lambda_0<2a(当\ 2a>2b>a) \tag{2-36b}$$

的条件时，矩形波导中就可获得 TE_{10} 模的单模传输；而 TE_{20}、TE_{01}、TE_{11} 和 TM_{11} 等高次模都将被截止掉而不能传输。式(2-36)中 λ_0 是波导的工作波长，如果工作波长很长使得 $\lambda_0>2a$(或 $f<f_{cTE10}$)而进入图 2-8 所示的截止区；此时，金属矩形波导中不能传输任何导波模；在这样的工作波段，只能使用双线传输线和同轴传输线传输信号。因此，金属矩形波导具有高通滤波器特性。

当使用标准矩形波导时，根据它的宽边尺寸 a，再根据式(2-36)，就可以估算它的工作波段和工作频带。但对此需注意：在截止波长附近波导的传输损耗，将急剧增加(图 2-9、图 2-10 和图 2-11)；此时，需在工作频带两端都留有一定的保护频带使之不进入波导的高损耗区。因此，通常矩形波导的工作频带宽度可按下式估算：

$$1.054\times a\leqslant\lambda_0\leqslant1.6\times a \tag{2-37a}$$

或

$$1.054\times a\leqslant\lambda_0\leqslant1.6\times a \tag{2-37b}$$

如图 2-8 所示，在该图工作频带两边都留有一定的保护频带。

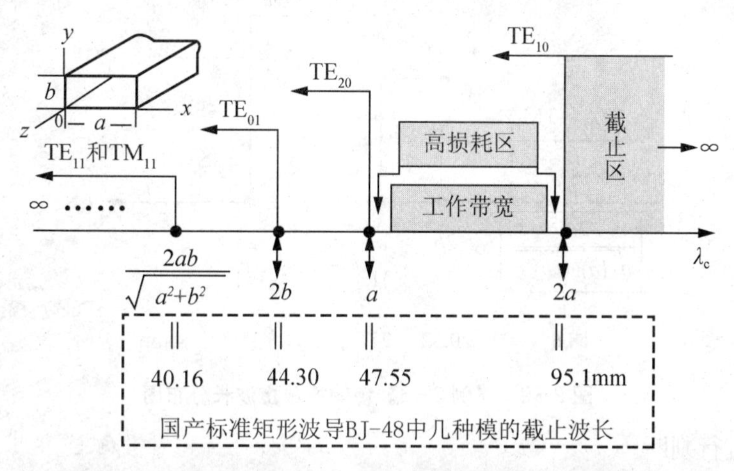

图 2-8　国产标准波导 BJ-48 中几种传输模截止波长分布图

【例 2-2】 试问：例 2-1 中的国产标准矩形波导 BJ-48 在多宽的频率范围 Δf 内能够实现 TE_{10} 模的单模传输？

解： (1) 首先计算国产标准矩形波导 BJ-48 的工作波长范围。

(2) 查附录三得波导尺寸 $a=47.55$mm 和 $b=22.15$mm，根据式(2-44a)计算得

$$\lambda_{min}=1.054\times a=1.054\times 4.755\text{cm}=5.01177\text{cm}$$

$$\lambda_{max}=1.6\times a=1.6\times 4.755\text{cm}=7.608\text{cm}$$

(3) 根据 $f=\dfrac{c}{\lambda}$ 关系计算国产标准矩形波导 BJ-48 的工作频率范围(传输 TE_{10} 模)。

$$f_{min}=\frac{c}{\lambda_{max}}=\frac{3\times10^8\text{m/s}}{7.608}=3.943\text{GHz}$$

$$f_{max}=\frac{c}{\lambda_{min}}=\frac{3\times10^8\text{m/s}}{5.01177}=5.985\text{GHz}$$

$$\Delta f=f_{max}-f_{min}=2.042\text{GHz}$$

【例 2-3】 已知矩形波导横截面尺寸为 $a=22.86$mm、$b=10.16$mm，若将 $\lambda_0=20$mm、$\lambda_0=30$mm 和 $\lambda_0=50$mm 等自由空间波长的信号馈送进入该波导中，试问：① 3 种波长的信号中哪个波长的信号能传输、哪个波长的信号不能传输？② 能传输的信号用什么模载送传输？③ 在计算所得的模群中哪些模是相互简并的？

解： (1) 根据式(2-35)计算几种模的截止波长。

TE_{10}：$\lambda_{cTE10}=2a=2\times22.86\text{mm}=45.72\text{mm}$

TE_{20}：$\lambda_{cTE20}=a=22.86\text{mm}$

TE_{01}：$\lambda_{cTE01}=2b=20.32\text{mm}$

TE_{11}、TM_{11}：

$$\lambda_{cTE11}(\text{或 TM11})=\frac{2ab}{\sqrt{a^2+b^2}}=\frac{2\times 22.86\times 10.16}{\sqrt{(22.86)^2+(10.16)^2}}=18.6\text{mm}$$

(2) 将以上截止波长数据排列成图 2-9 所示的截止波长分布图。

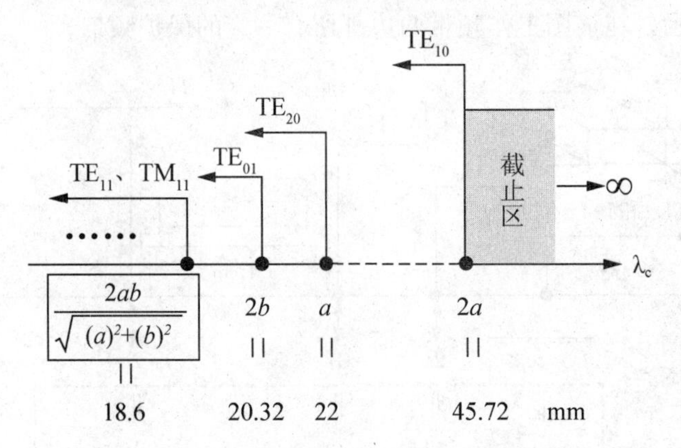

图 2-9 【例 2-3】传输模截止波长分布图

根据图 2-9 进行判断。

$\lambda_0=50$mm 的信号进入截止区，不能传输；

$\lambda_0=20$mm 的信号波长处在 18.6mm<20mm<20.32mm、22.86mm 和 45.72mm 范围中，故该信号可以由 TE_{10}、TE_{20}、TE_{01} 等 3 个模载送进行多模传输，而将 TM_{11} 和 TE_{11} 模截止掉；

$\lambda_0=30$mm 的信号波长处在 18.6mm、20.32mm、22.8 mm<30mm <45.72mm 范围中，故该信号仅可以由 TE_{10} 模载送进行单模传输，而将 TE_{20}、TE_{01}、TM_{11} 和 TE_{11} 模截止掉。

(3) 因为 TE_{11} 模和 TM_{11} 模有相同的截止波长 $\lambda_{cTE_{11}}$(或 TM_{11})$=18.6$mm，故两者是相互简并的。

3. 矩形波导的传输损耗

导波电磁场在波导中传输是要产生衰减的，当波导接入任何一个传输系统时将给系统引进损耗。对于系统设备中的短波导馈线(例如，微波通信机中和雷达机中的波导馈线)产生的传输损耗可以忽略不计，但长波导线(例如，天线馈线和长途通信线)产生的传输损耗就将成为实际中的一个很重要的问题。因此，波导传输损耗是一个很重要的传输特性。

对于金属波导，产生衰减的主要原因是波导内表壁有一层表面电流引起的衰减。这是因为制造金属波导的金属材料并不是完善的导体(例如，实际使用紫铜材料波导的电导率 $\sigma=5.8\times 10^7$S/m)，它具有用下式计算的表面电阻：

$$R_s=\sqrt{\frac{\pi f_0\mu}{\sigma}}\Omega \tag{2-38}$$

式中：f_0是波导的工作频率，$\mu\approx\mu_0=1.257\times 10^{-6}$H/m；$\sigma$ 是金属材料的电导率。例如，实际中用紫铜制造的波导在 $f_0=4$GHz 工作时 $R_s=\sqrt{\pi f_0\mu/\sigma}=1.64\times 10^{-2}\Omega$，因此波导内表壁有一层表面电流流过，在电阻的内表壁将要产生损耗。

波导内表壁一层表面电流是波导中传输的导波电磁场所产生的感应电流，称为管壁电

流 $\vec{J}_s$。管壁电流 $\vec{J}_s$ 是一种管壁"趋表电流"，它在波导内表壁层流动。$\vec{J}_s$ 的趋表深度可以按照式(0-3)计算。

波导管壁趋表深度典型数据为 $\delta \approx 10^{-4}$ cm 数量级。根据式(2-38)和式(0-3)可以看出：对于一定的制造波导金属材料(电导率 σ 一定)，波导的工作频率 f_0 越高，则趋表深度 δ 就越浅，表面电阻 R_s 也就越大。

管壁电流 $\vec{J}_s$ 分布取决于波导内表壁附近的导波电磁场中的磁场分布，其分布状况由金属表面的边界条件决定，即由下式决定：

$$\vec{J}_s = \vec{n} \times H_\tau \tag{2-39}$$

式中：$\vec{n}$ 是波导内表壁的单位法线矢量；H_τ 是波导内表壁附近的切线磁场。对于波导中不同的导波模 H_τ 的分布是不同的，因而管壁电流 $\vec{J}_s$ 分布也就不同。图 2-10 所示是根据矩形波导中 TE_{10} 波的磁场分布而确定的管壁电流 $\vec{J}_s$ 分布。由该图看出：矩形波导中 TE_{10} 波所所激励起的管壁电流 $\vec{J}_s$，具有沿传输 z 方向的纵向管壁电流；这种纵向管壁电流流过波导法兰盘(波导接续用)接口处，将引起较大的损耗。因此矩形金属波导中 TE_{10} 波虽然具有能实现单模传输的优点，但它却具有较大的传输损耗。这就是为什么矩形金属波导中 TE_{10} 波不能用作远程传输，而只能用作为做微波元器件的原因；有关这一问题将在下面作进一步介绍。

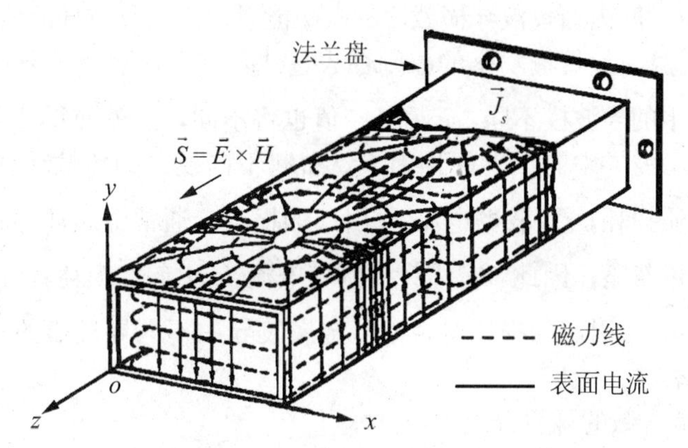

图 2-10　金属矩形波导传输 TE_{10} 波时内表壁电路分布

波导中不同的导波模 H_τ 的分布不同，所激励起的管壁电流 $\vec{J}_s$ 分布也随之不同，这就表明波导中传输的不同导波模将引起不同的传输损耗。像双线传输线式(1-63)所表示的那样，若计及波导的损耗，则波导中导波模的电磁场强度将按照指数规律 $e^{\pm\alpha z}$ 衰减。若图 2-8 所示的导波电磁场是沿"$-z$"方向传输时，则沿该传输方向的电磁场强度可分别表示为：

$$\begin{aligned} E(z) &= E_m e^{-(\alpha + j\beta_z)z} \\ H(z) &= H_m e^{-(\alpha + j\beta_z)z} \end{aligned} \tag{2-40}$$

式中：E_m 和 H_m 分别是电场和磁场的振幅；α 是反映波导传输损耗的衰减常数；β_z 是导波沿传输 z 方向的相移常数。

根据式(2-40)，可将沿波导传输方向的传输功率原理性表示为

$$P(z)=KE^2(z)=KE_m^2\mathrm{e}^{-2\alpha z} \tag{2-41}$$

式中：K 是一个比例常数。

根据式(2-41)，可求得沿波导传输“$-z$”方向传输功率的变化率为

$$\frac{P(z)}{\mathrm{d}z}=-2\alpha KE_m^2\mathrm{e}^{-2\alpha z} \tag{2-42}$$

根据式(2-42)，可求得反映波导传输损耗的衰减常数的原理性表达式为

$$\alpha=\frac{1}{2}\left[\frac{-P(z)/\mathrm{d}z}{KE_m^2\mathrm{e}^{-2\alpha z}}\right]=\frac{1}{2}\left[\frac{-P(z)/\mathrm{d}z}{P(z)}\right] \tag{2-43}$$

式中：分子“$-P(z)/\mathrm{d}z$”，表示波导单位长度的功率传输损耗。因此，只要能计算波导的传输功率 $P(z)$和单位长度的功率传输损耗“$-P(z)/\mathrm{d}z$”，就可以计算出波导的衰减常数 α。但需指出：波导传输模的传输功率 $P(z)$的计算很烦琐，原则上可按下式计算：

$$P(z)=\iint_{S_T}\vec{S}\cdot\mathrm{d}s=\iint_{S_T}Re\left[\frac{1}{2}(\vec{E}\times\vec{H}^*)\right]\cdot\mathrm{d}s \tag{2-44}$$

式中：S_T 是波导的横截面面积；$\vec{S}$ 是单位时间流过波导横截面的能流矢量(坡印廷矢量)；$\vec{E}$ 是波导横截面上的电场矢量；$\vec{H}^*$ 是波导横截面上磁场矢量的共轭值；$\mathrm{d}s$ 是横截面上的面积元。

式(2-44)表示单位时间内通过波导横截面的电磁能量，这就是波导的传输功率。

式(2-44)是计算波导传输功率的原则性表达式，它不能表达波导中具体传输模的传输功率。随着波导中的导波模不同，$\vec{E}$ 和 $\vec{H}^*$ 值也将不同，这就使得波导中不同传输模具有不同的传输功率。波导中有以下两种因素，引起不同模式的传输功率损耗：① 波导中填充介质引起的介质损耗；② 管壁电流 $\vec{J}_s$ 引起的损耗。通常金属波导管中是干燥空气介质填充，其损耗可以忽略；因此，只需计及管壁电流 $\vec{J}_s$ 引起的损耗就可以了。

仅考虑管壁电流 $\vec{J}_s$ 引起的损耗时，矩形金属波导中不同导波模的衰减常数可分别按以下各种公式计算。

1) TE_{m0} 模衰减常数的计算公式

下面是仅考虑管壁电流 $\vec{J}_s$ 引起的损耗时，矩形金属波导中 TE_{m0} 模衰减常数计算公式为：

$$\alpha_{TEm0}=\frac{R_s}{b\eta_0\sqrt{1-(\lambda/\lambda_c)^2}}\left[1+\frac{2b}{a}\left(\frac{\lambda}{\lambda_c}\right)^2\right]\mathrm{NP/m} \tag{2-45}$$

式中：R_S 是金属波导内壁的表面电阻，它可以用式(2-38)计算；$\eta_0=\sqrt{\mu_0/\varepsilon_0}=120\pi\approx 377\Omega$ 是波导中空气介质的波阻抗；a 和 b 分别为波导的宽边和窄边的尺寸；λ 和 λ_c 分别是波导的工作波长和截止波长。注意：衰减常数 α 如果使用 MKS 制(即实用制单位)单位则应计为 NP/m；或用 dB/m 为单位，则应将式(2-45)乘以 8.686，这是因为 1NP=8.686dB。

根据式(2-45)，可得到矩形金属波导中 TE_{10} 波的衰减常数计算式：

$$\alpha_{TE_{10}}=\frac{8.686R_s}{b\eta_0\sqrt{1-(\lambda/2a)^2}}\left[1+\frac{2b}{a}\left(\frac{\lambda}{2a}\right)^2\right]\mathrm{dB/m} \tag{2-46}$$

根据式(2-46)，可以绘制出如图 2-11 所示矩形波导中 TE_{10} 波的衰减常数 α_{TE10} 曲线，由该图看出：① 在截止波长附近波导的传输损耗将急剧增加，从而限制了矩形波导的工作频带(图 2-8)；② 当波导宽边 a 的尺寸一定时，窄边尺寸 b 越大波导损耗也就越小。

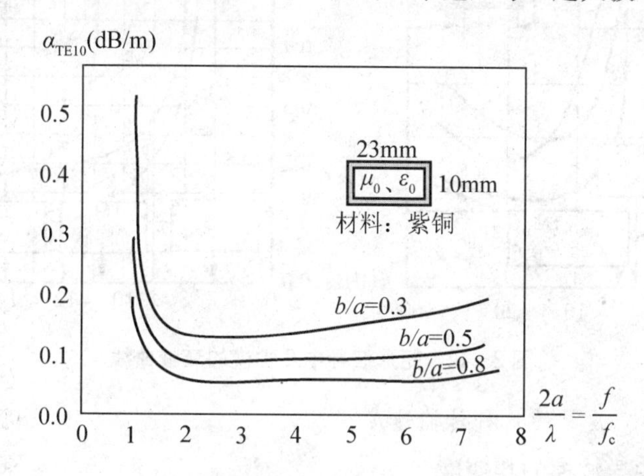

图 2-11 金属矩形波导传输 TE_{10} 波时的衰减常数理论曲线

2) TE_{mn} 模衰减常数的计算公式

下面是仅考虑管壁电流 $\vec{J}_s$ 引起的损耗时，矩形金属波导中 TE_{mn} 模衰减常数计算公式为

$$\alpha_{TE_{mn}}=\frac{8.686R_s}{b\eta_0}\left\{\left(\xi_n m^2\frac{b}{a}+\xi_m n^2\right)\left(m^2\frac{b}{a}+n^2\frac{a}{b}\right)^{-1}\times A\right\}\ \text{dB/m} \tag{2-47}$$

式中：

$$A=\sqrt{1-\left(\frac{\lambda}{\lambda_c}\right)^2}+\left(\xi_n+\xi_m\frac{b}{a}\right)\left(\frac{\lambda}{\lambda_c}\right)^2\left[\sqrt{1-\left(\frac{\lambda}{\lambda_c}\right)^2}\right]^{-1}$$

$$\xi_n=\begin{cases}1 & 当\ n=0\\ 2 & 当\ n\neq 0\end{cases} 和\ \xi_m=\begin{cases}1 & 当\ m=0\\ 2 & 当\ m\neq 0\end{cases}$$

3) TM_{mn} 模衰减常数的计算公式

下面是仅考虑管壁电流 J_s 引起的损耗时，矩形金属波导中 TM_{mn} 模衰减常数计算公式为

$$\alpha_{TM_{mn}}=\frac{17.372R_s}{a\eta_0}\left[\frac{m^2+n^2\left(\frac{b}{a}\right)^3}{m^2+n^2\left(\frac{b}{a}\right)^2}\right]\sqrt{1-\left(\frac{\lambda}{\lambda_c}\right)^2}\ \text{dB/m} \tag{2-48}$$

根据式(2-45)～式(2-48)，可以绘制出如图 2-12 所示的几种特定波导尺寸时的矩形波导的衰减曲线。从图 2-12 所提供的曲线可以看出：TE_{10} 模在 TE_{11}、TE_{20}、TM_{11} 等高次模群中它的衰减系数最小，但 TE_{10} 模自身衰减系数最小点所对应的频率已高于 TE_{20} 的截止频率，即在矩形波导工作频带内不能获得最小衰减系数，这是美中不足。TE_{10} 模的衰减最小，这是它的突出优点。

因为 TE_{10} 模能够实现单模传输，加之在高次模式中的衰减系数最小；因此，在矩形波导中的无穷多个模式中应选择 TE_{10} 模用作为主要工作模式(基模)，而波导中的各种高次模，可用来形成微波元器件。

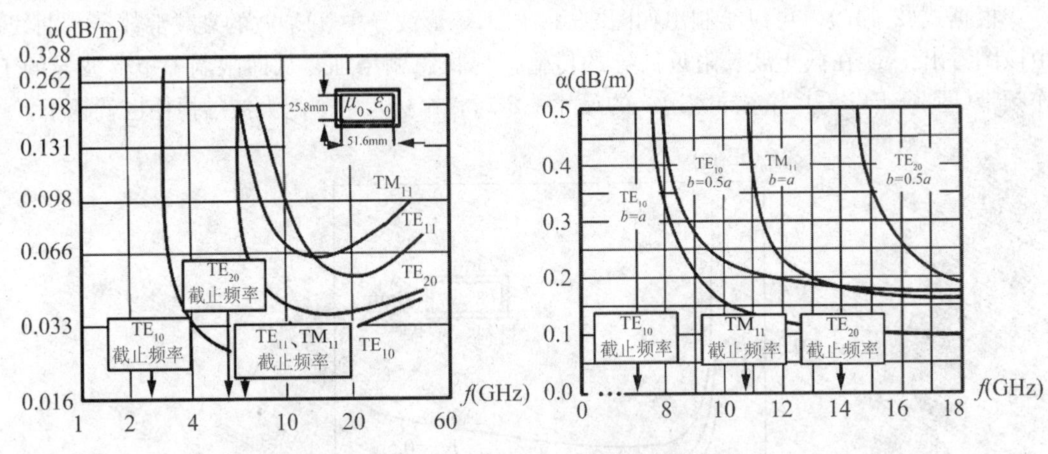

图 2-12 矩形波导中几种模的衰减曲线

4. 矩形波导中"波"的几种传输速度

1) 矩形波导中导波模的相速度

第1章中的曾指出：式(1-25)表明均匀无损耗双线传输线中"波"的传播相速度与频率 f 无关。当传输线上传输宽频带信号(如图 1-3 中的数字信号)时，各频率分量的"波"将以相同的速度 v_p 在同一瞬间传输到线的终端，其合成输出信号不会产生所谓"色散失真"；这类均匀传输线一般都是传输纯 TEM 波，并称之为"非色散传输线"。但不是所有导波传输线都是这样的，例如在有损耗双线传输线、金属波导、介质波导、微带线和光纤等导波传输线中"波"，它们的传播相速 v_p 均与频率 f 有关，是频率 f 的函数；此时传输宽频带信号时，各频率分量的"波"将以不相同的速度 v_p 在不同瞬间传输到线的终端，其合成输出信号将会产生"色散失真"；这类均匀传输线一般都不是纯 TEM 波传输线，通常称之为"色散传输线"。在通信系统中，需要采取许多措施克服"色散失真"。因此，研究矩形波导中"波"的传输速度有非常重要的实际意义。

在双线传输线中"波"传播的相速度是指 TEM 波沿传输方向 z 的传播速度(光速)；而在矩形波导中"波"传播的相速度 v_p，如果以 TE_{10} 波为例，则是指 TE_{10} 波沿传输方向 z 的传播速度，更加形象地说，它就是指图 2-1(d)中的"波浪"沿传输方向 z 的传播速度。根据这一概念，可以利用图 2-13 直观地求得 TE_{10} 波的相速度的表达式。在图 2-13(b)中，表示一个 TEM 波波阵面沿其入射方向以光速 c 在 Δt 时间内传播了 AB(或 CE)的距离，而沿矩形波导传输 z 方向观察它则是传播了 CD 距离。根据部分波的概念，这个 CD 距离应是 TE_{10} 波以相速度 v_p 在 Δt 时间内沿传输方向 z 传播完成的。

根据以上概念再观察直角三角形，便可建立以下几何关系：

$$\frac{c\times\Delta t}{v_p\times\Delta t}=\frac{CE}{CD}=\cos\theta \tag{2-49}$$

另外，根据图 2-1(c)中的三角形△AEf 可求得

$$\sin\theta=\frac{Af}{AE}=\frac{\lambda}{2a}$$

因此可得

$$\cos\theta=\sqrt{1-\left(\frac{\lambda}{2a}\right)^2} \tag{2-50}$$

再将式(2-50)代入式(2-49)，就可求得矩形波导中 TE_{10} 波的相速度为

$$\upsilon_p=\frac{c}{\sqrt{1-\left(\frac{\lambda}{2a}\right)^2}} \tag{2-51}$$

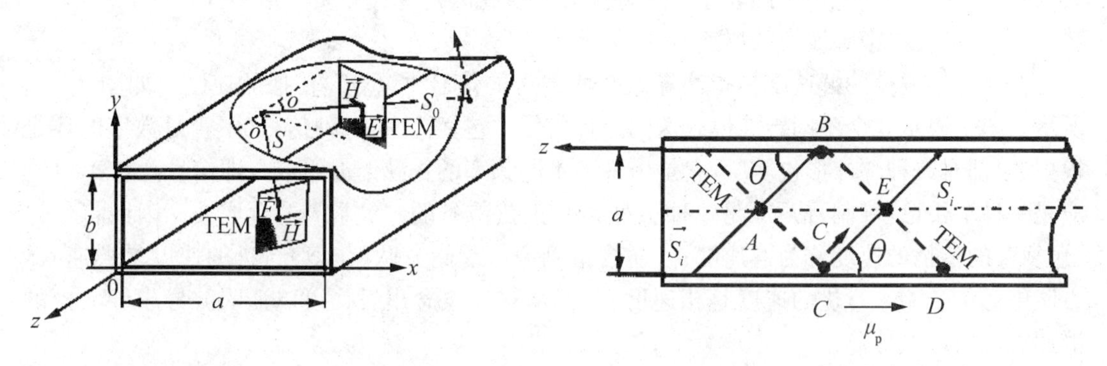

(a) 两个TEM波的干涉　　(b) TEM波阵面传播的顶视图

图 2-13　求 TE_{10} 波的相速度用图

解读式(2-51)应注意以下两点。

(1) 式(2-51)表明：矩形波导中 TE_{10} 波的相速度 υ_p 与 TE_{10} 波所载送的信号波长 λ(或频率 f)有关，这将使信号产生色散失真，而出现第 1 章中图 1-9 那样的物理图像。这种用同一模式携带不同频率的信号因具有不同的相速度 υ_p 而引起信号色散失真的现象，称为“波导色散”。

(2) 式(2-51)表明：矩形波导中 TE_{10} 波的相速度 υ_p 大于光速 c，这从波导中 TEM 波传播的观点看它实际是一种不可能出现的假象，这是因为光速 c 是物质运动的极限速度的缘故，它不可能被超越。实质上，波导色散失真是不同波长 λ 引起不同的投射角 θ(见式(2-50))所产生的。要对这一复杂的物理现象进行描述，采用 TE_{10} 波的相速度 υ_p 表达来得简单一些、抽象一些(因为数学是物理学的最高境界)。

从纯数学方法出发，可以一般性波导中导波模的相速度 υ_p。为此，可以令 TE_{mn} 和 TM_{mn} 波场方程(2-22)和(2-25)中传播因子的相位为一常数，即令

$$(\omega t-\beta_z z)=常数$$

这表明 TE_{mn} 和 TM_{mn} 波场型传播时的相位是不变的。将上式中的 z 对 t 求导，就可得相速表达式，即

$$\upsilon_p=\frac{dz}{dt}=\frac{\omega}{\beta_z} \tag{2-52}$$

注意

式(2-52)和式(1-24)具有相同的表达式；只是式(1-24)中的 $\beta=2\pi/\lambda$，而式(2-59)中的 $\beta_z=2\pi/\lambda_g$。β_z 应根据式(2-32)计算。

将式(2-32)和式(2-34)代入式(2-52)中，可求得波导中导波模的相速度的一般表达式为

$$\upsilon_p=\frac{\upsilon}{\sqrt{1-\left(\frac{\lambda}{\lambda_c}\right)^2}} \tag{2-53}$$

式中：$\upsilon=1/\sqrt{\mu\varepsilon}$为介质中的光速；如果波导中填充的是空气介质，则$\upsilon=c=1/\sqrt{\mu_0\varepsilon_0}$。

2）矩形波导中导波模的群速度

波导中导波模的群速度是指当导波模所载送的信号“包箩”传播的速度，如图2-14所示，图中表示3个不同导波模载送同一种信号“包箩”。每一种信号(不管是数字的还是模拟的)都有一种“外形包箩”，它是由许多不同频率的正弦谐波组成，即信号“包箩”(它应是一种窄带已调(制)信号)是一种多种频率正弦信号的“波群”的合成波。因此将信号“包箩”的传播的速度称为群速度υ_g(通俗举例说：受阅方队(包箩)行进的速度是群速υ_g，方队中每个受阅人行进的速度是相速度υ_p)。从这一概念出发，可以证明波导中导波模的群速度应由下式计算：

$$\upsilon_g=\frac{d\omega}{d\beta_z} \tag{2-54}$$

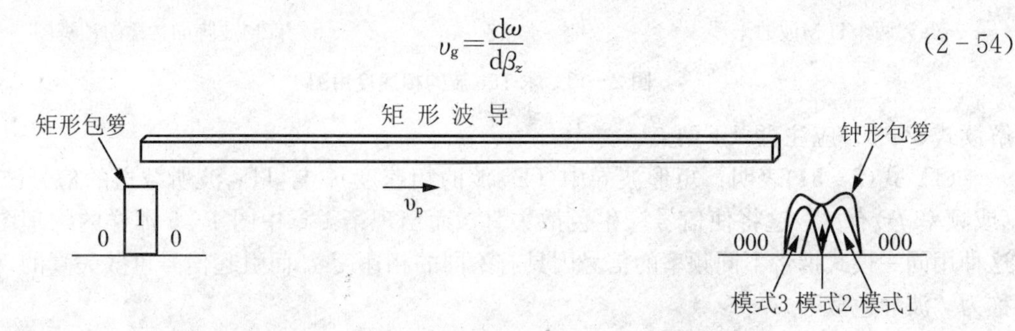

图2-14　矩形波导中模间色散失真示意图

而根据式(2-32)可得

$$\frac{d\beta_z}{d\omega}=\frac{1}{2}(\omega^2\mu\varepsilon-K_c^2)^{-\frac{1}{2}}\times2\omega\mu\varepsilon=\frac{\omega\mu\varepsilon}{\sqrt{\omega^2\mu\varepsilon-K_c^2}}=\frac{\upsilon_p}{\upsilon^2}$$

因此，可得到计算群速度的表达式为：

$$\upsilon_g=\frac{\upsilon^2}{\upsilon_p}=\upsilon\sqrt{1-\left(\frac{\lambda}{\lambda_c}\right)^2} \tag{2-55}$$

解读式(2-55)应注意以下三点。

(1) 因为不同导波模具有不同截止波长λ_c(或相速度)，故波导中不同导波模传输的群速度是不相同的。因此，如果在实际工作中没有注意波导的正确使用频率、没有顾及到单模传输，则将产生图2-13所示的“模间色散”失真，这将使传输终端数字信号的“脉码展宽”、产生码间干扰，从而增加波导信道中误码率。注意：即便顾及到了波导中单模传输，波导信道中仍然要产生波导色散失真。因此实际中如果分析使用包含有波导设备信道的指标变坏时，不妨可以考虑(或怀疑)模间色散失真和波导色散失真的影响(但不一定，因为实际问题太复杂，从理论上讲引起信道的指标变坏的原因太多)。

(2) 波导中导波模的群速度小于光速，而光速、相速度和群速度三者有以下关系：

$$\upsilon=\sqrt{\upsilon_{p}\upsilon_{g}} \tag{2-56}$$

而且根据式(2－53)和式(2－55)可知，在波导中导波模的相速度和群速度快慢、与介质中光速比较结果是：$\upsilon_g<\upsilon<\upsilon_p$。

(3) 将矩形波导中TE_{10}波的截止波长$\lambda_c=2a$代入式(2－55)，可求得TE_{10}波的群速度为

$$\upsilon_g=\upsilon\sqrt{1-\left(\frac{\lambda}{2a}\right)^2} \tag{2-57}$$

5. 矩形波导中的波导波长

TE_{mn}和TM_{mn}波场方程(2－22)和方程(2－25)所描述的矩形波导中传输的“导波”，在沿波导传输z方向上两相邻等相位面之间的距离为波导波长λ_g。例如，对于矩形波导中的TE_{10}波而言，它就是图2－15(a)两个相邻“波峰”之间的距离，它可以使用图2－15(b)所示的矩形波导开槽线(又称为测量线)通过测量获得。其测量方法是：将图2－15(b)中的波导一端用金属片“短路”使波导中形成如图2－15(a)所示的“驻波波浪”；再将图2－15(b)中“调谐检波装置”沿波导宽面上的“开槽缝隙”移动，便可根据“指示表”的指示在“标尺”上读到如图2－15(a)所示的两个相邻“波峰”的“位置1”和“位置3”之间的距离；这个距离，就是矩形波导中的TE_{10}波导波长λ_g。

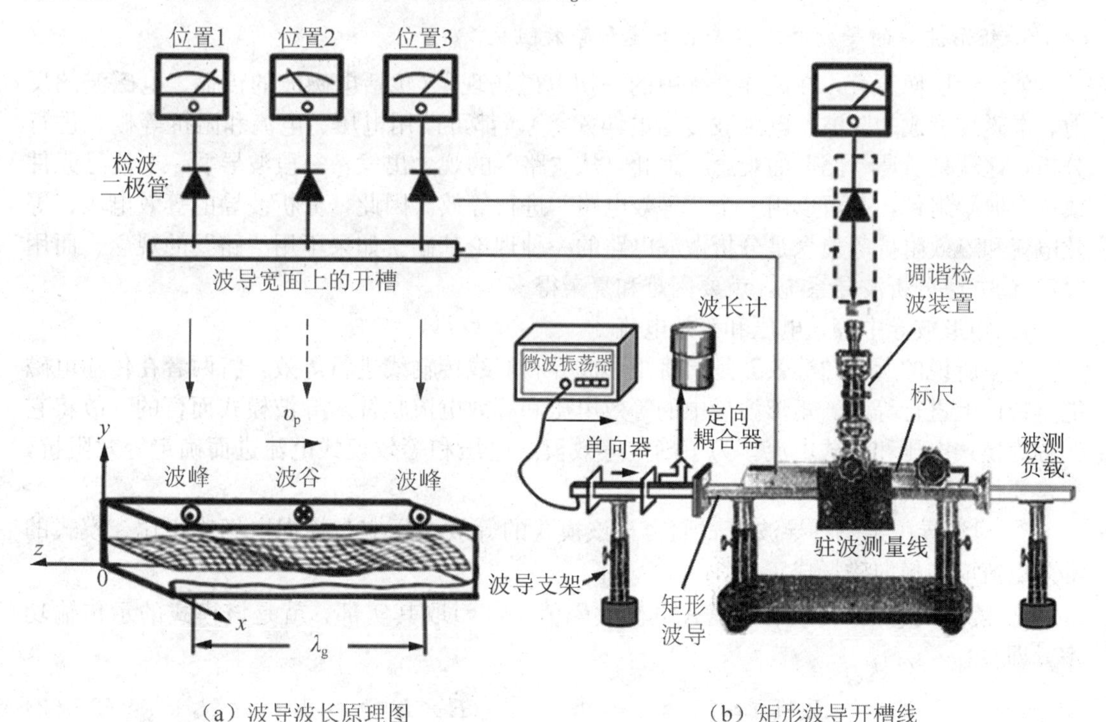

图2－15　矩形波导中TE_{10}波的波导波长

矩形波导中的TE_{10}波导波长λ_g，可以利用图2－1(c)简单求得。根据图2－1(c)中直角三角形$\triangle AGD$和式(2－50)可得

$$\lambda_{gTE10}=AD=\frac{AG}{\cos\theta}$$
$$=\frac{\lambda}{\sqrt{1-(\frac{\lambda}{2a})^2}} \tag{2-58}$$

对于 TE_{mn} 和 TM_{mn} 模的波导波长波 λ_g，应等于沿波导传输 z 方向上两个相邻等相位面之间的距离，它可以通过以下关系求得，即：

$$v_p=\frac{\lambda_g}{T} \tag{2-59}$$

式中：T 是简谐振荡的周期。

式(2-59)表明：简谐振荡波以导波模的方式用相速度 v_p 传播时，它在简谐振荡的一个周期 T 的时间内传播了一个波导波长 λ_g 的距离；根据式(2-59)可求得

$$\lambda_g=v_p\times T \tag{2-60}$$

考虑到简谐振荡波的周期 $T=\lambda/v$；再将式(2-53)代入式(2-60)，可得矩形波导中导波模波导波长的一般表达式，即

$$\lambda_g=\frac{\lambda}{\sqrt{1-(\frac{\lambda}{\lambda_c})}} \tag{2-61}$$

6. 矩形波导的等效电压、等效电流和等效阻抗

就理论层面而言，在波导系统中的一切电磁场现象(包括电磁波的传播、电磁波的反射、电磁波形成的驻波、电磁波传播的匹配等)，都可以用电压、电流和阻抗等概念进行分析，这就是所谓“路”的观念。因此，从“路”的观念出发，一段波导、一个波导元件或一个波导组件，都可以用一个“等效电路”进行等效。因此，分析波导的等效电压、等效电流和等效阻抗等概念是分析微波电路的一种理论基础。如果不用“路”的观念、而用“场”的方法分析波导系统，就要困难和复杂得多。

1) 矩形波导中等效电压和等效电流

这里所说的所谓“等效”是指将矩形波导和双线传输线进行等效，将两者在传输电磁能量特性上进行等效。矩形波导中的等效电压和等效电流是针对导波模式而言的，故将它们称为模式电压和模式电流。为了确定等效模式电压和等效模式电流进而确定等效阻抗，通常要作以下约定。

① 对波导中某一种导波模式而言，该模式的等效电压应与横向电场成正比、模式的等效电流应与横向磁场成正比。

② 某模式电压 $U(z)$ 乘以模式电流共轭值 $I^*(z)$ 取其实部，就是该模式的示传输功率，即

$$Re[U(z)I^*(z)]=\iint_{S_T}Re[\frac{1}{2}(\vec{E}\times\vec{H}^*)]\cdot ds \tag{2-62}$$

式(2-62)是将双线传输线和矩形波导，在传输电磁能量特性上进行等效(前者是“路”的观点，后者是“场”的观点)。

③ 模式电压 $U(z)$ 除以模式电流 $I(z)$ 等于该模式的等效阻抗。

因为实际中矩形波导中仅传输 TE_{10} 单模，故下面仅研究 TE_{10} 波的情况。根据式(1-8)

和按照第一条约定，再考虑到等效双线传输线上的电压和电流不随横截面的坐标(x 和 y)变化(对于双线传输线式(1-8)而言，不是像矩形波导式(2-8)那样随 $\sin(\pi x/a)$变化)这一事实和根据式(2-8)，就可以简单地得到矩形波导中 TE_{10} 波的等效电压和等效电流的表达式，即

$$\begin{aligned} U(z) &= \frac{D}{\sqrt{2}}\frac{\omega\mu a}{\pi}H_{10}\mathrm{e}^{-\beta_z z} \\ I(z) &= -\frac{D}{\sqrt{2}}\frac{\beta_z a}{\pi}H_{10}\mathrm{e}^{-\beta_z z} \end{aligned} \tag{2-63}$$

式中：D 是一个复比例常数。该式表示图 3-4 所示矩形波导中 TE_{10} 波向“$-z$”传输的等效电压和等效电流的入射波。

2) 矩形波导传输 TE_{10} 波时的波阻抗和等效特性阻抗

式(2-63)表示矩形波导中的 TE_{10} 波，向“$-z$”传输的等效电压和等效电流入射波；因此根据式(2-63)和式(1-13)的定义，再按照第三条约定可求得矩形波导传输 TE_{10} 波时的波阻抗(即 TE_{10} 电磁波的阻抗)为

$$Z_W = \frac{U(z)}{-I(z)} = \frac{E_y}{-H_x} = \frac{\omega\mu}{\beta_z} = \sqrt{\frac{\mu}{\varepsilon}}\frac{\lambda_g}{\lambda} \tag{2-64}$$

将式(2-58)代入式(2-64)，可得

$$Z_W = \sqrt{\frac{\mu}{\varepsilon}} \times \frac{1}{\sqrt{1-(\lambda/2a)^2}} \tag{2-65}$$

式中：$\eta = \sqrt{\mu/\varepsilon}$ 为波导中填充介质的波阻抗；$\eta_0 = \sqrt{\mu_0/\varepsilon_0} - 120\pi \approx 377\Omega$ 为波导中填充空气时的波阻抗。

当矩形波导中为空气填充时，矩形波导传输 TE_{10} 波时所表现的波阻抗为

$$Z_W = \frac{120\pi}{\sqrt{1-(\lambda/2a)^2}} \tag{2-66}$$

在这里应该指出：均匀矩形波导的等效特性阻抗 Z_{0e} 就是波阻抗 Z_W，即对于均匀矩形波导而言其等效特性阻抗为

$$Z_{0e} = Z_W \tag{2-67}$$

注 意

金属矩形波导等效特性阻抗表达式(2-65)～式(2-67)与均波导的窄边 b 无关，这就使得它们不能像同轴传输线和双线传输线的特性阻抗计算式(1-14)、式(1-15)和式(1-16)那样具有通用性，即式(1-14)、式(1-15)和式(1-16)可以用来计算任意不同尺寸的同轴传输线和双线传输线的特性阻抗，而式(2-65)～式(2-67)则不能用来计算不同窄边 b 的矩形波导的等效特性阻抗。如果将式(2-65)～式(2-67)作为唯一的通用式使用，这将会导致像图 2-16 所示的不同窄边 b 的波导连接时，在波导连接处没有反射波出现的错误结论。因此，为了使式(2-65)和式(2-67)具有唯一性和通用性，必须对它们进行修正。其方法是在不违背前面 3 项约定的前提下，根据图 2-16 将传输 TE_{10} 波的矩形波导的等效电压和等效电流，再作以下两点具体规定：① 将波导宽边 a 中点($x=a/2$)处的电压作为等效电压(假(设)电压)；② 将图 2-8 所示的沿波导传输方向 z 流动的表面电流 $\vec{J}_s(z)$ 作为等效电流(假(设)电流)。

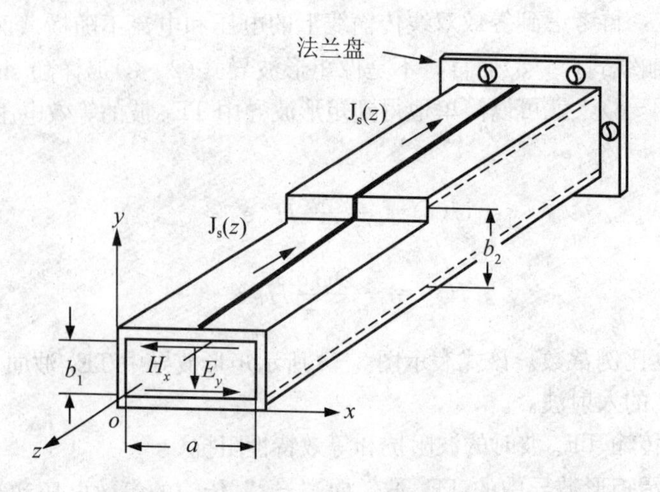

图 2-16 不同窄边 b 的矩形波导连结

因此，根据第①条“约定”和第①条“规定”以及式(2-8)可得

$$\begin{aligned} U(z) &= \int_0^b E_y \big|_{x=\frac{a}{2}} \mathrm{d}y = \int_0^b \frac{\omega\mu_0 a}{\pi} H_{10} \sin\left(\frac{\pi}{a}\times\frac{a}{2}\right) \mathrm{e}^{-\mathrm{j}\beta_z z} \mathrm{d}y \\ &= b\frac{\omega\mu_0 a}{\pi} H_{10} \mathrm{e}^{-\mathrm{j}\beta_z z} \end{aligned} \tag{2-68}$$

再根据①条“约定”和第②条“规定”以及式(2-8)有

$$\begin{aligned} I(z) &= \int_0^a J_s(z) = \int_0^a H_x \mathrm{d}x = \int_0^a \frac{\beta_z a}{\pi} H_{10} \sin\left(\frac{\pi}{a}x\right) \mathrm{e}^{-\mathrm{j}\beta_z z} \mathrm{d}x \\ &= \frac{2\beta_z a^2}{\pi} H_{10} \mathrm{e}^{-\mathrm{j}\beta_z z} \end{aligned} \tag{2-69}$$

最后根据式(2-68)和式(2-69)，就可求得矩形波导等效特性阻抗为

$$Z_{0\mathrm{e}}^{(1)} = \sqrt{\frac{\mu}{\varepsilon}} \times \frac{b}{a} \times \frac{\pi}{2\sqrt{1-(\lambda/2a)^2}} = \frac{b}{a} \times \frac{\pi}{2} Z_{\mathrm{W}} \tag{2-70}$$

这就是实际中最常用的矩形波导等效特性阻抗计算式。

但须指出：如果按第②条“规定”求出等效电流和按第②条“约定”（即按真实功率）求出等效电压，则可求得矩形波导等效特性阻抗的表达式为

$$Z_{0\mathrm{e}}^{b(2)} = \sqrt{\frac{\mu}{\varepsilon}} \times \frac{b}{a} \times \frac{\pi^2}{8\sqrt{1-(\lambda/2a)^2}} = \frac{b}{a} \times \frac{\pi^2}{8} Z_{\mathrm{W}} \tag{2-71}$$

如果按第①条“规定”求出等效电压和按第②“约定”（即按真实功率）求出等效电流，则可求得矩形波导等效特性阻抗的表达式为

$$Z_{0\mathrm{e}}^{b(3)} = \sqrt{\frac{\mu}{\varepsilon}} \times \frac{b}{a} \frac{\pi^2}{8\sqrt{1-(\lambda/2a)^2}} = 2\,\frac{b}{a} \times Z_{\mathrm{W}} \tag{2-72}$$

矩形波导等效特性阻抗之所以出现 3 种不同的计算式，是因为波导中的电压和电流不是唯一的缘故。在 3 种计算式中，选定一种就唯一了；实际工程中处理问题时也只能这样做，也将带来许多方便。

【例 2-4】 图 2-17 所示是一个空气填充的矩形波导 $\lambda_g/4$ 阻抗变换器，试求：该阻抗

变换器的窄边 b_2 的设计尺寸。

解：对于图 2-17 所示的矩形波导 $\lambda_g/4$ 阻抗变换器而言，可将式(1-85)改写成为以下形式：

$$Z_{0e2}^{(1)}=\sqrt{Z_{0e1}^{(1)}Z_{0e3}^{(1)}} \tag{2-73}$$

若选定式(2-70)计算矩形波导等效特性阻抗，对于空气填充的波导段①的 Z_{0e1} 应为

$$Z_{0e1}=Z_{0e}^{(1)}=\frac{b_1}{a}\frac{120\pi^2}{2\sqrt{1-(\lambda/2a)^2}}$$

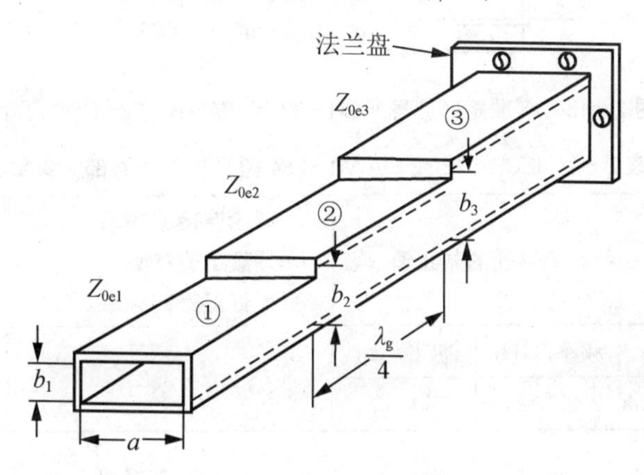

图 2-17 矩形波导 $\frac{\lambda_g}{4}$ 阻抗变换器

对于波导段②和波导段③的等效特性阻抗 Z_{0e1} 分别表示为

$$Z_{0e2}=Z_{0e2}^{(1)}=\frac{b_2}{a}\frac{120\pi^2}{2\sqrt{1-(\lambda/2a)^2}}$$

$$Z_{0e3}=Z_{0e3}^{(1)}=\frac{b_3}{a}\frac{120\pi^2}{2\sqrt{1-(\lambda/2a)^2}}$$

将以上 Z_{0e1}、Z_{0e2} 和 Z_{0e3} 三式代入式(2-73)，经整理后可得

$$b_2=\sqrt{b_1b_3} \tag{2-74}$$

如果使用附录C中的BJ-22 和 BJ-26 两种矩形波导链接，上述 $\lambda_g/4$ 阻抗变换器所需的 b_2 设计值应为

$$b_2=\sqrt{b_1b_3}=\sqrt{43.2\times54.6}\,\text{mm}=48.56\text{mm}$$

以上计算忽略了波导连接处波导尺寸的突变所产生的反射影响，并不严谨，但当波导尺寸变化不大时还是比较符合试验测试结果的。在第 4 章中将对该问题做进一步讨论。

2.2.4 关于标准金属矩形波导

1. 怎样计算设计标准矩形金属波导的尺寸

实际使用的金属矩形波导是用铝合金、黄铜—铝合金、黄铜—铝—银合金或银合金等

合金材料拉制成无缝矩形管，内管壁的光洁度很高，以构成理论上所要求的均匀波导管。金属矩形波导都制造成标准型号的产品销售，使用非常方便。我国的型号为IECRI、美国的型号为EIAWR，两者都有相应工程手册可查。例如，从附录C中或从相关的《微波工程手册》查得IECR－32(对照型号EIAWR－284)型号的波导参数，如图2－18所示。以上两种不同号矩形波导部分参数列于表2－1中。

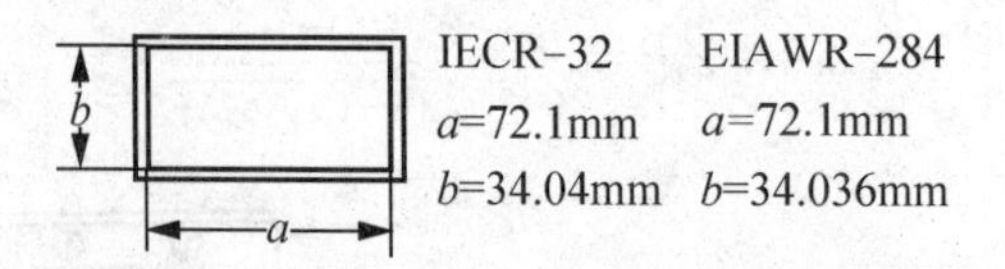

图2－18　标准矩形波导IECR－32和EIAWR－284的内尺寸

表2－1　IECR－32或EIAWR－284型号矩形波导部分参数

TE_{10}模工作频率和波长范围		TE_{10}模的截止值		理论连接波功率额定值/MW（最低至最高频率）	理论衰减值/(dB/m)（最低至最高频率）
频率/GHz	波长/cm	频率/GHz	波长/cm	2.2～3.2	0.036～0.025 0.031～0.021
2.6～3.95	7.59～11.53	2.078	14.43		

表2－1中的参数完全取决于波导宽边尺寸；a和窄边尺寸b的设计选择，在表2－2中提供了它们的设计计算方法。

表2－2　根据使用参数的要求设计传输波的矩形波导方法

使用参数要求	计算对象	引用公式	说明
TE_{10}模工作波长和频率范围	波导宽边尺寸a	$a=1.83\times(\lambda_{0\max}-\lambda_{0\min})$ $f=\frac{c}{\lambda}$（c为光速）	根据式(2－44b)求a，保证只传输TE_{10}波和减少衰减
TE_{10}模的截止值	由a求截止波长 由a求截止频率	$\lambda_{cTE_{10}}=2a$ $f_{cTE_{10}}=\frac{c}{\lambda_{cTE_{10}}}$（$c$为光速）	
TE_{10}模的衰减	由a求波导窄边尺寸b的波导衰减$\alpha_{TE_{10}}$	$b=(0.4\sim0.5)\times a$ $\alpha_{TE_{10}}=\frac{8.686R_s}{b\eta_0\sqrt{1-(\lambda/2a)^2}}\left[1+\frac{2b}{a}\left(\frac{\lambda}{2a}\right)^2\right]$	所求b使波导衰减最小，再根据式(2－53)求$\alpha_{TE_{10}}$
连续波功率额定值	由a和b求功率额定值（脉冲功率容量）	$P_{brTE_{10}}=\left[0.16ab\sqrt{1-\left(\frac{\lambda}{2a}\right)^2}\right]/cm^2$	根据式(2－85)

图2－19表示矩形波导功率额定值P_{br}与λ/λ_{cTE10}的关系曲线，由该曲线看出：当

$$0.5<\frac{\lambda}{\lambda_{cTE10}}=\frac{\lambda}{2a}<0.9\text{ 或 }0.5\lambda<a<\lambda$$

时，既可抑制高次模而获得单模TE_{10}波传输，又可发挥其较大(在50%～100%之间)的功

率额定值能力或耐击穿能力。实际上，表2-1按表2-2设计方法所获得a和b的尺寸数据符合图2-18的要求，即

$$\frac{\lambda_{0\min}}{\lambda_{cTE10}}=\frac{\lambda_{0\min}}{2a}=\frac{7.59\text{cm}}{14.43\text{cm}}\approx 0.52$$

和

$$\frac{\lambda_{0\max}}{\lambda_{cTE10}}=\frac{\lambda_{0\max}}{2a}=\frac{11.53\text{cm}}{14.43\text{cm}}\approx 0.8$$

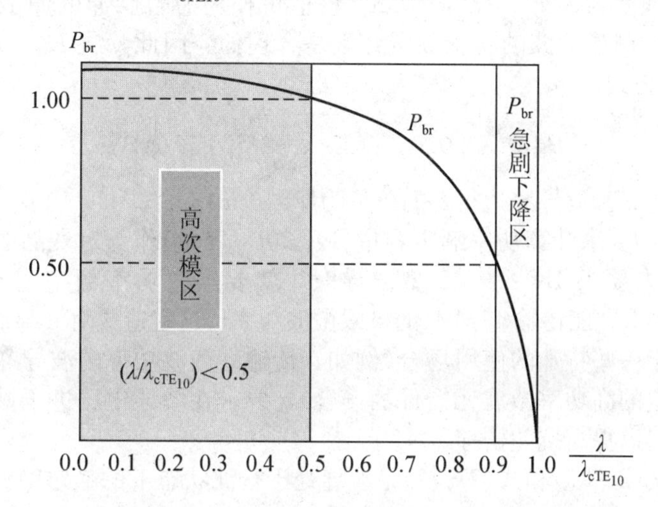

图2-19　矩形波导功率额定值与波长的关系曲线

从而获得(使用式(2-85)计算$\lambda_{0\min}/2a=0.52$的情况)：

$$P_{brTE_{10}}=2.8\sim 3.6(\text{MW})$$

注 意

表2-2中要求计算的“连续波额定功率值”是针对波导在大功率使用场合所提出的，在大功率使用场合波导存在一个电击穿的问题。金属矩形波导中的介质(一般为空气)有可能被强大的E_y电场击穿，而在波导上下壁之间出现电击“火花”现象。这种电场击穿现象是不容许的，因而标准商品波导附有功率额定值参数。功率额定值这一指标向用户说明波导能传输(能承受)的最高功率值(称为“最高功率容量”或“极限功率容量”)。

根据式(2-44)和场方程(2-8)，可求得矩形波导中传输TE_{10}波时的传输功率为

$$\begin{aligned}P(z)&=\iint_{S_T}Re\left[\frac{1}{2}(\vec{E}\times\vec{H}^*)\right]\mathrm{d}s\\&=\frac{1}{2Z_{WTE_{10}}}\int_0^b\int_0^a|E_y|^2\mathrm{d}x\mathrm{d}y\\&=\frac{ab}{480\pi}E_{yc}^2\sqrt{1-\left(\frac{\lambda}{2a}\right)^2}\end{aligned}\tag{2-75}$$

式中：E_{yc}为在波导宽边中心处(即$x=a/2$处)的电场。

大多数实用场合金属波导内填充的是空气介质，对于传输连续波的空气介质填充金属矩形波导的功率额定容量可以按下式计算：

$$P_{\mathrm{brTE_{10}}}=[0.16ab\sqrt{1-(\frac{\lambda}{2a})^2}]/\mathrm{cm}^2(\mathrm{MW}) \tag{2-76}$$

式中：波导宽边得 a 和波导窄边得 b 的单位为厘米(cm)。显然，用式(2－76)计算的功率应是空气介质填充金属矩形波导所能承受的最大传输功率。

当空气介质填充金属矩形波导中传输脉冲调制的连续波(近似看成连续波幅度瞬间增加到脉冲幅度)时，在短暂脉冲击下波导容易被击穿。实际中在标准气候环境条件下，空气介质的击穿场强度约为 $E_{\mathrm{br}}=30\mathrm{kV/cm}$，该值可作为短暂脉冲的冲击幅度，用它来求取波导传输脉冲调制连续波的功率额定容量是合理的。因此，将 $E_{\mathrm{yc}}=E_{\mathrm{br}}=30\mathrm{kV/cm}$ 代入式(2－84)可以得到

$$P_{\mathrm{brTE_{10}}}=[0.6ab\sqrt{1-(\frac{\lambda}{2a})^2}]/\mathrm{cm}^2(\mathrm{MW}) \tag{2-77}$$

式中：波导宽边得 a 和波导窄边得 b 的单位为厘米(cm)。

按式(2－76)的要求计算功率额定容量(极限功率容量)作为对产品的要求，是非常严格的；如果这样去要求 IECR－32 型波导时，就要求将功率额定值修改为 8.25～12(MW)；即是说要求它能传输 12MW 的极限微波功率，这就造成对波导的使用条件要求非常高；此时，对于一些特殊的使用场合(例如，传输高微波功率的波导和容易被穿击的场合，和用波导制造的高功率微波元器件的场合)，要求在波导中压进干燥空气或在其中充进氮气并加以密封以提高抗“击穿”能力。

应该指出：式(2－76)和式(2－77)是波导处于行波状态下的额定微波传输功率值。如果波导系统没有匹配好(一般不可能完全匹配好)，其中将有驻波存在，波导更容易被击穿。此时，波导产品提供的算功率额定值将要下降(雷达执勤人员应该注意)为

$$P^{n}_{\mathrm{brTE_{10}}}=\frac{P_{\mathrm{brTE_{10}}}}{\rho}(\mathrm{MW}) \tag{2-78}$$

式中：ρ 是波导系统中的驻波比。

2. 实际中使用标准矩形金属波导的一些举例

早期矩形金属波导和双线传输线同轴线一样，用来传输微波信号，由于波导内壁有纵向(即传输 z 方向)电流使传输损耗较大(例如，参见于图 2－11 对于通常标准尺寸传输 $\mathrm{TE_{10}}$ 波的波导在 12GHz 以上的频率，仅导体损耗理论值就大于 150dB/km，而同轴传输线每公里损耗仅 60dB 左右)，因而用矩形金属波导长途传输微波信号不是一种可行的选择。矩形金属波导仅能用在微波机器内部，作为短微波传输线使用或作天线系统中的短馈线使用。当今，金属矩形波导主要用来制造 1～220GHz 波段的各种标准波导元器件；近代因隐形对抗需要微波设备向小型、集成方向发展，使得许多微波电路都采用微带传输线及其元器件以取代矩形金属波导及其元器件，但在大功率微波系统、毫米波系统以及精密测量系统中，仍然广泛使用金属矩形波导而无法取代。

图 2－20 所示是一个微波接收机中使用的典型微波平衡混频器，其中所用到的微波元器件有：双 T 型接头、三螺钉匹配器、可变衰减器、调匹配活塞和同轴线—波导转换接头等元器件，它们都是用标准矩形波导制造而成；单纯矩形波导只是在其中作短馈线使用。在第 4 章中将介绍微波波导元器件。图 2－21 所示是几种波导元器件的实物照片，以供参考；图 2－15 中的测量线照片也是用矩形波导制造的；图 2－22 所示是矩形波导作天线系统中短馈线使用的举例。

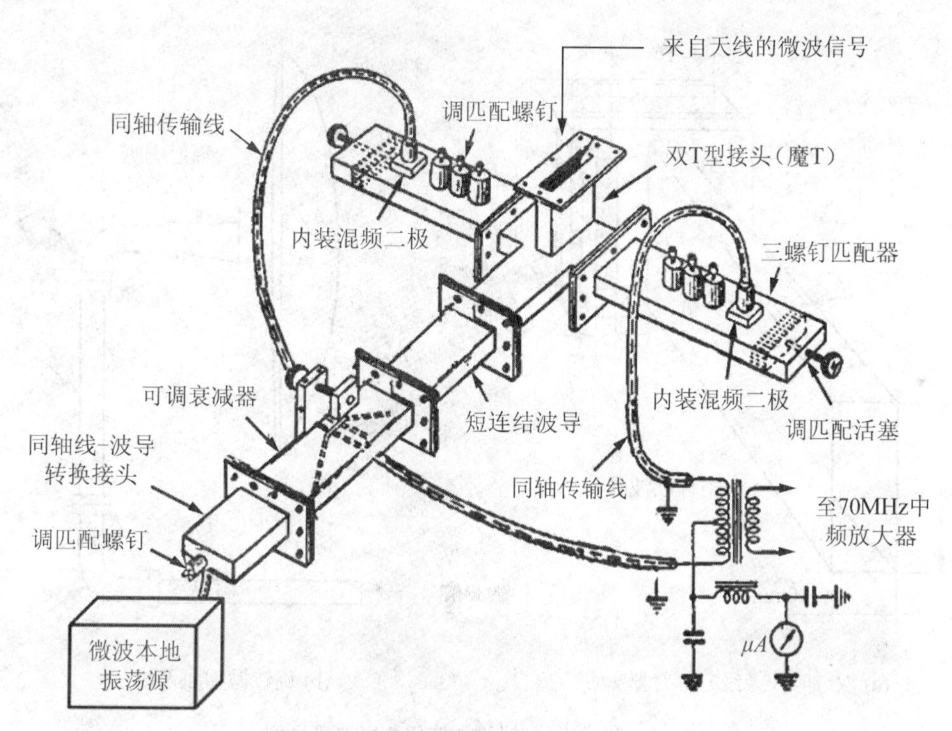

图 2-20　一个典型的微波平衡混频器

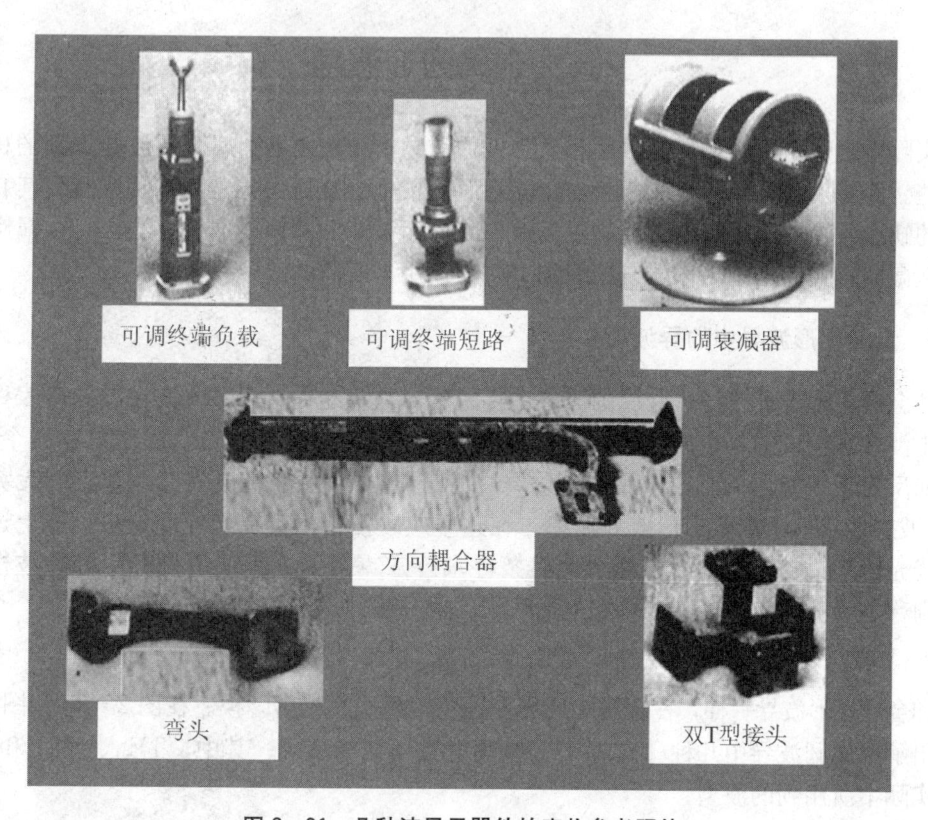

图 2-21　几种波导元器件的实物参考照片

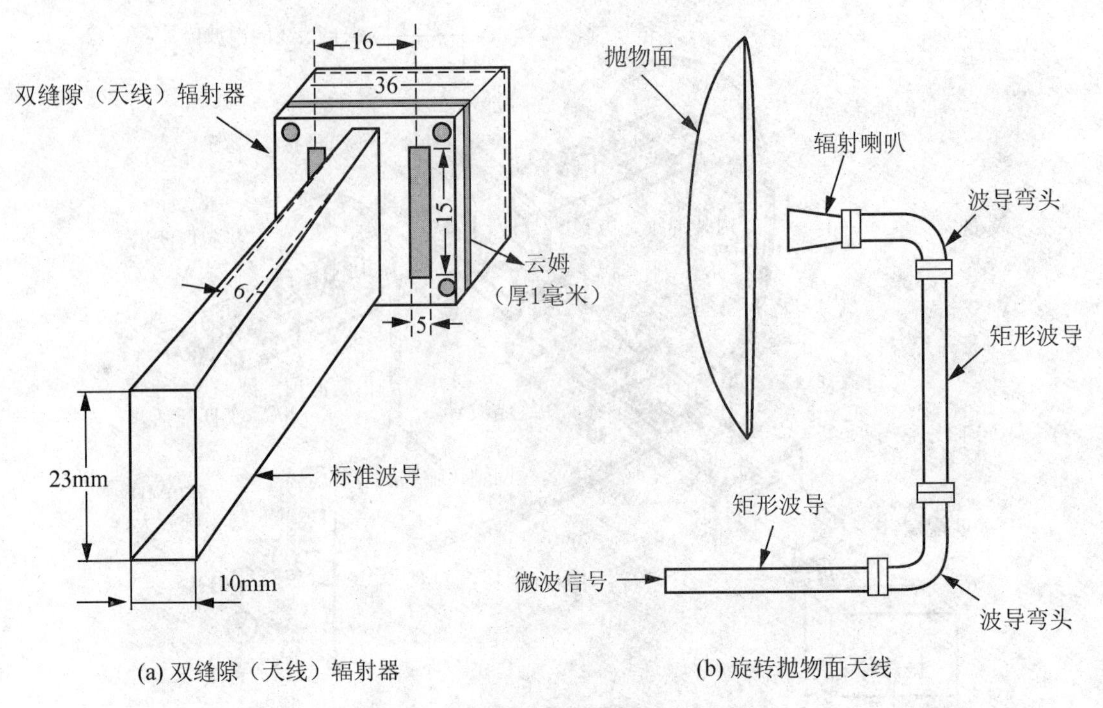

(a) 双缝隙（天线）辐射器　　(b) 旋转抛物面天线

图 2-22　天线-馈线中使用矩形波导举例

2.3　金属圆形波导

实际中金属矩形波导是最常用和最常见的波导，相较之下金属圆形波导见到的机会要少一些。20 世纪 60 年代人们将特大容量通信寄希望于金属圆导的 H_{01} 模，但因其有难以克服的缺点致使各国进行的试验均以失败告终，而被光纤传输线取代。当今，金属圆波导主要在微波接力通信中用作天线馈线和一些其他用途所需的波导元器件。

2.3.1　金属圆形波导中的导波模

和金属矩形波导一样，金属圆波导中传输的导波模也是由 TEM 波在波导内表壁来回反射干涉叠加而成的，它们所不同的只是因矩形波导有 4 个内表壁，因而只有 4 个 TEM 波来回反射干涉叠加；而在金属圆形波导中由于是圆形内金属被表壁，则应有无穷多个 TEM 波来回反射干涉叠加形成导波模。在这里应顺便指出：在光纤理论中，称上述概念为射线光学理论；而在光纤中结合边界条件求解麦克斯韦方程获得光纤中的导波模的方法，则称之为波动光学理论。持有上述认识，对分析波导场问题是有帮助的。

1. 怎样识别金属圆形波导中的 TE_{mn} 和 TM_{mn} 模

和金属矩形波导一样，在金属圆波导中也传输 TE_{mn} 和 TM_{mn} 模。在图 2-23 和图 2-24 中给出了金属圆波导中几种 TE_{mn} 和 TM_{mn} 模电磁场结构图形；其中，TE_{01}、TE_{11} 和 TM_{01} 波是实际中所用到的波型。

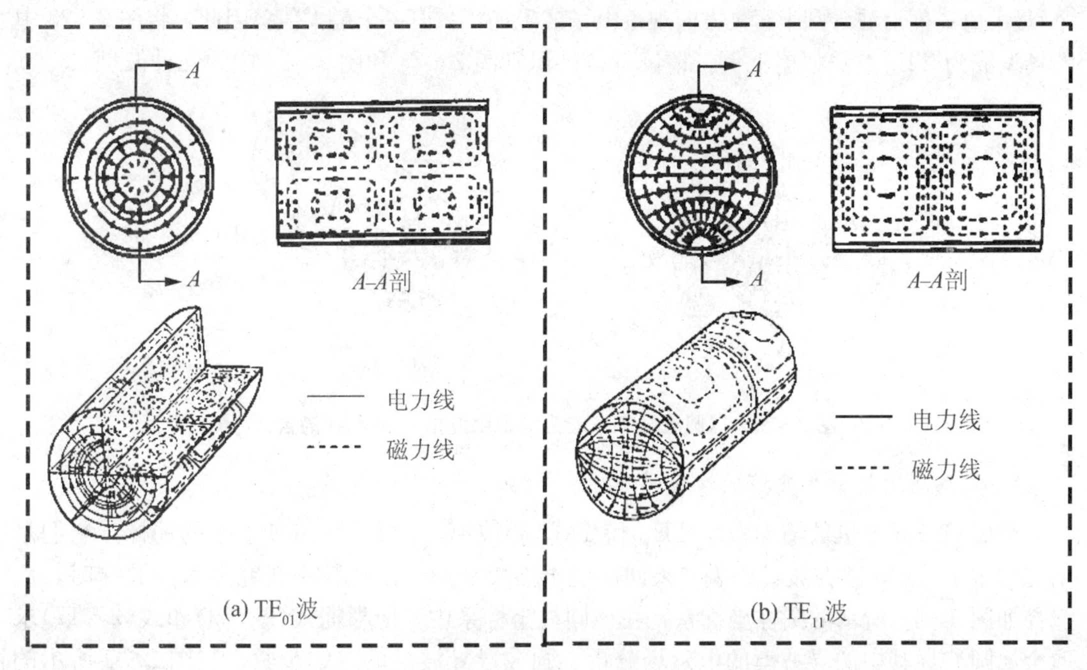

图 2-23　金属圆波导中两种 TE_{mn} 波

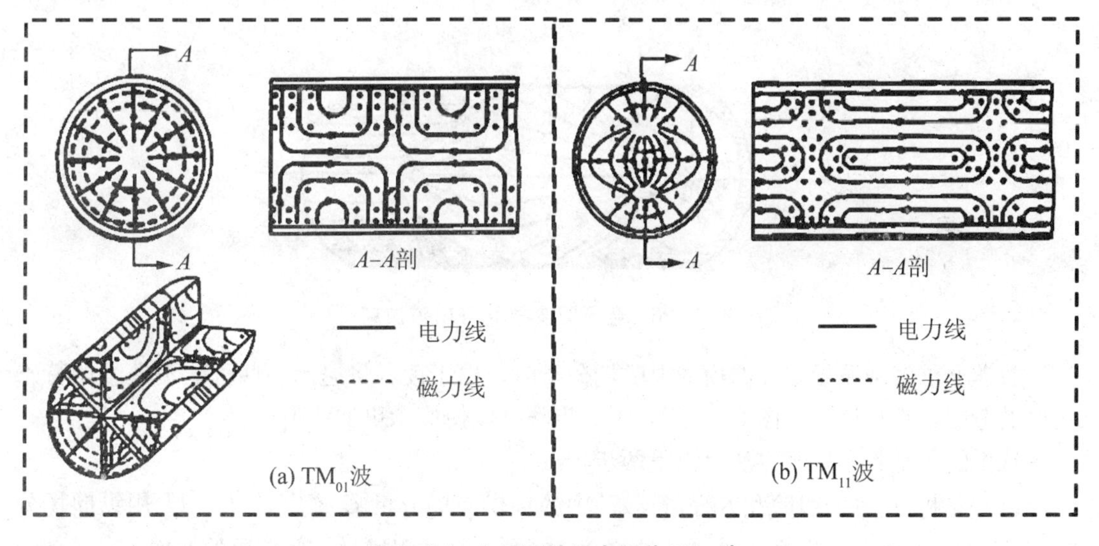

图 2-24　金属圆波导中两种 TM_{mn} 波

圆波导中 TE_{mn} 和 TM_{mn} 导波模注脚 m 和 n 所表示的含义，与矩形波导中 TE_{mn} 和 TM_{mn} 导波模注脚 m 和 n 所表示的含义是不同的。注意：在圆波导中注脚 m 表示沿波导圆周 φ 方向电场或磁场驻波分布最大值的“对数”(而不是个数)；注脚 n 表示沿波导圆半径 r 方向电场或磁场驻波分布最大值的“个数”(而不是对数)。下面以图 2-25 中的 TE_{11} 波为例，具体说明 m 和 n 的含义. 为此先对图 2-24 做以下说明：用磁力线或电力线最密集的空间，表示驻波场最强(驻波最大值)的空间；反之，则表示驻波场最弱(驻波最大小)的空间。因此，由图 2-25 可以看出：沿波导圆周 φ 方向转一周，电场或磁场都只出现一对(两

个)最大值；而沿波导圆半径 r 方向观察电场或磁场，只有一个最大值；因此，将图 2－25 中的场型成为 TE_{11} 波。根据上例，请读者自己识别图 2－23 和图 2－24 中的几种波型。

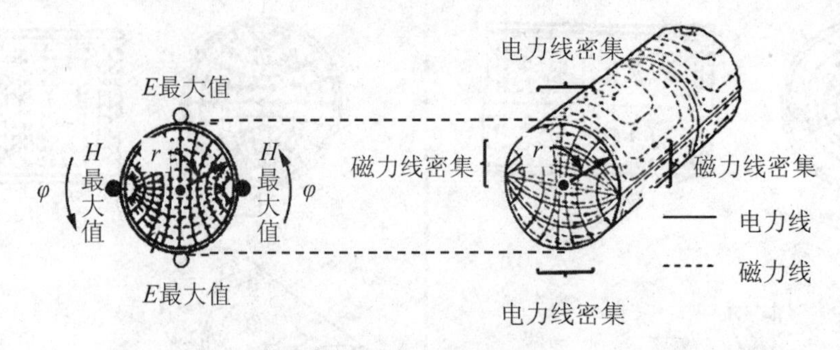

图 2－25　以圆波导 TE_{11} 波为例说明波指数 m 和 n 的含义

2. 金属圆波导中导波模的纯数学描述

金属圆波导中也传输无数个 TE_{mn} 和 TM_{mn} 导波模，像图 2－26 所表示的那样，它们是由无穷多个 TEM 波在波导内表壁来回反射干涉叠加形成。纯数学研究金属圆波导时，应选择如图 2－26 所示的圆柱坐标系，在该圆柱坐标系中，应根据式(2－16)和式(2－17)求取金属圆波导其中的导波模的电磁场分量。圆波导导波场的求解步骤，与图 2－7 所示的矩形波导导波场的求解步骤完全一样。

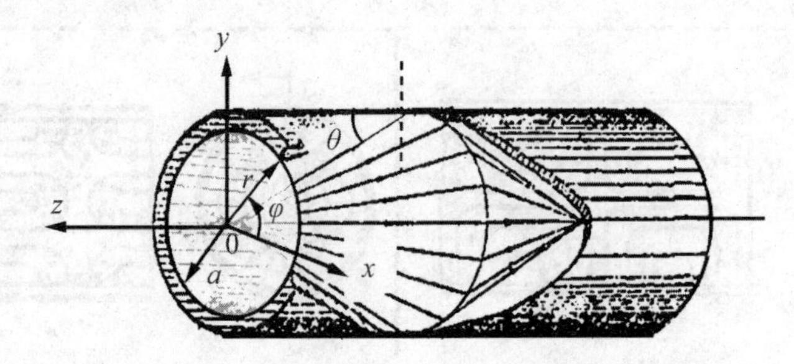

图 2－26　金属圆波导中 TEM 波波束

数学上求解圆波导中导波模的电磁场分量时，出于读者将遇到一些可能不熟悉的特殊函数的考虑，将具体执行图 2－7 所表明的步骤，以使概念更加清晰。

这里的关键数学处理方法是以下两步。

(1) 先将方程(2－16)和方程(2－17)中的各横向场分量 E_r、E_φ，H_r、H_φ 用纵向场分量 E_z 和 H_z 来表示；为此，将(2—16)方程和(2—17)方程经过一些简单的变换得

$$\begin{aligned}
E_r &= -\frac{\mathrm{j}}{K_c^2}\left(\beta_z\frac{\partial E_z}{\partial r}+\frac{\omega\mu}{r}\frac{\partial H_z}{\partial\varphi}\right)\\
E_\varphi &= -\frac{\mathrm{j}}{K_c^2}\left(\frac{\beta_z}{r}\frac{\partial E_z}{\partial\varphi}-\omega\mu\frac{\partial H_z}{\partial r}\right)\\
H_r &= -\frac{\mathrm{j}}{K_c^2}\left(\beta_z\frac{\partial H_z}{\partial r}-\frac{\omega\varepsilon}{r}\frac{\partial E_z}{\partial\varphi}\right)\\
H_\varphi &= -\frac{\mathrm{j}}{K_c^2}\left(\frac{\beta_z}{r}\frac{\partial H_z}{\partial\varphi}+\omega\varepsilon\frac{\partial E_z}{\partial r}\right)
\end{aligned}\tag{2-79}$$

式中：K_c 为截止波数。

(2) 当求取圆波导中的 TE_{mn} 模的场分量方程时，只需要令(2－79)方程组中的场分量 $E_z=0$ 和 $H_z\neq0$ 即可；当求取圆波导中的 TM_{mn} 模的场分量方程时，只需要令(2－79)方程组中的场分量 $E_z\neq0$ 和 $H_z=0$ 即可。

1) 金属圆形波导中的 TE_{mn} 模

求取圆波导中的 TE_{mn} 模的场分量方程要令(2－79)方程组中的场分量 $E_z=0$ 和 $H_z\neq0$，而纵向场分量 H_z 满足以下简谐波三维(空间 r，φ，z)波动方程，即

$$\frac{\partial^2 H_z}{\partial r^2}+\frac{1}{r}\frac{\partial H_z}{\partial r}+\frac{1}{r^2}\frac{\partial^2 H_z}{\partial \varphi^2}=-K_c^2 H_z \tag{2-80}$$

式(2-80)又称为标量亥姆霍兹方程。

式(2-80)可以运用分离变量求解，即令 H_z 分量

$$H_z=R(r)\Phi(\varphi)e^{-j\beta_z z} \tag{2-81}$$

变量分离使变为成3个空间(r，φ，z)独立变量的函数，而将 $e^{-j\beta_z z}$ 命名为“传播因子”。再将式(2-81)代入式(2-80)可得

$$\frac{r^2}{R(r)}\frac{\partial^2 R(r)}{\partial r^2}+\frac{r}{R(r)}\frac{\partial R(r)}{\partial r}+K_c^2 r^2=-\frac{1}{\Phi(\varphi)}\frac{\partial^2 \Phi(\varphi)}{\partial \varphi^2} \tag{2-82}$$

因为式(2-82)不能求两个未知数，因此必须按独立变量 r 和 φ 将其分离后再求解。式(2-82)的求解的办法是：令等式两边等于一个共同的常数，并令该常数为 m^2，从而得到以下两个具有独立变量的常微分方程。

$$\frac{\partial^2 \Phi(\varphi)}{\partial \varphi^2}+m^2\Phi(\varphi)=0 \tag{2-83a}$$

和

$$r^2\frac{\partial^2 R(r)}{\partial r^2}+r\frac{\partial R(r)}{\partial r}+(K_c^2 r^2-m^2)R(r)=0 \tag{2-83b}$$

式(2-83a)的通解为一种驻波(场)解，即

$$\Phi(\varphi)=A_1\cos m\varphi+A_2\sin m\varphi=A_{1或2}\left[\begin{matrix}\cos m\varphi\\ \sin m\varphi\end{matrix}\right] \tag{2-84}$$

式中：A_1 和 A_2 是积分常数；从图2-22～图2-24可以看出：由式(2-84)所表达的圆波导中的驻波场是沿波导 φ 方向以 2π 为周期变化的，故式中 m 必须取整数，即 $m=1$，2，3，…。

式(2-83b)是一个 m 阶的贝塞尔方程(参见附录二)，其解为

$$R(r)=B_1 J_m(K_c r)+B_2 N_m(K_c r) \tag{2-85}$$

式中：B_1 和 B_2 是积分常数，$J_m(K_c r)$ 是第一类 m 阶贝塞尔函数，$N_m(K_c r)$ 是第二类 m 阶贝塞尔函数(也称为涅曼函数)。读者对这两种函数也许比较陌生，它属于工程数学范畴中的一类特殊函数；通俗地讲它像常用的正弦函数那样是一种振荡函数，只不过它是一种衰减振荡函数而已；它像正弦函数那样，有曲线和数值表可查，使用起来也是非常方便的；它可以用来描述自然规律中发生的一些衰减波动现象。图2-26给出了一些 $J_m(K_c r)$ 和第一类 m 阶贝塞尔函数的导数 $J'_m(K_c r)$ 以及 $N_m(K_c r)$ 的函数曲线，引用这些曲线和一些必要的数值表，可以对圆波导中的导波场的特性作明确的描述。

将式(2-84)和式(2-85)代入式(2-81)，可以得到圆波导中的TE_{mn}模纵向磁场分量的解为

$$H_z=[B_1J_m(K_cr)+B_2N_m(K_cr)]A\begin{bmatrix}\cos m\varphi\\ \vdots\\ \sin m\varphi\end{bmatrix}e^{-j\beta_z z} \tag{2-86}$$

注 意

由式(2-86)所表达的解答，只是一般性的在图2-3所示的圆柱坐标三维空间$(r,\ \varphi,\ z)$成立；如果要使它在金属圆波导空间中成立，就必须符合金属圆波导空间中的实际情况。为此，参见图2-26可知：① 在$0\leqslant r<a$的空间波导中，包括H_z在内的所有的电磁场分量都为有限值；② 在$r=a$的金属边界处就磁场分量H_z应满足

$$\frac{\partial H_z}{\partial r}\Big|_{r=a}=0$$

以上两个条件，磁场分量H_z必须遵守。因此，根据条件①判断：式(2-86)中的B_2必须为零(即$B_2=0$)，这是因为根据图2-27(c)函数曲线可知：如果$B_2\neq0$，则在$r=0$处(波导中心轴线上)磁场分量$H_z\to-\infty$（因为$r=0$处，$N_m(K_cr)\to-\infty$）。上述结论不符合在波导空间中H_z分量为有限值的事实，因而$B_2=0$；再根据条件②和式(2-86)应有

$$\frac{\partial H_z}{\partial r}\Big|_{r=a}=[B_1J'_m(K_cr)]A\begin{bmatrix}\cos m\varphi\\ \vdots\\ \sin m\varphi\end{bmatrix}e^{-j\beta_z z}=0$$

显然要求上式成立，必须有

$$J'_m(K_ca)=0 \tag{2-87}$$

求解式(2-87)，就是求第一类m阶贝塞尔函数导数$J'_m(K_cr)$的根；用ξ_{mn}表示$J'_m(K_cr)$的第n个根，则得

$$K_ca=\xi_{mn} \tag{2-88}$$

$J'_m(K_cr)$的“根值”有现成的数值表可以查找，在表3-3中给出了一些$J'_m(K_cr)$根值可供使用。可见，贝塞尔函数使用起来也像三角函数一样方便。

综上所述，就可以的到金属圆波导中纵向磁场分量H_z的具体解答为

$$H_z=H_{mn}J_m\left(\frac{\xi_{mn}}{a}r\right)\begin{bmatrix}\cos m\varphi\\ \vdots\\ \sin m\varphi\end{bmatrix}e^{-j\beta_z z} \tag{2-89}$$

式中：$H_{mn}=AB_1$为一个常数。

表2-3　$J'_m(x)=0$的部分根值ξ_{mn}表

函数的阶/m	函数根的次序/n					
	1	2	3	4	5	6
0	3.8317	7.0156	10.1735	13.3237	16.4706	19.6159
1	1.8412	5.3314	8.5363	11.7060	14.8636	18.0155
2	3.0542	6.7061	9.9695	13.1704	16.3475	19.5129
3	4.2012	8.0512	11.3459	14.5859	17.7888	20.9734
4	5.3175	9.2824	12.6819	15.9614	19.1960	22.4010
5	6.4156	10.5199	13.9872	17.3128	20.5755	23.8033
⋮						

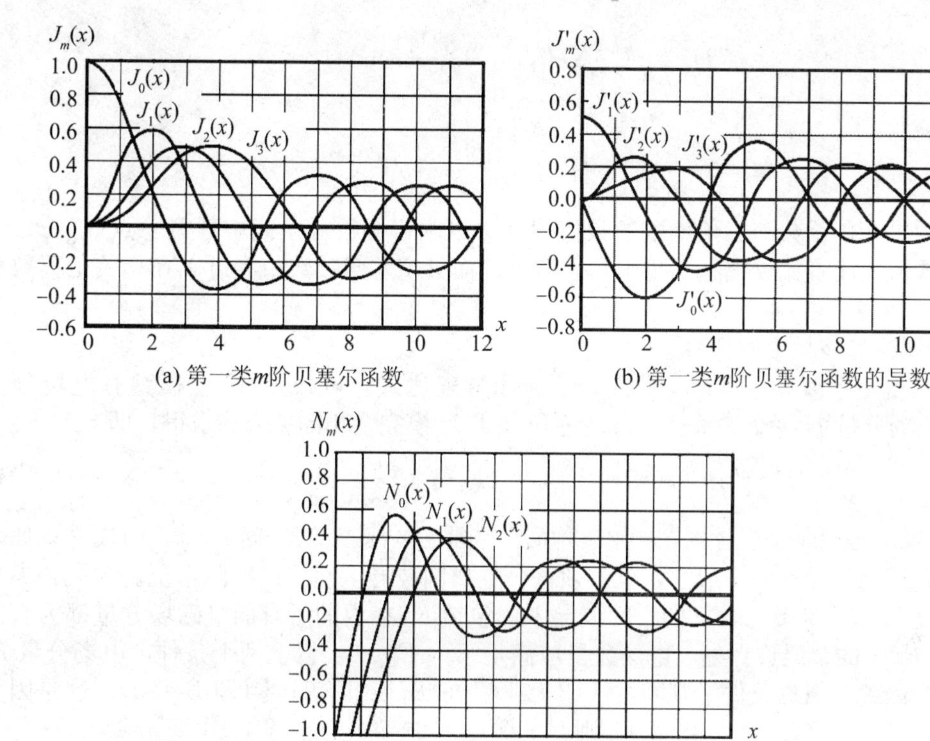

(a) 第一类m阶贝塞尔函数

(b) 第一类m阶贝塞尔函数的导数

(c) 第二类m阶贝塞尔函数

图 2-27 几条贝塞尔函数曲线

将式(2-89)代入方程组(2-79)，可求得金属圆波导中 TE_{mn} 波场分量方程为

$$
\begin{aligned}
E_r&=\pm\frac{j\omega\mu m}{K_c^2 r}H_{mn}J_m\left(\frac{\xi_{mn}}{a}r\right)\begin{bmatrix}\sin m\varphi\\ \cos m\varphi\end{bmatrix}e^{j(\omega t-\beta_z z)}\\
E_\varphi&=\frac{j\omega\mu}{K_c}H_{mn}J'_m\left(\frac{\xi_{mn}}{a}r\right)\begin{bmatrix}\cos m\varphi\\ \sin m\varphi\end{bmatrix}e^{j(\omega t-\beta_z z)}\\
E_z&=0\\
H_r&=-\frac{j\beta_z}{K_c}H_{mn}J'_m\left(\frac{\xi_{mn}}{a}r\right)\begin{bmatrix}\cos m\varphi\\ \sin m\varphi\end{bmatrix}e^{j(\omega t-\beta_z z)}\\
H_\varphi&=\pm\frac{j\beta_z m}{K_c^2 r}H_{mn}J_m\left(\frac{\xi_{mn}}{a}r\right)\begin{bmatrix}\sin m\varphi\\ \cos m\varphi\end{bmatrix}e^{j(\omega t-\beta_z z)}\\
H_z&=H_{mn}J_m\left(\frac{\xi_{mn}}{a}r\right)\begin{bmatrix}\cos m\varphi\\ \sin m\varphi\end{bmatrix}e^{j(\omega t-\beta_z z)}
\end{aligned}
\tag{2-90}
$$

由电磁场分量方程(2-90)可知，金属圆波导中原则上可传输无穷多个 TE_{mn} 模。例如，在式(2-99)中令 $m=01$ 和 $n=11$，就可以分别获得图 2-23 的 TE_{01} 和 TE_{11} 模的场分量表达式。如果利用电力线和磁力线的“疏”或“密”描述式(2-90)中电磁场分量的“弱”或“强”变化，再采用一定的数学方法，就可以描绘出图 2-23 所示的场结构图形。

【例 2-5】 试求圆波导中 TE_{01} 和 TE_{11} 模横向磁场分量 H_r 的表达式。

解： 根据题意对于 TE_{01} 和 TE_{11} 模而言，分别可知 $m=0$、$n=1$ 和 $m=1$、$n=1$；再由表 2-3 查得 $\xi_{01}=3.8317$ 和 $\xi_{11}=1.8412$；将它们代入式(2-90)中，就可得到 TE_{01} 和 TE_{11} 模的横向磁场分量 H_r 的表达式分别为

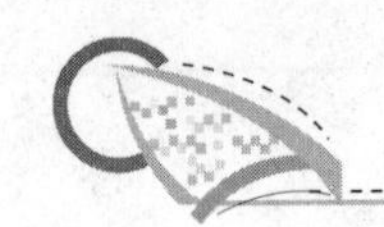

$$H_r=\frac{\mathrm{j}\beta_z a}{3.8317}H_{01}J_0'(\frac{3.8317}{a}r)\mathrm{e}^{-\mathrm{j}\beta_z z}$$

和

$$H_r=-\frac{\mathrm{j}\beta_z a}{1.8412r}H_{11}J_1'(\frac{1.8412}{a}r)\left[\begin{matrix}\cos\varphi\\ \sin\varphi\end{matrix}\right]\mathrm{e}^{-\mathrm{j}\beta_z z}$$

可见：利用贝塞尔函数和三角函数的数值表，可以求得圆波导空间中任意一点(r, φ, z)的电磁场数值。读者比较熟悉三角函数数值表，而贝塞尔函数数值表可以在相关工程数学书中查找。

2）金属圆形波导中的TM_{mn}模

为了获得矩形波导中TM_{mn}模的电磁场分量表达式，可根据TM_{mn}模具有电场分量$E_z\neq0$和磁场分量$H_z=0$的条件；再经过和求TE_{mn}模完全相同的方法求得，即

$$E_z=[B_3J_m(K_\mathrm{c}r)+B_4N_m(K_\mathrm{c}r)]C\left[\begin{matrix}\cos m\varphi\\ \sin m\varphi\end{matrix}\right]\mathrm{e}^{-\mathrm{j}\beta_z z} \tag{2-91}$$

同理，式(2-91)只是一般性的在图2-3所示的圆柱坐标三维(空间r，φ，z)成立；如果要使它在金属圆波导空间中成立，就必须符合金属圆波导空间中的实际情况。为此，参见图2-26可知：① 在$0\leqslant r<a$的空间波导中，包括E_z在内的所有的电磁场分量都为有限值；② 在$r=a$的金属边界处，电场分量应满足$E_z=E_\varphi=0$。以上两个条件，电场分量E_z必须遵守。因此，根据条件①判断：式(2-91)中的B_4必须等于零(即$B_4=0$)，这是因为根据图2-27(c)可知：如果$B_4\neq0$，则在$r=0$处(波导中心轴线上)电场分量$E_z\to-\infty$[因为$N_m(K_\mathrm{c}r)\to-\infty$]。上述结论，不符合波导空间中$E_z$分量为有限值的事实，因而$B_4=0$。再根据条件②和式(2-91)应有

$$J_m(K_\mathrm{c}a)=0 \tag{2-92}$$

求解式(2-93)，就是求第一类m阶贝塞尔函数$J_m(K_\mathrm{c}r)$的根；用υ_{mn}表示$J_m(K_\mathrm{c}r)$的第n个根，则得

$$K_\mathrm{c}a=\upsilon_{mn} \tag{2-93}$$

表2-4中给出了部分第一类m阶贝塞尔函数$J_m(K_\mathrm{c}r)$的根υ_{mn}值，以供使用。

综上所述，可以得到金属圆波导中纵向磁场分量E_z的具体解答为

$$E_z=E_{mn}J_m(\frac{\upsilon_{mn}}{a}r)\left[\begin{matrix}\cos m\varphi\\ \sin m\varphi\end{matrix}\right]\mathrm{e}^{-\mathrm{j}\beta_z z} \tag{2-94}$$

式中：$E_{mn}=B_3C$为一个常数。

将式(2-103)代入方程组(2-88)，可求得金属圆波导中TM_{mn}波场分量方程：

$$\begin{aligned}
E_r&=-\frac{\mathrm{j}\beta_z}{K_\mathrm{c}}E_{mn}J_m'(\frac{\upsilon_{mn}}{a}r)\left[\begin{matrix}\cos m\varphi\\ \sin m\varphi\end{matrix}\right]\mathrm{e}^{\mathrm{j}(\omega t-\beta_z z)}\\
E_\varphi&=\pm\frac{\mathrm{j}\beta_z m}{K_\mathrm{c}^2}E_{mn}J_m(\frac{\upsilon_{mn}}{a}r)\left[\begin{matrix}\sin m\varphi\\ \cos m\varphi\end{matrix}\right]\mathrm{e}^{\mathrm{j}(\omega t-\beta_z z)}\\
E_z&=E_{mn}J_m(\frac{\upsilon_{mn}}{a}r)\left[\begin{matrix}\cos m\varphi\\ \sin m\varphi\end{matrix}\right]\mathrm{e}^{\mathrm{j}(\omega t-\beta_z z)}\\
H_r&=\mp\frac{\mathrm{j}\omega\varepsilon m}{K_\mathrm{c}^2r}E_{mn}J_m(\frac{\upsilon_{mn}}{a}r)\left[\begin{matrix}\sin m\varphi\\ \cos m\varphi\end{matrix}\right]\mathrm{e}^{\mathrm{j}(\omega t-\beta_z z)}\\
H_\varphi&=-\frac{\mathrm{j}\omega\varepsilon}{K_\mathrm{c}}E_{mn}J_m'(\frac{\upsilon_{mn}}{a}r)\left[\begin{matrix}\cos m\varphi\\ \sin m\varphi\end{matrix}\right]\mathrm{e}^{\mathrm{j}(\omega t-\beta_z z)}\\
H_z&=0
\end{aligned} \tag{2-95}$$

可见，金属圆波导中原则上也可传输无穷多个 TM_{mn} 模。

【例 2-6】 试求圆波导中 TM_{01} 和 TM_{11} 模纵向电场分量 E_z 的表达式。

解： 根据题意对于 TM_{01} 和 TM_{11} 模而言，分别可知：$m=0$、$n=1$ 和 $m=1$、$n=1$，再由表 2-4 查得 $\upsilon_{01}=2.40483$ 和 $\upsilon_{11}=3.83171$；再将 υ_{01} 和 υ_{11} 值代入式(2-95)中，可得 TM_{01} 和 TM_{11} 模纵向磁场分量 E_z 的表达式分别为

$$E_z=E_{01}J_0\left(\frac{2.40483}{a}r\right)e^{-j\beta_z z}\text{(因为 }\cos 0°=1\text{ 和 }\sin 0°=0\text{)}$$

$$E_z=E_{11}J_1\left(\frac{3.83171}{a}r\right)\begin{bmatrix}\cos\varphi\\ \sin\varphi\end{bmatrix}e^{-j\beta_z z}$$

表 2-4　$J_m(x)=0$ 的部分根值 υ_{mn} 表

函数的阶/m	函数根的次序/n					
	1	2	3	4	5	6
0	2.40483	5.52008	8.65373	11.70153	14.93092	18.07106
1	3.83171	7.01559	10.17347	13.32369	16.47063	19.61586
2	6.13562	8.41724	11.61984	14.79595	17.96982	21.11700
3	6.38016	9.76102	13.01520	16.22347	19.40942	22.58273
4	9.58834	11.06471	14.37254	17.6160	20.8269	24.1990
5	8.77142	12.33860	15.70017	18.9501	22.2178	
⋮						

2.3.2　金属圆形波导的传输特性

由图 2-26 看出圆形波导中信号载体是无穷多个 TEM 波的合成波 TE_{mn} 波和 TM_{mn} 波。注意：它们的传输特性不同于 TEM 波；下面研究这些传输特性，对于正确使用圆形波导和设计圆形波导都具有重要的指导价值。

1. 圆形波导的截止波长和单模传输条件

由图 2-26 可知：圆波导中的截止现象是无穷多个 TEM 波以 $\theta=90°$ 投射角投射时，在圆波导内表壁来回反射而不传播的一种物理现象。根据式(2-34)的含义，求圆波导中 TE_{mn} 波的截止波长时可根据式(2-88)求得，即

$$\lambda_c=\frac{2\pi}{K_c}=\frac{2\pi a}{\xi_{mn}} \tag{2-96}$$

而根据式(2-93)，可以求得圆波导中 TM_{mn} 的截止波长，即

$$\lambda_c=\frac{2\pi}{K_c}=\frac{2\pi a}{\upsilon_{mn}} \tag{2-97}$$

根据式(2-96)和式(2-97)，并从表 2-3 和表 2-4 查得 ξ_{mn} 和 υ_{mn} 值，便可计算圆波导中相应的 TE_{mn} 波和 TM_{mn} 波的截止波长。在表 2-5 中给出了一些圆导波模截止波长的计算值，供参考。图 2-28 给出了圆形波导中的截止波长分布图，其中 TE_{11} 波的截止波长

$\lambda_c=3.41a$ 为最长、它是圆形波导中的最低模或主模；TM_{01} 波的截止波长 $\lambda_c=2.62a$，它是 TM_{mn} 波群中截止波最长的一个模。

从图 2-28 可以看出：圆波导的单模传输条件为

$$2.62a<\lambda_0<3.41a \tag{2-98}$$

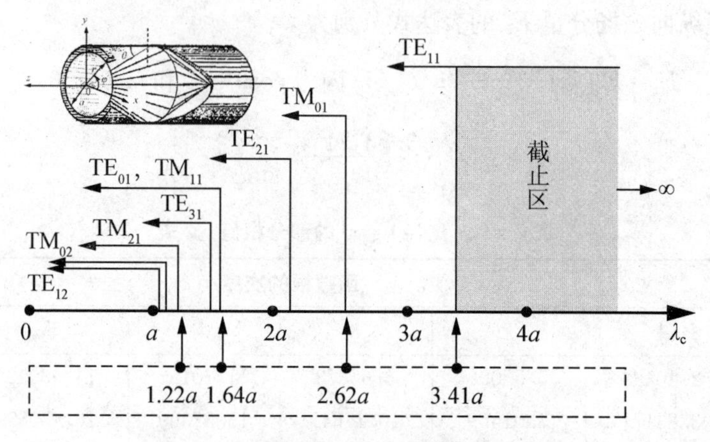

图 2-28　圆形波导中的截止波长分布图

因此，在圆波导中只有使用 TE_{11} 模才能实现单模传输；但是，由于下面将要介绍的极化简并的原因，将使得圆波导中传输两个 TE_{11} 模。如果要获得单一个所需要的 TE_{11} 模，应使用一种称之为“极化分离器”的波导器件(图 2-33)将它取出；圆柱形波导也具有高通滤波器特性。

表 2-5　几个 TE_{mn} 波和 TM_{mn} 波的截止波长计算值

$\lambda_c=\frac{2\pi}{K_c}=\frac{2\pi a}{\xi_{mn}}$			$\lambda_c=\frac{2\pi}{K_c}=\frac{2\pi a}{\upsilon_{mn}}$		
波型	**ξ_{mn} 值**	**截止波长 λ_c**	**波型**	**υ_{mn} 值**	**截止波长 λ_c**
TE_{11}	1.8412	$3.41a$	TM_{01}	2.4048	$2.62a$
TE_{21}	3.0542	$2.06a$	TM_{11}	3.8317	$1.64a$
TE_{01}	3.8317	$1.64a$	TM_{21}	5.1356	$1.22a$
TE_{31}	4.2012	$1.50a$	TM_{02}	5.5201	$1.14a$
TE_{12}	5.3314	$1.18a$	TM_{12}	7.0156	$0.90a$
TE_{22}	6.7061	$0.94a$	TM_{22}	8.4172	$0.75a$
TE_{02}	7.0156	$0.90a$	TM_{03}	8.6537	$0.72a$
TE_{13}	8.5363	$0.74a$	TM_{13}	10.1735	$0.62a$
TE_{03}	10.1735	$0.62a$	TM_{14}	13.3237	$0.47a$

2. 金属圆形波导中导波模的相速度和群速度

根据式(2-24)、式(2-52)、式(2-54)、式(2-96)和式(2-97)可求得圆波导中 TE_{mn} 波和 TM_{mn} 波的相速度和群速度。

1）TE$_{mn}$波的相速度和群速度

相速度：
$$v_p=\frac{\omega}{\beta_z}=\frac{v}{\sqrt{K^2-\left(\frac{\xi_{mn}}{a}\right)^2}} \tag{2-99}$$

群速度：
$$v_g=\frac{v^2}{v_p}=v\sqrt{1-\left(\frac{\lambda\xi_{mn}}{2\pi a}\right)^2} \tag{2-100}$$

2）TM$_{mn}$波的相速度和群速度

相速度：
$$v_p=\frac{\omega}{\beta_z}=\frac{v}{\sqrt{K^2-\left(\frac{v_{mn}}{a}\right)^2}} \tag{2-101}$$

群速度：
$$v_g=\frac{v^2}{v_p}=v\sqrt{1-\left(\frac{\lambda v_{mn}}{2\pi a}\right)^2} \tag{2-102}$$

从式(2－99)～式(2－102)可以看出：因为金属圆波导中传输的导波模的相速度 v_p 和群速度 v_g 均是信号频率 f 的函数，故金属圆波导一种色散传输线。

3．金属圆形波导中的简并现象

在金属圆形波导中的简并现象是复杂的，可能出现以下 3 种简并。

1）一般模式简并现象

从图 2－28 看出 TE$_{01}$波和 TM$_{11}$波是简并的，在表 2－5 还可以查得 TE$_{02}$波和 TM$_{12}$波也是简并的，它们的截止波长都等于 0.90a。一般而言：TE$_{0n}$模和 TM$_{1n}$模之间都是简并的，这是发生在金属圆形波导中传输模的一般模式简并现象。

2）极化简并现象

从场分量方程(2－90)和式(2－95)可以看出：TE$_{mn}$模或 TM$_{mn}$模的场分量沿波导 φ 方向均有 $\cos m\varphi$ 和 $\sin m\varphi$ 两种可能的分布，因此其中任意一种“模”自身将具有电磁场结构完全相同但极化面相互垂直的两种分布；这两种分布具有相同的截止波长，称为“极化简并”。图 2－29 所示是圆波导中 TE$_{11}$模极化简并示意图，图中标注的电场分量 E_r 是相互

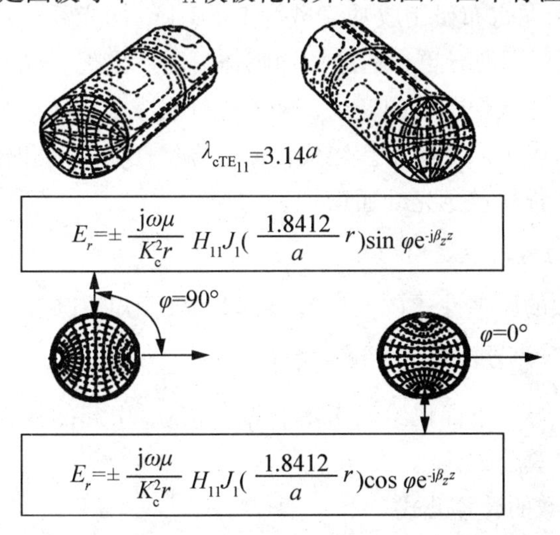

图 2－29　圆波导中 TE$_{11}$模的极化简并

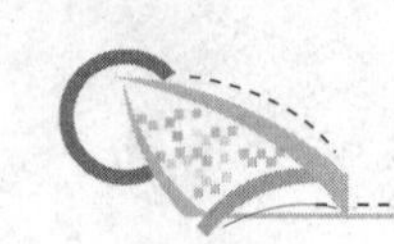

垂直的，即它们的极化方向(面)相互旋转了 90°(一个为 $\sin m\varphi$，另一个则为 $\cos m\varphi$)。在圆波导中除了 TE_{0n}模或 TM_{0n}模自身没有极化简并以外，而其中每一种 $m\neq 0$ 和 $n\neq 0$ 的 TE_{mn}模或 TM_{mn}模自身都有极化简并。圆波导中出现的极化简并现象中，一种是可控制的，另一种是不可控制的。前者是人为控制使圆波导中出现极化简，并用来制造一些特殊的波导元器件；后者是在拉制圆波导的过程中很难保证圆波导横截面为一个完整的圆，总是会有一定的(椭圆度)公差而为一个肉眼察觉不出的椭圆变形。因此，在实际金属圆波导中传输的某个模、会自然分裂成为沿“椭圆长轴”极化和沿“椭圆短轴”极化的极化简并模。另外波导中总是不可避免要出现一些不均匀性，或因特殊使用需要在波导壁上“开槽”或“打孔”和使波导弯曲变形等等这些因素，它们都将引起传输模的极化简并，这也是一种是不可控制的极化简并。

简并模通常是以“寄生波”的身份出现在波导中，寄生波在波导传输过程中是有害的。例如，图 2-28 中的 TE_{01}波(或称 H_{01}模)是人们所希望的传输模，它没有传输方向的电流因而传输损耗小。20 世纪六七十年代，人们曾经将特大容量通信寄希望于圆波导 H_{01}模毫米波通信。但是 TE_{01}模有以下一些不可克服的缺点。首先，它不是圆波导中的最低模不能够实现单模传输，因此它将有 TE_{11}、TE_{21}、TM_{11}、TM_{01}等多个模伴随一同传输，将产生传输信号模间色散失真。第二，$TM_{11模}$是 TE_{01}模的一般模式简并模，此外还可能有因波导不均匀性或波导弯曲变形等因素引起极化简并模，这些简并波和 TE_{01}波都具有相同的截止波长、相同的相速和相同的群速等。上述所有简并波将和 TE_{01}波“携手前进”在波导中形成大量寄生波(例如，直径为 60mm 的圆波导用作波长 $\lambda=8$mm 的通信时，寄生波的数量可达 140 个)，从而造成所谓“伴流”而形成所谓“伴流波”；伴流波和 TE_{01}波相互耦合，将造成传输信号失真。鉴于 TE_{01}模有上述不可克服的缺点，人们最后只得将特大容量通信寄希望于圆波导 H_{01}模通信的愿望放弃。1966 年 7 月英籍华人 K. C. Kao 和 G. A. Daves 撰文明确提出可以用玻璃制作衰减为 20dB/km 的光导纤维作为传输媒体以后，1970 年美国康宁公司宣布研制成功衰减为 20dB/km 的光纤。从此，特大容量通信找到了比传输 H_{01}模的金属圆波导更合适的传输媒体，随后出现了光纤通信。光纤通信的出现，被认为是通信史上一次根本性的变革；随着光纤衰减不断减小，光纤通信已成为当代通信网中的骨干网，获得了广泛应用。当代任何地方、任何时间和任何个人都能方便进行各种各样的信息交流，都得益于光纤通信。

4. 金属圆形波导的传输衰减问题

根据计算衰减常数的原理性式(2-50)，可知：只要知道圆波导中具体导波模的传输功率 $P(z)$，就可以计算该导波模的衰减常数 α。

对此不做进一步推导，下面仅给出考虑管壁电流 $\vec{J}_s$ 引起的损耗时，圆波导中几种常用导波模的衰减常数计算公式。

1) TE_{11}模衰减常数的计算公式

下面是仅考虑管壁电流 J_s 引起的损耗时，圆金属波导中 TE_{11}模衰减常数计算公式为

$$\alpha_{TE11}=\frac{8.686R_s}{a\eta}\left[\sqrt{1-\left(\frac{K_{cTE11}}{K}\right)^2}\right]^{-1}\left[\left(\frac{K_{cTE11}}{K}\right)^2+0.420\right]\text{dB/m} \tag{2-103}$$

式中：$K_{cTE11}=\frac{\mu_{11}}{a}=\frac{1.8412}{a}$为 TE_{11}模的截止波数。

2）TE_{01}模衰减常数的计算公式

$$\alpha_{TE01}=\frac{8.686R_s}{a\eta}\left[\sqrt{1-\left(\frac{K_{cTE11}}{K}\right)^2}\right]^{-1}\left(\frac{K_{cTE11}}{K}\right)^2\text{dB/m} \tag{2-104}$$

式中：$K_{cTE01}=\frac{\mu_{01}}{a}=\frac{3.8317}{a}$为 TE_{01}模的截止波数。

3）TM_{01}模衰减常数的计算公式

$$\alpha_{TM01}=\frac{8.686R_s}{a\eta}\left[\sqrt{1-\left(\frac{K_{cTM01}}{K}\right)^2}\right]^{-1}\text{dB/m} \tag{2-105}$$

式中：$K_{cTM01}=\frac{\upsilon_{01}}{a}=\frac{2.4048}{a}$为 TM_{01}模的截止波数。

图 2-30 所示是一种波导直径 $a=2.58$cm 的铜金属圆中传输 TE_{01}、TE_{11} 和 TM_{01} 波时的导体衰减曲线，由该组曲线看出：在频率 7～11GHz 频段圆波导中传输 TE_{11} 波时衰减最小，而在频率高于 11GHz 以后圆波导中传输 TE_{01} 波时衰减将直线下降到最小，因而 TE_{01} 波特别适合于毫米波波段使用。

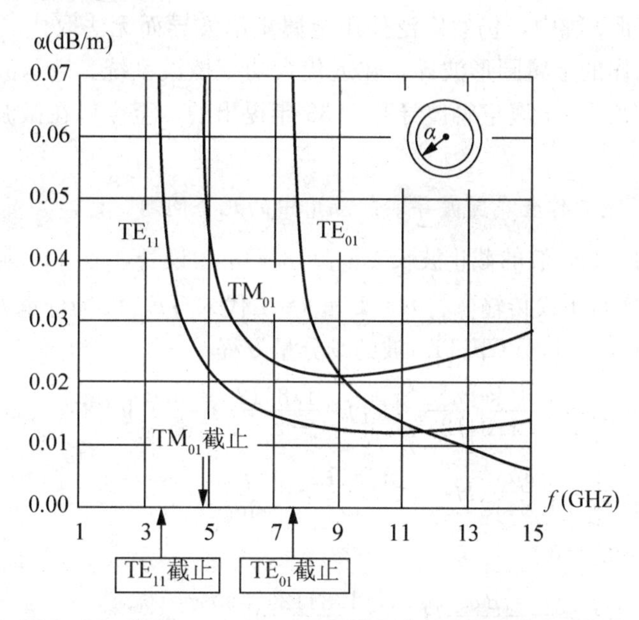

图 2-30 半径 $a=2.58$cm 铜圆波导中三种模式的衰减曲线

【例 2-7】 已知 $a=2.58$cm 的紫铜金属圆波导中，传输 TE_{01}、TE_{11} 和 TM_{01} 等 3 个模，试问：以上 3 种模式在频率 $f_0=13$GHz 时的衰减常数 α 各为多少？

解： 根据 $a=2.58$cm、$f_0=13$GHz、式(2-96)、式(2-97)、式(2-38)和表 2-5 提供的数据，可以计算获得以下数据：

$$K_{cTE01}=\frac{\mu_{01}}{a}=\frac{3.8317}{2.58}=1.485(\text{cm})$$

$$K_{cTE11}=\frac{\mu_{11}}{a}=\frac{1.8412}{a}=0.714(\text{cm})$$

$$K_{cTM01}=\frac{\upsilon_{01}}{a}=\frac{2.4048}{a}=0.932(\text{cm})$$

$$R_s=\sqrt{\frac{\pi f_0\mu_0}{\sigma}}=0.0297\Omega$$

$$K=\frac{2\pi}{\lambda}=2.732/\text{cm}$$

将以上数据分别代入式(2-103)～式(2-105)，计算可得

$$\alpha_{TE01}=0.00973\text{dB/m}$$

$$\alpha_{TE11}=0.0134\text{dB/m}$$

$$\alpha_{TM01}=0.028\text{dB/m}$$

上述在频率 $f_0=13\text{GHz}$ 时的计算衰减值，也可以直接从图 2-30 中查找获得。

2.3.3 金属圆形波导的用途

金属矩形波导的各种用途，主要针对 TE_{10} 模而言的；当今在大功率微波系统、毫米波系统以及精密测量系统中，仍然广泛使用金属矩形波导而无法取代。用 TE_{01}、TE_{11} 和 TM_{01} 等 3 种模式工作的金属圆形波导，在近代大功率微波系统、毫米波系统以及精密测量系统中仍然广泛使用。金属空管波导是 1933 年提出的，至今仍在微波应用领域发挥无法替代的功用。

1. 关于用 TE_{11} 模工作金属圆波导实际应用中的几个问题

由图 2-28 看出 TE_{11} 波的截止波长 $\lambda_{cTE11}=3.41a$ 为最长，故 TE_{11} 波是圆形波导中的最低模或主模可以实行单模传输。将 $m=1$ 和 $n=1$ 代入 TE_{mn} 波场分量方程组(2-90)中，并考虑到 $\xi_{11}=1.8412$，可得以下 TE_{11} 波的场分量方程：

$$\begin{aligned}
E_r&=\mp\frac{\text{j}\omega\mu a^2}{(1.8412)^2 r}H_{11}J_1\left(\frac{1.8412}{a}r\right)\begin{bmatrix}\sin\varphi\\ \cos\varphi\end{bmatrix}e^{\text{j}(\omega t-\beta_z z)}\\
E_\varphi&=\frac{\text{j}\omega\mu a}{1.8412}H_{11}J_1'\left(\frac{1.8412}{a}r\right)\begin{bmatrix}\cos\varphi\\ \sin\varphi\end{bmatrix}e\\
E_z&=0\\
H_r&=-\frac{\text{j}\beta_z a}{1.8412}H_{11}J_1'\left(\frac{1.8412}{a}r\right)\begin{bmatrix}\cos\varphi\\ \sin\varphi\end{bmatrix}e^{\text{j}(\omega t-\beta_z z)}\\
H_\varphi&=\pm\frac{\text{j}\beta_z a^2}{(1.8412)^2 r}H_{11}J_1\left(\frac{1.8412}{a}r\right)\begin{bmatrix}\sin\varphi\\ \cos\varphi\end{bmatrix}e^{\text{j}(\omega t-\beta_z z)}\\
H_z&=H_{11}J_1\left(\frac{1.8412}{a}r\right)\begin{bmatrix}\cos\varphi\\ \sin\varphi\end{bmatrix}e^{\text{j}(\omega t-\beta_z z)}
\end{aligned}\qquad(2-106)$$

场分量方程(2-106)表明：金属圆波导中的 TE_{11} 波，有 5 个电磁场分量；用式(2-106)

描绘出的电磁场结构图形如图 2－23(b)所示。由图 2－23(b)和式(2－106)看出它的电磁场结构具有以下特点。

(1) 由图 2－23(b)看出：TE_{11}波的电磁场结构与矩形波导中 TE_{10}波的电磁场结构很相似，因此很容易设法将矩形波导中的 TE_{10}波转换成为圆波导中的 TE_{11}波。图 2－31 所示的波型转换器就具有上述功能，它可以将矩形波导中的 TE_{10}波缓慢均匀转换成圆波导中的 TE_{11}波。实际应用中在矩形波导中直接激发 TE_{10}波比较容易，它可以采用图 2－32 所示的同轴波导转换器将从同轴传输线馈送入矩形波导的微波信号，通过矩形波导中的“小天线”模拟 TE_{10}模的电场结构激发起 TE_{10}波。

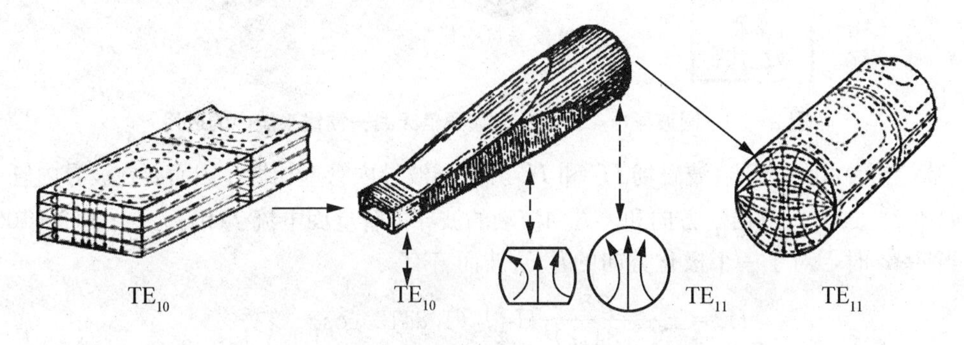

将矩形波导中的TE_{10}波缓慢均匀转换成圆波导中的TE_{11}波

图 2－31　波型转换器

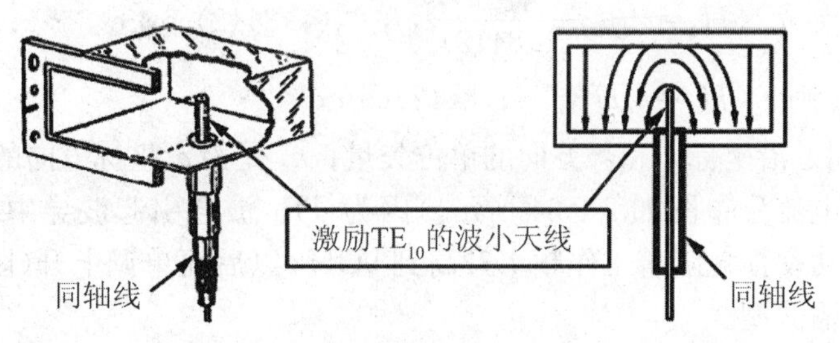

(a) 实际结构图　　(b) 小天线激发TE_{10}波（电场）示意图

图 2－32　同轴—波导转换器

(2) TE_{11}模自身有极化简并(如图 2－29 所示的 TE_{11}模自身的极化简并)，利用 TE_{11}模的极化简并，可以组成如图 2－33 所示的微波通信“天线—馈线”系统中的极化分离系统。由图 0－4 可以看出：在微波多路通信系统中向任何一个通信方向的“收—发信频率”是分割(开)的，以防止相互干扰。为此，在微波通信“天线—馈线系统”中也应使“收—发信频率”分开。由图 2－33 可见：在共用的卡塞格伦天线中有“收—发”两种频率微波信号，它们使用两个相互垂直的极化电磁波分开；而在圆波导馈线中，相应地可利用 TE_{11}模自身的“极化简并”将上述两个相互垂直的极化的“收—发”电磁波信号分开；再利用图中极化分离器，可以进一步再将圆波导馈线中的两个相互垂直的极化的“收—发”电磁波信号分开。这样就可以使“微波发信机”电磁波信号和“微波收信机”电磁波信号，在“天线—馈线”系统中分开传输而不相互干扰。

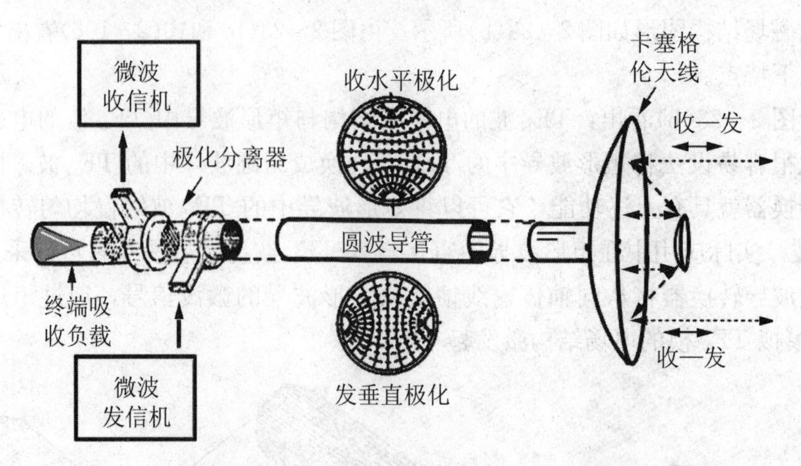

图 2-33 圆波导中 TE_{11} 模在微波通信天线—馈线系统中的应用

(3) 当 $r=a$ 时，TE_{01} 波磁场 H_φ 和 H_z 分量与波导内管壁相切，因而要在波导内管壁上产生如图 2-34 所示的沿 φ 方向和 z 方向流动的波导内管壁面电流 J_φ 和 J_z。由式(2-106)可知：当 $r=a$ 时，对于一个极化方向的 TE_{11} 波而言有

$$H_\varphi=\pm\frac{j\beta_z a}{(1.8412)^2}H_{11}J_0(1.8412)\cos\varphi e^{j(\omega t-\beta_z z)}$$

$$H_z=H_{11}J_1(1.8412)\cos\varphi e^{j(\omega t-\beta_z z)}$$

它们在引起波导内管壁面电流 J_φ 和 J_z 分别为

$$J_z=\hat{n}_r\times H_\varphi=\pm\hat{n}_z\frac{j\beta_z a}{(1.8412)^2}H_{11}J_0(1.8412)\cos\varphi e^{j(\omega t-\beta_z z)}$$

$$J_\varphi=\hat{n}_r\times H_z=\hat{n}_\varphi H_{11}J_0(1.8412)\cos\varphi e^{j(\omega t-\beta_z z)}$$

式中：$\hat{n}_r$ 和 $\hat{n}_z$ 分别是沿坐标 r 和 z 方向的单位矢量；$\hat{n}_\varphi$ 是沿 φ 坐标方向的单位矢量。

波导内管壁面电流分布图如 2－34 所示。因为 TE_{11} 波会引起波导中的纵向电流 J_z，它将使的波导传输功率损耗随着工作频率升高到 9GHz 以后而单调上升(图 2-30)，所以而不适合作长途传输波型。

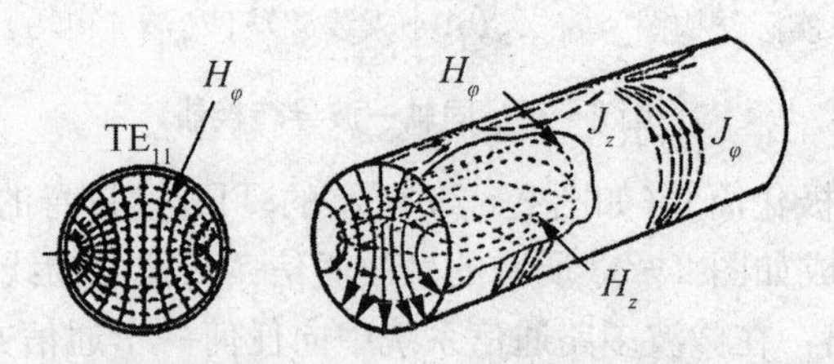

图 2-34 圆波导传输 TE_{11} 波时内壁表面电流分布

2. 关于用 TM_{01} 模工作金属圆波导实际应用中的几个问题

将 $m=0$ 和 $n=1$ 代入 TM_{mn} 波场分量方程组(2-95)，并考虑到 $\upsilon_{01}=2.40483$ 和利用贝塞尔函数递推公式(参见附录二)

$$xJ'_m(x)=mJ(x)-xJ_{m+1}(x)$$

可得 TM_{01} 波的场分量方程，即

$$
\begin{aligned}
&E_r=\frac{\mathrm{j}\beta_z a}{2.40483}E_{01}J_1(\frac{2.40483}{a}r)\mathrm{e}^{\mathrm{j}(\omega t-\beta_z z)}\\
&E_z=E_{01}J_0(\frac{2.40483}{a}r)\mathrm{e}^{\mathrm{j}(\omega t-\beta_z z)}\\
&H_\varphi=\frac{\mathrm{j}\omega\varepsilon a}{2.40483}J_1(\frac{2.40483}{a}r)]\mathrm{e}^{\mathrm{j}(\omega t-\beta_z z)}\\
&E_\varphi=H_r=H_z=0
\end{aligned}
\tag{2-107}
$$

场分量方程(2-107)表明：TM_{01}波只有3个电磁场分量，用这3个分量描绘出的电磁场结构图形如图2-24(a)所示。由图2-24(a)和式(2-107)看出，它的电磁场结构具有以下特点。

(1) 由图2-28看出：TM_{01}波的截止波长$\lambda_c TM01=2.62a$，它是TM_{mn}模群中的最低模。

(2) TM_{01}波的电磁场沿坐标φ方向没有变化只与坐标r有关，波导中心轴线附近电场最强，其电磁场结构具有对称性。因而，不存在极化简并模。

(3) 当$r=a$时，TM_{01}波磁场分量H_φ与波导内管壁相切。因此，H_φ要在波导内管壁上激发产生沿z坐标方向流动的波导内管壁面电流J_z，如图2-35所示。由式(2-107)可知：当$r=a$时，对于TM_{01}波而言有

$$H_\varphi=\frac{\mathrm{j}\beta_z a}{2.40483}H_{11}J_0(2.40483)\mathrm{e}^{\mathrm{j}(\omega t-\beta_z z)}$$

它引起波导内管壁面电流J_z为

$$J_z=\hat{n}_r\times H_\varphi=\hat{n}_z\ \frac{\mathrm{j}\beta_z a}{2.40483}H_{11}J_0(2.40483)\mathrm{e}^{\mathrm{j}(\omega t-\beta_z z)}$$

式中：$\hat{n}_r$和$\hat{n}_z$分别是沿坐标r和z方向的单位矢量。

波导内管壁面电流分布图如2-35所示。

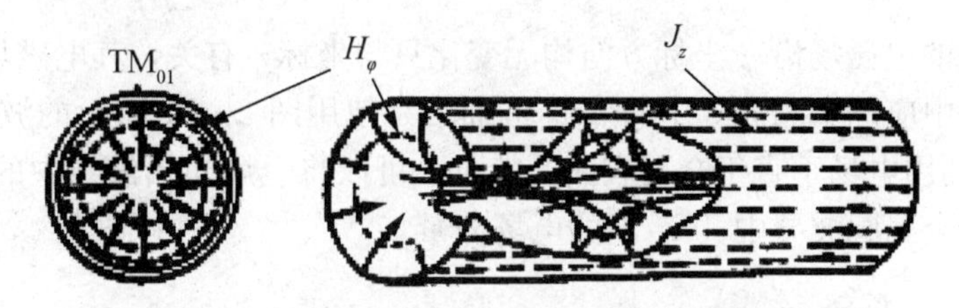

图2-35 圆波导传输TM_{01}波时内壁表面电流分布

(4) 利用TM_{01}波电磁场结构具有对称性的特点，用来作为雷达天线与波导馈线连接的旋转接头。另外，利用TM_{01}波电磁场结构具有对称性的特点和沿z坐标方向流动的波导内管壁面电流J_z的特点，可将TM_{01}模用作为微波速调管和直线电子加速器中的工作模式。因为在这些电子器件设备中可以有效地利用TM_{01}激发的轴向电流J_z和电子流交换能量。图2-36所示是电子在TM_{01}模谐振腔中电子加速示意图，在该图中电子穿过谐振腔时被电场E_z进行瞬间加速。因为位移电流$\partial\varepsilon E_z/\partial t$与电流$J_z$是连续的。

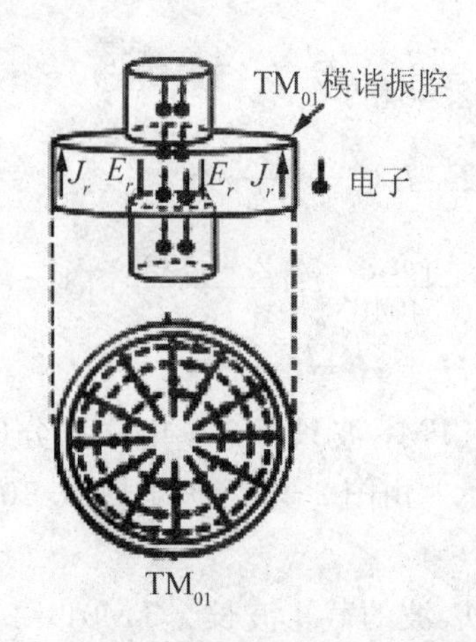

图 2-36　TM_{01}模谐振腔中电子加速示意图

3. 关于用 TE_{01}模工作金属圆波导实际应用中的几个问题

将 $m=0$ 和 $n=1$ 代入 TE_{mn}波场分量方程组(2-90)，并考虑到 $\xi_{01}=3.8317$，可得以下 TE_{01}波的场分量方程

$$
\begin{aligned}
E_\varphi &= -\frac{j\omega\mu a}{3.8317}H_{01}J_1\left(\frac{3.8317}{a}r\right)e^{j(\omega t-\beta_z z)} \\
H_r &= \frac{j\beta a}{3.8317}H_{01}J_1\left(\frac{3.8317}{a}r\right)e^{j(\omega t-\beta_z z)} \\
H_z &= H_{01}J_0\left(\frac{3.8317}{a}r\right)e^{j(\omega t-\beta_z z)} \\
E_r &= E_z = H_\varphi = 0
\end{aligned}
\tag{2-108}
$$

场分量方程(2-108)表明：TE_{01}波只有 3 个电磁场分量，用式(2-117)描绘出的电磁场结构图形如图 2-23(a)所示。由该图 2-23(a)和式(2-108)看出，它的电磁场结构具有以下特点。

(1) TE_{01}波的电磁场沿 φ 坐标方向均无变化只与坐标 r 有关，其电磁场结构具有对称性。因此，实际中应用中圆波导中的 TE_{01}波通常是使用图 2-37 所示的波型转换器获得。"波型转换器"利用电场垂直于金属表面的特点，可以将金属矩形波导中的 TE_{10}波的电场分量缓慢变换为金属圆波导中 TE_{01}波的电场分量。

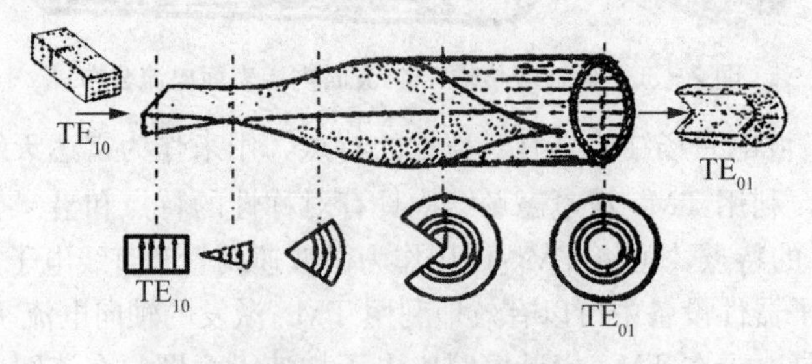

图 2-37　波型转换器

(2) TE_{01}波电场只有 E_φ 分量，因而电力线由波导横截面上的同心圆构成。在波导中心处和波导内管壁附近均没有电力线分布，即这两处电场为零。

(3) 当 $r=a$ 时，TE_{01} 波磁场分量 H_z 与波导内管壁相切，由式(2-108)可知当 $r=a$ 时有

$$H_z=H_{01}J_0(3.8317)e^{j(\omega t-\beta_z z)}$$

它与波导内管壁相切，而产生以下沿 φ 坐标方向流动的波导内管壁面电流

$$J_\varphi=\hat{n}_r\times H_z=\hat{n}_\varphi H_{01}J_0(3.8317)e^{j(\omega t-\beta_z z)}$$

式中：$\hat{n}_\varphi$ 是沿 φ 坐标方向的单位矢量

波导内管壁面电流分布图如图 2-38 所示。

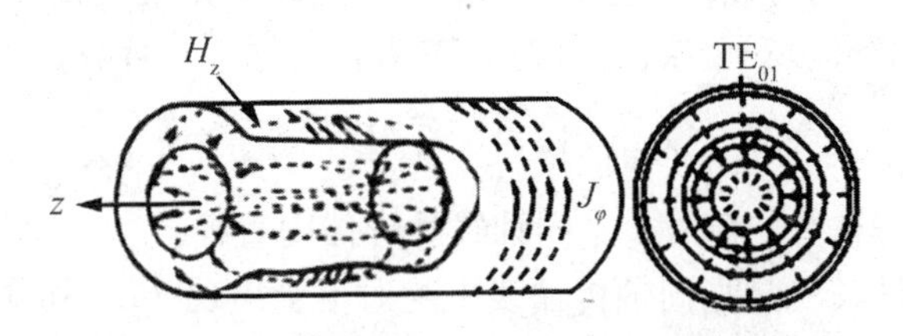

图 2-38　圆波导传输 TE_{01} 时内表壁表面电路分布

由此可见：金属圆波导中传输 TE_{01} 波(或称 H_{01} 模)时，仅能引起 φ 坐标方向的电流 J_φ 而无传输 z 方向的电流；金属圆形波导中传输 TE_{01} 波最突出的优点是仅有 φ 坐标方向的内管壁电流 J_φ，而内管壁上无传输 z 方向的电流，这就使得像图 2-30 所示的那样传输功率损耗不会因工作频率升高和趋表深度 δ 变薄而加大，反而单调地下降；在图 2-30 中，可以看到当圆波导传输 TE_{11} 波和 TM_{01} 时不具备这一优点；相反，它们是随着工作频率升高和趋表深度 δ 变薄，传输功率损耗是单调上升的。这是因为当圆波导传输 TM_{01} 和 TE_{11} 波时，都会在波导内管壁引起传输 z 方向的电流的缘故。

(4) 由图 2-28 看出：TE_{01} 波的截止波长 $\lambda_{cTE01}=1.64a$，故 TE_{01} 波不是圆形波导中的最低模(或主模)不能进行单模传输。

金属圆波导中传输 TE_{01} 波最突出的优点是：仅有 φ 坐标方向的内管壁电流 J_φ，而内管壁上无传输 z 方向的电流，即它没有传输方向的电流，传输损耗小。因此，20 世纪六七十年代人们曾经将特大容量通信寄希望于圆波导 H_{01} 模毫米波通信，后又因为 TE_{01} 模有不可克服的缺点，因而失去了作为长途毫米波特大容量通信工作模式的构想。不过因为 TE_{01} 模传输损耗小和电磁场结构具有对称性，仍然可以用来作为毫米波段高 Q 谐振腔和低损耗传输馈线的工作模式。

2.4　同轴传输线中的高次模和如何设计同轴线的尺寸

2.4.1　同轴传输线中的导波模及其截止波长

同轴传输线在第 1 章中(表 1-1)仅是将它视作为 TEM 波传输线进行讨论的，但同轴传输线中能不能传输 TE_{mn}、TM_{mn} 波型？其答案是肯定的——能传输。广义而论，在任何一种波导空间中的电磁波，只要满足由麦克斯韦方程所表达的交变电磁场的基本规规律，同时又满足相应波导空间中的边界条件，都能在波导中传输。因此，对于具有金属边界条件的同轴传输线的导波空间，除了传输 TEM 波以外还可以传输 TE_{mn} 和 TM_{mn} 波。在数学

意义上 TE_{mn} 和 TM_{mn} 波都能以独立的形式存在于同轴传输线中，而构成同轴传输线中的传输模。

TEM 波是同轴线中的主模，TE_{mn} 和 TM_{mn} 波是同轴线中的高次模。为了获得同轴传输线中 TEM 波的单模传输条件，就必须知道同轴传输线中 TE_{mn} 波 和 TM_{mn} 波的截止波长 λ_c，以此作为确定同轴线几何尺寸的设计标准，以达到正确设计同轴传输线的目的。

1. 关于同轴传输线的最短安全波长

图 2-39 是置于圆柱坐标系中的同轴传输线。表 2-6 是硬同轴传输线实用参数表，表中给出了同轴传输线的最短安全波长 λ_{min}^{S} 这一参数，它用下式计算：

$$\lambda_{min}^{s}=1.1\times\left[\frac{\pi}{2}(D+d)\right] \tag{2-109}$$

式中：D 是同轴线内导体外直径；d 是同轴线外导体内直径。

所谓“最短安全波长”是指同轴传输线中绝对不会出现 TE_{mn} 和 TM_{mn} 高次模的最短工作波长。实际上，同轴线 TEM 波单模传输条件为

$$\lambda_{min}>\frac{\pi}{2}(D+d) \tag{2-110}$$

比较式(2-118)和式(2-119)看出：如果

$$\lambda_{min}>\lambda_{min}^{s} \tag{2-111}$$

则表明：在同轴传输线的工作波长范围 $\lambda_{min}\sim\lambda_{max}$ 内，是绝对不会出现 TE_{mn} 和 TM_{mn} 高次模的，非常安全；反之，如果同轴传输线的尺寸 D 和 d 不受式(2-109)和式(2-110)的制约，而当出现 D 和 d 的尺寸可以相比拟时，同轴传输线中将出现 TE_{mn} 和 TM_{mn} 高次模。下面具体讨论这一问题。

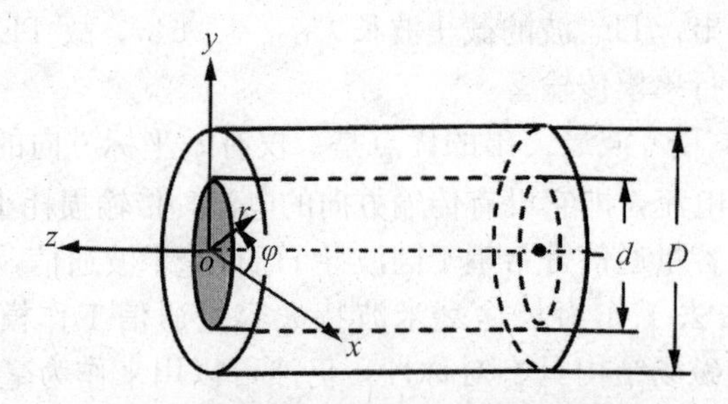

图 2-39 圆柱坐标系中的同轴传输线

表 2-6 常用硬同轴线参数表

参数→ 型号↓	特性阻抗 Ω	外导体内 直径 D/mm	内导体外 直径 d/mm	衰减 α/ (dB/m $\sqrt{Hz}$)	理论最大允 许功率/kW	最短安全 波长 λ_{min}^{S}/cm
50-7	50	7.00	3.04	$3.38\times10^{-6}\sqrt{f}$	167	1.73
75-7	75	7.00	2.00	$3.38\times10^{-6}\sqrt{f}$	94	1.56
50-16	50	16.0	6.95	$4.48\times10^{-6}\sqrt{f}$	756	3.90
75-16	75	16.0	4.58	$1.34\times10^{-6}\sqrt{f}$	792	3.60
50-35	50	35.0	15.2	$0.67\times10^{-6}\sqrt{f}$	3555	8.60

续表

参数→ 型号↓	特性阻抗 Ω	外导体内 直径 D/mm	内导体外 直径 d/mm	衰减 α/ (dB/m $\sqrt{\text{Hz}}$)	理论最大允 许功率/kW	最短安全 波长 $\lambda_{\min}^{s}$/cm
75-35	75	35.0	10.0	$0.61\times10^{-6}\sqrt{f}$	2340	7.80
53-39	53	39.0	16.0	$0.60\times10^{-6}\sqrt{f}$	4270	9.60
50-75	50	75.0	32.5	$0.31\times10^{-6}\sqrt{f}$	16300	1.85
50-87	50	87.0	38.0	$0.27\times10^{-6}\sqrt{f}$	22410	21.6
50-110	50	110	48.0	$0.22\times10^{-6}\sqrt{f}$	35800	27.3

2. 关于同轴传输线中的TM_{mn}和TE_{mn}模的截止波长问题

1) 关于同轴传输线中TM_{mn}的截止波长

比较图2-26和图2-39可以看出：在同一种圆柱坐标系中分析同轴线中的TM_{mn}模时，只需考虑同轴传输线多一根直径为d的金属内导体即可，其分析方法与圆金属波导中的TM_{mn}分析方法完全相似。同轴传输线中TM_{mn}模的横向场分量E_r、E_φ和H_r、H_φ原则上可以根据方程组(2-79)和式(2-91)求得。而式(2-91)只是一般性地在图2-39所示的圆柱坐标三维(空间r，φ，z)成立，如果要使其在同轴传输线空间中成立，就必须符合同轴传输线空间中的实际情况。如图2-39可知：在$0\leqslant r<d$的区域是同轴线金属内导体波导内部，它不可能是TM_{mn}波的传播区域；因此，就不能像圆形金属波导那样，根据$r=0$时$N_m(K_c r)\to-\infty$（图2-26(c)）的条件令$B_4=0$，从而去掉式(2-91)中方括弧中的第二项而应该保留。因此，在同轴线的空间中E_z的解应为式(2-91)。

对于式(2-91)应满足同轴传输线内部的边界条件，才能在同轴传输线中成立。因此当$r=0.5d$和$r=0.5D$时，应有$E_z=0$。因此，根据式(2-91)可得

$$B_3 J_m\left(\frac{K_c d}{2}\right)+B_4 N_m\left(\frac{K_c d}{2}\right)=0 \tag{2-112a}$$

和

$$B_3 J_m\left(\frac{K_c D}{2}\right)+B_4 N_m\left(\frac{K_c D}{2}\right)=0 \tag{2-112b}$$

根据式(2-112)，可以获得确定同轴传输线中TM_{mn}模的截止波数K_c的特征值方程为

$$\frac{J_m\left(\frac{K_c d}{2}\right)+N_m\left(\frac{K_c d}{2}\right)}{J_m\left(\frac{K_c D}{2}\right)+N_m\left(\frac{K_c D}{2}\right)}=0 \tag{2-113}$$

式(2-113)是一个具有无穷多个解的超越方程而无解析解，一般采用图解法或数值方法求解。利用每一个“根”确定一个截止波数K_c值，从而相应地确定一个TM_{mn}模的截止波长λ_{cTM}。通常在某一变量ξ为实数并且无限增大的情况下，可以将贝塞尔函数表示成以下渐近式形式(参见附录二)，即

$$J_m(\xi)\approx\sqrt{\frac{2}{\pi\xi}}\cos\psi \tag{2-114a}$$

$$N_m(\xi)\approx\sqrt{\frac{2}{\pi\xi}}\sin\psi \tag{2-114b}$$

式中：

$$\psi=m-\frac{2m+1}{4}\pi \tag{2-115}$$

根据式(2-114)和式(2-115)，可将式(2-112)变换成以下便于求解的三角函数的形式，即

$$\frac{\sin(0.5K_c d-\frac{2m+1}{4}\pi)}{\cos(0.5K_c d-\frac{2m+1}{4}\pi)}\approx\frac{\sin(0.5K_c D-\frac{2m+1}{4}\pi)}{\cos(0.5K_c D-\frac{2m+1}{4}\pi)} \tag{2-116}$$

如果令

$$x=0.5K_c D-\frac{2m+1}{4}\pi \tag{2-117a}$$

和

$$y=0.5K_c d-\frac{2m+1}{4}\pi \tag{2-117b}$$

则可以将式(2-116)简写成为以下形式，即

$$\sin x\cos y-\cos x\sin y\approx 0 \tag{2-118}$$

考虑到式(2-117)和式(2-118)可得：

$$\sin(x-y)=\sin 0.5K_c(D-d)\approx 0 \tag{2-119}$$

根据式(1-118)可得

$$K_c\approx\frac{2n\pi}{D-d}(n=1,\ 2,\ 3,\ \cdots) \tag{2-120}$$

根据式(2-120)，可得到同轴传输线中 TM_{mn} 模截止波长 λ_{cTM} 的近似计算式为

$$\lambda_{cTM}\approx\frac{1}{n}(D-d)(n=1,\ 2,\ 3,\ \cdots) \tag{2-121}$$

根据式(2-120)令 $n=1$，可得同轴传输线中 TM_{mn} 模的最低模 TM_{01} 模的截止波长为

$$\lambda_{cTM01}\approx(D-d)(n=1,\ 2,\ 3,\ \cdots) \tag{2-122}$$

式(2-120)说明同轴传输线中 TM_{mn} 模高次模的截止波长与 m 无关，从而表明：如果同轴传输线中出现 TM_{01} 模，则就有可能同时出现 TM_{11}、TM_{21}、TM_{31} 等高次模，实际中这是不允许的。因此在设计和使用同轴传输线时，应设法将 TM_{01} 模抑制掉使之不出现在同轴线中。式(2-121)给出了 TM_{01} 模的截止波长，可以用来作为同轴传输线的设计标准。

2) 关于同轴传输线中 TE_{mn} 模的截止波长

同轴传输线中 TE_{mn} 模的分析和处理问题的方法，完全与 TM_{mn} 模的分析和处理问题的方法相同，而此时同轴传输线中 TE_{mn} 模的横向场分量 E_r、E_φ 和 H_r、H_φ 可以根据方程组(2-79)和式(2-86)求得；而式(2-95)只是一般性地在图 2-39 所示的圆柱坐标三维(空间 r，φ，z)成立，如果要使其在同轴传输线空间中成立，就必须符合同轴传输线空间中的实际情况。由图 2-39 可知：在 $0\leqslant r<d$ 的区域是同轴线金属内导体波导内部，它不是 TE_{mn} 波的传播区域；因此，就不能像圆金属波导那样根据根据 $r=0$ 时 $N_m(K_c r)\rightarrow-\infty$ (图 2-26(c))

的条件令 $B_2=0$，从而去掉式(2-86)中方括号中的第二项而应该保留。因此，在同轴线的空间中 H_z 的解应为式(2-86)。

对于式(2-86)应满足同轴传输线内部的边界条件，才能在同轴传输线中成立。因此，当 $r=0.5d$ 和 $r=0.5D$ 时应有 $\partial H_z/\partial\hat{n}=0$($\hat{n}$ 是与 d 、D 平行的同轴线的内、外导体的法线)，因而根据式(2-86)可得

$$B_1 J_m'(\frac{K_c d}{2})+B_2 N_m'(\frac{K_c d}{2})=0 \tag{2-123a}$$

和

$$B_1 J_m'(\frac{K_c D}{2})+B_2 N_m'(\frac{K_c D}{2})=0 \tag{2-123b}$$

根据式(2-123)，可以获得确定同轴传输线中 TE_{mn} 模的截止波数 K_c 的特征值方程为

$$\frac{J_m'(\frac{K_c d}{2})+N_m'(\frac{K_c d}{2})}{J_m'(\frac{K_c D}{2})+N_m'(\frac{K_c D}{2})}=0 \tag{2-124}$$

式(2-124)是一个具有无穷多个解的超越方程而无解析解，一般采用图解法或数值方法求解。利用每一个“根”确定一个截止波数 K_c 值，从而相应地确定一个 TE_{mn} 模的截止波长。如果根据以下贝塞尔函数的递推公式(参见附录二)

$$J_m'(\xi)=mJ_m(\xi)-\xi J_{m+1}(\xi) \tag{2-125a}$$

$$N_m'(\xi)=mN_m(\xi)-\xi N_{m+1}(\xi) \tag{2-125b}$$

使用处理式(2-113)相同方法处理式(2-124)，可以获得同轴传输线中 TE_{m1}($m\neq0$)模的截止波长为

$$\lambda_{cTEm1}\approx\frac{\pi}{2m}(D+d)(m=1,\ 2,\ 3,\ \cdots) \tag{2-126}$$

根据式(2-126)，可得同轴传输线中最低模 TE_{11} 模的截止波长为

$$\lambda_{cTE11}\approx\frac{\pi}{2}(D+d) \tag{2-127}$$

当 $m=0$ 时，可根据贝塞尔函数的递推公式(2-125)，将特征值方程(2-124)改写成为以下形式：

$$\frac{J_0(\frac{K_c d}{2})+N_0(\frac{K_c d}{2})}{J_0(\frac{K_c D}{2})+N_0(\frac{K_c D}{2})}=0 \tag{2-128}$$

如果令式(2-113)中 $m=1$ 所得的结果，与式(2-128)结果完全相同。因此，由特征值方程(2-128)求得的 TE_{01} 模的截止波长应与 TM_{01} 模的截止波长完全相同，即

$$\lambda_{cTE01}\approx(D-d) \tag{2-129}$$

图2-40所示是同轴传输线中可能传输的TEM、TE_{11}、TE_{01} 和 TM_{01} 模的场结构图，其中：图(a)所示的TEM模是同轴传输线中的主模，实际中同轴传输线都是用TEM模工作；而图(b)、(c)和图(d)所示的 TE_{11}、TE_{01} 和 TM_{01} 模是出现在同轴传输线中的高次模，实际中应避免出现高次模(例如，在表2-6中用“最短安全波长 λ_{min}^{s}”的使用参数加以约束)。

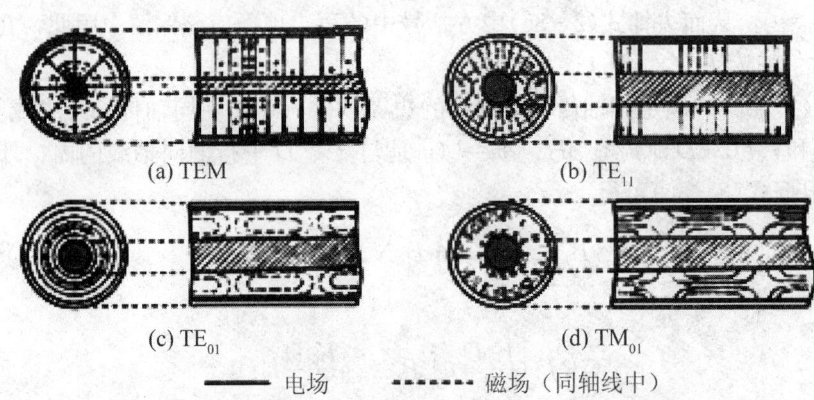

图 2-40　同轴传输线中几种模式的场结构图

图 2-41 所示是它们的截止波长分布图，由该图看出：TE_{11}模是同轴传输线中所有高次模中的“最低模”，它的截止波长用式(2-127)计算，TE_{01}和TM_{01}模是高次模但不是最低高次模，它们的截止波长分别用式(2-129)和式(2-122)计算(实际两式相同)。从图 2-41 可以看出：同轴线中用 TEM 波单模传输条件应为式(2-110)，而最安全工作波长范围$\lambda_{min}\sim\lambda_{max}$应该满足式(2-111)，此时绝对不会出现$TE_{11}$、$TE_{01}$和$TM_{01}$模等高次模。

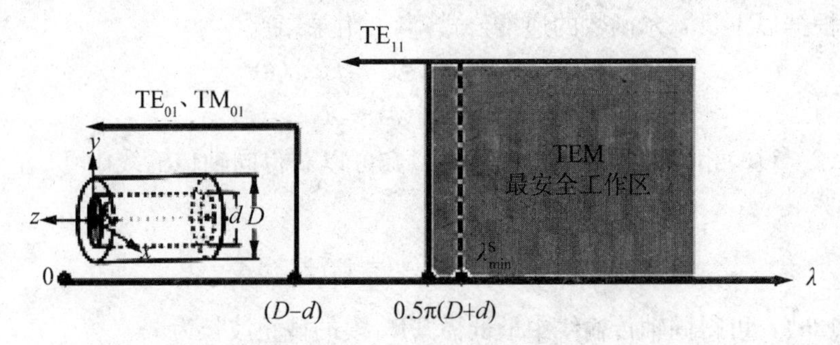

图 2-41　同轴传输线中几种模式的截止波长分布图

2.4.2　如何设计同轴传输线的尺寸

同轴传输线是信息工程系统中使用最广泛的一种传输线，通常情况下有现成的商品型号可供选用(见附录一)，但在某种特定情况下需要自行设计。为了正确使用同轴线，应该掌握一些同轴线尺寸的设计方法。设计同轴线传输线时，应遵循以下原则：① 保证在给定的工作波长范围内只传输 TEM 模；② 保证能承受尽量大的传输功率容量；③ 传输衰减要最小；④ 符合特性阻抗要求。

1. *怎样保证在给定的工作频带内只传输 TEM 模*

为了保证在给定的工作波长范围$\lambda_{min}\sim\lambda_{max}$内只传输 TEM 模，最安全的设计方法是根据式(2-110)和按照式(2-111)的原则设计同轴线尺寸 D 和 d。即根据

$$\lambda_{min}\geqslant\lambda^s_{min}=1.1\times\left[\frac{\pi}{2}(d+D)\right]$$

亦即根据

$$(D+d)\leqslant\frac{2.2}{\pi}\lambda_{min} \tag{2-130}$$

设计同轴传输线的 D 和 d 的尺寸。

2. 怎样保证能承受尽量大的传输功率容量

在满足式(2-129)的前提下，应保证同轴线能承受尽量大的传输功率。对此，通常设计方法是：给定同轴线的外导体内直径 D 的尺寸，计算其内导体外直径 d 的尺寸，以达到能承受尽量大的传输功率的要求。同轴传输线的传输功率容量按下式计算，即

$$P_T=\sqrt{\varepsilon_r}\frac{d^2}{480}E_b^2\ln\frac{D}{d} \tag{2-131}$$

式中：ε_r 是同轴线中填充介质的介电常数；E_b 是填充介质的击穿电场强度(空气介质的击穿电场强度约为 30kV/cm)。

例如，$d=7$mm 和 $D=16$mm 的空气介质填充同轴传输线的传输功率容量用式(2-131)可求得为 700kW。

在满足式(2-131)的要求的条件下给定同轴线的外导体内直径 D 、变化同轴线内导体外直径 d 值使得 $\partial P_T/\partial d=0$，可求得当同轴传输线能承受最大传输功率容量时，所需的同轴线外导体内直径 D 与其内导体外直径 d 的比值为

$$\frac{D}{d}=1.649 \tag{2-132}$$

在给定轴线的外导体内直径 D 的前提下，按照式(2-132)设计的同轴线的 d 能承受最大传输功率容量。

3. 怎样保证传输衰减最小

在满足式(2-130)的前提下，为了保证同轴线传输损耗最小也需要求得一个 D/d 的最佳值，该最佳值可以根据下式求得

$$\alpha_c=8.686\frac{R_s}{\pi D}\left(1+\frac{D}{d}\right)\left(120\ln\frac{D}{d}\right)^{-1}\text{dB/m} \tag{2-133}$$

式中：α_c 是空气填充同轴传输线的金属导体引起衰减。

对式(2-133)求导并令其等于零，即 $\partial\alpha_c/\partial d=0$ 可得

$$\frac{D}{d}=3.591 \tag{2-134}$$

在给定同轴传输线外导体内直径 D 的尺寸的前提下，按照式(2-134)设计的 d 值能保证同轴线传输损耗最小。

4. 怎样保证符合 50Ω 空气填充同轴线特性阻抗的要求

计算表明：D/d 在一个比较宽的范围内谋划时，同轴传输线的传输衰减系数 α_c 基本不变。例如：当 D/d 值从 3.2 变化到 4.1 时，同轴传输线传输衰减系数最小值变化小于 0.5%；当$(D/d)=5.2$ 和$(D/d)=2.6$ 时相比较，同轴传输线传输衰减系数最小值仅增加 5%。根据这一计算，在给定轴线的外导体内直径 D 的尺寸前提下为了兼顾式(2-132)和式(2-134)的要求，可以取

$$\frac{D}{d}=2.303 \tag{2-135}$$

将$(D/d)=2.303$代入第1章式(1-14)，可以求得空气填充同轴传输线的特性阻抗为

$$Z_0=60\ln\frac{D}{d}=60\ln 2.303=50\Omega$$

从而保证了符合50Ω空气填充同轴线特性阻抗的要求。

【例2-8】 现有一种内直径为$D=40\text{mm}$的铜管用来做空气填充同轴线的外导体设计一种专用同轴线，对该同轴线的要求是：① 最高工作频率$f_{\max}=3.33\text{GHz}$；② 只传输TEM模；③ 传输功率容量要尽量大；④ 传输衰减系数要尽量小；⑤ 特性阻抗$Z_0=50\Omega$。试问：该同轴线内导体的外直径d尺寸应该设计为多大才合适?

解：该题的设计应按以下步骤进行

(1) 应保证在给定的工作波长范围内只传输TEM模。

首先计算最短工作波长和根据式(2-130)初选d的尺寸。

$$\lambda_{\min}=\frac{c}{f_{\max}}=\frac{3\times10^{11}\text{mm/s}}{3.33\times10^{9}/\text{s}}=90\text{mm}$$

$$\lambda_{\min}=\frac{\pi}{2.2}(D+d)=90\text{mm}$$

因此，为保证在给定的工作波长范围内只传输TEM模，应该初次选择

$$d=\frac{2.2\times90\text{mm}}{\pi}-D=63-40=23\text{mm}$$

而此时

$$\frac{D}{d}=\frac{40}{23}=1.74$$

显然，该值不能同时满足题中③、④、⑤项的要求。

(2) 调整选择同轴线内导体外直径d的尺寸以满足题中③、④、⑤项的要求。

根据式(2-130)

$$(D+d)\leqslant\frac{2.2}{\pi}\lambda_{\min}$$

可以看出：如果减小同轴线内导体外直径d的尺寸是允许的，该式仍然可以获得满足。为此可将

$$\frac{D}{d}=\frac{40}{23}=1.74$$

调整到

$$\frac{D}{d}=\frac{40}{d}=2.303$$

便可以兼顾满足题中③、④、⑤项的要求。

综上所述，同轴线内导体的外直径d尺寸应该设计为

$$d=\frac{40}{2.303}=17.37\text{mm}$$

需指出：同轴传输线的尺寸已标准化，无特殊需要时无须设计；在附录三中给出了一些国产标准同轴电缆的使用参数供参考。

练 习 题

1. 什么是波导中的导波模？金属波导管中TEM模是以什么形态出现在金属波导管中的？

2. 以下是矩形波导中TE_{10}模的场结构图2-1-T和场结构方程，试说明场结构方程的物理意义。

$$E_y=\frac{\omega\mu_0 a}{\pi}H_{10}\sin(\frac{\pi}{a}x)e^{j(\omega t-\beta_z z-\frac{\pi}{2})}$$

$$H_z=H_{10}\cos(\frac{\pi}{a}x)e^{j(\omega t-\beta_z z)}$$

$$H_x=\frac{\beta_z a}{\pi}H_{10}\sin(\frac{\pi}{a}x)e^{j(\omega t-\beta_z z+\frac{\pi}{2})}$$

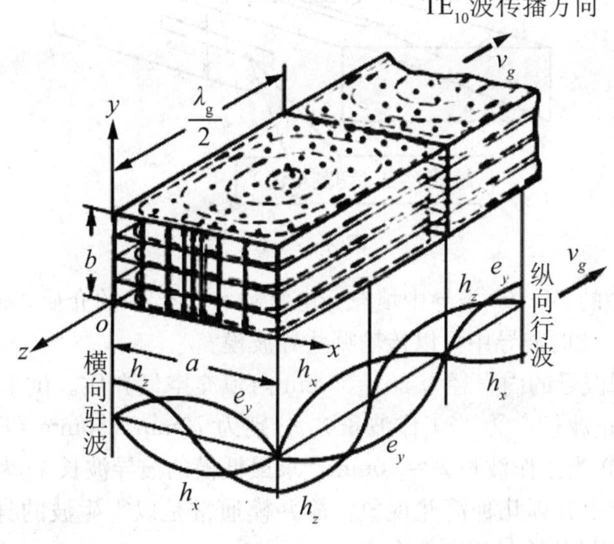

图2-1-T

3. 什么是波导的截止波长λ_c？试用矩形金属波导中TE_{10}波为例说明为什么只有$\lambda<\lambda_c$的电磁波才能在波导中传输。

4. 设矩形波导横截面尺寸a=8cm、b=4cm；当馈送进入波导电磁波的频率f=3GHz和f=5GHz时，试问：此时波导中能传输哪些导波模？

5. 已知矩形金属波导横截面尺寸为$a\times b$=23mm×10mm，波导内填充空气，激励该波导的信号源频率f_0=10GHz。试问：① 激励信号可以用单模载送传输吗？② 若能用单模载送传输，那么该模式的相移常数β_z、波导波长λ_g和相速度υ_p分别为多少？

6. 使用附录A中的BJ-32波导作馈线，试问：① 当波导馈线中传输电磁波的波长λ=6cm时，此时馈线中能传输哪些模？② 波导馈线中传输TE_{10}波终端不匹配时，测得馈线中两相邻波节点之间的距离为10.9cm，TE_{10}波的波导波长λ_{gTE10}和TE_{10}波所载送信号的

波长 λ_0 分别为多少？③ 设波导馈线中传输 TE_{10} 波所载送信号的波长 $\lambda_0=10cm$，TE_{10} 波的波导波长 λ_{gTE10}、截止波长 λ_{cTE10}、相速 v_p 和群速 v_g 分别为多少？

7. 使用附录 A 中的 BJ－100 波导作馈线，试问：① 当波导馈线中传输电磁波的波长 $\lambda=1.5cm$、$\lambda=3cm$ 和 $\lambda=4cm$ 时，此时波导馈线中能传输哪些模？② 为保证导馈线中只传输 TE_{10} 波，电磁波的波长范围和频率范围应为多少？

8. 某雷达站中心工作波长 $\lambda_0=10cm$，雷达机采用传输 TE_{10} 波(不允许出现高次模)的矩形波导作馈线，试根据图 2－19 所示的曲线和表 2－2 求：① 该矩形波导的宽边设计尺寸 a 和窄边设计尺寸 b；② 该矩形波导的工作波长范围 $\lambda_{min}\sim\lambda_{max}$。

9. 矩形波导内表面的电流是怎样分布的？若用矩形波导做所谓缝隙天线，应该如图 2－2－T 所示的那样在波导窄边置开槽以切割电流，这是为什么？

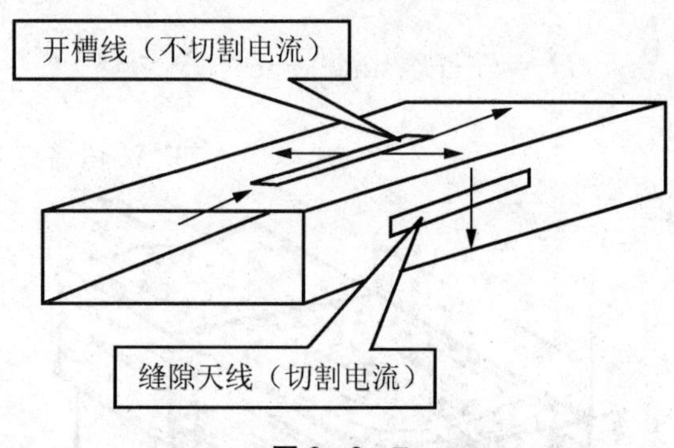

图 2－2－T

10. 在附录 C 中的 BJ－58 波导中填充介电常数 $\varepsilon_r=2.25$ 的介质，使波导在 $f=6GHz$ 的频率工作；试问：此时波导中可以传输哪些导波模？

11. 已知金属圆波导的内直径为 $2a=50mm$ 内填充空气介质。试求：① TE_{11}、TE_{01}、TM_{01} 三种模式的截止波长；② 当工作波长 λ_0 分别为 70mm、60mm 和 30mm 时，波导中将出现哪些模式？③ 当工作波长 $\lambda_0=70mm$，求最低模的波导波长 λ_g 为多少？。

12. 金属圆波导中有哪几种简并现象？简并模通常是以寄生波的身份出现在波导中，为什么说寄生波在波导传输过程中是有害的？

13. 已知空气填充同轴线内导体的外直径 $d=2cm$、外导体的内直径 $D=8cm$，试问：① 该同轴线中 TE_{11}、TM_{01}、TE_0、三种模式的截止波长各为多少？② 该同轴线的最短安全波长 λ_{min}^s 为多少？

14. 某无线电台发射机的工作波长范围为 $\lambda_0=10\sim20cm$，该发射机用同轴线作天线的馈线，仅要求其传输损耗最小，试设计该同轴线的尺寸。

15. 采用图 2－3－T 所示的同轴波导转换器即可将从同轴传输线馈送入矩形波导的微波信号通过矩形波导中的“小天线”模拟 TE_{10} 模的电场结构激发起 TE_{10} 波，请尽你所能对此作进一步描述。

16. 设图 2－4－T 所示波型转换器工作波长 $\lambda_0=8mm$，使用矩形波导的型号是 BJ－320 型(参见附录 C)；若要求将矩形波导中的 TE_{10} 波转换成圆波导中的 TE_{11} 波并保持两者相速相等，试计算圆波导设计直径 $2a$。

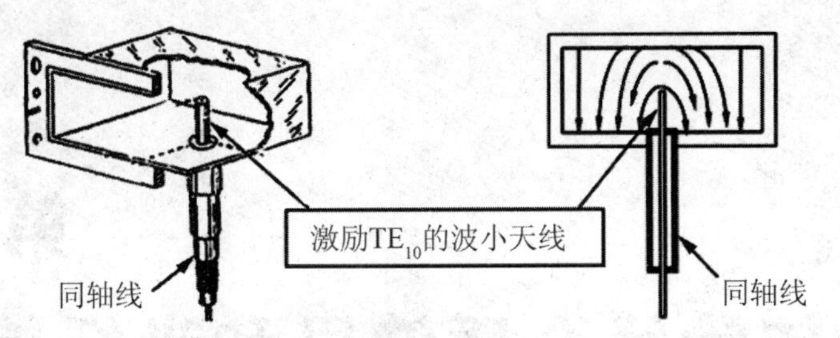

(a) 实际结构图　(b) 小天线激发TE_{10}波（电场）示意图

图 2-3-T

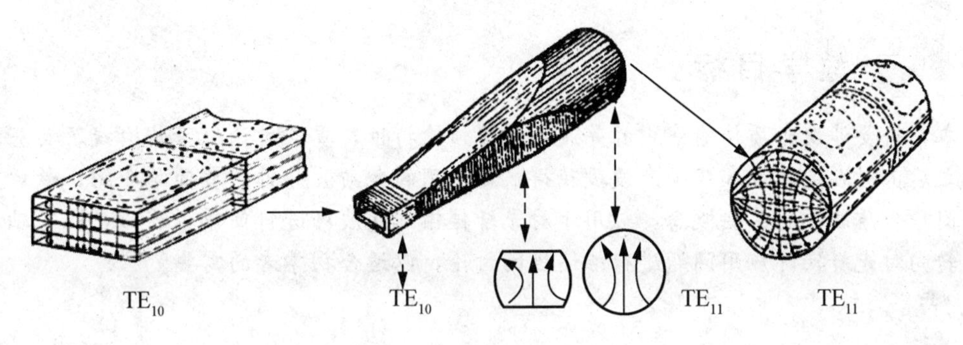

图 2-4-T

第3章 微带传输线介质波导和光纤综述

教学目标

本章将要涉及介质传输线中的导波场及其传输特性，重点讨论微带传输线及其基本应用；之后，对在毫米波和亚毫米波段获得广泛应用的介质波导作一些简单介绍；最后直接引用圆形介质波导的某些概念，应用于对光纤传输线导波场进行简单描述，在此基础上将重点转向对光纤实际应用问题进行综述性的讨论，以适合初学者的需要。

教学要求

① 一般性了解什么是微带传输线及其理论分析方法，目的在于掌握微带传输的传输特性及其相关传输参数的物理概念和基本计算方法；② 重点掌握设计微带传输线的工程设计方法(包括公式计算法、运用工程曲线计算法和查数据表计算方法等)；③ 重点掌握通信光纤的传输特性及其传输参数的物理概念和基本计算方法；④ 一般性了解通信光缆的敷设方式。

计划学时和教学手段

本章为8计划学时，使用本书配套的PPT(简单动画)课件完成教学内容讲授。

金属波导、微带线、介质波导和光纤分别是不同电磁波波段使用的不同传输线，微带线、介质波导和光纤都属于介质传输线，本章所涉及的是介质传输线中的导波场及其传输特性。在前言中曾经指出：微带传输线可以将微波领域中使用的电路集成在基片上构成平面电路，电路生产重复性好且便于构成各种有源电路。正是微带传输具有上述特点，使其在微波技术中获得广泛应用。若将微带线传输线用于毫米波和亚毫米波段，其设计将非常复杂。人们曾一度将金属波导应用于毫米波段构成各种传输器件，但终因尺寸太小难以实现，最后又将目光转向介质传输线。目前，介质波导在毫米波和亚毫米波段获得广泛应用。毫米波和亚毫米波在实用中具有测量精度高、分辨能力强、载送信息容量大、设备设计尺寸小、重量轻、能穿透等离子等优点，使其在通信、雷达、导弹制导、隐形对抗、射电天文学、原子和分子结构研究、超导现象研究和等离子体密度测量等方面都具有非常好的实用价值。光纤又称为光导纤维，它也是一种介质传输线。考虑到求解光纤导波场与求解圆形介质波导导波场的方法基本一样，因而避开可以对于光纤冗长的数学描述，可以直接引用圆形介质波导的某些结论应用于光纤，并将重点放在对光纤实用应用问题综述性的讨论，这无疑是初学者所希望的。

3.1　微带传输线及其基本应用

3.1.1　微带传输线

微带传输线是 20 世纪 50 年代发展起来的一类 TEM 波微波传输线，是制作微带电路的主体，它具有体积小、重量轻、频带宽、可以集成化等优点。因此，可以利用微带线集成而构成微带平面电路。微带平面电路小型、生产成本低、重复性好，因而当代微带传输线在微波技术领域获得广泛应用。图 3－1 所示是几个微带微波平面集成电路举例，其中

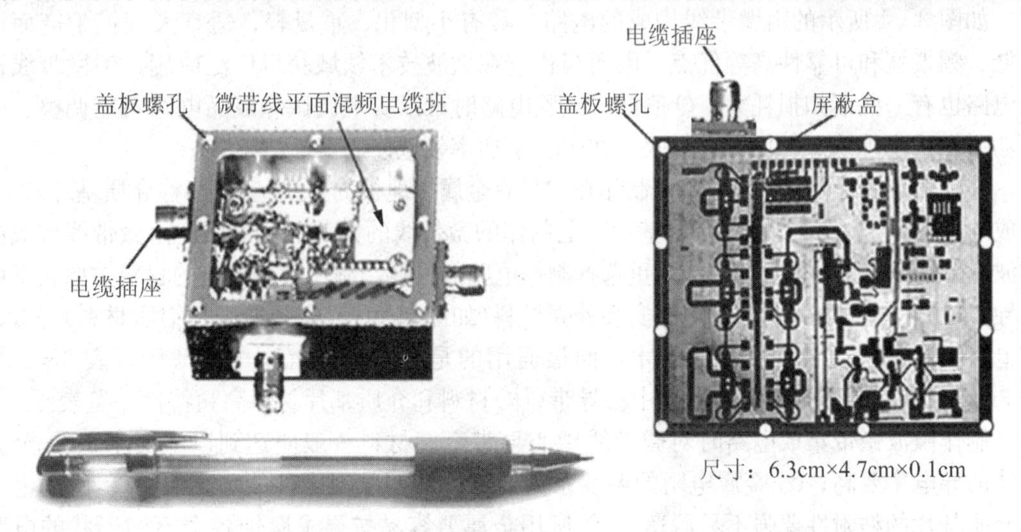

(a) 15GHz微带微波婚配混频器　　(b) 20GHz微波发射极集成电路

图 3－1　微带微波平面集成电路举例

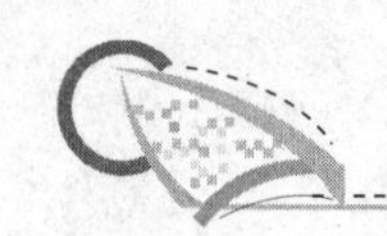

图 3-1(a)是小微波通信机中使用的 15GHz 微波混频器照片(该照片由桂林市今华通通信设备有限公司提供)，其实物长度仅为普通圆珠笔长度二分之一左右，而占用机箱空间体积之小大约只有图 2-20 所示的金属波导混频器所占用机箱空间体积的 1% 左右；另外，图 3-1(b)所示的微带微波平面集成电路的尺寸为 6.3cm×6.4cm×0.1cm 也很小。

当今在空间技术和国防军事对抗中，微带传输线技术占有特殊重要的地位。微带传输线类型很多，但其基本结构形式只有图 3-2 所示的两种：图 3-2(a)中的微带线通常称之为标准微带线，它是一种由“单面金属接地板”和“中心导带”构成的准 TEM 波介质传输线，标准微带线理论上可以看成由传输 TEM 波的双线传输线演变而成；图 3-2(b)中的带状线或称为封闭(或对称)微带线，它是一种由“金属双接地板”和“中心导带”构成的 TEM 波介质传输线，带状线可以看成由传输主模 TEM 波的同轴传输线演变而成。图 3-3 所示的如共面波导、槽线等这些其他特殊类型微带线结构，只是在制作一些特殊微带集成电路元件时才采用。

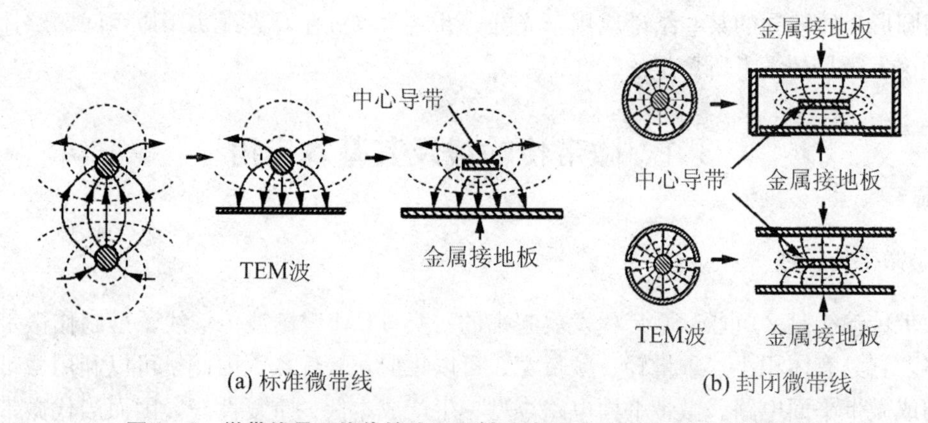

图 3-2　微带线是双线传输线和同轴演变而成的 TEM 波介质传输线

如图 3-1 所示的由微带线构成的电路，具有小型化、重量轻、适宜大规模生产而成本低、频带宽和可靠性高等优点，因而当代它在微波技术领域获得广泛应用；但微带线构成电路也有一些诸如损耗大、Q 值低、试验电路时难以实现调试和成品电路不能调整、电路功率容量小等缺点，使得它仅限于在中、小功率领域使用。

实际微带线是将“中心导带”制作在“带有金属接地板的介质基板(简称介质基片)”上构成的，图 3-3 所示是在“介质基片”上制作的微带线的横截面示意图。由微带线构成的微波微带集成电路制作设计，应慎重选择制作电路的材料。制作微带电路的材料主要包括中心导带材料、介质基片材料和电路安装外壳材料(如图 3-1(a)安装外壳是铝质材料)等。微带电路制造工艺通常采用薄膜技术，而最通用的是真空蒸发沉积金属薄膜。表 3-1 和表 3-2 分别是制作微带线的常用中心导带(体)材料和介质基片材料高频特性一览表。

制作微波微带集成电路时对微带线中心导带金属材料一般应达到以下要求：① 金属导体的导电率要高；② 金属电阻的温度系数要低，即要求温度性能稳定好；③ 所用金属与介质基片的粘附性要强不易脱落；④ 所用金属要容易按要求腐蚀各个不同形状的电路且容易焊接；⑤ 所用金属要容易沉积和电镀。例如，表 3-1 所列的金属材料中，金、银、铜 3 种材料的导电性能虽很好，但对介质基片的黏附性都却很差；而铬、钽的导电性能很

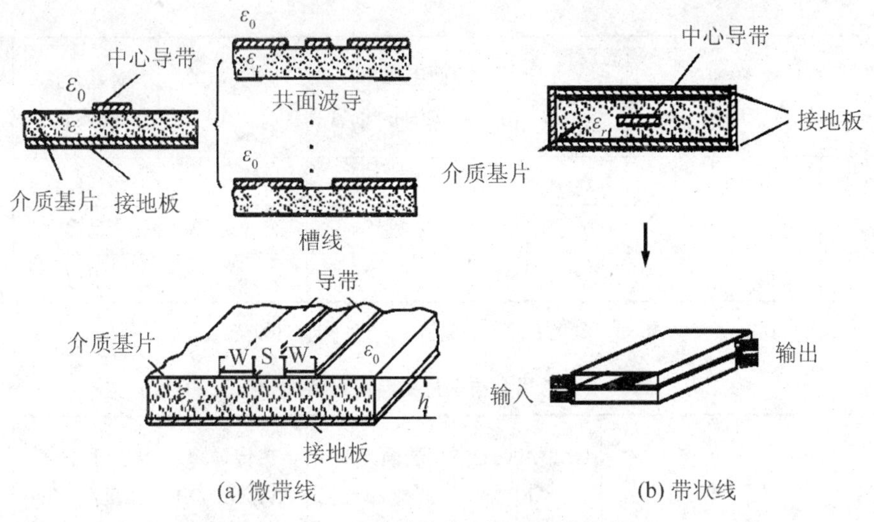

图 3-3 在介质基片上制作的微带线

差，但对介质基片的黏附性都却很好，因此在选用表 3-1 中材料制作微带线和微带电路时应综合考虑各种材料的性能、通常的做法是：首先在加工好的介质基片上蒸发一层很薄(500Å 以下)的铬，然后在其上蒸发一层金层，并在金层上光刻腐蚀出事先设计好的电路图形，再将金层电路图形镀金到所需的厚度(通常为 3～5 个"趋表深度 δ"的厚度)即成。图 3-4 所示是一个符合要求的微带线的"渡层"横截面示意图。

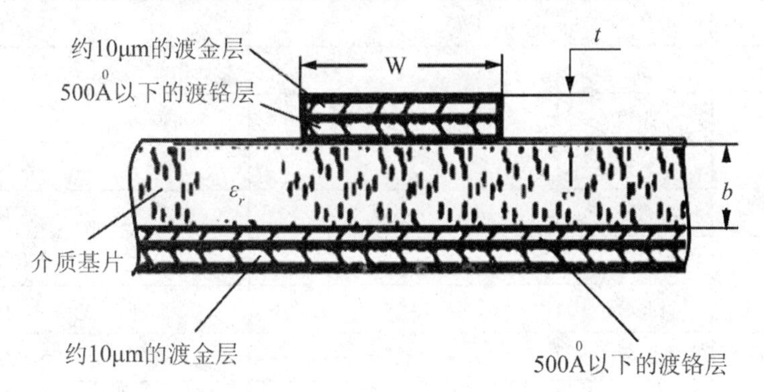

图 3-4 微带线渡层横截面示意图

表 3-1 常用微带线中心导带(体)材料特性一览表

特性→ 材料↓	相对于铜的直流电阻	趋表深度 δ/μm (2GHz 时)	表面电阻率 $10^{-7}\times\sqrt{f(\text{Hz})}\,\Omega/\text{cm}^2$	热胀系数 $\frac{\alpha_T}{^\circ\text{C}}\times10^{-6}$	对基片的黏附性	沉积方法①
银(Ag)	0.95	1.4	2.5	21	差	E，Sc
铜(Cu)	1.00	1.5	2.6	18	很差	E，P
金(Au)	1.36	1.7	3.0	15	很差	E，P
铝(Al)	1.60	1.9	3.3	26	很差	E
钨(W)	3.20	2.6	4.7	4.6	好	Sp

续表

特性→ 材料↓	相对于铜的直流电阻	趋表深度 δ/μm (2GHz 时)	表面电阻率 $10^{-7}\times\sqrt{f(\mathrm{Hz})}\,\Omega/\mathrm{cm}^2$	热胀系数 $\frac{\alpha_T}{℃}\times10^{-6}$	对基片的黏附性	沉积方法[①]
钼(Mo)	3.30	2.7	4.7	6.0	好	Sp
铬(Cr)	7.60	4.0	7.2	9.0	好	E
钽(Ta)	9.10	4.4	7.9	6.6	很好	Ep

注：① E——真空蒸发；Sp——溅射；P——电镀；Sc——印制和烧结。

表 3-2 常用介质基片材料高频特性一览表

电性能→ 材料↓	介电常数 ε_r	tanδ(10GHz) $\times10^{-4}$	表面光洁度/μm	热传导率 KW/cm²/℃	介质击穿强度/kV/cm	机械强度
氧化铝(99.5%)	10	1～2	2～8	0.3	4×10^3	良好
氧化铝(96%)	9	6	20	0.28	4×10^3	良好
氧化铝(85%)	8	15	50	0.20	4×10^3	良好
蓝宝石	11	1	1	0.4	4×10^3	良好
玻璃	5	20	1	0.01		差
石英	3.78	1	1	0.01	10×10^3	稍差
氧化铍	6.6	1	2～50	2.5		良好
金红石	100	4	10～100	0.02		良好
铁氧体/石榴石	13～16	2	10	0.03	4×10^3	良好
砷化镓	13	6	1	0.3	350	良好
硅	12	10～100	1	0.9	300	良好
聚苯乙烯	2.55	7	1	0.001	≈300	良好
聚乙烯	2.26	5	1	0.001	≈300	良好
聚四氟乙烯	2.1	4	1	0.001	≈300	良好
空气	1	近似为零		0.00024	30	

制作微波微带集成电路时对介质基片材料一般应达到以下要求：① 要求介质损耗小；② 介电常数 ε_r 要合适，随频率和温度变化要小；③ 与金属导体粘附性要好；④ 导热性能要好，以容易散热；⑤ 介质纯度要高，均匀性和一致性要好；⑥ 介质片要容易研磨和抛光；⑦ 介质片应有一定的机械强度，容易切割和钻孔。实际中使用介质基片材料可在表 3-2 中做以下考虑和选择：① 常用的是氧化铝陶瓷、聚四氟乙烯玻璃纤维板；② 当使用的频率高于 12GHz 时，可采用石英材料基片；③ 当要求制作散热性能好的和较大功率的微带电路时，可以采用氧化铍材料做基片；④ 当需要在电路中制作单向传输器件时，可在所选用基片材料中嵌入铁氧体基片制作成环行器(图 5-22)或单向器等。

3.1.2　带状线(对称微带线)

1. 带状线的结构及其传输的主模

图 3-5(a)所示是带状线的结构图，其介质基片厚度为 b、中心导带厚度为 t 、宽度为 W；图 3-5(b)所示是带状线的主模 TEM 模的场结构横截面示意图。用图 3-6 来说明带状线的制作方法：在一块厚度为 $0.5b$ 的介质基片上按照图 3-4 方式制作一条宽度为 W 的标准微带线，然后再用一块厚度为 $0.5b$ 的接地介质基片覆盖在标准微带线上就构成了带状线；带状线中传输的主模是 TEM 模，其中也存在 TE 和 TM 高次模。

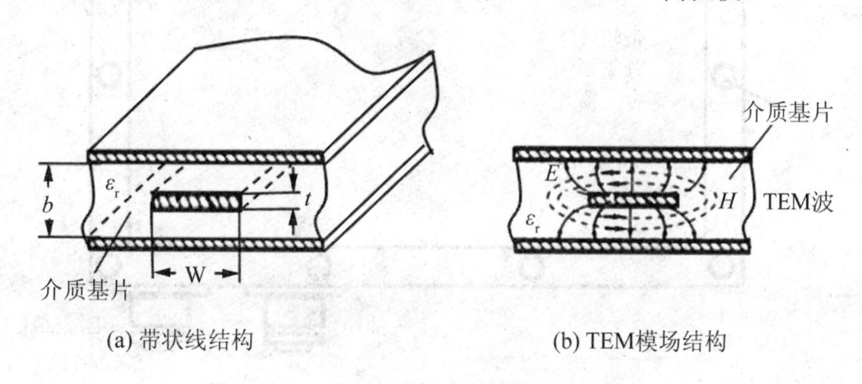

图 3-5　带状线及其主要模场结构

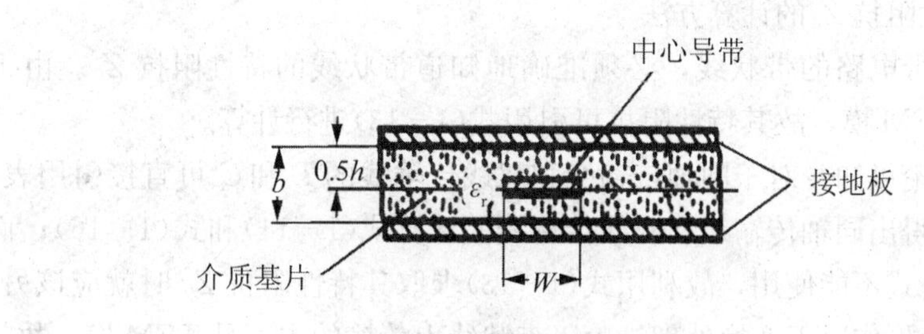

图 3-6　带状线制作示意图

因为带状线中的电磁场被束缚在上、下两金属接地板之间和中心导带周围，因此像同轴传输线一样带状线电磁能量不会向空间辐射，使得带状线的损耗小 Q 值高。带状线适合于制作高 Q 值或高隔离度的无源微带线元器件，例如，像图 3-7 中的分支耦合器和滤波器就是用带状线制作的无源微带线元器件。带状线不适合制作有源微带电路，在有源微波集成电路中普遍采用如图 3-1 所示的标准微带线。

2. 怎样设计带状线

像在第 1、2 章所讨论的那样，研究任何一种传输线不仅仅是研究传输线的理论本身，而更重要的是需要引导出适合于工程领域中所需的设计方法。怎样设计带状线(设计带状线是设计带状线电路的基础)？理论上必须知道带状线的特性参数，并根据特性参数引导出一些有用的设计公式。带状线有以下主要特性参数：① 特性阻抗；② 相速度；③ 衰减常数；④ 带内波长；⑤ 功率容量等。

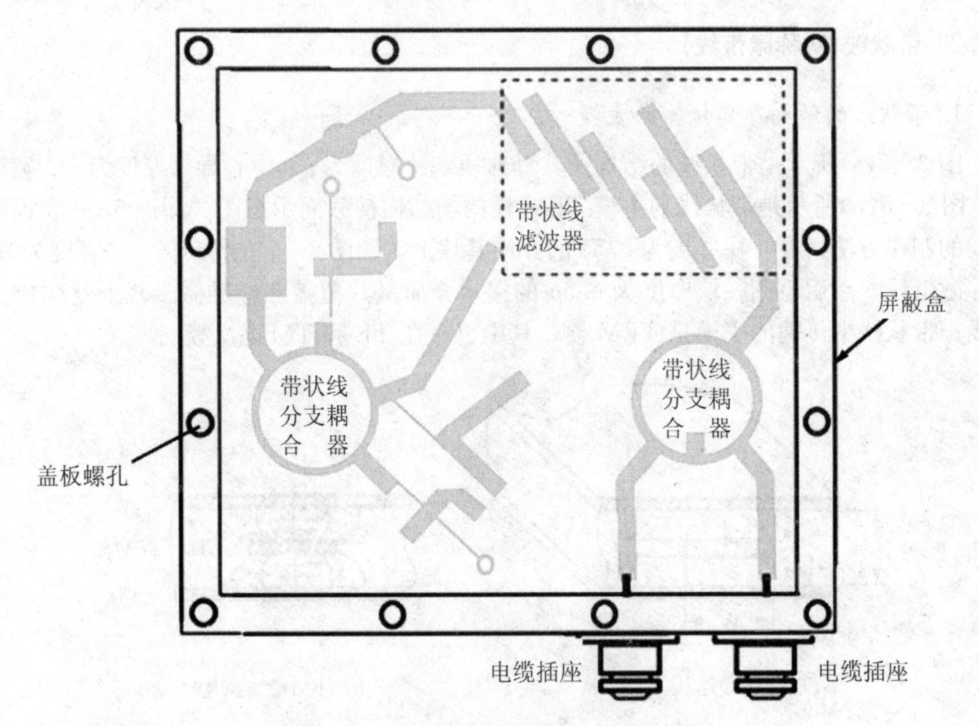

图 3-7 一个带状线制作的实际电路示意图

1) 带状线特性阻抗 Z_0 的计算方法

要设计构成微带电路的带状线，必须准确地知道带状线的特性阻抗 Z_0。由于带状线上传输的主模是 TEM 模，故其特性阻抗可引用式(1-13)进行计算。

根据第 1 章讨论可知：对于同轴传输线和双线传输线的 L 和 C 可直接引用表 1-1 中的公式计算，从而得出同轴传输线和双线传输线的计算式(1-14)和式(1-16)；而对于带状线表 1-1 中的公式不能使用，故利用式(1-13)求取其特性阻抗 Z_0 时就应该另寻途经。为此需将式(1-13)再作以下变换处理：由于带状线上传输的主模是 TEM 模，故带状线的相速可引用式(1-25)计算。

将式(1-25)代入式(1-13)，可得以下方便于带状线计算的公式：

$$Z_0=\frac{1}{v_p C}=\frac{\sqrt{\varepsilon_r}}{c\times C}(\Omega) \tag{3-1}$$

式中：ε_r 是带状线介质基片的介电常数；$c=3\times10^8$ m/s 是光速；C 是带状线的分布电容。

图 3-8 是“宽 W 中心导带带状线”的分布电容的示意图，如果能计算出宽为 W 的中心导带带状线的总分布电容 C，并将它代入式(3-1)，就可以求得中心导带宽度 $W\to\infty$(意即很宽)的带状线的特性阻抗。在图 3-8 中，C_0 为中心导带和上、下接地板之间的平板电容，它反映中心导带和上、下接地板之间的均匀分布的电场；C_b 为边缘电容，它反映中心导带和上、下接地板之间边缘非均匀分布的电场。中心导带宽度为 W 带状线的总分布电容 C 可用下式计算，即

$$C=2\left(\frac{b-1}{2}\right)^{-1}0.0885\varepsilon_r W+4C_b \tag{3-2}$$

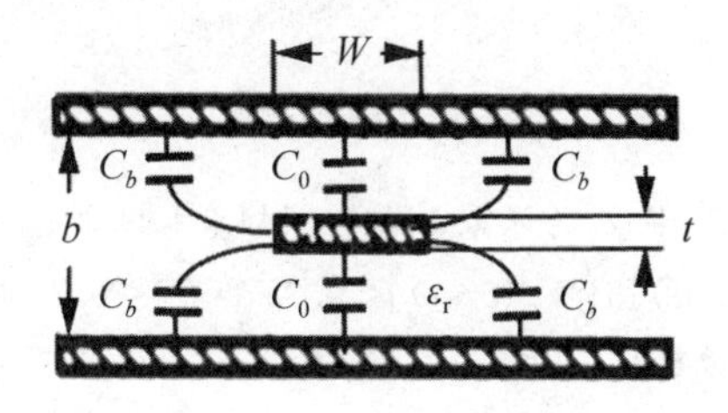

图 3-8　宽中心导带带状线分布电容

在假设中心导带特别宽，即 $W\to\infty$ 的条件下将式(3-2)代入式(3-1)，可得到中心导带宽度为 W 的带状线特性阻抗 Z_0 的近似计算公式为

$$Z_0=\frac{1}{\upsilon_p C}=\frac{94.15}{\sqrt{\varepsilon_r}\left[\frac{W/b}{1-(t/b)}+\frac{C_b}{0.0835\varepsilon_r}\right]}(\Omega) \tag{3-3}$$

式中：带状线的几何尺寸(W、b、t)单位为厘米(cm)；电容 C_b 的单位为微微法(pF)。在这个公式中因为考虑中心导带宽度 $W\to\infty$，从而忽略了中心导带和上、下接地板之间的两边边缘非均匀分布的电场相互影响所造成的对总分布电容 C 的影响。将“宽 W 中心导带带状线”特性阻抗 Z_0 的近似计算公式(3-3)用来计算“窄 W 中心导带带状线”特性阻抗 Z_0 就不正确了，这是因为中心导带变窄时就应该考虑两边边缘非均匀分布的电场相互影响所造成的对总分布电容 C 的影响。理论分析表明：当

$$\frac{W}{b-t}\geqslant 0.35 \tag{3-4}$$

时，考虑上述影响所造成的计算误差小于 1.24%(这样一个精确度对于工程计算是可以接受的)。

实际计算中通常将式(3-4)作为区分“宽 W 中心导带带状线”和“窄 W 中心导带带状线”的理论标准。当

$$\frac{W}{b-t}<0.35 \tag{3-5}$$

时，则认为是“窄 W 中心导带”带状线。对于“窄 W 中心导带带状线”的特性阻抗 Z_0 如果一定要引用式(3-3)进行计算也是可以的，其办法是在满足式(3-5)的条件下将式(3-3)中的 W 修正为某一个 W_Z 即可。分析表明在

$$0.1<\frac{W_Z}{b-t}<0.35 \tag{3-6}$$

的取值范围内，W_Z 可用下式求取：

$$\frac{W_Z}{b}=\frac{0.07\left(1-\frac{t}{b}\right)+\frac{W}{b}}{1.2} \tag{3-7}$$

另外，对于“窄中心导带带状线”的特性阻抗 Z_0 也可用下式计算：

$$Z_0 = \frac{60}{\sqrt{\varepsilon_r}} \ln \frac{8b}{\pi W}(\Omega) \tag{3-8}$$

注 意

① 上式和同轴传输线线特性阻抗 Z_0 的计算公式(1-14)基本规律是相似的；② 当中心导带厚度 $t=0$ 时，式(3-8)是一个精确计算式；③ 当 $[W/(b-t)]<0.35$ 和 $t/b<0.25$ 时的精确度不低于1.2%(这样一个精确度对于工程计算是可以接受的)。

根据式(3-3)、式(3-7)和式(3-8)可以绘制“带状线特性阻抗与带状线结构尺寸的关系曲线”，供给工程计算使用，该组工程计算曲线如图3-9所示。它已被相关《微波工程手册》采用，它就是常用的科恩(Cohn)带状线特性阻抗曲线。注意：在图3-9所示曲线中 $t/b=0$ 的一条曲线，不是用式(3-8)计算所得出的，而是引用下式

$$Z_0 = 30\pi \frac{K(k')}{K(k)}(\Omega) \tag{3-9}$$

计算得出的。对于式(3-9)要说明两点：① 式中 $K(k)$ 是“第一类全椭圆积分”，k 是它的模数；$K(k')$ 是“第一类余全椭圆积分”，而 $k'=\sqrt{1-k^2}$；② 式(3-9)是用保角变换求得的带状线特性阻抗 Z_0 的精确计算公式(其中心导带厚度 $t=0$)，该式虽然精确但计算困难。另外，在图3-11中给出了另一组计算带状线特效阻抗 Z_0 的工程曲线。

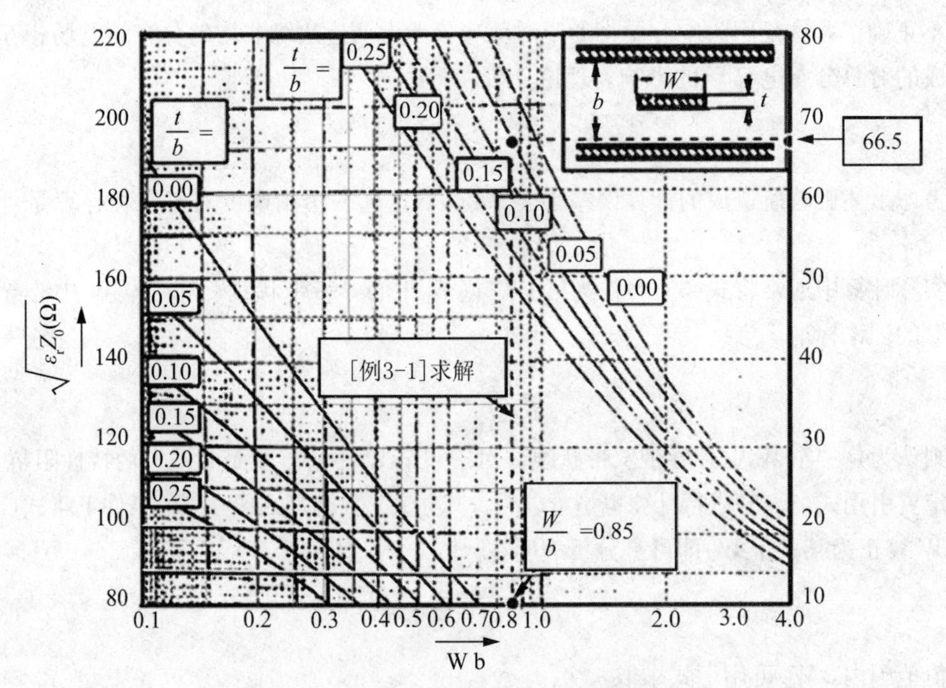

图3-9 带状线特性阻抗工程计算曲线

【例3-1】 图3-10所示的带状线为 $\varepsilon_r=2.1$ 的聚四氟烯敷铜箔板制成；已知其结构尺寸 $b=2\text{mm}t=0.1\text{mm}$ 和 $W=1.7\text{mm}$，试计算该带状线的特性阻抗 Z_0。

解：(1) 根据题给定的带状线的结构尺寸可求得

$$\frac{W}{b}=\frac{1.7}{2}=0.85,\ \frac{t}{b}=\frac{0.1}{3}=0.05$$

（2）根据以上数据查找图 3-9 曲线可得

$$\sqrt{\varepsilon_r}Z_0=66.5\Omega$$

（3）故可求得该带状线的特性阻抗为

$$Z_0=\frac{66.5}{\sqrt{2.1}}\Omega=46\Omega$$

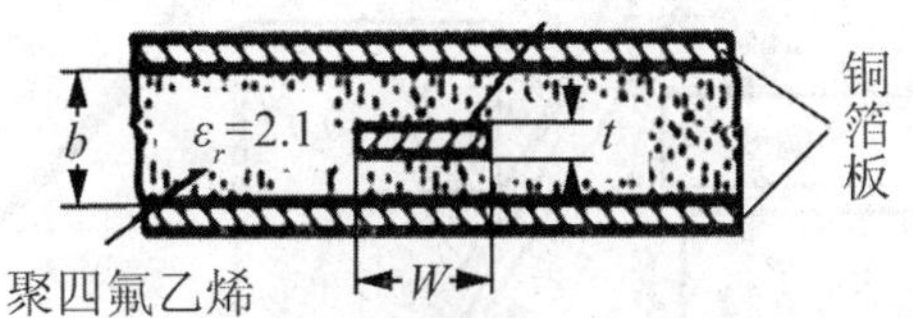

图 3-10　计算带状线特性阻抗 Z_0 用图

2）怎样计算带状线中心导带的宽度 W

在设计微波微带集成电路时，通常给定带状线的特性阻抗 Z_0、介质基片的介电常数 ε_r 和带状线的结构尺寸 b，要求设计计算带状线的中心导带宽度 W。下面举例说明中心导带宽度 W 的计算方法。

【例 3-2】 设例 3-1 带状线的 $t/b=0.0056$ 和 $b=6.35\text{mm}$，若要求将该带状线的特性阻抗分别制作成 20Ω、50Ω 和 120Ω，试问：该带状线的中心导带宽度 W 分别应为多少？

解：（1）根据题中给定的数据可知

$$\sqrt{\varepsilon_r}Z_0^1=\sqrt{2.1}\times 20\Omega=28.3\Omega$$

$$\sqrt{\varepsilon_r}Z_0^2=\sqrt{2.1}\times 50\Omega=70.7\Omega$$

$$\sqrt{\varepsilon_r}Z_0^3=\sqrt{2.1}\times 120\Omega=169.7\Omega$$

（2）根据以上数据查找图 3-11 的 A 组曲线可求得

$$\frac{W_1}{b}=1.27\ \text{即}\ W_1=8.06\text{mm}$$

$$\frac{W_2}{b}=0.9\ \text{即}\ W_2=5.72\text{mm}$$

$$\frac{W_3}{b}=0.14\ \text{即}\ W_3=0.89\text{mm}$$

如果设计者手头没有工程曲线，可利用工程曲线的拟合成公式求解，即

$$\frac{W}{b}=\begin{cases}\dfrac{15.5\pi}{\sqrt{\varepsilon_r}Z_0}-0.441 & \sqrt{\varepsilon_r}Z_0<30\Omega\\[2ex] \dfrac{30\pi}{\sqrt{\varepsilon_r}Z_0}-0.441 & 30\Omega<\sqrt{\varepsilon_r}Z_0<120\Omega\\[2ex] 0.85-\sqrt{0.6-\dfrac{29\pi}{\sqrt{\varepsilon_r}Z_0}-0.441} & \sqrt{\varepsilon_r}Z_0>120\Omega\end{cases}\tag{3-10}$$

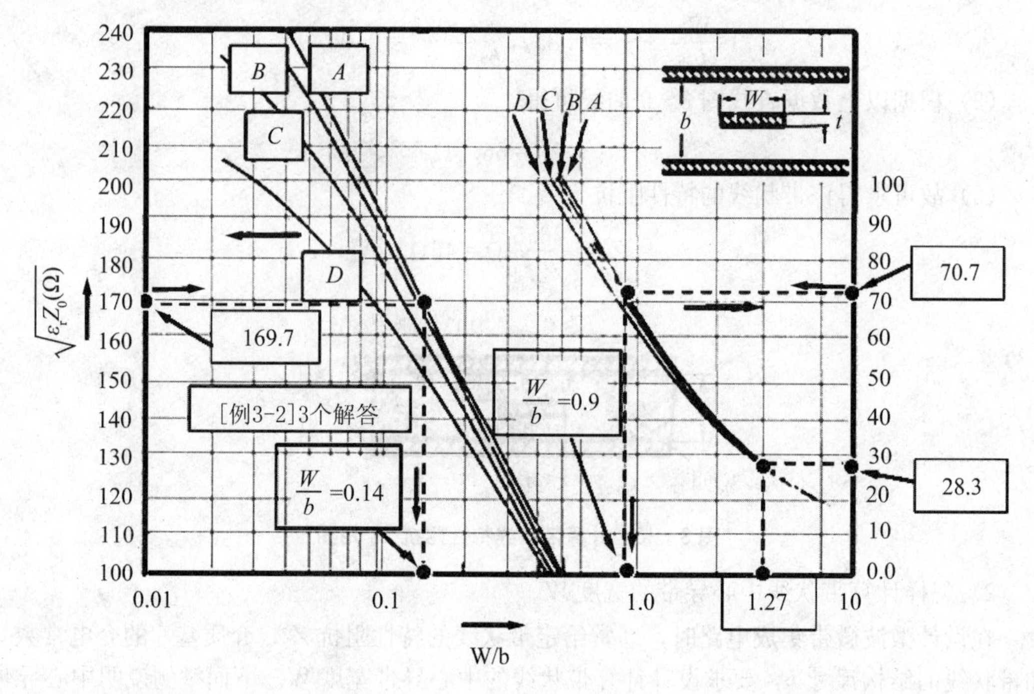

图 3-11 常用带状线特性阻抗 Z_0 工程计算曲线

以上公式主要是结合例 3-1 和例 3-2 的数据，对已有的拟合公式进行了进一步修正所得到的结果。

【例 3-3】试用式(3-10)计算例 3-1 和 例 3-2 带状线的中心导带宽度 W。

解：(1) 计算例 3-1 带状线的中心导带宽度 W。

$$\frac{W}{b}=\frac{30\times3.14}{66.5}-0.441=0.881$$

$$W=0.975\times b=0.975\times2\text{mm}=1.95\text{mm}$$

(2) 计算例 3-2 带状线的中心导带宽度 W。

$$\frac{W_1}{b}=\frac{15.5\times3.14}{28.3}-0.441=1.28$$

$$W_1=1.28\times b=1.28\times6.35\text{mm}=8.12\text{mm}$$

$$\frac{W_2}{b}=\frac{30\times3.14}{70.7}-0.441=0.89$$

$$W_2=0.89\times b=0.89\times6.35\text{mm}=5.65\text{mm}$$

$$\frac{W_3}{b}=0.85-\sqrt{0.6-\frac{29\times3.14}{169.7}-0.441}=0.14$$

$$W_3=0.14\times6.35\text{mm}=0.89\text{mm}$$

根据例3-3的计算可以看出：查工程曲线计算法和工程曲线拟合成公式计算法所得的计算结果非常接近吻合；其计算精度误差，可控制在1.2%范围以内。

3）怎样验证带状线的计算尺寸的合理性

带状线中传输的主模是TEM模，但若带状线结构尺寸 W 和 b 选择不合适，其中也会出现TE和TM高次模。为了验证由计算确定的带状线的结构尺寸是否合理，必须保证带状线中不出现高次模。图3-12给出了带状线中高次模截止波长分布图，其中两个最低高次模是 TE_{10} 和 TM_{01} 模。分析表明：它们的截止波长可分别用下式计算，即

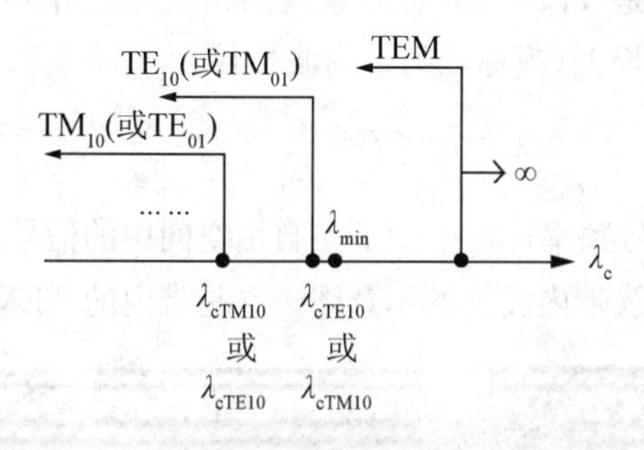

图3-12　带状线中高次模截止波长分布图

$$\lambda_{cTE10} \approx 2W\sqrt{\varepsilon_r} \tag{3-11}$$

和

$$\lambda_{cTM01} \approx 2b\sqrt{\varepsilon_r} \tag{3-12}$$

根据式(3-11)和式(3-12)和图3-12可知：为了保证在计算确定的带状线的结构尺寸的合理性，必须满足以下关系：

$$\lambda min > \lambda_{cTE10} \text{ 和 } \lambda_{cTM10} \tag{3-13}$$

式中：λ_{min} 是带状线的最短工作波长；即为了保证在计算确定的带状线的结构尺寸的合理性，以下两式应该获得满足，即

$$W < \frac{\lambda_{min}}{2\sqrt{\varepsilon_r}} \tag{3-14}$$

$$b < \frac{\lambda_{min}}{2\sqrt{\varepsilon_r}} \tag{3-15}$$

【例3-4】 为了验证例3-2中特性阻抗分别为20Ω和50Ω两种带状线结构尺寸的合理性，试问：在给定带状线最短工作波长 λ_{min} 的情况下，应该使用式(3-14)和式(3-15)中的哪个公式进行判断？它们的最短工作波长 λ_{min} 不得短于多少？

解：(1) 对于特性阻抗为20Ω带状线应该使用式(3-14)判断，这是因为

$$W_1 = 8.12\text{mm 和 } b = 6.35\text{mm}$$

满足了式(3-14)的同时，式(3-15)也自然得到满足；其最短工作波长 λ_{min} 不得短于

$$\lambda_{cTE10} = 2\sqrt{\varepsilon_r} \times 8.12\text{mm}$$
$$= 2 \times \sqrt{2.1} \times 8.12\text{mm} = 23\text{mm}$$

(2) 对于特性阻抗为50Ω带状线应该使用式(3-15)判断，这是因为

$$b=6.35\text{mm} \text{ 和 } W_2=5.65\text{mm}$$

满足了式(3-15)的同时，式(3-14)也自然得到满足；其最短工作波长$\lambda_{\min}$不得短于

$$\begin{aligned}\lambda_{cTM01}&=2\sqrt{\varepsilon_r}\times 6.35\text{mm}\\&=2\times\sqrt{2.1}\times 6.35\text{mm}=18\text{mm}\end{aligned}$$

4) 怎样计算带状线的波导波长

带状线上传输的主模是TEM模，故带状线的相速可引用式(1-25)计算。

故得带状线的波导波长λ_g(或称之为带内波长)为

$$\lambda_g=\upsilon_p\times f=\frac{c}{\sqrt{\varepsilon_r}}\times f=\frac{\lambda_0}{\sqrt{\varepsilon_r}} \tag{3-16}$$

式中：f是自由空间的信号频率；$\lambda_0=c\times f$是自由空间中的信号波长。

图3-13所示是带状线带内波长的示意图，它是带内的TEM波沿传输z方向的波长。

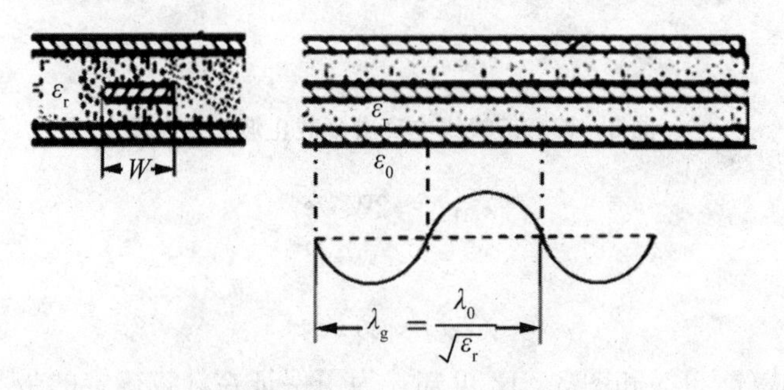

图3-13 带状线中的波导波长

【例3-5】 例3-1中的带状线是由$\varepsilon_r=2.1$的聚四氟烯敷铜箔板制成，它被频率$f=10\text{GHz}$的信号激励；试问：① 该带状线的带内波长λ_g为多少；② 如果需要制作一条四分之一波长这样的带状线，其长度L为多少？

解： (1) 求信号的自由空间中的波长

$$\lambda_0=\frac{c}{f}=\frac{3\times 10^{10}\text{cm/s}}{10^{10}\text{s}}=3\text{cm}$$

(2) 求带状线带内波长

$$\lambda_g=\frac{\lambda_0}{\sqrt{2.1}}=\frac{3\text{cm}}{1.45}=2.06\text{cm}$$

(3) 需要制作四分之一波长这样的带状线其长度应取

$$L=\frac{\lambda_g}{4}=\frac{2.06}{4}=0.515\text{cm}$$

5) 计算带状线的衰减和考虑其功率容量

前面已指出：微带线构成的电路具有小型化、重量轻、适宜大规模生产而成本低、频带宽和可靠性高等优点，因而当代它在微波技术领域获得广泛应用。另外，微带线它也有一些诸如损耗大、Q值低、试验电路时难以实现调试和成品电路更不能调整、电路功率容

量小等缺点，使得它仅限于在中、小功率领域使用。下面对带状线的损耗和功率容量问题做一些简单讨论。

(1) 带状线因损耗引起的衰减是怎样计算的？

带状线对传输信号造成的衰减是由介质基片的介质损耗、中心导(体)带的电阻损耗和导体接地板的电阻损耗3种损耗引起的。因此，带状线单位长度对信号的传输衰减可以表示为

$$\alpha=\alpha_d+\alpha_c \tag{3-17}$$

式中：α_d 为带状线因介质损耗引起的单位长度介质衰减常数；α_c 是上述两种电阻损耗引起的单位长度导体衰减常数。

① 单位长度介质衰减常数计算。

带状线单位长度介质衰减常数可用下式计算，即

$$\alpha_d=\frac{27.3\sqrt{\varepsilon_r}}{\lambda_0}\tan\delta(\text{dB/m}) \tag{3-18}$$

式中：ε_r 是介质的介电常数；λ_0 为带状线的工作波长；$\tan\delta$ 是带状线基片介质材料的损耗正切(表3-2)。

【例3-6】 某带状线使用聚苯乙烯材料做介质基片其损耗正切 $\tan\delta=6\times10^{-4}$、介电常数 $\varepsilon_r=2.55$；该带状线的信号工作频率 $f=1\text{GHz}$，试求该带状线的单位长度介质衰减常数 α_d。

解：求信号的自由空间中的波长

$$\lambda_0=\frac{c}{f}=\frac{3\times10^{10}\,\text{cm/s}}{10^9\,\text{s}}=30\text{cm}$$

根据已知条件计算介质基片的介质衰减常数。

根据式(3-18)可得

$$\alpha_d=\frac{27.3\sqrt{2.55}}{30}\times6\times10^{-4}\,\text{dB/m}=0.872\times10^{-3}\,\text{dB/cm}$$

② 单位长度导体衰减常数计算。

如果像式(2-50)那样从带状线上传输功率出发求带状线的导体衰减常数，而不去涉及带状线的单位长度上的分布参量(分布参数 R、G、L、C)，照样也可以获得满意的结果；这即是说像式(2-51)那样使用无损耗导波电磁场方法求解，去近似代替使用有损耗导波电磁波场相求解方法(有损耗导波电磁波场是考虑带状线单位长度上的分布参量时的电磁场)求解，照样也可以获得满意的结果；理论上，通常将上述近似方法称之为“微扰”。带状线的导体衰减常数可用微扰法或用 Wheeler 的电感增量法求得近似计算式。用微扰法可得到以下计算单位长度导体衰减常数的近似式，即

$$\alpha_c\begin{cases}8.686\times\dfrac{2.7\times10^{-3}R_s\varepsilon_r Z_0}{30\pi^2(b-t)}A & \sqrt{\varepsilon_r}Z_0<120\Omega\text{dB/m}\\[2ex] 8.686\times\dfrac{0.16R_s}{Z_0 b}B & \sqrt{\varepsilon_r}Z_0>120\Omega\text{dB/m}\end{cases} \tag{3-19a}$$

式中：R_s 为带状线所用金属导体的表面电阻，而

$$\begin{aligned}A&=\pi\left(1+\frac{2W}{b-t}\right)+\frac{b+t}{(b-t)}\ln\left(\frac{2b-t}{t}\right)\\B&=1+\frac{b}{0.5W+0.7t}\left(0.5+\frac{0.414t}{W}+\frac{1}{2\pi}\ln\frac{4\pi W}{t}\right)\end{aligned} \tag{3-19b}$$

【例 3-7】如果图 3-9 所示的带状线的中心导(体)带和导体接地板的材料均为铜，介质基片的材料是聚苯乙烯，其 $\varepsilon_r=2.55$、$b=3.2\text{mm}$ 和 $t=0.01\text{mm}$，带状线的特性阻抗 $Z_0=50\Omega$，其工作频率 $f=1\text{GHz}$；试计算：① 该带状线的中心导带的宽度 W；② 该带状线单位长度的衰减常数 α。

解：首先计算带状线的中心导带的宽度 W。

考虑到 $Z_0=50\Omega$，可引用根据式(3-10)计算 W 值。

$$W=b\times\left(\frac{30\pi}{\sqrt{\varepsilon_r}Z_0}-0.441\right)=3.2\times\left(\frac{30\times3.14}{\sqrt{2.55}\times50}-0.441\right)$$
$$=2.37\text{mm}$$

其次带状线单位长度的衰减常数 α。

计算带状线位长度的介质衰减常数 α_d 如下。

因为

$$\lambda_0=\frac{c}{f}=\frac{3\times10^{10}\text{cm/s}}{10^9\text{s}}=30\text{cm}$$

故根据式(3-18)可得

$$\alpha_d==0.872\times10^{-3}\text{dB/cm}$$

计算带状线位长度的导体衰减常数 α_c 如下。

根据式(3-19b)计算 A 值

$$A=\pi\left(+\frac{2W}{b-t}\right)+\frac{b+t}{(b-t)}\ln\left(\frac{2b-t}{t}\right)=14.25$$

计算带状线位长度的导体衰减常数，考虑铜的 $R_s=0.026\Omega$ 可得

$$\alpha_c=8.686\times\frac{2.7\times10^{-3}R_s\varepsilon_r Z_0}{30\pi^2(b-t)}A=1.174\times10^{-3}\text{dB/cm}$$

根据以上计算数据，可得带状线单位长度的衰减常数为

$$\alpha=\alpha_d+\alpha_c=2.046\times10^{-3}\text{dB/cm}$$

根据例 3-6 计算可知带状线的导体损耗大于介质损耗。因此，在制作带状线时除了要合理地选择介质基片材料外更应很好地处理导体材料导体的镀层，以减少带状线电路的损耗。

(2) 怎样考虑带状线的功率容量?

对于任何一种传输线当谈论到它的功率容量问题时总是会认为它将承受大功率，像在第 2 章中研究矩形金属波导能承受的最高功率值(或最高功率容量、极限功率容量)那样。一般而言：带状线不能承受大功率，但并不是说带状线最大只能承受毫瓦级别的功率。设计得好的带状线(特别是空气介质带状线)也可以承受较大的功率，使之用在较大功率的应用场合。因此，实际上也有研究带状线的功率容量问题之必要。

容易想见，带状线中心导(体)带 4 个边缘棱角处最容易发生电压击穿。为了提高脉冲功率容量，可将带状线中心导(体)带 4 个边缘倒成圆形(如图 3-14 中右上角的带状线，倒角半径为 $R=0.5t$)。中心导带 4 个边缘倒成圆形后的空气带状线最大峰值击穿功率可用下式计算，即

$$P_{\max}=\frac{b^2P^2}{\rho}\left\{\frac{602\times10^2}{Z_0}\left[\frac{t}{b}-0.5\times\left(\frac{t}{b}\right)^2\right]\right\} \tag{3-20}$$

式中：P_{max}为最大峰值击穿功率(单位为kW)；ρ是驻波比；P为大气压(单位为atm，1个大气压等于1atm)；b(单位为cm)。由式(3-19)可见：随驻波比ρ的增大最大峰值击穿功率P_{max}将下降，即是说带状线匹配越差则能承受的最大峰值击穿功率P_{max}就越低。

图3-14所示是中心导带4个边缘倒成圆角的、空气介质填充带状线的最大峰值击穿功率P_{max}的理论曲线。如果带状线不是空气而是固体介质填充，则带状线的最大峰值击穿功率$P_{max介质}$可以按下式进行转换，即

$$P_{max介质}=\frac{P_{max空气}}{\varepsilon_r} \tag{3-21}$$

式中：ε_r是介质填充带状线的介质基片的介电常数。

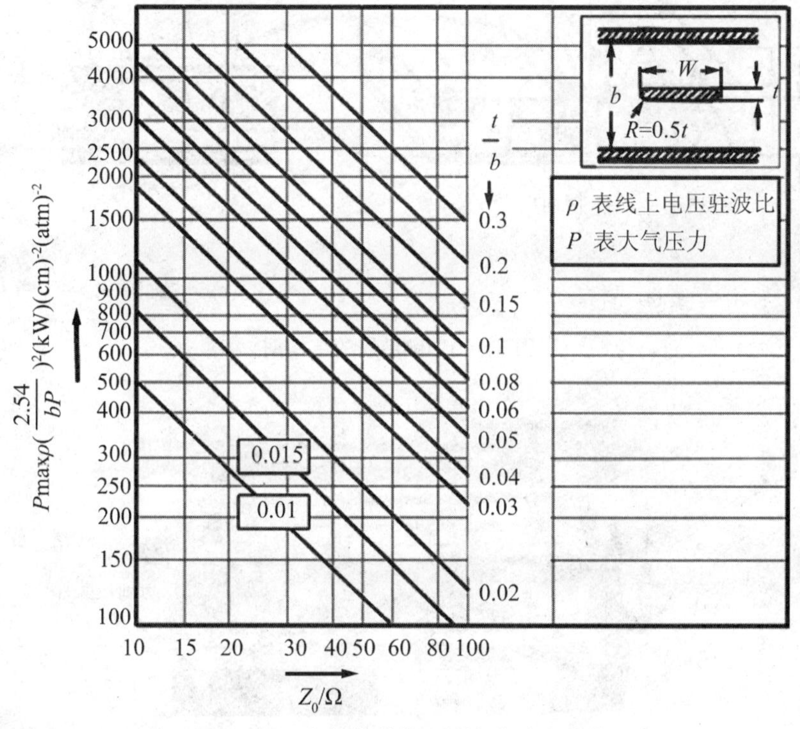

图3-14　空气带状线理论击穿功率曲线

3.1.3　微带线(标准微带线)

1. 微带线的结构微带线微波集成电路简介

图3-15(a)所示是微带线的结构图，其介质基片厚度为h、中心导带厚度为t、中心导带宽度为W，微带线是微波集成电路中使用的最多的一种传输线。微带线不像带状线，它不是封闭的；如果在一块介质基片上制作一种微波电路图形，则可以很方便地外接所需微波固体器件以构成各种有源电路。例如，图3-16所示是一个小微波通信机中使用的全固体化15GHz微波收发机微波集成电路模块，其长度只相当一般的圆珠笔的长度；这样，就有可能使微波通信机实现集成化、固体化和小型化。

微带线微波集成电路的制作方法如下：第一步使用真空蒸发方法，在经过研磨抛光的介质基片上(在微波领域大多使用氧化铝陶瓷基片，其$\varepsilon_r\approx10$)形成一层“铬—金”层；第

二步再采用光刻和腐蚀技术在“铬—金”层上，制作所设计的电路(例如，像图 3-1(b)所示的那样的电路)；第三步再将微带电路的中心导带和接地板镀金渡到所需的厚度(通常为3～5个“趋表深度 δ”的厚度)最终形成微带电路基板；第四步在微带电路基板焊接上所需的固体微波元器件，就构成了图 3-16 所示的安装金属盒中那样的微波集成电路；再在安装金属盒上，安装所需的输入和输出同轴接头座就构成了如图 3-16 所示那样的微波收发机模块产品(该照片由桂林市今华通通信设备有限公司提供)。注意：图 3-16 所示产品，在使用时是应该用盒盖密封屏蔽。

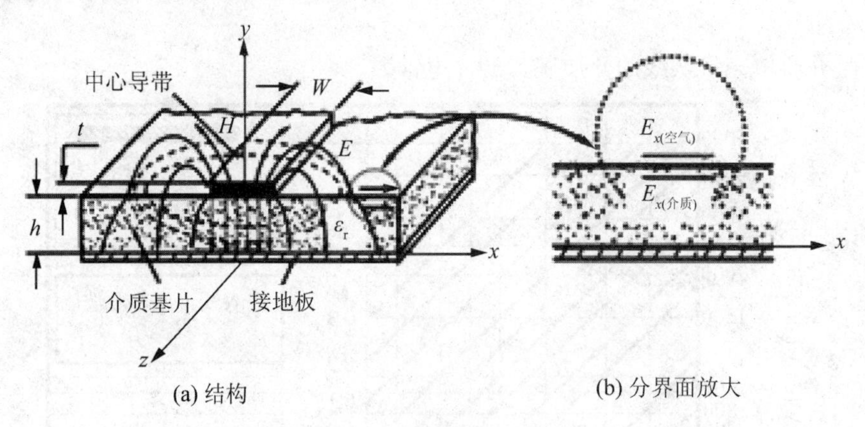

图 3-15　微带线的结构图

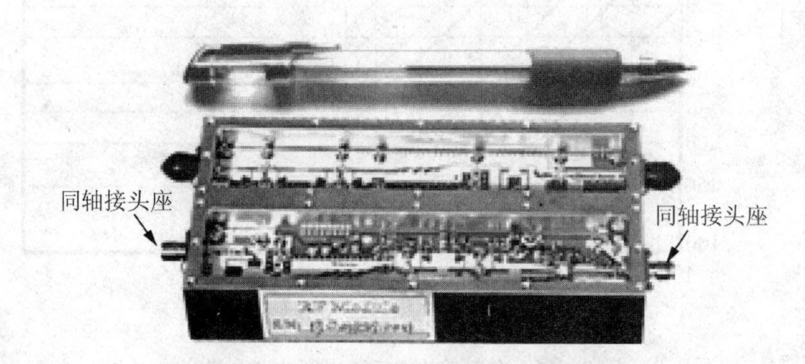

图 3-16　微带线 15GHz 微波收发信机模块

2. 为什么微带线中的主模是准 TEM 模

根据图 3-16(a)可以看出：微带线中有两种介质，中心导带上面的 3 个平面处在空气介质中，而下面的一个平面处在介质基片的介质中；因而微带线中存在一个“空气—介质分界面”，微带线是一种开放式结构。实际中之所以要求具有这种开放式结构的微带线，是为了方便安装微波元器件以制作微波集成电路的需要；另外，也方便对试验性微波集成电路进行测试和调试。微带线的结构虽然给安装和调试微波集成电路带来了方便，但它的这种混合介质传输系统，却使得理论分析和设计计算微带线复杂化，而不像分析带状线那样简单地按照分析 TEM 模的方法来处理也就可以了。由于微带线有一个“空气—介质分界面”使得微带线中出现一种非 TEM 模，通常称之为准 TEM 模的模型。什么是准 TEM 模？下面用数学方法加以描述。

由图3-15(b)可见：根据边界条件，要求在“空气—介质分界面”处的电场的切线分量应该连续，即要求

$$E_{x(介质)}=E_{x(空气)} \tag{3-22}$$

因此，根据麦克斯韦方程(2-11)可得

$$(\nabla\times\vec{H})_{x(介质)}=(\nabla\times\vec{H})_{x(空气)} \tag{3-23}$$

按照式(2-12)的方法将式(3-23)两边展开，并利用磁场法线分量连续的边界条件可以得到

$$\begin{aligned}\left(\varepsilon_r\frac{\partial H_z}{\partial y}\right)_{空气}-\left(\frac{\partial H_z}{\partial y}\right)_{介质}&=\left(\varepsilon_r\frac{\partial H_y}{\partial z}\right)_{空气}-\left(\frac{\partial H_y}{\partial z}\right)_{介质}\\&=\left(\varepsilon_r\frac{\partial H_y}{\partial z}\right)_{空气}-\left(\frac{\partial H_y}{\partial z}\right)_{空气}=\left[(\varepsilon_r-1)\frac{\partial H_y}{\partial z}\right]_{空气}\end{aligned} \tag{3-24}$$

因为通常介质基片的$\varepsilon_r\neq1$和磁场分量$H_{y(空气)}\neq0$，所以式(3-24)的右边不应该等于零。因此，式(3-24)只可能在$H_z\neq0$的条件下才能成立。

因为在任何一种波导中满足由麦克斯韦方程所表达的交变电磁场的基本规律，同时又满足相应波导空间边界条件的电磁波，都能在波导中传输。因此，根据式(3-24)可以进行以下推断：像图3-15所示的微带线的波导空间中传播的电磁波一定具有H_z分量(同理可以证明具有E_z分量)；这样就使得：图3-15所示电磁场分布看似像TEM模，但它具有H_z和E_z分量，这就确定了它的非TEM模的性质；另外，也应该注意到：H_z和E_z分量是由微带线的“空气—介质分界面”所引起和产生的，它们与微带线中心导带下面的H_x和E_y相比之下还很微弱。根据这一理由，故将微带线中传输的这种模称之为准TEM模，它是微带线中的主模。实际上这种主模是一种有色散的TE－TM混合模，不过对于低微波频率而言，通常微带线介质基片的厚度t远小于微波波长λ，使得微带线中大部分的电磁能量都集中在中心导带下面的介质基片内部；但在该区域内的“纵向场分量”比较微弱，因而可以将有色散的混合模近似地看成准TEM模。

3. 怎样设计微带线

设计微带线，理论上必须知道微带线的特性参数，并根据特性参数引导出一些有用的设计公式。

1) 微带线特性阻抗Z_0的计算方法

传输准TEM模的微带线可以近似满足双线传输线的传输线方程，因而可以直接引用双线传输线的公式分析微带线的特性阻抗。准TEM模场微弱的纵向分量H_z将引起附加带内电流损耗，如果忽略微带线的电流损耗，其特性阻抗原则上可引用式(3-1)计算。而相速

$$v_p=\frac{1}{\sqrt{LC}}=\frac{c}{\sqrt{\varepsilon_r}}$$

此时式(1-25)中的L和C，则是微带线的分布电感和分布电容；$c=3\times10^8$m/s是光速；而ε_r是在下面的讨论中值得注意的介质的相对介电常数。

注意

式(3-1)只能够在均匀介质中成立，而在有两种介质的微带线中引用式(3-1)计算其特性阻抗时，就要比带状线的特性阻抗来得复杂。为使问题讨论简化起见，可以将微带线的“空气—介质分界面”分开来考虑，其方法是：设想在微带线中不存在“空气—介质分界面”的情况下，首先假设微带线周围全为空气(即空气填充)，此时微带线中TEM波的传播相速$\upsilon_p=c$；再假设微带线周围全为介质(即介质填充)此时微带线中TEM波的传播相速$\upsilon_p=c/\sqrt{\varepsilon_r}$。据以上两种假设应该可以设想：当微带线的“空气—介质分界面”存在时，微带线中准TEM波的传播相速υ_p应该处在$\upsilon_p=c$和$\upsilon_p=c/\sqrt{\varepsilon_r}$之间。因此可以认为微带线中准TEM波的传播相速可用下式计算，即

$$\upsilon_p=\frac{c}{\sqrt{\varepsilon_e}} \tag{3-25}$$

式中：的介电常数ε_e称之为相对有效介电常数；$c=3\times10^8\,\text{m/s}$是光速。

有效介电常数ε_e所确定的相速应该处在$\upsilon_p=c$和$\upsilon_p=c/\sqrt{\varepsilon_r}$之间，当引入$\varepsilon_e$以后就可以将微带线的“空气—介质分界面”去掉，而设想微带线处在具有介电常数为ε_e的均匀介质中。显然，引入ε_e以后可以简化微带线的分析。

假设：空气介质填充微带线的分布电容为C_0、介电常数为ε_r的介质填充微带线的分布电容为C_1，从而根据式(1-25)可得以下两式。

空气介质填充微带线中的相速为

$$\upsilon_p=\frac{1}{\sqrt{LC_0}}=c(\text{光速}) \tag{3-26}$$

介电常数为ε_r的介质均匀填充微带线中的相速为

$$\upsilon_p=\frac{1}{\sqrt{LC_1}} \tag{3-27}$$

根据式(3-25)、式(3-26)和式(3-27)可得下式，即

$$\varepsilon_r=\frac{C_1}{C_0} \tag{3-28}$$

显然，对于介电常数为ε_e的介质均匀填充微带线，也应该有(保持比值不变)

$$\varepsilon_e=\frac{C_1}{C_0} \tag{3-29}$$

根据式(3-1)的概念、和式(3-29)不难看出：介质ε_e填充微带线(以下简称为介质微带线)的特性阻抗可用下式表示，即

$$Z_0=\frac{Z_0^a}{\sqrt{\varepsilon_e}}=Z_0^a\sqrt{\frac{C_0}{C_1}} \tag{3-30}$$

式中：

$$Z_0^a=\frac{\sqrt{\varepsilon_0}}{c\times C_0}=\frac{1}{c\times C_0} \tag{3-31}$$

为空气介质$\varepsilon_0=1$填充微带线的特性阻抗，以下简称空气微带线的特性阻抗。

由式(3-30)和式(3-31)可以看出：欲求介质微带线的特性阻抗Z_0，仅从表面上看只

需求得空气微带线的特性阻抗 Z_0^a 和有效介电常数 ε_e 就可以了；但从本质上看欲求介质微带线的特性阻抗 Z_0，必须设法求介质微带线的分布电容 C_1 与空气介质填充微带线的分布电容 C_0。应该指出：求电容 C_0 和电容 C_1 是造成微带线分析复杂的原因，其分析方法很多，有数值方法也有解析方法。例如，常用的数值方法有谱域方法、有限差分法和积分方程法，而最常用的是保角变换法和近似静电场法[1][6]，保角变换法和近似静电场法是简易可行的解析方法。上述一些分析方法都超出了本书的范围，为此下面仅给出微带线的特性阻抗的实用的计算公式：

$$Z_0=\frac{Z_0^a}{\sqrt{\varepsilon_e}}\begin{cases}\dfrac{60}{\sqrt{\varepsilon_e}}\ln\left(\dfrac{8h}{W}+\dfrac{W}{4h}\right) & \dfrac{W}{h}\leqslant 1\\ \dfrac{1}{\sqrt{\varepsilon_e}}\left\{\dfrac{120\pi}{(W/h)+1.393+0.667\ln[(W/h)+1.444]}\right\} & \dfrac{W}{h}\geqslant 1\end{cases} \tag{3-32}$$

式中的有效介电常数 ε_e，可以用下式近似计算：

$$\varepsilon_e\approx\frac{\varepsilon_r+1}{2}+\frac{\varepsilon_r-1}{2\sqrt{1+(12h/W)}} \tag{3-33}$$

如果将具有“空气—介质分界面”的微带线中由 ε_r 介质所占微带线的部分横截面面积，与该微带线由 ε_e 均匀介质填充时所占的微带线全部横截面面积之比定义为填充系数 q，则有效介电常数 ε_e 与填充系数 q 可建立以下关系：

$$\varepsilon_e=1+(\varepsilon_r-1)q \tag{3-34}$$

由式(3-34)可以看出：填充系数 $q=0$ 时 $\varepsilon_e=1$，表明了微带线的“空气—介质分界面”消失而为全 $\varepsilon_e=1$ 的空气介质填充；填充系数 $q=1$ 时 $\varepsilon_e=\varepsilon_r$，表明了微带线的“空气—介质分界面”消失而为全 $\varepsilon_e=\varepsilon_r$ 的介质填充。显然，去掉以上两个极端情况可以得出以下结论：当 $0<q<1$ 时，就可以将微带线的“空气—介质分界面”去掉，而设想微带线处在有效介电常数 ε_e 的均匀介质中。

图3-17给出了填充系数 q 与微带线形状比 W/h 的关系曲线，该曲线已收录在相关的微波工程手册中。工程上通常利用式(3-34)和图3-17所示的曲线，可以根据 W/h 求取微带线的特性阻抗 Z_0；或根据微带线的特性阻抗 Z_0 求微带线的几何尺寸值，计算误差小于3%。图3-17的 q 值曲线反映了有介电常数 ε_e 的均匀介质填充微带线情况，图中的 q 值范围为 $0.5<q<0.9$。

2）怎样计算微带线中心导带的宽度 W

(1) 使用公式方法计算 W。

设计微波微带集成电路时，通常给定微带线线的特性阻抗 Z_0、介质基片的介电常数 ε_r 和带状线的结构尺寸 h，要求设计计算微带线的中心导带宽度 W。它可以根据下式计算，即

$$\frac{W}{h}=\begin{cases}\dfrac{8e^A}{e^{2A}-2} & \dfrac{W}{h}<4\\ \dfrac{2}{\pi}\left\{B-1-\ln(2B-1)\right.\\ \left.+\dfrac{\varepsilon_r-1}{2\varepsilon_r}\left[\ln(B-1)+0.39-\dfrac{0.61}{\varepsilon_r}\right]\right\} & \dfrac{W}{h}>4\end{cases} \tag{3-35a}$$

式中：

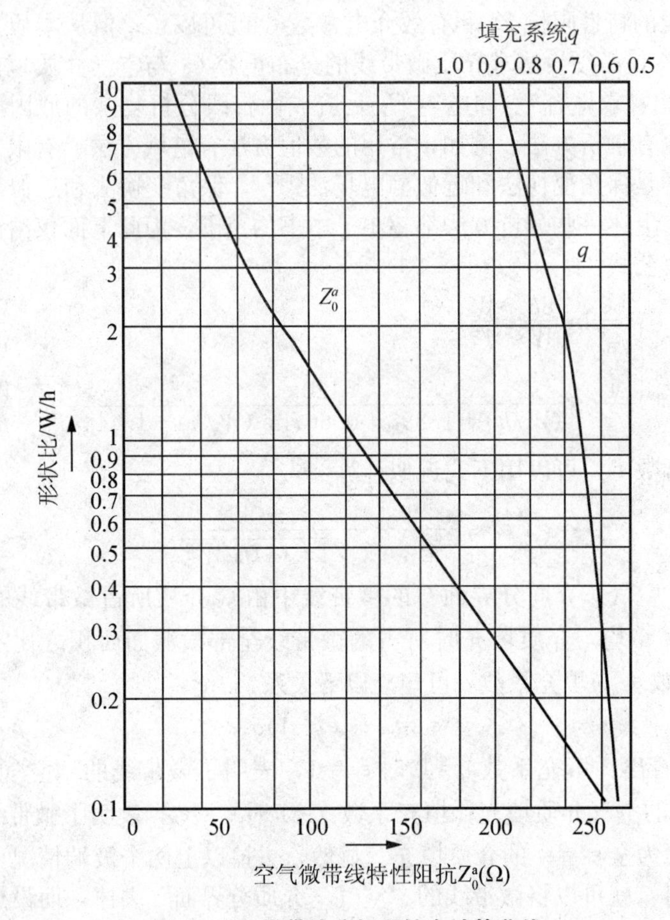

图 3-17　微带线分析和综合计算曲线

$$A=\frac{Z_0}{60}\sqrt{\frac{\varepsilon_r+1}{2}}+\frac{\varepsilon_r-1}{\varepsilon_r+1}(0.23+\frac{0.11}{\varepsilon_r}) \tag{3-35b}$$

$$B=\frac{377\pi}{2Z_0\sqrt{\varepsilon_r}} \tag{3-35c}$$

【例 3-8】 要求在 $\varepsilon_r=2.1$ 和厚度 $h=1\text{mm}$ 的聚四氟烯敷铜箔板上制作一条性阻抗 $Z_0=50\Omega$ 的微带线，试求该条微带线的设计宽度 W。

解： ① 先根据式(3-35b)和式(3-35c)计算 A 和 B。

$$A=\frac{50}{60}\times\sqrt{\frac{2.1+1}{2}}+\frac{2.1-1}{2.1+1}\times(0.23+\frac{0.11}{2.1})=1.14$$

$$B=\frac{377\times3.14}{2\times50\times\sqrt{2.1}}=8.16$$

② 先估计 $\frac{W}{h}<4$ 时，引用式(3-35a)第一式计算

$$\frac{W}{h}=\frac{8\times e^{1.14}}{e^{2\times1.14}-2}=3.21$$

可见 $(W/h)=3.21<4$，说明以上估计正确；因此，微带线的设计宽度为

$$W=3.21\times h=3.21\times 1\text{mm}=3.21\text{mm}$$

实际上在给定微带线线的特性阻抗 Z_0、介质基片的介电常数 ε_r 和带状线的结构尺寸 h 的情况下，也可以利用式(3-34)和图 3-17 所示的曲线求微带线线的设计宽度 W 值，由于这种求解过程过于较繁琐不拟进一步讨论。

(2) 使用查数据表的方法计算 W。

如果手头拥有关微带线的数据表，就可以直接查数据表计算微带线的相关参数。在表 3-3 中使用“根据已知特性阻抗 Z_0 在选定介质基片上设计 W 的数据表”的名称，给出了介电常数为 $\varepsilon_r=2.22$、$\varepsilon_r=2.55$、$\varepsilon_r=3.8$、$\varepsilon_r=9.5$ 和 $\varepsilon_r=10$ 5 种介质基片上制作的微带线的相关参数数据，供微带工程计算使用。通常情况下是根据已知微带线的特性阻抗 Z_0，要求设计计算微带线中心导带的宽度 W；反之，对于已知的微带线可以根据微带线的 W/h 求微带线的特性阻抗 Z_0。显然，使用查数据表方法计算微带线避免了繁琐的公式计算非常方便。

【例 3-9】 要求在 $\varepsilon_r=2.22$ 和厚度 $h=1\text{mm}$ 的聚四氟烯敷铜箔板上制作一条性阻抗 $Z_0=50\Omega$ 的微带线，试求该条微带线的设计宽度 W。

解： 根据 $Z_0=50\Omega$，查“表 3-3 根据已知特性阻抗 Z_0 在选定介质基片上设计 W 的数据表(1)”得 $(W/h)\approx 3$，故得 $W=3\times h=3\times 1\text{mm}=3\text{mm}$。

注 意

将该题与例 3-8 比较看出两者的计算结果基本近似，这说明使用公式计算和查表都是可行的、值得信赖的；另外也可以看出：微带传输线的理论虽然繁多、设计计算方法和途径也各不相同，但都可以获得比较近似的计算结果。

下面就数据表 3-3 中的数据来源做一些简单介绍：理论上采用近似静电(场)方法(也称为准静态法，它是将微带线中的准 TEM 波视作为 TEM 波的一种处理求解的方法)可以求得以下介电常数为 ε_r 介质填充微带线的分布电容为 C_1 值：

$$C_1=\left\{\sum_{n=1}^{\infty}\frac{4a\sin(n\pi W/2a)\sin(n\pi h/a)}{(n\pi)^2W\varepsilon_0[\sinh(n\pi h/a)+\varepsilon_r\cosh(n\pi h/a)]}\right\}^{-1} \tag{3-36}$$

式中：a 是单条微带线屏蔽盒(类似图 3-16 那样的屏蔽盒)的宽度。

↓	→	计算机数值解值		公式求解值	
W/h		ε_e	Z_0	ε_e	Z_0
0.50		1.977	100.9	1.938	119.8
1.00		1.989	94.9	1.900	89.8
2.00		2.036	75.8	2.068	62.2
4.00		2.179	45.0	2.163	39.3
7.00		2.287	29.5	2.245	25.6
10.0		2.351	21.7	2.198	19.1

可用计算机程序对式(3-36)求取数值解的数据值，然后将它们代入式(3-29)求得有

效介电常数 ε_e 的数据，之后再利用式(3-30)求微带传输线的特性阻抗 Z_0 的数据；根据以上几种数据，就可以获得表3-3的数据表。例3-8和例3-9计算表明：表3-3中的数据和用式(3-35)的计算数据是相当吻合的。文献[1]给出了以下一组数据，进一步说明了上述计算机求解和用式(3-32)与式(3-35)求解是非常吻合的。

总之，以上不同方法计算表明：式(3-32)和式(3-35)和数据表3-3在设计微带传输线时，都是值得信赖的有用工具。

3）怎样验证微带线尺寸的合理性

微带线中传输的主模是准TEM模，但微带线结构尺寸 W 和 h 选择得不合适其中也会出现TE和TM高次模，而且由于微带线的中心导带表面暴露在空气中还会出现表面波(这种表面波是由于介质基片将电磁场束缚在导体表面而引起的)。为了验证计算确定的微带线的结构尺寸的合理性，必须保证微带线中不出现高次模和表面波才算合理。图3-18给出了微带线中高次模和表面波截止波长分布图；其中，两个最低高次模是 TE_{10} 和 TM_{01} 模，而 TE_1 和 TM_1 是最低表面波型。分析表明：它们的截止波长可分别用下面公式计算，即

$$\lambda_{cTE10}=\begin{cases}2W\sqrt{\varepsilon_r} & 中心导带厚度\ t=0\\(2W+0.8h)\sqrt{\varepsilon_r} & 中心导带厚度\ t\neq 0\end{cases} \tag{3-37}$$

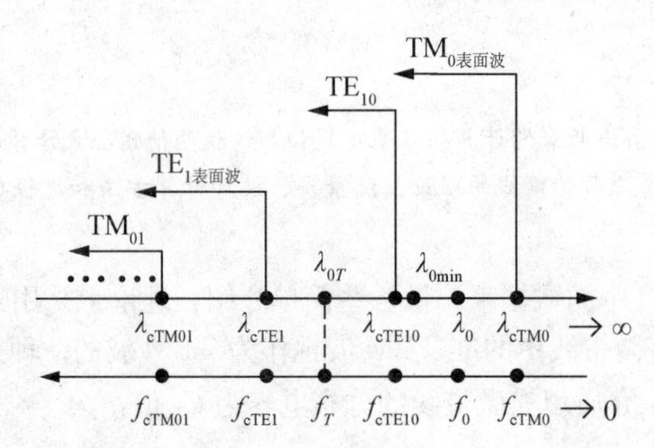

图3-18 微带线中高次模和表面波的截止波长（频率）分布图

$$\lambda_{cTM01}=2h\sqrt{\varepsilon_r} \tag{3-38}$$

$$\lambda_{cTE1}=4h\sqrt{\varepsilon_r} \tag{3-39}$$

$$\lambda_{cTM0}\to\infty \tag{3-40}$$

根据式(3-37)至式(3-40)和图3-18可知：为了保证在计算确定的微带线的结构尺寸的合理性而不出现高次模及 TE_1 表面波，必须满足

$$\lambda_0>\lambda_{cTE10}\ 和\ \lambda_{cTE1}$$

式中：λ_0 是微带线的工作波长。即为了保证在计算确定的微带线的结构尺寸的合理性以下两式应该获得满足

$$W<\frac{\lambda_{0min}}{2\sqrt{\varepsilon_r}}-0.4h \tag{3-41}$$

$$h<\frac{\lambda_{0min}}{4\sqrt{\varepsilon_r-1}} \tag{3-42}$$

表3-3 根据已知特性阻抗 Z_0 在选定介质基片上设计 W 的数据表

$\varepsilon_r=2.22$					
W/h	ε_e	$Z_0(\Omega)$	W/h	ε_e	$Z_0(\Omega)$
0.0500	1.6530	236.6581	2.5500	1.8850	56.5952
0.1000	1.6707	203.2641	2.6000	1.8871	55.9037
0.1500	1.6842	183.7372	2.6500	1.8892	55.2291
0.2000	1.6954	162.7372	2.7000	1.8913	54.5709
0.2500	1.7053	159.2016	2.7500	1.8933	53.9284
0.3000	1.7141	150.4811	2.8000	1.8953	53.3011
0.3500	1.7222	143.1322	2.8500	1.8973	52.6884
0.4000	1.7296	136.7394	2.9000	1.8992	52.0899
0.4500	1.7366	131.2163	2.9500	1.9011	51.5051
0.5000	1.7431	126.2536	3.0000	1.9030	50.9336
0.5500	1.7493	121.7843	3.0500	1.9049	50.3748
0.6000	1.7551	117.7241	3.1000	1.9067	49.8284
0.6500	1.7607	114.0085	3.1500	1.9086	49.2941
0.7000	1.7660	110.5871	3.2000	1.9103	48.7713
0.7500	1.7711	107.4201	3.2500	1.9121	48.2597
0.8000	1.7760	104.4755	3.3000	1.9139	47.7591
0.8500	1.7807	101.7268	3.3500	1.9156	47.2690
0.9000	1.7853	99.1542	3.4000	1.9173	46.7891
0.9500	1.7897	96.7338	3.4500	1.9189	46.3192
1.0000	1.7939	94.4557	3.5000	1.9206	45.8589
1.0500	1.7980	92.0765	3.5500	1.9222	45.4079
1.1000	1.8020	89.9390	3.6000	1.9238	44.9660
1.1500	1.8059	87.9428	3.6500	1.9254	44.5328
1.2000	1.8097	86.0701	3.7000	1.9270	44.1082
1.2500	1.8133	84.3053	3.7500	1.9286	43.6919
1.3000	1.8169	82.3688	3.8000	1.9301	43.2837
1.3500	1.8204	81.0573	3.8500	1.9316	42.8833
1.4000	1.8238	79.5227	3.9000	1.9331	42.4904
1.4500	1.8271	78.1174	3.9500	1.9346	42.1050
1.5000	1.8303	76.7449	4.0000	1.9361	41.7268
1.5500	1.8335	75.4296	4.0500	1.9375	41.3555
1.6000	1.8365	74.1666	4.1000	1.9389	40.9911
1.6500	1.8396	72.9516	4.1500	1.9404	40.6332
1.7000	1.8425	71.7811	4.2000	1.9417	40.2818
1.7500	1.8454	70.6517	4.2500	1.9431	39.9367
1.8000	1.8482	69.5608	4.3000	1.9445	39.5976
1.8500	1.8510	68.5058	4.3500	1.9459	39.2645
1.9000	1.8537	67.4846	4.4000	1.9472	38.9372
1.9500	1.8564	66.4952	4.4500	1.9485	38.6155
2.0000	1.8590	65.5357	4.5000	1.9498	38.2993
2.0500	1.8616	64.6047	4.5500	1.9511	37.9885
2.1000	1.8641	63.7008	4.6000	1.9524	37.6829
2.1500	1.8666	62.8225	4.6500	1.9537	37.3823
2.2000	1.8690	61.9687	4.7000	1.9549	37.0667
2.2500	1.8714	51.1383	4.7500	1.9562	36.7906
2.3000	1.8738	60.3303	4.8000	1.9574	36.5099
2.3500	1.8761	59.5437	4.8500	1.9586	36.2285
2.4000	1.8784	58.7777	4.9000	1.9598	35.9516
2.4500	1.8806	58.0315	4.9500	1.9610	35.6332
2.5000	1.8828	57.3042	5.0000	1.9622	35.4107

续表

ε_r=2.55					
W/h	ε_e	$Z_0(\Omega)$	W/h	ε_e	$Z_0(\Omega)$
0.0500	1.8297	224.9446	2.5500	2.1243	53.3112
0.1000	1.8521	193.0526	2.6000	2.1270	53.6561
0.1500	1.8692	174.4049	2.6500	2.1297	52.0171
0.2000	1.8835	161.1981	2.7000	2.1323	51.3936
0.2500	1.8960	150.9804	2.7500	2.1349	50.7850
0.3000	1.9073	142.6577	2.8000	2.1375	50.1909
0.3500	1.9175	135.6458	2.8500	2.1400	49.6107
0.4000	1.9270	129.5953	2.9000	2.1425	49.0440
0.4500	1.9358	124.2810	2.9500	2.1449	48.4905
0.5000	1.9441	119.5487	3.0000	2.1473	47.9492
0.5500	1.9520	115.2885	3.0500	2.1497	47.4203
0.6000	1.9594	111.4192	3.1000	2.1520	46.9031
0.6500	1.9665	107.8790	3.1500	2.1543	46.3973
0.7000	1.9732	104.6199	3.2000	2.1566	45.9025
0.7500	1.9797	101.6037	3.2500	2.1588	45.4185
0.8000	1.9859	98.7999	3.3000	2.1610	44.9447
0.8500	1.9919	96.1833	3.3500	2.1632	44.4810
0.9000	1.9977	93.7329	3.4000	2.1654	44.0270
0.9500	2.0033	91.4313	3.4500	2.1675	43.5824
1.0000	2.0087	89.2638	3.5000	2.1696	43.1470
1.0500	2.0139	87.0020	3.5500	2.1717	42.7504
1.1000	2.0190	84.9597	3.6000	2.1737	42.3024
1.1500	2.0239	82.0718	3.6500	2.1758	41.8926
1.2000	2.0287	81.2916	3.7000	2.1778	41.4913
1.2500	2.0333	79.6149	3.7500	2.1797	41.0976
1.3000	2.0379	78.0301	3.8000	2.1817	40.7116
1.3500	2.0423	76.5270	3.8500	2.1836	40.3330
1.4000	2.0466	75.0973	3.9000	2.1855	39.9616
1.4500	2.0508	73.7336	3.9500	2.1874	39.5973
1.5000	2.0549	72.4297	4.0000	2.1893	39.2307
1.5500	2.0589	71.1802	4.0500	2.1911	38.8888
1.6000	2.0628	69.9806	4.1000	2.1929	38.5443
1.6500	2.0667	68.8268	4.1500	2.1947	38.2061
1.7000	2.0704	67.7054	4.2000	2.1965	37.8740
1.7500	2.0741	66.6432	4.2500	2.1982	37.5479
1.8000	2.0777	65.6076	4.3000	2.2000	37.2276
1.8500	2.0812	64.6063	4.3500	2.2017	36.9128
1.9000	2.0847	63.6371	4.4000	2.2034	36.6035
1.9500	2.0881	62.6982	4.4500	2.2051	36.2996
2.0000	2.0914	61.7880	4.5000	2.2067	36.0009
2.0500	2.0947	60.9048	4.5500	2.2084	35.7072
2.1000	2.0979	60.0473	4.6000	2.2100	35.4185
2.1500	2.1010	59.2143	4.6500	2.2116	35.1347
2.2000	2.1041	58.4047	4.7000	2.2131	34.8555
2.2500	2.1071	57.6173	4.7500	2.2148	34.5809
2.3000	2.1101	56.8513	4.8000	2.2164	34.3107
2.3500	2.1131	56.1056	4.8500	2.2179	34.0450
2.4000	2.1160	55.3796	4.9000	2.2194	33.7834
2.4500	2.1188	54.6723	4.9500	2.2209	33.5261
2.5000	2.1216	53.9831	5.0000	2.2224	33.2728

续表

ε_r=3.80					
W/h	ε_e	$Z_0(\Omega)$	W/h	ε_e	$Z_0(\Omega)$
0.0500	2.4987	192.4864	2.5500	3.0311	44.6306
0.1000	2.5393	164.8740	2.6000	3.0360	44.0747
0.1500	2.5702	148.7323	2.6500	3.0408	43.5326
0.2000	2.5960	137.3060	2.7000	3.0455	43.0037
0.2500	2.6186	128.4711	2.7500	3.0502	42.4877
0.3000	2.6389	121.4793	2.8000	3.0548	41.9841
0.3500	2.6574	115.2241	2.8500	3.0593	41.4923
0.4000	2.6746	110.0025	2.9000	3.0638	41.0121
0.4500	2.6905	105.4192	2.9500	3.0562	40.5431
0.5000	2.7055	101.3403	3.0000	3.0725	40.0847
0.5500	2.7197	97.6706	3.0500	3.0768	39.6368
0.6000	2.7331	94.3395	3.1000	3.0810	39.1989
0.6500	2.7459	91.2935	3.1500	3.0852	38.7708
0.7000	2.7581	88.4909	3.2000	3.0893	38.3521
0.7500	2.7698	85.8987	3.2500	3.0934	3709425
0.8000	2.7810	83.4902	3.3000	3.0947	37.5417
0.8500	2.7919	81.2436	3.3500	3.1013	37.1495
0.9000	2.8023	79.1408	3.4000	3.1052	36.7656
0.9500	2.8124	77.1666	3.4500	3.1090	36.3897
1.0000	2.8221	78.3083	3.5000	3.1128	36.0216
1.0500	2.8316	73.3728	3.5500	3.1166	35.6610
1.1000	2.8407	71.6332	3.6000	3.1203	35.3708
1.1500	2.8496	70.0091	3.6500	3.1230	34.9617
1.2000	2.8583	68.4859	3.7000	3.1276	34.6225
1.2500	2.8667	67.0518	3.7500	3.1311	34.2900
1.3000	2.8749	65.6964	3.8000	3.1346	33.9640
1.3500	2.8828	64.4114	3.8500	3.1381	33.6444
1.4000	2.8906	63.1895	3.9000	3.1416	33.3309
1.4500	2.8982	62.0243	3.9500	3.1450	33.0233
1.5000	2.9056	60.9105	4.0000	3.1483	32.7215
1.5500	2.9129	59.8436	4.0500	3.1517	32.4254
1.6000	2.9199	58.8196	4.1000	3.1549	32.1348
1.6500	2.9269	57.8350	4.1500	3.1582	31.8495
1.7000	2.9337	56.8868	4.2000	3.1614	31.5694
1.7500	2.9403	55.9725	4.2500	3.1646	31.2944
1.8000	2.9468	55.0896	4.3000	3.1677	31.0242
1.8500	2.9532	54.2367	4.3500	3.1708	30.7589
1.9000	2.9594	53.4105	4.4000	3.1739	30.4982
1.9500	2.9655	52.6109	4.4500	3.1769	30.2420
2.0000	2.9715	51.8358	4.5000	3.1799	29.9903
2.0500	2.9774	51.0841	4.5500	3.1829	39.7429
2.1000	2.9832	50.3546	4.6000	3.1858	29.4996
2.1500	2.9889	49.6459	4.6500	3.1887	29.2605
2.2000	2.9945	48.9574	4.7000	3.1916	29.0253
2.2500	3.0000	48.2880	4.7500	3.1945	28.7941
2.3000	3.0054	47.6369	4.8000	3.1973	28.5666
2.3500	3.0107	47.0034	4.8500	3.2001	28.3429
2.4000	3.0159	46.3867	4.9000	3.2028	28.1227
2.4500	3.0210	45.7860	4.9500	3.2056	27.9061
2.5000	3.0261	45.2009	5.0000	3.2083	27.6929

续表

ε_r=9.50					
W/h	ε_e	$Z_0(\Omega)$	W/h	ε_e	$Z_0(\Omega)$
0.0500	5.5498	129.1587	2.5500	7.1657	29.0269
0.1000	5.6729	110.3081	2.6000	7.1806	28.6588
0.1500	5.7667	99.2947	2.6500	7.1952	28.6999
0.2000	5.8451	91.5058	2.7000	7.2096	27.9500
0.2500	5.9137	85.4895	2.7500	7.2238	27.6086
0.3000	5.9753	80.5972	2.8000	7.2378	57.2755
0.3500	6.0315	76.4824	2.8500	7.2513	26.9505
0.4000	6.0835	72.9378	2.9000	7.2651	26.6331
0.4500	6.1319	69.8205	2.9500	7.2785	26.3232
0.5000	6.1774	67.0660	3.0000	7.2916	26.0205
0.5500	6.2204	64.5812	3.0500	7.3046	25.7247
0.6000	6.2611	62.3294	3.1000	7.3174	25.4357
0.6500	6.3000	60.2714	3.1500	7.3301	25.1531
0.7000	6.3370	58.3793	3.2000	7.3426	24.8769
0.7500	6.3726	56.6308	3.2500	7.3549	24.6067
0.8000	6.4067	55.0074	3.3000	7.3607	24.3425
0.8500	6.4396	53.4943	3.3500	7.3790	24.0839
0.9000	6.4712	52.0791	3.4000	7.3908	23.8309
0.9500	6.5018	50.7514	3.4500	7.1025	23.5833
1.0000	6.5314	49.5024	3.5000	7.4140	23.3408
1.0500	6.5601	48.2051	3.5500	7.4254	23.1033
1.1000	6.5879	47.0387	3.6000	7.4366	22.8708
1.2500	6.6667	43.9688	3.7500	7.4695	22.2010
1.3000	6.6915	43.0613	3.8000	7.4802	21.9866
1.3500	6.7157	42.2013	3.8500	7.4908	21.7764
1.4000	6.7394	41.3838	3.9000	7.5012	21.5702
1.4500	6.7624	40.6046	3.9500	7.5115	21.3681
1.5000	6.7849	39.8602	4.0000	7.5217	21.1697
1.5500	6.8069	39.1474	4.0500	7.5318	20.9752
1.6000	6.8284	38.4636	4.1000	7.5418	20.7842
1.6500	6.8494	37.8064	4.1500	7.5516	20.5969
1.7000	6.8700	37.1738	4.2000	7.5641	20.4129
1.7500	6.8902	36.5641	4.2500	7.5710	20.2324
1.8000	6.9099	35.9756	4.3000	7.5805	20.0550
1.8500	6.9293	35.4071	4.3500	7.5900	19.8809
1.9000	6.9482	34.8572	4.4000	7.5993	19.7098
1.9500	6.9668	34.3250	4.4500	7.6085	19.5418
2.0000	6.9851	33.8093	4.5000	7.6176	19.3767
2.0500	7.0030	33.3094	4.5500	7.6266	19.2144
2.1000	7.0205	32.8244	4.6000	7.6356	19.0549
2.1500	7.0378	32.3536	4.6500	7.6444	18.8982
2.2000	7.0548	31.8963	4.7000	7.6531	18.7440
2.2500	7.0714	31.4519	4.7500	7.6618	18.5925
2.3000	7.0878	31.0198	4.8000	7.6704	18.4435
2.3500	7.1039	30.5995	4.8500	7.6788	18.2969
2.4000	7.1198	30.1905	4.9000	7.6872	18.1527
2.4500	7.1353	29.7924	4.9500	7.6955	18.0108
2.5000	7.1507	29.4046	5.0000	7.7037	17.8712

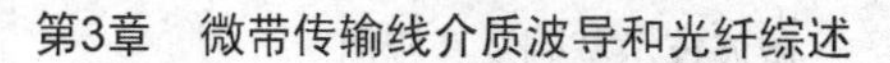

续表

$\varepsilon_r=10$					
W/h	ε_e	$Z_0(\Omega)$	W/h	ε_e	$Z_0(\Omega)$
0.0500	5.8174	126.1527	2.5500	7.5284	28.3190
0.1000	5.9478	107.7209	2.6000	7.5442	27.9597
0.1500	6.0470	96.9653	2.6500	7.5596	27.6094
0.2000	6.1301	89.3533	2.7000	7.5748	27.2677
0.2500	6.2028	83.4738	2.7500	7.5899	26.9345
0.3000	6.2680	78.6931	2.8000	7.6047	26.6094
0.3500	6.3275	74.6722	2.8500	7.6193	26.2920
0.4000	6.3825	71.2087	2.9000	7.6336	25.9823
0.4500	6.4338	68.1716	2.9500	7.6478	25.6797
0.5000	6.4820	65.4715	3.0000	7.6117	25.3842
0.5500	6.5275	63.0447	3.0500	7.6755	25.0955
0.6000	6.5706	60.8439	3.1000	7.6891	24.8134
0.6500	6.6117	58.8332	3.1500	7.7024	24.5376
0.7000	6.6510	56.9849	3.2000	7.7156	24.2680
0.7500	6.6886	55.2767	3.2500	7.7287	24.0043
0.8000	6.7247	53.6909	3.3000	7.7415	23.7464
0.8500	6.7595	52.2128	3.3500	7.7542	23.4940
0.9000	6.7931	50.8304	3.4000	7.7667	23.2470
0.9500	6.6255	49.5335	3.4500	7.7791	23.0053
1.0000	6.8568	48.3136	3.5000	7.7913	22.7686
1.0500	8.8872	47.0466	3.5500	7.8033	22.5369
1.1000	6.9166	45.9074	3.6000	7.8152	22.3099
1.1500	6.9452	44.8441	3.6500	7.8270	22.0876
1.2000	6.9730	43.8473	3.7000	7.8386	21.8697
1.2500	7.0000	42.9091	3.7500	7.8500	21.6562
1.3000	7.0263	42.0299	3.8000	7.8614	21.4469
1.3500	7.0520	41.1830	3.8500	7.8726	21.2417
1.4000	7.0770	40.3846	3.9000	7.8336	21.0405
1.4500	7.1014	39.6237	3.9500	7.8946	20.8432
1.5000	7.1252	38.8967	4.0000	7.9054	20.6497
1.5500	7.1485	38.2006	4.0500	7.9169	20.4598
1.6000	7.1713	37.5329	4.1000	7.9266	20.2735
1.6500	7.1935	36.8911	4.1500	7.9370	20.0906
1.7000	7.2153	36.2734	4.2000	7.9473	19.9111
1.7500	7.2367	35.6780	4.2500	7.9575	19.7349
1.8000	7.2576	35.1034	4.3000	7.9676	19.5618
1.8500	7.2780	34.5482	4.3500	7.9776	19.3919
1.9000	7.2981	34.0114	4.4000	7.9875	19.2249
1.9500	7.3178	33.4917	4.4500	7.9972	19.0609
2.0000	7.3371	32.9882	4.5000	8.0069	18.8998
2.0500	7.3561	32.5001	4.5500	8.0164	18.7414
2.1000	7.3747	32.0266	4.6000	8.0259	18.5858
2.1500	7.3930	31.5669	4.6500	8.0352	18.4328
2.2000	7.4109	31.1204	4.7000	8.0445	18.2824
2.2500	7.4286	30.6865	4.7500	8.0537	18.1435
2.3000	7.4450	30.2647	4.8000	8.0627	17.9891
2.3500	7.4630	29.8543	4.8500	8.0717	17.8460
2.4000	7.4797	29.4550	4.9000	8.0806	17.7053
2.4500	7.4962	29.0663	4.9500	8.0894	17.5669
2.5000	7.5125	28.6878	5.0000	8.0981	17.4307

注意

最低表面波型 TM_0 的截止波长 $\lambda_c TM10 \to \infty$，这表明不论为任何工作频率都要有 TM_0 型表面波出现，都可以在微带线中传播而可不能被抑制掉。

前面已指出：微带线中主模准 TEM 实际上是一种有色散的 TE－TM 混合模，不过对于低微波频率而言通常微带线介质基片的厚度 h 远小于微波波长 λ，这使得微带线中的大部的电磁能量都集中在中心导带下面的介质基片内，而在该区域内的纵向电磁场分量比较微弱，此时只是将有色散的混合模近似地看成准 TEM 模而已。有色散的 TE－TM 混合模的相速是频率的函数，它将跟随频率变化；当频率升高到某个 f_T 频率，使 TE－TM 混合模的相速与最低型表面波 TM_0 模的传播相速相同时，两者在微带线中传播过程中将产生耦合；而当 TE－TM 混合模和 TM_0 模发生强烈耦合时，将限制微带线的最高工作频率。分析表明：当 f_T 频率为

$$f_T=\frac{c}{360°h}\sqrt{\frac{2}{\varepsilon_r-1}}\arctan\varepsilon_r \tag{3-43}$$

时，准 TEM 波与最低型表面波 TM_0 模之间将产生强烈耦合。这个频率 f_T 就是微带线的最高工作频率，它对应的工作波长为最短工作波长 λ_{0T}（图 3－18）；式中 c 为光速，对于 $\varepsilon_r>10$ 的微带线，式(3－43)可以简化为以下形式：

$$f_T=\frac{10.6}{h\sqrt{\varepsilon_r}}(\text{GHz}) \tag{3-44}$$

式(3－43)和式(3－44)中 h 的单位为厘米；根据式(3－43)和式(3－44)可以得出这样的结论：当微带线的 h 和 ε_r 增大时 f_T 将降低，因此当设计微带线选择介质基片时(即选择 h 和 ε_r)，这是应该考虑到的，以避免无意中压缩了微带线的工作频带。

实际中常用的介质基片有以下几种：氧化铝陶瓷基片($\varepsilon_r=9.5\sim10$)、聚四氟乙烯玻璃纤维基片($\varepsilon_r=2.55$)和聚四氟乙烯基片($\varepsilon_r=2.1$)。

【例 3－10】如果假设例 3－9 中微带线中心导带厚度 $t\approx0$，试问：① 该微带线的正常工作波长 $\lambda_{0\min}$ 最短应大于多少，才能抑制掉 TE_{10} 和 TE_1 模；② 该微带线的截止频率 f_T 为多少？③ 该微带线介质基片的厚度 $h=1$mm 是否合理？

解：(1) 根据式(3－37)和式(3－39)计算工作最短波长 $\lambda_{0\min}$ 应大于多少才能抑制掉 TE_{10} 模和传输 TE_1 模。

根据计算 TE_{10} 摸和传输 TE_1 模的截止波长

$$\lambda_{cTE10}=2W\sqrt{\varepsilon_r}=2\times3\times\sqrt{2.22}=8.9\text{mm}$$

$$\lambda_{cTE1}=4h\sqrt{\varepsilon_r}=4\times1\times\sqrt{2.22}=5.96\text{mm}$$

可知：该微带线的正常工作波长 λ_0 最短应 $\lambda_{0\min}>\lambda_{cTE10}=8.9$mm，才能抑制掉 TE_{10} 模和 TE_1 模的传输。

(2) 引用式(3－43)计算例 3－9 微带线的截止频率 f_T。

$$f_T=\frac{c}{360°h}\sqrt{\frac{2}{\varepsilon_r-1}}\arctan\varepsilon_r$$

$$=\frac{3\times10^{10}}{360°\times0.1}\times1.3\times\arctan2.22=71.5\text{GHz}$$

f_T 所对应的最短波长 $\lambda_{0T}=4.19\text{mm}$。可见：为了抑制掉 TE_{10} 模和 TE_1 模的传输，使得例 3-9 所设计的微带线必须满足 $\lambda_{0\min}>\lambda_{cTE1}0=8.9\text{mm}>\lambda_{0T}=4.19\text{mm}$，从而使其工作带宽受到了限制，但避免了 TE－TM 混合模和 TM_0 模发生强烈耦合。

(3) 验证例 3-9 微带线介质基片的厚度 $h=1\text{mm}$ 的合理性。

因为 $\lambda_{0\min}>\lambda_{cTE10}=8.9\text{mm}$，可估计取 $\lambda_{0\min}=10\text{mm}$。引用式(3-42)验证：

$$h=1\text{mm}<\frac{\lambda_{0\min}}{4\sqrt{\varepsilon_r-1}}=\frac{10\text{mm}}{4.42}=2.26\text{mm}$$

故例 3-9 微带线选择介质基片的厚度 $h=1\text{mm}$ 是合理的。

实际上，介质基片的厚度 h 和介电常数 ε_r 的选择应该是一个综合考虑的问题，例如，氧化铝陶瓷基片的厚度一般选择为 $h=1\text{mm}$，如果将介质基片的厚度 h 选择得更薄一些不仅不影响抑制高次模还会对抑制高次模还会带来一些好处(式(3-42))。但将介质基片的厚度 h 选择得很薄又要同时获得一个固定不变的特性阻抗 Z_0(如 $Z_0=50\Omega$)，必须将中心导带的宽度 W 制作得很窄(参见式(3-32)和表 3-3)，这将对微带线制作工艺带来一些难处。另外，如果介质基片的厚度 h 很薄对也会影响微带线对传输功率的承受能力。可见：微带线介质基片的厚度 h 选择不单纯是一个抑制高次模的问题，而应该综合考虑多种因素的影响。

像图 3-1(a)和图 3-15 那样，微带线电路为了避免外界电磁干扰应该安装在金属屏蔽盒中，但此时也不可避免要产生一些金属波导效应(产生一些金属波导型的高次模)而影响微带电路的正常工作。为了尽量避免出现因金属屏蔽盒而产生金属波导型高次模，应合理选择金属屏蔽盒内壁的几何尺寸。通常金属屏蔽盒的内壁高度 H 应选择 $H\geqslant(5\sim6)h$，微带线金属接地板的宽度 a(即金属屏蔽盒的内壁宽度)应选择 $a\geqslant(5\sim6)W$。

4) 再谈微带线的色散问题

微带线的色散问题实际上是一个多种波型和复杂边界条件的电磁场的理论问题，求解过程之复杂已经远远超出了本书的范围。在第 1 章中围绕图 1-9 已经概念性地介绍了微带线的色散问题，下面再作一些补充介绍以使概念更完整一些。

在第 1 章中曾指出表示微带线相速的式(1-26)中，微带线的有效介电常数 $\varepsilon_e(f)$是频率的函数，因而引起图 1-10 所示的数字信号的色散失真。$\varepsilon_e(f)$为什么是频率的函数？可以作以下理解：由于介质基片是一种的电阻率 ρ 较高的物质，当微波频率升高时电磁场穿入介质基片的深度 δ 将更深(式(0-3))，此时微带线中的电磁场将更集中于介质基片内部而使得其相速 v_p 更低；反之，电磁场就更趋向介质表面(空气中)，其相速 v_p 就增加。因此，根据上述物理现象可以将微带线的有效介电常数定义为频率的函数，它的两个极端值是

$$\varepsilon_e(f)=\begin{cases}\varepsilon_e & \text{当}(f-f_0)\to 0\text{ 时}\\ \varepsilon_r & \text{当}(f-f_0)\to\infty\text{时}\end{cases}$$

即在低微波频率时，$\varepsilon_e(f)$为式(3-25)所定义的 ε_e 值；而当微波频率不断升高时，$\varepsilon_e(f)$也就更趋向介质基片的介电常数 ε_r(即微带线中电磁场更穿入介质基片的内部)。图 3-19 所示是有效介电常数 $\varepsilon_e(f)$随频率变化的曲线。

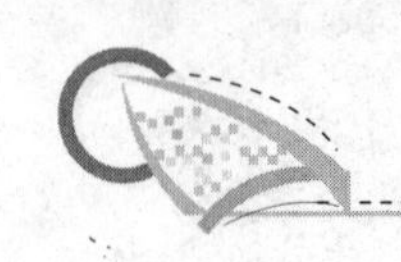

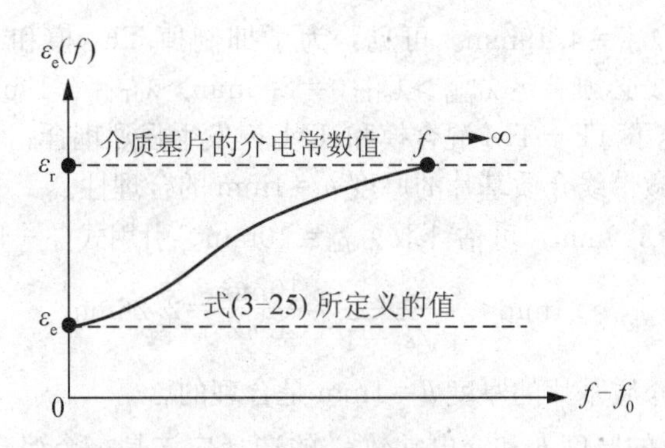

图 3-19　微带线的有效介电常数随频率变化曲线

理论分析表明：在 $2<\varepsilon_r<10$、$0.9\leqslant W/h\leqslant 13$ 和 $0.5\text{mm}\leqslant h\leqslant 3\text{mm}$ 情况下，微带线的有效介电常数可近似用下式表示为

$$\varepsilon_e(f)=3\times 10^{-6}(\varepsilon_r^2-1)\sqrt{Z_0\,\frac{W_e}{h}}(f-f_0)+\varepsilon_e \tag{3-45}$$

式中：Z_0 和 ε_e 分别是不考虑色散时的微带线的特性阻抗和有效介电常数；W_e 是中心导带的有效宽度(如果将中心导带厚度引起的边缘电容折合成导带的宽度增加量 ΔW，再加上中心导的原来的宽度 W 就是有效宽度 $W_e=W+\Delta W$)；f 是微带线的工作频率(GHz)；f_0 是由下式所确定的一个频率(用 CGSM 单位制表示)，即

$$f_0=\frac{0.95}{(\varepsilon_r-1)^{1/4}}\sqrt{\frac{Z_0}{h}}\,(\text{GHz}) \tag{3-46}$$

式中：h 的单位是毫米(mm)。对于一定的微带线而言，频率 f_0 是一个固定值；当微带线的工作频率 $f=f_0$ 时，$\varepsilon_e(f_0)=\varepsilon_e$(参见式(3-45)和图 3-19)，此时可以不考虑微带线的色散效应。由式(3-45)可见：当 $f<f_0$ 时 $\varepsilon_e(f)=\varepsilon_e$(为某一个值)，因而可忽略微带线的色散的影响；当 $f>f_0$ 时 $\varepsilon_e(f)=\varepsilon_e$(加某一个值)，则必须考虑微带线的色散影响。为此，不妨称 f_0 为微带线的零色散频率。

【例 3-11】某氧化铝陶瓷基片上制作一条特性阻抗 $Z_0=50\Omega$ 的微带线，陶瓷基片的厚度 $h=1\text{mm}$ 和 $\varepsilon_r=9.5$，试问：① 该微带线的零色散频率 f_0 为多少?；② 在什么情况下可以忽略该微带线的色散的影响？在什么情况下不可以忽略该微带线的色散的影响?

解：(1) 引用式(3-46)计算该微带线的零色散频率 f_0。

$$f_0=\frac{0.95}{(\varepsilon_r-1)^{1/4}}\sqrt{\frac{Z_0}{h}}=\frac{0.95}{\sqrt[4]{9.5-1}}\sqrt{\frac{50}{1}}\approx 4\text{GHZ}$$

(2) 当微带线的工作频率 $f<4\text{GHz}$ 时，可以忽略该微带线的色散的影响；当微带线的工作频率 $f>4\text{GHz}$ 时，不可以忽略该微带线的色散的影响。

上述微带线的工作频率 $f>4\text{GHz}$ 时，不可以忽略该微带线的色散的影响；这意味着在微波 X 波段(8～12GHz)工作的微带线，必须考虑微带线的色散。例如，我国“嫦娥”探月卫星与地面通信使用的是微波 X 波段，其中所用的微带电路应考虑微带线色散影响。微带线色散严重影响微带电路的性能，计算和试验表明：工作在微波 X 波段的微带电路，其中微带线的有效介电常数 $\varepsilon_e(f)$ 值要比不考虑色散时的介电常数值高出 10%左右，这就

使得微带线中相速 υ_p 和微带线的特性阻抗 Z_0 都要比不考虑微带线色散时高出 5% 左右。因此，在设计微波频率比较高的微带电路时，必须考虑微带线的色散效应对原设计的修正。

当$(W/h)>4$ 时，式(3－45)应修正为下式：

$$\varepsilon_e(f)=3\times10^{-6}(\varepsilon_r^2-1)\sqrt{\frac{Z_0}{3}}\left(\frac{W_e}{h}\right)(f-f_0)+\varepsilon_e \tag{3-47}$$

5）浅谈微带线的衰减问题

和带状线一样，微带线对传输信号造成的衰减是由介质基片的介质损耗、中心导(体)带的电阻损耗，以及导体接地板的电阻损耗 3 种损耗引起的，微带线对信号的传输衰减仍然可以用式(3－17)表示。相带状线一样，具体计算微带线的单位长度的损耗非常繁琐，下面仅以一例简要说明在实际中如何处理好微带线的衰减因素。

某氧化铝陶瓷基片铜质微带线，氧化铝基片的厚度为 $h=1\text{mm}$、介电常数 $\varepsilon_r=9.5$、微带的特性阻抗 $Z_0=50\Omega$、使用频率 $f_0=6400\text{MHz}$，对该微带线进行理论衰减值计算得：① 导体损耗 $\alpha_c=0.0196\text{dB/cm}$；② 介质损耗 $\alpha_d=0.00139\text{dB/m}$，可见：该微带线的介质损耗要比导体损耗小 141 倍。

一般而言，微带线的介质损耗要比导体损耗小得很多。因此，在制作微带线时除了要合理地选择介质基片材料外，更应很好地处理导体材料导体的镀层，以减少微带线电路的损耗。

6）怎样计算微带线的波导波长

微带线的波导波长 λ_g(或称之为带内波长)为

$$\lambda_g=\frac{\lambda_0}{\sqrt{\varepsilon_e}} \tag{3-48}$$

如图 3－20 所示，它是带内准 TEM 波沿传输 z 方向的波长。
式中：λ_0 是自由空间的信号波长。由表 3－3 的数据和式(3－47)可以看出，对于不同的有效介电常数 ε_e，具有不同的 W/h 值和特性阻抗 Z_0 抗值；即微带线的波导波长 λ_g 是 W/h 和 Z_0 的函数。因此，不同特性阻抗 Z_0 的微带线沿传输 z 方向按照 λ_g 为单位测量出的几何长度是不同的，这一特性在设计微带电路时应特别引起注意。

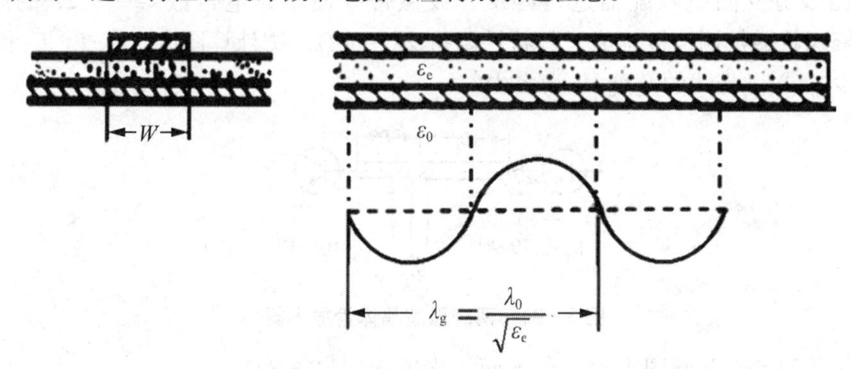

图 3－20　微带线中的波导波长

【例 3－14】使用 $\varepsilon_r=2.22$ 和 $h=1\text{mm}$ 的聚四氟烯敷铜箔板制成两条不同特性阻抗的

微带线，它们特性阻抗分别为 $Z_0=50\Omega$ 和 $Z_0=100\Omega$；它们被频率 $f=10\text{GHz}$ 的信号激励，试问：① 两条微带线的波导波长 λ_g 各为多少？② 如果需要各制作一条四分之一波长的微带线，它们的几何长度 L 各为多少？③ 两条微带线中心导带的宽度 W 各为多少？

解：(1) 第一步求信号的自由空间中的波长。

$$\lambda_0=\frac{c}{f}=\frac{3\times10^{10}\text{cm/s}}{10^{10}\text{s}}=3\text{cm}$$

(2) 第二步求不同特性阻抗微带线的波导波长。

对于 $Z_0=50\Omega$ 的微带线：查表 3-3(1)可得 $\varepsilon_e\approx1.9049$，故引用式(3-50)计算得

$$\lambda_g=\frac{\lambda_0}{\sqrt{\varepsilon_e}}\approx\frac{3\text{cm}}{\sqrt{1.9049}}=2.17\text{cm}$$

对于 $Z_0=100\Omega$ 的微带线查表 3-3(1)可得 $\varepsilon_e\approx1.7853$，故引用式(3-50)计算得

$$\lambda_g=\frac{\lambda_0}{\sqrt{\varepsilon_e}}\approx\frac{3\text{cm}}{\sqrt{1.7853}}=2.23\text{cm}$$

(3) 求制作四分之一波长的微带线它们各自的几何长度。

对于 $Z_0=50\Omega$ 的微带线

$$L=\frac{\lambda_g}{4}=\frac{2.17}{4}=0.543\text{cm}$$

对于 $Z_0=100\Omega$ 的微带线

$$L=\frac{\lambda_g}{4}=\frac{2.23}{4}=0.558\text{cm}$$

(4) 求两条微带线中心导带的宽度 W。

对于 $Z_0=50\Omega$ 的微带线：查表 3-3(1)可得 $W/h=3.05$，故得

$$W=3.05\times1\text{mm}=3.05\text{mm}$$

对于 $Z_0=100\Omega$ 的微带线：查表 3-3(1)可得 $W/h\approx0.9$，故得

$$W\approx0.9\times1\text{mm}=0.9\text{mm}$$

【例 3-15】 图 3-21 是一个工作在 $\lambda_0=20\text{cm}$ 两级微波晶体管放大器，前级输出端的反射系数 $\Gamma_1=0.79e^{-j81.9^\circ}$、后一级输入端的反射系数 $\Gamma_2=0.4e^{j155^\circ}$，两级之间用微带线制作成的短路线分支阻抗匹配器进行匹配。设微带线使用介电常数 $\varepsilon_r=2.22$ 的厚度 $h=0.1\text{cm}$ 的聚四氟烯敷铜箔板制成，其特性阻抗 $Z_0=50\Omega$；试计算图中：① L_1、L_2 和 L_3 的尺寸各为多少？② 微带线的宽度 W 为多少？

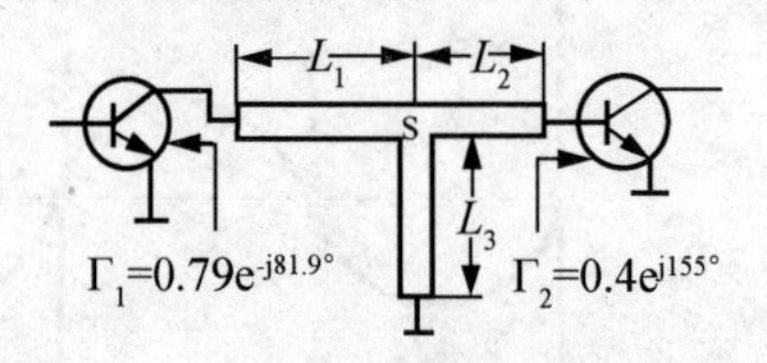

图 3-21　两级微波晶体管放大器

解：该题用 Smith 圆图求解，分下面三步进行(图 3-22)。

(1) 求微带线的波导波长 λ_g。

根据 $Z_0=50\Omega$ 查表 3-3(1)可得 $\varepsilon_e\approx1.9049$，再根据式(3-50)得

$$\lambda_g=\frac{\lambda_0}{\sqrt{\varepsilon_e}}\approx\frac{20\text{cm}}{\sqrt{1.9049}}\approx 14.5\text{cm}$$

(2) 计算微带线长度 L_1。

① 在 Smith 圆图上找到反射系数 $\Gamma_1=0.79e^{-j81.9°}$ 的对应点 B，其相应的导纳点为 C 点；C 点对应的电长度为 0.114。

② 从 C 点出发沿该点所在的“等反射系数圆”向信号源方向旋转，交 $\widetilde{G}_{in}=1$ 的圆于 A 点，读得 $\widetilde{Y}_{inA}=1+j2.5$；$A$ 点对应的电长度为 0.197，从而得出

$$L_1=(0.197-0.114)\lambda_g=0.083\times 14.5\text{cm}=1.2\text{cm}$$

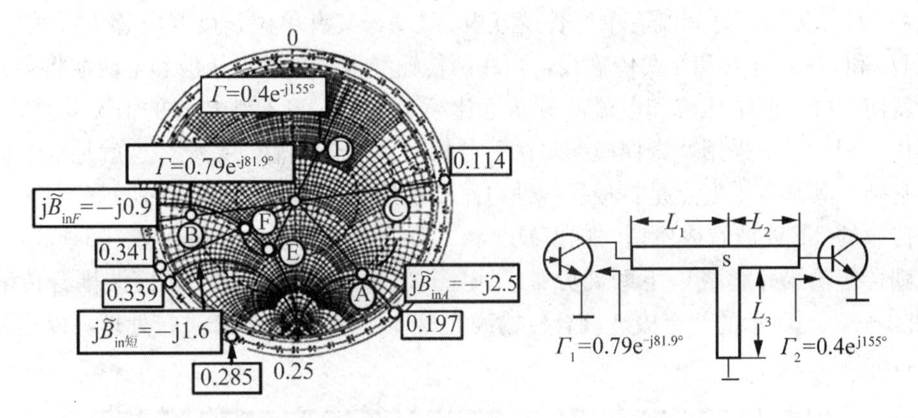

图 3-22 计算微波晶体管放大器用图

(3) 计算微带线长度 L_2。

① 在 Smith 圆图上找到反射系数 $\Gamma_2=0.4e^{j155°}$ 的对应点 D，其相应的导纳点为 E 点；E 点对应的电长度为 0.285。

② 从 E 点出发沿该点所在的“等反射系数圆”向信号源方向旋转交 $\widetilde{G}_{in}=1$ 的圆于 F 点，读得：$\widetilde{Y}_{inF}=1-j0.9$；$F$ 点对应的电长度为 0.314，从而得

$$L_2=(0.341-0.285)\lambda_g=0.056\times 14.5\text{cm}=0.812\text{cm}$$

(4) 计算微带线长度 L_3。

① 首先求晶体管放大器图中 S 处的电纳为

$$jB_{inS}=jB_{inA}+jB_{inF}=j2.5-j0.9=j1.6$$

② 为了抵消 S 处的 $jB_{inS}=j1.6$ 这样一个电纳以获得匹配，短路线分支阻抗匹配器应提供一个 $jB_{in}=-j1.6$ 的电纳；而该电纳在导纳圆图上对应的电长度为 0.339，故得

$$L_3=(0.339-0.25)\lambda_g=0.089\times 14.5\text{cm}=1.29\text{cm}$$

(5) 计算微带线的宽度 W。

根据 $Z_0=50\Omega$，查表 3-3(1)可得 $W/h\approx 3$，因此可得

$$W=3\times h=3\times 0.1\text{cm}=0.3\text{cm}$$

3.1.4 耦合带状线及耦合微带线

在低频电路中使用了大量的耦合元器件，例如，电容器、电感器、变压器和滤波器

等，它们本质上都是一些电磁能量耦合元器件。在微波电路中上述一些元器件是不能使用的，必须另寻途径制作适合微波领域使用的元器件。例如，在设计微带滤波器、微带定向耦合器等多种微带元器件时，就需要引用耦合带状线和耦合微带线理论。在具体讨论耦合带状线和耦合微带之前，有必要首先一般性地讨论耦合传输线理论。

1. 对称耦合传输线理论

1）对称耦合传输线方程及其解

如图 3-23(a)所示的 a 和 b 两条对称传输线(两者对接地板构成双线传输线)如果靠得很近，两者之间必然发生电磁能量的耦合而形成耦合传输线系统。在耦合传输线系统中的 a 和 b 两条对称传输线之间既有单位长度互电容 C_{ab}，又有单位长度互电感 L_m；如果分别用电压 U_1 和 U_2 激励 a 和 b 两传输线，则在两传输线上产生的电压波和电流波将会相互耦合，这就使得线上的电压波和电流波分布远比第 1 章所讨论双线传输的情况要复杂很多。为了简化分析，通常采用"奇偶模参量法"分析对称耦合传输线系统，这就是耦合传输线理论的基础。其基本出发点是：根据线性电路叠加原理，将图 3-23(a)所示的对称耦合传输线上传输的 TEM 波看成所谓"耦模波"和"奇模波"的叠加结果。将图 3-23(a)所示的对称耦合传输线分解成以下两部分：① 由图 3-23(b)所示的"偶模波耦合传输线"；② 由图 3-23(c)所示的"奇模波耦合传输线"。将以上两部分分开进行处理，以达到简化分析的目的。

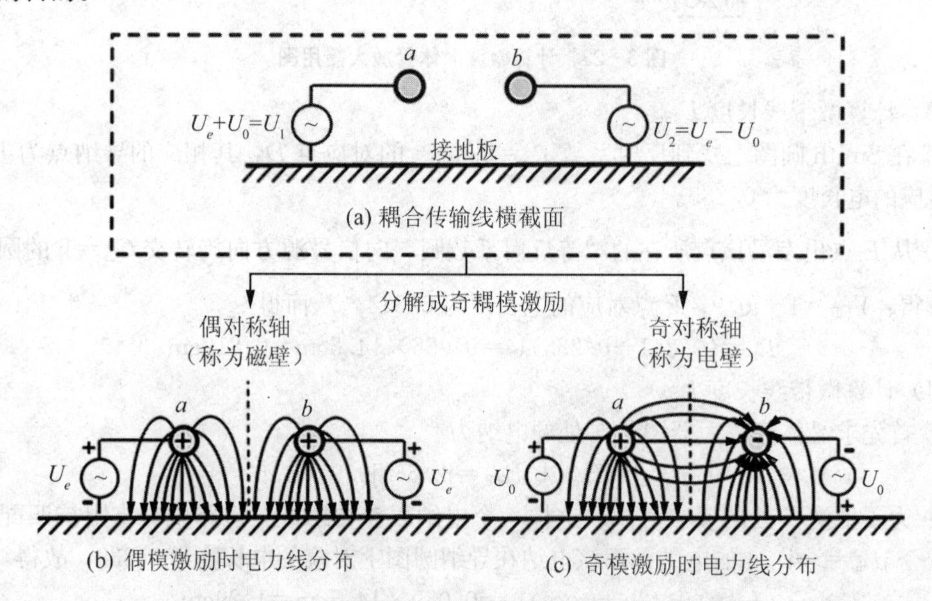

图 3-23　耦合传输线分开成奇偶模激励传输线的原理图

对于"偶模波耦合传输线"的 a 线和 b 线上，用"同相等幅电压 U_e"激励(称为"偶模激励")；对于"奇模波耦合传输线"的 a 和 b 线上，用"反相等幅电压 U_0"激励(称为"奇模激励")。在图 3-23(b)所示的"偶模激励耦合传输线"上电磁场，是以偶对称轴所在的纵向平面呈现"偶对称"分布的，其上的磁场切线分量为零；此时，将"偶对称轴"所在的纵向平面称之为"磁壁"。在图 3-23(c)所示的"奇模激励偶合传输线"上

电磁场是以奇对称轴所在的纵向平面呈现“奇对称”分布的，其上的电场切线分量为零；此时，将“奇对称轴”所在的纵向平面称之为“电壁”。根据图 3-23 很容易建立以下关系，即

$$U_1=U_e+U_0 \quad 和 \quad U_2=U_e-U_0$$

故有

$$\begin{aligned} U_e&=\frac{1}{2}(U_1+U_2) \\ U_0&=\frac{1}{2}(U_1-U_2) \end{aligned} \tag{3-49}$$

式(3-49)表明：对于任何激励电压 U_1 和 U_2，总是可以找到一个“偶模激励电压 U_e”和一个“奇模激励电压 U_0”与之对应。即是说：可以将图 3-23(a)所示的对称耦合传输线分别用图 3-23(b)所示的“偶模波 U_e 激励耦合传输线”和用图 3-23(c)所示的“奇模波 U_0 激励耦合传输线”表示，以提供原始数学依据。

采用第 1 章分析双线传输线相似的方法，可将图 3-23(a)所示的耦合传输线上的一段 Δz 线段等效成图 3-24 所示的等效电路。图中忽略了传输的分布参数 R、G，而 C_a、L_a 以及 C_b、L_b 分别为传输线 a 传输和传输线 b 自身的分布电容和分布电感，而 C_{ab} 和 L_m 则为它们之间的互电容和互电感。对于对称耦合传输线可以设

$$C_a=C_b 和 \quad L_a=L_b$$

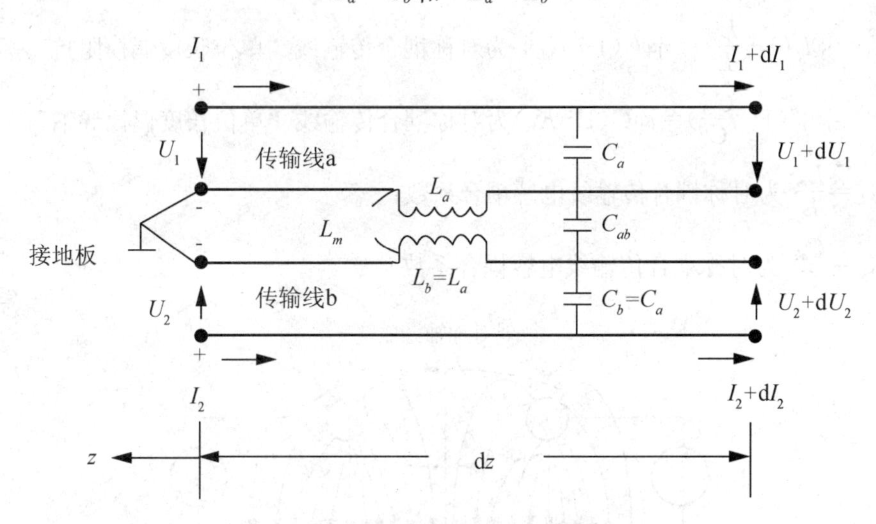

图 3-24　对称耦合传输线的等效电路

和第 1 章分析双线传输线一样，为了实际应用和简化分析需要通常假设电压 $u(z, t)$ 和电流 $i(z, t)$ 是随着空间 z 和时间 t 变化的余弦函数(或正弦函数)，通常称之为简谐波函数。

完全仿照获得均匀双线传输线方程式(1-5)的方法，可以获得以下对称耦合传输线方程：

$$
\text{传输线 } a\begin{cases}-\dfrac{\mathrm{d}U_1}{\mathrm{d}z}=\mathrm{j}\omega LI_1+\mathrm{j}\omega L_mI_2\\[2mm]-\dfrac{\mathrm{d}I_1}{\mathrm{d}z}=\mathrm{j}\omega CU_1-\mathrm{j}\omega C_{ab}U_2\end{cases}
$$

$$
\text{传输线 } b\begin{cases}-\dfrac{\mathrm{d}U_2}{\mathrm{d}z}=\mathrm{j}\omega LI_2+\mathrm{j}\omega L_mI_1\\[2mm]-\dfrac{\mathrm{d}I_2}{\mathrm{d}z}=\mathrm{j}\omega CU_2+\mathrm{j}\omega C_{ab}U_1\end{cases}
\tag{3-50}
$$

式中：$L=L_a=L_b$ 和 $C=C_a+C_{ab}=C_b+C_{ab}$，它们分别表示在对称耦合传输线中的单条传输线的分布电感和分布电容。

下面以对称耦合传输线方程(3－50)为基础，分开讨论“偶模激励”和“奇模激励”时的传输线方程的解。

(1) 偶模激励时传输线方程的解及偶模特性参数。

图 3－26 所示是“偶模激励”时的对称耦合传输线，如果令图 3－25 中的激励电压 $U_1=U_2=U_{\mathrm{e}}$ 和 $I_1=I_2=I_{\mathrm{e}}$，这就使对称耦合传输线成为了“偶模激励”的情况。因此方程(3－50)就可以改写成以下形式，即

$$
\begin{aligned}
\frac{\mathrm{d}U_e}{\mathrm{d}z}&=-\mathrm{j}\omega(L+L_m)I_{\mathrm{e}}=-Z_{\mathrm{e}}I_{\mathrm{e}}\\
\frac{\mathrm{d}I_e}{\mathrm{d}z}&=-\mathrm{j}\omega(C+C_{ab})U_{\mathrm{e}}=-Y_{\mathrm{e}}U_{\mathrm{e}}
\end{aligned}
\tag{3-51}
$$

式中：$Z_{\mathrm{e}}=\mathrm{j}\omega L(1+\dfrac{L_m}{L})=\mathrm{j}\omega L(1+K_L)$ 为对称耦合传输线“单位长度偶模阻抗”；

$Y_{\mathrm{e}}=\mathrm{j}\omega C(1-\dfrac{C_{ab}}{C})=\mathrm{j}\omega C(1-K_{\mathrm{c}})$为对称耦合传输线“单位长度偶模导纳”；

$K_L=\dfrac{L_m}{L}$ 为对称耦合传输线电感耦合系数；

$K_C=\dfrac{C_{ab}}{C}$ 为对称耦合传输线电容耦合系数。

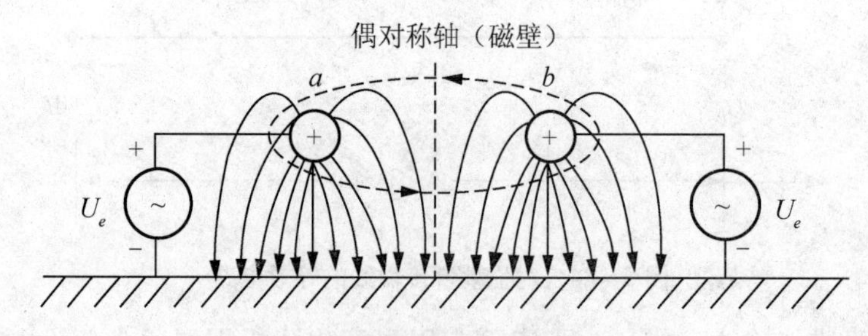

图 3－25　偶模激励时的对称耦合传输线

完全仿照第 1 章由均匀双线传输线方程式(1－5)到式(1－8)的推导过程，对于方程(3－51)可以获得以下解答，即

$$
\begin{aligned}
U_{\mathrm{e}}(z)&=A_1\mathrm{e}^{-\mathrm{j}\beta_{\mathrm{e}}z}+A_2\mathrm{e}^{\mathrm{j}\beta_{\mathrm{e}}z}\\
I_{\mathrm{e}}(z)&=\frac{1}{Z_{0\mathrm{e}}}(A_1\mathrm{e}^{-\mathrm{j}\beta_{\mathrm{e}}z}-A_2\mathrm{e}^{\mathrm{j}\beta_{\mathrm{e}}z})
\end{aligned}
\tag{3-52}
$$

式中：$\beta_e=\omega\sqrt{LC(1+K_L)(1-K_C)}$为偶模相移常数；

$Z_{0e}=\sqrt{\dfrac{Z_e}{Y_e}}=\sqrt{\dfrac{L(1+K_L)}{C(1-K_C)}}$为偶模特性阻抗；

而$v_{pe}=\dfrac{\omega}{\beta_e}=\dfrac{1}{\sqrt{LC(1+K_L)(1-K_C)}}$为偶模相速；

$\lambda_{pe}=\dfrac{2\pi}{\beta_e}=\dfrac{1}{f\sqrt{LC(1+K_L)(1-K_C)}}$为偶模波导波长。

上述4个参数是偶模传输特性参数。

(2) 奇模激励时传输线方程的解及奇模特性参数。

图3-26所示是“奇模激励”时的对称耦合传输线，如果令图3-24中的激励电压$U_1=-U_2=U_0$和$I_1=-I_2=I_0$，这就使对称耦合传输线成为了奇模激励的情况。因此方程(3-50)就可以改写成以下形式，即

$$\begin{aligned}\frac{dU_0}{dz}&=-j\omega(L-L_m)I_0=-Z_0I_0\\\frac{dI_0}{dz}&=-j\omega(C+C_{ab})U_0=-Y_0U_0\end{aligned}\tag{3-53}$$

式中：$Z_0=j\omega L(1-\dfrac{L_m}{L})=j\omega L(1-K_L)$为对称耦合传输线“单位长度奇模阻抗”；

$Y_0=j\omega C(1+\dfrac{C_{ab}}{C})=j\omega C(1+K_c)$为对称耦合传输线“单位长度奇模导纳”；

$K_L=\dfrac{L_m}{L}$ 为对称耦合传输线电感耦合系数；

$K_C=\dfrac{C_{ab}}{C}$ 为对称耦合传输线电容耦合系数。

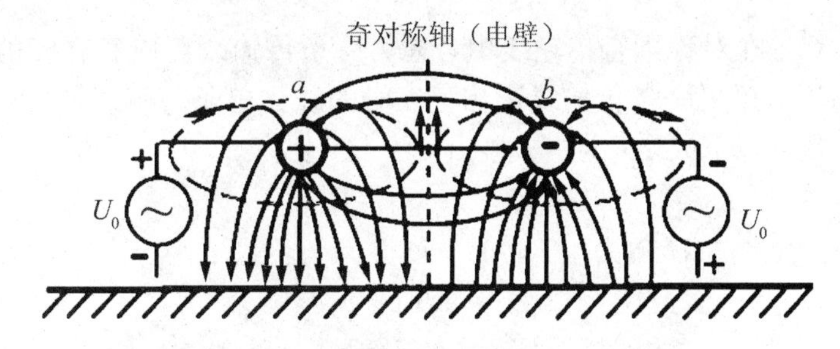

图3-26 奇模激励时的对称耦合传输线

完全仿照第1章由均匀双线传输线方程式(1-5)到式(1-8)的推导过程，对于方程(3-53)可以获得以下解答，即

$$\begin{aligned}U_0(z)&=B_1e^{-j\beta_0z}+B_2e^{j\beta_0z}\\I_e(z)&=\frac{1}{Z_{0e}}(A_1e^{-j\beta_0z}-A_2e^{j\beta_0z})\end{aligned}\tag{3-54}$$

式中：$\beta_0=\omega\sqrt{LC(1-K_L)(1+K_C)}$为奇模相移常数；

$Z_{00}=\sqrt{\dfrac{Z_0}{Y_0}}=\sqrt{\dfrac{L(1-K_L)}{C(1+K_C)}}$为奇模特性阻抗；

$$v_{p0}=\frac{\omega}{\beta_0}=\frac{1}{\sqrt{LC(1-K_L)(1+K_C)}}$$为奇模相速；

$$\lambda_{p0}=\frac{2\pi}{\beta_0}=\frac{1}{f\sqrt{LC(1-K_L)(1+K_C)}}$$为奇模波导波长

上述 4 个参数是奇模传输特性参数。

2) 一些重要结论

以上是将对称耦合传输线采用“偶模激励”和“奇模激励”方法分开来讨论的，从而得出了两套不同的传输特性参数。不过对称耦合传输线通常总是放置在具有介电常数 ε_r 的均匀介质中，而所传输的应该是 TEM 模(而不像处在非均匀介质中的微带线那样，传输的是准 TEM 模)，因此对称耦合传输线上传输的不论是“偶模波”还是“奇模波”，它们传输的相速度都应该等于介质中的光速，即

$$v_{pe}=v_{p0}=\frac{c}{\sqrt{\varepsilon_r}} \tag{3-55}$$

故根据 $v_{pe}=(\omega/\beta)=[1/\sqrt{LC(1+K_L)(1-K_C)}]$ 和 $v_{p0}=(\omega/\beta)=[1/\sqrt{LC(1-K_L)(1+K_C)}]$ 可以看出：放置在均匀介质中的对称耦合传输线的电感耦合系数 K_L 和电容耦合系数 K_C 应该相等，即 $K_L=K_C=K$。因此，放置在均匀介质中的对称耦合传输线的传输特性参数为

$$\beta_e=\beta_0=\omega\sqrt{LC(1-K^2)} \tag{3-56a}$$

$$\lambda_{pe}=\lambda_{p0}=\frac{\lambda_0}{\sqrt{\varepsilon_r}} \tag{3-56b}$$

$$Z_{0e}=\sqrt{\frac{L(1-K)}{C(1+K)}}=Z_0^R\sqrt{\frac{(1+K)}{(1-K)}} \tag{3-56c}$$

$$Z_{00}=\sqrt{\frac{L(1-K)}{C(1+K)}}=Z_0^R\sqrt{\frac{(1-K)}{(1+K)}} \tag{3-56d}$$

式中：$Z_0^R=\sqrt{L/C}$ 是在对称耦合传输线中考虑另一条传输线影响存在时的单条传输线的特性阻抗，它与不考虑另一条传输线影响存在时的独立单条传输线的特性阻抗 Z_0^S(参见式(1-13))可以建立以下关系，即

$$Z_0^R=Z_0^S\sqrt{1-K^2} \tag{3-57}$$

将式(3-57)代入式(3-56c)和式(3-56d)，可得：

$$Z_{0e}=Z_0^S(1+K) \tag{3-58}$$

$$Z_{00}=Z_0^S(1-K) \tag{3-59}$$

根据式(3-58)和式(3-59)可见：独立单条传输线的特性阻抗 Z_0^S 的值，是处在“偶模特性阻抗 Z_{0e} 值”和“奇模特性阻抗 Z_{00} 值”之间的，即

$$Z_{00}<Z_0^S<Z_{0e} \tag{3-60}$$

将式(3-56c)、式(3-56d)相乘，可得

$$(Z_0^R)^2=Z_{0e}\times Z_{00} \tag{3-61}$$

再根据式(3-60)和式(3-61)可得

$$K=\frac{Z_{0e}-Z_{00}}{Z_{0e}+Z_{00}} \tag{3-62}$$

综合上面讨论可得出以下重要结论：

(1) 对称耦合传输线的“偶模特性阻抗 Z_{0e} 值”和“奇模特性阻抗 Z_{00} 值”，跟随传输线 a 和传输线 b 之间的耦合松紧程度变化而变化，即随耦合系数 K 值变化而变化(式(3－58)和式(3－59))。

(2) 对称耦合传输线的“偶模特性阻抗 Z_{0e} 值”和“奇模特性阻抗 Z_{00} 值”相乘的开方是一个等于 Z_0^R 的固定不变值。即上述乘积开方值，等于对称耦合传输线中的传输线 a(或传输线 b)的特性阻抗值 Z_0^R(当存在传输线 b(或传输线 a)的耦合影响时)。

(3) 当传输线 a 和传输线 b 之间的耦合影响不存在时(即耦合系数 $K=0$ 时)，两条传输线就独立了。此时，$Z_{0e}=Z_{00}=Z_0^S$。显然，问题的讨论又回归到单条传输线情况。注意：在单条传输线的情况下不存在“奇偶模”问题，因而其特性阻抗就是 Z_0^s(式(3－58)和式(3－59))。

(4) 如果令 $Z_{0e}=Z_{00}=Z_0^S$，则 $K=0$(式(3－62))，此时对称耦合传输线相关传输特性参数(式(3－56))均与第1章的结论相同。

以上所介绍的对称耦合传输线的基本理论所得结论，可以直接用来描述传输 TEM 波的处在均匀介质中的耦合带状线；但对于传输准 TEM 波的耦合微带线则不能直接引用，需要结合耦合微带线所处的非均匀介质的情况，像处理微带线那样作一些修改。

2. 耦合带状线

图3－27所示是处在均匀介质中的对称耦合带状线结构图，线中传输的是 TEM 波。因此对称耦合带状线的传输特性参数的概念，可以直接引用式(3－55)和式(3－57)作概念性地描述。根据式(3－1)和式(3－57)的概念，可将耦合带状线的“偶模特性阻抗 Z_{0e}”和“奇模特性阻抗 Z_{00}”分别用以下两式表示，即

$$Z_{0e}=\frac{1}{\upsilon_{pe}C_{1e}}=\frac{\varepsilon_r}{c\times C_{1e}} \tag{3-63}$$

$$Z_{00}=\frac{1}{\upsilon_{pe}C_{10}}=\frac{\varepsilon_r}{c\times C_{10}} \tag{3-64}$$

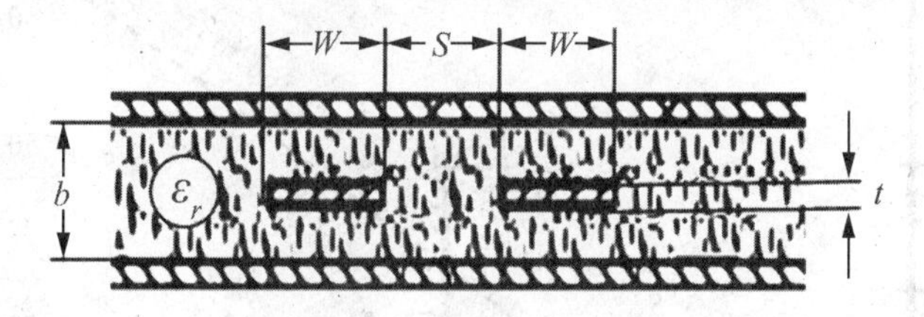

图3－27 耦合带状线的结构

式中：ε_r 是耦合带状线介质基片的介电常数；$c=3\times10^8$ m/s 是光速；C_{1e}是耦合带状线中单条中心导带对接地板的分布电容，称为“偶模分布电容”；C_{10}是耦合带状线中单条中心导带对接地板的分布电容，称为“奇模分布电容”。

和带状线求解一样(图3－8)，如果能求得 C_{1e}和 C_{10}，可根据式(3－63)和式(3－64)就可求得 Z_{0e}和 Z_{00}的表达式。理论上使上保角变换方法可求得 C_{1e}和 C_{10}，从而求得

$$Z_{0e}=\frac{30\pi}{\sqrt{\varepsilon_r}}\frac{K(k_e')}{K(k_e)} \tag{3-65}$$

$$Z_{00}=\frac{30\pi}{\sqrt{\varepsilon_r}}\frac{K(k_0')}{K(k_0)} \tag{3-66}$$

式中：$K(k)$是“第一类全椭圆积分”，k 是它的模数；$K(k')$是“第一类余全椭圆积分”，$k'=\sqrt{1-k^2}$。计算要用到椭圆函数计算很不方便，因而很少采用式(3-67)和式(3-68)计算。通常在设计耦合带状线电路时往往根据电路性能的要求给定 Z_{0e} 和 Z_{00}，要求设计计算耦合带状线的结构尺寸 W 和 S，它们可以使用以下公式计算：

$$\frac{W}{b}=\frac{2}{\pi}\operatorname{arcth}\sqrt{k_e k_0} \tag{3-67}$$

$$\frac{S}{b}=\frac{2}{\pi}\operatorname{arcth}\left[\frac{1-k_0}{1-k_e}\sqrt{\frac{k_e}{k_0}}\right] \tag{3-68}$$

以上两式中模数 k 分别为

$$k_e=\operatorname{th}\left(\frac{\pi}{2}\cdot\frac{W}{b}\right)\cdot\operatorname{th}\left[\frac{\pi}{2}\cdot\left(\frac{W+S}{b}\right)\right]$$

$$k_0=\operatorname{th}\left(\frac{\pi}{2}\cdot\frac{W}{b}\right)\cdot\operatorname{cth}\left[\frac{\pi}{2}\cdot\left(\frac{W+S}{b}\right)\right]$$

工程中只是使用上述相关公式绘制成的工程计算曲线图进行设计计算，图 3-28 和

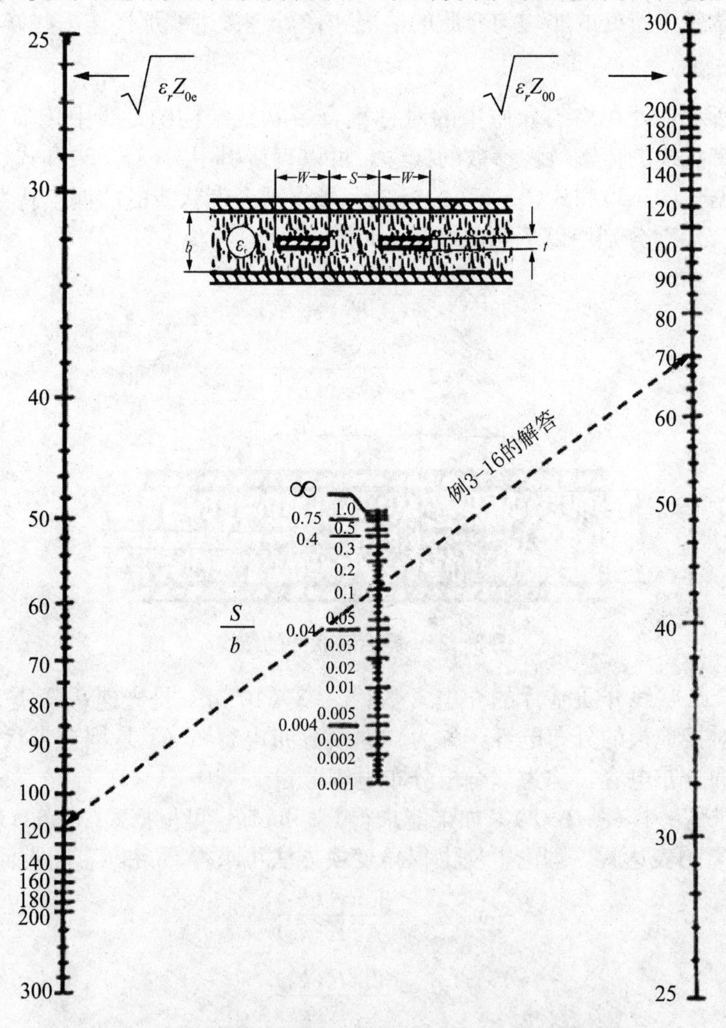

图 3-28　耦合带状线 Z_{0e} 和 Z_{00} 与 S/b 关系列线

图 3－29 给出了这样的工程曲线可供计算使用。使用这些工程曲线可以根据已知的耦合带状线的结构尺寸 W/b 和 S/b 设计计算 Z_{0e} 和 Z_{00}；或根据耦合带状线的 Z_{0e} 和 Z_{00} 设计计算 W/b 和 S/b。图 3－28 和图 3－29 的使用方法是：当求 W/b 和 S/b 时，首先根据已知的 $\sqrt{\varepsilon_r}Z_{0e}$ 和 $\sqrt{\varepsilon_r}Z_{00}$ 值(通常耦合带状线介质基片的介电常数 ε_r 是给定的)在图中左右两边的刻度线上找到对应的读数点，然后连接这两点画一条直系与图中的中间刻度线的“交点”读数就是所求的 W/b 和 S/b 值。例如，两个图中的虚线就是下面例 3－16 的操作实例。

【例 3－16】 某对称耦合带状线的 $b=2\text{mm}$、介质基片的 $\varepsilon_r=2.1$，其 $Z_{0e}=84.1\Omega$ 和 $Z_{00}=48.2\Omega$，试求导带宽度 W 和两导带之间的距离 S。

解：该题查曲线求解。

先计算

$$\sqrt{\varepsilon_r}Z_{00}=\sqrt{2.1}\times48.2\Omega\approx70\Omega$$

$$\sqrt{\varepsilon_r}Z_{0e}=\sqrt{2.1}\times84.1\Omega\approx122\Omega$$

查找图 3－28 和图 3－29 所示的曲线可读得 $(S/b)\approx0.1$ 和 $(W/b)\approx0.5$。因为 $b=2\text{mm}$ 故得 $S=0.2\text{mm}$ 和 $W=1\text{mm}$。

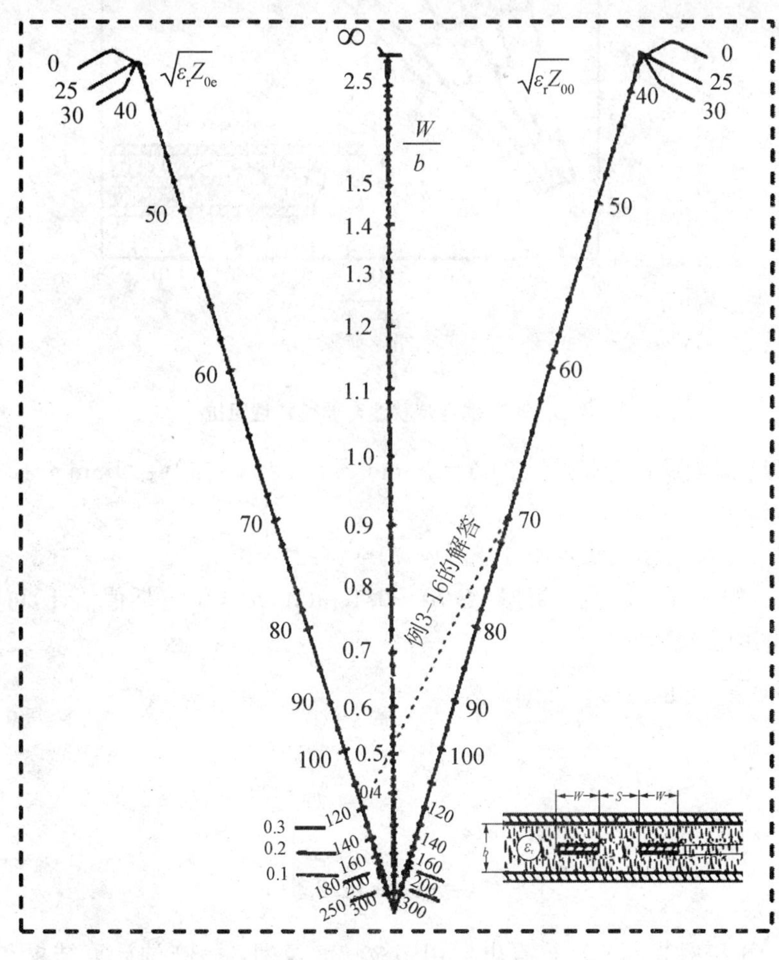

图 3－29　耦合带状线的 Z_{0e} 和 Z_{00} 与 W/b 关系列线

图 3-30 给出了的另一种工程曲线可供计算使用，使用这种工程曲线也可以根据已知的耦合带状线的结构尺寸 W/b 和 S/b 设计计算 Z_{0e} 和 Z_{00}；或根据耦合带状线的的 Z_{0e} 和 Z_{00} 设计计算 W/b 和 S/b，这种曲线使用方便快捷但需要插值估算。

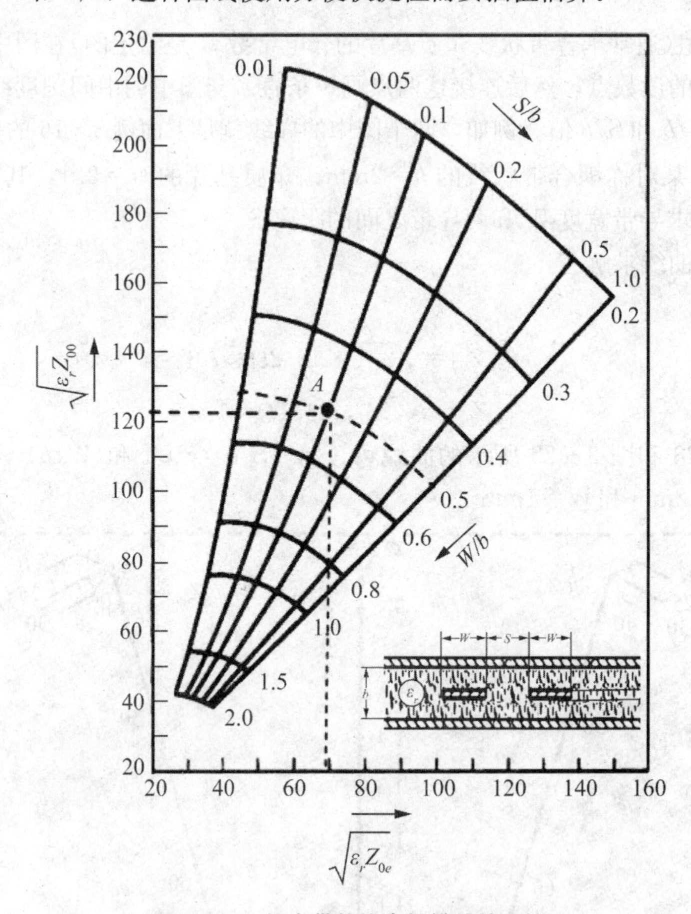

图 3-30　耦合带状线奇偶模特性阻抗

【例 3-17】某对称耦合带状线的 b=2mm、S=0.2mm 和 W=1mm 介质基片的 ε_r=2.1，试求：Z_{0e} 和 Z_{00}。

解：计算 $(S/b)=(0.2/2)=0.1$ 和 $(W/b)=(1/2)=0.5$。

查找图 3-30 所示的曲线，根据 $(S/b)\approx0.1$ 和 $(W/b)\approx0.5$(插值估计)可找到图中 A 点，读得(见图中虚线)

$\sqrt{\varepsilon_r}Z_{0e}=\sqrt{2.1}\times84.1\Omega\approx122\Omega$，故得

$$Z_{0e}=\frac{122}{\sqrt{\varepsilon_r}}\approx84.1\Omega$$

$\sqrt{\varepsilon_r}Z_{00}=\sqrt{2.1}\times48.2\Omega\approx70\Omega$，故得

$$Z_{00}=\frac{70}{\sqrt{\varepsilon_r}}\approx48.2\Omega$$

由例 3-16 和例 3-17 计算看出：用图 3-28 及图 3-29 的计算结果和用图 3-30

进行反向计算的结果基本吻合。这表明在微波工程中使用工程曲线计算是可信的和方便的，它可以免去许多数学公式的繁琐的数值计算；但对于一些特定微波工程问题，仍需利用计算机求数值解(实际上微波工程曲线，通常也是一种数值解的结果)。

3. 耦合微带线

图3-31所示是耦合微带线结构图；对于传输准TEM波的耦合微带线不能直接引用式(3-58)的概念，需结合耦合微带线所处的非均匀介质的情况像处理微带线那样作一些修改。式(3-56)是在式(3-55)前提下获得的，即在传输TEM波的前提下将“偶模”和“奇模”可以进行统一讨论；而对于传输准TEM波的耦合微带线，须将“偶模”和“奇模”分开来讨论。由图3-25和图3-26看出：“偶模”和“奇模”的电磁场分布是不同的，耦合线之间奇模耦合比偶模耦合更紧。因此，奇模分布电容要比耦模分布电容大；因而根据式(3-29)“偶模”和“奇模”应该具有不同的有效介电常数，它们可以分布用以下两式表示：

$$\varepsilon_{ee}=\frac{C_{1e}(\varepsilon_r)}{C_{0e}(\varepsilon_0)} \tag{3-69}$$

和

$$\varepsilon_{e0}=\frac{C_{10}(\varepsilon_r)}{C_{00}(\varepsilon_0)} \tag{3-70}$$

式中：$C_{1e}(\varepsilon_r)$和$C_{10}(\varepsilon_r)$分别为用介质ε_r填充的耦合微带线的“偶模”和“奇模”分布电容；$C_{1e}(\varepsilon_0)$和$C_{10}(\varepsilon_0)$分别为空气耦合微带线的“偶模”和“奇模”分布电容。

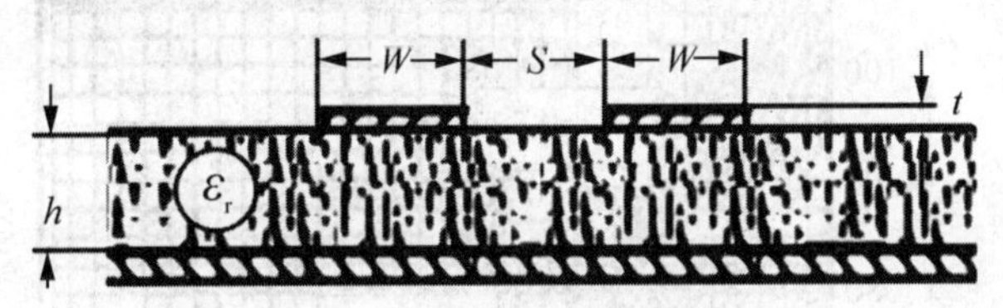

图3-31　耦合微带线结构图

引入“偶模”和“奇模”微带线所对应的不同有效介电常数概念后，就可以将微带线的特性参数综合表示如下。

1）耦合微带线的偶模传输特性参数

$$\upsilon_{pe}==\frac{c}{\sqrt{\varepsilon_{ee}}} \tag{3-71a}$$

$$\lambda_{pe}==\frac{\lambda_0}{\sqrt{\varepsilon_{ee}}} \tag{3-71b}$$

$$\beta_e=\frac{2\pi}{\lambda_{pe}} \tag{3-71c}$$

$$Z_{0e}=\frac{1}{\upsilon_{pe}C_{1e}(\varepsilon_r)}=\frac{Z_{0S}}{k}\quad 0\leqslant k\leqslant 1 \tag{3-71d}$$

2）耦合微带线的奇模传输特性参数

$$\upsilon_{p0}==\frac{c}{\sqrt{\varepsilon_{e0}}} \tag{3-72a}$$

$$\lambda_{p0}=\frac{\lambda_0}{\sqrt{\varepsilon_{e0}}} \tag{3-72b}$$

$$\beta_0=\frac{2\pi}{\lambda_{00}} \tag{3-72c}$$

$$Z_{00}=\frac{1}{\upsilon_{p0}C_{10}(\varepsilon_r)}=Z_{0S}k \quad 0\leqslant k\leqslant 1 \tag{3-72d}$$

如果能具体求得 $C_{1e}(\varepsilon_r)$、$C_{10}(\varepsilon_r)$和 $C_{1e}(\varepsilon_0)$、$C_{10}(\varepsilon_0)$的值，则根据上面所得的式(3-69)、式(3-2)和式(3-71d)、式(3-72d)就可求得 Z_{0e}和 Z_{00}的最终表达式。式中 k 是耦合微带线之间的耦合系数，Z_{0S}是耦合微带线中不考虑另一条微带线存在时的独立单条微带线的特性阻抗(此时的 $k=0$)。在理论上具体求解过程将涉及许多远远超出本书范围的数学方法(例如保角变换法、积分方程法和单微带线方法等)，本书不拟讨论。另外，从工程实际出发通常给出一些工程曲线和数据表供设计使用。图 3-32 和表 3-4 是耦合微带线介质基片的 $\varepsilon_r=9.6$ 的奇偶模特性阻抗的工程曲线和数据表(部分值)；图 3-33 是耦合微带线介质基片的 $\varepsilon_r=10$ 的奇偶模特性阻抗的工程曲线；关于更多的工程曲线和数据表可查阅相关的微波工程手册。

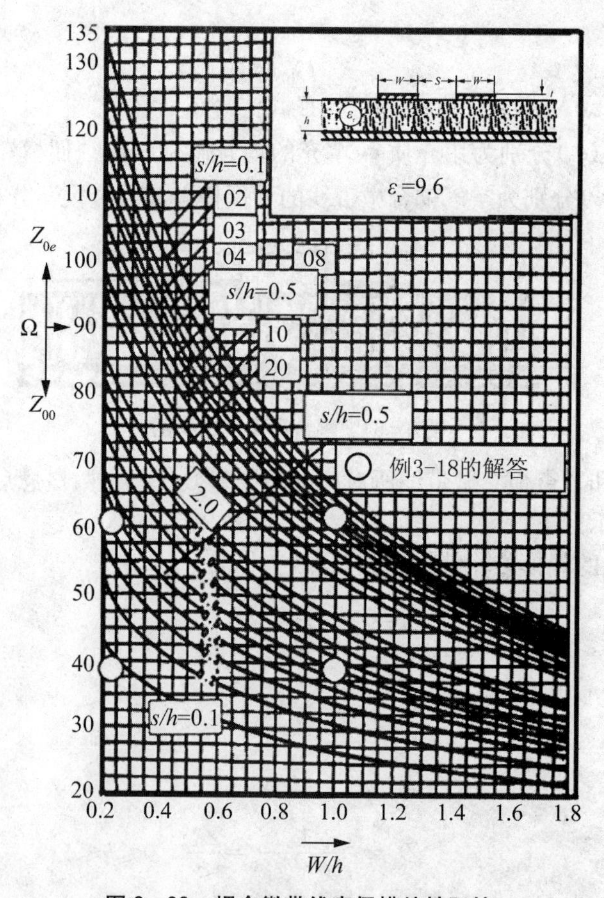

图 3-32 耦合微带线奇偶模特性阻抗

【例 3-18】某对称耦合微带线的 $h=0.8$mm、$W=0.8$mm、$S=0.4$mm 和介质基片的 $\varepsilon_r=9.6$，试求 Z_{0e}和 Z_{00}。

解：① 计算 $\frac{S}{h}=\frac{0.4}{0.8}=0.5$　和　$\frac{W}{h}=\frac{0.8}{0.8}=1$

② 查找图 3－33 读得

$$Z_{0e}\approx 61\Omega \quad 和 \quad Z_{00}\approx 37.5\Omega$$

③ 查找表 3－4 读得

$$Z_{0e}\approx 59.72\Omega \quad 和 \quad Z_{00}\approx 39.47\Omega$$

由以上计算看出：查找图 3－33 和找表 3－4 所获得的结果稍微有出入，工程上这是允许的。

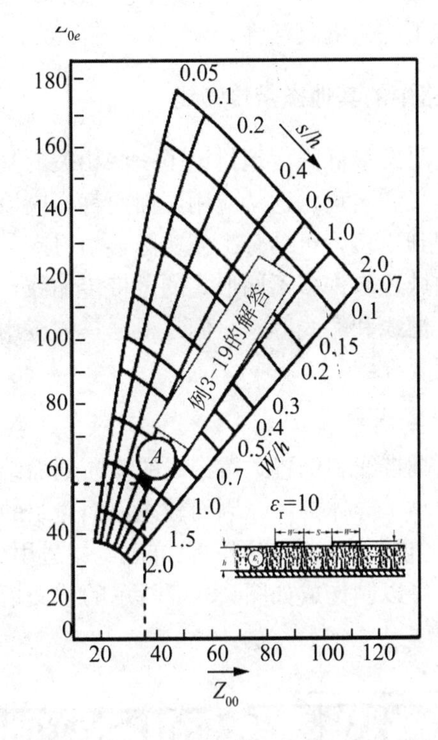

图 3－33　耦合微带线奇偶模特性阻抗

表 3－4　耦合微带线奇偶模特性阻抗数据表

$\frac{S}{h}$	$\frac{W}{h}=0.1$		0.5		1.0		1.5		2.0	
	Z_{00}	Z_{0e}	Z_{00}	Z_{0e}	Z_{00}	Z_{0e}	Z_{00}	Z_{0e}	Z_{00}	Z_{0e}
$\varepsilon_r=9.6$										
0.05	44.88	145.41	30.49	93.96	25.69	65.88	22.78	50.98	20.59	41.68
0.1	53.79	141.70	35.19	92.13	29.01	64.99	25.36	50.54	22.67	41.33
0.5	80.92	125.23	50.77	82.18	37.47	59.72	33.08	47.23	28.66	39.16
1.0	92.48	116.33	58.26	76.10	44.33	56.24	36.51	45.03	31.23	37.64
1.5	97.66	112.37	61.81	73.28	46.64	54.58	38.11	43.95	32.41	36.89
2.0	100.29	110.51	63.67	71.98	47.83	53.80	38.96	43.44	33.04	36.53

【例3-19】某对称耦合带状线的 $h=0.8\text{mm}$、$W=0.8\text{mm}$、$S=0.4\text{mm}$ 和介质基片的 $\varepsilon_r=10$，试求 Z_{0e} 和 Z_{00}

解：① 计算 $\dfrac{S}{h}=\dfrac{0.4}{0.8}=0.5$ 和 $\dfrac{W}{h}=\dfrac{0.8}{0.8}=1$

② 查找图3-33找到图中的A点，读得(图中虚线)：$Z_{0e}\approx58\Omega$、$Z_{00}\approx36\Omega$

根据例3-18和例3-19计算看出：耦合微带线介质基片的介电常数的微小变化(ε_r 由9.6变化到10)，对 Z_{0e} 和 Z_{00} 的数值变化影响仅在几欧姆范围内，说明耦合微带线介质基片的选择有一定的灵活性。因为在微波工程中根据计算结果制作的产品往往要经过调测定型，因而也给理论计算留有了一定的灵活性。

3.1.5 应用在微波集成电路中的其他微带传输线

前面从工程应用的角度出发最低限度地讨论了一些相关的基本工程理论计算，同时也使读者熟悉了许多参数的含义和名称。这从应用层面而言，应该说有上述内容做基础也就够用了；如果实际中需要用到更多，可结合工作实际再学习。

应用在微波集成电路领域还有许多不同形式的微带传输线，例如：悬置式微带线、倒置式微带线、共面传输线、槽线和鳍线等。它们是根据具体应用需要而制作的一些应用型微带线，下面分别做一些简要介绍。

1. 悬置式微带线和倒置式微带线

图3-34所示是悬置式微带线和倒置式微带线的横向剖面结构图。这种形式的微带线由于悬置在导体接地面上减小了导体损耗，因而较之前面介绍的微带线的 Q 值要高出许多(通常 $Q=500\sim1500$)；加之它具有较宽范围的阻抗值，最适用于制作微波滤波器。例如，将它们制作成耦合微带线就可以制作成如图3-35所示的“交指滤波器”。

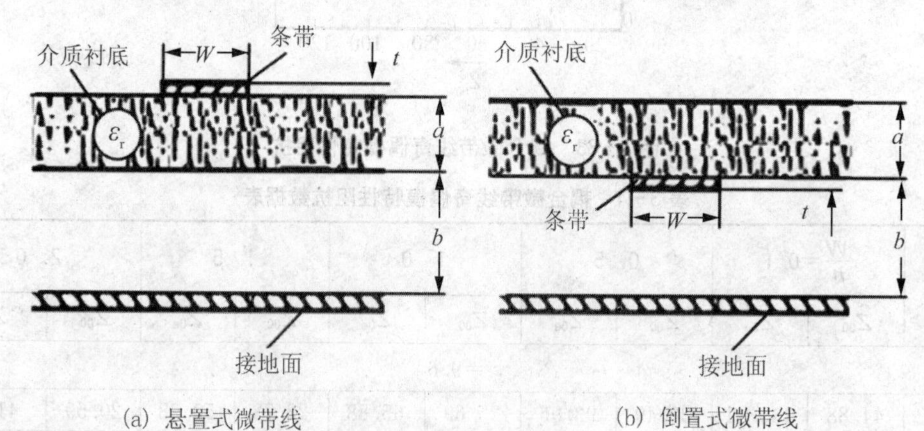

图3-34 悬置衬底微带结构

2. 槽线

在3.1.3中曾指出，槽线是制作一些特殊微带集成电路元件的微带传输线。例如，在微带集成电路中需要用到高阻抗线、串联短路线、需要构成短路线和微带电路的混合组合电路等，都要用到槽线。图3-36所示是槽线的结构图，它是在介质基片的一个侧面的金

属涂层上刻一条宽度为 W 的槽而构成。在槽线中电磁波沿“槽”传输其主要电场分量垂直于槽的方向，传输的模式基本上属于 TE 波的性质(但与波导中的 TE 波又有所不同)；因为槽线是双导体结构(像双线传输类似的结构)，所以它没有截止频率。

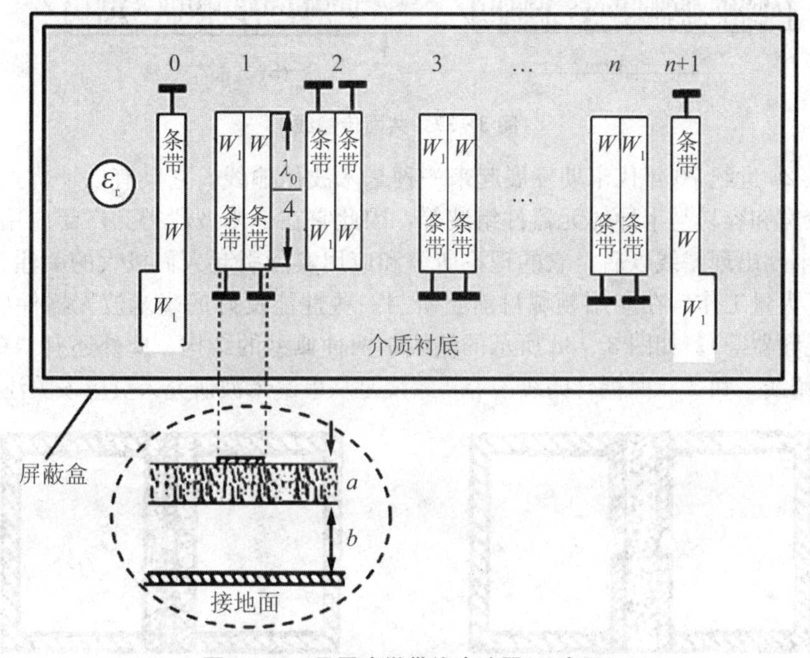

图 3－35　悬置式微带线滤波器(示意图)

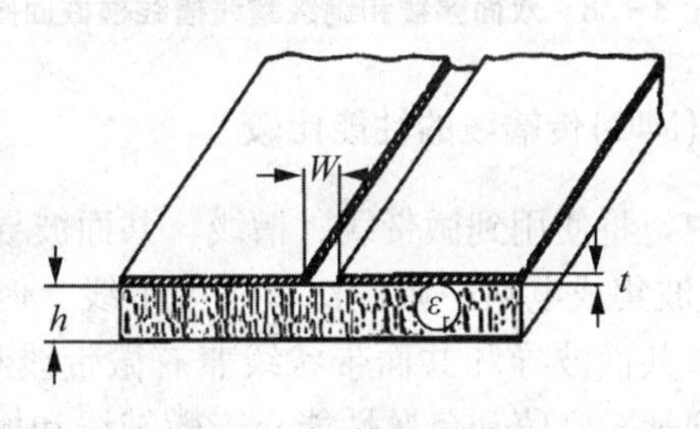

图 3－36　槽线结构图

3. 简要谈谈共面传输线和鳍线

共面传输线结构如图 3－37 所示，它的基本结构有如图 3－37(a)所示的共面波导和如图 3－37(b)所示的共面带状线两种形式，后者是共面波导的一种互补形结构。共面传输线主要用于毫米波波段，在较高的频率下的共面波导传输的是准 TEM 模，它具有纵向磁场分量。准 TEM 模的共面波导的槽中介质交界面处，将存在椭圆极化磁场，这使得它特别适用于使用非互易铁氧体器件(参见第 5 章，因为铁氧体器件的使用环境需要圆极化波)。共面波导和共面带状线的特点是易于与外接元件串、并联联接。在微波频率低端，共面带状线可以用在高速计算机电路中传送信息。

共面传输线无论是分析方法或是工程设计曲线的内容都非常丰富，本书无法进一步涉及。例如，为了微波集成电路的需要，通常将共面波导制作在半导体基片上(例如，制作在砷化镓 G_aA_S基片上)便于和半导体有源器件集成等，这些都是读者应该关注的。

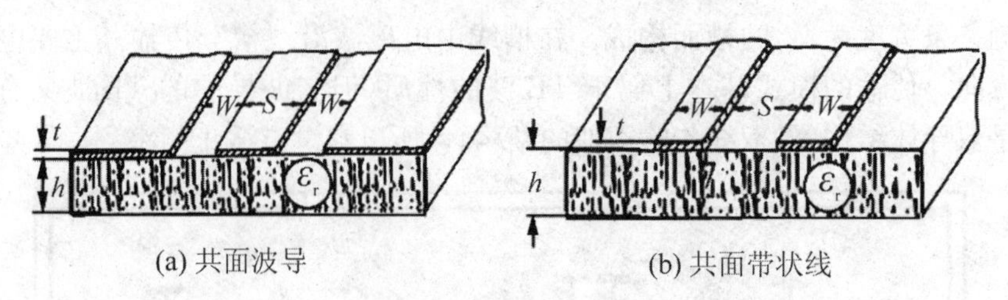

图 3-37　共面传输线

鳍线是 20 世纪 70 年代末期发展起来一种毫米波传输线，它具有以下优点：色散低、单模频带较宽和容易与半导体元器件组装等，因此它在毫米波段得到广泛应用。自 20 世纪 70 年代末期出现鳍线以后，它的理论研究和应用实际引起人们极大的关注。在理论领域人们做了大量工作，在应用领域目前已研制一些性能良好的毫米波元器件(如谐振腔、滤波器和混频器等)。如图 3-38 所示的鳍线是两种典型的结构，此外还有"单面鳍线"、"单面耦合鳍线"和"双面耦合鳍线"等，鳍线是从事毫米波研究人员应该关注的。

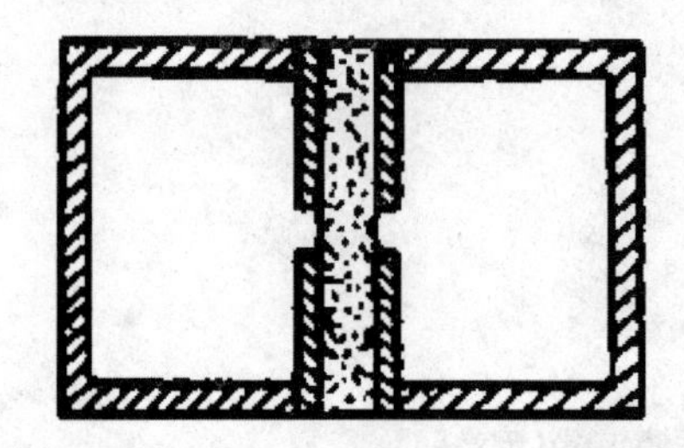

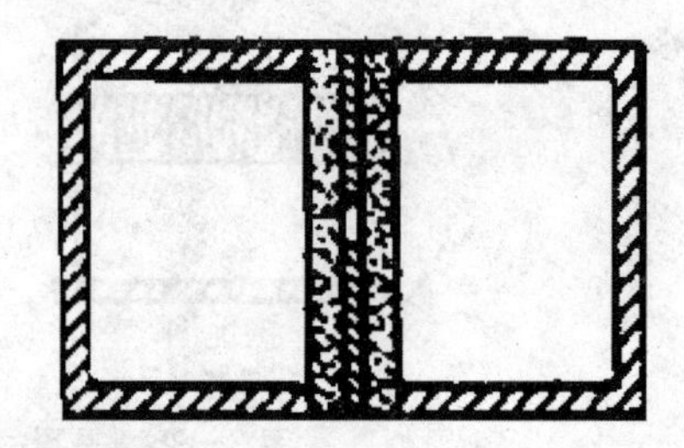

图 3-38　双面鳍线和绝缘鳍线槽线横截面图

3.1.6　各种微波集成电路(MIC)传输线的性能比较

在混合微波集成电路中，将使用到微带线、槽线、共面波导和共面带状线；而在类似于图 3-1(c)那样的单片微波集成电路中则广泛使用微带线，但是否可能使用共面波导也引起关注。一般的看法是：共面波导和共面带状线兼有微带线和槽线所具有的一些优点，而它们的功率容量、辐射损耗、Q 值和色散性能介于微带线和槽线之间；共面波导和共面带状线最大的特点是在其上外接元器件易于串、并联连接，而微带线仅串联联接方便；槽线适合并联联接元器件。在表 3-5 中对以上 4 种微波集成电路传输线的性能作了一个较全面的比较，以供参考。

表 3-5　4 种集成电路传输线性能比较

性能参数	微带线	槽线	共面波导	共面带状线
阻抗范围/Ω	20～110	55～300	25～155	45～280
有效介电常数 $\varepsilon_r=1$，$h=0.64$mm	6.5	4.5	5	5
功率容量	高	低	中等	中等
辐射损耗	低	高	中等	中等

续表

性能参数	微带线	槽线	共面波导	共面带状线
空载Q值	高	低	中等	低(当阻抗低时) 高(当阻抗高时)
色散	小	大	中等	中等
元件安装难易度 并联 串联	 难 易	 易 难	 易 易	 易 易
工艺难点	陶瓷孔、边缘电容	双面腐蚀	/	/
椭圆极化磁场结构	不能用	能用	能用	能用
封装尺寸	小	大	大	大

3.2 介质波导和光纤综述

3.2.1 介质波导简介

1. 先谈介质传输线的导波原理

不止一次提到，在任何一种传输线中只要满足由麦克斯韦方程所表达的交变电磁场的基本规律，同时交变电磁场又能满足传输线空间的边界条件，则交变电磁场将以电磁波的形态被传输线引导传输。金属波导(金属双线传输线、金属矩形波导、金属圆波导、金属同轴传输线和金属加介质组成的微带线)中满足了由麦克斯韦方程所表达的交变电磁场的基本规律同时交变电磁场又满足金属波导空间中的边界条件，故能引导电磁波传输。试问：由纯介质构成的传输线能否引导电磁波传输？答案是：要看介质传输线是否能获得以上两个“满足”。

图 3-39 所示是两种常用的介质传输线，图 3-39(a)是圆柱形介质波导、图 3-39(b)是光纤(又称为光导纤维)。圆柱形介质波导是一种圆柱形介质(例如聚丙烯)传输线，光纤是由两层具有不同折射率玻璃(纤芯和包层)介质构成的介质传输线。由图 3-40 不难看出：如果将电磁波(光也是电磁波)投射进入图中两种传输线中而不向外泄漏，就形成了电磁波在介质中传播的情况。如果按照“射线光学理论”理解，电磁波在介质传输线中传播就是图中射线“之”字形的传播途径。

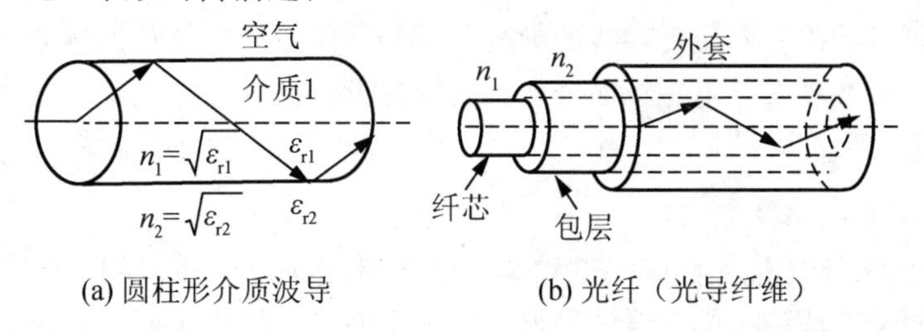

(a) 圆柱形介质波导　(b) 光纤（光导纤维）

图 3-39　两种介质传输线

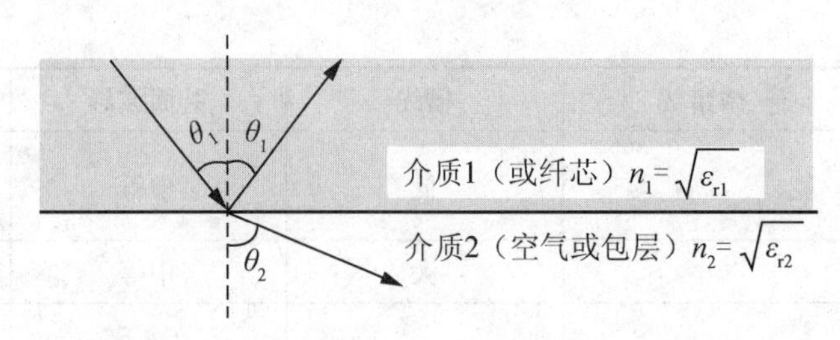

图 3-40　电磁波在两种介质分界面的反射和折射

如果将圆柱形介质波导和空气的交界面(或将光纤的纤芯和包层的交界面)理解成图 3-40 所示的两种介质的交界面，显然电磁波在介质传输线中"之"字形的射线传播途径，必须遵守以下折射定律，即

$$\frac{\sin\theta_1}{\sin\theta_2}=\frac{n_2}{n_1} \tag{3-73}$$

式中：$n_1=\sqrt{\varepsilon_{r1}}$ 和 $n_2=\sqrt{\varepsilon_{r2}}$ 分别是介质层 1 和介质层 2 的折射率；ε_{r1} 是介质层 1 的介电常数；ε_{r2} 是介质层 2 的介电常数；θ_1 为入射角(或反射角)；θ_2 为折射角。

在式(3-73)中如果 $\theta_2=90°$，则有

$$\theta_1=\theta_c=\arcsin\left(\frac{n_2}{n_1}\right) \tag{3-74}$$

式中：角 θ_c 称为"临界角"，即临界角 θ_c 是折射角 $\theta_2=90°$时的入射角 θ_1。显然，当入射角 $\theta_1>\theta_C$ 时电磁波将在介质层 1 中产生全反射、无折射电磁波进入介质层 2。注意：只有 $n_1>n_2$ 时，才能使 $\theta_1>\theta_C$；这就是介质传输线引导电磁波传输的基本条件，图 3-40 所示是两种常用的介质传输线都能满足这一条件。因此，介质波导的介质折射率 $n_1>n_2$(n_2 一般为空气的折射率)和光纤的纤芯折射率 $n_1>n_2$(n_2 为包层折射率)。

图 3-40 所示的介质传输线中"之"字形的电磁波传播射线，应该是 TEM 平面波的传播途径，而且应该和由图 2-25 所示的金属波导中 TEM 波束的性质是一样的。两者不同点是：图 3-40 中的 TEM 波束反射面是介质面；图 2-25 中的 TEM 波束反射面是金属，即两者的边界条件是不同的。用部分波的概念看：图 3-39 所示的介质传输线中，TEM 波束将干涉形成各种不同类型的导波模电磁场；如果介质传输线出现折射，传输线外面将产生电磁场(这种电磁波将沿着介质传输线的横截面方向，按指数规律很快地衰减掉)。用纯数学概念看：在图 3-39 所示的介质传输线中求解无源麦克斯韦分量方程(2-79)，可以获得数学意义上的各种不同类型的导波模；根据介质传输线的边界条件还可以获得介质传输线外面电磁场分两的具体表达式。注意：对于金属圆波导，由于电磁场屏蔽在波导管中，因此金属圆波导外面是不可能存在电磁场的。

综上所述可以看出，介质传输线的导波原理和金属波导的导波原理是一样的，其主要区别是：介质传输线外面有电磁场而金属圆波导却没有波导外的电磁场。介质传输线和金属波导都是传输电磁波的载体。

2. 圆柱形介质波导简介

在 20 世纪六七十年代人们曾一度将金属波导应用于毫米波段构成各种传输器件，但终因尺寸相对厘米波段使用的金属波导尺寸过于小而难以精加工制造；例如制造一台毫米

波微波通信机要使用大量的铜材又难实现小型化，最后不得不将目光转向了介质传输线。目前，介质波导在毫米波和亚毫米波段获得广泛应用。实用的介质波导的类型很多，在图 3-41 中给出了几种不同用途的介质波导。实用类型介质波导大体上可分为以下两大类：① 开放式介质波导，例如图 3-41(a)、(b)、(c)和(d)属于开放式介质波导；② 半开放式介质波导，例如图 3-41(e)属于半开放式介质波导。

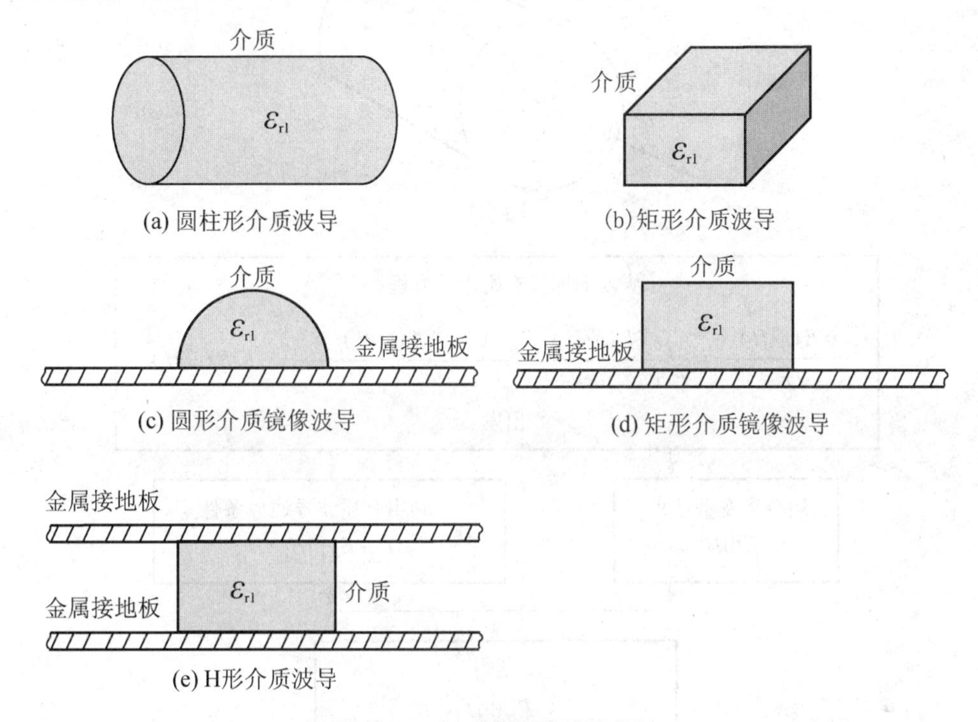

图 3-41　几种介质传输线举例

介质传输线(含介质波导和光纤)的理论层面过于繁杂(基本理论方法在第 2 章已进行了较为详细的讨论)，出于本书的宗旨不拟再过多涉及介质传输线的理论层面。下面仅就介质圆柱形介质波导和光纤的一些主要传输特性，作一些实用性的讨论和介绍。另外，对图 3-41 中的(c)、(d)和(e)几种介质波导不作进一步介绍，它们都是适应实际需要而设计的(例如，镜像介质波导可以解决介质波导所需的支撑问题)；毫米波段使用的介质镜像波导容易制造、损耗也不大，远比毫米波段使用的金属波导优越(例如，8 毫米波段使用的传输 TE_{10} 模的矩形金属波导横截面尺寸都为毫米数量级很难拉制，在 20 世纪六七十年代因科研需要，曾拉制过这样的金属波导)；矩形介质镜像波导，最适合使用在毫米波段的有源电路中；H 形介质波导也远比金属波导优越，它的传输主模 LSE_{10e} 类似于矩形金属波导中的 TE_{10} 模而占有金属波导的优点，但它的截止频率为零又占有宽带传输的优点。

1）圆柱形介质波中的导波模的 4 个纵向电磁场分量

对图 3-41(a)所示圆柱形介质波导进行数学描述的基本方法是：在圆柱形介质波导中求解无源麦克斯韦分量方程(2-79)，从而获得数学意义上的各种不同类型的导波模。其求解过程类似金属圆波导中的求解过程，只是方程(2-79)此时应该满足圆柱形介质波导的边界条件。为此，将圆柱形介质波导放置在图 3-42 所示的圆柱坐标中，按照图中流程求解；之后，可得到圆柱形介质波导中各种不同类型的导波模型的表达式。求解过程中利用圆柱形介质波导在 $r=a$ 处(即介质和空气交界处)的“切线场”连续的边界条件 $E_{z1}=E_{z2}$ 和 $H_{z1}=H_{z2}$，可以同时得到 E_{z1}、H_{z1} 和 E_{z2}、H_{z2} 以下 4 个纵向分量。

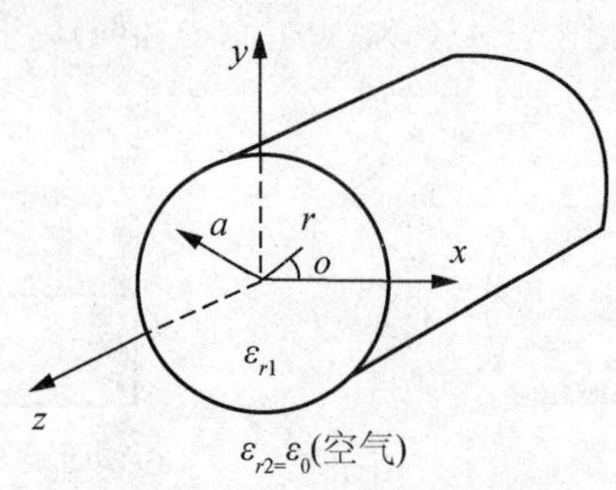

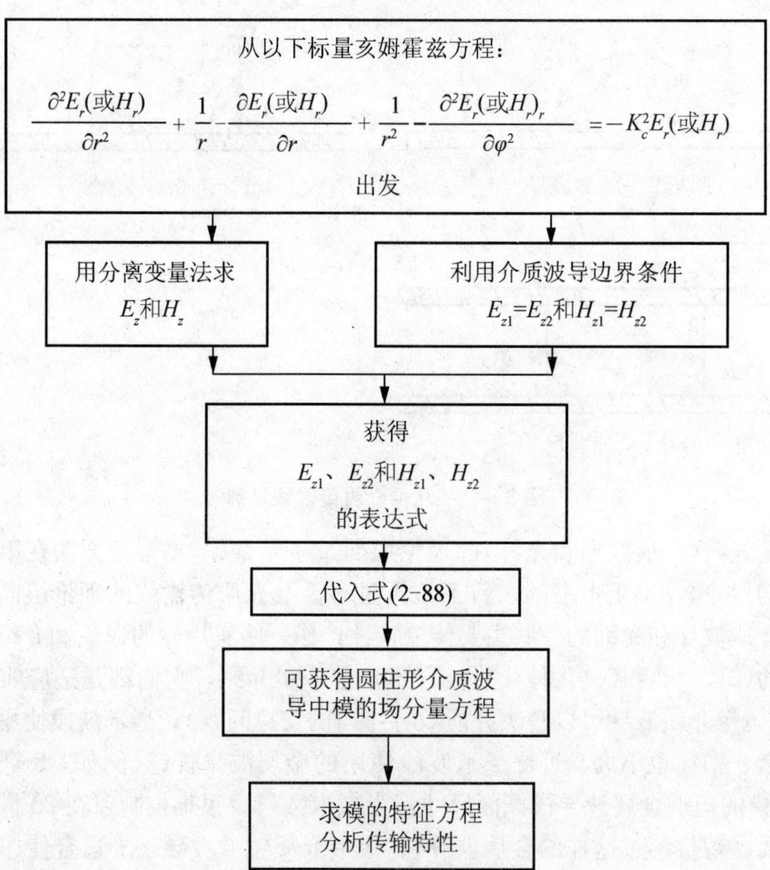

图 3-42　圆柱形介质波导导波场的求解流程图

在圆柱形介质波导内部，即在 $r\leqslant a$ 的空间：

$$E_{z1}=\frac{A}{J_m(u)}J_m\left(\frac{u}{a}r\right)e^{j(\omega t-\beta_z)}$$

$$H_{z1}=\frac{B}{J_m(w)}J_m\left(\frac{w}{a}r\right)e^{j(\omega t-\beta_z)} \tag{3-75a}$$

在圆柱形介质波导外部，即在 $r>a$ 的空间(空气中)：

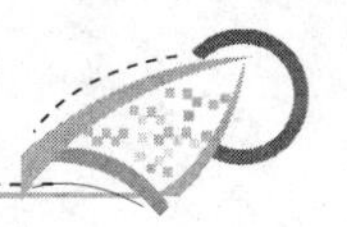

$$E_{z2}=\frac{A}{K_m(u)}K_m(\frac{w}{a}r)\mathrm{e}^{\mathrm{j}(\omega t-\beta_z)}$$
$$H_{z2}=\frac{B}{K_m(u)}K_m(\frac{w}{a}r)\mathrm{e}^{\mathrm{j}(\omega t-\beta_z)} \tag{3-75b}$$

式中：$J_m(x)$是第一类 m 阶贝塞尔函数；$K_m(x)$是第二类 m 阶变态贝塞尔函数；A 和 B 是任意常数。如果$|x|$很大，则 $K_m(x)$可以表示为(参见附录二)

$$K_m(x)\approx\sqrt{\frac{\pi}{2x}}\mathrm{e}^{-x}$$

因此在圆柱形介质波导外部的场，随着 r 的增加将按指数规律衰减消失掉；而

$$u=K_{c1}a=\sqrt{K_0^2\varepsilon_{r1}-\beta_z^2}\,a \tag{3-76a}$$

$$w=K_{c2}a=\sqrt{\beta_z^2-K_0^2\varepsilon_{r2}}\,a \tag{3-76b}$$

$$K_0=\omega^2\mu_0\varepsilon_0 \tag{3-76c}$$

式中：u(或 K_{c1})为圆柱形介质波导的内部沿半径 r 方向的相移常数；而 K_0 是向自由空间中的相移常数；β_z 是介质波导传输方向的相移常数；w(或 $K_{c2}>0$ 时)为圆柱形介质波导的外部沿 r 方向的衰减常数。注意：为了使数学意义上的各种不同类型的导波模在圆柱形介质波导的内部传输而不产生向波导外辐射，必须要求 $u>0$ 和 $w>0$ 且为正实数，即

$$K_0<\beta_z<K_0\sqrt{\varepsilon_{r1}} \tag{3-77a}$$

或

$$K_{c2}<\beta_z<K_{c1} \tag{3-77b}$$

根据式(3-76b)可以得出以下 3 点结论。

(1) 当 $\beta_Z>K_0$ 时，介质波导内部导波电磁场沿传输 z 方向的相速 $v_p=\omega/\beta_z$ 小于介质波导外部电磁波沿传输 z 方向的传播光速 c，这是一种正常传输状态。此时，$K_{c2}>0$(或 $w>0$)，介质波导外部为沿 r 方向衰减传输的电磁波。

(2) 当 $\beta_Z<K_0$ 时，介质波导内部导波电磁场沿传输 z 方向的相速 $v_p=\omega/\beta_z$ 大于介质波导外部电磁波沿传输 z 方向的传播光速 c，这是一种不可能的反常传输状态。此时，K_{c2} 为"虚数"(或 w 为虚数)，意味着介质波导外部为沿半径 r 方向辐射的电磁波。

(3) 当 $\beta_Z=K_0$ 时，介质波导内部导波电磁场沿传输 z 方向的相速 $v_p=\omega/\beta_z$ 等于介质波导外部电磁波的传播光速 c，这相当于电磁波在同一种介质(空气中)的传输状态。此时，$K_{c2}=0$(或 $w=0$)意味着介质波导处在一种电磁波既不出现传输、又不产生辐射的"临界状态"。

2) 圆柱形介质波中的一些导波模

圆柱形介质波导中的导波模是用自身的特征方程描述的，利用它可以确定圆柱形介质波导中有可能出现的一些模型和它们的传输特性等。根据 $r=a$ 处(即介质和空气交界处)的"切线场"连续的边界条件：$E_{\varphi1}=E_{\varphi2}$和 $H_{\varphi1}=H_{\varphi2}$(由图 3-42 流程图求得的导波场分量方程的 φ 分量)，可以求得圆柱形介质波导中导波模的特征方程：

$$CF_1\times CF_2-CF_3^2=0 \tag{3-78}$$

式中：

$$CF_1=\frac{J'_m(u)}{u}+\frac{K'_m(w)J_m(u)}{\varepsilon_{r1}wK_m(w)} \tag{3-78a}$$

$$CF_2=\frac{J'_m(u)}{u}+\frac{K'_m(w)J_m(u)}{wK_m(w)} \tag{3-78b}$$

$$CF_3=\frac{m\beta_z}{K_0\sqrt{\varepsilon_{r1}}}J_m(u)(\frac{1}{u^2}+\frac{1}{w^2}) \tag{3-78c}$$

特征方程(3-78)是描述圆柱形介质波导中所有类型导波模的，对于 $m=0$ 的一类模式(3-78c)等于零。此时，特征方程(3-78)就变成为

$$CF_1\times CF_2=0 \tag{3-79a}$$

显然，该特征方程仅能描述介质波导中的 TE_{0n} 波和 TM_{0n} 波。当 $CF_1=0$，即

$$CF_1=\frac{J'_0(u)}{u}+\frac{K'_0(w)J_0(u)}{\varepsilon_{r1}wK_0(w)}=0 \tag{3-79b}$$

应该是 TM_{0n} 波的特征方程。此时，根据式(3-75)可以看出：介质波导中仅有以下两个纵向电磁场分量，即

$$E_{z1}=\frac{A}{J_0(u)}J_0(\frac{u}{a}r)e^{j(\omega t-\beta_z)}$$

$$E_{z2}=\frac{A}{K_0(u)}K_0(\frac{w}{a}r)e^{j(\omega t-\beta_z)}$$

而当 $CF_2=0$，即

$$CF_2=\frac{J'_0(u)}{u}+\frac{K'_0(w)J_0(u)}{wK_0(w)}=0 \tag{3-79c}$$

应该是 TE_{0n} 波的特征方程。此时，根据式(3-75)可以看出：介质波导中仅有以下两个纵向电磁场分量，即

$$H_{z1}=\frac{B}{J_0(w)}J_0(\frac{w}{a}r)e^{j(\omega t-\beta_z)}$$

$$H_{z2}=\frac{B}{K_m(u)}K_m(\frac{w}{a}r)e^{j(\omega t-\beta_z)}$$

对于 $m\geqslant1$ 的一类模式应该完整的用特征方程(3-79)描述，此时介质波导中应有由式(3-75)所表示的4个纵向电磁场分量。即是说：圆柱形介质波导中不存在 $m\neq0$ 的单纯 TE_{mn} 波和 TM_{mn} 波，而却存在既有 E_{z1}、E_{z2} 纵向电场分量，又有 H_{z1}、H_{z2} 纵向磁场分量的混合模。按照光纤传输理论的习惯，混合模通常用 EH_{mn} 和 HE_{mn} 符号表示：如果 $H_{z1}>E_{z1}$ 和 $H_{z2}>E_{z2}$，称为 EH_{mn}；如果 $E_{z1}>H_{z1}$ 和 $E_{z2}>H_{z2}$，则称为 HE_{mn}。

综上所述可知：介质波导中存在 TE_{0n} 模、TM_{0n} 模和 EH_{mn} 混合模、HE_{mn} 混合模，但不存在单纯的 TE_{mn} 波和 TM_{mn} 波($m\neq0$)。

3) 圆柱形介质波中 HE_{mn} 导波模的场分量方程

按照图3-42流程图求解，可以获得圆柱形介质波导中 HE_{mn} 混合模的场分量方程(省略了 $e^{j(\omega t-\beta_z z)}$ 因子)；它和金属圆形波导不同，波导内外都有电磁场存在。

在圆柱形介质波导内部，即在 $r\leqslant a$ 的空间中的电磁场分量为

$$
\begin{aligned}
&E_{z1}=A\frac{K_{c1}^2}{j\omega\varepsilon_{r1}}J_m(K_{c1}r)\sin m\varphi\\
&H_{z1}=-B\frac{K_{c1}^2}{j\omega\mu_0}J_m(K_{c1}r)\cos m\varphi\\
&E_{r1}=-[A\frac{K_{c1}\beta}{\omega\varepsilon_0\varepsilon_{r1}}J_m'(K_{c1}r)+B\frac{m}{r}J_m(K_{c1}r)]\sin m\varphi\\
&E_{\varphi1}=-[A\frac{m\beta_z}{r\omega\varepsilon_0\varepsilon_{r1}}J_m(K_{c1}r)+BK_{c_1}J_m'(K_{c1}r)]\cos m\varphi\\
&H_{r1}=[A\frac{m}{r}J_m(K_{c1}r)+B\frac{\beta_zK_{c1}}{\omega\mu_0}J_m'(K_{c1}r)]\cos m\varphi\\
&H_{\varphi1}=-[AK_{c1}J_m'(K_{c1}r)+B\frac{m\beta_z}{r\omega\mu_0}J_m(K_{c1}r)]\sin m\varphi
\end{aligned}
\tag{3-80a}
$$

在圆柱形介质波导外部，即在 $r>a$ 的空间中的电磁场分量为

$$
\begin{aligned}
&E_{z2}=C\frac{K_{c2}^2}{j\omega\varepsilon_0}H_m^{(2)}(K_{c2}r)\sin m\varphi\\
&H_{z2}=D\frac{jK_{c2}^2}{\omega\mu_0}H_m^{(2)}(K_{c2}r)\cos m\varphi\\
&E_{r2}=-[C\frac{K_{c2}\beta_z}{\omega\varepsilon_0}H_m^{(2)\prime}(K_{c2}r)+D\frac{m}{r}H_m^{(2)}(K_{c2}r)]\sin m\varphi\\
&E_{\varphi2}=-[C\frac{m\beta_z}{r\omega\varepsilon_0}H_m^{(2)}(K_{c2}r)+D\frac{m}{r}H_m^{(2)\prime}(K_{c2}r)]\cos m\varphi\\
&H_{r2}=[C\frac{m}{r}H_m^{(2)}(K_{c2}r)+D\frac{\beta_zK_{c2}}{\omega\mu_0}H_m^{(2)\prime}(K_{c2}r)]\cos m\varphi\\
&H_{\varphi2}=-[CK_{c2}H_m^{(2)\prime}(K_{c2}r)+D\frac{m\beta_z}{r\omega\mu_0}H_m^{(2)}(K_{c2}r)]\sin m\varphi
\end{aligned}
\tag{3-80b}
$$

式中：$H_m^{(2)}(x)$是 m 阶汉克尔函数；$H_m^{(2)\prime}(x)$是 m 阶汉克尔函数的导数。从纯数学意义上看：当 x 为虚数“$-jx$”时，式(3-80b)中的第二类 m 阶变态贝塞尔函数 $K_m(x)$就转换成为(见附录二)

$$H_m^{(2)}(-jx)=-\frac{2}{j^{(1-m)}\pi}K_m(x)$$

因而说明为什么方程组(3－80b)出现了 m 阶汉克尔函数；另外，此处 $H_m^{(2)}(x)$中的虚数“$-jx$”表示方程组(3－80b)中的 K_{c2}为虚数，从而表示由方程组(3－80b)所代表的电磁场为辐射波。圆柱形介质波导外部的电磁场是一种沿波导 r 方向的辐射场(波)，其电磁能量将白白地辐射掉。因此，介质波导材料的折射率 $n_1=\sqrt{\varepsilon_{r1}}$ 必须大于空气的折射率 $n_0=\sqrt{\varepsilon_0}$(如果介质波导处空气中)和光纤纤芯的折射率 $n_1=\sqrt{\varepsilon_{r1}}$ 必须大于其包层的折射率 $n_2=\sqrt{\varepsilon_{r2}}$，而且要使两种波导中都不要产生折射现象。

下面将证明 HE_{11}模的截止频率 $f_{cHE11}=0$，即其截止波长 $\lambda_{cHE11}\to\infty$。图 3-43 所示是圆柱形介质波导中截止波长分布情况，由该图看出：HE_{11}模是不会截止的最低模，最低高次是 TE_{01}模和 TM_{01}模。由此可见：当工作波长 $\lambda_0>\lambda_{cTE01}$（或 $\lambda_{cTM_{01}}$）的任何信号都能用 HE_{11}模载送实现单模传输，因此 HE_{11}模是圆柱形介质波导中的主模；HE_{11}模也是光纤传输线的主模，使用 HE_{11} 模式工作的光纤称为“单模光纤”（在光纤理论中将 HE_{11} 模归为矢量模；HE_{11} 模也有用 LP_{01} 模表示的，LP_{01} 模归为标量模）。图 3－44 所示是圆柱形介质波导中的 3 种模式的电磁场结构图形，光纤传输线中也有这 3 种模的场结构图形。

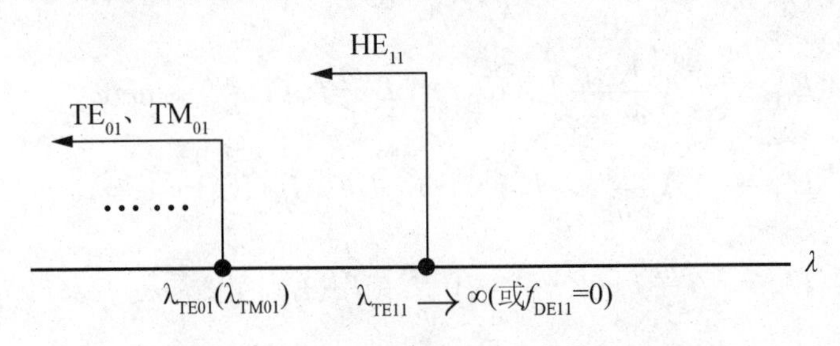

图 3－43　圆柱形波导中截止波长分布图

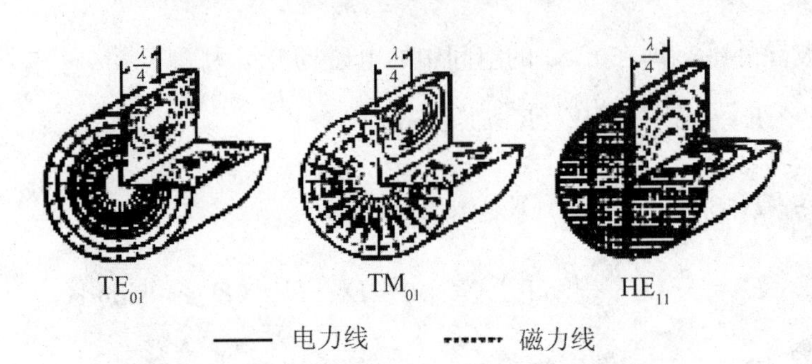

图 3－44　圆柱形波导中的三个模的电磁场结构

4）圆柱形介质波的传输特性

在圆柱介质波导中求解特征方程(3－78)可以获得波导的下列传输参数：各种模式的截止频率 f_c 或截止波长 λ_c、相速 υ_P 和群速 υ_g 等，图 3－45 给出了一个完整的求解流程。在图 3－45 中方程(3－78)是一个具有无穷多个解的超越方程，而无解析解；它可以用数值方法使用计算机求解，从而获得圆柱形介质波导的内部沿半径 r 方向的相移常数 u（或 K_{c1}）值。（注意：在第 2 章中求解特征方程(2－113)和(2－124)时，使用的是近似的解析求解方法。）

对于圆柱形介质波导的传输特性参数，较重要的是几种常用导波模的截止频率或截止波长，下面给出它们的计算式。

(1) 圆柱形介质波导中 TE_{0n} 和 TM_{0n} 模的截止频率为

$$f_{cTE_{0n}}=f_{cTM_{0n}}=\frac{\upsilon_{0n}c}{2\pi a\sqrt{\varepsilon_{r1}-1}} \tag{3-81}$$

式中：$\upsilon_{0n}=u_{0n}$（求解特征方程获得的 u_{0n} 值）是第一类零阶贝塞尔函数 $J_0(x)$ 的第 n 个根，在表 2－4 中可以查找到它的数值；c 是空气介质中的光速。

当 $n=1$ 时，从表 2－4 中可以查找到 $\upsilon_{01}=2.40483$，将该值代入式(3－81)可以得到 TE_{01} 和 TM_{01} 模的截止频率为

$$f_{cTE_{01}}=f_{cTM_{01}}=\frac{2.40483\times c}{2\pi a\sqrt{\varepsilon_{r1}-1}} \tag{3-82}$$

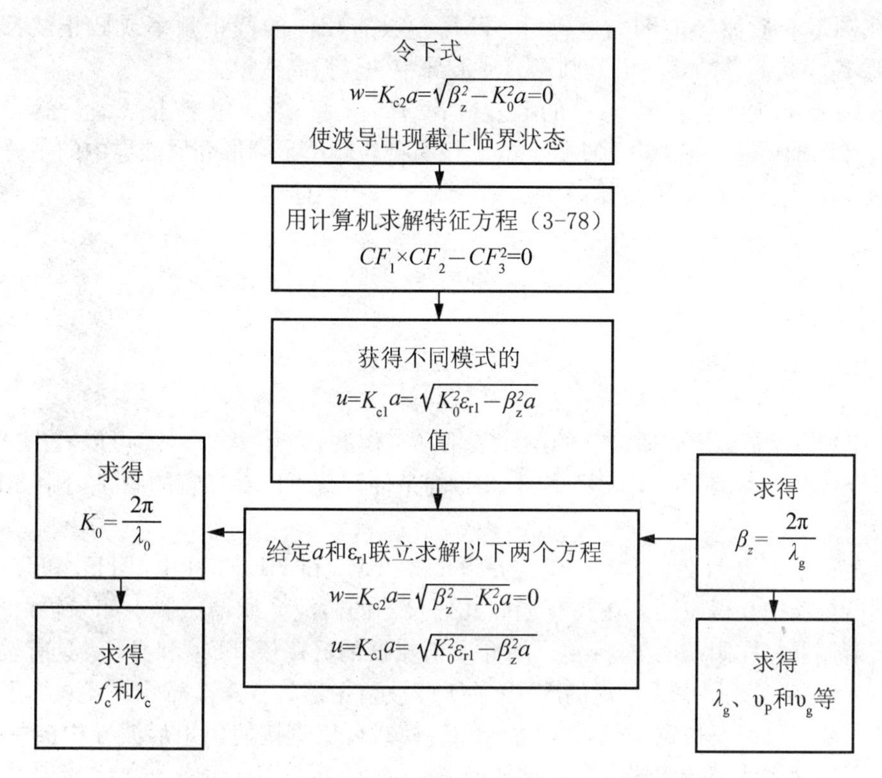

图3-45 求解圆柱形介质波导传输特性参数流程图

(2) 圆柱形介质波导中HE_{1n}模的截止频率为

$$f_{cHE_{1n}}=\frac{\upsilon_{1n}c}{2\pi a\sqrt{\varepsilon_{r1}-1}} \tag{3-83}$$

式中：$\upsilon_{1n}=u_{1n}$(求解特征方程获得的u_{1n}值)是第一类一阶贝塞尔函数$J_0(x)$的第n个根，表3-6中给出了截止情况下HE_{mn}模的υ_{mn}值。当$m=1$和$n=1$时，可以从表3-6查找到$\upsilon_{11}=0$，将该值代入式(3-83)可以得到HE_{11}模的截止频率$f_{c11}=0$。

表3-6 截止情况下HE_{mn}模的υ_{mn}值

函数的阶/m	函数根的次序/n						
	1	2	3	4	5	6	7
1	0.0000	3.83171	7.01559	10.17347	13.32369	16.47063	19.61586
2	0.0000	5.13562	8.41724	11.61984	14.79595	17.96982	21.11700
3	0.0000	6.38016	9.76102	13.01520	16.22347	19.40942	22.58273
4	0.0000	7.58834	11.06471	14.37254	17.6160	20.8269	24.1990
5	0.0000	8.77142	12.33860	15.70017	18.9801	22.2178	
⋮							
⋮							

综上所述可以得出以下结论。

① 在圆形介质波导中因为 TE_{01} 和 TM_{01} 模具有相同的截止频率或截止波长，因此 TE_{01} 和 TM_{01} 模是简并的，它们是圆形介质波导中的最低高次模。

② 在圆形介质波导中 HE_{11} 模的截止频率 $f_{cHE11}=0$（或截止波长 $\lambda_{cHE11}\to\infty$），因此 HE_{11} 模式像同轴传输线中的 TEM 模一样，没有截止频率是圆形介质波导中的主模；

③ 圆形介质波导的单模传输条件是

$$f<\frac{2.40483\times c}{2\pi a\sqrt{\varepsilon_{r1}-1}} \tag{3-84a}$$

或

$$\lambda>\frac{2\pi a\sqrt{\varepsilon_{r1}-1}}{2.40483} \tag{3-84b}$$

式中：f 和 λ 分别是圆形介质波导的工作频率和工作波长。由图 3-44 可以看出：只要馈送给圆形介质波导的信号频率满足式(3-84)的条件，就可以在很宽的频带内用 HE_{11} 模实现单模传输。

微波工程中使用得较多的工作模式是 TE_{01}、TM_{01} 和 HE_{11} 3 种模，TE_{01} 和 TM_{01} 模在微波介质谐振器中获得应用。在具有相同几何尺寸的微波介质谐振器中如果辐射损耗小，将像金属谐振器一样用 TE_{01} 模转变成的介质谐振器的振荡模 TE_{012} 和 TE_{011} 具有较高的 Q 值，因而 TE_{01} 模式获得更为广泛的应用(关于微波谐振器将在第 7 章中讨论)。用 HE_{11} 模单模载送信号，可以获得宽带信号传输；HE_{11} 模式可以直接使用矩形波导中的主模 TE_{10} 模激励，无须使用波型转换器进行波型转换。

试验表明：聚丙烯介质材料的介质损耗很小，它在 15～40GHZ 的频率范围内的损耗角仅为 $\tan\delta\approx5\times10^{-5}$。因此，这种材料很适合制作介质波导。为了保证圆柱形介质波导中 HE_{11} 模传输色散失真小和保证圆柱形介质波导具有一定的机械强度，通常选取圆形介质波导的直径 $2a=0.5\sim0.68(\lambda_0)$，此处 λ_0 是自由空间波长。

3.2.2 光导纤维综述

1. “光”和光导纤维

微米波(0.75～1.55μm 光波波段)波段，是供光纤通信使用的波段。其中，0.85～0.9μm 波段称之为“短波长”；而 1.2～1.9μm 波段称之为“长波长”。从本质上讲“光”的一种物理属性是光的波动性，即“光”是“电磁波”。微米波段的光是一种不可见光是一种可见电磁波，而可见光则是一种可见电磁波。全面地讲，“光”具有波动和粒子两重性；作为光的波动性，表现在它遵守麦克斯韦尔方程的普遍规律。因此，在理论上可以将光导纤维当作为一种介质波导来处理；当理论上分析光电器件时，则用到了光的粒子性。爱因斯坦光子假说认为：“光”是一种具有一定频率、以光速运动的光子流，光的能量集中在光子中光子、光子在发光物质能级间跃迁会发出频率为 f 的“光”。

光导纤维习惯上又称为光纤，当代特大容量通信由光纤通信承担，目前光纤在医疗和国防等领域应也获得广泛应用。

如图 3-46(a)所示，光纤是由两层同轴心的具有不同折射率的圆形柱玻璃纤芯和玻璃包层构成，最外层是一层弹性耐磨的塑料护套，整根光纤呈圆柱形以便于拉制和使用；将

多条光纤组装在一起就构成如图 3-46(b)所示的光缆。例如“六芯骨架形光缆”包含有 6 根光纤和两根用来传送公务信号、告警信号和供电的铜导线，为了加强光缆的拉伸强度在光缆中还使用了一根钢光缆加强芯。光纤按用途可分为两大类：一类是用于照明的光纤(大多用作美化装饰)；一类是用于通信的光纤。下面主要介绍通信使用的光纤。

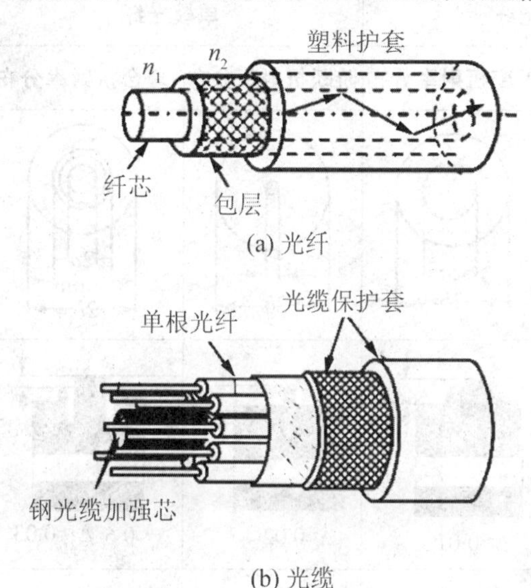

图 3-46 光纤和光缆的结构

2. 通信光纤的分类

见表 3-7，用于通信的光纤如果按照传输导波模的多少分类，可以分成为“多模光纤”和“单模光纤”；如果按照光纤横截(剖)面折射率分布形状分类，可以分成为“阶跃折射率分布光纤”和“渐变折射率分布光纤”；“复合折射率分布光纤”是阶跃折射率分布光纤的一种特殊形式。为了满足由式(3-74)所表达的折定律、且在光纤纤芯中形成全反射使电磁能量不向光纤包层泄露(辐射)，式(3-74)中的入射角必须大于临界角，即 $\theta_1 > \theta_C$，或者说：光纤纤芯折射率，必须大于光纤包层折射率，即 $n_1 > n_2$。因此，表 3-7 中每种光纤纤芯和包层都有一定的“相对折射率差”，即

$$\Delta = \frac{n_1^2 - n_2^2}{2n_1^2} \approx \frac{n_1 - n_2}{n_1} \tag{3-85}$$

式中：n_1 为纤芯折射率分布值；n_2 为包层折射率分布值；如果 $n_1 \approx n_2$，则称为弱导波光纤，上式是对弱导波光纤的近似。如果光纤是渐变折射率分布光纤(参见表 3-7 中的右图)，则 $n_1 = n(r)$，即光纤纤芯折射率是沿光纤纤芯半径方向 r 的函数；如果是阶跃折射率分布光纤，则 $n(r)=$常数。光纤折射率分布通常用下面一般表达式计算，即

$$n(r) = \begin{cases} n_1 \left[1 - 2\Delta \left(\frac{r}{a}\right)^{\alpha}\right] & r \leqslant a \\ n_2 & r > a \end{cases} \tag{3-86}$$

式中：α 幂律是决定光纤折射率分布的参数，称之为分布因子。当 $\alpha \to \infty$ 时，式(3-86)描述阶跃折射率分布光纤的折射率分布规律；当 α 为某一常数时，式(3-86)描述渐变折射

率分布光纤的折射率分布规律。分布因子 $\alpha=2$ 的渐变折射率分布光纤，通常称为抛物线射率分布光纤。

表 3-7　通信用光纤的结构与分类

特点↓ 类型与结构→	多模光纤		单模光纤	
	阶跃折射率分布	渐变折射率分布	阶跃折射率分布	复合折射率分布
光纤横截面形状	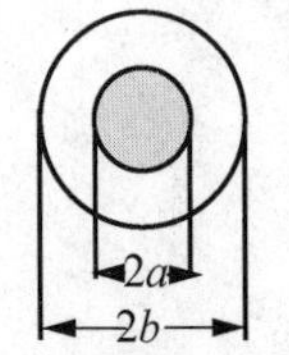 2a 2b	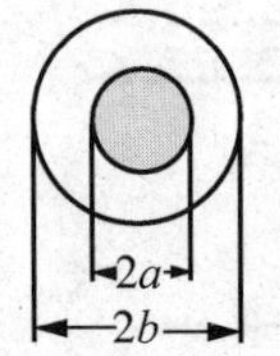 2a 2b	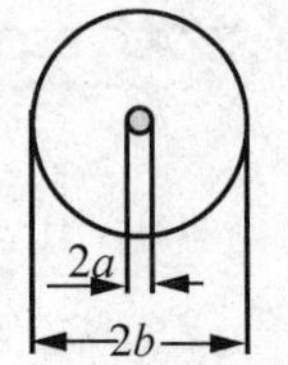 2a 2b	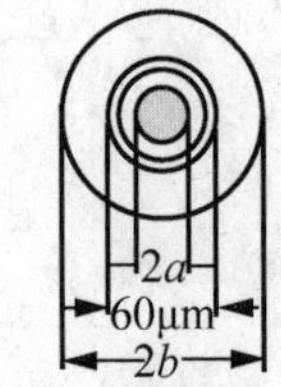 2a 60μm 2b
光纤横截面折射率分布形状	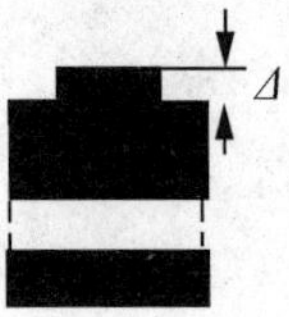 Δ Δ≈0.01	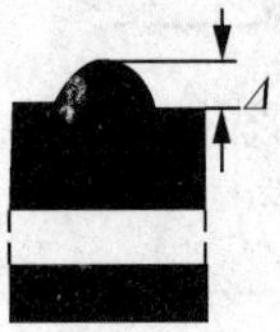 Δ Δ≈0.01	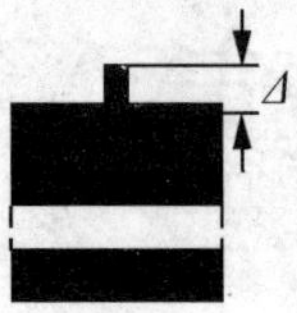 Δ Δ≈0.02	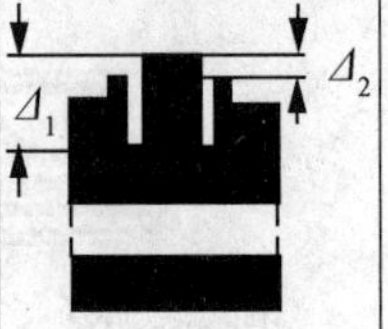 Δ_1 Δ_2 $\Delta_1\approx0.6$ $\Delta_2\approx0.03$
光纤横截面尺寸	$2a=60\mu m$ $2b=125\mu m$	$2a=60\mu m$ $2b=125\mu m$	$2a=80\mu m$ $2b=125\mu m$	$2a=50\mu m$ $2b=125\mu m$
适用光源	LED 和 LD	LD 和 LED	LD	LD
特性	与光源耦合效率高、频带窄	与光源耦合效率高、频带窄	损耗低、超宽频带	有色散补偿功能、超宽频带

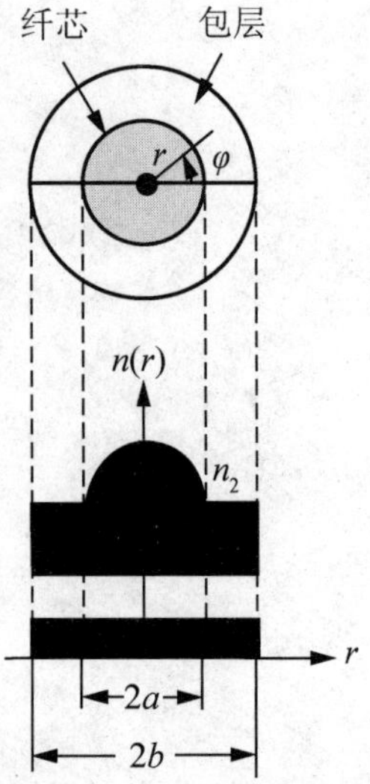

纤芯　包层　r　φ　n(r)　n_2　r　2a　2b

注：① LED——发光二极管，LD——激光二极管；② 相对折射率差 $\Delta=(n_1-n_2)/n_1$。

3. 光纤的传输特性

1）光纤中的导波模数量和单模传输条件

按照图 3-42 流程图基本思路求解，可以直接获得阶跃折射率分布光纤中导波模的场分量方程。对于渐变折射率分布光纤由于其纤芯横截面折射率是纤芯半径 r 的函数，求解其导波模的基本思路虽然不变，但要采用所谓 WKB 法[17]进行近似分析。上述内容都超出本书范围，不拟介绍。作为基本概念知识应该知道：光纤理论中有所谓“LP_{mn}标量模”和“矢量模”之分；LP_{mn} 模是矢量模的简并模，它仅是为了简化分析而建立的一种理论模式[17]。像圆柱形介质波导一样，光纤的纤芯和包层中存在 TE_{0n} 模、TM_{0n} 模和 EH_{mn} 混合模、HE_{mn} 混合模；它们是光纤中的矢量模，是光纤中的真实模式。图 3-47 给出了阶跃折射率分布光纤中几个矢量模的电磁场结构图，多模光纤中传输的是许多矢量模。

（1）怎样计算光纤中传输的模数量？

多模光纤中的矢量模是光纤中的真实模，计算多模光纤中传输模的数量是指计算光纤中传输矢量模的数量。阶跃折射率分布多模光纤和渐变折射率分布多模光纤中模数量的多少是不同的，下面分别给出它们的计算公式。

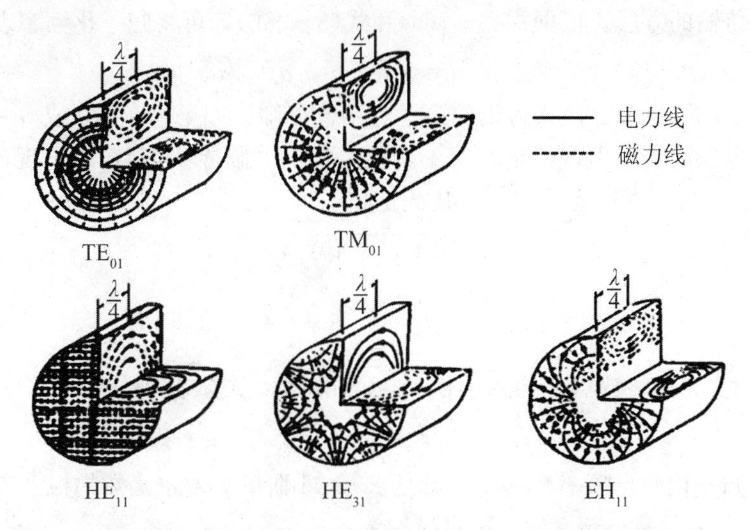

图 3-47　阶跃折射率分布光纤中的 5 个模的电磁场结构

① 阶跃折射率分布多模光纤中模数量的计算。

阶跃折射率分布多模光纤中模数量可以使用下式计算，即

$$\mathrm{M}=\Delta K_0^2 n_1^2 a^2=\frac{1}{2}V^2 \tag{3-87}$$

式中：$\Delta=(n_1-n_2)/n_1$ 是光纤纤芯和包层的相对折射率差；$k_0=\omega\mu_0\varepsilon_0$ 是光波在自由空间的相移常数；n_1 是光纤纤芯的折射率；a 是光纤纤芯的半径；$V=\sqrt{2\Delta}\,n_1 k_0 a$ 是注入光纤中光波的归一化频率。

【例 3-20】 某阶跃折射率分布多模光纤的 $n_1=1.5$，$\Delta=0.05$ 和 $2a=60\mu\mathrm{m}$ 注入光纤中光波波长 $\lambda_0=0.85\mu\mathrm{m}$，试求该光纤中传输的模数量 M。

解： 计算注入光纤中光波的归一化频率

$$V=\sqrt{2\Delta}k_0 n_1 a=\sqrt{2\times0.01}\times\frac{2\times3.14}{0.85}\times1.5\times60=47$$

根据式(3-87)计算光纤中传输的模数量

$$M=\frac{1}{2}V^2=\frac{1}{2}\times(47)^2=1105$$

② 渐变折射率分布多模光纤中模数量的计算。

对于分布因子 $\alpha=2$ 渐变折射率分布多模光纤中的模数量，可以使用下式计算：

$$\mathrm{M}=\frac{1}{2}\Delta K_0^2 n_1^2 a^2=\frac{1}{4}V^2 \tag{3-88}$$

式中：$n_1=n_1(r)$取其最大值。

比较式(3-87)和式(3-88)可以看出：渐变折射率分布多模光纤传输的模数量，要比阶跃折射率分布多模光纤传输的模数量少一半。

(2) 光纤中怎样实现单模传输？

从例 3-20 可以看出：在一般的多模光纤中传输成百上千的导波模，它们将引起传输信号的色散失真等多种害处，这不符合高质量通信的要求。因此，必须从理论上寻求在光

纤中实现单模传输的方法。根据式(3-76a)和式(3-76b)，可将归一化频率表示为

$$V=\sqrt{2\Delta}n_1k_0a=\sqrt{n_1^2-n_2^2}k_0a=\sqrt{w^2+u^2} \tag{3-89}$$

根据式(3-76b)以及由该式得出的第③点结论可知：如果 $K_{c2}=0$(或 $w=0$)就意味着光纤处在一种电磁波既不出现传输，又不产生辐射的“临界状态”，即出现截止状态。因此当令 $w=0$ 时，可以求得光纤的归一化截止频率为

$$V_c=\sqrt{w^2+u^2}=u_c \tag{3-90}$$

**注意**

这种截止状态，是对标量模 LP_{mn} 模而言的；u_c 值可以根据下式求得，即

$$J_{m-1}(u_c)=0 \tag{3-91}$$

可见求光纤的归一化截止频率 $V_c=u_c$，就是求 $m-1$ 阶的贝塞尔函数的根。表3-8给出了几个 LP_{mn} 模的归一化截止频率值，可供讨论参考。

根据表3-8给定的数据，可以绘制出如图3-48所示的几个 LP_{mn} 模的归一化截止频率分布图。例如：LP_{01} 模的 $V_c=0$；LP_{11} 模的 $V_c=2.40483$；LP_{02} 模的 $V_c=3.83171$ 和 LP_{12} 模的 $V_c=5.52008$ 等。注意：每个 LP_{mn} 模都“简并”了括号中的相应矢量模，在光纤中某一个 LP_{mn} 模截止就代表被它“简并”的矢量模截止。例如，LP_{11} 模截止就表示 HE_{21} TE_{01} 和 TM_{01} 等真实的矢量模截止等；HE_{11} 模或 LP_{01} 模是光纤传输线的主模，使用 HE_{11} 模(有时也写成 LP_{01})工作的光纤称为单模光纤。分析表明：在光纤中获得单模传输的条件为

$$0<V=\sqrt{2\Delta}n_1\frac{2\pi}{\lambda_0}a<2.40483 \tag{3-92}$$

表3-8 截止状况下几种 LP_{mn} 模的 u_c 值

n↓	m→	0	1	2
1		0	2.40483	3.83171
2		3.83171	5.52008	7.01559
3		7.01559	8.65373	10.17347

图3-48所示是多模光纤归一化截止频率V分布图。根据式(3-92)可以得出以两点重要结论。

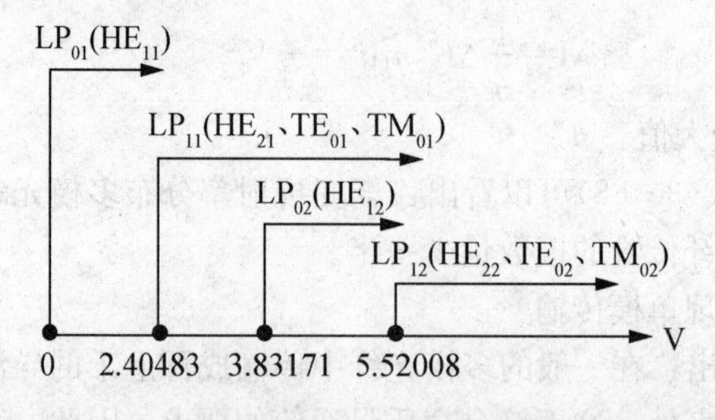

图3-48 多模光纤中归一化截止频率分布图

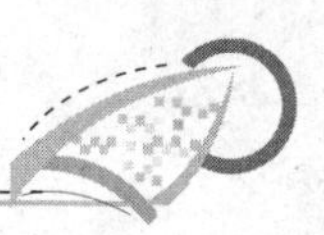

① 因为注入光纤中的光信号的波长 λ_0 非常短，一般为 $\lambda_0=0.8\mu m\sim1.55\mu m$。因此如果要求光纤能实现单模传输，即要求式(3-92)成立。显然，在设计单模光纤时，光纤相关的结构参数 Δ(光纤纤芯和包层的相对折射率差)和光纤纤芯半径 a 都不允许设计得过大。通常 Δ 的取值范围为：0.1%~0.2%；光纤纤芯半径 a 的尺寸通常取：4~6 倍 λ_0；

② 光信号波长 λ_0 越长光纤纤芯半径 a 的尺寸就越粗大，就越有利于单模光纤的生产和使用。因此长波长单模光纤优于短波长单模光纤，这也是为什么近代单模光纤通信大多使用 1.55μm 波段的理由之一。

2）光纤的数值孔径 NA

图 3-49 是一个光发信机中的激光管向光纤中注入光信号的示意图，向 μm^2 数量级的光纤横端面注入光信号是一种精密技术。实际上是将图 3-49 中的激光管 LD、透镜和光纤制作为一体的，购来的激光管 LD 都带有一段约一米长左右的称之为“尾纤”的光纤，“尾纤”中制作了一个“微小的透镜”以将激光聚积注入进光纤中。即使是采用了以上精密技术，也并非激光管发出的激光信号都能注入进到光纤中，或者说光纤捕捉(或接收)光源(例如 LD 激光管)射线的能力是有限的。因此，理论上定义了一个“数值孔径 NA”参数用来描述光纤捕捉(或接收)光源(例如 LD 激光管)射线的最大能力。参见图 3-49，并根据式(3-74)可知：要求经过“微小的透镜”聚光以后的光射线注入进到光纤中能形成“全反射”以干涉形成光纤中传播的导波模，必须满足下式：

$$\theta_1>\arcsin(\frac{n_2}{n_1})$$

或

$$\sin\theta_1>\frac{n_2}{n_1} \tag{3-93}$$

参见图 3-49，并根据 $\cos\theta_1=\sqrt{1-\sin^2\theta_1}$ 的关系，可得

$$\sin\theta_z<\sqrt{1-(\frac{n_2}{n_1})^2}=\sqrt{2\Delta} \tag{3-94}$$

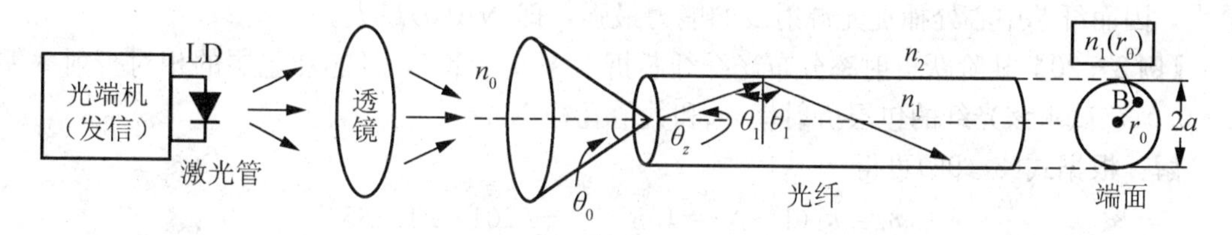

图 3-49 定义光纤数值孔径 NA 的用图

将折射定理应用于图 3-49 中的光纤端面，可得

$$n_0\sin\theta_0=n_1\sin\theta_z$$

或

$$\sin\theta_0=\frac{n_1}{n_0}\sin\theta_z \tag{3-95}$$

式中：$n_0=1$ 是透镜与光纤端面之间的空气折射率。将式(3-93)代入式(3-94)，可得到满足全反射条件的光纤端面入射角 θ_0，即

$$\sin\theta_0 < n_1\sqrt{1-\left(\frac{n_2}{n_1}\right)^2} \tag{3-96}$$

即是说式(3-96)表示：凡是满足式(3-96)的光纤端面入射角 θ_0 的光射线，都能被光纤捕捉，在光纤中形成全反射从而干涉形成光纤中的导波模。若用 $\theta_{0\max}$ 表示光纤捕捉(或接收)光源(如 LD 激光管)射线的最大端面入射角，则由式(3-96)可得

$$\sin\theta_{0\max} = \sqrt{n_1^2 - n_2^2} = n_1\sqrt{2\Delta} \tag{3-97}$$

通常 Δ 的取值范围为 0.1%～0.2%是一个很小的数值，故可以认为 $\sin\theta_{0\max} \approx \theta_{0\max}$；而从概念上看，$\theta_{0\max}$ 或 $\sin\theta_{0\max}$ 代表了光纤捕捉(或接收)光源(如 LD 激光管)射线的最大能力。因此将它定义为数值孔径 NA，即

$$NA \approx \theta_{0\max} = \sin\theta_{0\max} = \sqrt{n_1^2 - n_2^2} = n_1\sqrt{2\Delta} \tag{3-98}$$

根据式(3-98)可以得出以两点重要结论。

(1) 光纤的数值孔径 NA 仅与光纤纤芯和包层的折射率 n_1 和 n_2 有关，而与“透镜”的存在与否无关。光纤的数值孔径 NA 仅是光纤本身一个固有的说明自身性能优劣的参数，“透镜”的作用只是使光纤更好地发挥捕捉光源射线的能力而已。

(2) 为了让光源功率更有效地耦合到光纤中，希望光纤的数值孔径 NA 越大越好，但 NA 太大将增加光纤的模式色散(在下面的讨论中将看到，光纤的模式色散与光纤的相对折射率差平方根 $\sqrt{\Delta}$ 成正比)。因此在考虑光纤的数值孔径 NA 的取值时，应兼顾考虑光纤模式色散的允许程度；CCITT(国际电话电报质询委员会)建议的 NA 取值范围为 0.18～0.24。

以上讨论是针对阶跃折射率分布光纤的。对于渐变折射率分布光纤的数值孔径，应按下式计算，即

$$NA(r_0) = \sqrt{n_1^2(r_0) - n_2^2} \tag{3-99}$$

式中：$n_1(r_0)$ 是渐变折射率分布光纤中，距离其中轴线 r_0 点处的折射率(参见图 3-49 中端面图中 B 点的折射率)；渐变折射率分布光纤的 $NA(r_0)$ 称之为局部(或本地)数值孔径。根据局部(或本地)数值孔径的概念可知：因为渐变折射率分布光纤纤芯中心处的 $n_1 = n_1(0)$ 最大，因而纤芯中心处捕捉光源射线的能力最强，即 $NA(0)$ 最大。

【例 3-20】 某阶跃折射率分布光纤纤芯折射率 $n_1 = 1.5$，纤芯和包层的相对折射率差 $\Delta = 0.01$，试求该光纤的包层折射率 n_2 和数值孔径 NA。

解： 根据式(3-96)可得

$$n_2 = n_1(1-\Delta) = 1.5 \times (1-0.01) = 1.485$$

根据式(3-98)可得

$$NA = n_1\sqrt{2\Delta} = 1.5 \times \sqrt{2 \times 0.01} = 0.212$$

3) 光纤的色散

任何一种色散传输线都要产生色散，光纤是一种色散传输线，当使用光纤传输信号时也要产生色散。光纤中存在以下 3 种色散：① 模式色散；② 波导色散；③ 材料色散。下面分别简要介绍这 3 种色散。

(1) 多模光纤中的模式色散。

模式色散是指光纤中携带同一信号能量的不同模式成分，由于在传输过程中各个模式的

群速不同而引起色散。在图 3-50 中(假设)由“发信端”发送的数字已调光(光强度调制 IM)信号“1”由 3 个导波模式(群)所携带，由于各模式群的群速不同而当信号传送到“收信端”以后，将合成一个展宽的“1”光脉冲从而造成模式色散失真；对于模式色散，通常用最大时延差 $\Delta\tau_M$ 表示。一般说模式色散发生在多模光纤中(严格讲单模光纤中的所谓“偏振色散”也是一种模式色散)，光纤中传输的模式越多，模式色散就越厉害。式(3-87)和式(3-88)表明：分布因子 $\alpha=2$ 的渐变折射率分布光纤中传输模的数量仅为阶跃折射率分布光纤中传输模的数量的二分之一，故通常将分布因子 $\alpha=2$ 渐变折射率分布光纤设计成多模光纤；此外，将分布因子 $\alpha\to\infty$ 的跃折射率分布光纤设计成单模光纤，见表 3-7。

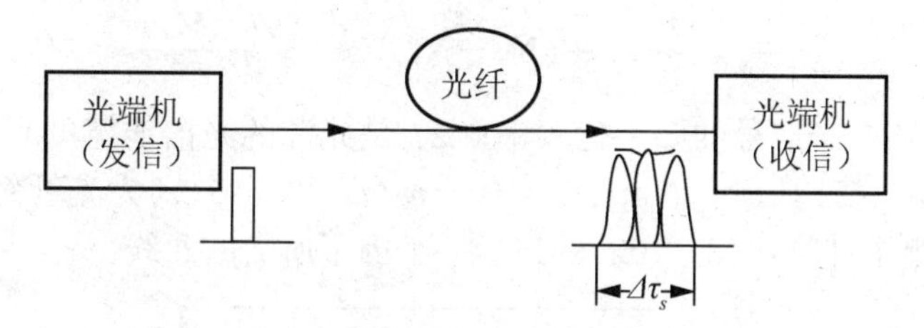

图 3-50 光纤模式色散引起传输信号失真

多模光纤中 LP_{mn} 模是分群的，在同一模式群中的所有模式的群速是相等的；理论讨论时对“模式群”进行编号，模式群编号 P 越大，模式群中所包含的模数量也就越多。通常用 $P=P_{max}$ 的最高阶“模式群”与 $P=0$ 阶的“模式群”，由“发信端”到达“收信端”的最大时延差 $\Delta\tau_M$ 来表示模式色散。$\Delta\tau_M$ 可用下式计算：

$$\Delta\tau_M=\begin{cases}\dfrac{N\Delta^2}{2c} & \alpha=2\\[2mm] \dfrac{N\Delta(\alpha-2)}{c(\alpha+2)} & \alpha\neq2\end{cases} \tag{3-100}$$

式中：C 是光速；N 称之为光纤材料的群指数，它与光纤材料的折射率有关；N 表征光纤材料的特征；Δ 是光纤纤芯和包层的相对折射率差。

式(3-100)表明：$\Delta\tau_M$ 随渐变折射率分布光纤的折射率分布因子 α 变化而变化，这说明渐变折射率分布光纤的折射率分布的形状不同，其色散程度也不同。在表 3-9 中给出了几个不同 α 取值时的 $\Delta\tau_M$，供进一步分析参考。

表 3-9 几个不同 α 取值时的 $\Delta\tau_M$ 值

α	1	2	4	10	∞
$\Delta\tau_M$	$-\dfrac{N\Delta}{3c}$	$\dfrac{N\Delta^2}{2c}$	$\dfrac{N\Delta}{3c}$	$\dfrac{2N\Delta}{3c}$	$\dfrac{N\Delta}{c}$

根据表 3-9 中数据可以引导出以下几点种要结论。

① $\alpha=2$ 时的 $\Delta\tau_M$ 值与 Δ^2 成正比，其他 $\alpha\neq2$ 所对应的 $\Delta\tau_M$ 值与 Δ 成正比；因为相对折射率差 $\Delta<1$，故 $\alpha=2$ 的渐变折射率分布光纤的模式色散 $\Delta\tau_M$ 最小。

② 以 $\alpha=2$ 为界，当 $\alpha>2$ 时，$\Delta\tau_M>0$；当 $\alpha<2$ 时，$\Delta\tau_M<0$。这表明：在 $\alpha>2$ 的渐变折射率分布光纤中，高阶“模式群”的群速比 $P=0$ 阶“模式群”的群速高；在 $\alpha<2$ 的渐变折射率分布光纤中，高阶“模式群”的群速比 $P=0$ 阶“模式群”的群速低。由此可

见：如果将一根 $\alpha>2$ 的光纤和一根 $\alpha<2$ 的光纤联接在一起，由于两根光纤中传输模式群的群速可以互相补偿，故可以减小光纤中的模式色散。

③ 进一步分析表明：α 存在一个最佳值，即

$$\alpha_{opt}=2-2.4\Delta \tag{3-101}$$

当用该“最佳值”设计渐变折射率分布光纤时，可以获得最小的模式色散 $\Delta\tau_M$。

（2）光纤中的波导色散。

光纤中波导色散是指光纤中的同一个模式携带不同频率的信号时，各不同频率的信号具有不同群速而引起的色散。用“时延差 $\Delta\tau_W$”表示的波导色散时，可引用下式计算：

$$\Delta\tau_W=\frac{1}{c}\cdot\frac{\Delta f}{f_0}(N_1-N_2)V\frac{d^2\ (Vb_1(V))}{dV^2} \tag{3-102}$$

式中：C 为光速；V 是光信号的归一化频率；Δf 是光源的光谱线宽度和 f_0 是光源光谱线的中心频率，如图 3-51 所示；$N_1-N_2\approx n_1-n_2$（n_1 和 n_2 分别为光纤纤芯和包层的折射率）。图 3-52 给出了计算式(3-102)的最后一个因子所需的曲线。

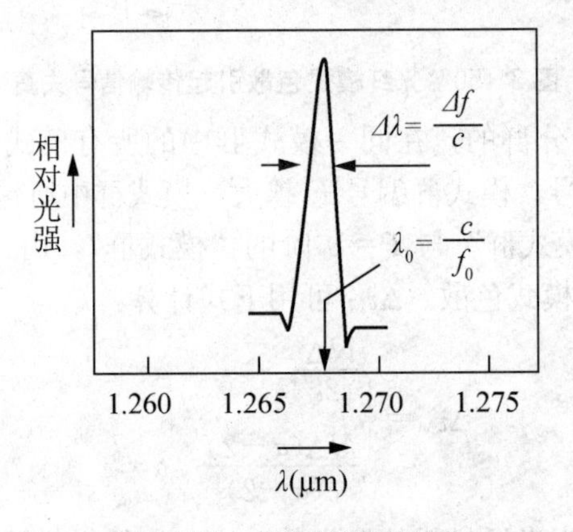

图 3-51　光源的谱线宽度

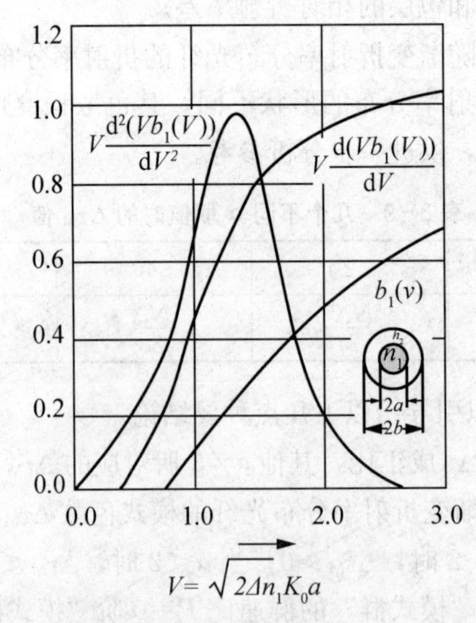

图 3-52　$V\frac{d^2(Vb)}{dV^2}$和 $V\frac{d(Vb)}{dV}$以及 $b_1(V)$与 V 的关系曲线

单模光纤中应该重点考虑波导色散的影响，模式色散对单模光纤的影响只需考虑发生在单模光纤中的偏振色散的影响即可(关于偏振色散问题限于本书篇幅，不作进一步讨论)。

(3) 光纤中的材料色散。

光纤中材料色散是由于光纤纤芯材料的折射率 n_1 随频率变化而变化，使得光纤中不同频率的信号分量具有不同的传播群速引起的色散。用“时延差 $\Delta\tau_m$”表示的材料色散时，可引用下式计算：

$$\Delta\tau_m = -\frac{\lambda}{c}\Delta\lambda\frac{d^2 n}{d\lambda^2} = m(\lambda)\Delta\lambda \qquad (3-103)$$

式中：$m(\lambda)=-(\lambda/c)(d^2 n/d\lambda^2)$称为材料的色散系数。

图 3-53 所示是 SiO_2纤芯材料的色散系数与光信号波长的关系曲线。由图 3-53 看出：$\lambda=1.3\mu m$ 处对应的 $m(\lambda)=0$，即用 SiO_2材料拉制的光纤(通信光纤均用 SiO_2材料拉制)在 $\lambda=1.3\mu m$ 处的材料色散为零。这个 $\lambda=1.3\mu m$ 的波长，称为材料的“零色散波长”。在下面的讨论中将看到：在 SiO_2材料的零色散波长 $\lambda=1.3\mu m$ 处，恰好是通信光纤的“低损耗窗口”，这对于长波长 $\lambda=1.3\mu m$ 单模光纤通信非常有利，它可以获得低损耗和低色散的传输。拉制光纤的玻璃(SiO_2)材料的零色散波长值与玻璃中所掺的杂质材料有关，不同掺杂材料的零色散波长略有变化。

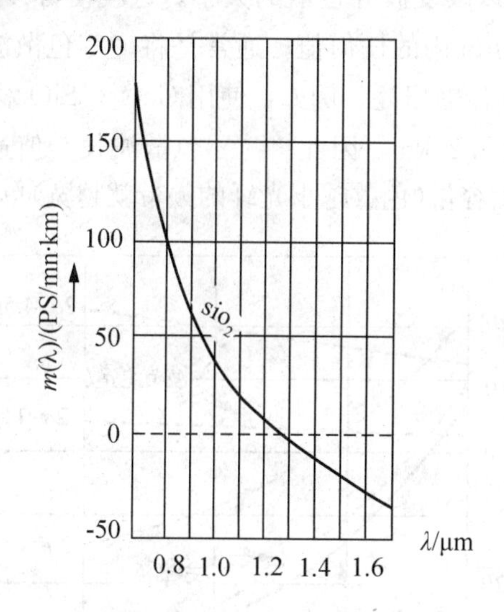

图 3-53　SiO_2 材料色散与波长的关系

【例 3-21】某发光二极管发出激光的中心波长 $\lambda_0=1.2\mu m$，光谱线宽度 $\Delta\lambda=2nm$；用该发光二极管，去激励某 SiO_2材料拉制的单模光纤；该单模光纤的纤芯半径 $2a=2\mu m$、纤芯折射率 $n_1=1.5$ 和包层折射率 $n_2=1.485$，试问：该单模光纤因材料色散和波导色散所引起的每公里脉冲展宽分别是多少?

解：① 计算材料色散引起的每公里脉冲展宽。

根据发光二极管发出激光的中心波长 $\lambda_0=1.2\mu m$，查图 3-53 曲线可得到 SiO_2材料的材料色散系数 $m(\lambda)\approx 5PS/nm\cdot km$；将该 $m(\lambda)\approx 5PS/nm\cdot km$ 值和 $\Delta\lambda=2nm$，代入式可得材料色散引起的每公里脉冲展宽为

$$\Delta\tau_m = m(\lambda)\Delta\lambda \approx (5\text{PS/nm}\cdot\text{km})\times 2\text{nm} = 10\text{PS/km}$$

② 计算波导色散引起的每公里脉冲展宽。

将 $n_1=1.5$、$n_2=1.485$、$k_0=(2\pi/\lambda_0)=(2\pi/1.2\mu\text{m})=5.23\text{nm}$ 以及 $a=1\mu\text{m}$ 代入到式(3-100)中，可以得 $V=\sqrt{n_1^2-n_2^2}\,k_0a=2.34$。根据 $V=2.34$，查图 3-52 曲线可以得到 $V\text{d}^2(V(b_1(V))/\text{d}V^2\approx 0.09$；再将 $V\text{d}^2(V(b_1(V))/\text{d}V^2\approx 0.09$ 和 $n_1-n_2\approx N_1-N_2=0.015$ 以及 $(\Delta f/f_0)\approx(\Delta\lambda/\lambda_0)=0.0016$ 和 $V=2.34$ 等值代入式(3-103)，可得波导色散引起的每公里脉冲展宽为

$$\Delta\tau_W=\frac{1}{c}\cdot\frac{\Delta f}{f_0}(N_1-N_2)V\frac{\text{d}^2\ (Vb_1(V))}{\text{d}V^2}=7.2\text{PS/km}$$

由例 3-21 看出：该 SiO_2 材料拉制的单模光纤的波导色散小于材料色散，但对所有的单模光纤而言并不总是这种关系，这与光纤中掺的杂质有关。

图 3-54 给出了材料色散和波导色散是波长的关系曲线，由该图看出：在图中所示的波长范围内，波导色散总是正值；而大约在 $\lambda>1.3\mu\text{m}$ 的波长范围料色散均为负值。因此，在 $\lambda>1.3\mu\text{m}$ 这一波长范围内它可以于正值的波导色散抵消，从而使全(总)色散出现零色散波长点。注意，对于掺杂质 GeO_2 的光纤来说：如果改变掺杂剂 GeO_2 的剂量和改变光纤纤芯直径 $2a$ 的值，可以改变波导色散的大小。这就使得：全(总)色散的零色散波长点，可出现在 $1.3\mu\text{m}\sim1.7\mu\text{m}$ 内的任何值；通常是将“零色散波长”值，从 $1.3\mu\text{m}$ 迁移到 $1.55\mu\text{m}$ 以使光纤获得低传输损耗。例如：使用 GeO_2-SiO_2 材料拉制的单模光纤在 $\lambda=1.55\mu\text{m}$ 处的实测损耗仅为 0.2/km，因此将“零色散波长”值迁移到 $\lambda=1.55\mu\text{m}$ 附近最有利，它可以实现长距离大容量(色散越小光纤的频带就越宽)单模光纤通信。

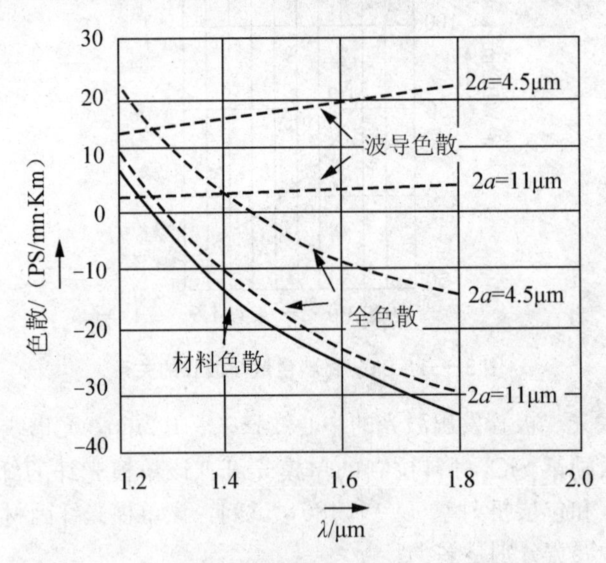

图 3-54 波导色散和材料色散与波长的关系曲线

4）光纤的传输带宽 B_{3dB}

实际上用时延差或脉冲展宽来描述光脉冲信号的色散特性并不十分严格，它仅仅是一个大小、好坏的概念而已。它没有考虑引起色散的不同频率的光载波所携带光功率的大小

影响，也没有和实用联系起来。如果使用与光脉冲功率有关的“光脉冲均方根展宽σ_h”来描述光纤的色散特性，将会更严格一些。处理问题时，首先要想到将光纤“色散”总的影响的后果与光纤的传输带宽B_{3dB}联系起来使问题实用化；然后，再找到B_{3dB}与光脉冲均方根展宽σ_h的关系；最后用光纤的传输带宽B_{3dB}来衡量光纤的色散，这样做不仅严格而且实用。

将光纤通信线路上截取一段光纤，等效成如图3-55所示的二端口网络，再在网络输入端输入一个光脉冲(光纤通信线路上通常都是高斯脉冲)，此时在网络输出端将输出一个展宽了的光脉冲。输入光脉冲的均方根展宽表示为σ_i，输出光脉冲的均方根展宽表示为σ_0，理论分析表明：时延差$\Delta\tau$($\Delta\tau_M$、$\Delta\tau_m$和$\Delta\tau_W$)越大，σ_0也就越大和光纤的传输带宽就越窄。光纤的“等效二端口网络”的3dB功率带宽可用下式计算，即

$$B_{3dB}=\frac{\sqrt{2\ln 2}}{2\pi\sigma_h}=\frac{0.187}{\sqrt{\sigma_0^2-\sigma_i^2}} \tag{3-104}$$

式中：$\sigma_h=\sqrt{\sigma_0^2-\sigma_i^2}$为光纤通信线路上光脉冲的均方根展宽。

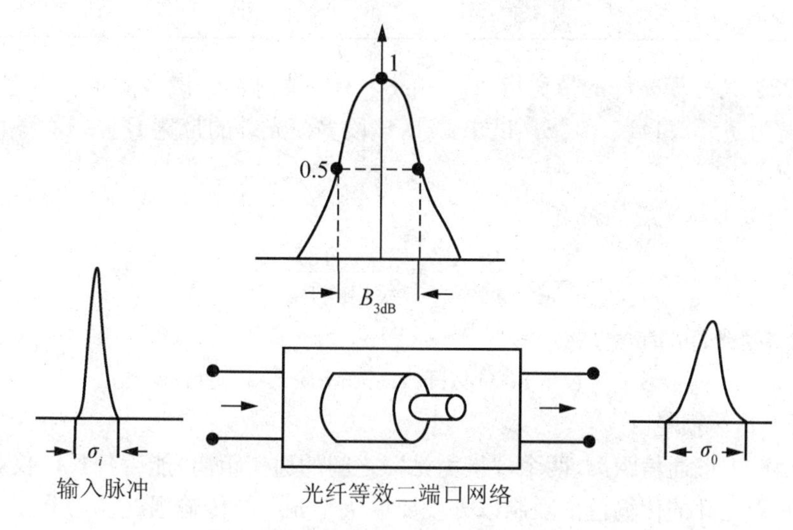

图3-55　计算光纤频带宽度的示意图

由式(3-104)看出：光纤色散越严重，时延差$\Delta\tau$($\Delta\tau_M$、$\Delta\tau_m$和$\Delta\tau_W$)就越大，σ_h也就越大，光纤的传输带宽B_{3dB}也就越窄。因此，为了增加光纤的传输带宽、以增加光纤的通信容量，就必须减小光纤的色散。另外，实践证明：长度为L的光纤的带宽可以用下式计算

$$B_{3dB}=\frac{B_c}{L^r} \tag{3-105}$$

式中：B_c(MHz·km)是“带宽一距离积”，称之为带宽系数；L是光纤的长度；r是带宽距离指数，对于多模光纤r=0.5～0.9，对于单模光纤r=1。

在表3-10中给出了材料为用$GeO_2-P_2O_5-SiO_2$拉制的光纤的参考带宽值，由该表看出以下3点：① 光纤的“带宽一距离积”是一个常数，这表明随着光纤通信距离增加光纤的传输带宽也随之被压缩；② 光纤的“带宽一距离积”和激励光源的类型有关，这体现了波导色散和材料色散的影响；③ 多模光纤的“带宽一距离积”比单模光纤的小，这是因为多模光

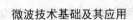

纤的“带宽—距离积”值，除了体现了波导色散和材料色散的影响以外还体现了模式色散的影响。实际上光纤中波导色散、材料色散和波导色散是交织在一起的，它们被分开描述只是理论上的讨论需要，但是理论必须要和实际相吻合，必须服从实际需要。

表 3-10　材料为 $GeO_2-P_2O_5-SiO_2$ 的光纤参考带宽值

波长 λ/nm	光源		单模光纤		多模渐变光纤	
	类型	均方根光谱宽度/nm	理论带宽 GHz·km	已实现的最大带宽 /GHz·km	理论带宽 /GHz·km	已实现的最大带宽 /GHz·km
850	发光二极管(LED)	18	—	—	0·1	0·07
850	激光器(LD)	0·6	3·2	3·3	3·1	3·1
1300	发光二极管(LED)	42	—	—	3·5	7·0
1300	激光器(LD)	1·5	120	92	13	6·7

【例 3-22】某多模光纤的带宽指数 $r=0.8$，有一光脉冲经该多模光纤传输 50km 以后的均方根展宽为 $\sigma_h=2.14\times10^{-8}$S，试求：① 该段多模光纤的带宽 B_{3dB}；② 该段多模光纤的带宽系数 B_c。

解：① 求该多模光纤的带宽

$$B_{3dB}=\frac{0.187}{\sqrt{\sigma_0^2-\sigma_i^2}}=\frac{0.187}{\sigma_h}=\frac{0.187}{2.14\times10^{-8}\mathrm{S}}=8.74\mathrm{MHz}$$

② 求该多模光纤的带宽系数

$$B_c=B_{3dB}\times L^r=8.74\mathrm{MHz}\times(50\mathrm{km})^{0.8}\approx0.2\mathrm{GH\cdot km}$$

5）光纤的传输损耗

光纤通信的中继通信距离(两个“接力站”之间的通信距离)能否延长，仅就光纤本身原因而论，除受光纤的传输色散限制以外主要取决于光纤的传输损耗能否降低。造成光纤损耗的原因不像金属波导那样简单，其损耗机理非常复杂。在表 3-11 中简单地归纳了造成光纤损耗的一些基本原因，以供学习参考。

表 3-11　造成光纤损耗的原因

原因	机理	简单解释
吸收损耗	本征吸收	光纤中传输的光子流的能量被光纤材料中的电子吸收
	杂质吸收	光纤中的掺杂(例如氢氧根 HO^-、铜、铁、铬等)振动吸收光子能量
	原子缺陷吸收	拉制光纤时光纤材料受到热、光激励产生原子缺陷吸收光能量
散射损耗	瑞利散射	光纤材料折射率局部不均匀引起光的散射造成损耗
	结构不完善引起的散射	拉制光纤的过程中在纤芯和包层交界面上残留“气泡”产生散射损耗
弯曲损耗	敷设光纤产生的弯曲	光纤弯曲引起传输模的向外辐射或模间反复耦合引起光能量损耗

表 3-11 中的本征吸收和瑞利散射(本征散射)以及氢氧根 OH^- 的吸收，是引起光纤损耗的主要机理。它们引起光纤损耗的主要特征与光纤的工作波长 λ 有关，因此这就决定了光纤的损耗随其工作波长 λ 而变化，从而形成所谓光纤“损耗谱”。图 3-56 所示是一个常用的光纤损耗谱曲线，其上表明了光纤通信常用的 3 个低损耗窗口。其中，波长为 $\lambda=0.85\mu m$(短波长)附近的低损耗窗口是 20 世纪 70 年代确定的，它是为了和当时生产的激光器发射的光波长相一致而开发的。到了 20 世纪 70 年代末，又获得了损耗更低的长波长光纤和与之相匹配的激光器件，因而又形成了 $\lambda=1.3\mu m$ 和 $\lambda=1.55\mu m$ 附近的两个低损耗窗口，从此长波长光纤通信受到重视。

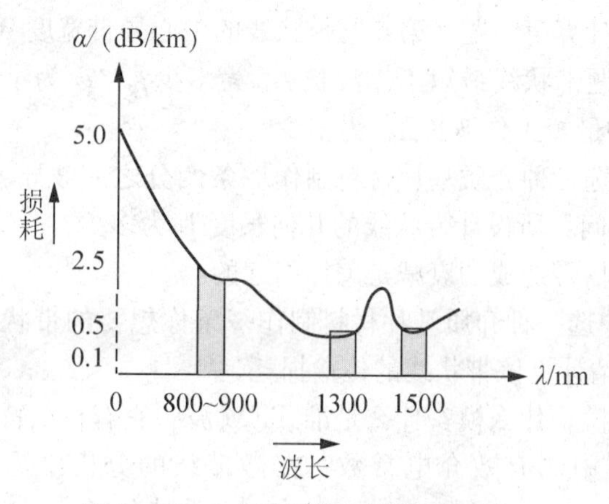

图 3-56　3 个常用的光纤低损耗窗口

工作波段为 $0.8\mu m$~$1.6\mu m$ 的石英 SiO_2 材料拉制的系列光纤已经很成熟，可以满足目前实用化光纤通信的要求；在表 3-12 中给出了 $GeO_2-P_2O_5-SiO_2$ 光纤的最低损耗值。从发展的前头看，表 3-12 中给出的光纤损耗数值不是最理想的；如果导光性能更好的红外光纤材料研制成功，可将目前达到的最低光纤损耗数值再降低 2~3 个数量级。理论推测表明：有一些新型光纤材料的光纤损耗数值可以达到10^{-2}~10^{-3}(dB/km)，甚至可以达到10^{-5}dB/km 的数量级，以使光纤通信的中继距离延长到数千公里乃至上万公里。

表 3-12　$GeO_2-P_2O_5-SiO_2$ 光纤的最低损耗值

波长/μm	单模光纤(Δ≈0.2)		多模光纤(Δ≈0.1)		损耗机理
	理论极限值/(dB/km)	已达到的最低损耗值/(dB/km)	理论极限值/(dB/km)	已达到的最低损耗值/(dB/km)	
0.85	1.90	1.90	2.50	2.12	
1.30	0.32	0.35	0.44	0.42	本征吸收 本征散射
1.55	0.18	0.20	0.22	0.23	

练　习　题

1. 什么是微带线和带状线？它们各有哪些优缺点？它们各自可以看成是由已学习过

的何种传输线演变而成的(并用图形表示)？

2. 制作一个微带电路要用些什么样的材料？试举例说明。

3. 制作微波微带集成电路时，对微带线中心导带金属材料的要求如何？

4. 根据图 3-10 如何理解带状线特性阻抗 Z_0是设计核心参数？

5. 在 $\varepsilon_r=2.1$ 的聚四氟烯敷铜箔板上制作一条带状线，要求其结构尺寸下为：$b=5$mm、$t=0.25$mm 和 $W=2$mm，试计算该带状线的特性阻抗 Z_0(查图 3-10 计算)。

6. 在 $\varepsilon_r=2.1$ 的聚四氟烯敷铜箔板上刻制一条带状线，要求其特性阻抗 $Z_0=50\Omega$ 和 $b=5$mm 以及 $t=0.25$mm，试问：该带状线的中心导带宽度应该刻制多宽，即 W 为多少？

7. 试用式(3-10)计算第 5 题和第 6 题带状线的中心导带宽度 W。

8. 试问：① 第 5 题带状线最短工作波长 λ_{min}为多少?；② 为了保证第[6]题带状线结构尺寸的合理性，它的最短工作波长 λ_{min}为多少？

9. 请在表 3-2 中选一种介质基片材料制作一条四分之一波导波长的带状线，要求工作频率 $f=10$GHz，试问：所设计带状线的几何长度 L 为多少？

10. 带状线对传输信号造成的衰减是怎样引起的？

11. 请在表 3-2 中选一种介质基片材料制作一条你想要的带状线(尺寸和工作频率均由你自己设定)，最后请计算该带状线的传输损耗。

12. 微带线中的主模是什么模？什么是准 TEM 波？它有什么特点？

13. 什么是微带线中的有效介电常数？在微带线的分析中为什么要引进有效介电常数？

14. 根据式(3-34)可见有效介电常数 ε_e 与填充系数 q 有以下关系：$\varepsilon_e=1+(\varepsilon_r-1)q$，试问：$q$ 为何值时，就可以将微带线的“空气—介质分界面”去掉而设想微带线处在具有介电常数为 ε_e 的均匀介质中，为什么？

15. 要求在 $\varepsilon_r=9$ 的介质基片材料上制作一条厚度 $h=0.8$mm 和特性阻抗 $Z_0=75\Omega$ 的微带线，试求：① 该条微带线的设计宽度 W；② 该条微带线的效介电常数 ε_e 和填充系数 q。

16. 要求在 $\varepsilon_r=3.8$ 的介质基片材料上制作一条厚度 $h=1$mm 和特性阻抗 $Z_0=50\Omega$ 的微带线，试求该条微带线的设计宽度 W(用查表方法计算)。

17. 请引用书中例题例说明：为什么微带线介质基片的厚度 h 和介电常数 ε_r 的合理性选择是一个综合考虑的问题。

18. 我国“嫦娥”探月卫星与地面通信使用的是微波哪个波段？为什么说我国“嫦娥卫星”中的微带电路应考虑微带线色散影响？

19. 例 3-12 和例 3-13 的计算表明微带线的介质损耗要比导体损耗小得很多。因此，在制作微带线时除了要合理地选择介质基片材料外更应很好地处理导体材料导体的镀层，以减少微带线电路的损耗。试问：制作微波微带集成电路时对微带线中心导带金属材料一般应达到以下要求？其导体的镀层是如何处理的？

20. 使用 $\varepsilon_r=2.22$ 和 $h=1$mm 的聚四氟烯敷铜箔板制一条四分之一波长、特性阻 $Z_0=50\Omega$ 的微带线，工作频率 $f=20$GHz。试问：该微带线的几何其长度 L 为多少

21. 为什么在设计微波电路时必须研究耦合传输线理论？试根据图 3－34 说明：采用“奇偶模参量法”分析对称耦合传输线系统。为什么可以简化分析？

22. 什么是图 3－25 所示的对称耦合传输线等效电路的“偶模特性阻抗 Z_{0e}”和“奇模特性阻抗 Z_{00}”？对称耦合传输线通常总是放置在具有介电常数 ε_r 的均匀介质中而所传输的应该是 TEM 模，此时如何解读式(3－58c)和式(3－58d)？

23. 试从概念上解释式(3－59) $Z_0^R = Z_0^S\sqrt{1-K^2}$。

24. 根据式(3－60)和式(3－61)可知，当耦合系数 $K=0$ 时 $Z_{0e}=Z_{00}=Z_0^S$，其物理含义是什么？

25. 图 3－1－T 所示的对称耦合带状线的 $b=2$mm、介质基片的 $\varepsilon_r=2.1$，其 $Z_{0e}=60\Omega$ 和 $Z_{00}=50\Omega$，试求：导带宽度 W 和两导带之间的距离 S。

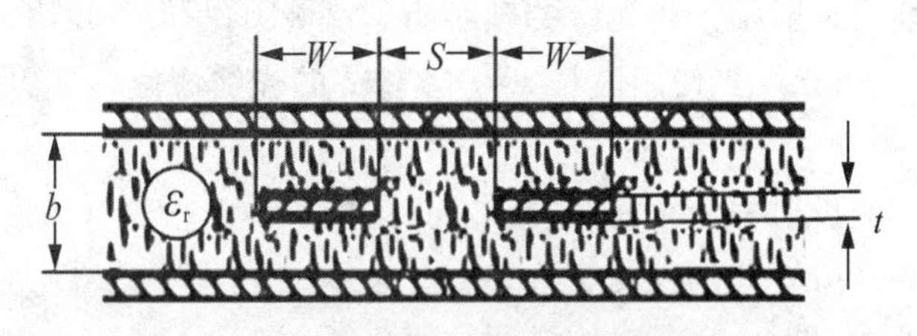

图 3－1－T　耦合带状线

26. 图 3－1－T 所示的对称耦合带状线的 $b=2$mm、介质基片的 $\varepsilon_r=2.1$、S＝0.7mm 和 $W=1.5$mm，查图 3－31 求：Z_{0e} 和 Z_{00}。

27. 为什么对于传输 TEM 波的耦合带状线，可将“偶模”和“奇模”情况进行统一讨论；而对于传输准 TEM 波的耦合微带线，须将“偶模”和“奇模”情况进行分开讨论？

28. 图 3－1－T 所示的对称耦合微带线的 $h=0.8$mm、$Z_{0e}=92\Omega$、$Z_{00}=35\Omega$ 和介质基片的 $\varepsilon_r=9.6$，试求：W 和 S。

29. 简单回答由纯介质构成的传输线，为什么能引导电磁波传输？

30. 介质传输线的导波原理和金属波导的导波原理是一样的，其主要区别是什么？

31. 实用型介质波导类型很多，大体上可分为几大类？试各举一例。

32. 为什么说 $K_{c2}=0$(或 $w=0$)时，意味着介质波导处在一种电磁波既不出现传输、又不产生辐射的“临界状态”？

33. 试完成图 3－43 所示的圆柱形介质波导导波场求解流程图中的第一到第三步的推导。

34. 介质波导和光纤中的混合模通常用 EH_{mn} 和 HE_{mn} 符号表示，试问：它们是如何定义的？

35. 在圆形介质波导中 HE_{11} 模是不会截止的最低模，最低高次模是 TE_{01} 模和 TM_{01} 模。如果已知圆形介质波导的半径 a 和介电常数 ε_{r1}，试问：为了圆形介质波导中获得 HE_{11} 模的单模传输，此时圆形介质波导的最短工作波长 λ_{0min} 不得低于什么值？写出其数学表达式。

36. 光纤折射率分布通常用下面一般表达式表示，即

$$n(r)=\begin{cases} n_1\left[1-2\Delta\left(\dfrac{r}{\alpha}\right)^{\alpha}\right] & r\leqslant\alpha \\ n^2 \quad r>\alpha \end{cases}$$

试问：① 光纤折射率分布分布因子 $\alpha=2$ 时，光纤横截(剖)面折射率分布为何种形状？试画出简单分布图形；

② 为什么将 $\alpha>2$ 和 $\alpha<2$ 的两根光纤接在一起可以减小模式色散？

37. 简单回答以下问题：

① 什么是光纤中的"标量模 LP_{mn} 模"和"矢量模 EH_{mn} 和 HE_{mn}"？

② 试根据图 3-49 回答，LP_{01} 模、LP_{11} 模、LP_{02} 模和 LP_{12} 模各简并了哪些矢量模？

③ 光纤中传输的模数量 M 是哪种模的数量？

38. 某 $\alpha=2$ 的渐变折射率分布光纤的轴芯折射率 $n(0)=n_1=1.5$、相对折射率差 $\Delta=0.01$、纤芯直径 $2a=50\mu m$，当使用波长 $\lambda=0.85\mu m$ 的光波激励该光纤时，试求该光纤中传输的模数量 M。

39. 某 $\alpha=2$ 的渐变折射率分布光纤的轴芯折射率 $n(0)=n_1=1.5$、相对折射率差 $\Delta=0.01$、纤芯直径 $2a=50\mu m$，试求：

① 光纤端面轴心上(即 $r_0=0$ 处)的局部数值孔径 $NA(r_0)$；

② 光纤端面轴心上 $r_0=12.5\mu m$ 处的局部数值孔径 $NA(r_0)$。

40. 在表 3-10 中给出了材料为用 $GeO_2-P_2O_5-SiO_2$ 拉制的光纤的参考带宽值，试问：

① 为什么用光纤的"带宽—距离积"来衡量光纤的通信容量？

② 为什么光纤的"带宽—距离积"和激励光源的类型有关？

③ 为什么多模光纤的"带宽—距离积"比单模光纤的小？

41. 实际中有哪几种敷设光缆方法？有哪几种光缆牵引力计算方法？

第4章 实际中常用的线性无源微波元器件

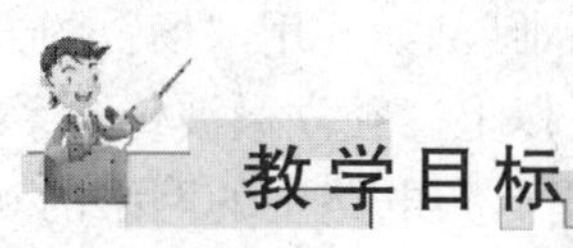

教学目标

本章主要使用“路”分析方法取代“场”的分析方法，对实际中繁多的常用的线性无源微波元器件进行定性和定量分析处理。用网络参数描述线性无源微波元器件，使它们转化为微波网络问题；用微波网络S参数描述线性无源微波元器件，使它们成为可测量可计算的实体。另外，本章不拘泥于面面俱到地描述每个实际中使用的线性无源微波元器件(实际上难于做到)，而掌握它们的分析方法是本章注重的一个方面。在面对繁多的线性无源微波元器件时，使用者或设计者掌握一定的分析和计算方法才是最重要的。

教学要求

① 一般性了解为什么要使用微波网络的方法分析线性无源微波元器件和微波网络的基本概念；② 基本掌握微波网络Z、Y和A参数；③ 重点掌握微波网络的S参数及其特性和基本测量方法；④ 重点掌握S参数在分析微波元器件中的运用；⑤ 重点掌握几种常见微波元器件的分析方法(主要包括分支连接使用的金属波导微波器件、渐变耦合微带线定向耦合器、金属波导双孔耦合定向耦合器、微带线三端口功率分配器、阶梯阻抗变换器和指数渐变线抗变换器等器件的分析方法，教师可以根据情况选择其中2～3种器件重点讲授)；⑥ 一般性了解螺钉匹配器的调整方法。

计划学时和教学手段

本章为8计划学时，使用本书配套的PPT(简单动画)课件完成教学内容讲授。

4.1 微波网络的基本概念

对于研究任何一个由微波元件(图2-31所示的同轴—波导转换器)或几种微波元件连结构成的“独立微波传输系统”(图2-19所示的微波平衡混频器)，从应用层面应注意以下几方面事实：① 在实际工作中人们往往只关心以上“独立微波传输系统”传输能量和信息和它们对所接入的大系统工作状态的影响，并不关心它的内部结构；② 实际中人们最关心的是以上“独立微波传输系统”的输入端口的输入量和输出端口的输出量；③ 理论上用“场”的方法分析一些规则边界条件的微波部件并不困难(例如，用“场”的方法分析处理规则金属波导问题并不困难)，但用“场”的方法分析以上“独立微波传输系统”问题时，由于其内部边界条件太复杂，其难度就太大了；④ 用低频电路中的网络的观点分析时，可以不必关心以上“独立微波传输系统”的内部具体结构和“场”应满足的边界条件，只需关心它对所在大传输系统的影响就可以了；⑤ 若转换一下分析思路，采用低频电路中的“网络”观点分析时，可以这样处理：将任意微波元件(如将图4-1中的双T型接头)等效为四端口网络，从而构建一种微波网络理论。

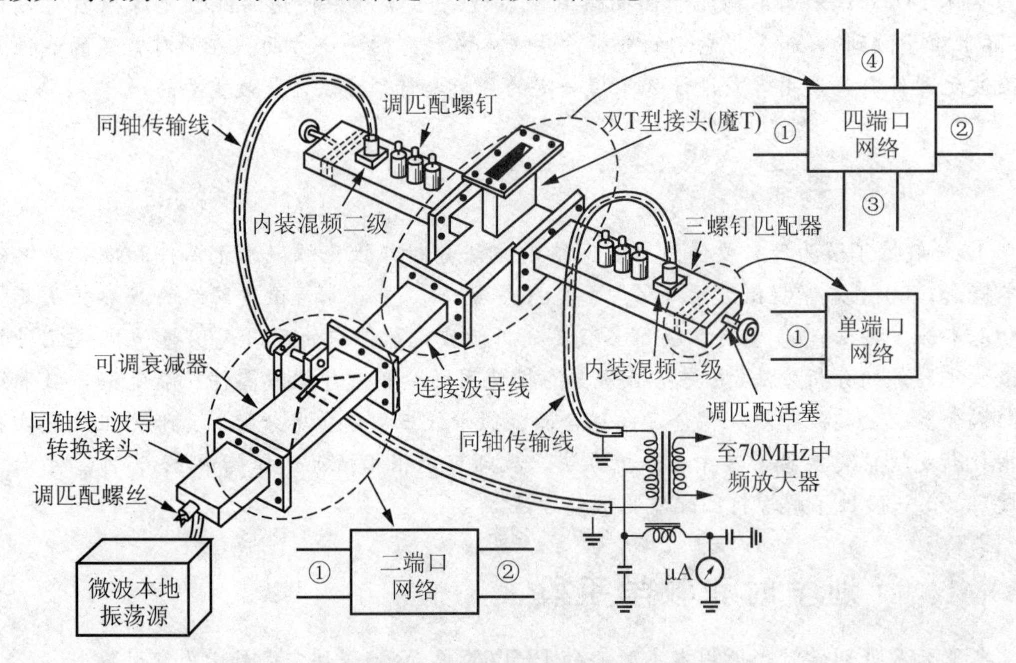

图4-1 微波平衡混频器中的几种微波网络举例

微波网络理论虽然不能分析网络内部微波元件的特性，但可建立一套可以测量的微波网络参数。这样做不仅避开了对微波元件进行“场”的分析，而且对微波元件的处理却实用化了，网络理论包含以下两方面的内容：① 网络分析——它是对某个确定的电路系统(或某个微波元器件)进行分析从而决定被分析“对象”各种量(例如，电压和电流、磁场和电场)之间的关系；② 网络综合——它是根据所要求的各种“量”(例如，电压和电流、磁场和电场)之间的关系或工作特性(例如，幅度—频率特性)设计网络结构(例如，设计一

个微波滤波器)和确定网络中元件的参数。微波网络分析与综合是微波技术领域很重要的组成部分。限于篇幅本章只能涉及一些微波网络分析方面的基本知识，微波网络综合理论将在本书第6章介绍。但要注意：网络分析是网络综合的基础。

虽然可以引用低频电路中的网络的观点分析微波网络，但低频网络和微波网络还是有区别的。例如，图4-1中等效为四端口的“双T型接头”，其内部的边界条件非常复杂，它将产生许多高次模；而这些高次模将出现在和“双T型接头”端口相连接的矩形波导中和TE_{10}波一道传输；因为矩形波导相当一种高通滤波器，将使得高次模在传输过程中将被逐渐衰减消失掉，而仅传输TE_{10}波。理论上将上述矩形波导中的高次模消失与仅传输TE_{10}波时的交界面称为“参考面”。注意：在低频网络中，不存在“参考面”的问题。

4.2　关于微波网络的Z、Y和A参数

研究微波网络参数是一个很复杂繁琐的内容，针对图4-1中的“二端口网络”，并使用图4-2可以定义许多网络参数。作为一般性的对网络参数了解，下面仅仅介绍其中3种。

4.2.1　参考面开路阻抗参数

参考面开路阻抗参数(或称之为z参数)是描述微波二端口网络输入和输出的参考面T_1和T_2开路时，两端口和两端口之间阻抗关系的参数。若取图4-2所示的二端口网络的输入和输出电流I_1和I_2为自变量，输入和输出电压U_1和U_2为因变量，可建立起以下开路阻抗参数即Z参数方程：

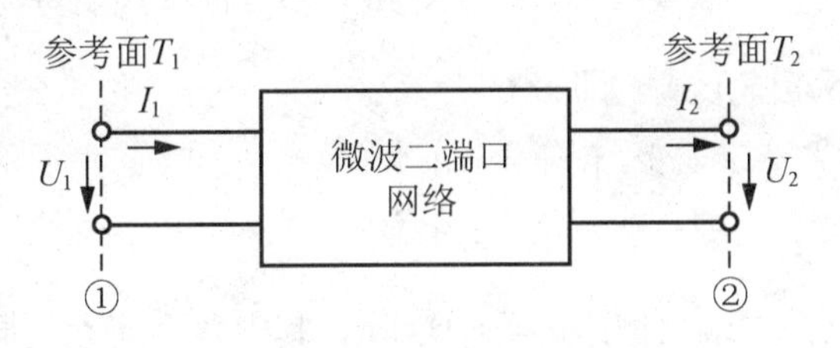

图4-2　微波二端口网络

$$\begin{aligned}U_1&=Z_{11}I_1+Z_{12}I_2\\U_2&=Z_{21}I_1+Z_{22}I_2\end{aligned}\tag{4-1}$$

式中：Z_{11}、Z_{12}、Z_{21}和Z_{22}是所谓z参数，

$Z_{11}=\left(\frac{U_1}{I_1}\right)_{I_2=0}$是参考面$T_2$(端口②)开路时参考面$T_1$(端口①)处的输入阻抗；

$Z_{12}=\left(\frac{U_1}{I_2}\right)_{I_1=0}$是参考面$T_1$(端口①)开路时的反向转移阻抗(端口②→端口①的互阻抗)；

$Z_{21}=\left(\frac{U_2}{I_1}\right)_{I_2=0}$是参考面$T_2$(端口②)开路时的正向转移阻抗(端口①→端口②的互阻抗)；

$Z_{22}=\left(\frac{U_2}{I_2}\right)_{I_1=0}$是参考面$T_1$(端口①) 开路时参考面$T_2$(端口②) 的输出阻抗。

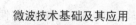

将式(4-1)可以写成以下矩阵形式，即

$$\begin{bmatrix}U_1\\U_2\end{bmatrix}=\begin{bmatrix}Z_{11} & Z_{12}\\Z_{21} & Z_{22}\end{bmatrix}\begin{bmatrix}I_1\\I_2\end{bmatrix}=[Z]\begin{bmatrix}I_1\\I_2\end{bmatrix} \tag{4-2}$$

式中：$[Z]=\begin{bmatrix}Z_{11} & Z_{12}\\Z_{21} & Z_{22}\end{bmatrix}$是二端口网络的阻抗矩阵，其中各元素是阻抗量纲。

4.2.2 参考面短路导纳参数

参考面短路导纳参数(或称之为Y参数)是描述微波二端口网络输入和输出的参考面T_1和T_2短路时，两端口和两端口之间导纳关系的参数。若取图4-2所示的二端口网络的输入和输出电压U_1和U_2为自变量，输入和输出电流I_1和I_2为因变量，可建立起以下短路导纳参数即Y参数方程：

$$\begin{aligned}I_1&=Y_{11}U_1+Y_{12}U_2\\I_2&=Y_{21}U_1+Y_{22}U_2\end{aligned} \tag{4-3}$$

式中：Y_{11}、Y_{12}、Y_{21}和Y_{22}就是所谓Y参数，

$Y_{11}=(\frac{I_1}{U_1})_{U_2=0}$是参考面$T_2$(端口②)短路时参考面$T_1$(端口①)处的输入导纳；

$Y_{12}=(\frac{I_2}{U_1})_{U_1=0}$是参考面$T_1$(端口①)短路时的反向转移导纳(端口②→端口①的互导纳)；

$Y_{21}=(\frac{I_2}{U_1})_{U_2=0}$是参考面$T_2$(端口②)短路时的正向转移导纳(端口①→端口②的导纳)；

$Y_{22}=(\frac{I_2}{U_2})_{U_1=0}$是参考面$T_1$(端口①) 短路时参考面$T_2$(端口②)的输出导纳。

式(4-3)可以写成以下矩阵形式，即

$$\begin{bmatrix}I_1\\I_2\end{bmatrix}=\begin{bmatrix}Y_{11} & Y_{12}\\Y_{21} & Y_{22}\end{bmatrix}\begin{bmatrix}U_1\\U_2\end{bmatrix}=[Y]\begin{bmatrix}U_1\\U_2\end{bmatrix} \tag{4-4}$$

式中：$[Y]=\begin{bmatrix}Y_{11} & Y_{12}\\Y_{21} & Y_{22}\end{bmatrix}$是二端口网络的导纳矩阵，其中各个元素是导纳量纲。

4.2.3 参考面短路或开路的链接参数

参考面链接参数(或称之为A参数)是使用于两个或两个以上二端口网络输入和输出的参考面T_1和T_2链接时(例如，图4-1中微波器件之间的链接)，描述其中一个独立微波二端口网络的参数。如图4-3所示，网络之间的链接(或微波器件之间的链接)时前一个网络输出量是后一个网络的输入量；因此，为了保证后一个网络的输入量的要求，前一个网络输入量就应该有所贡献。因而对于链接网络中任何一个二端口网络而言，应该将其输出量作为“自变量”，而输入量则作为“因变量”，从而根据图4-2建立起以下链接参数即A参数方程：

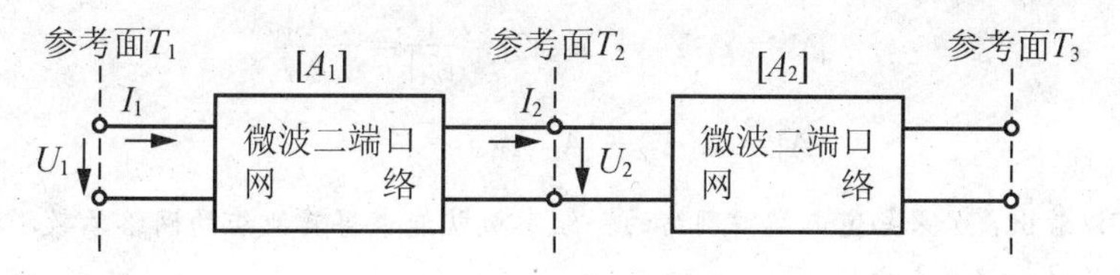

图4-3　二端口网络的链接

$$\begin{aligned} U_1 &= A_{11}U_2 + A_{12}I_2 \\ I_1 &= A_{21}U_2 + A_{22}I_2 \end{aligned} \tag{4-5}$$

式中：A_{11}、A_{12}、A_{21}和A_{22}就是所谓A参数，

$A_{11}=\left(\dfrac{U_1}{U_2}\right)_{I_2=0}$是参考面$T_2$（端口②）开路时电压传输系数的倒数；

$A_{12}=\left(\dfrac{U_1}{I_2}\right)_{U_2=0}$是参考面$T_2$（端口②）短路时转移导纳的倒数；

$A_{21}=\left(\dfrac{I_1}{U_2}\right)_{I_2=0}$是参考面$T_2$（端口②）开路时转移导纳的倒数；

$A_{22}=\left(\dfrac{I_1}{I_2}\right)_{U_2=0}$是参考面$T_2$（端口②）短路时电流传输系数的倒数。

式(4-5)可以写成以下矩阵形式，即

$$\begin{bmatrix} U_1 \\ I_1 \end{bmatrix} = \begin{bmatrix} A_{11} & A_{12} \\ A_{21} & A_{22} \end{bmatrix} \begin{bmatrix} U_2 \\ I_2 \end{bmatrix} = [A] \begin{bmatrix} U_2 \\ I_2 \end{bmatrix} \tag{4-6}$$

式中：$[A]=\begin{bmatrix} A_{11} & A_{12} \\ A_{21} & A_{22} \end{bmatrix}$是二端口网络的$A$矩阵，其中各个元素无量纲。

注意

上述z参数、Y参数和A参数都是根据二端口网络参考面上的电流、电压之间的关系和根据应用需要定义的，故各组网络参数之间必然存在以下相互转换关系：

$$[Z] = \begin{bmatrix} Z_{11} & Z_{12} \\ Z_{21} & Z_{22} \end{bmatrix} = \begin{bmatrix} \dfrac{Y_{22}}{|Y|} & \dfrac{-Y_{12}}{|Y|} \\ \dfrac{-Y_{21}}{|Y|} & \dfrac{Y_{11}}{|Y|} \end{bmatrix} = \begin{bmatrix} \dfrac{A_{11}}{A_{21}} & \dfrac{-|A|}{A_{21}} \\ \dfrac{1}{A_{21}} & \dfrac{-A_{22}}{A_{21}} \end{bmatrix} \tag{4-7a}$$

$$[Y] = \begin{bmatrix} Y_{11} & Y_{12} \\ Y_{21} & Y_{22} \end{bmatrix} = \begin{bmatrix} \dfrac{Z_{22}}{|Z|} & \dfrac{-Z_{12}}{|Z|} \\ \dfrac{-Z_{21}}{|Z|} & \dfrac{Z_{11}}{|Z|} \end{bmatrix} = \begin{bmatrix} \dfrac{A_{22}}{A_{12}} & \dfrac{-|A|}{A_{12}} \\ \dfrac{1}{A_{12}} & \dfrac{-A_{11}}{A_{12}} \end{bmatrix} \tag{4-7b}$$

$$[A] = \begin{bmatrix} A_{11} & A_{12} \\ A_{21} & A_{22} \end{bmatrix} = \begin{bmatrix} \dfrac{Z_{11}}{Z_{21}} & \dfrac{-|Z|}{Z_{21}} \\ \dfrac{1}{Z_{21}} & \dfrac{-Z_{22}}{Z_{21}} \end{bmatrix} = \begin{bmatrix} \dfrac{-Y_{22}}{Y_{21}} & \dfrac{1}{Y_{21}} \\ \dfrac{-|Y|}{Y_{21}} & \dfrac{Y_{11}}{Y_{21}} \end{bmatrix} \tag{4-7c}$$

式中：$|Y|$、$|Z|$和$|A|$分别为[Z]、[Y]和[A]矩阵的行列式，这些行列式与各网络参数之间有以下关系：

$$|Z| = Z_{11}Z_{22} - Z_{12}Z_{21} = \frac{1}{|Y|} = -\frac{A_{12}}{A_{21}} \tag{4-7d}$$

$$|Y|=Y_{11}Y_{12}-Y_{12}Y_{21}=\frac{1}{|Z|}=-\frac{A_{21}}{A_{12}} \tag{4-7e}$$

$$|A|=A_{11}A_{22}-A_{12}A_{21}=\frac{-Z_{12}}{Z_{21}}=\frac{-Y_{12}}{Y_{21}} \tag{4-7f}$$

根据式(4-7)可以看出：如果知道二端口网络的一组参数就能求得其他组的网络参数，这给分析各种不同结构的线性网络特性将带来方便。

使用网络参数分析网络是一个比较复杂繁琐的内容，本书不能过多涉及，下面仅仅原则性的指出两点：① 以上网络参数是用来描述二端口网络特性的，使用任何一组参数都能刻画出一个二端口网络的特性；不过根据不同的情况，应考虑选择使分析变得简单的一组参数，例如分析链接网络时应该选择 A 参数，分析有源二端口网络时大多选择 Z 参数和 Y 参数等；② 分析互易线性无源二端口网络时，只需使用 4 个网络参数中 3 个独立参数就能完全描述互易线性无源二端口网络的特性。这是因为根据式(4-7a)和式(4-7b)可以看出：对于互易而言，$Z_{12}=-Z_{21}$ 和 $Y_{12}=-Y_{21}$ 以及 $|A|=A_{11}A_{22}-A_{12}A_{21}=1$ 的缘故，即是说根据其中 3 个可以求出另一个的缘故。

4.2.4 二端口网络的特性阻抗的概念及确定方式

图 4-4 所示是一个二端口网络，它的特性阻抗定义如下：当该网络输出“端口②”接上某一负载阻抗 Z_{02} 时，从网络输入“端口①”向输出“端口②”看过去的输入阻抗为 Z_{01}；如果将一个阻抗值等于 Z_{01} 的阻抗接在输入“端口①”，而从出“端口②”向输入“端口①”看过去的输入阻抗就等于 Z_{02}。通常将网络两个端口互相成对象或影像关系的阻抗 Z_{01} 和 Z_{02}，称之为二端口网络的特性阻抗或者称之为对象阻抗。

根据 Z_{01} 和 Z_{02} 的定义以及根据式(4-5)，可求得图 4-4 所示的使用 A 参数表示的网络端口①的输入阻抗为(考虑到 $U_2=Z_{02}I_2$)

$$Z_{in1}=Z_{01}=\frac{U_1}{I_1}=\frac{A_{11}Z_{02}+A_{12}}{A_{21}Z_{02}+A_{22}} \tag{4-8a}$$

这是从网络输入“端口①”向输出“端口②”看过去的输入阻抗。如果将图 4-4 中的电流 I_1 和 I_2 传输方向改变为相反的方向(此时 $U_1=-Z_{01}I_1$ 和 $U_2=-Z_{02}I_2$)，同理可得从出“端口②”向输出“端口①”看过去的输入阻抗为

$$Z_{in2}=Z_{02}=\frac{A_{22}Z_{01}+A_{12}}{A_{21}Z_{01}+A_{11}} \tag{4-8b}$$

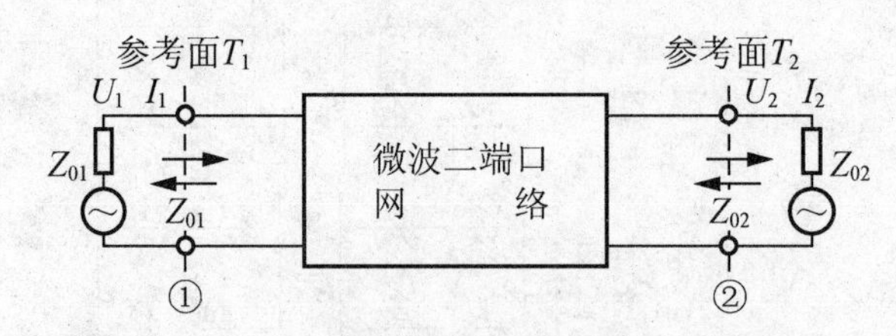

图 4-4 互易线性二端口网络的特性阻抗定义

根据式(4-8)，可求得图 4-4 所示的二端口网络用 A 参数表示的两个特性阻抗(或输入阻抗)分别为

$$Z_{01}=\sqrt{\frac{A_{11}A_{12}}{A_{21}A_{22}}} \tag{4-9a}$$

和

$$Z_{02}=\sqrt{\frac{A_{22}A_{12}}{A_{21}A_{11}}} \tag{4-9b}$$

如果将二端口网络的特性阻抗换一种方法求解，可以再根据式(4－5)和 A 参数的定义；再通过对二端口网络的输出“端口②”进行“开路”和“短路”试验，可将输入“端口①”的输入阻抗分别表示为

$$Z_{\text{in}}^{\infty}=\left(\frac{U_1}{I_1}\right)_{I_2=0}=\frac{A_{11}}{A_{21}}\qquad(\text{端口②开路}) \tag{4-10a}$$

和

$$Z_{\text{in}}^{0}=\left(\frac{U_1}{I_1}\right)_{U_2=0}=\frac{A_{12}}{A_{22}}\qquad(\text{端口②短路}) \tag{4-10b}$$

将式(4－10)代入式(4－9)，可以求得二端口网络端输入端的特性阻抗为

$$Z_{01}=\sqrt{Z_{\text{in1}}^{\infty}Z_{\text{in1}}^{0}} \tag{4-11a}$$

同理，可以将二端口网络输出端的特性阻抗表示为

$$Z_{02}=\sqrt{Z_{\text{in2}}^{\infty}Z_{\text{in2}}^{0}} \tag{4-11b}$$

由式(4－11)可见：二端口网络的特性阻抗 Z_{01} 和 Z_{02}，可以通过对二端口网络的“端口②”或“端口①”的“开路”和“短路”试验求得(测得)。

4.2.5　归一化网络和归一化网络参数

由第 1 章讨论可知：为了使“阻抗圆图”具有应用于任何特性阻抗 Z_0 的传输线而有通用性，应该将双线传输线的输入阻抗 $Z_{\text{in}}(z)$ 对传输线的特性阻抗 Z_0 进行归一化处理，使变成为一种无量纲的参数 $\tilde{Z}_{\text{in}}(z)$。同理，为了使网络参数与特性阻抗 Z_0 无关也应该将网络参数归一化，从而获得一种通用的具有无量纲参数通用的归一化网络。例如，对于图 4－5 所示的归一化二端口网络可以将式(4－2)改写为

$$\begin{bmatrix}\tilde{U}_1\\ \tilde{U}_2\end{bmatrix}=\begin{bmatrix}\tilde{Z}_{11} & \tilde{Z}_{12}\\ \tilde{Z}_{21} & \tilde{Z}_{22}\end{bmatrix}\begin{bmatrix}\tilde{I}_1\\ \tilde{I}_2\end{bmatrix}=[\tilde{Z}]\begin{bmatrix}\tilde{I}_1\\ \tilde{I}_2\end{bmatrix} \tag{4-12a}$$

在图 4－7 所示的二端口网络中，归一化特性阻抗的定义为

$$\tilde{Z}_{01}=\frac{Z_{01}}{Z_{01}}=1\ \text{和}\ \tilde{Z}_{02}=\frac{Z_{02}}{Z_{02}}=1 \tag{4-12b}$$

另外，根据功率关系可以获得以下输入和输出电压和电流的归一化值。

$$\begin{aligned}&\text{归一化输入电压和电流：}\tilde{U}_1=\frac{U_1}{\sqrt{Z_{01}}}、\tilde{I}_1=I_1\sqrt{Z_{01}}\\ &\text{归一化输出电压和电流：}\tilde{U}_2=\frac{U_2}{\sqrt{Z_{02}}}、\tilde{I}_2=I_2\sqrt{Z_{02}}\end{aligned} \tag{4-12c}$$

根据以上归一化量，可以将二端口网络的阻抗矩阵[Z]、导纳矩阵[Y]和矩阵[A]改写

成为归一化形式$[\widetilde{Z}]$、$[\widetilde{Y}]$和$[\widetilde{A}]$。

例如，归一化$[\widetilde{A}]$矩阵为

$$[\widetilde{A}]=\begin{bmatrix}\widetilde{A}_{11}\widetilde{A}_{12}\\ \widetilde{A}_{21}\widetilde{A}_{22}\end{bmatrix}=\begin{bmatrix}A_{11}\sqrt{\dfrac{Z_{02}}{Z_{01}}} & A_{21}\sqrt{Z_{01}Z_{02}}\\ A_{21}\sqrt{Z_{01}Z_{02}} & A_{22}\sqrt{\dfrac{Z_{01}}{Z_{02}}}\end{bmatrix} \tag{4-13}$$

对于分析如图 4-5 所示的由 n 个二端口网络所组成的级联网络，通常使用[A]和$[\widetilde{A}]$表示它们“输入电压～输入电流”和“输出电压～输出电流”之间的响应关系。根据图 4-5 输入量和输出量之间的响应，可以将其表示为

$$\begin{bmatrix}U_1\\ I_1\end{bmatrix}=[A_1]\begin{bmatrix}U_2\\ I_2\end{bmatrix}=[A_1][A_2]\begin{bmatrix}U_3\\ I_3\end{bmatrix}=\cdots=[A_n]\begin{bmatrix}U_{n+1}\\ I_{n+1}\end{bmatrix}=[A_{\sum}]\begin{bmatrix}U_{n+1}\\ I_{n+1}\end{bmatrix} \tag{4-14}$$

式中：

$$[A_{\sum}]=[A_1][A_2]\cdots[A_n] \tag{4-15a}$$

或

$$[\widetilde{A}_{\sum}]=[\widetilde{A}_1][\widetilde{A}_2]\cdots[\widetilde{A}_n] \tag{4-15b}$$

式(4-17b)是归一化二端口网络所组成的级联网络的$[\widetilde{A}]$矩阵。

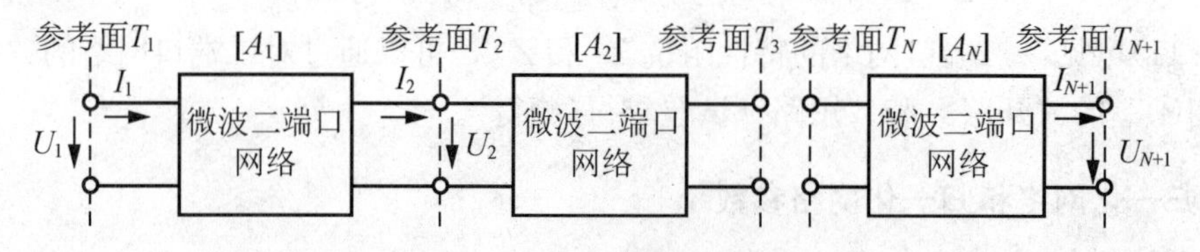

图 4-5　二端口网络的链接

【例 4-1】 图 4-6 所示是一个传输线短路线分支阻抗匹配电路，已知其归一化负载阻抗为$\widetilde{Z}_l=\widetilde{R}_l+\widetilde{X}_l$；试求：① 传输线输入端阻抗匹配时所需并联归一化电纳 $j\widetilde{B}$；② 并联归一化电纳 $j\widetilde{B}$应该在距离终端的接入位置 z。

解： 在第 1 章例 1-12 中，已对图 4-6 所示的传输线短路线分支阻抗匹配电路利用阻抗圆图进行了具体数值上的求解；如果对图 4-6 所示的电路使用网络理论求解时，可以将它视为参考面 T_1和 T_2之间的两个简单网络的级联。图中 $\mathrm{j}\widetilde{B}$可以看成一个 T 形网络，由表 4-1 可知该 T 形网络的$[\widetilde{A}_1]$矩阵可以表示为

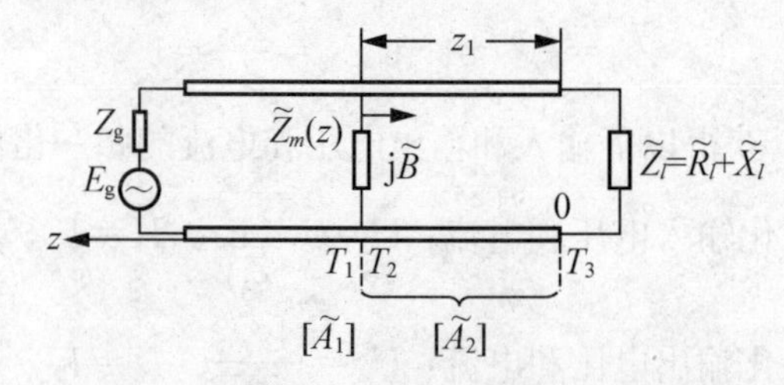

图 4-6　传输线短路分支阻抗匹配电路

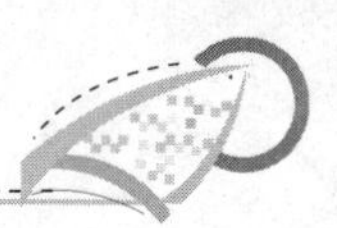

$$[\widetilde{A}_1]=\begin{bmatrix}1 & 0\\ \mathrm{j}\widetilde{B} & 1\end{bmatrix}$$

再利用第 1 章式(1-20)，可以直接求得图 4-6 中 z_1 长度传输线的归一化矩阵$[\widetilde{A}_2]$：

$$[\widetilde{A}_2]=\begin{bmatrix}\cos\beta z_1 & \mathrm{j}\sin\beta z_1\\ \mathrm{j}\sin\beta z_1 & \cos\beta z_1\end{bmatrix}$$

根据式(4-17b)，$\mathrm{j}\widetilde{B}$和 z_1 长度的传输线相连接的归一化级联网络矩阵应该等于

$$[\widetilde{A}_\Sigma]=\begin{bmatrix}\widetilde{A}_{\Sigma 11} & \widetilde{A}_{\Sigma 12}\\ \widetilde{A}_{\Sigma 21} & \widetilde{A}_{\Sigma 22}\end{bmatrix}=[\widetilde{A}_1][\widetilde{A}_2]=\begin{bmatrix}1 & 0\\ \mathrm{j}\widetilde{B} & 1\end{bmatrix}\begin{bmatrix}\cos\beta z_1 & \mathrm{j}\sin\beta z_1\\ \mathrm{j}\sin\beta z_1 & \cos\beta z_1\end{bmatrix}$$

$$=\begin{bmatrix}\cos\beta z_1 & \mathrm{j}\sin\beta z_1\\ \mathrm{j}(\widetilde{B}\cos\beta z_1+\sin\beta z_1) & \cos\beta z_1-\widetilde{B}\sin\beta z_1\end{bmatrix}$$

根据式(4-8a)可以求得图 4-9 中的归一化输入阻抗，再令它等于 1 就可以获得传输线输入端阻抗匹配，即

$$\widetilde{Z}_{\mathrm{in1}}==\frac{\bar{A}_{\Sigma 11}\widetilde{Z}_l+\bar{A}_{\Sigma 12}}{\bar{A}_{\Sigma 21}\widetilde{Z}_l+\bar{A}_{\Sigma 22}}=1$$

将 $\widetilde{Z}_l=\widetilde{R}_l+\widetilde{X}_l$ 和 $\widetilde{A}_{\Sigma 11}$、$\widetilde{A}_{\Sigma 12}$、$\widetilde{A}_{\Sigma 21}$、$\widetilde{A}_{\Sigma 22}$ 4 个元素代入上式，就可以获得本题的解答为

$$\mathrm{j}\widetilde{B}=\pm\mathrm{j}\sqrt{\frac{(1-\widetilde{R}_l)^2+\widetilde{X}_l^2}{\widetilde{R}_l}}$$

$$z_1=\frac{\lambda}{2\pi}\arctan\left(\frac{\widetilde{R}_l\widetilde{B}-\widetilde{X}_l^2}{1-\widetilde{R}_l}\right)$$

该题也可以使用传统的解析方法[4][8][27]求解，但两者都不提倡。从应用层面出发考虑，还是应该注重使用第 7 章中介绍的 ADS 仿真软件方法求解。

如果通过对网络进行“开路”或“短路”测量可以获得各种网络参数，这时就不必过问网络内部参数的具体数学表达式。例如，不必过问本题中$[\widetilde{A}_1]$和$[\widetilde{A}_2]$的数学表达式等。网络参数是根据研究问题的需要而人为定义的参数，它们可以通过对网络“输入端口”或“输出端口”进行“开路”或“短路”进行测量获得。

4.3　关于微波网络的 S 参数

前面讨论的 Z、Y 和 A 参数在低频无源和有源网络分析中已经获得广泛应用(例如，在分析高频晶体管电路时广泛使用 Y 参数)，它们是根据研究问题的需要、使用网络端口上的电流和电压而人为定义的可测量的参数；但是在微波波段它们没有现实的使用价值，而只有理论上的概念和理论使用价值。这是基于以下的考虑。虽然在第 2 章中已针对矩形波导中传输 TE_{10}波时的有效电压、电流作出了理论上的定义，但那是有条件的。广义而

言在微波波段所谓电压、电流却没有像在低频那样具有明确的可以测量的定义，故在微波波段也就失去了定义 Z、Y 和 A 参数的基本条件。在微波波段网络中的参考面很难实现“开路”或“短路”，因而也就无法通过测量 Z、Y 和 A 这类参数。总之，不管如何定义网络参数，其前提条件就是要能够通过“测量”获得所需的网络参数，否则，定义任何网络参数都没有任何实际意义。注意：在微波传输系统中，测量传输功率和测量由入射波和反射波所定义的反射系数和驻波比等这些参量的手段很多，可以说是轻而易举。因此，这就给分析微波网络提供了定义一种新的、适合于微波波段使用的网络参数的条件。下面将要讨论的所谓微波网络的 S 参数，就是建立在微波测量基础上的网络参数。S 参数可以用于分析线性微波元器件，也适用于分析非线性微波元器件；注意：在数学上 S 参数还可以与 Z、Y 和 A 等参数进行换算，这就给应用带来方便。

4.3.1 如何定义 S 参数

将图 4-1 中的微波双 T 形接头独立出来，就可以构成如图 4-7(a)所示的一般性的微波四端口网络。图 4-7(a)中的 a_1、a_2、a_3 和 a_4 分别为网络端口①、②、③和④的归一化入射波，b_1、b_2、b_3 和 b_4 分别为网络端口①、②、③和④的归一化反射波。对于具有 n 个端口的微波网络其任意端口上的归一化电压和电流，是归一化入射波 a_n 和归一化反射波 b_n 的叠加量。根据式(4-12c)它们可以表示为：

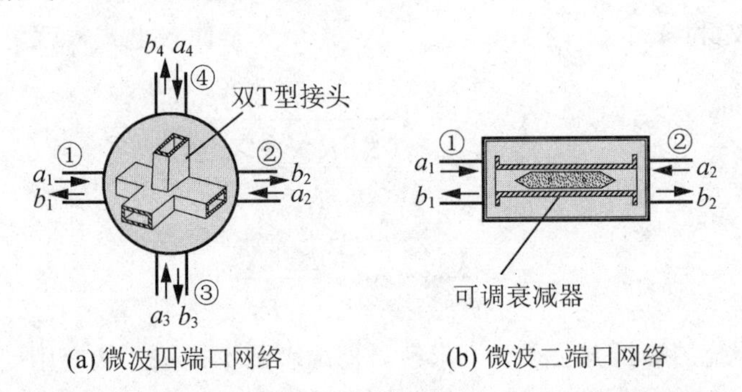

(a) 微波四端口网络　　(b) 微波二端口网络

图 4-7　由图 4-1 微波系统中的微波器件构成的微波网络

$$\tilde{U}_n=\frac{U_n}{\sqrt{Z_{0n}}}=a_n+b_n\,(n=1,\ 2,\ 3,\ \cdots)$$
$$\tilde{I}_n=I_n\sqrt{Z_{0n}}=a_n-b_n\,(n=1,\ 2,\ 3,\ \cdots) \tag{4-16}$$

由式(4-16)可得

$$a_n=\frac{1}{2}\left(\frac{U_n}{\sqrt{Z_{0n}}}+I_nZ_{0n}\right)=\frac{U_n+I_nZ_{0n}}{2\sqrt{Z_{0n}}}\,(n=1,\ 2,\ 3,\ \cdots)$$
$$b_n=\frac{1}{2}\left(\frac{U_n}{\sqrt{Z_{0n}}}-I_n\sqrt{Z_{0n}}\right)=\frac{U_n-I_nZ_{0n}}{2\sqrt{Z_{0n}}}\,(n=1,\ 2,\ 3,\ \cdots) \tag{4-17}$$

如果将图 4-7(b)所示具体的微波二端口网络抽象成一般化的微波二端口网络，就可以获得图 4-8 所示的微波二端口网络框图。下面根据图 4-8，引进 S 参数的概念：对于类似如图 4-1 所使用的无源微波器件都是线性的，它们所构成的微波网络都是线性微波

网络。在微波线性网络中，任意一个端口产生的入射波和反射波之间的关系都是线性的，即在图 4-8 中归一化入射波 $a_n(n=1, 2)$和归一化反射波 $b_n(n=1, 2)$之间的关系是线性的。如果以 a_n 为自变量、b_n 为因变量(即入射波引起反射波)，就图 4-8 而言，在它们之间可以建立以下线性方程组：

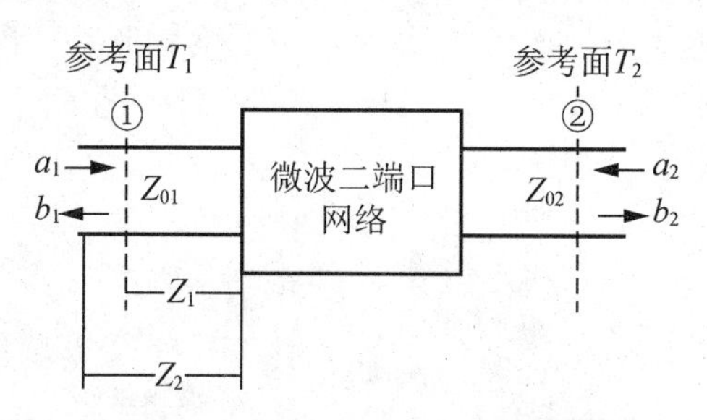

图 4-8 二端口微波网络

$$
\begin{aligned}
b_1 &= S_{11}a_1 + S_{12}a_2 \\
b_2 &= S_{21}a_1 + S_{22}a_2
\end{aligned} \tag{4-18a}
$$

注意

式(4-18a)中 b_n(n 为偶数)可看成是 a_{n-1}(端口①→端口②)引起的输出波；b_n(n 为奇数)可看成是 a_{n+1}(端口②→端口①)引起的输出波。通常将式(4-18a)写成以下矩阵形式，即

$$
\begin{bmatrix} b_1 \\ b_2 \end{bmatrix} = \begin{bmatrix} S_{11} & S_{12} \\ S_{21} & S_{22} \end{bmatrix} \begin{bmatrix} a_1 \\ a_2 \end{bmatrix} \tag{4-18b}
$$

或

$$
[b] = [S][a] \tag{4-18c}
$$

式中：

$$
[S] = \begin{bmatrix} S_{11} & S_{12} \\ S_{21} & S_{22} \end{bmatrix} \tag{4-18d}
$$

为二端口网络的散射矩阵，或简称为[S]矩阵。[S] 矩阵中的各参数称之为 S 参数，微波二端口网络 S 参数的物理意义(定义)如下：

$S_{11}=(\frac{b_1}{a_1})_{a_2=0}$是参考面 T_2(端口②) 匹配时，参考面 T_1(端口①)处的反射系数；

$S_{12}=(\frac{b_1}{a_2})_{a_1=0}$是参考面 T_1(端口①) 匹配时，端口②→端口①的反向传输系数；

$S_{21}=(\frac{b_2}{a_1})_{a_2=0}$是参考面 T_2(端口②) 匹配时，端口①→端口②的正向传输系数；

$S_{22}=(\frac{b_2}{a_2})_{a_1=0}$是参考面 T_1(端口①) 匹配时，参考面 T_2(端口②) 处的反射系数。

S 参数是一个矢量，其相位取决于参考面 T_1 和 T_2 所处的位置。当无损耗网络参考面 T_1 和 T_2 的移动时，S 参数的数值(幅度值)是不变化的，改变的只是它的相位值。例如，图 4-8 中参考面 T_1 当前位置为 z_1 时的 S_{11} 为 $S_{11}e^{-j\beta_z z_1}$；当参考面 T_1 向离开网络方向向左移动到 z_2 时，所获得的 S_{11} 的值应为 $S_{11}e^{-j\beta_z(z_1+z_2)}$。因此，参考面 T_1 的移动只是改变了 S_{11} 的相位而未改变其幅度值。

根据S参数的物理含义，它是很容易通过测量获取的，这是因为：① 实现在微波器件的输入端口，或输出端口接入匹配负载的手段很多，很容易实现；② 在微波波段测量反射系数或传输系数的方法也很多，也很容易实现。因此，制造测量S参数的仪器不存在理论和实际上的困难。通常使用的网络分析仪测量S参数的理论依据就是S参数的定义。图4－9所示是一台惠普HP8510B网络分析仪的实物照片。该测试仪用来测量一端口或二端口的S参数时，测试频率为0.05GHz～26.5GHz。在附录D中，可以查找到一般网络分析仪简单原理方框图。

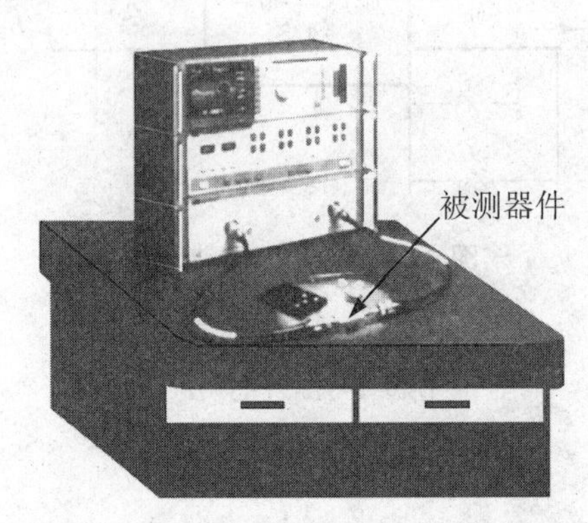

图4－9　惠普HP8510B网络分析仪的实物照片

4.3.2　多端口网络的[S]矩阵及S参数的重要特性

实际中许多微波器件是多端口的，例如，图4－7(a)的微波双T形接头应看成是一个四端口微波网络。因此，为了对[S]矩阵分析一般化起见应将式(4－20)加以推广。对于具有n个端口的归一化微波网络而言，式(4－18b)推广写成为以下形式：

$$\begin{bmatrix} b_1 \\ b_2 \\ \vdots \\ b_n \end{bmatrix} = \begin{bmatrix} S_{11} & S_{12} & \cdots & S_{1n} \\ S_{21} & S_{22} & \cdots & S_{2n} \\ \vdots & \vdots & \cdots & \vdots \\ S_{n1} & S_{n1} & \cdots & S_{nn} \end{bmatrix} \begin{bmatrix} a_1 \\ a_2 \\ \vdots \\ a_n \end{bmatrix} \tag{4-19a}$$

上式可以简写为

$$[b]=[S][a] \tag{4-19b}$$

式中：a_i、b_j($i=j=1, 2, 3, \cdots, n$)分别为各端口的输入波和输出波；

$$S_{ii}=\left(\frac{b_i}{a_i}\right)_{a_k=0} \quad i, k=1, 2, 3, \cdots, n \text{ 且 } i\neq k \tag{4-19c}$$

表示当$i\neq k$时，除第i个端口外，其他第($n-1$)个端口参考面处均接有匹配负载时的第i个端口参考面处的反射系数；

$$S_{ij}=\left(\frac{b_i}{a_j}\right)_{a_i=0} \quad i, j=1, 2, 3, \cdots, n \text{ 且 } i\neq j \tag{4-19d}$$

表示当$i\neq j$时，除第j个端口外，其他第($n-1$)个端口参考面处均接有匹配负载时的第j个端口参考面处至第i个参考面处的传输系数。

S参数有一些重要特性，它们在微波电路的分析中非常有用。下面将网络S参数性质归纳如下。

1. 微波网络的互易性及对称性

$$S_{ij}=S_{ji} \tag{4-19e}$$

将散射矩阵[S]中的“行元素”置换为“列元素”，因此可以表示为

$$[S]=[S]^T \tag{4-19f}$$

式中：$[S]^T$ 是[S]的转置矩阵。以二端口微波网络为例，有以下表达式

$$[S]=[S]^T=\begin{bmatrix}S_{11} & S_{12}\\ S_{21} & S_{22}\end{bmatrix}=\begin{bmatrix}S_{11} & S_{21}\\ S_{12} & S_{22}\end{bmatrix} \tag{4-19g}$$

在“端口①”匹配情况下“端口②”至“端口①”的反向传输系数 S_{12}，等于在“端口②”匹配情况下“端口①”至“端口②”的正向传输系数 S_{21}。显然这样的微波网络是互易的，但是与输入端口对应的端口必须接匹配负载；否则，就会破坏微波网络的互易性。

一般而言：如果微波网络的“端口 i”和“端口 j”参考面对称而且是互易的，则有

$$\begin{aligned}S_{ii}&=S_{jj}\\ S_{ij}&=S_{ji}\end{aligned} \tag{4-19h}$$

例如，下面即将要介绍的微波衰减器(图 4-7(b)或图 4-13)的散射矩阵为

$$[S]=\begin{bmatrix}0 & e^{-\alpha l}\\ e^{-\alpha l} & 0\end{bmatrix}$$

微波衰减器所等效的二端口网络的 $S_{11}=S_{22}=0$ 和 $S_{12}=S_{21}=e^{-\alpha l}$，因而是互易对称的；或者说：图 4-16 所示的微波衰减器是一个互易对称微波器件，这是因为像这样的器件不论使用哪个端口作输入端口效果都是一样的。

2. 怎样判断微波网络是无耗的(微波网络的无耗性)

可以从能量的观点出发，来判断微波网络是否有无损耗。像图 4-7(a)所示那种具有 n 个端口的圆球形封闭面所代表的微波网络而言，输入该球形封闭面的总功率应该等于输出的总功率再加上封闭面内部的损耗功率。如果用式(4-17)的归一化量表示，则可以表示为

$$\frac{1}{2}\sum_{i=1}^{n}|a_i|^2=\frac{1}{2}\sum_{i=1}^{n}|b_i|^2+P_r$$

若微波网络是无耗的，则 $P_r=0$ 而上式可改写为

$$\sum_{i=1}^{n}(|a_i|^2-|b_i|^2)=0$$

上式可以用矩阵表示为

$$[a_1^*, a_2^*, a_3^*, \cdots, a_n^*]\begin{bmatrix}a_1\\ a_2\\ \vdots\\ a_n\end{bmatrix}-[b_1^*, b_2^*, b_3^*, \cdots, b_n^*]\begin{bmatrix}b_1\\ b_2\\ \vdots\\ b_n\end{bmatrix}=0$$

或

$$[a]^+[a]-[b]^+[b]=0$$

上式中：$[a]^+$ 是$[a]$的共轭转置矩阵；$[b]^+$ 是$[b]$的共轭转置矩阵。将式(4-19b)代入上

式，可得

$$[a]^{+}[a](1-[S]^{+}[S])=0$$

如果要求上式成立，必须使

$$[S]^{+}[S]=1 \tag{4-20a}$$

式中：$[S]^{+}$是[S]的共轭转置矩阵。式(4-20)就是判断微波网络无耗的条件，称之为无耗微波网络的一元性或幺正性。它还可以写成以下形式，即：

$$\sum_{k=1}^{n}S_{ki}S_{ki}^{*}=1 \quad i=j=1,2,3,\cdots,n \tag{4-20b}$$

式(4-20b)表明：对于无损耗微波网络的[S]矩阵中的任何一列，与该列的共轭点相乘等于1。另外，有

$$\sum_{k=1}^{n}S_{ki}S_{kj}^{*}=0 \quad i\neq j \tag{4-20c}$$

式(4-20c)表明：对于微波网络的[S]矩阵中的任何一列，与不同列的共轭点相乘等于零。

【例4-2】假设图4-11所示的二端口网络，具有以下散射矩阵：

$$[S]=\begin{bmatrix}0.18 & 0.9e^{-j45^\circ}\\ 0.9e^{j45^\circ} & 0.25\end{bmatrix}$$

试问：① 该网络是互易和无耗的吗？

② 若在该网络“参考面 T_2”上接有匹配负载，则在“参考面 T_1”处的回波损耗 L_R 为多少？

③ 若将该网络“参考面 T_2”短路，则在“参考面 T_1”处的回波损耗 L_R 为多少？

解：(1) 判断该网络是否是无耗的。

根据式(4-20b)取第1列的元素，与该列对应的共轭元素相后相加乘得

$$|S_{11}|^2+|S_{21}|^2=0.18^2+0.9^2=0.842\neq 1$$

故根据式(4-20b)判断，该网络不是无耗的而是有损耗的。

(2) 计算在该网络“参考面 T_2”上接有匹配负载时，在“参考面 T_1”处的回波损耗。

因为当网络“参考面 T_2”上接有匹配负载时，在“参考面 T_1”处的反射系数 $\Gamma=S_{11}=0.18$，故根据第1章式(1-68)可以求得“参考面 T_1”处的回波损耗为

$$L_R(\text{dB})=-20\lg|\Gamma|=-20\lg 0.18\approx 15\text{dB}$$

(3) 计算该网络“参考面 T_2”短路时，在“参考面 T_1”处的回波损耗。

当该网络“参考面 T_2”短路时有 $a_2=-b_2$，将它代入式(4-20a)可得：

$$\begin{aligned}b_1&=S_{11}a_1-S_{12}b_2\\ b_2&=S_{21}a_1-S_{22}b_2\end{aligned} \tag{4-21}$$

解式(4-21)第二个方程，可得

$$b_2=\frac{S_{21}}{1+S_{22}}a_1 \tag{4-22}$$

将式(4-21)第一个方程两边同除以 a_1，并利用式(4-22)，就可以获得该网络“参考面 T_2”短路时在“参考面 T_1”处的反射系数为

$$\Gamma=\frac{b_1}{a_1}\Big|_{T_2\text{短路}}=S_{11}-S_{12}\frac{b_2}{a_1}=S_{11}-\frac{S_{12}S_{21}}{1+S_{22}}$$
$$=0.18-\frac{0.9e^{-j45°}\times0.9e^{j45°}}{1+0.25}=-0.468$$

故根据第1章式(1-68b)可以求得“参考面 T_1”处的回波损耗为

$$L_r(\text{dB})=-20\lg|\Gamma|=-20\lg0.468=6.6\text{dB}$$

如果根据例4-2的计算结果推论，可以得到以下重要结论：① 原S参数是在各个端口都接匹配负载情况下定义的，其物理意义明确(即：S_{ii} 表示端口 i 处的反射系数，S_{ij} 表示端口 j 至端口 i 的传输系数)；② 如果变换微波网络端口的端接负载为不匹配负载或改变激励状态，S_{ii} 就不等于原来意义的端口 i 处的反射系数，S_{ij} 也不等于原来意义的端口 j 至端口 i 的传输系数(式(4-22))。

4.3.3 怎样测量S参数

由式(4-19)可知，对于 n 个端口微波网络的散射矩阵为

$$[S]=\begin{bmatrix}S_{11} & S_{12} & \cdots & S_{1n}\\ S_{21} & S_{22} & \cdots & S_{2n}\\ \vdots & \vdots & \cdots & \vdots\\ S_{n1} & S_{n1} & \cdots & S_{nn}\end{bmatrix} \tag{4-23}$$

一般来说在以上散射矩阵中，应该有 n^2 个独立的S参数；但对微波互易网络而言，在以上散射矩阵中只有 $n(n+1)/2$ 个S参数是独立的。这是因为在式(4-23)中对角线上 S_{11}、$S_{22}\cdots S_{nn}$ 等 n 个参数是独立的；又因为 $S_{ij}=S_{ji}$，故在其余 (n^2-n) 个S参数中只有其中一半是独立的。因此在总数为 $n+(n^2-n)/2$ 个独立的S参数中，只有 $n(n+1)/2$ 个独立的S参数。根据以上推理，如果在具有 n 个端口的互易微波网络中将 $(n-2)$ 个端口接上固定负载阻抗，此时具有 n 个端口的微波网络就变换成二端口微波网络了。

根据以上讨论推论可知：① 对于 $n=2$ 的二端口互易微波网络，具有 $[n(n+1)/2]=3$ 个独立的S参数，即有 S_{11}、S_{22} 和 $S_{12}=S_{21}$ 3个独立参数；② 对于 $n=2$ 的二端口互易对称微波网络，只有 $S_{12}=S_{21}$ 和 $S_{11}=S_{22}$ 两个独立的S参数。因此，对于二端口互易微波网络需要进行3次独立测量来确定网络的S参数；对于二端口互易对称微波网络，只需要进行两次独立测量就可以确定网络的S参数。

一般来说，测量网络参数的方法有许多种。下面介绍一种简单的测量微波网络S参数的方法，以使读者对S参数测量有一个基本了解。图4-10所示是测量微波网络S参数的方框图(假设是互易的)，在该图中令参考面 T_2 处的反射系数为 Γ_2，此时 $a_2=\Gamma_2 b_2$，将它代入式(4-18a)可得

$$\begin{aligned}b_1&=S_{11}a_1+S_{12}a_2=S_{11}a_1+S_{12}\Gamma_2 b_2\\ b_2&=S_{21}a_1+S_{22}a_2=S_{21}a_1+S_{22}\Gamma_2 b_2\end{aligned} \tag{4-24}$$

根据式(4-24)，可以求得输入端口参考面 T_1 处的反射系数为

$$\Gamma_1=\frac{b_1}{a_1}=S_{11}+\frac{S_{12}^2\Gamma_2}{1-S_{22}\Gamma_2} \tag{4-25}$$

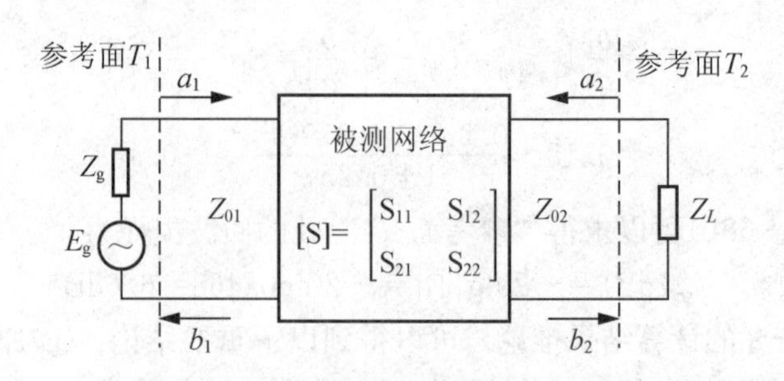

图 4-10 [S]参数测量框图

根据式(4-26)可以构建起基本测 S 参数量的原理：① 使被测微波二端口网络终端短路时($Z_L=0$，$\Gamma_2=-1$)，测得 $\Gamma_1=\Gamma_S$；② 使被测微波二端口网络终端开路时($Z_L\to\infty$，$\Gamma_2=1$)，测得 $\Gamma_1=\Gamma_0$；③ 使被测微波二端口网络终端接匹配负载时($Z_L=Z_{02}$，$\Gamma_2=0$)，测得 $\Gamma_1=\Gamma_m$。将以上 3 种情况所测得的 3 个反射系数值代入式(4-25)，就可以测得以下 S 参量：

$$
\begin{aligned}
S_{11}&=\Gamma_m\\
S_{12}^2&=\frac{2(\Gamma_m-\Gamma_S)(\Gamma_0-\Gamma_m)}{(\Gamma_m-\Gamma_S)}\\
S_{22}&=\frac{\Gamma_0-2\Gamma_m+\Gamma_S}{\Gamma_0-\Gamma_S}
\end{aligned}
\tag{4-26}
$$

上述测量方法称为三点测量法。在金属波导测量系统中使用“三点测量法”测量时，所要求的波导“开路”和“短路”是通过调整终端活塞(一种波导元件)来实现的，很容易引进测量误差。图 4-9 所示惠普 HP8510B 微波网络分析仪，具有测量误差纠错功能和供选择高精确度的显示格式。该分析仪还能对频域数据进行快速富氏变换，以提供被测微波网络的时域响应特性。在附录四中，给出了惠普 HP8510B 微波网络分析仪的简单方框图和简要说明。

4.3.4 二端口网络的传输[S]矩阵

在定义 A 参数时曾指出，网络之间的链接(或微波器件之间的链接)时前一个网络输出量是后一个网络的输入量。因此，为了保证后一个网络的输入量的要求，前一个网络输入量就应该有所贡献。因而对于图 4-11 所示的级联网络的情况，就应该将输出端口的入射波 a_2 和反射波 b_2 作为“自变量”以及将输入端口的入射波 a_1 和反射波 b_1 作为“因变量”，故据此可以建立以下传输参数方程：

$$
\begin{aligned}
a_1&=T_{11}b_2+T_{12}a_2\\
b_1&=T_{21}b_2+T_{22}a_2
\end{aligned}
\tag{4-27}
$$

式(4-27)可以写成以下矩阵形式：

$$
\begin{bmatrix} a_1 \\ b_1 \end{bmatrix}=\begin{bmatrix} T_{11} & T_{12} \\ T_{21} & T_{22} \end{bmatrix}\begin{bmatrix} b_2 \\ a_2 \end{bmatrix}=[T]\begin{bmatrix} b_2 \\ a_2 \end{bmatrix}
\tag{4-28a}
$$

式中：$[T]$定义为二端口网络的传输[S]矩阵，两者之间的转换关系为

$$[T]=\begin{bmatrix}T_{11} & T_{12}\\ T_{21} & T_{22}\end{bmatrix}=\begin{bmatrix}\dfrac{1}{S_{11}} & -\dfrac{S_{22}}{S_{21}}\\ \dfrac{S_{11}}{S_{21}} & -\dfrac{|S|S_{22}}{S_{21}}\end{bmatrix} \tag{4-28b}$$

$$[S]=\begin{bmatrix}S_{11} & S_{12}\\ S_{21} & S_{22}\end{bmatrix}=\begin{bmatrix}\dfrac{T_{21}}{T_{11}} & \dfrac{|T|}{T_{11}}\\ \dfrac{1}{T_{11}} & -\dfrac{T_{12}}{T_{11}}\end{bmatrix} \tag{4-28c}$$

式中：$|S|$和$|T|$分别为[S]矩阵和[T]矩阵的行列式，即$|S|=S_{11}S_{22}-S_{12}S_{21}$和$|T|=T_{11}T_{22}-T_{12}T_{21}$；参数$T_{11}=1/S_{21}$表示“端口②”接匹配负载时，“端口①”至“端口②”的电压传输系数；而其他参数T_{12}、T_{21}和T_{22}只是一个运算符号没有物理意义。

根据S参数的特性很容易获得T参数的特性，即：① 对于互易微波二端口网络而言$|T|=1$；② 对于互易对称微波二端口网络而言$|T|=1$和$T_{12}=-T_{21}$。

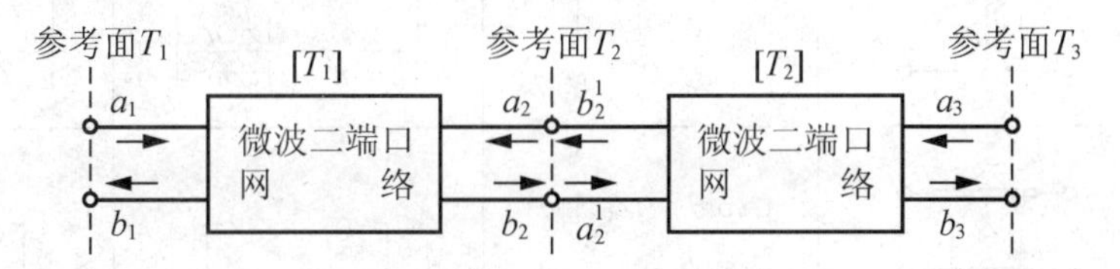

图4-11　二端口网络的链接

参见图4-11、并根据式(4-28a)，可得

$$\begin{bmatrix}a_1\\ b_1\end{bmatrix}=[T_1]\begin{bmatrix}b_2\\ a_2\end{bmatrix} \tag{4-29a}$$

$$\begin{bmatrix}a_2^1\\ b_2^1\end{bmatrix}=[T_2]\begin{bmatrix}b_3\\ a_3\end{bmatrix} \tag{4-29b}$$

考虑到式(4-29a)和式(4-29b)中$a_2=b_2^1$和$b_2=a_2^1$，故推广得

$$\begin{bmatrix}a_1\\ b_1\end{bmatrix}=[T_1][T_2]\begin{bmatrix}b_3\\ a_3\end{bmatrix}=[T]\begin{bmatrix}b_3\\ a_3\end{bmatrix} \tag{4-30}$$

式中：$[T]=[T_1][T_2]$是两级二端口网络级联时的传输[S]矩阵；当有n个二端口网络级联时，显然应该有

$$[T_\Sigma]=[T_1][T_2]\cdots[T_n] \tag{4-31}$$

因为二端口网络的T参数除$T_{11}=1/S_{21}$外其余3个参数都没有物理意义，故通常是通过S参数转换求T参数。在表4-1中给出了4种常用的二端口网络的[A]、[S]和[T]矩阵，供使用参考。

以上对微波网络基本理论做了一般性的讨论和介绍，它们是分析微波元器件的一种有力工具。网络参数可以测量，因而实际中若要定量分析某一个微波元器件特性时可以通过测量确定。在上述几种网络参数中的S参数在微波领域可以直接测量，故有其实际意义。下面对具体微波元器件的分析中除了做一般定性分析外，还要引用S参数做一些定量描述。顺便指出：网络理论涉及的内容较多，限于本书定位不能对网络理论进行过多的讨论，下面转入介绍一些常见常用的微波元器件。

表 4-1 四种常用二端口网络[A]、[S]和[T]矩阵

名称	电路图	[A]矩阵	[S]矩阵	[T]矩阵
串联阻抗	Z_{01} Z Z_{02}	$\begin{bmatrix}1 & Z\\0 & 1\end{bmatrix}$	$\begin{bmatrix}\frac{\bar{Z}}{2+\bar{Z}} & \frac{2}{2+\bar{Z}}\\ \frac{2}{2+\bar{Z}} & \frac{\bar{Z}}{2+\bar{Z}}\end{bmatrix}$	$\begin{bmatrix}1-\frac{\bar{Z}}{2} & \frac{\bar{Z}}{2}\\ -\frac{\bar{Z}}{2} & 1+\frac{\bar{Z}}{2}\end{bmatrix}$
并联导纳	Y_{01} Y Y_{02}	$\begin{bmatrix}1 & 0\\Y & 1\end{bmatrix}$	$\begin{bmatrix}\frac{-\bar{Y}}{2+\bar{Y}} & \frac{2}{2+\bar{Y}}\\ \frac{2}{2+\bar{Y}} & \frac{-\bar{Y}}{2+\bar{Y}}\end{bmatrix}$	$\begin{bmatrix}1-\frac{\bar{Y}}{2} & -\frac{\bar{Y}}{2}\\ \frac{\bar{Y}}{2} & 1+\frac{\bar{Y}}{2}\end{bmatrix}$
理想变压器	$n=N_1/N_2$ N_1 N_2	$\begin{bmatrix}n & 0\\0 & 1/n\end{bmatrix}$	$\begin{bmatrix}\frac{n^2-1}{1+n^2} & \frac{2n}{1+n^2}\\ \frac{2n}{1+n^2} & \frac{1-n^2}{1+n^2}\end{bmatrix}$	$\begin{bmatrix}\frac{1+n^2}{2n} & \frac{n^2-1}{2n}\\ \frac{n^2-1}{2n} & \frac{1+n^2}{2n}\end{bmatrix}$
短截线	Z_0 θ	$\begin{bmatrix}\cos\theta & jZ_0\sin\theta\\ j\frac{\sin\theta}{Z_0} & \cos\theta\end{bmatrix}$	$\begin{bmatrix}0 & e^{-j\theta}\\ e^{-j\theta} & 0\end{bmatrix}$	$\begin{bmatrix}e^{-j\theta} & 0\\ 0 & e^{-j\theta}\end{bmatrix}$

4.4 在微波电路中几种实现常见功能的微波元器件

由图 4-1 所示的金属波导微波平衡混频器可以看出，该微波混频器使用的一些微波元器件与低频混频器中所使用的元器件有很大的不同。在微波通信机中、雷达机中、微波天线中以及各种微波测量设备中，大量使用各种不同功能的微波元件。和低频电路处理电信号一样处理微波信号，也需要不同功能的元件来完成。微波元器件的种类繁多，下面介绍几种在微波电路中实现常见功能的微波元器件。

4.4.1 实现金属波导连接的微波元器件

图 4-1 所示的金属矩形波导混频器中各个组成元器件之间的连接是“硬连接”（不像低频电路中各个组成元器件之间连接可以使用软导线进行“软连接”），这种连接方式要受到两方面限制：① 安装几何位置配合和几何空间限制；② 电器性能限制。例如，在图 4-1 所示的金属矩形波导混频器所使用波导元器件的整体配合，将受到安装几何位置和几何空间限制。即是说，该混频器的整体体积不能超出机箱空间分配给的几何空间尺寸；另外，例如，图中使用了一个图 4-12(b)所示的“直波导平面连接头”，是为了“双 T 型接头”和“可变衰减器”的配合连接而使用的等等这类考虑，都是为了使波导元器件之间安装几何位置配合合理。为了安装几何位置配合和几何空间限制考虑，在某些情况下还需使用类似图 4-12(c)和图 4-12(d)所示的弯波导平面连接头和扭转波导平面连接头。

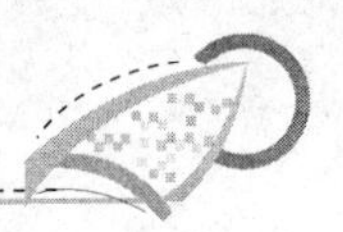

为了实现金属微波元器件之间的连接，很关键的微波元件是图 4－12 中的法兰盘。通常使用的法兰盘有两种：① 平面法兰盘；② 扼流圈法兰盘。对法兰盘的要求是要有良好的电接触性能，这是因为金属波导中传输的 TE_{10} 主模激发的波导内壁表面电流 $\vec{J}_S$ 有纵向分量(图 2－10)，这种纵向分量电流流过法兰盘接触面将引起损耗的缘故。法兰盘是单独生产的部件，将它焊接装配到其他微波元件上使用于元件之间的链接。为了使“平面法兰盘”电器接触良好，其接触面的光洁度要求很高(最高要求可达∇9)；波导元件连接时只要法兰盘的安装“定位孔”加工精度高，其连接处的驻波比可以做到近似等于 1(即 $\rho\approx1$)。“扼流圈法兰盘”是为了使电器接触性能良好的另一种部件，图 4－12(a)所示“扼流圈法兰盘”的连接接触面上加工了一个“扼流圈槽”(槽的径向尺寸为 $\lambda_0/4$，槽的深度也为 $\lambda_0/4$)以构成波导的电器短路连接从而可以放松法兰盘连接接触面的光洁度的要求。

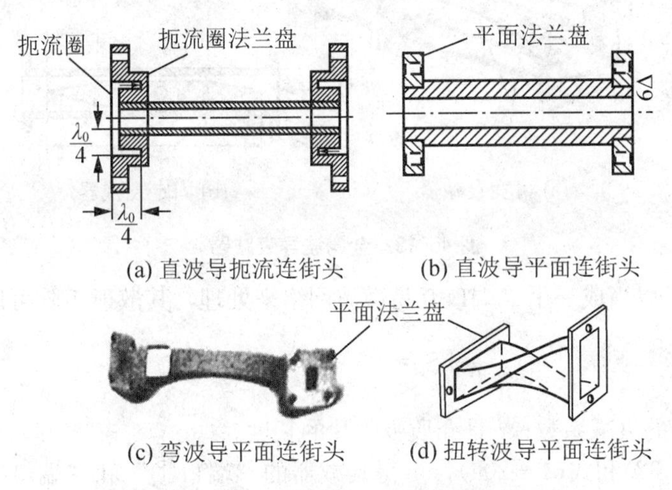

图 4－12　几个常见的矩形金属波导连接元件

平面法兰盘和扼流圈法兰盘各有其特点：前者加工简单，后者加工难度大；前者使用频带宽，后者使用频带窄(这是因为扼流圈槽的尺寸是以两个 $\lambda_0/4$ 来量度的，它只能在较窄的频带范围内得以满足)；前者主要使用在微波通信机和雷达机中，后者主要使用在微波测量设备和微波天线和馈线设备中。

顺便指出：微带线微波元器件之间的连接也是硬连接，除了有法兰盘需要考虑以外，微带线微波元件的几何位置配合和几何空间限制也应该考虑。

4.4.2　实现衰减和相移的微波元器件

图 4－1 所示的金属波导微波平衡混频器的“微波本地振荡源”和“双 T 型接头”之间插入使用了一个“可变衰减器”，这是为了调整本地微波振荡幅度的需要而设置的。在微波信息系统中，需要使用微波衰减元件和微波相移元件来改变微波振荡的幅度和相位。在微波领域实现改变微波振荡幅度的衰减器的种类很多，其中之一的常见结构如图 4－13 所示，图中给出了可变衰减器和固定衰减器两种结构图。它们的主体结构是由一段矩形波导和垂直于波导宽边放置的衰减片构成。通常使用的衰减片是一种在胶木片上涂覆一层石墨，或在玻璃片(或陶瓷片)上蒸发一层厚的电阻膜而构成的电阻膜衰减片。由于衰减片的

放置位置与矩形波导中 TE_{10} 波的电场 E_y 分量平行，故可以最有效地吸收电磁场能量而产生衰减。通常衰减片的两端是长度为 $\lambda_g/2$ 的尖劈，在尖劈上的反射波可以互相抵消掉，因而可以减小对电磁波的反射以减小衰减器的驻波比。因为矩形波导中 TE_{10} 波的电场 E_y 分量在波导宽边的中间位置最强，故衰减片处在该位置时衰减最大，往两边移动就逐渐减小，因此像图 4-13(a)所示的那样将衰减片沿波导宽边调整移动，自然就构成了可变衰减器；如果像图 4-13(b)所示的那样将衰减片固定放置波导宽边的某一位置，自然就构成了具有某一个固定衰减值的固定衰减器。

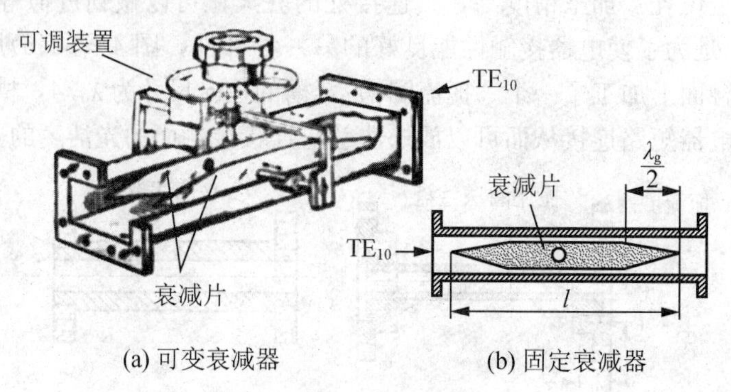

图 4-13　金属波导衰减器

理想衰减器可以当成一个二端口互易微波网络来处理，其散射矩阵可以表示为

$$[S]=\begin{bmatrix} 0 & e^{-\alpha l} \\ e^{-\alpha l} & 0 \end{bmatrix} \tag{4-32}$$

式中：α 是衰减器的衰减系数；l 是介质吸收片的长度。

故根据式(4-32)和式(4-20a)，可得衰减器的“端口①”和“端口②”的归一化输出量分别为

$$\begin{aligned} b_1 &= S_{12}a_2 = e^{-\alpha l}a_2 \\ b_2 &= S_{21}a_1 = e^{-\alpha l}a_1 \end{aligned} \tag{4-33}$$

式中：a_1 为“端口①”的输入量；a_2 为“端口②”的输入量。

显然，式(4-33)对衰减器所做的定量描述而并未涉及到衰减器的内部复杂的电磁场结构，从而大大地简化了分析；如果通过测量获得 S_{12} 和 S_{21}，则对衰减器的描述就更具体了。

如果将上述衰减器中的衰减片置换成介质吸收片，则衰减器就构成了图 4-14(a)所示的金属波导介质相移器。

通常介质吸收片的介电常数 ε_r 通常大于 1(即 $\varepsilon_r>1$)，其周围的空气介质的介电常数 $\varepsilon_0=1$。因此，根据式(3-76)可知：相移器中的介质吸收片能够将电磁场能量吸收到其内部传输，从而为介质吸收片产生相移创造了条件。因此，在矩形波导中传输的 TE_{10} 模通过的相移器后将产生 $\Delta\theta$ 的相位变化，其散射矩阵可以表示为

$$[S]=\begin{bmatrix} 0 & e^{-j\Delta\theta} \\ e^{-j\Delta\theta} & 0 \end{bmatrix} \tag{4-34}$$

根据式(2-58)可将式(4-34)中的 $\Delta\theta$ 近似表示为

$$\Delta\theta=\frac{2\pi l}{\lambda_{gTE_{10}}}\sqrt{\varepsilon_r} \tag{4-35}$$

式中：$\lambda_{gTE_{10}}$ 是矩形波导中传输的 TE_{10} 模的波导波长。

对传输的 TE_{10} 模的波导而言：当介质吸收片处在波导宽边中间电场最强的位置时，引进波导中的介电常数 ε_r 对电场的影响最大，往两边则逐渐减小到零。因此，根据式(4-35)可知：当像图 4-16(a)那样调整介质吸收片的位置就可以改变介电常数 ε_r 的影响，从而调整相移器的相移 $\Delta\theta$ 的变化；如果将介质吸收片调整到波导窄边位置，则 $\Delta\theta=0$ 而无相移；如果需要获得某一个固定相移 $\Delta\theta$，只需将介质吸收片放置在波导宽边的某一固定的位置即可。

相移器的"端口①"和"端口②"的归一化输出量分别为

$$\begin{aligned} b_1&=S_{12}a_2=e^{-j\Delta\theta}a_2\\ b_2&=S_{21}a_1=e^{-j\Delta\theta}a_1 \end{aligned} \tag{4-36}$$

式中：a_1 为"端口①"的输入量；a_2 为"端口②"的输入量。

上述相移器之所以能够获得相移是因为介质吸收片相当于一个慢波装置的缘故，当矩形波导传输的 TE_{10} 波通过介质吸收片时其相速 v_p 减慢了，从而获得相移。如果将介质吸收片置换成置于波导宽边中心的一排螺钉所构成的慢波系统，便可以构成如图 4-14(b)所示的螺钉相移器。

显然，式(4-34)和式(4-36)也可以用来描述图 4-14(b)所示的相移器，这是因为网络 S 参数与具体微波器件内部结构无关的缘故；如果通过测量获得的 S_{12} 和 S_{21} 相同，只能说明相移器的工作特性相同，不能说明相移器的内部结构相同。

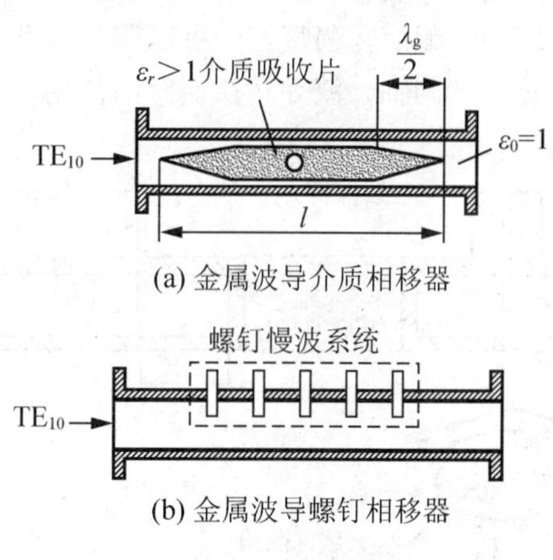

(a) 金属波导介质相移器

(b) 金属波导螺钉相移器

图 4-14 金属波导移相器

4.4.3 实现不同类型波型转换连接的微波元器件

通常一个微波信息系统需要使用几种不同类型的传输线，例如，图 4-1 所示的金属波导微波平衡混频器中、70MHz 中频信号输出线和"微波本地振荡源"至波导系统的传输线都是同轴传输线。根据第 2 章讨论可知，每种传输线都有自己的工作主模(例如，矩形波导是 TE_{10} 模，同轴线是 TEM 模)。因此，传输线之间的转换就是波型变换，它们需

要使用能实现波型转换的微波元器件来进行变换。同理，各种不同的微波元器件之间的连接有时也需要波型变换，也需要使用波型转换微波元件。

1. 同轴—波导转换器

在微波领域实现波型转换的微波元器件的种类很多，例如，第 2 章中介绍过的有：①矩形波导中的 TE_{10} 波转换为圆形波导中的 TE_{11} 波的“波型转换器(图 2 - 30)”；② 将同轴传输线中的 TEM 波转换为矩形波导中的 TE_{10} 波的“同轴—波导转换器(图 2 - 31)”；③将圆形波导中的 TE_{11} 波转换为矩形波导中的 TE_{10} 波的“极化分离器(图 2 - 32)”等。在使用金属波导构成的通信设备和雷达设备中，“同轴—波导转换器”是使用得最多的一种波型转换器。例如，在图 4 - 1 所示的金属波导微波平衡混频器中就使用了 3 个“同轴—波导转换器”(其中两个用于 70MHz 中频信号的引出)。下面将重点介绍这种转换器。

理论上对波型转换微波元件要求做到以下几点：① 要保证阻抗匹配；② 要尽量减少连接时产生的杂波；③ 要保证在宽频带范围内获得匹配连接；④ 要有足够的功率容量。实际中，设计波型转换器的首要原则是保证阻抗匹配和避免产生杂波(这类问题通常依靠理论指方向通过实验加以解决)。例如，在图 4 - 1 所示的金属波导微波平衡混频器中所使用的 3 个“同轴—波导转换器”都采用了螺钉匹配器。注意：在用于 70MHz 中频信号引出的“同轴—波导转换器”中，还采用了“调匹配活塞”以获得良好更好的匹配。

图 4 - 15 所示是一种“改进型同轴—波导转换器”。为了增加带宽和功率容量，该转换器在同轴—波导接口处将同轴传输线的外导体做成锥形形状，采用这种结构可以在 20% 的带宽内获得较好的阻抗匹配(驻波比 $\rho<1.1$)。另外，“改进型同轴—波导转换器”还可以看成一种特殊的“阻抗变换器”，其阻抗变换比可以通过调整图中 l_1 和 l_2 的尺寸来调节(l_1 可以像图 4 - 1 中那样使用调匹配活塞调整，l_2 可以调节探针插入波导的深度来改变)。上述原理可以用来作为设计宽带“同轴—波导转换器”的依据。

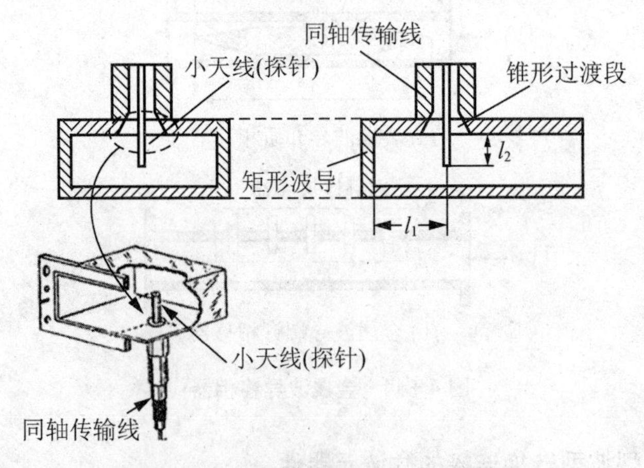

图 4 - 15 改进型同轴—波导转换器

图 4 - 16(a)所示是类似“同轴—波导转换器”的“同轴—微带线转换器”装置，它和包括“同轴—波导转换器”在内的转换器一样，要对它们作出“场”的描述是十分困难的。下面以图 4 - 16(a)所示的“同轴—微带线转换器”为例，采用网络理论对它进行描述是一种可行和可测量的有效方法。在微带线和同轴线上选取两个“参考面”，可得图 4 - 16(b)所示

的二端口网络；再考虑到“同轴—微带线转换”处存储有电磁能这一物理现象，可将“同轴—微带线转换”段等效成一个如图 4-16(c)所示的Ⅱ形网络。求该Ⅱ形网络的[Y]矩阵不十分困难，它可以表示成以下形式：

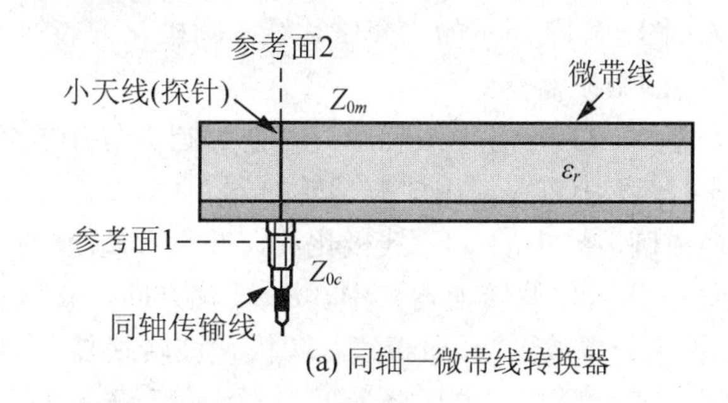

(a) 同轴—微带线转换器

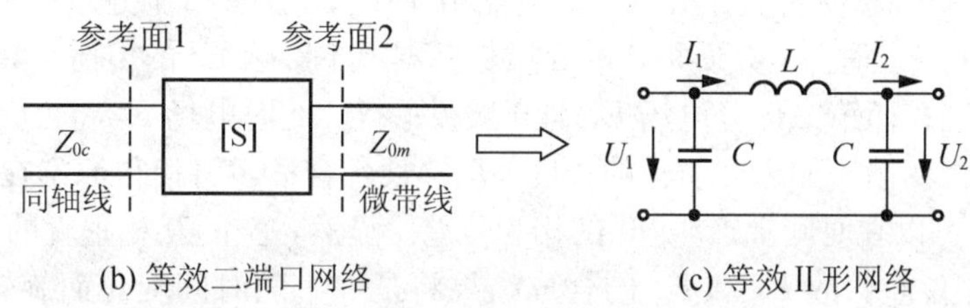

(b) 等效二端口网络　　(c) 等效Ⅱ形网络

图 4-16　同轴—微带线转换器及其等效电路

$$[Y]=\begin{bmatrix}Y_{11} & Y_{12}\\ Y_{21} & Y_{22}\end{bmatrix}=\begin{bmatrix}\mathrm{j}\omega C+(1/\mathrm{j}\omega L) & -1/\mathrm{j}\omega L\\ 1/\mathrm{j}\omega L & (1/\mathrm{j}\omega L)-\mathrm{j}\omega C\end{bmatrix} \tag{4-37}$$

再将由式(4-37)表示的[Y]矩阵转换成[S]矩阵，就可以在微波波段测量 S 参数以获得具体解答。以下是[Y]矩阵转换成[S]矩阵的转换关系：

$$\begin{aligned}
Y_{11}&=Y_0\frac{(1-S_{11})(1+S_{22})+S_{12}S_{21}}{(1-S_{11})(1+S_{22})-S_{12}S_{21}}\\
Y_{12}&=Y_0\frac{-2S_{12}}{(1-S_{11})(1+S_{22})-S_{12}S_{21}}\\
Y_{21}&=Y_0\frac{-2S_{21}}{(1-S_{11})(1+S_{22})-S_{12}S_{21}}\\
Y_{22}&=Y_0\frac{(1+S_{11})(1-S_{22})+S_{12}S_{21}}{(1-S_{11})(1+S_{22})-S_{12}S_{21}}
\end{aligned} \tag{4-38}$$

式中：$Y_0=\dfrac{1}{Z_0}$是二端口网络的特性阻抗。

如果再考虑“电流和磁场”、“电压和电场”的关系，显然用式(4-37)和式(4-38)描述“同轴—微带线转换器”是合理的。实际上“同轴—波导转换器”和“同轴—微带线转换器”中的波型变换是电磁波的波型变换，从概念上讲它们和电压、电流之间的转换是相关联的。

2. 线—圆极化波转换器

在某些微波应用领域，需要使用圆极化波。例如，雷达设备的天线波瓣扫描，要求馈线系统馈送圆极化波；又例如，某些卫星通信天线设备为了避免微波信号干扰也需要使用

圆极化波以及某些电子隐形对抗也需要使用圆极化波等。一般微波设备内部信道通常使用传输 TE_{10} 波的矩形波导(图 4－1)，TE_{10} 波是一种“线极化波”(例如，它的电场分量 E_y 是沿坐标 y 轴方向作线极化变化)。因此，为了在微波信道中获得“圆极化波”，则需要将线极化波转换成为圆极化波。图 4－17 所示的“介质片线—圆极化波转换器”就是一种用来将线极化波转换为圆极化波的微波器件。

图 4－17 所示的“介质片线—圆极化波转换器”由金属圆波导中放置一片介质片构成，其工作原理如下：在图 4－17 中首先使用“波型转换器”(第 2 章中图 2－30)将矩形波导中的 TE_{10} 线极化波转换成圆波导中的 TE_{11} 线极化波，并设 TE_{11} 波的电场极化方向为电场 E_{in} 方向；在“介质板线—圆极化波转换器”中，E_{in} 极化方向与长度为 l 的尖劈形介质片成 45°角，介质片与 y 轴平行置放。“介质板线—圆极化波转换器”中的电场 E_{in}，可以分解成以下量部分：① 垂直于介质片的电场分量 E_x；② 平行于介质板的电场分量 E_y。因为第一部分电场 E_x 垂直于介质板，故介质板基本上不影响 E_x 的传播，其传播相速与波导空间的相速相同；而第二部分电场 E_y 与介质板平行，此时电场 E_y 将被介质板吸收在其中传播，其相速将变慢。如果介质板的长度 l 足够长且合适，将使得原本在空间互相垂直的 E_x 和 E_y 又有可以在时间上产生 90°的相为位差。显然，空间互相垂直的 E_x 和 E_y 又有时间上的 90°的相位差，故 E_x 和 E_y 的合成结果将是一个随时间变化而旋转的圆极化波。上述情况是 E_x 的时间相位较 E_y 超前 90°，故为左旋极化波；如果介质片与 x 轴平行放置，则会出现 E_y 的时间相位较 E_x 超前 90°的现象而产生右旋极化波。可见，圆极化波的旋转方向与介质板的放置位置有关。

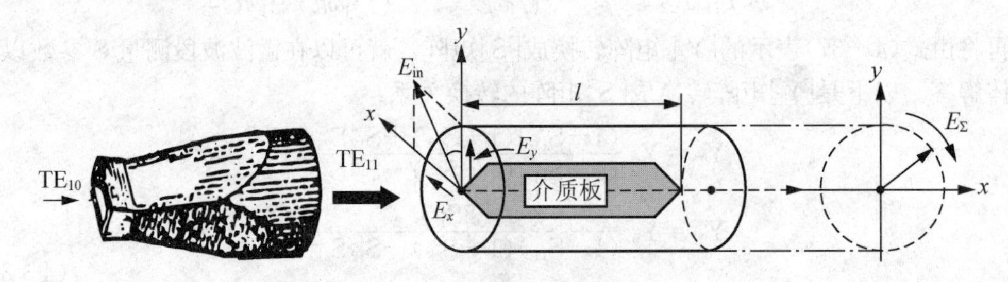

图 4－17　介质片线—圆极化转换器

实质上图 4－17 所示的“介质片线—圆极化波转换器”中的介质片是一个“慢波系统”，它可以被置换成由一排螺钉构成的慢波系统，从而构成如图 4－18 所示的“螺钉线—圆极化波转换器”。

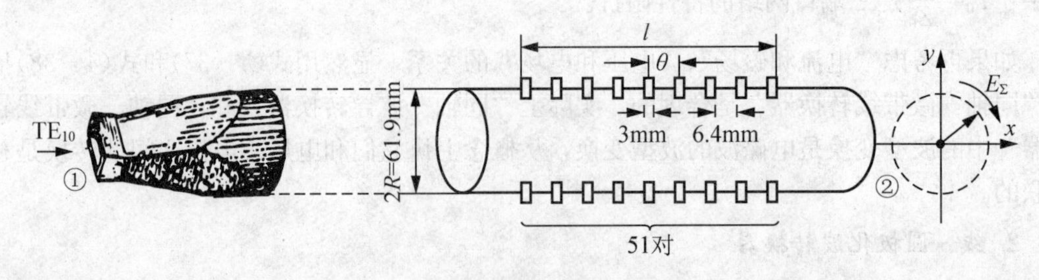

图 4－18　螺钉线—圆极化转换器

注意

以图 4-18 为例，“线—圆极化波转换器”如果从“端口②”输入一个圆极化波，其 E_x 的时间相位较 E_y 超前 90°的相位，将会被“螺钉慢波系统”反变回来而变成 E_{in}（图 4-17）这样一个线极化波。即：如果在“线—圆极化波转换器”的“端口②”输入一个圆极化波，将在其“端口①”获得一个 TE_{10} 波的输出；反之，像上面所述的那样，在“端口②”获得一个圆极化波电场 E_Σ 的输出。

若不考虑“波型转换器”，单就“线—圆极化波转换器”而言，它可以等效为一个互易二端口网络，故对于上面规定的左旋圆极化波的情况，其中圆极化波电场 E_Σ 的散射矩阵可以表示为

$$[S]=\begin{bmatrix} 0 & e^{-j\varphi} \\ e^{-j\varphi} & 0 \end{bmatrix} \tag{4-39}$$

线—圆极化转波换器 E_Σ 在“端口①”和“端口②”的归一化输出量分别为

$$\begin{aligned} b_1 &= S_{12}a_2 = e^{-j\varphi}a_2 \\ b_2 &= S_{21}a_1 = e^{-j\varphi}a_1 \end{aligned} \tag{4-40}$$

式中：φ 是一个从 0°～360°重复变化的相位，它反映了 E_x 和 E_y 的合成形成的圆极化波电场 E_Σ 的旋转。

4.5　微波电路中实现分支连接使用的微波元器件

在微波信息系统中为了完成处理微波信息的某种功能，经常需要使用一些分支连接的微波元器件。例如，在图 4-1 所示的金属波导微波平衡混频器中为了实现平衡混频，使用了一个具有 4 个端口分支的所谓“双 T 型接头”。该“双 T 型接头”可给左右两只“混频二极管”提供反相位的(来自微波接收天线的微波信号)电场 E_{ys} 分量和提供同相位的(来自微波振荡源的)本地振荡电场 E_{yL} 以进行平衡混频获得 70MHz 的中频信号；之后，70MHz 中频信号从左右两个“同轴—波导转换器”输出。下面具体介绍“双 T 型接头”的基本特性和几种常用的微波分支连接器件。

4.5.1　实现分支连接微波元器件的网络特性

图 4-19 所示是实现微波信号分支连接的常用用的金属波导 T 型接头，从结构和性能上看“双 T 型接头”是所谓“E-T 型接头”和“H-T 型接头”的组合。因为金属波导传输的是 TE_{10} 波，这就决定了金属波导 T 型接头的分支连接特性。

注意

不能简单地将它们想象成低频电路中的分支连接，两者有很大的不同。下面介绍 T 型分支接头的连接特性。

1. 金属波导分支 E-T 型接头

所谓“E-T 型接头”是指在分支波导中 TE_{10} 波的电场 E_y 分量所在平面(xoy 平面)进行的分支连接，如图 4-20 所示。由图 4-20(b)可以看出“E-T 型接头”具有以下特性。

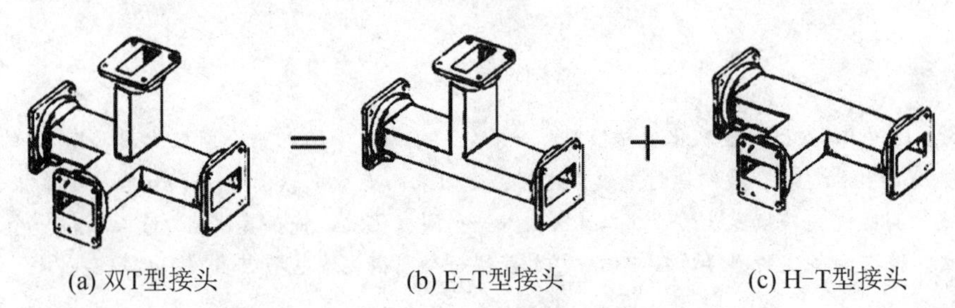

(a) 双T型接头　　(b) E-T型接头　　(c) H-T型接头

图 4-19　用于微波分支连接的金属波导 T 型接头

(1) 当 TE_{10} 波从主波导"端口③"输入和分支波导的"端口①"和"端口②"接匹配负载时，"端口①"和"端口②"将有等幅度和反相位的 TE_{10} 波输出或相等功率输出。

(2) 当分支波导的"端口①"和"端口②"有等幅度和反相位的 TE_{10} 波输入和主波导的"端口③"接有匹配负载时，"端口③"将有合成的 TE_{10} 波输出或合成波功率输出。

(3) 当分支波导的"端口①"和"端口②"有等幅度和同相位的 TE_{10} 波输入和主波导的"端口③"接有匹配负载时，"端口③"将有来自分支波导的"端口①"和"端口②"口的 TE_{10} 波而形成的等副反相位 TE_{10} 波，两者相减使得"端口③"输出为零而无 TE_{10} 波输出或合成波功率输出为零(这时实际上"端口③"中为驻波)。

(4) 当分支波导的"端口①"有 TE_{10} 波输入以及"端口③"和"端口②"接有匹配负载时，"端口③"将有 TE_{10} 波输出、"端口②"有同相 TE_{10} 波输出；当分支波导的"端口②"有 TE_{10} 波输入以及"端口③"和"端口①"接有匹配负载时，"端口③"将有 TE_{10} 波输出、"端口①"有同相 TE_{10} 波输出。

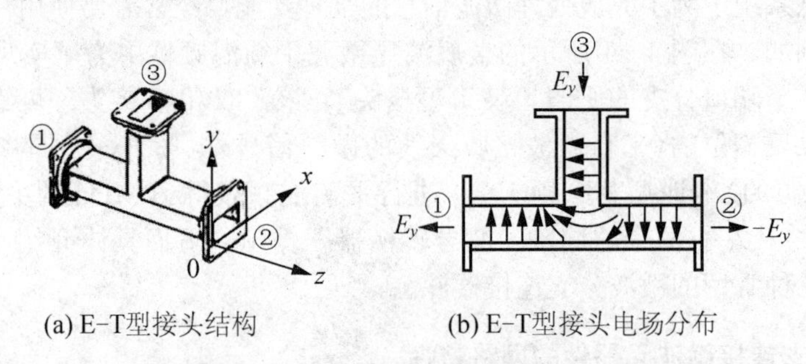

(a) E-T型接头结构　　(b) E-T型接头电场分布

图 4-20　E-T 型接头及其电场分布

注 意

① 图 4-20(b)表示 TE_{10} 波的 E_y 分量的电力线总是以最短路径垂直终止于金属表面(即金属表面电场切线分量为零)，这种特性构成了以上的分支特性；② 微波电路中的分支连接，绝不能简单地将它们想象成低频电路中的分支连接。

2. 金属波导分支 H-T 型接头型接头

所谓"H-T 型接头"是指：在分支波导 TE_{10} 波电场 H_x 和 H_z 分量所在平面(xoz 平面)进行的分支连接，如图 4-21 所示。由图 4-21(b)可以看出"H-T 型接头"具有以下特性。

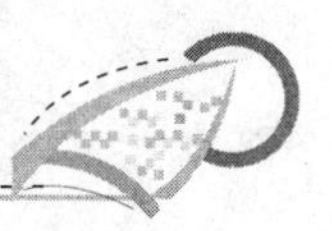

(1) 当 TE_{10} 波从主波导"端口③"输入和分支波导的"端口①"和"端口②"接匹配负载时，"端口①"和"端口②"将有等幅度和同相位的 TE_{10} 波输出或相等功率输出。

(2) 当分支波导的"端口①"和"端口②"有等幅度和同相位的 TE_{10} 波输入和主波导的"端口③"接有匹配负载时，"端口③"将有合成的 TE_{10} 波输出或合成波功率输出。

(3) 如果当分支波导的"端口①"和"端口②"有等幅度和反相位的 TE_{10} 波输入和主波导的"端口③"接有匹配负载时，"端口③"将有来自分支波导"端口①"和"端口②"口的 TE_{10} 波而形成的等幅反相位 TE_{10} 波，两者相减使得"端口③"输出为零而无 TE_{10} 波输出或合成波功率输出为零(实际上"端口③"中为驻波)。

(4) 当分支波导的"端口①"有 TE_{10} 波输入以及"端口②"和"端口③"接有匹配负载时，两端口都将有 TE_{10} 波或功率输出；当分支波导的"端口②"有 TE_{10} 波输入和"端口①"、"端口③"接有匹配负载时，两端口都将有 TE_{10} 波或功率输出。

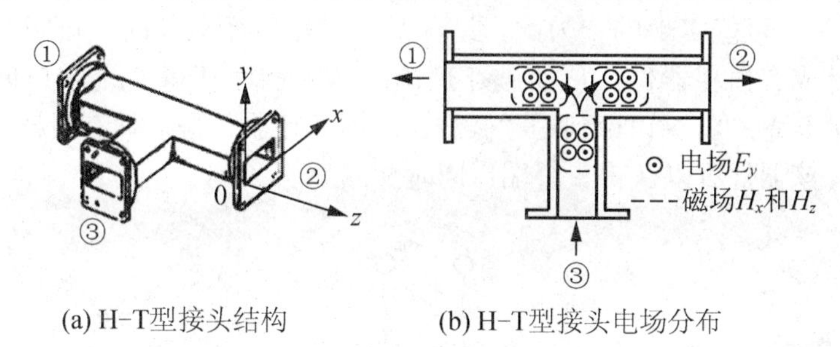

(a) H-T型接头结构　　(b) H-T型接头电场分布

图 4-21　H-T型接头及其电场分布

3. 一般性地谈谈三端口无损耗互易网络特性

以上讨论的"E-T 型接头"和"H-T 型接头"都是三端口网络，根据网络基本概念可知：包括它们在内的任何一种三端口微波元器件都可以抽象成等效为图 4-22 所示的三端口网络，它可以用以下散射参数矩阵进行描述：

$$[S]=\begin{bmatrix} S_{11} & S_{12} & S_{13} \\ S_{21} & S_{22} & S_{23} \\ S_{31} & S_{32} & S_{33} \end{bmatrix} \tag{4-41}$$

如果三端口网络是互易的，则有 $S_{ij}=S_{ji}$，故式(4-41)可以改写成以下形式：

$$[S]=\begin{bmatrix} S_{11} & S_{12} & S_{13} \\ S_{12} & S_{22} & S_{23} \\ S_{13} & S_{23} & S_{33} \end{bmatrix} \tag{4-42}$$

如果三端口网络的 3 个端口都匹配，则 3 个端口的反射系数都为零，即 $S_{11}=S_{22}=S_{33}=0$。此时式(4-42)可以改写成以下形式，即

$$[S]=\begin{bmatrix} 0 & S_{12} & S_{13} \\ S_{12} & 0 & S_{23} \\ S_{13} & S_{23} & 0 \end{bmatrix} \tag{4-43}$$

如果三端口网络中的所有元器件都是无损耗的，根据式(4-20b)取第 1、2、3 列的元素，与对应列对应的共轭元素相乘后相加得

$$|S_{12}|^2+|S_{13}|^2=1$$
$$|S_{12}|^2+|S_{23}|^2=1 \tag{4-44}$$
$$|S_{13}|^2+|S_{23}|^2=1$$

即3个端口之间的功率传输是无损耗的恒为“1”，又根据式(4-20c)有

$$S_{12}^*S_{13}=S_{23}^*S_{12}=S_{13}^*S_{23}=0 \tag{4-45}$$

注意式(4-45)明确地说明：该式中的S_{12}、S_{13}和S_{23}三个参数至少要有两个为零，才能使之成立。另外，该条件与式(4-42)和式(4-44)是相矛盾的，从而说明一个在实际中非常要注意的道理：理论上讲对于任何一种三端口网络要求既要做到无损耗，又要做到互易和3个端口完全匹配是绝对不可能的。理论上讲对于何一种无损耗互易三端口网络，不要去企图设法使3个端口同时都获得匹配；在实际中对于使用的任何一种微波三端口元器件总是希望无损耗同时要求3个端口都获得匹配(设计微波三端口元器件时，就应该考虑到实际要求)，是不可能实现的。为此，设计微波三端口元器件时，可将其设计成非互易器件或将其设计成有损耗器件，从而破坏理论上的限制而获得3个端口同时配的实际要求。例如，在第5章中将要讨论到的“微波铁氧体环行器”是一种有损耗非互易非线性无源微波元器件，该器件可以获得3个端口同时配。

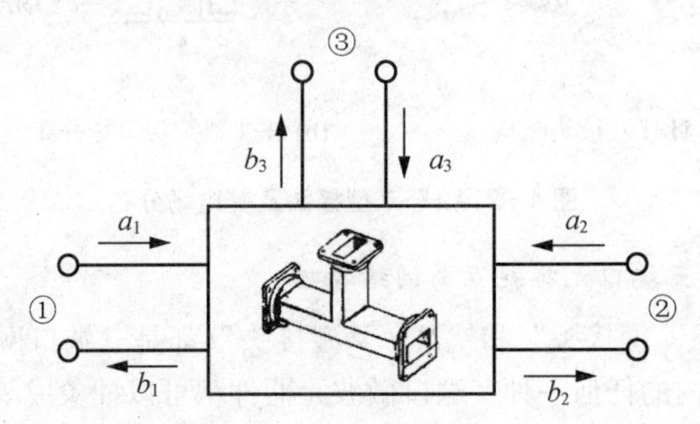

图4-22　三端口网络

这里需要指出的是：前面介绍的“E-T型接头”和“H-T型接头”都是无损耗互易三端口微波器件，在实际中不管如何调试都不可能使3个端口同时获得匹配，即不能做到$S_{11}=S_{22}=S_{33}=0$。根据“E-T型接头”和“H-T型接头”的特性，它们的散射参数矩阵可以分别表示如下。

1) E-T型接头

$$[S]=\begin{bmatrix} S_{11} & S_{12} & S_{13} \\ S_{21} & S_{22} & S_{23} \\ S_{31} & S_{32} & S_{33} \end{bmatrix}=\begin{bmatrix} \frac{1}{2} & \frac{1}{2} & \frac{1}{\sqrt{2}} \\ \frac{1}{2} & \frac{1}{2} & \frac{-1}{\sqrt{2}} \\ \frac{1}{\sqrt{2}} & \frac{-1}{\sqrt{2}} & 0 \end{bmatrix} \tag{4-46}$$

在式(4-46)中，$S_{13}=-S_{23}=1/\sqrt{2}$表示：当$TE_{10}$波从主波导“端口③”输入以及分支波导的“端口①”和“端口②”接匹配负载时，“端口①”和“端口②”将有等幅度和反相位的TE_{10}波输出或相等功率输出；$S_{11}=S_{22}=1/2$和$S_{33}=0$表示：“端口①”和“端口②”

是对称的而未获得匹配，和“端口③”是匹配的；$S_{31}=-S_{32}=1/\sqrt{2}$表示：当分支波导的“端口①”或“端口②”有$TE_{10}$波输入时，如果“端口③”接有匹配负载，将有$TE_{10}$波(或功率)输出；当分支波导的“端口②”有与“端口①”反相TE_{10}波输入和“端口③”接有匹配负载时，“端口③”将有TE_{10}波(或功率)输出；$S_{12}=S_{21}$表明：“端口①”和“端口②”是互易的。

2) H-T型接头

$$[S]=\begin{bmatrix} S_{11} & S_{12} & S_{13} \\ S_{21} & S_{22} & S_{23} \\ S_{31} & S_{32} & S_{33} \end{bmatrix}=\begin{bmatrix} \frac{1}{2} & \frac{1}{2} & \frac{1}{\sqrt{2}} \\ \frac{1}{2} & \frac{1}{2} & \frac{1}{\sqrt{2}} \\ \frac{1}{\sqrt{2}} & \frac{1}{\sqrt{2}} & 0 \end{bmatrix} \tag{4-47}$$

式(4-44)中的各S参数的物理含义，请读者自己解释。

4. 匹配双T型接头(魔T)

图4-23所示是图4-1中微波平衡混频器中所使用的“双T型接头”。在图4-1中虽然在“双T型接头”的“端口②”和“端口③”各使用了一个所谓“三螺钉匹配器”以改善系统匹配；如果不进一步采取措施，则“双T型接头”的“端口①”和“端口④”仍然有反射；如果“端口①”和“端口④”有反射，就将使得来自微波天线的微波信号和微波本地振荡源的微波本地振荡不能有效地加载到两只混频二极管上进行混频。实际中使用的“双T型接头”是像图4-23那样加入了一个可以调整的“金属圆锥体销钉”匹配元件，该元件顶部销钉对“H-臂”的电场分布进行“微扰”达到改变“H-臂”阻抗的目的；底部圆锥体对“H-臂”和“E-臂”电磁场分布进行“微扰”达到改变“H-臂”和“E-臂”阻抗的目的。因此该“金属圆锥体销钉”匹配元件起到了很好的调匹配的效果。实验证明：采用这种“金属圆锥体销钉”的“双T型接头”，在10%的频带范围内测得的驻波比小于1.2($\rho<1.2$)。如果“端口②”、“端口③”和“端口④”均接有匹配负载，采用“金属圆锥体销钉双T型接头”就有可能使“端口①”获得匹配，从而构成4个端口全都匹配的所谓“匹配双T型接头”。图中匹配销钉可以实验调整移动，通过实验找到合适的位置后就加以固定(通常用胶水粘固)。

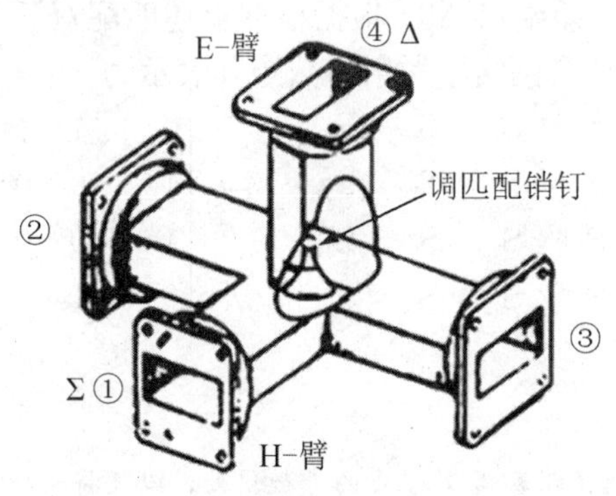

图4-23　具有匹配功能的双T型接头

图4-23所示的“双T型接头”，从结构上看是“E-T型接头”和“H-T型接头”的组合。因此，对于“双T型接头”而言应该兼有“E-T型接头”和“H-T型接头”所具有的特性。就“匹配双T型接头”而言，具有以下特性：① 4个端口有可能同时获得匹配($S_{11}=S_{22}=S_{33}=S_{44}=0$)；② 当$TE_{10}$波从“端口①”输入以及“端口②”和“端口③”接匹配负载时，“端口②”和“端口③”将有等幅度和同相位的TE_{10}波输出或相等功率输出，“端口④”无输出(被隔离)($S_{21}=S_{31}=1/\sqrt{2}$，$S_{41}=0$)；③ 当TE_{10}波从“端口④”输入以及“端口②”和“端口③”接匹配负载时，“端口②”和“端口③”将有等幅度和反相位的TE_{10}波输出或相等功率输出，“端口①”无输出(被隔离)($S_{24}=-1/\sqrt{2}$，$S_{34}=1/\sqrt{2}$，$S_{14}=0$)；④ 当从“端口②”和“端口③”有同相位的TE_{10}波输入时，如果“端口①”和“端口④”均接有匹配负载；这时，“端口①”将有两输入端口TE_{10}波“和(Σ)”的输出波($S_{12}=S_{13}=1/\sqrt{2}$)，而“端口④”将有两输入端口TE_{10}波出“差(Δ)”的输出波($S_{42}=-1/\sqrt{2}$，$S_{43}=1/\sqrt{2}$)；⑤ 当“端口②”或“端口③”有TE_{10}波输入时，如果“端口①”和“端口④”接有匹配负载将各获得二分之一的TE_{10}波信号输出，而与之对应的“端口③”或“端口②”无输出(被隔离)($S_{23}=S_{32}=0$)。

5. 180°混合网络微波器件的网络特性

所谓180°混合网络是指这样一种四端口网络，在该四端口网络的两个输出端口的输出量之间具有180°的相移。例如“匹配双T型接头”就可以等效为180°混合网络，这是因为当TE_{10}波从“端口④”输入和“端口②”和“端口③”接匹配负载时，“端口②”和“端口③”将有等幅度和反相位的TE_{10}波输出或相等功率输出或相等功率输出，“端口①”无输出(被隔离)；图4-24所示的几种微波器件可以等效为180°混合网络。例如，图4-24(a)和图4-20(b)所示的“金属波导混合环”与“匹配双T型接头”具有相同的特性，即当TE_{10}波“端口④”输入和“端口②”和“端口③”接匹配负载时，因为“端口②”和“端口③”距离“端口④”有λ_g的波程差，故两者将有等幅度和反相位(180°)的TE_{10}波输出或相等功率输出而“端口①”无输出(被隔离)等；除图4-24(e)所示的渐变耦合线定向器的特性不能作简单说明外，图4-24(d)所示的微带线混合环应与图4-24(a)所示的金属波导混合环有相同的特性。因此，图4-24所示的几种微波器件都可以等效成图4-25所示的180°混合网络。在该网络中，从“端口②”和“端口③”同相输入波时在“端口①”将有信号波的“和”；在“端口④”将有信号波的“差”。因此，将“端口①”称之为“和端口Σ”，“端口④”称之为“差端口Δ”。根据根据上述匹配双T型接头特性，可以将理想3dB(等功率分配)的“180°混合网络”散射参数矩阵表示为

$$[S]=\begin{bmatrix} S_{11} & S_{12} & S_{13} & S_{14} \\ S_{21} & S_{22} & S_{23} & S_{24} \\ S_{31} & S_{32} & S_{33} & S_{34} \\ S_{41} & S_{42} & S_{43} & S_{44} \end{bmatrix}=\frac{-j}{\sqrt{2}}\begin{bmatrix} 0 & 1 & 1 & 0 \\ 1 & 0 & 0 & -1 \\ 1 & 0 & 0 & 1 \\ 0 & -1 & 1 & 0 \end{bmatrix} \tag{4-48}$$

注意

式中j表示将“参考面”选择距离端口$\lambda_g/4$的奇数倍处，以便将“180°混合网络器件”获得统一的表达式。

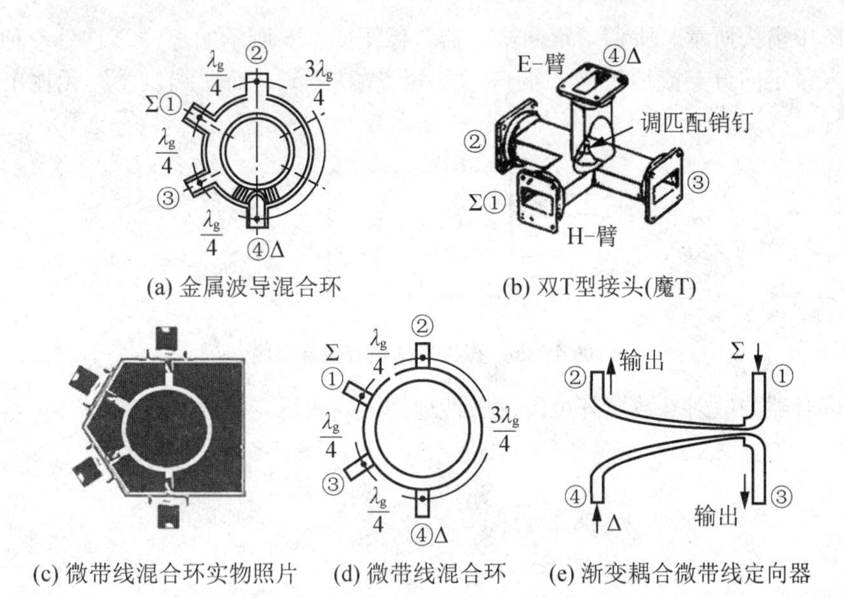

(a) 金属波导混合环　(b) 双T型接头(魔T)

(c) 微带线混合环实物照片　(d) 微带线混合环　(e) 渐变耦合微带线定向器

图 4-24　几种 180°混合网络微波器件

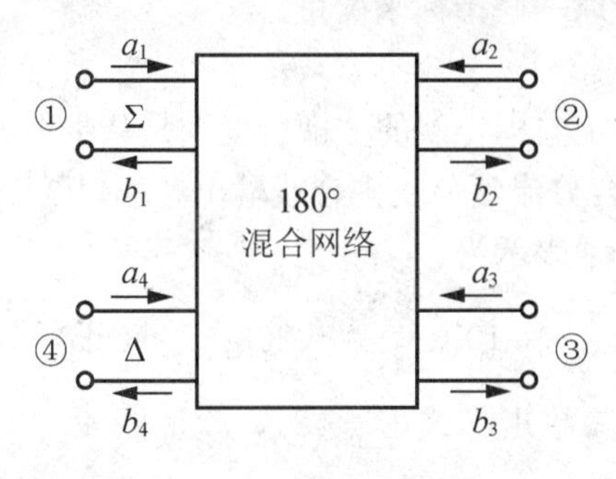

图 4-25　180°混合网络

4.5.2　实现功率定向分支连接的定向耦合器

1. 定向耦合器的概念及其要求

因为微波信息电路系统中各个组成元器件之间的连接往往是“硬连接”（有时也可以使用软同轴传输线进行转接），在各个微波支路要想获得一定的功率输出绝不像低频电路那么简单、它必须使用一些专用器件才能达到目的。其中定向耦合器就是这样的器件之一种，微波定向耦合器的形式还很多，它们大体可分为以下几种类型：波导型、同轴线型和微带线或带状线型定向耦合器，它们的工作原理主要是靠“波的干涉”获得定向功率传输。限于微波定向耦合器的形式繁多，本书不拟一一介绍，读者需要时可以查阅相关文献资料。

如图 4-26 所示，定向耦合器网络有 4 个端口：“端口①→端口②”为主流线，其“端口①”为主流线输入端口，“端口②”为主流线输出端口；“端口③”为分支耦合线输出端口，“端口④”为分支线隔离端口。图中 P_1、P_2、P_3 和 P_4 为各个端口上的功率，功

率流向如图中箭头所示。所谓“定向耦合器”像图 4－26 所示的那样，它是一种将“端口①”的输入量定向分支流地流向“端口②”和“端口③”，而“端口④”无输出量的四端口微波器件。

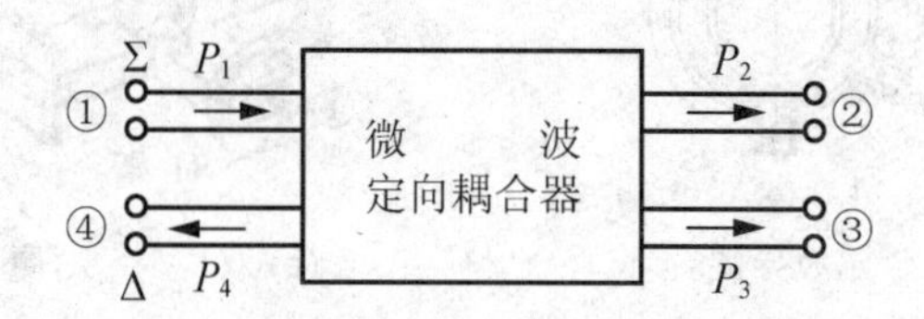

图 4－26　微波定向耦合器端口图

定向耦合器的散射参数矩阵可以一般性地用下式表示，即

$$[S]=\begin{bmatrix} S_{11} & S_{12} & S_{13} & S_{14} \\ S_{21} & S_{22} & S_{23} & S_{24} \\ S_{31} & S_{32} & S_{33} & S_{34} \\ S_{41} & S_{42} & S_{43} & S_{44} \end{bmatrix} \tag{4-49}$$

式(4－49)中的 S 参数元素有具体含义，以表示定向耦合器的特性。一个微波定向耦合器的特性优劣，应该根据以下以一些指标来衡量。

1）定向耦合器耦合度

如图 4－26 所示，微波定向耦合器的“耦合度”是从主流线输入“端口①”的输入功率 P_1 分贝值，减去通过耦合分流到分支耦合线输出“端口③”功率 P_3 的分贝值。它是定向功率分配的一种量度，通常表示为

$$C=10\lg\frac{P_1}{P_3}=-20\lg|S_{31}|(\text{dB}) \tag{4-50}$$

【例 4－3】 试根据散射参数矩阵式(4－48)，验证图 4－24 中理想定向耦合器的耦合度 C。

解： 从式(4－48)查得 $|S_{31}|=1/\sqrt{2}$，故根据式(4－50)求得图 4－24 中理想定向耦合器的耦合度为

$$C=-20\lg|S_{31}|=20\lg\sqrt{2}\ \text{dB}=3\text{dB}$$

对理想定向耦合器这一结果是正确的，即分支耦合输出“端口③”可以分配得到“端口①”输入功率的一半(3dB 分配)。

2）定向耦合器隔离度

如图 4－26 所示，微波定向耦合器的“隔离度”是主流线“端口①”的输入功率 P_1 分贝值减去通过耦合分流到分支耦线隔离“端口④”的功率 P_4 的分贝值，隔离度越大表明“端口①”与“端口④”之间的隔离越完善。它是一种逆定向功率分配的量度，通常表示为

$$I=10\lg\frac{P_1}{P_4}=-20\lg|S_{41}|(\text{dB}) \tag{4-51}$$

【例 4－4】 试根据散射参数矩阵式(4－48)，计算图 4－24 中理想定向耦合器的隔离度 I。

解：从式(4-48)查得$|S_{14}|=0/\sqrt{2}=0$，故根据式(4-51)求得图 4-24 中理想定向耦合器的隔离度为

$$I=10\lg\frac{1}{|S_{41}|^2}=-20\lg0+20\lg\sqrt{2}\,(\mathrm{dB})\rightarrow\infty\mathrm{dB}$$

对理想定向耦合器这一结果是正确的，即"端口④"和"端口③"之间隔离非常完善。

3）定向耦合器方向性系数

如图 4-26 所示，微波定向耦合器的"方向性系数"是说明定向耦合器向耦合输出端口"端口②"定向传输的能力的一个参数，它是用"端口③"和"端口④"所分配得到的传输功率 P_2 和 P_4 作比较来衡量的。方向性系数越大表明定向耦合器的定向性越好，它通常用功率分贝表示为：

$$D=10\lg\frac{P_3}{P_4}=20\lg\left|\frac{S_{31}}{S_{41}}\right|=I-C(\mathrm{dB}) \tag{4-52}$$

【例 4-5】 试根据散射参数矩阵式(4-48)，计算图 4-24 中理想定向耦合器方向性系数 D。

解：从式(4-48)查得$|S_{31}|=1/\sqrt{2}$和$|S_{41}|=0/\sqrt{2}=0$，故根据式(4-52)求得图 4-24 中理想定向耦合器的方向性系数为

$$D=20\lg\left|\frac{S_{23}}{S_{43}}\right|=20\lg\left|\frac{0.7071}{0}\right|\rightarrow\infty\mathrm{dB}$$

对理想定向耦合器这一结果是正确的，说明该定向耦合器的定向性能非常好。

4）定向耦合器输入端口驻波比

一个定向耦合器产品出厂时其输入端口的驻波比，是应该提供用户的一个性能指标。参见图 4-26，它是指当"端口②"、"端口③"和"端口④"都接上匹配负载时，输入"端口①"所测量获得的驻波比。根据第 1 章传输线理论和 4 参数的定义可知，输入"端口①"的驻波比可以用下式表示：

$$\rho=\frac{1+|S_{11}|}{1-|S_{11}|} \tag{4-53}$$

【例 4-6】 试根据散射参数矩阵式(4-48)，计算图 4-24 中理想定向耦合器输入"端口③"的驻波比 ρ。

解：从式(4-48)查得$|S_{11}|=0/\sqrt{2}=0$，根据式(4-53)求得图 4-24 中理想定向耦合器"端口③"的驻波为

$$\rho=\frac{1+|S_{11}|}{1-|S_{11}|}=\frac{1+0}{1-0}=1$$

对理想定向耦合器这一结果是正确的，说明理想定向耦合器"端口①"是理想的匹配。

5）定向耦合器工作频带

定向耦合器的工作频带是指耦合度 C、隔离度 I、方向性系数 D 和驻波比 ρ 等参数满足要求时工作频率范围。

2. 渐变耦合微带线定向耦合器

图 4-24(e)所示的渐变线耦合微带线定向器也称为"非对称渐变线耦合微带线定向

器”。理想的这种定向耦合器它可以提供任意的功率比，并且具有 10 倍或更宽的相对工作带宽；图 4－27(a)所示是它的结构示意图，其等效电路如图 4－27(b)所示。该耦合器可以看成由两条长度为 L 的具有渐变特性阻抗的微带线组成，其奇模特性阻抗 $Z_{00}(z)$和偶模特性阻抗 $Z_{0e}(z)$沿线分布如图 4－27(c)所示。由该图看出：在 $z=2L$ 处，由于两条微带线之间的耦合系数 $k=0$(耦合很弱)，故 $Z_{00}(2L)=Z_{0e}(2L)=Z_0^S$(此处 Z_0^S，是不考虑另一条微带线存在时的独立单条微带线的特性阻抗)；在 $z=L$ 处由于两条微带线之间的耦合系数 $k\neq 0(0\leqslant k\leqslant 1)$，此时 $Z_{00}(L)=kZ_0^S$ 和 $Z_{0e}(L)=Z_0^S/k$(参见第 3 章式(3－72d)和式(3－71d))。在定向耦合器的输入“端口④”(差△输入端口)加激励电压 U_0，此时根据第 3 章图 3－23 的原理，可以将图 4－27(b)分解成为如图 4－28 所示的奇模激励和偶模激励两种电路。注意：奇模激励电路“端口②”和“端口④”的激励电压分别为“$-U_0/2$”和“$U_0/2$”，偶模激励电路“端口②”和“端口④”的激励电压均为“$U_0/2$”。因此，在图 4－28 中将图(c)和图(b)叠加就是图(a)。

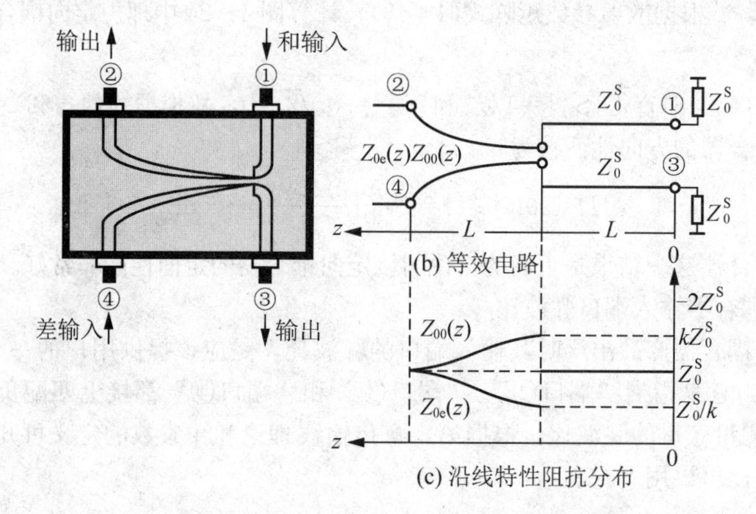

图 4－27　非对称渐变耦合微带线定向耦合器

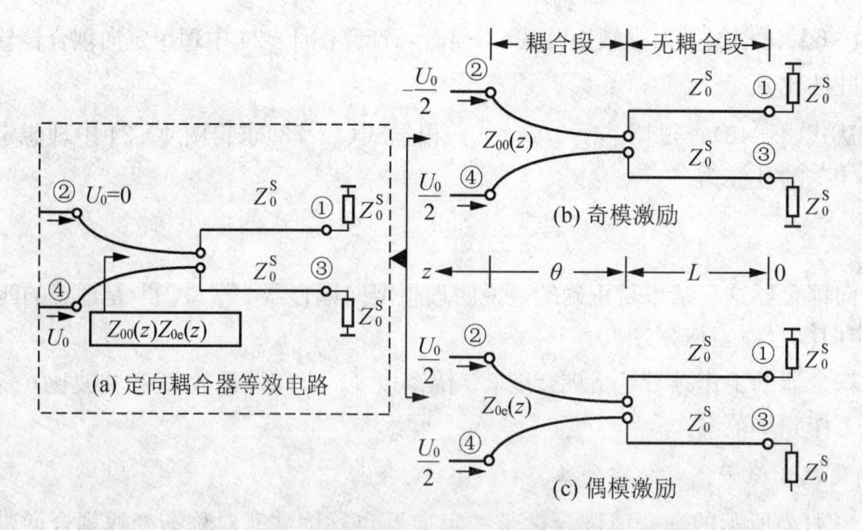

图 4－28　非对称渐变耦合微带线定向耦合器的激励

根据图 4－27 和图 4－28 可以看出以下四点：① 在定向耦合器的 $z=L$ 处的匹配状况应该分为“奇模阻抗匹配”和“偶模阻抗匹配”，前者应使 $Z_{00}(L)=kZ_0^{\mathrm{S}}$ 与 Z_0^{S} 进行匹配、后者应使 $Z_{0\mathrm{e}}(L)=Z_0^{\mathrm{S}}/k$ 与 Z_0^{S} 进行匹配；② 在定向耦合器的 $L<z<2L$ 的区段内两条微带线采用渐变阻抗线的形式，对输入和输出端口进行阻抗匹配，在该区段内 $Z_{0\mathrm{e}}\times Z_{00}=(Z_0^{\mathrm{S}})^2$；③ 在定向耦合器的 $0<z<L$ 的区段内是一段两条无耦合的特性阻抗均为 Z_0^{S} 的独立微带线，它们可以对 $L<z<2L$ 区段内的耦合线段进行相位补偿；④ 另外要注意：以上各线段的电长度 $\theta=\beta L$ 应该相同，该电长度应该使得在所希望获得的工作频带内获得良好的阻抗匹配。

参见图 4－28，在 $z=L$ 处(即在耦合线与无耦合线的连接处)根据式(1－33)，可以分别将渐变阻抗耦合线的“奇模”和“偶模”反射系数表示为

$$\Gamma_0^{\mathrm{L}}=\frac{Z_0^{\mathrm{S}}-kZ_0^{\mathrm{S}}}{Z_0^{\mathrm{S}}+kZ_0^{\mathrm{S}}}=\frac{1-k}{1+k} \tag{4－54a}$$

$$\Gamma_{\mathrm{e}}^{\mathrm{L}}=\frac{Z_0^{\mathrm{S}}-(Z_0^{\mathrm{S}}/k)}{Z_0^{\mathrm{S}}+(Z_0^{\mathrm{S}}/k)}=\frac{k-1}{k+1} \tag{4－54b}$$

根据式(4－54)，可求得在 $z=2L$ 处渐变阻抗耦合线的“奇模”和“偶模”反射系数表示分别为

$$\Gamma_0=\frac{1-k}{1+k}\mathrm{e}^{-2\mathrm{j}\theta} \tag{4－55a}$$

$$\Gamma_{\mathrm{e}}=\frac{k-1}{k+1}\mathrm{e}^{-2\mathrm{j}\theta} \tag{4－55b}$$

参看图 4－28 并考虑到图 4－28(a)是图 4－28(c)和图 4－28(b)的叠加，再根据式(4－55)，可求得“端口④”和“端口②”的以下叠加的散射参数：

$$S_{44}=\frac{1}{2}(\Gamma_e+\Gamma_0)=0 \tag{4－56a}$$

$$S_{24}=\frac{1}{2}(\Gamma_{\mathrm{e}}-\Gamma_0)=\frac{k-1}{k+1}\mathrm{e}^{-2\mathrm{j}\theta} \tag{4－56b}$$

再由 180°混合网络散射参数矩阵式(4－48)，可以看出这类网络具有对称性；因此，还可以求得以下散射参数：$S_{22}=S_{44}=0$ 和 $S_{42}=S_{24}$。为了计算“端口④”至“端口③”和“端口①”的传输系数，可将渐变匹配线段用“理想变压器”来代替，这个变压器在 $z=L$ 处(即“耦合段”和“无耦合段”的交接处)完成的匹配任务应该分为“奇模阻抗匹配”和“偶模阻抗匹配”。奇模阻抗匹配时，应使 $Z_{00}(L)=kZ_0^{\mathrm{S}}=Z_0^{\mathrm{s}}$；偶模阻抗匹配时，应使 $Z_{0\mathrm{e}}(L)=Z_0^{\mathrm{S}}/k=Z_0^{\mathrm{S}}$。如果使用上述概念来观察如图 4－27 所示的非对称渐变线耦合微带线定向耦合器，它应该是“传输线—变压器—传输线”的级联体，其等效电路如图 4－29 所示。再根据表 4－1 提供的表达式，可以求得奇模和偶模阻抗匹配时“传输线—变压器—传输线”，即“端口④”至“端口③”的奇模和偶模的电压传输系数为

奇模[T]矩阵　$\begin{bmatrix}1/\sqrt{k} & 0\\ 0 & \sqrt{k}\end{bmatrix}$

偶模[T]矩阵　$\begin{bmatrix}\sqrt{k} & 0\\ 0 & 1/\sqrt{k}\end{bmatrix}$

$$T_0=T_{\mathrm{e}}=\mathrm{e}^{-\mathrm{j}\theta}\,[\mathrm{T}]\,\mathrm{e}^{-\mathrm{j}\theta}=\frac{2k}{k+1}\mathrm{e}^{-2\mathrm{j}\theta} \tag{4－57}$$

传输线 → 变压器 → 传输线

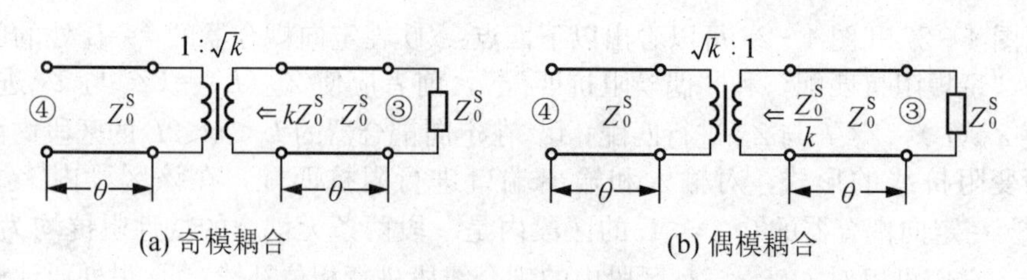

(a) 奇模耦合　　　　(b) 偶模耦合

图 4－29　渐变耦合线混合网络等效电路

因此，可以求得渐变线耦合微带线定向器散射以下两个 S 参数：

$$S_{34}=\frac{1}{2}(T_e+T_0)=\frac{2\sqrt{k}}{k+1}e^{-2j\theta} \tag{4-58a}$$

$$S_{14}=\frac{1}{2}(T_e-T_0)=0 \tag{4-58b}$$

通过图 4－29 中的变压器耦合，根据式(4－58a)很容易求得“端口④”至“端口③”的电压耦合因数为

$$\xi=|S_{34}|=\frac{2\sqrt{k}}{k+1}\quad 0<\xi<1 \tag{4-59a}$$

通过图 4－29 中的变压器耦合，根据式(4－56b)可以求得“端口④”至“端口②”的耦合因数为

$$\mu=|S_{24}|==\frac{k-1}{k+1}\quad 0<\mu<1 \tag{4-59b}$$

如果将非对称渐变线耦合微带线定向耦合器的“端口④”设计为隔离端口，则定向耦合器是遵守以下“能量(功率)守恒定律”的：

$$|S_{34}|^2+|S_{24}|^2=\xi^2+\mu^2=1 \tag{4-60}$$

式(4－60)说明前面的分析计算是正确的。

与前面相反，如果在图 4－28 中的“端口①”和“端口③”加上奇模和偶模激励电压并分解成为“端口①”和“端口③”的“奇模”和“偶模”激励的情况下。此时，若以 $z=0$ 处为参考相位，同理能求得“端口①”处的“奇模”和“偶模”的反射系数分别为

$$\Gamma_0=\frac{1-k}{1+k}e^{-2j\theta} \tag{4-61a}$$

$$\Gamma_e=\frac{k-1}{k+1}e^{-2j\theta} \tag{4-61b}$$

根据“奇模”和“偶模”激励叠加的结果，可以得到以下 S 参数：

$$S_{11}=\frac{1}{2}(\Gamma_e+\Gamma_0)=0 \tag{4-62a}$$

$$S_{31}=\frac{1}{2}(\Gamma_e-\Gamma_0)=\frac{k-1}{k+1}e^{-2j\theta}=\mu e^{-2j\theta} \tag{4-62b}$$

再由 180°混合网络散射参数矩阵式(4－48)，可以看出这类网络具有对称性，因此还可以求得以下散射参数：$S_{33}=0$、$S_{13}=S_{31}$ 和 $S_{14}=S_{32}$、$S_{12}=S_{34}$。因此，渐变线耦合微带线 180°混合网络的散射矩阵为

$$[S]=\begin{bmatrix} S_{11} & S_{12} & S_{13} & S_{14} \\ S_{21} & S_{22} & S_{23} & S_{24} \\ S_{31} & S_{32} & S_{33} & S_{34} \\ S_{41} & S_{42} & S_{43} & S_{44} \end{bmatrix}=\begin{bmatrix} 0 & \xi & \mu & 0 \\ \xi & 0 & 0 & -\mu \\ \mu & 0 & 0 & \xi \\ 0 & -\mu & \xi & 0 \end{bmatrix}e^{-2j\theta} \tag{4-63}$$

【例4-7】设信号从非对称渐变线耦合微带线定向耦合器的“端口①”输入，试根据散射参数矩阵式(4-63)求其耦合度C。

解：从式(4-63)查得$|S_{31}|=\mu$，故根据式(4-50)求得定向耦合器的耦合度为

$$C=20\lg\frac{1}{|S_{31}|}=20\lg\frac{1}{|\mu|}\ \text{dB}=-20\lg|\mu|\,\text{dB}$$

【例4-8】设信号从非对称渐变线耦合微带线定向耦合器的“端口①”输入，试根据散射参数矩阵式(4-60)求其隔离度I。

解：从式(4-63)查得$|S_{41}|=0$，故根据式(4-51)求得定向耦合器的耦合度为

$$I=10\lg|S_{41}|=-20\lg0\rightarrow\infty\text{dB}$$

3．金属波导双孔耦合定向耦合器

图4-30(a)所示是金属波导双孔耦合定向耦合器结构图；其基本原理是通过两条波导公共壁上的两个相距d距离的耦合“小孔”，产生电磁波辐射干涉形成微波定向传输。因为该定向器有4个端口，遵循图4-30的规定：应该将“端口①→端口②”为主流波导，其“端口①”为主流波导输入端口、“端口②”为主流波导输出端口；“端口④→端口③”为分支耦合波导，其“端口③”为耦合输出端口、“端口④”为分支波导隔离端口。主流波导中传输的TE_{10}波通过两条波导公共壁上的两个耦合“小孔”产生的TE_{10}波的辐射干涉而形成的TE_{10}波定向地向分支耦合波导“端口③”方向传输，而“端口④”则为分支波导的隔离端口。

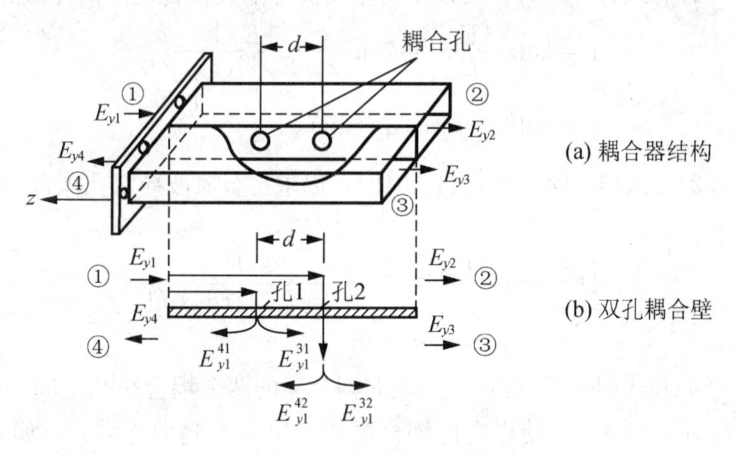

图4-30　波导双孔定向耦合器

上述定向传输原理可以用图4-30(b)所示的“双孔耦合壁(为图(a)双耦合孔的俯视剖面图)”加以说明，首先令

(1) 主流波导中的电场E_{y1}通过“小孔1”耦合(磁耦合)到分支波导中，向“端口④”和“端口③”方向传输的电场分别为

$$E_{y1}^{41}=|E_{y1}^{41}|e^{j0^\circ} \qquad \text{(其相位 0°为参考相位)}$$

$$E_{y1}^{31}=|E_{y1}^{31}|e^{-j\beta_z d} \qquad \text{(较 } E_{y1}^{41} \text{ 滞后 } \beta d \text{ 的相位)}$$

(2) 主流波导中的电场 E_{y3} 通过“小孔 2”耦合(磁耦合)到分支波导中，向“端口④”和“端口③”方向传输的电场分别为

$$E_{y1}^{42}=|E_{y1}^{42}|e^{-j2\beta_z d} \qquad \text{(较 } E_{y1}^{41} \text{ 滞后 } 2\beta d \text{ 的相位)}$$

$$E_{y1}^{32}=|E_{y1}^{32}|e^{-j\beta_z d} \qquad \text{(较 } E_{y1}^{41} \text{ 滞后 } \beta d \text{ 的相位)}$$

如果假设两个小孔的直径都很小，则有 $k|E_{y1}|=|E_{y1}^{41}|=|E_{y1}^{31}|=||E_{y1}^{42}|=|E_{y1}^{32}|$，此处 k 为圆耦合小孔的耦合系数。因此，耦合器“端口②”的电场输出为

$$E_{y3}=|E_{y1}^{31}|e^{-j\beta_z d}+|E_{y1}^{32}|e^{-j\beta_z d}=2k|E_{y1}|e^{-j\beta d} \tag{4-64a}$$

而耦合器“端口④”的电场输出为

$$\begin{aligned}E_{y4}&=|E_{y1}^{41}|e^{-j0}+|E_{y1}^{42}|e^{-j2\beta_z d}=2k|E_{y1}|(1+e^{-j2\beta_z d})\\&=2k|E_{y1}|e^{-j\beta_z d}\cos\beta_z d\end{aligned} \tag{4-64b}$$

主流输出“端口②”的输出电场为

$$E_{y2}=|E_{y1}|e^{-j\beta_z z}\text{(较 } E_{y1}^{41} \text{ 滞后 } \beta d \text{ 的相位)}$$

根据式(4-50)和式(4-64a)，可以求得金属波导双孔耦合定向耦合器的耦合度为

$$C=10\lg\frac{|E_{y1}|^2}{|E_{y3}|^2}=20\lg\frac{|E_{y1}|}{2k|E_{y1}|}=-20\lg 2k\text{dB} \tag{4-65a}$$

式中，耦合系数 k 可以用下式计算，即

$$k=\frac{1}{ab\beta_z}\left(\frac{\pi}{a}\right)^2\frac{4}{3}r^3 \tag{4-65b}$$

式中：a 和 b 分别为矩形波导的宽边和窄边；β_z 是矩形波导中传输的 TE_{10} 波的相移常数；r 是公共壁上耦合小孔的半径。

根据式(4-51)和式(4-64b)，可以求得金属波导双孔耦合定向耦合器的隔离度为

$$\begin{aligned}I&=20\lg\frac{|E_{y1}|}{|E_{y4}|}=20\lg\frac{|E_{y1}|}{2k|E_{y1}||\cos\beta_z d|}\\&=20\lg\frac{1}{2k}|\sec\beta_z d|\,(\text{dB})\end{aligned} \tag{4-66}$$

根据式(4-52)、式(4-64a)和式(4-64b)可以求得金属波导双孔耦合定向耦合器的方向性系数为

$$\begin{aligned}D&=20\lg\frac{|E_{y3}|}{|E_{y4}|}=20\lg\frac{2k|E_{y1}|}{2k|E_{y1}||\cos\beta_z d|}\\&=20\lg|\sec\beta_z d|\,(\text{dB})\end{aligned} \tag{4-67}$$

根据式(4-66)和式(4-67)可见：当定向耦合器的两个耦合小孔之间的距离 $d=\lambda_{g0}/4$ 时 $\beta_z d=\pi/2$，此时 $\sec\beta_z d\to\infty$ 使得定向耦合器的 I 和 D 都趋向无穷大；如果 $d=\lambda_{g0}/4$ 是对应于中心工作频率的距离值，显然偏离中心工作频率时就不是该值了，这样就使得定向耦合器的 I 和 D 都要急剧减小而具有与工作频带内的某一频率相对应的数值。金属波导双孔耦合定向耦合器的频率响应特性是很尖锐的，工作频带也是很窄的。为了加宽金属波导小孔耦合定向耦合器的工作带宽，通常不是采用双孔耦合而是采用多孔耦合定向耦合器。图 4-31 所示是一个 9GHz 波段实际四孔耦合切比雪夫定向耦合器的耦合度 C 和方向性 D

的频率响应特性。由该曲线图可以看出：在(7～11)GHz的频带范围内获得近$C=20\text{dB}$的耦合度和数十分贝(最高60dB)的方向性系数D；而对于双孔耦合定向耦合器是绝对做不到这样平坦频率响应特性的，其方向性系数D在中心频率点上最高只能做到$D=20\text{dB}$而不是趋向无穷大。关于宽带金属波导小孔耦合定向耦合器特性的进一步分析，读者可查阅相关文献资料[2][3]。

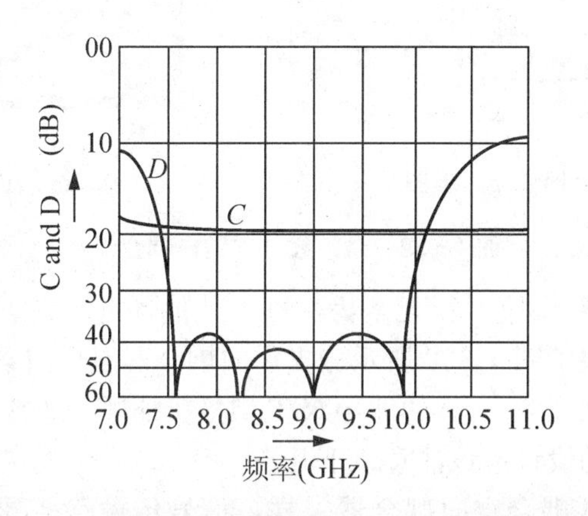

图4-31 波导四孔定向耦合器C和D的频率响应特性

4. 分支线定向耦合器

图4-32所示是分支线3dB定向耦合器的基本结构，它是一种90°混合网络。这种类型混合网络微波器件通常是用微带线或带状线制作，图4-32(b)是它的组装结构图。令图4-32(a)遵循图4-26的规定：将“端口①→端口②”规定为主流线，其“端口①”为主流线输入端口、“端口②”为主流线输出端口；“端口④→端口③”规定为分流线，它的“端口③”为输出端口、“端口④”为分流线的隔离端口；主流线和分流线之间用两条垂直分支线连接。主流线和分流线均由“输入线”→“平行连接线”→“输出线”组成，它们的特性阻抗分别为$Z_0 \to Z_0/\sqrt{2} \to Z_0$。注意：这种分支线混合网络是绝对对称的，它的任意一个端口都可以作为输入端口(例如“端口①”)，而输出端口(例如“端口②”和“端口③”)总是处在网络输入端口相反的一侧；隔离端口是处在输入端口同一侧的端口(例如“端口④”)。从图4-32(a)可以看出：在各端口匹配的情况下，从输入“端口①”输入的信号功率将平分(3dB)分配输出给“端口②”和“端口③”；由于“端口②”和“端口③”具有$\lambda_g/4(B\to C)$的波程差，故两者的场分量具有90°的相位差。输入信号按路径$A\to B\to C\to D$和$A\to D$传输到达D点具有λ_g的波程差将引起180°的相位差；此时若两路线的特性阻抗选择得合适[例如像图4-32(a)中那样选择]，输入信号到达D点处的场分量反相干涉为零而使“端口④”(隔离端)无信号功率输出。

该分支线定向耦合器的散射参数矩阵可以用下式表示：

$$[S]=\begin{bmatrix} S_{11} & S_{12} & S_{13} & S_{14} \\ S_{21} & S_{22} & S_{23} & S_{24} \\ S_{31} & S_{32} & S_{33} & S_{34} \\ S_{41} & S_{42} & S_{43} & S_{44} \end{bmatrix}=-\frac{1}{\sqrt{2}}\begin{bmatrix} 0 & j & 1 & 0 \\ j & 0 & 0 & 1 \\ 1 & 0 & 0 & j \\ 0 & 1 & j & 0 \end{bmatrix} \tag{4-68}$$

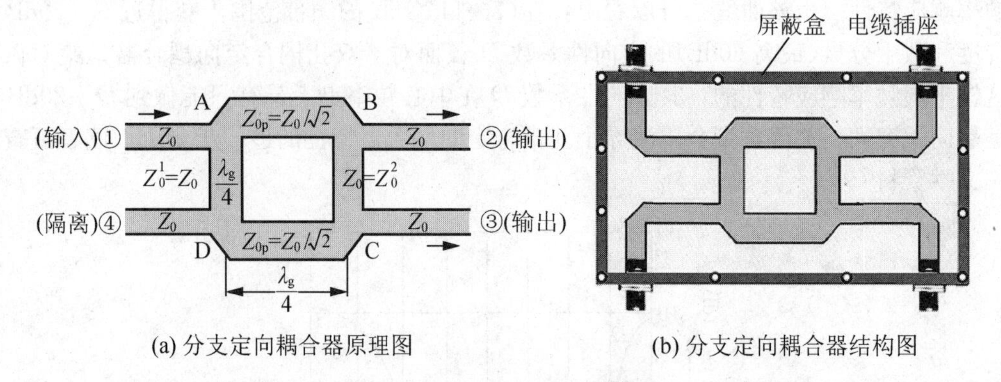

(a) 分支定向耦合器原理图　　(b) 分支定向耦合器结构图

图 4-32　微带线分支定向耦合器

如果以散射矩阵式(4-68)中第一行元素为标准，其他各行元素可以从第一行元素互换位置获得。上述特性，反映了图 4-32 所示分支定向耦合器混合网络的对称性。

分支线定向耦合器和图 4-1 中的波导双 T 型接头那样，通常用在微波平衡混频器中。关于分支线定向耦合器的设计应该注意以下几点。

(1) 和金属波导双孔耦合定向耦合器一样，信号传输路径受中心频率所对应的 $d=\lambda_{g0}/4$ 的限制，使分支线混合网络定向耦合器的工作频带被限制在 10%～20%的范围内。图 4-33 所示是上述某特性阻抗 $Z_0=50\Omega$ 的分支定向耦合器 S 参数的频率特性，由该组曲线可以看出：在中心频率 f_0 处 $S_{21}=S_{31}$，说明“端口②”和“端口③”得到完善的 3dB 功率分配；在输入“端口①”的反射系数 $S_{11}=-40$，说明定向器输入端的回波损耗很小(达 -32dB)；$S_{41}\to-40$，说明“端口④”和“端口①”之间隔离很完善。注意：当工作频率偏离中心频率 f_0 时，上述所有 S 参数都迅速偏离正常值，这表明支线混合网络定向耦合器是窄频带器件。如果采用多级级联(和金属波导多孔耦合定向耦合器一样)可以使其工作频带加宽十倍或更多。

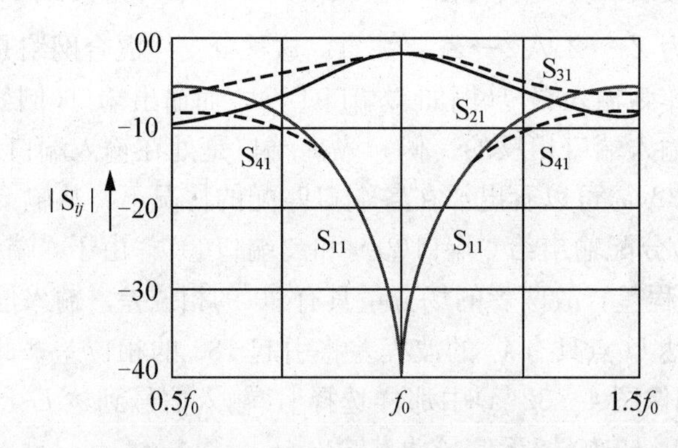

图 4-33　某特性阻抗 $Z_0=50\Omega$ 的分支定向耦合器 S 参数频率特性

(2) 如果将两条垂直分支线的特性阻抗取不同的值，则可以改变输出端“端口②”和“端口③”的功率分配，令

$$k=\frac{Z_0^2}{Z_0^1} \tag{4-69}$$

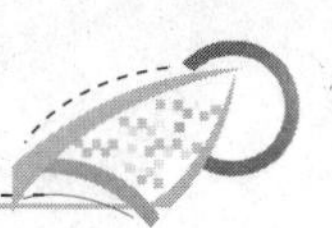

当阻抗比例系数 $k=1$ 时，$Z_0^1=Z_0^2=Z_0$ 和 $Z_{0p}=Z_0/\sqrt{2}$；此时“端口②”和“端口③”将输入的信号功率平分输出(3Db)分配；当 $k\neq1$ 时，输出端口“端口②”和“端口③”输出信号功率将不相等，此时输入输出线的特性阻抗也要做相应的改变。

4.5.3 实现功率分支分配连接的三端口功率分配器

当微波信息电路系统中各个组成元器件之间使用“硬连接”进行单纯的功率分配时，就没有必要采用定向耦合器。因为定向耦合器结构复杂、制造成本高，很少被用来作单纯的功率分配器件；由于定向耦合器具有等效于低频电路中的混合网络线圈的特点，故通常用在微波平衡混频器中(图 4-1)；波导小孔耦合定向耦合器通常用在精密微波测量系统中，或用在大功率微波通信机的功率指示设备中或微波振荡频率稳频反馈系统中等。总之，如果使用定向耦合器作单纯的功率分配是不划算的。作为一个范例，下面仅介绍一种三端口微带线功率分配器。实际上前面介绍的 E-T 型接头和 H-T 型接头都是三端口金属波导功率分配器。

1. 微带线三端口功率分配器设计原理

图 4-34 所示是微带线三端口功率分配器原理图，它是微带线的 E-T 型接头，其结构简单、制作容易。该功率分配器的“端口③”是输入端口，与之连接的输入微带线的特性阻抗为 Z_0；从“端口③”输入的功率被分配成两路，分别经特性阻抗为 Z_{01}、Z_{02} 和长度为 $d=\lambda_g/4$ 的两段微带线传送至“端口①”和“端口②”输出；输出“端口①”和“端口②”分别接有负载电阻 R_1 和 R_2。为了要求该功率分配器的 3 个端口同时都获得匹配和兼有输出“端口①”和“端口②”之间的隔离功能，必须在两者之间跨接一个电阻 R 以构成有损耗三端口网络。

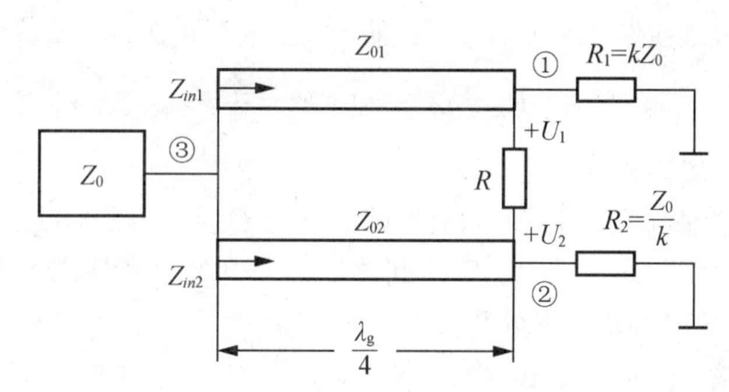

图 4-34 微带线三端口功率分配器原理示意图

设计微带线三端口功率分配器应满足以下 3 个条件：① 输出“端口①”和“端口②”的输出功率比可以为任意要求值 m；② 输出“端口①”和“端口②”输出电压 $|U|=|U_1|=|U_2|$，而且同相位；③ 输入“端口③”处无反射。

根据条件①和②可以建立以下关系式：

$$P_2=mP_1 \tag{4-70}$$

式中：$m=k^2$ 和 $P_1=(\frac{U^2}{2R_1})$　　输出“端口①”的输出功率

$$P_2=(\frac{U^2}{2R_2})\qquad \text{输出“端口②”的输出功率}$$

根据式(4-70)可得到用负载电阻比来控制输出功率比的表达式：

$$\frac{R_2}{R_1}=m=\frac{P_1}{P_2}=\frac{1}{k^2} \tag{4-71}$$

因为特性阻抗为 Z_{01} 和 Z_{02} 以及长度为 $d=\lambda_g/4$ 的两段微带线具有阻抗变换功能，故引用第1章式(1-83)可以建立以下关系式：

$$Z_{in1}=\frac{Z_{01}^2}{R_1} \tag{4-72a}$$

$$Z_{in2}=\frac{Z_{02}^2}{R_2} \tag{4-72b}$$

为了满足输入“端口③”处无反射条件③的规定，应该使以下关系成立：

$$\frac{1}{Z_0}=\frac{1}{Z_{in1}}+\frac{1}{Z_{in2}}=\frac{R_1}{Z_{01}^2}+\frac{R_2}{Z_{02}^2} \tag{4-73}$$

另外，根据式(4-71)和式(4-72)可以得到用输入阻抗表示的输出功率比：

$$\frac{P_2}{P_1}=\frac{Z_{in2}}{Z_{in1}}=\frac{R_1}{Z_{01}^2}\frac{Z_{02}^2}{R_2}=m=\frac{1}{k^2} \tag{4-74}$$

将式(4-73)和式(4-74)联立求解，可得长度为 $\lambda_g/4$ 的两段微带线特性阻抗值分别为：

$$Z_{01}=Z_0\sqrt{k(1+k^2)} \tag{4-75a}$$

$$Z_{02}=Z_0\sqrt{(1+k^2)/k^2} \tag{4-75b}$$

以式(4-71)为依据，按照设计要求输出“端口①”和“端口②”的输出功率比是可以控制的。因此，可以在保证输出端口匹配的情况下人为指定以下负载电阻值：

$$R_1=kZ_0 \quad \text{和} \quad R_2=\frac{Z_0}{k} \tag{4-76}$$

综合上面讨论，应注意以下几点。

(1) 根据输出“端口①”和“端口②”输出电压 $|U|=|U_1|=|U_2|$ 和两者且同相位的条件，允许在“端口①”和“端口②”之间跨接一个电阻 R 而不影响负载电阻 $R_1=kZ_0$ 和负载电阻 $R_2=Z_0/k$ 之间的功率分配。

(2) 如果实际接入的负载电阻不等于 $R_1=kZ_0$ 和 $R_2=Z_0/k$ 时，就有反射波功率流向输出“端口①”和“端口②”而构成微带线三端口功率分配器的反向输入波。此时，微带线三端口功率分配器就变成为“反向波功率合成器”。显然，在这种情况下为了使输出“端口①”和“端口②”之间隔离，必须在两者之间跨接一个电阻 R 以损耗掉反射波功率的串扰。

根据网络理论可以证明隔离电阻 R 可用下式计算，即

$$R=\frac{1+k}{k}Z_0 \tag{4-77}$$

隔离电阻 R 通常采用镍铬合金电阻或使用由电阻粉等材料制成的薄膜电阻，以减小电阻的体积。

(3) 如果微带线三端口功率分配器是等功率(3dB)分配，则有 $P_1=P_2$ 和 $k=1$，因而根据式(4-73)、式(4-74)和式(4-75)有

$$R_1=R_2=Z_0$$
$$Z_{01}=Z_{02}=\sqrt{2}Z_0 \tag{4-78}$$
$$R=2Z_0$$

2. 实际微带线三端口功率分配器的基本结构

实际微带线三端口功率分配器输出“端口①”和“端口②”所接的负载往往不是电阻 $R_1=kZ_0$ 和 $R_2=Z_0/k$，而是如图 4-35(a)所示的两条特性阻抗为 Z_0 的微带线。在这种情况下，为了仍然获得任意要求功率比 m 值，可以采用两条特性阻抗分别为 Z_{05} 和 Z_{06} 长度均为 $\lambda_g/4$ 的阻抗变换器将 Z_0 变换为电阻 R_1 和 R_2 即可。

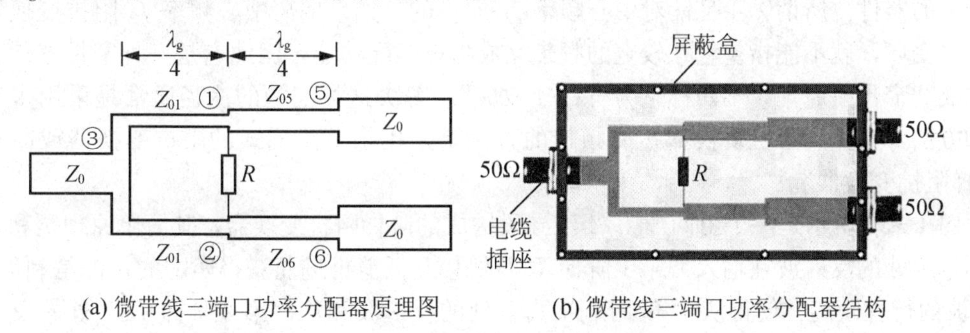

(a) 微带线三端口功率分配器原理图　　(b) 微带线三端口功率分配器结构

图 4-35　微带线三端口功率分配器

依据第 1 章式(1-83)，图 4-35(a)所示的微带线三端口功率分配器中，$\lambda_g/4$ 微带线的特性阻抗 Z_{05} 和 Z_{06} 可按照下面两式计算：

$$Z_{05}=\sqrt{R_1Z_0}=\sqrt{k}Z_0 \tag{4-79a}$$

$$Z_{06}=\sqrt{R_2Z_0}=\frac{Z_0}{\sqrt{k}} \tag{4-79b}$$

注 意

上述当微带线三端口功率分配器偏离中心频率 f_0 所对应的 $\lambda_{g0}/4$ 工作时，其输出“端口①”和“端口②”之间的隔离度和输入端口的驻波比都将急速地偏离正常值；或者说：其散射参数 S_{33} 和 S_{12} (或 S_{21})，都将具有类似像图 4-33 那样偏离中心频率后发生的变化。因此，上述微带线三端口功率分配器是一种窄频带微波器件。

图 4-24(b)所示是一个独立组装的微带线三端口功率分配器的结构图，如果集成在微带线电路中就不需要独立组装。当图中外接 50Ω 电缆插座时，则功率分配器的 Z_0 就应该按照 $Z_0=50\Omega$ 引用式(4-75)和式(4-79)进行设计计算。

4.6　微波电路中实现阻抗匹配所使用的微波元器件

在图 4-1 所示的微波平衡混频器中的两只混频二极管和魔 T 之间使用了两个三螺钉

匹配器，以获得混频二极管和魔 T 之间的阻抗匹配。在第 1 章 1.4.1 中曾经指出：如果在微波信道中的各元器件之间阻抗匹配不理想甚至失配，将产生以下一系列问题：① 传输效率低；② 引起附加损耗传(失配损耗和插入损耗)；③ 系统功率容量低等。因此，在微波信息系统中用于实现匹配的微波元器件是不可缺的。用于实现阻抗匹配微波元器件种类繁多，其基本原理在第 1 章 1.4.3 中已做过详细介绍，下面仅研究以下两种微波波段使用的这类元器件：第一种是阶梯阻抗变换器，第二种是图 4-1 所示的微波平衡混频器中使用的螺钉匹配器。

4.6.1 阶梯阻抗变换器

在第 1 章 1.4.3 小节中已介绍的“$\lambda/4$ 阻抗变换器”是一种窄带阻抗变换用以完成匹配任务的器件。所谓 $\lambda/4$ 是针对中心频率 f_0 而说的，如果偏离中心频率 f_0 阻抗变换器的性能将变坏，就不能指望它在较宽的频带完成阻抗匹配功能，因此它是一种窄带器件。这一构成“窄带”原理，不妨称它为“$\lambda_g/4$ 效应”。解决这类问题的途径通常是采用多节级连的方法，具体到阻抗变换器扩展频带的方法是采用多节阶梯式的阻抗变换器或简称为“阶梯阻抗变换器”。

图 4-36 所示是一个由两节 $\lambda_g/4$ 波导段构成的阶梯阻抗变换器，其简单原理是利用阶梯不连续处的反射波在输入“第 1 阶梯 T_0”处相互抵消再进而获得匹配的；即是利用 $\lambda_g/4$ 的波的行程距离，使得从“第 1 阶梯 T_1”处的反射波和从“第 2 阶梯 T_2”处的反射波到达“第 1 阶梯 T_0”处反相合成抵消再进而获得匹配的。就两节 $\lambda_g/4$ 波导段构成的阶梯阻抗变换器而言，“$\lambda_g/4$ 效应”仍然存在，不过随着变换器的节数增多其影响将会随之减小，其带宽也随之加宽。对此，下面将进一步做较为详细地讨论。

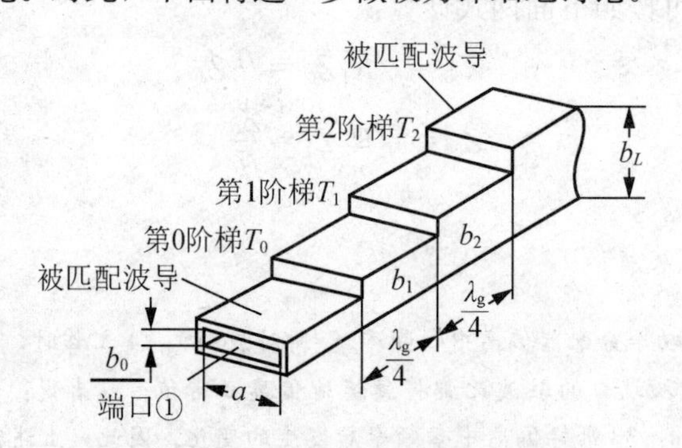

图 4-36　金属波导阶梯阻抗变换器

1. 最平通频带阶梯阻抗变换器

图 4-37 所示是一个 N 节阶梯阻抗变换器的传线等效电路，它共有$(N+1)$个不连续阶梯用以达到使负载阻抗 Z_l和输入端口特性阻抗 Z_0 匹配的目的。图中 Z_{01}，Z_{02}，…，Z_{0N} 是阻抗变换器各节的特性阻抗。对于 N 节阶梯阻抗变换器的带宽是可以控制的，可以设计成如图 4-38 所示的最平通频带特性。图 4-38 和图 4-26 中，θ 是电长度，在图 4-38 中 $\Delta\theta=\theta_{m2}-\theta_{m1}$ 是 N 节阻抗变换器的通频带，$|\Gamma_m|$是通频带内允许的最大反射系数。

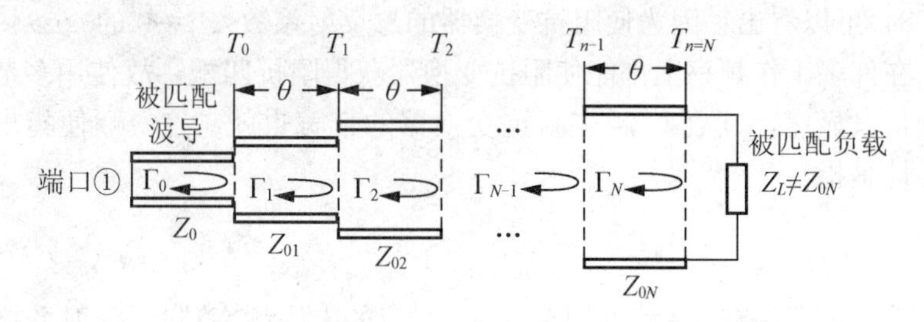

图 4-37 *N* 节阻抗变换器的传输线等效电路

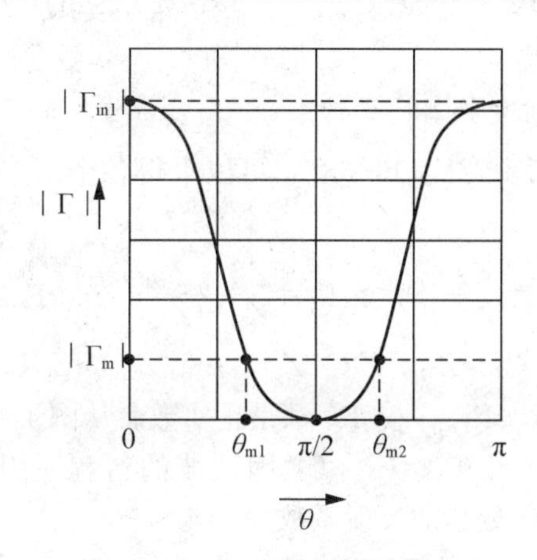

图 4-38 最平通带特性曲线

由图 4-38 所示的曲线看出：① 当阻抗变换器的每一节的长度 $d=\lambda_g/4$ 时 $\theta=\pi/2$，此时“端口①”处的总反射系数$|\Gamma|=0$ 为理想匹配状态；② 当阻抗变换器的每一节的长度 $d\neq\lambda_g/4$ 时 $\theta\neq\pi/2$，此时处的“端口①”处的总反射系数$|\Gamma|$随 θ 变化上升使匹配状态变坏；③ 在阻抗变换器的通频带 $\Delta\theta=\theta_{m2}-\theta_{m1}$ 范围内，“端口①”处的总处的反射系数最大允许值为$|\Gamma_m|$；④ 根据传输线的输入阻抗每隔 $\lambda/2$ 具有重复性的特点，故 $\theta=0$ 或 π 时，图 4-37“端口①“第 1 阶梯 T_0”处输入阻抗恒为 $Z_{in1}=Z_L$(负载阻抗)。因此，根据第 1 章式(1-33)可得图 4-37 中“端口①”处的反射系数为

$$|\Gamma|=|\Gamma_{in1}|=\left|\frac{Z_L-Z_0}{Z_L+Z_0}\right| \tag{4-80}$$

因而在图 4-38 所示的曲线上的 $\theta=0$ 或 π 点对应的反射系数为$|\Gamma_{in1}|$。

图 4-38 所示的最平通频带特性可以用以下函数描述，即

$$\Gamma=B\,(1+e^{-j2\theta})^N \tag{4-81}$$

式中：N 是阶梯阻抗变换器的节数；B 是常数。如果令该式中的 $\theta=0$ 或 π 可得

$$\Gamma_{in1}=B2^N \tag{4-82}$$

比较式(4-80)和式(4-82)，可得

$$B=2^{-N}\frac{Z_L-Z_0}{Z_L+Z_0} \tag{4-83}$$

将式(4-83)代回式(4-81)，可得 N 节阻抗变换器最平通频带特性表达式为

$$\Gamma=2^{-N}\frac{Z_L-Z_0}{Z_L+Z_0}(1+e^{-j2\theta})^N=\frac{Z_L-Z_0}{Z_L+Z_0}\cos^N\theta \tag{4-84}$$

由式(4－84)可以看出：因为使阻抗变换器的总反射系数$|\Gamma|=0$的$\cos\theta$函数有许多解答；即是说：在许多工作频率上都能使阻抗变换器获得阻抗匹配，故使用多节阻抗变换器可以得到宽频带。显然，节数N越多阻抗变换器的带宽也就越宽。顺便指出：所谓最大平坦通频带特性是指

$$\left.\frac{\mathrm{d}^n|\Gamma|}{\mathrm{d}\theta^n}\right|_{\theta=\frac{\pi}{2}}=0 \tag{4-85}$$

的这样一种特性；或者说在$\theta=\pi/2$(即与$\lambda_{g0}/4$对应的中心频率)附近反射系数Γ曲线最平坦。因为将式(4－84)代入式(4－85)微分$(N-1)$次是成立的，故式(4－84)描述的是N节阻抗变换器最平通频带特性。

2. 最平通频带阶梯阻抗变换器的设计

参见图4－37并根据第1章式(1－33)，可以求得各个不连续阶梯T_0，T_1，T_2，…，T_N，处的反射系数分别为

$$\Gamma_0=\frac{Z_{01}-Z_0}{Z_{01}+Z_0}，\Gamma_1=\frac{Z_{02}-Z_{01}}{Z_{02}+Z_{01}}，\Gamma_2=\frac{Z_{03}-Z_{02}}{Z_{03}+Z_{03}}，\cdots，\Gamma_{n=N}=\frac{Z_{0N}-Z_{0(N-1)}}{Z_{0N}+Z_{0(N-1)}} \tag{4-86}$$

如果上式中$Z_{01}>Z_0$、$Z_{02}>Z_{01}$、$Z_{03}>Z_{02}$、…、$Z_{0N}>Z_{0(N-1)}$和$Z_L>Z_{0N}$(通常都是这种情况)，则数Γ_0、Γ_1、Γ_2、Γ_3、…、Γ_N都是正实数。从图4－37被测传输线输入端口处观察：反射系数Γ_0、Γ_1、Γ_2、Γ_3、…、Γ_N因"波的行程"引起的相位分别为2θ、4θ、6θ、…、$2n\theta$，故"端口①"处总的反射系数为

$$\Gamma=\Gamma_0+\Gamma_1\mathrm{e}^{-\mathrm{j}2\theta}+\Gamma_2\mathrm{e}^{-\mathrm{j}4\theta}+\cdots+\Gamma_N\mathrm{e}^{-\mathrm{j}2n\theta} \tag{4-87}$$

为了将阻抗变换器的通频带设计成具有最平通频带特性，必须令式(4－87)等于式(4－84)，即式(4－85)必须符合最平通频带特性的要求。为此，须将式(4－84)用牛顿二项式公式展开成以下形式：

$$\Gamma=2^{-N}\frac{Z_L-Z_0}{Z_L+Z_0}(1+\mathrm{e}^{-\mathrm{j}2\theta})^N=2^{-N}\frac{Z_L-Z_0}{Z_L+Z_0}\sum_{n=0}^{N}C_N^n\mathrm{e}^{-\mathrm{j}2n\theta} \tag{4-88}$$

式中：C_N^n表示N个元素取n个元素的组合，可表示为

$$C_N^n=\frac{N(N-1)(N-2)\cdots[N-(n-1)]}{n!}=\frac{N!}{(N-n)!\ n!}$$

根据式(4－88)可得

$$\begin{aligned}\Gamma&=B(C_N^0+C_N^1\mathrm{e}^{-\mathrm{j}2\theta}+C_N^2\mathrm{e}^{-\mathrm{j}4\theta}+\cdots+C_N^{n-1}\mathrm{e}^{-\mathrm{j}2(n-1)\theta}+C_N^n\mathrm{e}^{-\mathrm{j}2n\theta})\\&=\Gamma_0+\Gamma_1\mathrm{e}^{-\mathrm{j}2\theta}+\Gamma_2\mathrm{e}^{-\mathrm{j}4\theta}+\cdots+\Gamma_{N-1}\mathrm{e}^{-\mathrm{j}2(n-1)\theta}+\Gamma_N\mathrm{e}^{-\mathrm{j}2n\theta}\end{aligned}$$

式中：B用式(4－83)计算；$C_N^0=1$。

显然，如果令式(4－85)和式(4－88)中相对应的各项相等，就可以将图4－37所示的N节阻抗变换器(等效电路)的幅频特性设计成最大平坦特性，即令

$$|\Gamma_n|=2^{-N}\frac{Z_L-Z_0}{Z_L+Z_0}C_N^n \tag{4-89}$$

根据组合的性质$C_N^n=C_N^{N-n}$，可以获得以下关系：

$$|\Gamma_{N-n}|=|\Gamma_n|=2^{-N}\frac{Z_L-Z_0}{Z_L+Z_0}C_N^n \tag{4-90}$$

式(4－90)是设计最平通频带阶梯阻抗变换器的主要依据，阶梯阻抗变换器设计原则

上可以按以下步骤进行：① 根据式(4-90)在已知的主传输线特性阻抗 Z_0 和负载阻抗 Z_L 的情况下，如果阻抗变换器的节数 N 给定，就可以计算出每一节的反射系数 Γ_0、Γ_1、Γ_2、…、Γ_N；② 再根据 Γ_0、Γ_1、Γ_2、…、Γ_N 和式(4-86)计算出各节的特性阻抗 Z_{01}、Z_{02}、Z_{03}、…、Z_{0N}；③ 最后根据特性阻抗 Z_{01}、Z_{02}、Z_{03}、…、Z_{0N}，就可以设计出各节传输线的几何尺寸。如果阶梯阻抗变换器用双线传输线实现，几何尺寸可以引用第 1 章的相关公式计算；如果阶梯阻抗变换器用金属波导实现，几何尺寸可引用第 2 章中的相关公式计算；如果阶梯阻抗变换器使用带状线或微带线实现，几何尺寸可以引用第 3 章的相关公式计算。

为了简化计算还可以对式(4-90)进一步做以下简化处理：利用级数

$$\ln x=2\left[\frac{x-1}{x+1}+\frac{1}{3}\left(\frac{x-1}{x+1}\right)^3+\frac{1}{5}\left(\frac{x-1}{x+1}\right)^5+\cdots\right]$$

令

$$x=\frac{Z_L}{Z_0}$$

可得

$$\begin{aligned}\ln\frac{Z_L}{Z_0}&=2\left[\frac{Z_L-Z_0}{Z_L+Z_0}+\frac{1}{3}\left(\frac{Z_L-Z_0}{Z_L+Z_0}\right)^3+\frac{1}{5}\left(\frac{Z_L-Z_0}{Z_L+Z_0}\right)^5\right.\\&\approx 2\,\frac{Z_L-Z_0}{Z_L+Z_0}\text{(忽略了高次项)}\end{aligned}\tag{4-91}$$

同理，对于阶梯阻抗变换器任意两节特性阻抗之间可得建立以下关系：

$$\ln\frac{Z_{0(n+1)}}{Z_{0n}}\approx 2\,\frac{Z_{0(n+1)}-Z_{0n}}{Z_{0(n+1)}+Z_{0n}}=2|\Gamma_n|\tag{4-92}$$

再将式(4-89)和式(4-90)代入式(4-88)，可得以下简单设计公式：

$$\ln\frac{Z_{0(n+1)}}{Z_{0n}}=2^{-N}C_N^n\ln\frac{Z_L}{Z_0}\tag{4-93}$$

因此，从式(4-93)出发，绕开上面①和②两个步骤直接进入上面第③步就可以实现最平通频带阶梯阻抗变换器的计算设计。

3. 阶梯阻抗变换器的频带宽度

为了求如图 4-37 所示 N 节阶梯阻抗变换器的最平通频带宽度 $\Delta\theta=\theta_{m2}-\theta_{m1}$，可以通过求反射系数表达式式(4-84)的模值确定：

$$|\Gamma|=\left|\frac{Z_l-Z_0}{Z_l+Z_0}\cos^N\theta\right|\tag{4-94a}$$

再将式(4-91)代入式(4-94a)，可得

$$|\Gamma|\approx\frac{1}{2}\left|\ln\frac{Z_L}{Z_0}\cos^N\theta\right|\tag{4-94b}$$

或得最平通频带内的最大反射系数 $|\Gamma_m|$ 所对应的 θ_m，即

$$\theta_m=\arccos\left|\frac{2\Gamma_m}{\ln Z_L/Z_0}\right|^{\frac{1}{N}}\tag{4-94c}$$

根据式(4-94c)和图 4-36，可以确定 N 节阶梯阻抗变换器的相对带宽为

$$W_{\mathrm{m}}=\frac{\Delta\theta}{\theta_0}=\frac{\theta_{\mathrm{m2}}-\theta_{\mathrm{m1}}}{\pi/2}=2-\frac{4}{\pi}\arccos\left|\frac{2\Gamma_m}{\ln(Z_L/Z_0)}\right| \tag{4-95}$$

可见：只要给定可以允许的最大反射系$|\Gamma_{\mathrm{m}}|$数、再给定节数 N 和待匹配传输线的特性阻抗 Z_0 以及待匹配的负载 Z_L，就可以根据式(4-95)计算出 N 节阶梯阻抗变换器的相对带宽 W_{m} 值。

【例 4-9】设计一个如图 4-39 所示的两节($N=2$)$\lambda_{\mathrm{g}}/4$ 阻抗变换段空气填充金属波导阶梯阻抗变换器，要求变换器设计成的最大平坦型。

给定条件：① 被匹配波导等效特性阻抗 $Z_{0\mathrm{e}0}$ 和被匹配负载波导等效特性阻抗 $Z_{0\mathrm{eL}}$；

② 被匹配波导的窄边尺寸 b_0 和被匹配负载波导的窄边尺寸 b_L。

设计任务：① 计算两节波导变换段的等效特性阻抗 $Z_{0\mathrm{e}1}$ 和 $Z_{0\mathrm{e}2}$；

② 计算两节波导变换段窄边尺寸 b_1 和 b_2；

解：(1) 计算两节波导变换段的等效特性阻抗 $Z_{0\mathrm{e}1}$ 和 $Z_{0\mathrm{e}2}$。

先计算 $N=2$ 节中在 3 个不连续阶梯 T_0、T_1 和 T_3 处，取 $n=0$、$n=1$ 和 $n=2$ 个元素的组合 C_N^n：当 $n=0$ 和 2 时，$C_N^n=C_2^0=C_2^2=1$；当 $n=1$ 时，$C_N^n=C_2^1=2$；

参见图 4-39 中标注的等效特性阻抗，将上述值代入式(4-93)得

$$\ln\frac{Z_{0\mathrm{e}1}}{Z_{0\mathrm{e}0}}=\frac{1}{4}\ln\frac{Z_{0\mathrm{eL}}}{Z_{0\mathrm{e}0}} \quad 和 \quad \ln\frac{Z_{0\mathrm{e}2}}{Z_{0\mathrm{e}1}}=\frac{1}{2}\ln\frac{Z_{0\mathrm{eL}}}{Z_{0\mathrm{e}0}}$$

因此可得

$$Z_{0\mathrm{e}1}=Z_{0\mathrm{eL}}^{1/4}Z_{0\mathrm{e}0}^{3/4} \quad 和 \quad Z_{0\mathrm{e}2}=Z_{0\mathrm{eL}}^{3/4}Z_{0\mathrm{e}0}^{1/4} \tag{4-96}$$

(2) 计算两节波导变换段窄边尺寸 b_1 和 b_2。

根据式(4-96)和式(2-70)可得

$$b_1=b_L^{1/4}b_0^{3/4} \quad 和 \quad b_2=b_L^{3/4}b_0^{1/4} \tag{4-97}$$

应该指出以下几点：① 由式(4-95)和式(2-58)可见：只要再进一步给定图 4-39 所示阻抗变换器的工作波长 λ 和被匹配波导的具体尺寸 a(波导宽边)、b_0 和 b_L(波导窄边)，就可以计算出该阻抗变换器的全部尺寸。②根据阻抗变换器的全部尺寸，就可以做结构设计(绘制加工图)。③完整合理的设计还应根据式(4-95)，在要求指定的$|\Gamma_{\mathrm{m}}|$条件下计算出变换器的相对带宽 W_{m}。

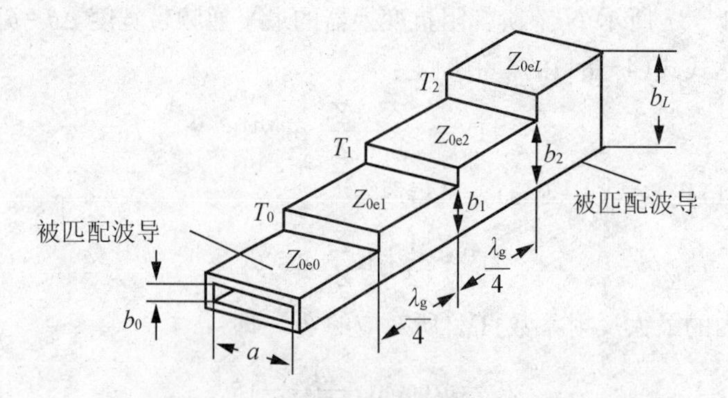

图 4-39 两节金属波导阶梯阻抗变换器

4.6.2　指数渐变线抗变换器

渐变线阻抗变换器是对 N 节阶梯阻抗变换器的一种改进，图 4-40 所示是渐变线阻抗变换器的等效电路。由该图看出：渐变线阻抗变换器改变了阶梯阻抗变换器的特性阻抗由 Z_0 跳变到 Z_{01}、Z_{02}、Z_{03}、…、Z_{0N} 的性质，将其改变成为特性阻抗作微小阶梯渐变式变化的性质，其特性阻抗从 $z=0$ 处的 Z_0 阶梯渐变到 $z=L$ 处的 Z_L，逼近渐变线的连续渐变特性阻抗。只要渐变线阻抗变换器的长度远远大于其工作波长(即 $L\gg\lambda$)，上述“逼近处理法”是非常有效的而且被匹配传输线输入端的反射系数就可以做到很小很小。

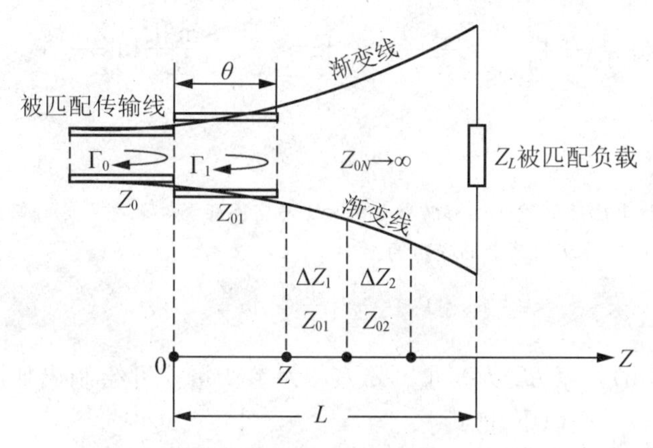

图 4-40　渐变线阻抗变换器的传输线等效电路

取图 4-39 所示渐变线阻抗变换器上的连续两个微小增量段 Δz_1 和 Δz_2 来观察，并根据第 1 章式(1-33)的表达方式表达，显然在 z 处的反射系数的增量可以表示为

$$\Delta\Gamma_n=\frac{[Z_{02}(z)+\Delta Z_{02}(z)]-Z_{01}(z)}{[Z_{02}(z)+\Delta Z_{02}(z)]+Z_{01}(z)}\approx\frac{\Delta Z_{02}(z)}{2Z_{02}(z)}\approx\frac{\Delta\tilde{Z}_{0n}(z)}{2\tilde{Z}_{0n}(z)} \tag{4-98a}$$

式中：

$$\Delta\tilde{Z}_{0n}(z)=\frac{\Delta Z_{0n}(z)}{Z_0}\quad 和\quad \tilde{Z}_{0n}(z)=\frac{Z_{0n}(z)}{Z_0} \tag{4-98b}$$

令增量段 $\Delta z_n=\Delta z_1=\Delta z_2$，并对式(4-98a)求极限得

$$\lim_{\Delta z\to 0}\Delta\Gamma_n\approx\lim_{\Delta z\to 0}\frac{\Delta\tilde{Z}_{0n}(z)}{2\tilde{Z}_{0n}(z)}$$

再利用$(\mathrm{d}\ln x/\mathrm{d}x)=1/x$ 可得

$$\mathrm{d}\Gamma_n=\frac{\mathrm{d}\tilde{Z}_{0\mathrm{n}}(z)}{2\tilde{Z}_{0\mathrm{n}}(z)}=\frac{1}{2}\mathrm{d}\ln\tilde{Z}_{0\mathrm{n}}(z)=\frac{\mathrm{d}\ln\tilde{Z}_{0\mathrm{n}}(z)}{\mathrm{d}z}\mathrm{d}z \tag{4-99}$$

式(4-99)表示渐变线阻抗变换器上任意一个微小增量段 dz 输入端口处的反射系数；如果从 $z=0$ 到 $z=L$ 线段，将一个一个地微小增量段 dz 的反射系数加起来，就可以得到渐变线阻抗变换器输入端口处的总反射系数：

$$\Gamma_{\mathrm{in}}=\frac{1}{2}\int_0^L\frac{\mathrm{d}\ln\tilde{Z}_{0\mathrm{n}}(z)}{\mathrm{d}z}\mathrm{e}^{-\mathrm{j}2\beta z}\,\mathrm{d}z \tag{4-100}$$

式中：$e^{-j2\beta z}$为微小增量段 dz 上相移因子。

对于指数型渐变线而言，沿线的特性阻抗按照以下指数规律增加：

$$Z_{0n}(z)=Z_0 e^{\alpha z}\quad 0<z<L \tag{4-101}$$

而在 $z=0$ 处 $Z_{0n}(0)=Z_0$，在 $z=L$ 处 $Z_{0n}(L)=Z_L=Z_0 e^{\alpha L}$，由此可得：

$$\alpha=\frac{1}{L}\ln\frac{Z_L}{Z_0} \tag{4-102}$$

将式(4-101)和式(4-102)代入式(4-100)，可得渐变线阻抗变换器输入端口处的总反射系数的具体表达式：

$$\Gamma_{in}=\frac{1}{2}\int_0^L \frac{d\ln\widetilde{Z}_{0n}(z)}{dz}e^{-j2\beta z}dz=\frac{1}{2}\left|\frac{\sin\beta L}{\beta L}\ln\frac{Z_L}{Z_0}\right|e^{-j\beta L} \tag{4-103a}$$

注 意

在推导上式时实际上已经假设了相移常数 $\beta=2\pi/\lambda$ 与空间距离 z 无关，这种假设只适用于 TEM 波传输线。式(4-103a)可以求得反射系数的模值为

$$|\Gamma_{in}|=\frac{1}{2}\left|\frac{\sin\beta L}{\beta L}\right|\ln\frac{Z_L}{Z_0} \tag{4-103b}$$

使用式(4-103b)，以 βL 为变量、Z_L/Z_0 为参变量，可绘制出如图 4-41 所示的曲线。从该组曲线可以看出以下几点。

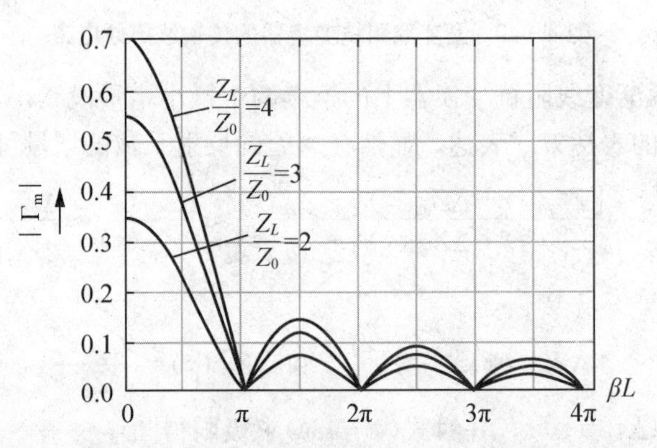

图 4-41　反射系数幅度与 βL 的关系曲线

(1) Z_L/Z_0 比值越大(即被匹配的负载 Z_L 与被匹配传输线的特性阻抗 Z_0 的差距越大)，反射系数$|\Gamma_{in}|$也就越大。说明使用渐变线阻抗变换器要获得理想的匹配状况，Z_L/Z_0 比值应该小一些。

(2) 对一定长度 L 的渐变线阻抗变换器而言，其工作频率 f 越高(即工作波长 λ 越短)，βL 就越大；随着 βL 增大，$|\Gamma_{in}|$将非单调下降。当工作频率 f 无限增高，$\beta L\to\infty$将使$|\Gamma_{in}|\to 0$。这说明：渐变线阻抗变换器上限工作频率 f_{max}无限制，而可以按照要求任意确定，其工作频带仅取决于$|\Gamma_{in}|$所能允许下限频率 f_{min}。

(3) 因为在 $\beta L<\pi$ 的区域内，随着 βL 增加$|\Gamma_{in}|$单调下降。此时对于一定工作波长 λ_0(或频率 f_0)的渐变线阻抗变换器而言，在几何装配空间允许的条件下 L 取长一点、匹配

状态也可以更好一点；为了使被匹配的负载阻抗 Z_L 和被匹配传输线的特性阻抗 Z_0 获得良好的匹配，插入两者之间的渐变线阻抗变换器的设计长度 L 应该大于 $\lambda_0/2$(即 $L>\lambda_0/2$)。

一般而言：在给定阻抗变换比 $R=Z_L/Z_0$ 和终端反射系数 $|\Gamma_L|$ 的条件下，指数渐变线阻抗变换器的最短设计长度可以用下式据计算：

$$L_{\min}=\frac{1}{4\beta|\Gamma_L|}\left|\ln\frac{Z_L}{Z_0}\right|=\frac{1}{4\beta|\Gamma_L|}|\ln R| \tag{4-104}$$

如果阻抗变换比 $R=Z_L/Z_0$ 不大，可以将指数渐变线用直线代替，这样处理将使机加工容易得多。

4.6.3　切比雪夫阻抗变换器简介

1. 切比雪夫阶梯阻抗变换器

阶梯阻抗变换器除了可以设计成如图 4-38 所示的最平通带特性以外，还可以设计成如图 4-42 所的示切比雪夫频带特性。切比雪夫频带特性有以下一些特点。

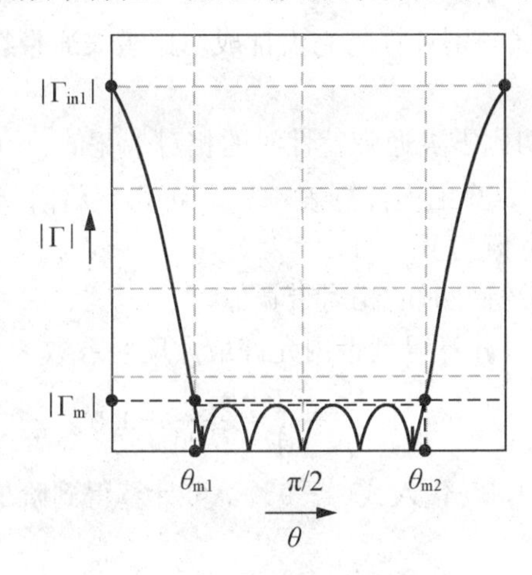

图 4-42　切比雪夫频带特性

(1) 反射系数 $|\Gamma|$ 随 θ 变化不平坦而呈现等波纹起伏，这种等波纹起伏服从切比雪夫多项式(将在第 6 章中，结合切比雪夫低通滤波器的频响特性做简单介绍)。

(2) 设计切比雪夫阶梯阻抗变换器时，可以使通频带内某些频率所对应的反射系数为零，阶梯阻抗变换器的节数 N 就是“零”的个数(见第 6 章)。例如，图 4-42 有 5 个零点，表明它所对应的阶梯阻抗变换器具有 $N=5$ 节。

(3) 切比雪夫阶梯阻抗变换器的带宽，要比最平通频带阶梯阻抗变换器的带宽宽得多。切比雪夫阶梯阻抗变换器的相对带宽可按下式计算，即

$$W_c=2-\frac{4}{\pi}\theta_{m1}=2\left(1-\frac{\lambda_{g0}}{\lambda_{g1}}\right) \tag{4-105}$$

式中：λ_{g0} 和 λ_{g1} 分别为切比雪夫阶梯阻抗变换器中心工作频率 f_0 和下限工作频率 f_1 所对应的波导波长。

切比雪夫阶梯阻抗变换器的相对带宽 W_c，取决变换器的节数 N、阻抗变换比 $R=Z_L/Z_0$ 和带内允许最大驻波比 ρ_m(即 $|\Gamma_m|$)值。作为举例，表 4-2 给出了 3 节($N=3$)$\lambda_g/4$ 切

比雪夫阶梯阻抗变换器的 W_c、$R=Z_L/Z_0$ 和 ρ_m 三者之间关系的部分工程计算表。

表 4－2　3 节($N=3$)$\lambda_g/4$ 切比雪夫阶梯阻抗变换器参数关系

阻抗比 $R=\frac{Z_L}{Z_0}$	相对带宽值 W_C					
	0.2	0.4	0.5	0.8	1.0	1.2
	驻波比 ρ_m					
1.25	1.00	1.00	1.01	1.02	1.03	1.06
1.50	1.00	1.00	1.01	1.03	1.06	1.11
⋮	⋮	⋮	⋮	⋮	⋮	⋮
15.00	1.00	1.03	1.11	1.28	1.66	2.48
⋮	⋮	⋮	⋮	⋮	⋮	⋮

【例 4－10】 有一个三节($N=3$)$\lambda_g/4$ 阶梯阻抗变换器的阻抗变换比 $R=1.25$、带内允许最大驻波比 $\rho_m=1.06$；试分别计算将它设计成切比雪夫通带特性和最平通带特性时的带宽值，并加以比较。

解：(1) 计算设计成切比雪夫通带特性时的相对带宽值。

根据 $R=1.25$ 和 $\rho_m=1.06$ 工程计算表 4－2，可得：将阶梯阻抗变换器，设计成切比雪夫通带特性时的相对带宽值为 $W_c=1.2$。

(2) 计算设计最平通带特性时的相对带宽值。

根据第 1 章式(1－56)，计算得到带内允许最大反射系数为

$$|\Gamma_m|=\frac{\rho_m-1}{\rho_m+1}=\frac{0.06}{2.06}\approx 0.03$$

将该值和 $R=Z_L/Z_0=1.25$ 代入式(4－95)，可计算得到阶梯阻抗变换器设计最平通带特性时的相对带宽值为

$$W_m=2-\frac{4}{\pi}\arccos\left|\frac{2\times 0.03}{\ln 1.25}\right|=\frac{4}{\pi}\times 0.41\pi=0.35$$

可见：在相同技术条件下，切比雪夫阶梯阻抗变换器的带宽 $W_c=1.2$，要比最平通频带阶梯阻抗变换器的带宽宽得多，就该题而论要宽出 3.4 倍。

2. 切比雪夫渐变线阻抗变换器

如果保持切比雪夫阶梯阻抗变换器的长度不变，而让变换器的节数 $N\to\infty$；此时，切比雪夫阶梯阻抗变换器就演变成了切比雪夫渐变线阻抗变换器。此时因为 $N\to\infty$，故切比雪夫渐变线阻抗变换器通频带内的“零”点也有无穷个而且等波纹起伏很小。因此，切比雪夫渐变线阻抗变换器具有图 4－43 所示的频带特性。在给定渐变线长度 L 的情况下，切比雪夫渐变线在带内反射系数幅值$|\Gamma_m|$(等波纹幅值)相对其他渐变线而言是最小的。或者说：如果给定渐变线的长 L 时，切比雪夫渐变线带内匹配状况最好；在任意给定带内反射系数幅值$|\Gamma_m|$的情况下，切比雪夫渐变线的设计长度 L 最短。即是说，切比雪夫渐变线是最优的；也有人认为 Klopfenstein 渐变线是最优的(两者具有近似相同的数学描述)。

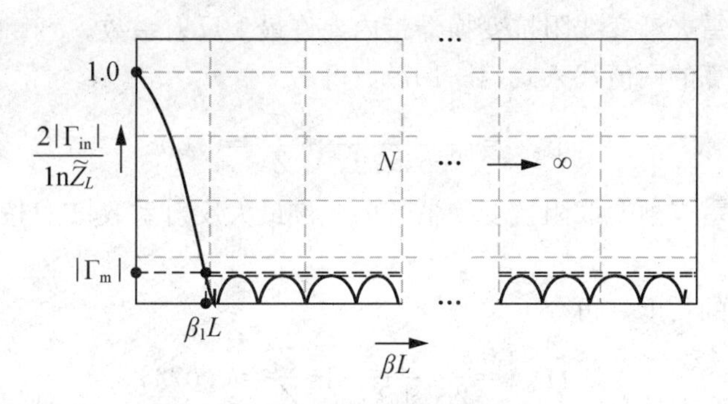

图 4-43　切比雪夫渐变线频带特性

图 4-43 所示的切比雪夫渐变线阻抗变换器频带特性，可用下式描述：

$$|\Gamma_{in}|=|\frac{\cos\sqrt{(\beta L)^2-(\beta_1 L)^2}}{2\cosh\beta_1 L}|\ln\frac{Z_L}{Z_0} \tag{4-106a}$$

或

$$\frac{2|\Gamma_{in}|}{\ln\widetilde{Z}_L}=\frac{|\cos\sqrt{(\beta L)^2-(\beta_1 L)^2}|}{\cosh\beta_1 L} \tag{4-106b}$$

式中：$|\Gamma_{in}|$为变线阻抗变换器输入端反射系数幅度值；β_1 为通带下限工作频率 f_1 所对应的相移常数。

由式(4-106b)看出：当相移常数 $\beta=0$ 时，考虑到$\cosh x=\cos jx$ 的关系，可得该式的右边等于 1；当 β 从零开始向 β_1 变化时，反射系数曲线单调下降；当变化到 $\beta=\beta_1$ 时，反射系数曲线单调下降到通带下限工作频率 f_1 所对应的值：

$$|\Gamma_m|=\frac{1}{|2\cosh\beta_1 L|}\ln\frac{Z_L}{Z_0} \tag{4-107}$$

式(4-107)表明：当通带下限工作频率 f_1、被匹配负载阻抗 Z_L、被匹配传输线的特性阻抗 Z_0 和带内允许最大反射系数$|\Gamma_m|$(指标要求)均给定时，则可以计算切比雪夫渐变线阻抗变换器的设计长度 L_{min}；如果 f_1、Z_L、Z_0 和 L_{min} 均给定，则可以验证计算$|\Gamma_m|$。

【例 4-15】特性阻抗 $Z_0=50\Omega$ 的传输线要求接入 $Z_L=100\Omega$ 的负载阻抗，为使两者匹配已在两者之间插入了一个长度为 $L=3\lambda_1/4$ 的渐变线阻抗变换器；试问：① 如果渐变线阻抗变换器是指数线型的，其$|\Gamma_m|$为多少?；② 如果渐变线阻抗变换器是切比雪夫型的，其$|\Gamma_m|$为多少?；③ 如果切比雪夫渐变线阻抗变换器带内允许最大反射系数$|\Gamma_m|$按照指数线阻抗变换器的要求计算，其长度 L_1 为多少?

解：(1) 计算指数线渐变线阻抗变换器带内允许最大反射系数。

$$\ln\frac{Z_L}{Z_0}=\ln\frac{100}{50}=0.693$$

$$\beta_1 L=\frac{2\pi}{\lambda_1}\times\frac{3}{4}\lambda_1=\frac{3}{2}\pi$$

将以上两值代入式(4-103b)得

$$|\Gamma_m|=\frac{1}{2}|\frac{\sin\beta_1 L}{\beta_1 L}\ln\frac{Z_L}{Z_0}|=0.073$$

(2) 计算切比雪夫渐变线阻抗变换器带内允许最大反射系数。

将以上初次计算的两值代入式(4-107)，得

$$|\Gamma_{\mathrm{m}}|=\frac{1}{|2\cosh\beta_1 L|}\ln\frac{Z_L}{Z_0}=0.006$$

(3) 计算切比雪夫渐变线阻抗变换器带内允许最大反射系数$|\Gamma_m|$按照指数线阻抗变换器要求时的长度。

为了计算要求的长度，可令

$$|\Gamma_{\mathrm{m}}|=\frac{1}{2\cosh\beta_1 L_1}\ln\frac{Z_L}{Z_0}=0.073$$

由此可得：$L_{\min}=L_1=(0.44\pi/\beta_1)<L=1.5\pi/\beta_1$(本题给定的长度)。

前两项计算表明：在相同渐变线长度情况下，切比雪夫渐变线明显优于指数线渐变线(因为要获得题中传输线与负载的匹配，前者带内反射要小得多，即匹配性能要好得多)；后两项计算比较表明：在(任意)给定带内反射系数幅值$|\Gamma_{\mathrm{m}}|$的情况下，切比雪夫渐变线的设计长度L_1最短。

4.6.4 螺钉(调整)匹配器

1. 泛谈螺钉匹配器

在图4-1所示的微波平衡混频器中的两只混频二极管和魔T之间使用了两个三螺钉匹配器，以获得混频二极管和魔T之间的阻抗匹配。图4-44所示就是图4-1中的三螺钉匹配器结构图，螺钉通常装置在波导宽壁的中心线上。因为图中使用了3个调匹配螺钉，故称之为“三螺钉匹配器”。螺钉匹配器常见于矩形波导和同轴线微波电路系统中，通常的有一(单)螺钉、两螺钉、三螺钉和四螺钉匹配器等。所谓螺钉匹配器，就是第1章1.4.3中所介绍的“短路线分支阻抗匹配器”的微波波段(分米波、厘米波和毫米波)的结构形式。例如，第1章1.4.3中图1-29A短路分支线阻抗匹配器的微波段的结构形式就是“单螺钉匹配器”；如果是双短路分支线阻抗匹配器，其微波段的结构形式就是“双螺钉匹配器”。在图4-43中给出了单螺钉匹配器和双螺钉匹配器的结构示意，螺钉匹配器中一个螺钉就相当于一个短路分支线；显然，图4-42所示的3个螺钉应该等效3个短路分支线。

在短波中使用的短路分支线阻抗匹配器，是依靠调整短路分支线的长短以调整接入主传输线的电感或电容来完成匹配的(参见 例1-12)；而对于基本原理与短路分支线阻抗匹配器完全相同的螺钉匹配器，则是依靠调整螺钉深入波导中的深浅获得不同性质的电抗元件的。在图4-44中给出了调整螺钉可能出现的3种位置所获得的3种不同性质的电抗元件，此处的螺钉在微波元件中称之为“销钉”；在微波元件中除了“销钉”以外还有所谓“膜片”等，所谓膜片是放置在金属波导中的金属片。图4-44中给出了对称电容膜片和对称电感膜片的基本形式，它们也可以是不对称的。在波导匹配器中由于螺钉调整方便，故通常螺钉匹配器。

通常所谓“电容器”和“电感器”，从本质上说都是储能元件。如果某种元件能够将电场集中起来对电能进行储存，它就是电容器；如果某种元件能够将磁场集中起来对磁能

进行储存，它就是电感器。根据上述原则在低频电路中认识“电容器”和“电感器”是非常直观的(两块金属平板之间可以集中电场储存电能，它就是电容器；一条金属导线绕制成的线圈可以集中磁场储存磁能，它就是电感器)；在微波电路中认识“电容器”和“电感器”就没有那么直观了。

沿引电路的观点观察图 4－44 中可调螺钉 3 种位置所形成的 3 种不同性质的元件，可以做以下简单解释。正常应用情况下矩形金属波导中传输的是 TE_{10} 波，此时波导中的电流分布如第 2 章中的图 2－10 所示。根据电流连续定理和图 2－10 可以想象，在插入波导中螺钉是有电流流过的。流经螺钉上的电流由传导电流和螺钉顶端的位移电流(螺钉顶端和波导内壁之间的电场形成)组成。螺钉上的传导电流集中磁场，故表现为电感性；顶端的位移电流等同于集中电场，故表现为电容性。在图 4－44 中的第③种螺钉位置螺钉上的传导电流等于顶端的位移电流，故螺钉呈现一个“串联谐振电路”；而螺钉处在第①和②位置所呈现元件性质就容易理解了：螺钉插入波导深，其上传导电流强，螺钉表现为电感性；螺钉插入波导浅，其上位移电流强，螺钉表现为电容性。一般而论：传输 TE_{10} 波的金属波导中不管是销钉或是膜片，它们都将引起波导中的边界条件的不连续性，而这种不连续的边界条件需要各种高次模电磁场与 TE_{10} 模电磁场叠加才能使不连续的边界条件得以满足；换言之，销钉或是膜片的周围总是束缚了许多不能传输的高次模的。如果销钉或是膜片在其周围束缚高次模的电场分量强，就呈现电容性；反之，则呈现电感性。销钉或是膜片所提供的电纳(电容和电感)值有近似公式和工程曲线计算(一般误差在 5 %～10% 左右)，限于本书定位对此不做进一步介绍。

作为螺钉匹配器中的销钉所提供的电纳值及其插入的深度尺寸，通常是依靠实验调整确定；为了防止波导被电击穿，一般只允许调整成电容性(即调整到图 4－44 中的位置①)。

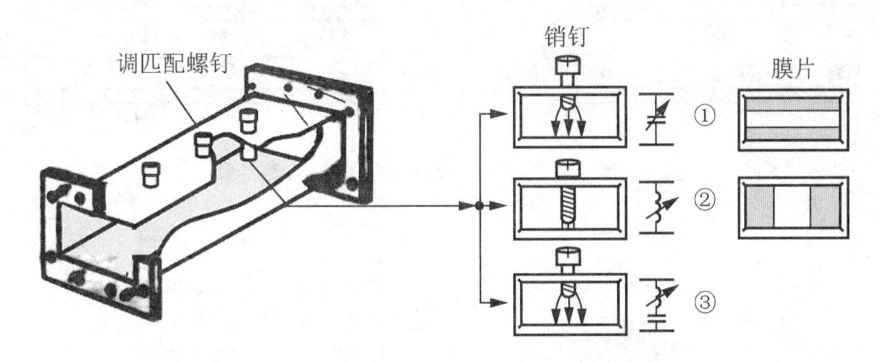

调整“调匹配螺钉”可能出现的3种位置，将获得3种不同性质的微波元件：
位置①-螺钉上的传导电流小于顶端的位移电流，螺钉呈现电容性质
位置②-螺钉上的传导电流大于顶端的位移电流，螺钉呈现电容性质
位置③-螺钉上的传导电流等于顶端的位移电流，螺钉呈现电容性质

图 4－44　三螺钉匹配器

2. 怎样调整螺钉匹配器

实际中，对于一名技术人员来说如何理性地(不是盲目地)调整螺钉匹配器是最重要的。

对于图4-45中的单螺钉匹配器怎样调整才能获得匹配？请读者复习第1章中的例1-12中的导纳圆图的操作。为了讨论简便起见，可对例1-12操作所得的数据结果绘制成图4-44所示的导纳圆图解说。由图4-46看出：根据例1-12的题意和在导纳圆图上操作的结果表明(注意圆图上的B点)，应在传输线上距离负载终端电长度为0.435处并入一个电容才能获得匹配。如果使用图中单螺钉匹配器实现例1-12的要求，显然单螺钉距离负载端的位置d的电长度应该等于0.435(即$d=0.435$)，而螺钉调整的深度应该提供一个电纳为“$+\mathrm{j}B_{\mathrm{inB}}$”电容才能获得匹配。一般理论而言：对于单螺钉匹配器只需反复调整螺钉的纵向位置d和螺钉电容深度，总是可以找到匹配点的。但实际问题远不止这样简单，往往匹配点很敏感，调整位置稍有变动就又失去指标要求的匹配。究其原因，以例1-12为例是因为导纳圆图上的B点(或C点)只有落在$\widetilde{G}_{\mathrm{in}}=1$的右(或左)半圆上(依靠调整纵向位置$d$)才有可能获得良好匹配的缘故；如果纵向位置$d$稍有变动使$B$点(或$C$点)偏离$\widetilde{G}_{\mathrm{in}}=1$的圆太远而掉落到圆图中某一点时，将难于获得指标要求的匹配(暂不考虑频率变化引起波长变化的因素)。

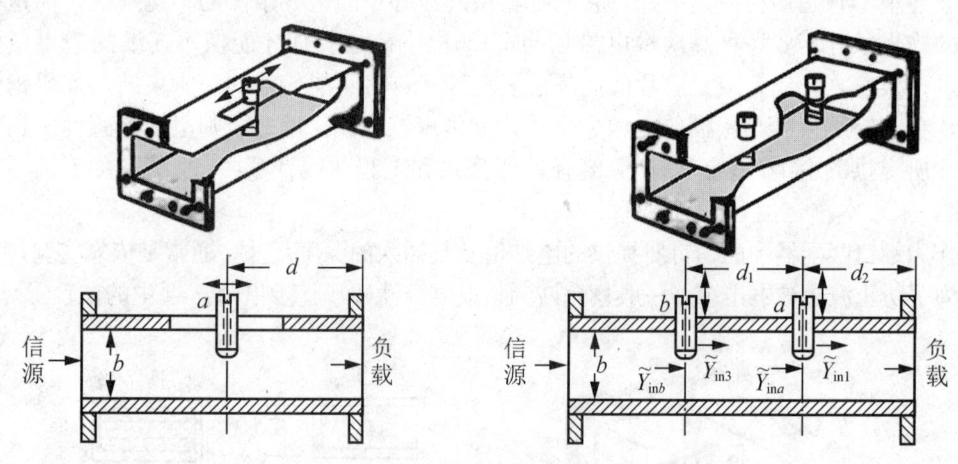

图4-45 单螺钉和双螺钉匹配器结构示意图

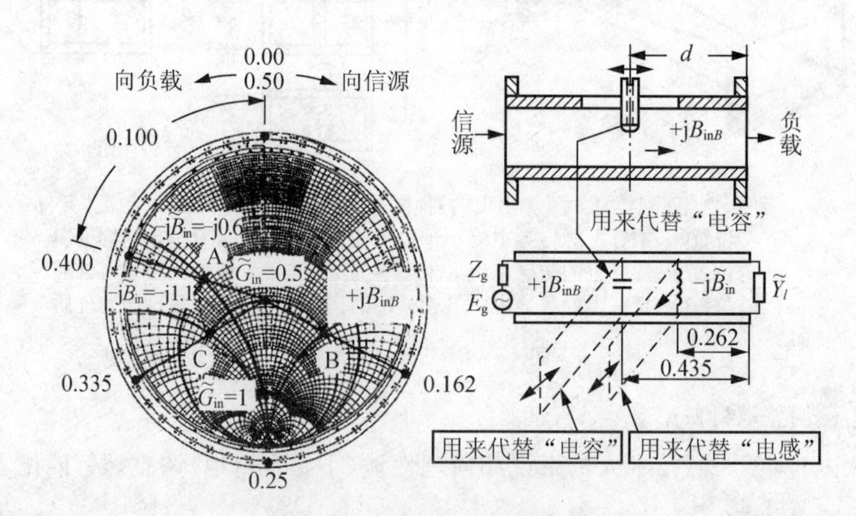

图4-46 单螺钉匹配器的调整

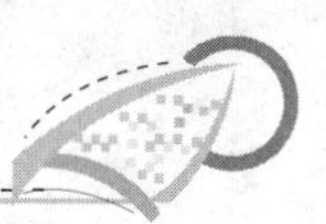

注意

单螺钉匹配器的螺钉需要在金属波导(或同轴线)开槽进行纵向调节(调节距离 d)，这样做是不可取的；实际中虽然有采用单螺钉调匹配的情况，但带有一定的盲目性。为了理性的解决这一问题，可以采用两螺钉匹配器。在图 4-47 所示的双螺钉匹配器中，双个螺钉之间的距离 d_1 的设计距离一般为 $\lambda_g/8$、$\lambda_g/4$ 和 $3\lambda_g/8$ 等值，但不能设计成 $\lambda_g/2$。

参见图 4-47，双螺钉匹配器的原理和调整过程如下。

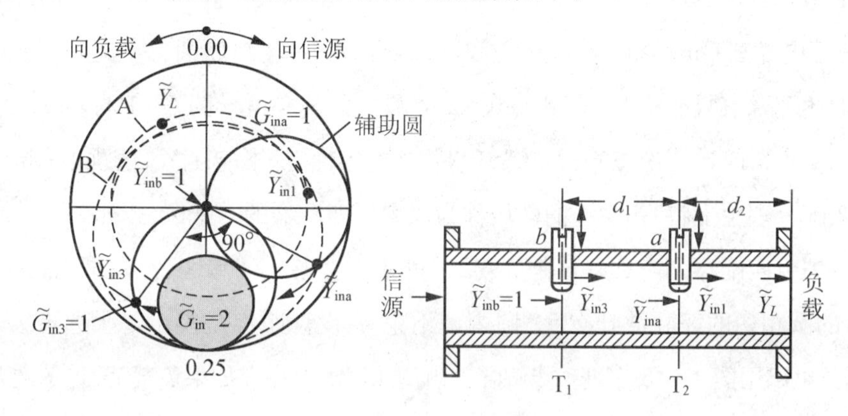

图 4-47　双螺钉匹配器的调整

(1) 先从观察面 T_1 处观察：当系统匹配时必须要求 $\tilde{Y}$inb$=\tilde{G}$inb$=1$，即是要求 $\tilde{Y}$in3$=1-$jBin3 落在 $\tilde{G}$in3$=\tilde{G}$in$=1$ 的圆上，然后调整螺钉“b”使“$+$j$\tilde{B}$inb$=-$j$\tilde{B}$in3”[即是使用螺钉“b”提供的电容性电纳(螺钉应调成电容性)，抵消电感性电纳$-$j$\tilde{B}_{in3}$]而获得匹配。

(2) 从第(1)步的前提出发，再往负载方向推移至观察面 T_2 处观察：当系统匹配要求 $\tilde{Y}$inb$=\tilde{G}$inb$=1$ 时，这就等同于要求 $\tilde{Y}$ina$=\tilde{Y}$in1$+$j$\tilde{B}$ina$=\tilde{G}$in1$=1$ 而落在 $\tilde{G}$ina$=1$ 的辅助圆上求得匹配。

(3) 注意：导纳 $\tilde{Y}_{in1}$ 是由双螺钉匹配器的负载导纳 $\tilde{Y}L$ 在其等驻波比圆(图 4-47 中虚线圆 A)上向信源方向旋转 d_2 的电长度($2\beta_z d_2$)所得的值，但 $\tilde{Y}_{in1}$ 不一定落在辅助圆上，只有调整螺钉“a”使“$+$j$\tilde{B}$ina”发生改变，才能使 $\tilde{Y}_{in1}$ 在其等电导圆(图 4-47 中虚线圆 B)上旋转使 $\tilde{Y}$ina$=\tilde{Y}$in1$+$j$\tilde{B}$ina$=1$，从而落在 $\tilde{G}$in1$=\tilde{G}$ina$=1$ 的辅助圆上从而获得匹配。

(4) 为了减少双螺钉匹配器的损耗，螺钉“a”调整进入的深度应尽量少一些。为此，设计 d_2 的距离时应使导纳 $\tilde{Y}_{in1}$ 点落在靠近辅助圆下半圆(最好落在下半圆)。此时，只需稍微加一点容性“$+$j$\tilde{B}$ina”就可以使 $\tilde{Y}$ina$=\tilde{Y}$in1$+$j$\tilde{B}$ina$=\tilde{G}$in1$=1$，从而落在 $\tilde{G}$ina$=1$ 的辅助圆上从而获得匹配。

(5) 所谓辅助圆是指导纳圆图中原有的 $\tilde{G}$in$=1$ 向负载方向旋转 90°(即在匹配器上向

负载方向移动 $d_1=\lambda_g/8$ 的距离)，所得到的 $\widetilde{G}$ina＝1 的圆。因此当从观察面 T_2 向观察面 T_1 移动 $d_1=\lambda_g/8$ 时，$\widetilde{G}$ina＝1 的圆与 $\widetilde{G}$in＝1 的圆将重合，即图 4－47 中 $\widetilde{Y}$ina 导纳点与 $\widetilde{Y}$in3 导纳点重合。据此，再回归到第(1)步的前提要求，就可以对双螺钉匹配器的原理和调整过程有一个完整的了解。

3. 谈谈双螺钉匹配器的“禁区”问题

由以上第(3)过程看出：双螺钉(距离 $\lambda_g/8$)匹配器的 d_2 距离和负载 $\widetilde{Y}L$ 的配合值，必须使 $\widetilde{Y}_{in1}$ 的等电导圆 $\widetilde{G}$in1(图 4－47 中虚线圆 B)与 $\widetilde{G}$ina＝1 辅助圆有“交点”才能获得匹配。如果上述配合值只能使 $\widetilde{Y}_{in1}$ 落到 $\widetilde{G}$in＝2 的圆内，其等电导圆 $\widetilde{G}$in1 与 $\widetilde{G}$ina＝1 辅助圆不可能有“交点”时，不论怎样调整螺钉“a”(电容性)都不能使 $\widetilde{Y}_{in1}$ 值跳出 $\widetilde{G}$in＝2 的圆，不能获得匹配。理论上将 $\widetilde{G}$in≥2 的区域称为双螺钉匹配器的“禁区(或死区)”。

对于双螺钉匹配器而言具有什么负载 $\widetilde{Y}_L$ 值才不会落入“禁区”？如果负载 $\widetilde{Y}_L$ 值落在与 $\widetilde{G}$in＝2 的圆相切的等驻波比 $\rho=2$ 圆内，不论 d_2 设计距离是多少，永远不会落入“禁区”。对此，可以用图 4－48 作进一步解释。由图 4－48 可见：如果负载 $\widetilde{Y}_L$ 值落在与 $\widetilde{G}$in＝2 的圆相切的等驻波比 $\rho=2$ 的 A 圆内，不论 d_2 如何变化，负载 $\widetilde{Y}_L$ 值总是以圆图中心圆为圆心旋转且与 $\widetilde{G}$in$a$＝1 辅助圆有“交点”，绝对不会落入“禁区”而获得匹配。这表明：当双螺钉匹配器中接入负载 $\widetilde{Y}_L$ 后使系统的驻波比 $\rho<2$ 时，这样的负载 $\widetilde{Y}_L$ 一定能获得匹配；如果双螺钉匹配器中接入负载 $\widetilde{Y}_L$ 后使系统驻波 $\rho>2$(如图 4－48 中的 $\widetilde{Y}_L$ 点)，这样的负载 $\widetilde{Y}_L$ 可能获得匹配但不能保证匹配。为什么不能保证匹配？这是因为 d_2 设计得不合适有可能使 $\widetilde{Y}_{in1}$ 旋转到“禁区”中。

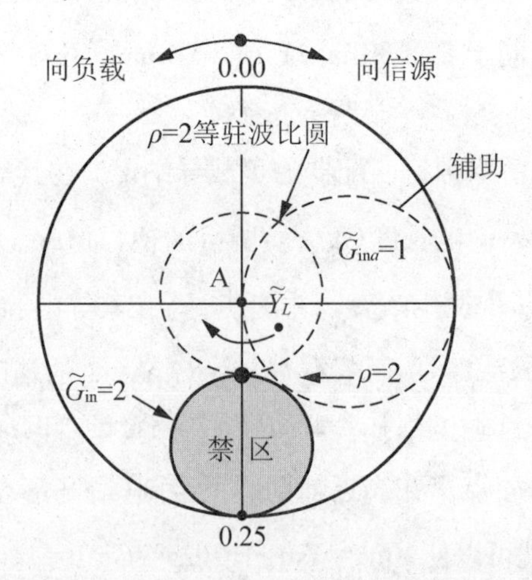

图 4－48　导纳圆图中 $\rho=2$ 的等驻波比圆

要想螺钉匹配器适用于任何负载 $\widetilde{Y}_L$，就需使用三螺钉匹配器。下面对三螺钉匹配器做进一步介绍，以对螺钉匹配器有一个较为全面和实用性的了解。

4. 怎样调整三螺钉匹配器

三螺钉匹配器的原理和调整过程，可以使用图 4-47 和图 4-48 所示的导纳圆图加以说明(设图中 $d2=d3=\lambda_g/8$)。

先从图 4-49 右图观察面 T_3 处进行观察：不论负载 $\widetilde{Y}L$ 是否落入禁区、不论 L(螺钉"a"距负载的距离)设计值是多少，只要调整螺钉"a"提供的电纳 $\mathrm{j}\widetilde{B}\mathrm{ina}$ 使得到 $\widetilde{Y}\mathrm{ina}=\widetilde{Y}\mathrm{in1}+\mathrm{j}\widetilde{B}\mathrm{ina}$ 以后的值，再经过 $d2=\lambda_g/8$ 的转换所得到的导纳 $\widetilde{Y}_{\mathrm{in2}}$ 点不落入"禁区"就可以了。这个要求通过反复调整螺钉"a"总是可以做到的，螺钉"a"的功能就在于此。

上述过程可使用图 4-47 左图所示的导纳圆图作以下描述：像图 4-47 那样，负载导纳 $\widetilde{Y}_L$(不论是否落入"禁区")在其等驻波比圆上向信源方向旋转 L 对应的电长度($2\beta L$)到达 $\widetilde{Y}_{\mathrm{in1}}$ 导纳点(该过程图中未描绘，可参见图 4-47)，然后再沿导纳 $\widetilde{Y}_{\mathrm{in1}}$ 所在的等电导圆 $\widetilde{G}\mathrm{in1}$ 通过调整螺钉"a"使导纳 $\widetilde{Y}_{\mathrm{in1}}$ 点向信源方向旋转到 $\widetilde{Y}\mathrm{ina}$ 导纳点；找到 $\widetilde{Y}\mathrm{ina}$ 导纳点后，再沿其等驻波比圆向信源方向旋转 90°(即经过 $2\beta d2=\lambda_g/4$ 的转换)从而得到没有落入"禁区"的 $\widetilde{Y}_{\mathrm{in2}}$ 导纳点。

通过以上描述可以看出：如果导纳 $\widetilde{Y}_{\mathrm{in2}}$ 原本就不在"禁区"内，三螺钉匹配器中的螺钉"a"可以去掉，整个圆图描述过程就返回到了图 4-47 所示的双螺钉匹配器的情况；如果像图 4-49 中所示另一种情况那样导纳 $\widetilde{Y}^1_{\mathrm{in2}}$ 原本就在"禁区"内，三螺钉匹配器中的螺钉"a"就不可以去掉了，需要用它来来帮助导纳 $\widetilde{Y}^1_{\mathrm{in2}}$ 跳出"禁区"。

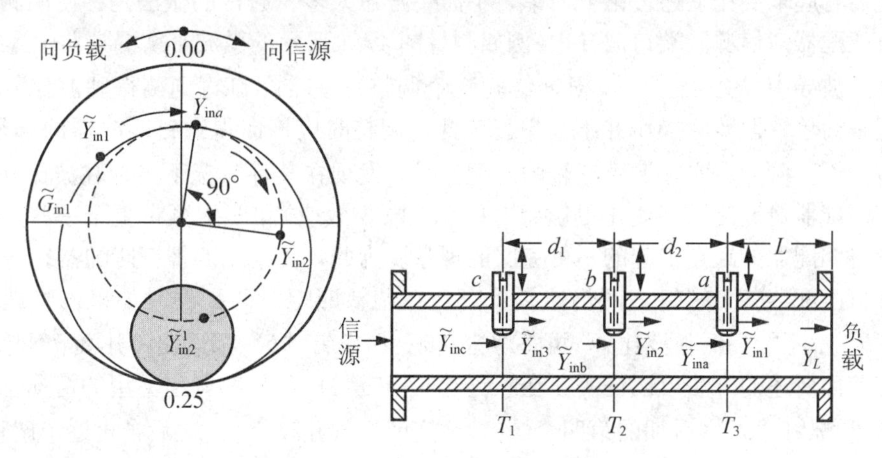

图 4-49　三螺钉匹配器的调整

下面研究如何调整三螺钉匹配器中的螺钉"a"，使导纳 $\widetilde{Y}^1_{\mathrm{in2}}$ 跳出"禁区"？对此，可参见图 4-50 并用该图做如下解释：① 为描述方便起见，先将螺钉"a"全部调出不深入波导中(让螺钉"a"不起作用)、此时 $\mathrm{j}\widetilde{B}\mathrm{ina}=0$，而 $\widetilde{Y}\mathrm{ina}=\widetilde{Y}\mathrm{in1}+\mathrm{j}\widetilde{B}\mathrm{ina}=\widetilde{Y}\mathrm{in1}$；② 将"禁

区”中的 $\widetilde{Y}^1_{in2}$ 导纳点，沿其等驻波比圆(内虚线圆)向负载方向旋转 90°(即经过 $d_2=\lambda_g/8$ 的转换)得到 $\widetilde{Y}^1_{in1}$ 导纳点(这是 $\widetilde{Y}^1_{in2}$ 向负载所对应的导纳点)；③ 再将 $\widetilde{Y}^1_{in1}$ 导纳点沿其等电导 $\widetilde{G}^1_{in1}$ 圆，向信源方向旋转(注意：这种旋转是通过调整螺钉“a”进入波导中生成的电容获得的)得到 $\widetilde{Y}_{in1}$ 导纳点；④ 再将 $\widetilde{Y}_{in1}$ 导纳点沿其等驻波比圆(外虚线圆)向信源方向旋转 90°(即经过 $2\beta d2=\lambda_g/4$ 的转换)，可以得到 $\widetilde{Y}_{in2}$ 导纳点，从而使导纳 $\widetilde{Y}^1_{in2}$ 跳出“禁区”。

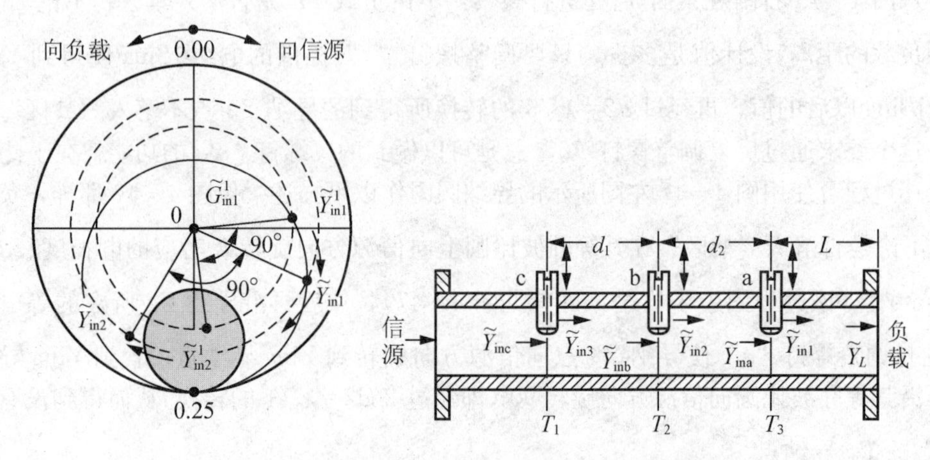

图 4-50 调整螺钉“a”使导纳 $\widetilde{Y}^1_{in2}$ 跳出“禁区”

从上面的讨论可以看出：对于任何负载 $\widetilde{Y}_L$ 通过调整三螺钉匹配器都可以获得匹配而不存在“禁区”，故在图 4-1 所示的微波平衡混频器中的两只混频二极管和魔 T 之间使用了两个三螺钉匹配器，以获得混频二极管和魔 T 之间的阻抗匹配。但需指出：实际调整三螺钉匹配器看起来要比上述理论上简单，不需要考虑太多。通常的做法是：使用测量线测量三螺钉匹配器“信源”端口波导中(例如测量图 4-1 所示的微波平衡混频器中魔 T 的 H 臂输出端口波导中)的驻波比 ρ，根据经验逐个调整每一个螺钉直到测得驻波比 ρ 最小为止。看起来简单，但实际操作并不简单。为此，调整时应该懂得螺钉匹配器的调整理论，以减少盲目性。例如；实际调整三轮的匹配器时，发现在某种状况下出现驻波比 ρ 升高的同时会使匹配器对调测频率变化更敏感一些(有 $\lambda_g/8$ 效应)和匹配频带更窄一些，这实际上是三螺钉匹配器的缺点引起的不可克服的现象。为此，需采用四螺钉匹配器。

四螺钉匹配器各个螺钉之间仍然是 $\lambda_g/8$，在调整四螺钉匹配器时如果调整螺钉“a”和螺钉“b”都不能降低驻波比 ρ，可将螺钉“a”和螺钉“b”都调出不用(都不起作用)；使用类似前面所述的方法可以证明：在螺钉“a”和螺钉“b”都调出不用的情况下，调整螺钉“c”和螺钉“d”(后加的第四个螺钉)一定能降低驻波比 ρ。之后，再逐个调整螺钉，逐个降低驻波比 ρ 直到获得最满意的匹配状况为止。

练 习 题

1. 为什么要用网络参数描述微波元器件?

2. 试说明微波网络S参数的物理意义；为什么说使用S参数描述微波元器件，可对它进行测量和计算？

3. 试将书中例4-1重做一遍，并将第1章例1-12的数据代入例4-1，具体计算并联电纳 $j\widetilde{B}$ 值及其距终端负载 $\widetilde{Z}_l$ 的距离 Z_1 的长度；再将例4-1和例1-12的计算结果进行比较(提示：$\widetilde{Z}_l=\widetilde{R}_l+\widetilde{X}_l$ 值可根据 $\widetilde{Y}_l=0.5-j0.6$ 用圆图求取)。

4. 什么是微波网络的“参考面”？为什么低频网络没有“参考面”？

5. 设图4-1-T所示的微波二端口网络的参考面 T_2 处接有一个 $Z_L\neq Z_{02}$ 的负责阻抗，和已知该微波二端口网络的射矩阵为

$$[S]=\begin{bmatrix} S_{11} & S_{12} \\ S_{21} & S_{22} \end{bmatrix}$$

试求：参考面 T_1 处(输入端)的反射系数 Γ_{in}。

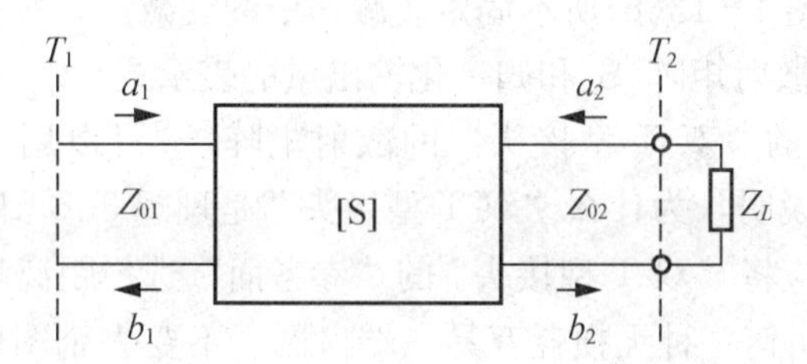

图4-1-T 求二端口网络输入端的反射系数

6. 假设图4-1-T所示的二端口网络，具有以下散射矩阵：

$$[S]=\begin{bmatrix} 0.1 & 0.8e^{-j45^\circ} \\ 0.8e^{j45^\circ} & 0.2 \end{bmatrix}$$

试问：① 该网络是互易和无耗的吗？

② 若在该网络“参考面 T_2”上接有匹配负载，则在“参考面 T_1”处的插入损耗 L_r 为多少？

③ 若将该网络“参考面 T_2”短路，则在“参考面 T_1”处的插入损耗 L_r 为多少？

7. 对于二端口互易微波网络需要进行3次独立测量来确定网络的S参数，试根据书中的式(4-25)，推导出S参数三点测量法所用的书中的式(4-26)。

8. 简述S数的测量方法。

9. 图4-2-T所示是“E-T型接头”的等效三端口网络，其散射矩阵为

$$[S]=\begin{bmatrix} S_{11} & S_{12} & S_{13} \\ S_{21} & S_{22} & S_{23} \\ S_{31} & S_{32} & S_{33} \end{bmatrix}=\begin{bmatrix} \frac{1}{2} & \frac{1}{2} & \frac{1}{\sqrt{2}} \\ \frac{1}{2} & \frac{1}{2} & \frac{-1}{\sqrt{2}} \\ \frac{1}{\sqrt{2}} & \frac{-1}{\sqrt{2}} & 0 \end{bmatrix}$$

如果将图中的参考面 $T_1^{(1)}$ 向右移动 $\lambda_{g1}/2$ 距离到 $T_1^{(2)}$，参考面 $T_2^{(1)}$ 向右移动 $\lambda_{g1}/2$ 距离到 $T_2^{(2)}$，参考面 $T_3^{(1)}$ 不移动。试求：在新的参考面 $T_1^{(2)}$、$T_2^{(2)}$ 和 $T_3^{(1)}$ 的情况下描述

“E－T型接头”的散射矩阵[S]。

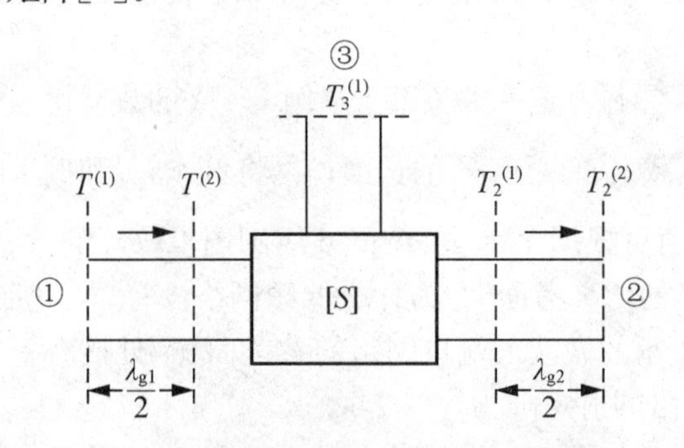

图 4－2－T　求三端口网络参考面移动后的[S]

10. 如果将书中图 4－1 中的可变衰减器等效成二端口网络，试写出它的散射矩阵[S]。

11. 为什么将书中图 4－13(b)所示固定衰减器中的衰减片，置换成介质吸收片就构成了相移器？试写出它的散射矩阵[S]和归一化输出量的表示式。

12. 书中图 4－1 中的“双 T 型接头”的散射矩阵[S]可以用式(4－48)表示，试问：① 用散射矩阵[S]元素说明，为什么“双 T 型接头”是理想 3dB 归一化功率分配的“180°混合网络”？② 为什么应将“双 T 型接头”的“参考面”选择距离端口 $\lambda_g/4$ 的奇数倍处？

13. 为什么理论上讲何一种无损耗互易三端口网、不要去企图设法使 3 个端口同时都获得匹配？“E－T 型接头”和“H－T 型接头”都可以等效成无损耗互易三端口网，无法使它们 3 个端口同时都获得匹配，试问：① 在描述“E－T 型接头”和“H－T 型接头”网络特性的散射矩阵[S]中，哪几个 S 参数说明了无法使它们 3 个端口同时都获得匹配的？② 原则上怎样设计微波三端口元器件，才能使它的三端口同时获得匹配？(试引用第 5 章中所介绍的铁体环行器的散射矩阵[S]中 S 参数来具体说明)。

14. 图 4－3－T 所示是一个非对称渐变线耦合微带线定向器结构示意图，设信号从该定向耦合器的“端口①”输入，试根据描述其特性的散射参数矩阵：

$$[\mathrm{S}]=\begin{bmatrix} \mathrm{S}_{11} & \mathrm{S}_{12} & \mathrm{S}_{13} & \mathrm{S}_{14} \\ \mathrm{S}_{21} & \mathrm{S}_{22} & \mathrm{S}_{23} & \mathrm{S}_{24} \\ \mathrm{S}_{31} & \mathrm{S}_{32} & \mathrm{S}_{33} & \mathrm{S}_{34} \\ \mathrm{S}_{41} & \mathrm{S}_{42} & \mathrm{S}_{43} & \mathrm{S}_{44} \end{bmatrix}=\begin{bmatrix} 0 & \xi & \mu & 0 \\ \xi & 0 & 0 & -\mu \\ \mu & 0 & 0 & \xi \\ 0 & -\mu & \xi & 0 \end{bmatrix}\mathrm{e}^{-2j\theta}$$

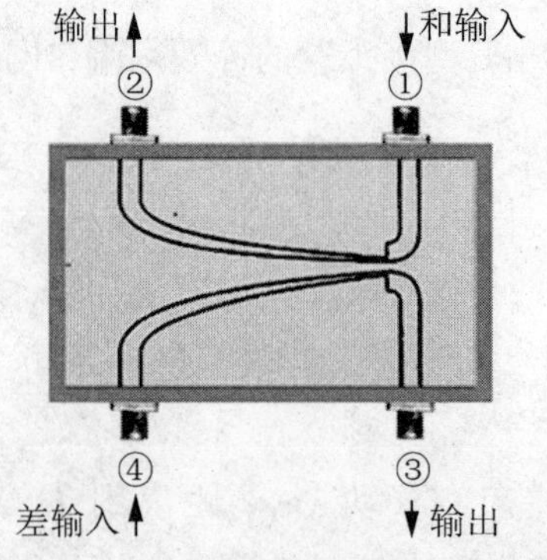

输出 ②　　① 和输入

④ 差输入　　③ 输出

图 4－3－T　非对称渐变线耦合微带线定向耦合器

求：① 方向性系数 D，并指出是对哪个端口而言的；

②“端口①”的驻波比 ρ；

③ 哪一个端口是隔离端口？为什么？

15. 工作频率 f=4GHz 的金属波导双孔耦合定向耦合器使用国产 BJ－48 标准矩形波导制造，它的两个耦合小孔之间的设计距离 $d=\lambda_g/4$，耦合小孔的直径 $2r$=6mm。试求：① 该定向耦合器的方向性系数 D；② 该定向耦合器的隔离度 I。

16. 图 4－4－T 所示是一个微带线三端口功率分配器，已知：① 它的 3 个端口使用的是 50Ω 电缆座；② 功率分配器各段微带线之间、和微带线与电缆座之间都是匹配的；试求：① 各段微带线的特性阻抗值；② 隔离电阻 R；③ 要求在介电常数 ε_r=9.5 和厚度 h=1mm 的介质基片上制作该三端口功率分配器，各段微带线的宽度 W(查第 3 章中的数据表 3－3 计算)。

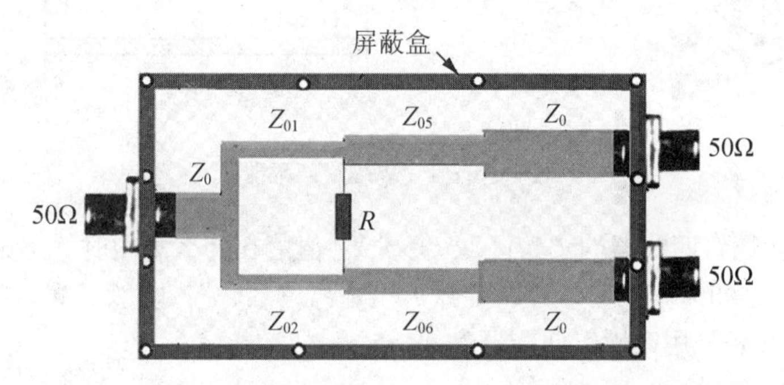

图 4－4－T　微带线三端口功率分配器

17. 设计一个如图 4－5－T 所示的两节(N=2)$\lambda_g/4$ 阻抗变换段空气填充金属波导阶梯阻抗变换器，要求变换器设计成的最大平坦型。已知：① 被匹配的两种波导的尺寸 a_0=47.55mm、b_0=22.15mm 和 b_L=64.8mm；② 阶梯阻抗变换器的工作波长频率 f=4GHz；③ 要求阶梯阻抗变换器最大允许驻波比 ρ_m=1.05。

设计任务：① 计算两节波导变换段窄边尺寸 b_1 和 b_2；② 根据阻抗变换器的全部尺寸，绘制一张机加工草图；③ 计算阶梯阻抗变换器的相对带宽 W_m。

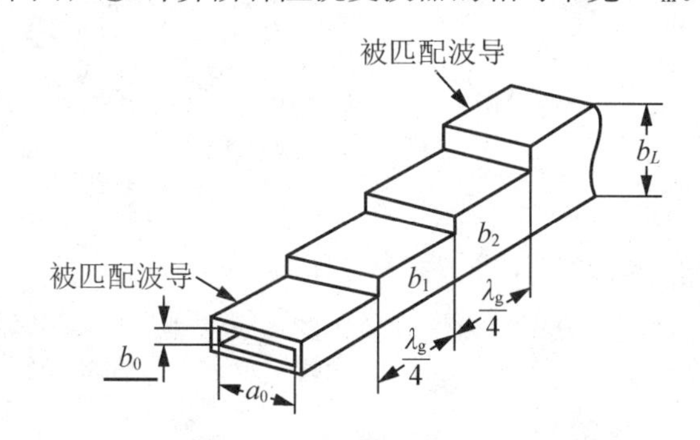

图 4－5－T　金属波导阶梯阻抗变换器

18. 什么是最大平坦通频带特性？什么是切比雪夫通频带特性？

19. 有一个三节(N=3)λg/4 阶梯阻抗变换器的阻抗变换比 R=1.5、带内允许最大驻

波比 $\rho_m=1.06$，试分别计算将它设计成切比雪夫通带特性和最平通带特性时的带宽值，并加以比较。

20. 为什么调整螺钉匹配器中螺钉深进波导中的不同深度，可以获得 3 种不同性质的电抗元件？

21. 图 4-6-T 所示是一个单螺钉匹配器结构示意图，调整螺钉可以使“负载 $\widetilde{Y}_L$”和“信源”之间获得匹配；试在导纳圆图上画出“负载 $\widetilde{Y}_L$ 点”在调整螺钉过程中，由不匹配到匹配时的运行轨迹线。

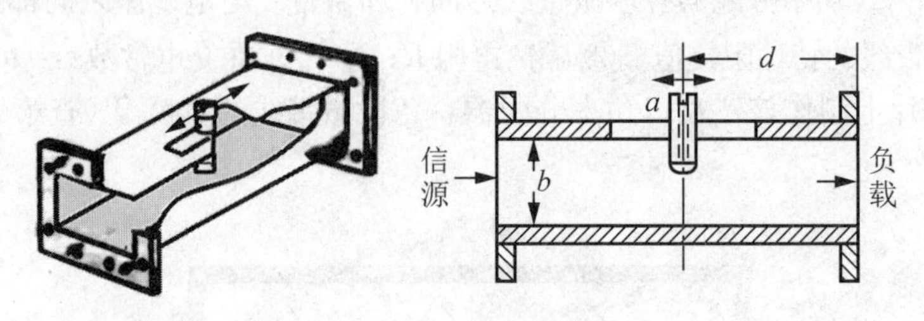

图 4-6-T　单螺钉匹配器

22. 什么是双螺钉匹配器的“禁区”？负载 $\widetilde{Y}_L$ 值落在什么圆内时，不论 d_2 如何变化都不会落入“禁区”？如何调整三螺钉匹配器可以逃离“禁区”？既然三螺钉匹配器可以逃离“禁区”，为什么又要采用四螺钉匹配器？

第5章 实际中常用的有损耗非互易微波元器件

教学目标

本章主要讨论在微波技术实际中常用的几种铁氧体器件，包括铁氧体单向器和铁氧体环行(隔离)器以及铁氧体相移器。这类器件类型较多，本章也只能涉及几种常见和常用的相关铁氧体器件；铁氧体器件的分析方法是微波技术基础的一个重要方面，本章也只是做了一些简明介绍、以使读者对此有一个入门的了解。本章所涉及的内容，更突显课堂教学需要，也可供微波技术人员参考。

教学要求

① 一般性了解什么是铁氧体器件？实际中通常有哪些领域使用铁氧体器件？② 重点掌握铁氧体的物理特性，及其在分析铁氧体器件中的应用；③ 微波铁氧体单向器和微波铁氧体环行器，以及铁氧体相移器的分析方法。

计划学时和教学手段

本章为 6 计划学时，使用本书配套的 PPT(简单动画)课件完成教学内容讲授。

5.1 泛谈有损耗非互易微波元器件

5.1.1 常用的有损耗非互易微波元器件——铁氧体器件

在任何一个信号通道中，有时往往希望信号单方向传输，为此，就需要具有一些非互易功能的元器件来满足信号单方向传输的要求。例如，高频电路中的“射极跟随器”就具有使信号单向传输的功能(例如在高频振动器后往往接有一个射极跟随器，用以保护高频振动器的振动稳定，以免受后面各级电路的冲击)；在微波波段中非互易无源微波元器件也是不可缺的，而且获得了更加广泛的应用。

在微波波段常用的非互易微波元器件，主要包括如图 5-1 所示的“微波铁氧体单向器”和“微波铁氧体环行(隔离)器”，这类器件类型较多，图中仅给出两种举例。微波铁氧体器件原理基本都是一样，从本质上说都是利用铁氧体物质的各向异性导磁率(称为张量导磁率)来获得电磁波在铁氧体器件中单向(或单向环行)传输的。

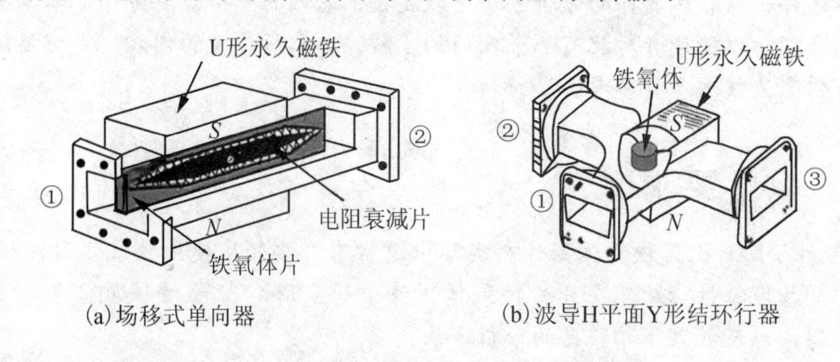

图 5-1 微波铁氧体单向器和环行器举例

图 5-1(a)所示是一种“场移式单向器”结构，从外形上看，它是一段矩形波导外夹有一块 U 形永久磁铁，而其内部则是由靠近波导侧壁放置的一片铁氧体片和在铁氧体片的右侧壁上的一层电阻衰减片(它是外加的，或者是在铁氧体片上涂敷一层石墨或是喷敷一层镍铬合金粉形成的)构成。在微波信道中的单向器只允许信号顺一个方向(正向)通过，而对从另一个方向(反向)输入的信号将产生很大的衰减。对于图 5-1(a)所示的单向器而言，“端口①”和“端口②”哪一个是正向输入端口，完全取决于 U 形永久磁铁所施加(或提供)的恒定磁场 H_0的方向(这一概念将在后面介绍)。一个典型的单向器具有以下技术指标：① 正向传输衰减：0.2dB；② 反向传输衰减：30dB；③ 正向输入端口驻波比：$\rho\leqslant 1.05$。

图 5-1(b)所示是一种称之为“Y 形结环行器”结构，它的结构较简单，从外形上看它是一个“H-Y 型”波导接头外夹有一块 U 形永久磁铁，其内部只是在 Y 形结的中心位置放置了一个与波导窄边 b 等高度的铁氧体圆柱(也可以是三角形或其他形状的铁氧体柱)构成。如图 5-2 所示，环行器具有以下所谓环行置换特性。例如，U 形永久磁铁所施加(或提供)的恒定磁场 H_0的某一个方向使得：① 信号从“端口①”输入，“端口②”获

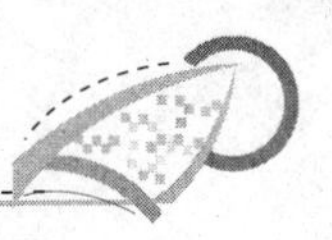

得输出，而“端口③”无输出；信号从“端口②”输入，“端口③”获得输出、而“端口①”无输出；② 信号从“端口③”输入，“端口①”获得输出，而“端口②”无输出。如果将U形永久磁铁所施加(或提供)的恒定磁场H_0的方向反一个方向，则上述循环方向也随之反一个方向。

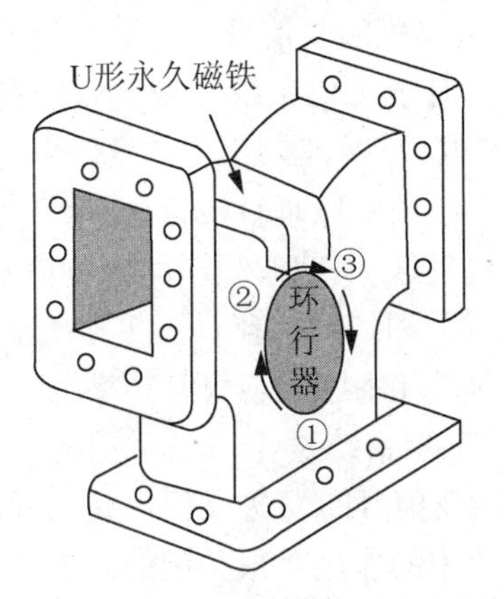

图5-2　环行器的循环置换特性

一个常用的环行器具有以下技术指标：① 插入损耗(例如，端口①→端口②)：0.2dB；② 隔离度(例如，端口③→端口①)：大于20 dB(端口③接吸收负载电阻)。

注 意

“微波铁氧体单向器”和“微波铁氧体环行器”之所以具有单向传输特性和环行置换特性，取决以下3个条件：① 铁氧体物质的各向异性导磁率；② U形永久磁铁所施加(或提供)的恒定磁场H_0；③ 波导中的电磁场分布，这3个条件缺一不可。

微波铁氧体单向器和微波铁氧体环行器以及铁氧体相移器在实际中获得了广泛应用，下面简单介绍它们应用的几个领域。

5.1.2　实际中使用铁氧体器件的领域

1. 微波中继通信天线馈线系统中的使用情况简介

图5-3所示是一个4个波道微波通信终端站天线馈线系统基本设备配置示意图(在绪论的图0-4中给出了11GHz数字微波通信12个波道的收、发频率排列，此处取其中4个波道)，图中共使用了10个如图5-3(b)所示的微波铁氧体环行器，用来将收、发信频率分割开。由图0-4和图5-3可知：对于使用1、2、3、4波道(两个主用波道、一个备用波道和一个公务联络波道)的终端站而言，收信使用f_1、f_2、f_3和f_{12}等4个载波频率，发信使用f_{13}、f_{14}、f_{15}和f_{24}等4个载波频率。天线馈线系统中的“极化分离器”可以将收、发信频率集体分割开；而收、发信各4个频率自身分割与分离就要依靠微波铁氧体环行器了，其基本原理如下。对于收信系统，经过“极化分离器”分割出来的收信载波频率f_1、f_2、f_3和f_{12}首先经“收信环行器1”和“f_1带通滤波器”将收信载波f_1分离出来，与此同时“f_1带通滤波器”将f_2、f_3和f_{12}等3个收信载波频率反射回去传送至“收信环

行器 2”；之后“收信环行器 2”和“f_2 带通滤波器”将收信载波 f_2 分离出来，而“f_2 带通滤波器”将 f_3 和 f_{12} 两个收信载波频率反射回去传送至“收信环行器 3”；而“收信环行器 3”和“收信环行器 4”以及“f_3 带通滤波器”和“f_{12} 带通滤波器”的功能同前述，它们将 f_3 和 f_{12} 两个收信载波频率的信号分别送至“备用微波机”和“公务微波机”的收信系统。最后，1、2、3、4 波道微波机的收信系统分别收到了 f_1、f_2、f_3 和 f_{12} 等 4 个载波频率的微波信号而不互相干扰。对于发信系统，微波发信机发送的 f_{13}、f_{14}、f_{15} 和 f_{24} 等 4 个频率的载波信号需要通过“发信环行器 1”～“发信环行器 4”进行合成排列成微波多路信号，再送至“极化分离器”经天线以垂直极化(或水平极化)发送出去，其工作原理与收信系统相同。例如公务微波机发送 f_{24} 载波频率的公务信号时，经“发信环行器 4”送至“发信环行器 3”、“发信环行器 2”和“发信环行器 1”，与此同时“f_{15} 带通滤波器”、“f_{14} 带通滤波器”和“f_{13} 带通滤波器”将阻止 f_{24} 载波频率的公务信号进入“备用微波机”和“主用微波机”，而将它反射回馈线系统送至“极化分离器”和经天线发送出去。同理，f_{13}、f_{14}、f_{15} 等 3 个载波频率微波信号的发送过程也是一样的，此处不再详述。可见，微波铁氧体环行器在微波通信系统中的作用是很关键的；否则，多波道多路微波中继通信就难以实现。

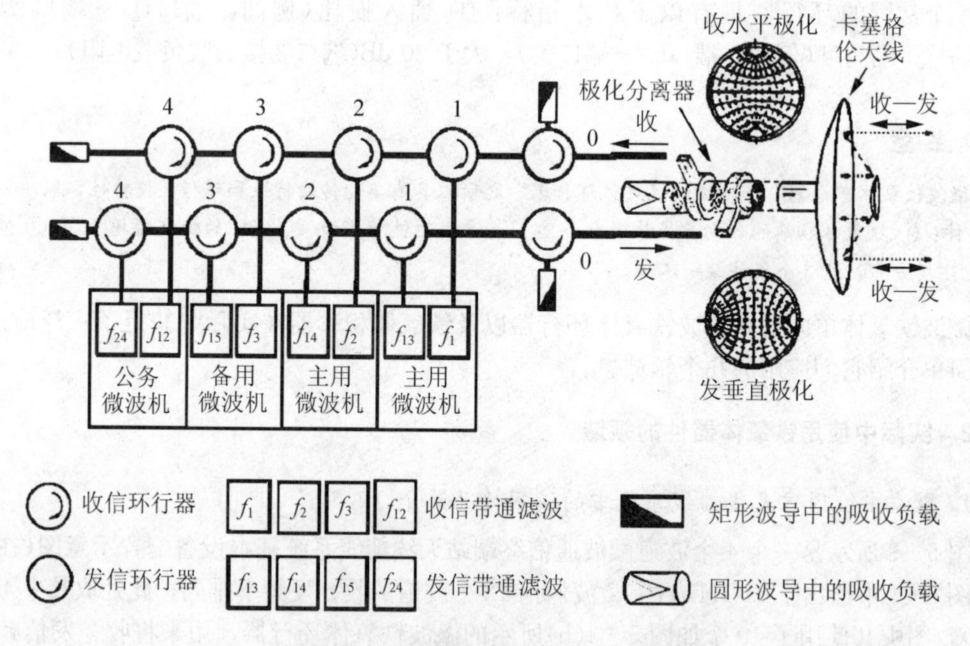

图 5－3　4 个波道微波通信终端站天线馈线系统基本设备配置

顺便指出：系统中所使用的“收信环行器 0”、“发信环行器 0”以及衰减器，均是用来处理系统中残余反射波的；另外，如果系统中使用的“带通滤波器”阻止波道之间互相干扰(通常称为“串扰”)的能力不够，还可以在环行器和滤波器之间插入“微波铁氧体单向器”(这种做法不规范，会影响总体指标分配和增加设备造价)来阻止其他波道的微波信号串入本机。

2. 雷达系统中的使用情况简介

早期雷达机系统基本组成如图 5-4 所示，其工作原理非常简单。为了说明微波铁氧体环行器的使用价值，有必要将早期雷达机系统的简单工作原理进行以下描述：雷达的收—发机是共使用一副天线工作的，为此，必须使用一个“天线转换开关”对天线进行倒换，以供“发射机”和“接收机”轮流使用。在早期的雷达机中最简单的“天线转换开关”是由图 5-4 中的“气体放电管”来承担的，它的两个电极被镶嵌接在矩形波导的上、下壁上，以起到“短路”和“打开”波导的开关作用。通常雷达发射机发射探测目标的“探测脉冲”功率非常强大(具有兆瓦级的脉冲供功率)，发射机工作时发射的“探测脉冲”足可以将“气体放电管”中的稀薄气体击穿放电，而将进入接收机的波导短路；进入接收机的波导被短路时，一方面保护了接收机避受“探测脉冲”的冲击，一方面也可以使用串进入接收机极微弱的“探测脉冲”，用它来作为“零距离”的定位脉冲(在雷达屏幕上显示为零距离的信号)。在发射机停止发射“探测脉冲”的时间间隙内天线被发射机释放，“气体放电管”停止放电，进入接收机的波导通路被“打开”，此时接收机便可以接收使用同一幅天线接收来至被探测目标的“回波脉冲”，从而达到雷达收—发机共用一副天线的目的。在雷达显示屏幕上显示的“零距离”定位脉冲和“回波脉冲”之间的“距离”，就是雷达距目标的“距离”。另外需要指出的是：雷达发射机中的微波振荡源使用的是输出功率非常强大的“磁控管”(家用微波炉也使用磁控管)，当磁控管停止工作时，连接它的波导处于失谐状态，从而阻止天线接收的“回波脉冲”进入发射机。

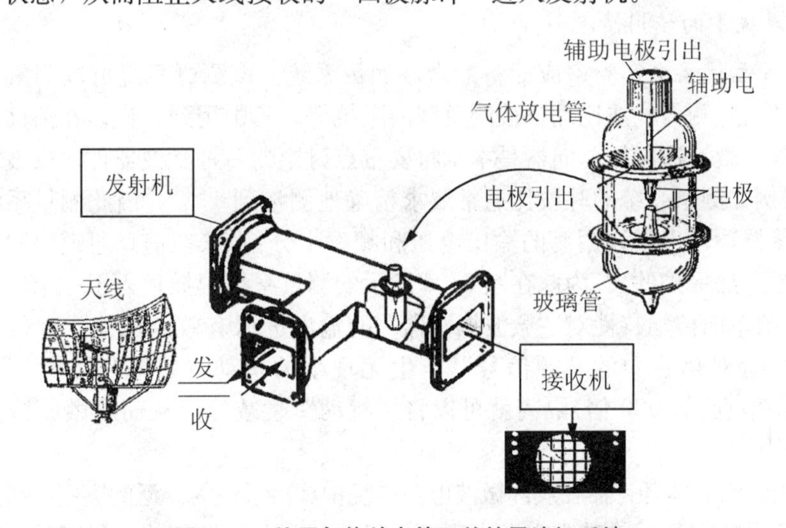

图 5-4 使用气体放电管开关的雷达机系统

早期雷达机系统中使用的“气体放电管”开关由于价格贵、寿命短和频带窄，现已被图 5-1(b)所示的环行器取代。图 5-5 所示是使用环行器构成开关的雷达机系统，其简单工作原理描述如下：图中雷达发射机发射探测目标的“探测脉冲”从“环行器 1”的“端口①”输入，经“端口②”输出到天线发射出去，“端口③”泄露极微弱的“探测脉冲”传送到接收机作为“零距离”的定位脉冲(在雷达屏幕上显示为零距离的信号)；在发射机停止发射“探测脉冲”的时间间隙内天线被发射机释放，此时接收机便可以接手使用同一幅天线接收来至被探测目标的“回波脉冲”，从而达到雷达收—发机共用一副天线的目的。天线所接收获得目标的“回波脉冲”极微弱，它从“环行器 1”的“端口②”输入，经“端口③”输出到“前置低噪声放大器”进行放大。经过“前置低噪声放大器”处理后的“回波脉冲”具有了标准“回波脉冲”的特征，它可以增加雷达机搜索目标的距离。标准“回波脉冲”再经“环行器 2”的“端口①”和“端口②”传送至接收机，以使雷达屏幕上显示“回波脉冲”信号，“环行器 2”的“端口③”所接的终端负载可以用来吸收来至“端口②”的微弱反射信号，以消除雷达机系统中的杂波。同理，在雷达显示屏幕上显示的“零距离”定位脉冲和“回波脉冲”之间的“距离”就是雷达距目标的“距离”。

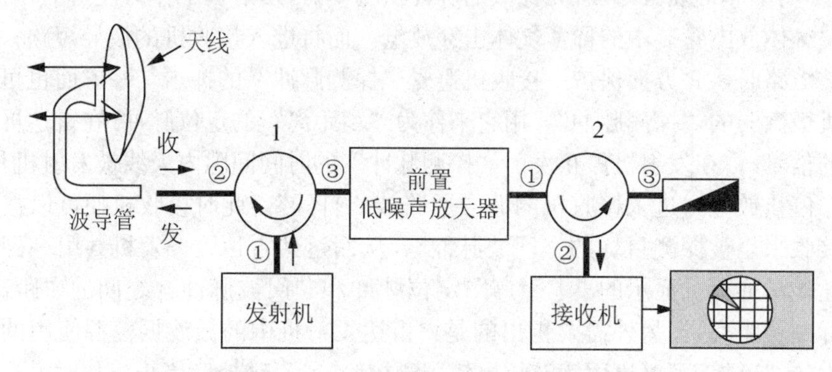

图 5-5 环行器构成开关的雷达机系统

3. 测量系统中的使用情况

图 5-6 所示是一个实验室应配备的微波测量系统，该测量系统可以测量被测负载端口的驻波比和通过测量驻波比测量被测负载的阻抗等。其中用到了许多在前面已经介绍过的微波元器件，微波通氧体单向器是本章将要重点讨论的一种微波器件。微波测量是一种精密的测量(例如测量系统的驻波比通常要求精确地测量到 1%)，因此测量系统中必须保证“微波振荡器”输出微波振荡的输出电压和频率十分稳定(在信息通道中“信号源”的稳定通常都是严加保护的)。为此在图 5-6 所示的测量系统中插接入了一个“铁氧体单向器”，利用它的单向传输特性对“微波振荡器”的输出进行有效的保护。这是因为在测量的操作过程中会对信道中的“源信号”产生无规则的扰动，如果利用单向器所提供的 30dB 衰减(功率衰减 1000 倍)隔离就可以将“扰动”衰减掉，从而对微波振荡器进行有效的保护。

应该指出：铁氧体环行器在实际微波电路系统中获得了更为广泛的应用，绪论中图 0-7 的举例只是一种应用情况，其基本考虑问题的思路与测量系统的使用思路相同。一个具体的微波电路系统，通常依靠实验最终确定；如果在实验过程中发现不可克服的“级间相互牵引(或影响)”，可以考虑在发生相互牵引(或影响)的两级之间加一个铁氧体环行隔离器进行隔离处理；也可以将环行隔离器制作成微带线形式。总之，铁氧体环行隔离器在微波电路系统中应用非常广泛，它可以承担低频电路中那样的“级间去耦”、“级间缓冲”和“级间隔离”等重要功能。不仅如此，铁氧体环行器的应用波段可以延伸到分米波、米波和短波(可见它的应用之广泛)。铁氧体相移器在当代隐形对抗所用的相控阵天线中，获得了极为重要的应用(本章最后将介绍一个应用实例)。

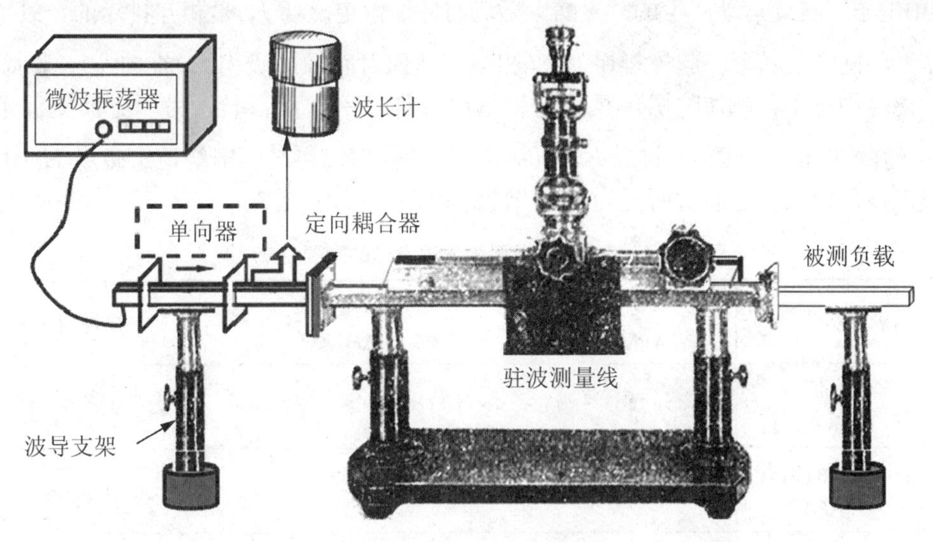

图5-6　铁氧体单向器在微波测量系统中的应用

5.1.3　铁氧体的概念及其特性

1. 铁氧体的一般物理特性

铁氧体是一种黑褐色陶瓷性质的材料，质地坚硬而脆。铁氧体材料的化学分子式是$FeOFe_2O_3$，其中二价铁可以用M表示，从而写成$MOFe_2O_3$(式中M代表二价金属)。常用二价的金属M有：锰、铝、镁、镍、铜、钡、钴等金属。表5-1给出了几种典型的微波铁氧体及其主要性能，表中不同的铁氧体的M含义是不同的。例如，镍铁氧体中的M表示Hi、镍锌铁氧体中的M表示NiZe、镁锰铝铁氧体中的M表示MgMnAl；YIG是一种称之为钇铁石榴石的铁氧体材料；YAG为铝代替钇铁石榴石，YGd为钆代替钇铁石榴石。

像图5-1中那样的铁氧体材料内部，有许多磁场方向各不一致的，即微小的“磁畴”铁氧体磁性(由磁畴中未偶电子自旋产生的磁场形成的，不是电子围绕原子核公转形成的)。因为各“磁畴”磁场方向各不一致，因此就整块铁氧体材料而言并不呈现磁性。在U形永久磁铁提供的恒定磁场H_0作用下，整块铁氧体材料内部小“磁畴”的方向将趋向一致，因而就逐渐呈现磁性了。当外加恒定磁场H_0足够强，使得所有小“磁畴”的方向都顺外加恒定磁场H_0的方向排列(达到饱和)，这时“磁畴”就消失了，整块铁氧体就被磁化，具有了最强磁性。最强磁性铁氧体材料内部的磁场强度称之为“饱和磁场强度”，从表5-1可以看出，不同铁氧体材料具有不同的“饱和磁场强度”；铁氧体的“饱和磁场强度”表示铁氧体材料本身可能具有的最强磁性，它用$4\pi Ms$表示(单位是高斯)。

铁氧体材料在外加恒定磁场H_0的控制下、在未被饱和磁化前，其中的小“磁畴中电子”像图5-7所示的那样将作“相似陀螺运动”。每个小“磁畴中电子”相似陀螺运动的形成过程，可与陀螺玩具的运转情况做一个联想：例如在图5-7中所示的一瞬间，因为

“磁畴中电子”自旋运动产生的“磁畴”磁场与外加恒定磁场 H_0 是相互排斥的，故“磁畴中电子”将随“磁畴”一起被排斥力 $\vec{F}$(相当于地面对陀螺的吸引力)推向 $x0y$ 平面运动。这样“磁畴中电子”就像陀螺玩具的运转情况一样：一方面自转；另一方面受恒定磁场 H_0 产生的(方向指向纸面的)排斥力矩 $\vec{T}=\vec{R}\times\vec{F}$ 的作用，将产生围绕恒定磁场 H_0 的公转。以上概念性的简述就是通常所说的所谓“自旋电子的进动运动”。

表 5-1　几种典型微波铁氧体的主要性能

材料成分		饱和磁化强度 4πMs(高斯)	谐振线宽 ΔH(奥)	损耗因子 δ
钇铁石榴石	钇铁石榴石(YIG)	1740～1800	35～60	<0.00025～0.0005
	铝代钇铁石榴石(YAG)	225～1540	35～75	<0.00025～0.0005
	轧代钇铁石榴石(YGd)	725～1600	55～220	<0.00025～0.0005
镍铁氧体	镍铁氧体(Hi)	1500～3000	350～800	<0.0005～0.0017
	镍锌铁氧体(NiZn)	5000	135	0.001
	镍钿铁氧体(NiCo)	3000	135	<0.0005～0.0025
	镍钿铝铁氧体(NiCoAl)	800～2440	200～1000	<0.0005～0.0021
镁铁氧体	镁锰铁氧体(MgMn)	1650～2200	150～650	<0.00025～0.0008
	镁锰铝铁氧体(MgMnAl)	680～1760	120～490	<0.00025～0.0005

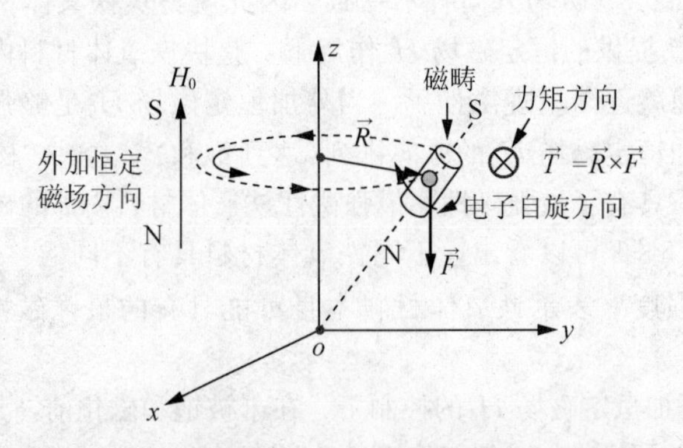

图 5-7　铁氧体内部磁畴中电子的相似陀螺运动

磁畴中的自旋电子围绕恒定磁场 H_0 旋转具有一定的旋转速度，或者说具有一定旋转角频率 ω_0；旋转角频率的高或低，取决于外加恒定磁场 H_0 的强或弱。因此，自旋电子围绕恒定磁场 H_0 旋转的角频率可以用下式表示：

$$\omega_0=\gamma H_0 \tag{5-1}$$

式中：γ 是磁旋比的常数，通常 $\gamma=2.8\text{MHz}/\text{奥}$；$H_0$ 是作用于铁氧体内部的恒定磁场。

旋转角频率 ω_0 称为进动频率，或称为谐振频率。之所以将旋转角频率 ω_0 称为谐振频率，这是因为自旋电子的进动运动(注意：自旋电子在晶格中做进动运动是要消耗能量的，因此自旋电子的进动运动的持续时间大约只有 0.01s)相当于振荡回路中的自由振荡，进动频率就相当于振荡回路的自然谐振频率的缘故。即：一个像图 5-1 中铁氧体器件中的铁氧体就具备了类似自由振荡回路的特征，它内部的自旋电子的进动(相当自由振荡)能否维持(而不是在 0.01s 内自然消失)，就要看外界信号能否给补充能量的情况了。如果外加微波信号的交变磁场再作用于铁氧体器件中，就给予了上述所需能量的补充；这时，自旋电子的进动运动就变成了强迫进动运动(类似自由振荡回路中自由振荡，在外加信号支配下变成了强迫振荡)。根据这一概念，可将具备了类似自由振荡回路的特征铁氧体称为“磁性铁氧体”。

铁氧体材料在外加恒定磁场 H_0 的作用下，如果磁场 H_0 不是沿图 5-7 中 z 轴方向，此时它的 x 方向的分量 H_{0x} 将产生 y 方向的磁通量密度 B_y，其 y 方向的分量 H_{0y} 将产生 x 方向的磁通量密度 B_x。因此，铁氧体材料在恒定磁场作用下就变成了各向异性物质。

如果外加恒定磁场 H_0 沿图 5-7 中 z 轴方向，再加上外加微波信号的交变磁场(通常是矩形金属波导中 TE_{10} 波的磁场分量)，此时铁氧体就对交变磁场呈现各向异性。在这种情况下，铁氧体中的磁通量密度与外加交变磁场的关系为

$$\vec{B}=\overleftrightarrow{\mu}\vec{H} \tag{5-2}$$

式中：$\overleftrightarrow{\mu}$ 是各向异性铁汤体物质的导磁率，它是一个“张量”，称为张量导磁率。

张量导磁率 $\overleftrightarrow{\mu}$ 对外加交变信号磁场的表现是不一样的，在圆极化波的作用下铁氧体的张量导磁率 $\overleftrightarrow{\mu}$ 就变成了一阶张量(即一个矢量)。对于“左旋极化波”和“右旋极化波”呈现不同的导磁率 μ^- 和 μ^+，而且随信号频率 ω 变化而变化。另外，考虑高铁氧体材料的介电常数是一个复数 $\varepsilon_r=\varepsilon_r^R-j\varepsilon_r^j$；其实部 ε_r^R 大约在 10～20，故铁氧体实际上是一种高介电常数的介质。铁氧体有效介电常数的虚部 ε_r^j 决定其损耗，它的损耗用以下损耗正切表示：

$$\tan\delta=\frac{\varepsilon_r^j}{\varepsilon_r^R} \tag{5-3}$$

表 5-1 中给出了几种典型微波铁氧体材料的损耗因子 δ，该值越小损耗也就越小。

在考虑铁氧体有损耗的情况下，其导磁率 μ^+ 和 μ^- 均为复数，即 $\mu^+=\mu_R^+-j\mu_j^+$ 和 $\mu^-=\mu_R^--j\mu_j^-$，它们的表示式为(推导过于繁杂、从略)

$$\begin{aligned}\mu_R^{\pm}&=1+\frac{p(\sigma\mp1)}{(\sigma\mp1)^2+\alpha^2}\\ \mu_j^{\pm}&=1+\frac{\alpha|p|}{(\sigma\mp1)^2+\alpha^2}\end{aligned} \tag{5-4}$$

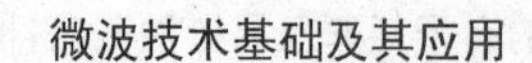

式中：

$$p=\frac{\omega_M}{\omega}=\frac{\gamma 4\pi \mathrm{Ms}}{\omega}$$

（$\omega_M=\gamma 4\pi \mathrm{Ms}$ 称为铁氧体的本证频率）

$$\sigma=\frac{\omega_0}{\omega}=\frac{\gamma H_0}{\omega}$$

$$\alpha=\frac{|\gamma|\Delta H}{2\omega}$$

根据式(5－4)可以绘制成图 5－8 所示的曲线，图中还注明了各种铁氧体器件所适合的工作区的大体范围；曲线以 ω_0/ω 为横坐标，ω_0 是式(5－1)所确定的谐振频率(进动频率)，ω 是外加微波信号的工作频率。

从图 5－8 示的曲线可以看出铁氧体的一些具体应用特性。

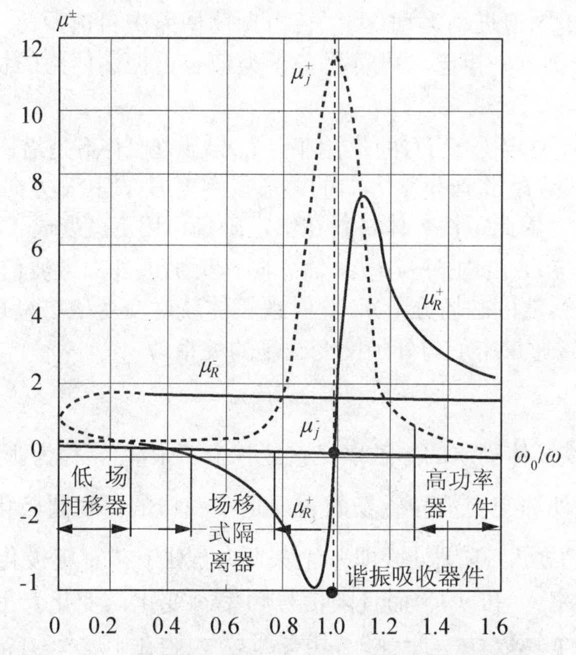

图 5－8 有损耗铁氧体对左、右旋极化波所呈现的导磁率以及各种铁氧体器件的工作区

(1) 磁性铁氧体对于外加交变磁场的“左旋极化波”和“右旋极化波”，呈现完全不同的特性。对右旋极化波的 μ_j^+ 具有强烈的铁磁谐振效应(图 5－8 中钟形虚线所示谐振峰)，使得在 $\omega\approx\omega_0$ 附近出现谐振吸收峰，利用这一特性可以用来制造“谐振吸收器件”。

(2) 磁性铁氧体对右旋极化波所呈现的 μ_R^+ 在 $\omega\approx\omega_0$ 附近产生正、负值的急剧变化，此时可以利用 μ_R^+ 的负值区，结合对左旋极化波呈现的 μ_R^+ 的正值区来制造“场移隔离器”。

(3) 磁性铁氧体对左旋极化波呈现的 μ_R^+ 和 μ_j^- 均为正值，而且变换平缓无急剧跳变，可以利用这些特性结合右旋极化波所呈现的 μ_R^+ 来制造“场移隔离器”和“移相器”等；

(4) 磁性铁氧体在 $\omega=\omega_0=\gamma H_0$ 时出现谐振吸收峰，此时它将要最大量地吸收微波信号

功率。如果外加恒定磁场大于或小于式(5－1)中的 H_0 将产生失谐现象，此时磁性铁氧体所吸收的微波信号功率将减少。通常将失谐时的吸收功率、较谐振吸收峰时的吸收功率减少到一半时，所对应的偏离 H_0 的外加恒定磁场的变化量 ΔH(等于大于 H_0 的 H 减去小于 H_0 的 H)称为谐振线宽。从表5－1中可以看出，不同的铁氧体材料具有不同的谐振线宽 ΔH。

2. 磁性铁氧体的不可逆特性

图5－8所表明的磁性铁氧体对左旋极化波和右旋极化波做出的不同响应，实质上是呈现出了磁性氧体传输特性的不可逆性，从而使铁氧体成为制造非互易微波器件的不可缺少的材料。实际上，绝大部分微波非互易器件都是利用了磁性氧体传输特性的不可逆性。对此，下面做一些简述。

1）关于相移不可逆(非互易移)性

所谓相移不可逆特性是磁性铁氧体对左旋极化波和右旋极化波所呈现的不同导磁率 μ^+ 和 μ^-，从而呈现不同相速所引起的。如果在微波信号通道中向一个方向传输的是左旋极化波向，其相反的方向传输的是右旋极化波。在这种情况下，根据式(4－37)可知在上述两个相反的方向可以获得下面两种不同的相移：

$$\Delta\theta^{\mp}=\frac{2\pi l}{\lambda_g}\sqrt{\varepsilon_r\mu^{\mp}} \tag{5-5}$$

式中：λ_g 是微波信号通道中的波导波长；l 是微波信号的传输距离；$\varepsilon_r=\varepsilon_r^R-j\varepsilon_r^j$ 是铁氧体材料的介电常数。根据式(5－5)可以制造“非互易相移器”。

2）关于衰减不可逆(非互易移)性

因为磁性铁氧体在 $\omega=\omega_0=\gamma H_0$ 时，谐振吸收 μ_j^+ 曲线的峰值将大量吸收右旋极化波微波信号功率，而很少吸收左旋极化波微波信号功率。如果微波信号通道中向一个方向传输的是右旋极化波，向其相反的方向传输的是左旋极化波，那么就出现了衰减不可逆性。利用衰减不可逆性，可以制造非互易单向传输器件。

3）关于场移不可逆(非互易移)性

因为在低外加恒定磁场工作时 $\omega_0/\omega<1$，在此区域内磁性铁氧体对右旋极化波所呈现的导磁率 μ_R^+ 是负值，对左旋极化波所呈现的导磁率 μ_R^+ 是正值。在这种情况下，对于像图5－1(a)所示的那样放置磁性铁氧体片将对右旋极化波和左旋极化波作出不同的反应。例如在图5－1(a)中，如果由“端口①”向“端口②”传输 TE_{10} 波的磁场是右旋极化波，因为磁性铁氧体对它呈现的导磁率 μ_R^+ 是负值，则矩形波导中传输的 TE_{10} 波的磁场(和电场)就会被排斥出铁氧体片，将 TE_{10} 波推向波导空气空间中(如果波导是填充)传输。如果由“端口②”向“端口①”传输 TE_{10} 波的磁场是左旋极化波，因为磁性铁氧体对它呈现的导磁率 μ_R^+ 是正值，则矩形波导中传输的 TE_{10} 波的磁场就会被吸收到铁氧体片中使 TE_{10} 贴近铁氧体片传输。上述对 TE_{10} 波的磁场(当然也包括电场)的“一排斥、一吸收”，就构成了场移不可逆性。利用场移不可逆性，可以制造非互易器件单向传输器件。

综上所述可见：如果想要在微波信号通道中(例如，在金属波导信道中、微带线集成电路信道中)的某一传输线段处获得微波信号的非互易效果，可以在该传输线段处填充磁性铁氧体以利用其不可逆特性。在金属波导信道中，可以制造单独的非互易器件；在微带线集成电路信道中，可以集成铁氧体非互易功能器件。

5.2 微波铁氧体单向器

微波铁氧体单向器又称为微波隔离器，其用途在前面已做过简单介绍(图 5-6)。实际中常使用的中小功率微波铁氧体单向器有两种：一种是谐振式单向器、一种是场移式单向器，它们都是利用磁性氧体传输特性不可逆性原理制作的微波非互易器件。下面较详细地介绍上述两种微波非互易器件。

5.2.1 微波铁氧体单向器产品技术指标

任何一种微波器件，都需要给用户提供相应的技术指标。图 5-9 所示是单向器的等效二端口网络，微波铁氧体单向器的技术指标可以根据该图给出。

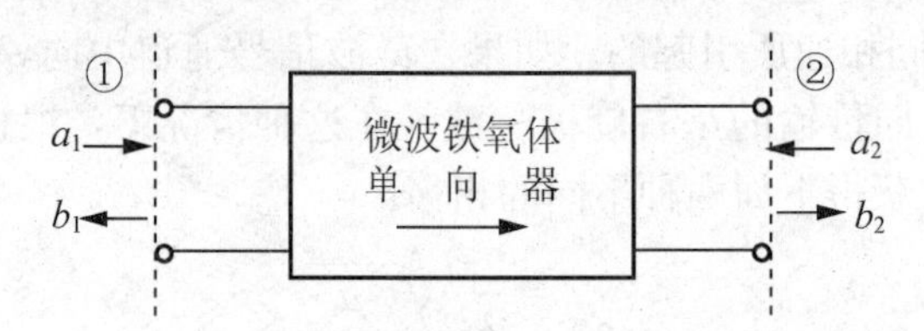

图 5-9 单向器等效二端口网络

微波铁氧体单向器产品说明书上主要应见到以下 3 项技术指标。

1. 正向传输衰减

根据图 5-9，微波铁氧体单向器“端口①”至“端口②”的正向传输功率衰减可表示为

$$\alpha^{+}=10\lg\frac{|a_1|^2}{|b_2|^2}=10\lg\frac{1}{|S_{21}|}\text{dB} \tag{5-6}$$

微波铁氧体单向器的正向传输衰减很小，通常 $\alpha^{+}\leqslant 0.2\text{dB}$。

2. 反向传输衰减

根据图 5-9，微波铁氧体单向器“端口②”至“端口①”的反向传输功率衰减可表示为

$$\alpha^{-}=10\lg\frac{|a_2|^2}{|b_1|^2}=10\lg\frac{1}{|S_{12}|}\text{dB} \tag{5-7}$$

微波铁氧体单向器的反向传输衰减量很大，通常 $\alpha^{-}\geqslant 30\text{dB}$(但很少做到 30dB 以上)。

3. 输入驻波比

在图 5-9 中如果以“端口①”为输入端口，则根据第 1 章传输线理论和 S 参数的定义可将微波铁氧体单向器输入驻波比表示为

$$\rho=\frac{1+|S_{11}|}{1-|S_{11}|} \tag{5-8}$$

由于单向器的输入端口通常直接面向微波信号源(图 5-6)，因而有必要特殊将输入驻波比作为技术指标来要求，通常要求 $\rho\leqslant 1.05$，在微波器件生产调试中这一指标要求是较高的。

4. 隔离度

微波铁氧体单向器的隔离度为反向衰减与正向衰减量之比，即

$$R=\frac{\alpha^{-}}{\alpha^{+}} \tag{5-9}$$

通常希望隔离度越大越好，但该项指标不一定出现在产品说明书上。

理想单向器的散射矩阵为

$$[S]=\begin{bmatrix} S_{11} & S_{12} \\ S_{21} & S_{22} \end{bmatrix}=\begin{bmatrix} 0 & 0 \\ 1 & 0 \end{bmatrix} \tag{5-10}$$

将式(5-10)和理想衰减器散射矩阵式(4-32)比较，可以看出理想单向器是一种有损耗的非互易器件。

5.2.2 谐振式铁氧体单向器

1. 左旋极化波和右旋极化波

利用磁性铁氧体制造互易微波器件，要求通过该器件传输的微波信号电磁波是左旋和右旋极化波。实际上，微波信道传输线中传输的电磁波大多是满足上述要求的。作为一个举例，在图 5-10 中给出了矩形波导信号通道中传输 TE_{10} 波时其磁场的旋转情况(该图为逆 y 坐标轴观察的俯视图)。如果在图中 x 坐标轴上 x_1 处观察"波峰"与"波谷"之间的磁场在传输过程中磁场变化情况，就可以观察到磁场的旋转过程。先看 TE_{10} 波向"$+z$"方向传输的时磁场旋转图 5-10(a)的形成过程：在 $t=0$ 时刻，H_x 负值最大；在 $t=t_1$(即

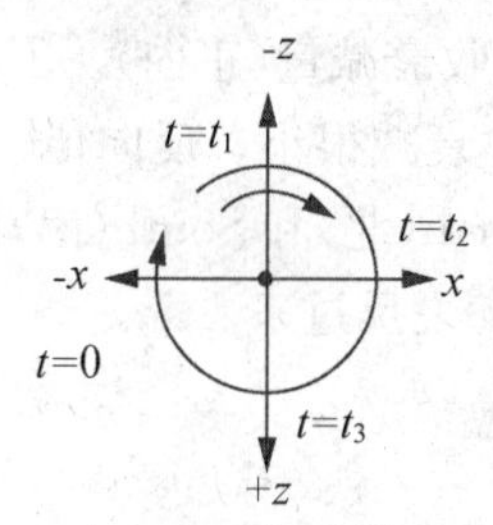

(a) 在X_1处观察到的沿+z方向传输右旋极化波

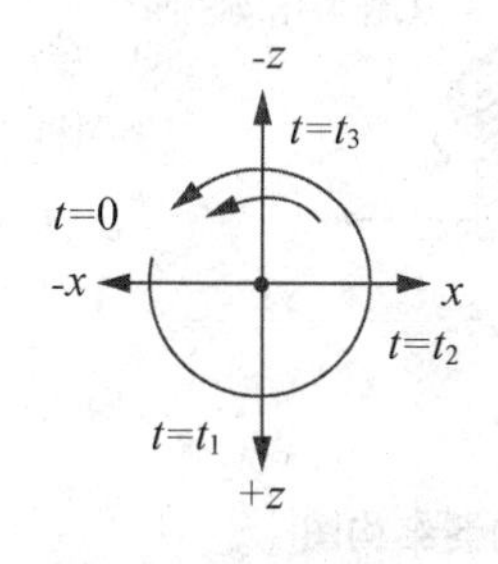

(b) 在X_1处观察到的沿-z方向传输左旋极化波

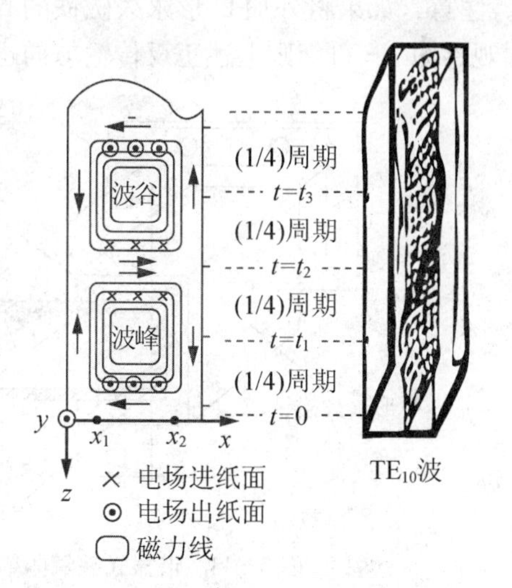

图 5-10 矩形波导中传输 TE_{10} 波在 $x=x_1$ 处磁场旋转情况

经过 1/4 周期)时刻，H_z 负值最大；在 $t=t_2$(即再经过 1/4 周期)时刻，H_x 正值最大；在 $t=t_3$(即再经过 1/4 周期)时刻，H_z 正值最大。上述磁场的变化过程就形成了磁场右旋极化波，它逆 y 坐标方向观察的俯视图效果；如果顺 y 坐标方向观察，则磁场为左旋极化波。而 TE_{10} 波向“$-z$”方向传输的时磁场旋转图 5-10(b)的形成过程和上述过程是相同的，此时只需想象波导 x 坐标轴下方尚未到来的“波谷”周围磁场分布状况，然后反向每隔 1/4 周期时刻观察即可获得图 5-10(b)所示的磁场左旋极化波；同理，如果顺 y 坐标方向观察，则磁场为右旋极化波。注意：如果在如果在图中 x 坐标轴上与 x_1 对称的位置 x_2 处观察，所得观察结果就相反了(即逆 y 坐标方向观察，向“$+z$”方向传输的时磁场为左旋极化波；向“$-z$”方向传输的时磁场为右旋极化波)。

2. 谐振式单向器是如何构成单向传输的

图 5-11 所示是谐振式单向器的一种结构形式，它是利用衰减不可逆性原理工作的微波非互易器件。外形上看它是一段矩形波导外夹有一块 U 形永久磁铁，而其内部则是在波导管的上、下内壁上放置一片铁氧体片和一片加载介质片构成。铁氧体片必须放置在有磁场圆极化波经过的地方，即前述的 $x=x_1$ 的位置。在该位放置的磁性铁氧体在 $\omega=\omega_0=\gamma H_0$ 时，μ_r^+ 的谐振吸收峰将大量吸收右旋极化波微波信号功率；而 μ_r^- 无谐振吸收峰，则很少吸收左旋极化波微波信号功率。谐振式铁氧体单向器就是利用上述特点工作的。根据上面圆极化波形成过程的讨论，如果逆 y 坐标方向观察图 5-11 的 $x=x_1$ 位置处可知：向“$+z$”方向传输的 TE_{10} 的磁场应是右旋极化波，它将被谐振吸收峰将大量吸收微波信号功率产生近 $\alpha^- \geqslant 30$dB 的衰减(反向)；而向“$-z$”方向传输的磁场应是左旋极化波，无谐振吸收峰吸收微波信号功率通常只有 $\alpha^+ \leqslant 0.2$dB 吸收衰减量(正向)。因此，图 5-11 所示的结构装置是一个谐振式铁氧体单向器(其正向传输衰减很小，反向传输可达 1000 以上的功率衰减)。注意：如果将外加 U 形永久磁铁的 North(北)和 South(南)反过来，且仍然逆 y 坐标方向观察图 5-11，则上述正反传输方向也随之反过来。

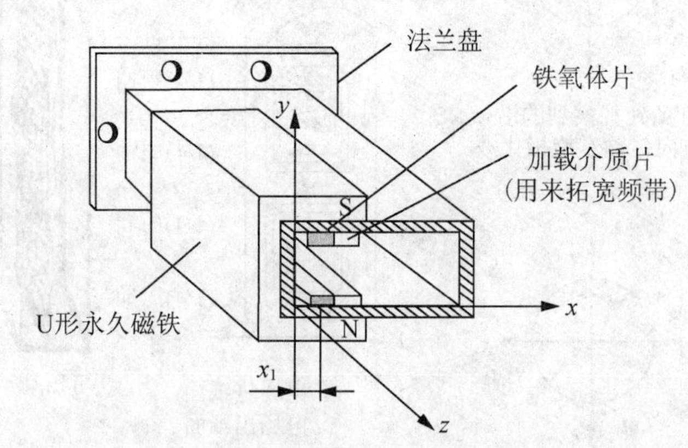

图 5-11　谐振式铁氧体单向器结构图

图 5-11 中放置铁氧体片的 $x=x_1$ 的位置如何确定？只有确切确定了该位置，才能使铁氧体片在矩形波导中有磁场的左、右旋极化波通过；否则，也就无法形成单向传输和制造单向器。

实际上，一个圆极化波是由两个幅度相等、时间和空间相位均相差 90°的线极化波合成的。根据第 2 章式(2－8)可以看出：TE_{10}波的两个磁场分量都是线性极化波，它们时间和空间相位均相差 90°；如果再令它们的幅度相等，就可以合成圆极化波。根据这一思路考虑问题，就可以求得 $x=x_1$ 的计算公式。从第 2 章 TE_{10}波电磁分量方程式(2－8)出发，它的两个磁场分量可改写为

$$\begin{aligned} H_x &= \mathrm{j}\sin\left(\frac{\pi}{a}x\right) \\ H_z &= \pm\frac{\pi}{\beta a}\cos\left(\frac{\pi}{a}x\right) \end{aligned} \tag{5-11}$$

从式(5－11)可以看出，H_x 和 H_z 两个分量在空间和时间上的相位差都是 90°。注意：时间相位差体现在 H_x 等号右边的“j”因子上；H_z 等号右边的“±”号是人为添加的，用来表示 TE_{10}波沿“$\pm z$”坐标传输的方向。

根据式(5－11)，再令两者的幅度相等(此时，不考虑空间和时间上的相位差)，就获得了合成圆极化波的另一个条件。显然，如果令

$$\sin\left(\frac{\pi}{a}x\right)=\frac{\pi}{\beta a}\cos\left(\frac{\pi}{a}x\right) \tag{5-12}$$

就可以找到矩形波导中出现圆极化波的 $x=x_1$ 的具体计算公式 。

根据式(5－12)，可得

$$\tan\left(\frac{\pi}{a}x_1\right)=\frac{\pi}{\beta a}=\frac{\lambda_g}{2a} \tag{5-13}$$

由上式得

$$x_1=\frac{a}{\pi}\arctan\frac{\lambda_g}{2a} \tag{5-14}$$

式中：a 为制造单向器所用波导段的宽边；λ_g 为制造单向器所用波导的波导波长。

式(5－14)所确定的 $x=x_1$ 就是在矩形波导中出现在圆极化波的地方，只有将铁氧体片放置在该处才有磁场的左、右旋极化波通过；否则，就无法形成单向器的单向传输。

【例 5－1】 某谐振式单向器的工作波长为 λ_0 时，在矩形波导传输信道中将出现 $\lambda_g=\lambda_c$ 的情况，试求：工作波长为 λ_0 时，单向器中的铁氧体片的放置位置 x_1。

解： 因为矩形波导中 TE_{10}波的截止波长 $\lambda_{cTE10}=2a$，故根据题意可得 $\lambda_g=\lambda_{cTE10}=2a$。将该值代入式(5－14)，可得

$$x_1=\frac{a}{\pi}\arctan\frac{\lambda_g}{2a}=\frac{a}{\pi}\arctan 1=\frac{\pi}{4} \quad \text{从而求得：} x_1=\frac{a}{4}$$

即该单向器中的铁氧体片应放置在 $x_1=a/4$ 的位置。

使用和设计谐振式铁氧体单向器，应关心以下几个实际问题。

(1) 考虑到铁氧体片的厚度等因素的影响，最好的放置位置应是以式(5－14)的计算数据为根据，再结合实验确定。

(2) 外加恒定磁场 H_0 的强度必须满足 $\omega=\omega_0=\gamma H_0$ 的要求(即必须使磁性贴氧体的进动频率或谐振频率 ω_0，等于外加微波信号的工作频率 ω)，否则就不能使自旋电子与右旋波发生谐振，也就构不成谐振式单向器。

(3) 铁氧体片可以放置在波导的宽壁上也可以放置在窄壁上，但前者放置方法散热较后者好。这是因为波导宽边面积大，铁氧体损耗引起发热较容易被散发掉。

(4) 在微波波段工作频率 ω 比较高，因此谐振式单向器需要的外加恒定磁场 H_0 强度大。这样，谐振式单向器就比较笨重，它只适合与中等功率和大功率场合使用。

(5) 图 5-11 中放置在铁氧体片旁边的"加载介质片"，是为了吸收波导中的电磁场使之更加集中到铁氧体片中去。这样，就可以减少出现圆极化波的位置 $x=x_1$ 随微波信号频率 ω 的变化，因而拓宽了谐振式单向器的工作带宽。

(6) 应选择谐振线宽 ΔH 较宽的铁氧体材料制作谐振式单向器，以使谐振吸收的频宽更宽一些。如若对此问题处理不好，就有可能造成在微波信号频带内的某些频点不产生谐振吸收，就构不成所需的全频带谐振式单向器。

5.2.3 场移式铁氧体单向器

图 5-1(a)所示就是一种"场移式单向器"结构，为分析方便将它改画成图 5-12 的形式。铁氧体片平行放置在由式(5-14)所确定的理论位置，在这里可以利用左、右旋圆极化波(当微波信道中传输 TE_{10} 波时)；但铁氧体片不能贴在波导窄壁放置，应保持 d 的距离。因为场移式单向器中铁氧体片不是贴在波导窄壁放置，故其损耗引起发热不容易被散发掉。因此，它仅适用于小功率的场合(例如，像图 5-6 所示微波测量线系统中和微波通信机中都使用场移式单向器)。参见图 5-8 可知场移式单向器工作在 $\omega_0/\omega<1$ 区域内，在此区域内工作所需恒定磁场强度 H_0 很小，无必要也没有谐振吸收可以利用。因此，场移式单向器具有体积小、重量轻和工作频带宽等优点。

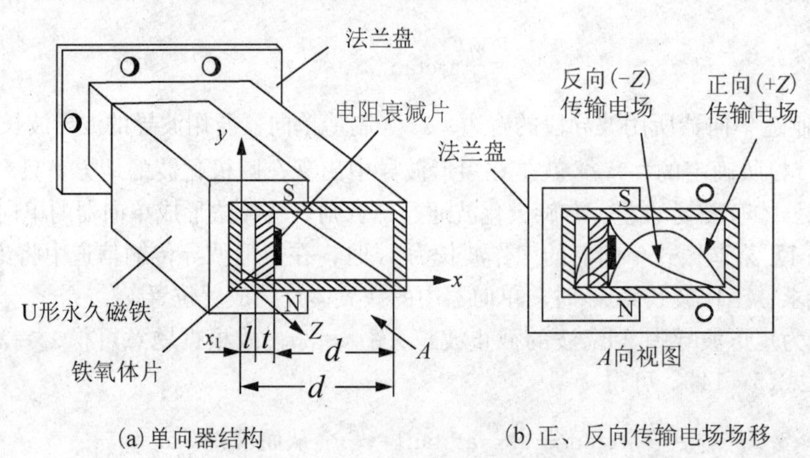

图 5-12 场移式单向器结构和场移

根据前述的场移不可逆(非互易移)性原理，由图 5-10、图 5-12 可知：逆 y 坐标方向观察，向"$-z$"方向传输的磁场应是左旋极化波；向"$+z$"方向传输的磁场应是右旋极化波。在这种情况下将发生以下两种现象。当磁性铁氧体对向"$-z$"方向传输的左旋极化 TE_{10} 波所呈现的导磁率是 $\mu_R^+>\mu_0$(μ_0 是空气的导磁率)的正值，这使得矩形波导中电磁场在铁氧体片中传输要比在波导中的空气空间传输容易。这样，矩形波导中传输的 TE_{10} 波的磁场(和电场)就会被吸收进铁氧体片中输传输、而发生图 5-12(b)所示的反向电

场场移。当磁性铁氧体对向“$+z$”方向传输的右旋极化 TE_{10} 波所呈现的导磁率是 $\mu_R^+ < \mu_0$ 的负值(理解为很小的值)，这使得矩形波导中电磁场在铁氧体片中传输要比在波导中的空气空间困难。这样，矩形波导中传输的 TE_{10} 波的磁场(和电场)被推向波导空气空间中(如果波导是填充)传输而发生图 5-12(b)所示的正向电场场移。发生在场移式单向器中的以上“场移”是产生单向传输的基础。

具有了上述“场移”，就使得场移式单向器中铁氧体片右侧壁上的一层电阻衰减片对向“$+z$”方向传输的右旋极化 TE_{10} 波几乎不形成衰减(指标规定允许有 $\alpha^+ \leqslant 0.2$dB 的衰减)，这是因为在衰减片上的电场几乎为零的缘故；而电阻衰减片对向“$-z$”方向传输的左旋极化 TE_{10} 波将形成很大的衰减(指标要求 $\alpha^- \geqslant 30$dB)，这是因为在衰减片上的电场强大最大的缘故。因此，就构成了场移式单向器。

使用场移式铁氧体单向器，应关心以下几个实际问题。

(1) 铁氧体片平行放置在由式(5-14)所确定的 $x = x_1$ 理论位置，通常被调整为实验值 $l \approx a/20$(a 是波导的宽边尺寸)，以使铁氧体片(右)表壁上的“场”为零。

(2) 外加恒定磁场 H_0 强度必须满足 $\omega_0/\omega < 1$ 的要求，这样才能使磁性铁氧体呈现的导磁率 μ_R^+ 是负值。只有这样的磁性铁氧体，才能将右旋波的“场”排斥到波导空气空间中而避免电阻衰减片衰减，以形成场移式铁氧体单向器的正向传输。

(3) 铁氧体片的实验厚度 $t = (7 \sim 10)a\%$(a 是波导的宽边尺寸)。

(4) 铁氧体片的实验高度 $h = 3b/4$(b 是波导的窄边尺寸)，这样的高度可使单向器端口的驻波比做到 $\rho \leqslant 1.05$(达到和超过微波器件的标准指标)。如果像图 5-12 所示的 $h = b$ 那样的满高度，单向器端口的驻波比可达到 $\rho = 10$，此值根本无法接受。

5.3　微波铁氧体环行器和相移器

5.3.1　微波铁氧体环行器产品技术指标

图 5-13 所示是环行器的等效三端口网络，微波铁氧体环行器的技术指标可以根据该图给出。微波铁氧体环行器产品说明书上主要应见到以下两项技术指标。

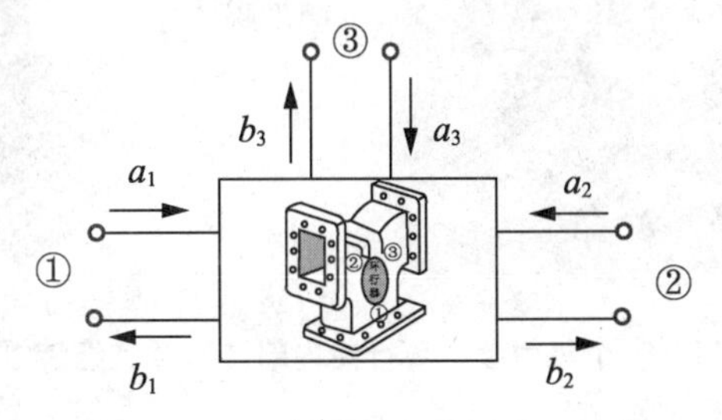

图 5-13　环行器的灯下三端口网络

1. 正向插入损耗(或衰减)

根据图 5-13，微波铁氧体环行器“端口①”至“端口②”的正向传输功率衰减可表示为

$$\alpha^{+}=10\lg\frac{|a_1|^2}{|b_2|^2}=10\lg\frac{1}{|S_{21}|}(\mathrm{dB}) \tag{5-15}$$

微波铁氧体环行的正向插入衰减很小，通常 $\alpha^{+}\leqslant 0.2\mathrm{dB}$。

2. 反向衰减(或隔离度)

根据图 5-13，微波铁氧体环行器“端口③”至“端口①”的反向功率衰减可表示为

$$\alpha^{-}=10\lg\frac{|a_1|^2}{|b_3|^2}=10\lg\frac{1}{|S_{13}|}\mathrm{dB} \tag{5-16}$$

微波铁氧体环行器的隔离度通常 $\alpha^{-}>20\mathrm{dB}$，调整合适有时可达到 28dB 左右。

5.3.2 环行器的种类及其分析方法概述

1. 环行器的种类

环行器的种类很多，从短波波段一直延伸到毫米波波段都能找到适宜使用的环行器。相应地有适合短波波段使用的集中参数环行器；有适合于分米波波段和米波波段使用的带状线和微带线集中参数环行器；有适合于微波波段使用的金属波导环行器、微带线和带状线环行器甚至还有集中参数环行器等。图 5-14 所示的环行器是一个带状线集中参数环行器内部照片(常使用于米波和分米波波段)，它是一种 Y 形结结构。图 5-2 或图 5-15 所示的是一种金属波导铁氧体 Y 形结环行器，它有 3 个端口。另外，为了配合电路功能需要也有四端口或更多端口的环行器。

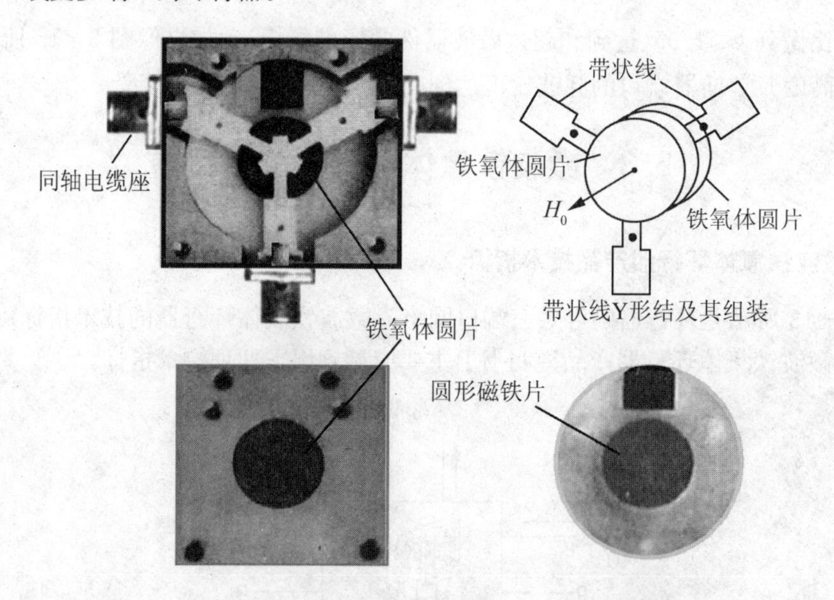

图 5-14 一个集中参数环行器内部结构及其组装零件照片

2. 怎样分析环行器

环行器问世后，由于其器内部结构较复杂，在相当长的一段时间内人们对其内部物理机理是不清楚的。目前分析环行器的方法有两种：① 一种是对环行器内部用电磁场理论进行分析，得出相应的数学模型用计算机结合实验求解；② 使用网络分析方法，用散射

矩阵表示环行器各个端口的对外表现出的特性。具体分析时需要结合能量守恒、环行器所使用的分支接头(例如，像图 5-15(b)所示那样的分支接头)的几何对称性以及该接头是可逆的或是不可逆的等情况进行分析。得出的分析结果，可以用来指导设计、计算和调整环行器。

在以上两种分析方法中第二种比较实际，下面拟简单采用第二种方法进行讨论以使读者对环行器的分析方法有一个了解；同时，它也是一个培养思维方法的有趣问题。

在电气性能上要得到环行，对所使用的设施要求是非常严格的(绝对不像车辆环行通道那么简单，有环行道就可以环行)，首要问题是要选择好分支接头的几何形状。对此，不少数学家用群伦理论研究可供选择的分支接头的几何形状。环行现象在数学群伦中，称为“环行置换(或替代)”；对于三端口环行器而言，类似图 5-15(b)中“Y”形结作为分支线是可供选择的最好几何形状之一。

首先观察图 5-15(b)所示的“Y”形结的几何形状特点：假设“Y”形结的 3 个端口臂对称且其上不做任何标识，如果先将它围绕其“中心轴”旋转 120°、240°和 360°之后，再回看时绝不会发现它已经作了以上 120°、240°和 360°的旋转。这称之为 120°旋转对称性，在三分支结构中它是最完善的对称性的几何分支形状。

再看 120°旋转对称性在电器性能上的表现：假设“端口①”有电磁场输入，则在“端口②”壁和“端口③”臂以及结的中心有一定的电磁场分布；若从“端口②”输入电磁场，则在“端口①”臂和“端口③”臂以及结的中心的电磁场分布将与上面口“端口②”臂和“端口③”臂以及结的中心的电磁场分布完全相同。这是因为将“端口②”旋转 120°时就占据了“端口①”的位置，从“端口②”输入就等同于从“端口①”输入；由于 120°旋转对称性，其激励与响应结果显然会一样。以此类推，对于从“端口③”输入的情况其激励与响应结果也会完全一样。因此，可以得出以下结论：对于三端口环行器而言，几何形状 120°旋转对称性就是环行的对称性；用数学术语表达，可以说成“Y”结的特征矢量就是三端口环行器的特征矢量。反言之，其他几何形状的分支线不具有 120°旋转对称性，因此“Y”结的特征矢量唯一就是三端口环行器的特征矢量。

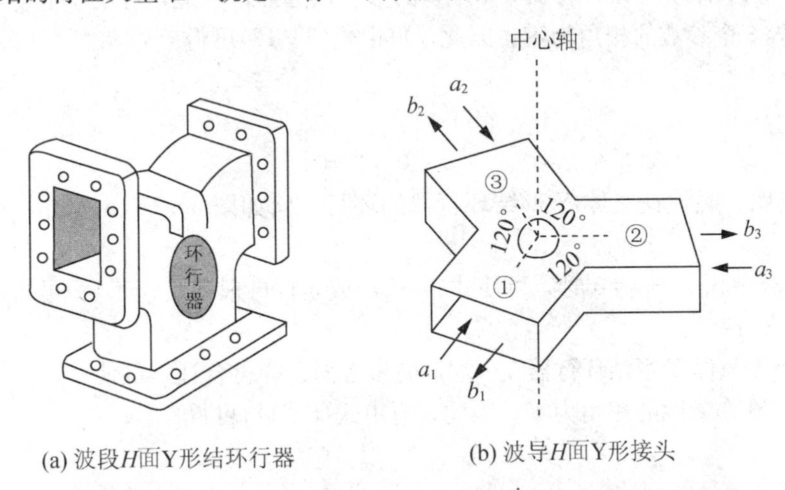

(a) 波段H面Y形结环行器　　(b) 波导H面Y形接头

图 5-15　波导 H 面 Y 形结环行器及 Y 形结接头

5.3.3 微波铁氧体Y形结环行器

图5-15(b)所示的Y形结接头是一个对称无损耗的三端口接头，它可以等效成一个三端口无损耗互易网络；而根据第4章关于三端口无损耗互易网络特性讨论可知：理论上讲对于任何一种三端口网络，要求既要做到无损耗，又要做到互易和3个端口完全匹配是绝对不可能的。如果像图5-1(b)那样在Y形结中心轴线上放置一块圆柱形磁性铁氧体去破坏理论上的限制，就可以获得3个端口同时匹配了。

如果微波铁氧体Y形结环行器的3个端口都能同时匹配，则3个端口的反射系数都为零，即$S_{11}=S_{22}=S_{33}=0$。如果再考虑圆柱形磁性铁氧体破坏了Y形结120°旋转对称性、即成为非对称或不可逆时，则有$S_{12}\neq S_{21}$、$S_{13}\neq S_{31}$和$S_{23}\neq S_{32}$。此时式(4-42c)就应该改写成以下形式，即

$$[S]=\begin{bmatrix}0 & S_{12} & S_{13}\\ S_{21} & 0 & S_{23}\\ S_{31} & S_{32} & 0\end{bmatrix} \tag{5-17}$$

如果不考虑磁性铁氧体的损耗，将铁氧体Y形结环行器看成一个无损耗非互易三端口网络时，则式(4-42d)和式(4-42e)可以改写成以下形式：

$$\begin{aligned}|S_{21}|^2+|S_{31}|^2&=1\\ |S_{12}|^2+|S_{32}|^2&=1\\ |S_{13}|^2+|S_{23}|^2&=1\end{aligned} \tag{5-18}$$

$$S_{31}^*S_{32}=S_{21}^*S_{23}=S_{12}^*S_{13}=0 \tag{5-19}$$

根据式(5-19)可见：磁性铁氧体Y形结环行器3个端口之间的传输系数出现以下两种情况时，可使式(5-17)成立。

(1) 当$S_{12}=S_{23}=S_{31}=0$时，可使式(5-17)成立；再根据式(5-18)可得，$|S_{21}|=1$、$|S_{32}|=1$和$|S_{13}|=1$。

如果磁性铁氧体Y形结环行器3个端口的参考面选择得合适，可使$|S_{21}|=1$、$|S_{32}|=1$和$|S_{13}|=1$等3个参数的相角为零。因此，再由式(5-17)可得

$$[S]=\begin{bmatrix}0 & 0 & 1\\ 1 & 0 & 0\\ 0 & 1 & 0\end{bmatrix} \tag{5-20}$$

式(5-20)表明：磁性铁氧体Y形结环行器的环行方向如图5-16(a)所示，为①→②→③→①。

(2) 当$S_{21}=S_{32}=S_{13}=0$时，可使式(5-17)成立；再根据式(5-18)可得，$|S_{12}|=1$、$|S_{23}|=1$和$|S_{31}|=1$。

如果磁性铁氧体Y形结环行器3个端口的参考面选择得合适，可使$|S_{12}|=1$、$|S_{23}|=1$和$|S_{31}|=1$等3个参数的相角为零。因此，再由式(5-17)可得

$$[S]=\begin{bmatrix}0 & 1 & 0\\ 0 & 0 & 1\\ 1 & 0 & 0\end{bmatrix} \tag{5-21}$$

式(5-21)表明：磁性铁氧体Y形结环行器的环行方向如图5-16(b)所示，为①→③→②→①。

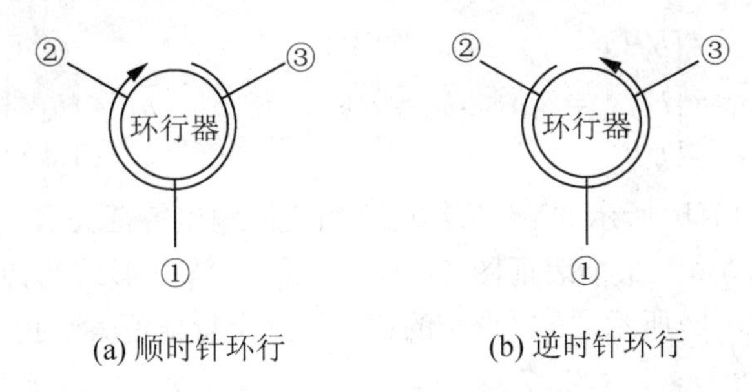

(a) 顺时针环行　　(b) 逆时针环行

图5-16　环行器的环行方向

以上分析是在将磁性铁氧体Y形结环行器看成一个无损耗非互易三端口网络的前提下得出的，即一个无损耗非互易三端口网络特性，完全可以描述一个理想(无损耗)铁氧体Y形结环行器的单向环行特性。

以上分析还表明：磁性铁氧体Y形结环行器的3个端口同时得到匹配(即 $S_{11}=S_{22}=S_{33}=0$)，是得到环行的先决条件。

如果使用某种特殊激励电磁场去激励上述无损耗非互易三端口网励时，它将会作出何种响应呢？对此下面将做进一步分析。前面讨论曾指出：对于三端口环行器而言，几何形状120°旋转对称性就是环行对称性；用数学术语言表达，可以说成“Y”形结的特征矢量就是三端口环行器的特征矢量。那么，具体说什么是“Y”形结环行器的特征矢量？对此可结合图5-15(b)说明：所谓“特征矢量”，是指对3个端口的特殊激励电磁场。对于图5-15(b)所示的等效三端口网络可建立线性方程：

$$\vec{S}_n\begin{bmatrix}a_1\\a_2\\a_3\end{bmatrix}_n=\begin{bmatrix}S_{11}&S_{12}&S_{13}\\S_{21}&S_{22}&S_{23}\\S_{31}&S_{32}&S_{33}\end{bmatrix}\begin{bmatrix}a_1\\a_2\\a_3\end{bmatrix}_n \tag{5-22a}$$

式中：$\vec{S}_n=\dfrac{\vec{b}_1}{\vec{a}_1}=\dfrac{\vec{b}_2}{\vec{a}_2}=\dfrac{\vec{b}_3}{\vec{a}_3}(n=1,2,3)$为①、②和③端口参考面处的反射系数，它是在特殊激励条件下各端口所具有的共同反射系数；等式右边第二个因子就是所谓“特征矢量”，它代表一种对网络的特殊激励。对于图5-15(b)所示的等效三端口网络而言，共有以下3组特殊激励：

$$\vec{a}_1=\begin{bmatrix}a_1^{(1)}\\a_2^{(1)}\\a_3^{(1)}\end{bmatrix}\qquad \vec{a}_2=\begin{bmatrix}a_1^{(2)}\\a_2^{(2)}\\a_3^{(2)}\end{bmatrix}\qquad \vec{a}_3=\begin{bmatrix}a_1^{(3)}\\a_2^{(3)}\\a_3^{(3)}\end{bmatrix} \tag{5-22b}$$

式中：$\vec{a}_1$、$\vec{a}_2$和$\vec{a}_3$分别表示图5-15(b)中，激励3个端口的3种不的同输入特征矢量；a的上标注代表“组”的编号，下注脚代表图5-15(b)中的3个端口的编号。例如，$a_1^{(1)}$、$a_2^{(1)}$和$a_3^{(1)}$分别表示激励①、②、③端口的第一组输入特征矢量(特殊输入)。即是说，例如空间中某一点的(特征)矢量$\vec{a}_1$是由$a_1^{(1)}$、$a_2^{(1)}$和$a_3^{(1)}$这3个分量合成。

仍然参见图5-15(b)：如果有$\vec{a}_1$输入，将有$\vec{b}_1$输出；一般地说，3个端口分别有

$\vec{a}_1$、$\vec{a}_2$ 和 $\vec{a}_3$ 输入，将有 $\vec{b}_1$、$\vec{b}_2$ 和 $\vec{b}_3$ 输出。因此，根据式(5-22)可相应得到 3 组输出特征矢量：

$$\vec{b}_1=\begin{bmatrix} b_1^{(1)} \\ b_2^{(1)} \\ b_3^{(1)} \end{bmatrix}=\vec{S}_1\vec{a}_1 \quad \vec{b}_2=\begin{bmatrix} b_1^{(1)} \\ b_2^{(1)} \\ b_3^{(1)} \end{bmatrix}=\vec{S}_2\vec{a}_2 \quad \vec{b}_3=\begin{bmatrix} b_1^{(3)} \\ b_2^{(3)} \\ b_3^{(3)} \end{bmatrix} \tag{5-23}$$

式(5-23)表示图 5-15(b)所示“Y”形结的 3 组不同输出特征矢量。

现在要问，什么“量”最能表征图 5-15(b)所示“Y”形结的特征？答案是：“特征值”最能表征图 5-15(b)所示“Y”形结的特征，这个特征值就是指以下反射系数：

$$\vec{S}_1=\frac{\vec{b}_1}{\vec{a}_1} \qquad \vec{S}_2=\frac{\vec{b}_2}{\vec{a}_2} \qquad \vec{S}_3=\frac{\vec{b}_3}{\vec{a}_3} \tag{5-24}$$

以第一组激励为例：为了讨论方便起见，将 $a_1^{(1)}$、$a_2^{(1)}$ 和 $a_3^{(1)}$ 取归一化使理想(无损耗)磁性铁氧体 Y 形结环行器输入的总功率等于 1，此时 $\vec{a}_1$ 可以写成

$$\vec{a}_1=\frac{1}{\sqrt{3}}\begin{bmatrix} 1 \\ 1 \\ 1 \end{bmatrix} \tag{5-25}$$

这是因为如果 $a_1^{(1)}$、$a_2^{(1)}$ 和 $a_3^{(1)}$ 表示电场强度，故$[a_1^{(1)}]^2$ $[a_2^{(1)}]^2$ 和$[a_3^{(1)}]^2$ 表示功率。因此，它们功率相加等于 1。

根据能量守恒定理和“Y”形结的 120°旋转对称性可知：如果从 3 个端口输入 1 的功率，就会输出 1 的功率。因此，有

$$S_1=|\vec{S}_1|=|\frac{\vec{b}_1}{\vec{a}_1}|=1 \tag{5-26}$$

如果第一组激励为式(5-25)，则第二组为右旋激励为

$$\vec{a}_2=\frac{1}{\sqrt{3}}\begin{bmatrix} 1 \\ e^{-j\frac{2}{3}\pi} \\ e^{+j\frac{2}{3}\pi} \end{bmatrix} \tag{5-27}$$

如果第一组激励为式(5-25)，则第三组为左旋激励为

$$\vec{a}_3=\frac{1}{\sqrt{3}}\begin{bmatrix} 1 \\ e^{+j\frac{2}{3}\pi} \\ e^{-j\frac{2}{3}\pi} \end{bmatrix} \tag{5-28}$$

使用以上 $\vec{a}_1$、$\vec{a}_2$ 和 $\vec{a}_3$ 三组特征矢量去激励磁性铁氧体 Y 形结环行器，之后再考核环行器会有什么响应？或产生什么样的特征值(反射系数)？

例如，将表示顺时针(右旋)环行的式(5-20)代入以下本证方程：

$$\det([S]-\vec{S}_n[1])=0(\text{其中}[1]\text{是单位矩阵})$$

即

$$-\vec{S}_n^3+1=0$$

就可以得到理想磁性铁氧体 Y 形结环行器的特征值，即

$$\vec{S}_1=1$$
$$\vec{S}_2=e^{-j\frac{2}{3}\pi} \tag{5-29}$$
$$\vec{S}_3=e^{j\frac{2}{3}\pi}$$

由式(5－29)所表示的响应(或产生的特征值)，它也是一种顺时针(右旋)环行矢量；在图5－17(a)中画出了它们的分布图。同理，对式(5－21)做上述相同处理，可得

$$\vec{S}_1=1$$
$$\vec{S}_2=e^{j\frac{2}{3}\pi} \tag{5-30}$$
$$\vec{S}_3=e^{-j\frac{2}{3}\pi}$$

由式(5－30)表示的响应(或产生的特征值)，是一种逆时针(左旋)环行矢量；在图5－17(a)中画出了它们的分布图。

图5－17(a)表示了理想铁氧体Y形结环行器的特征值分布，它们是一种标准的分布。

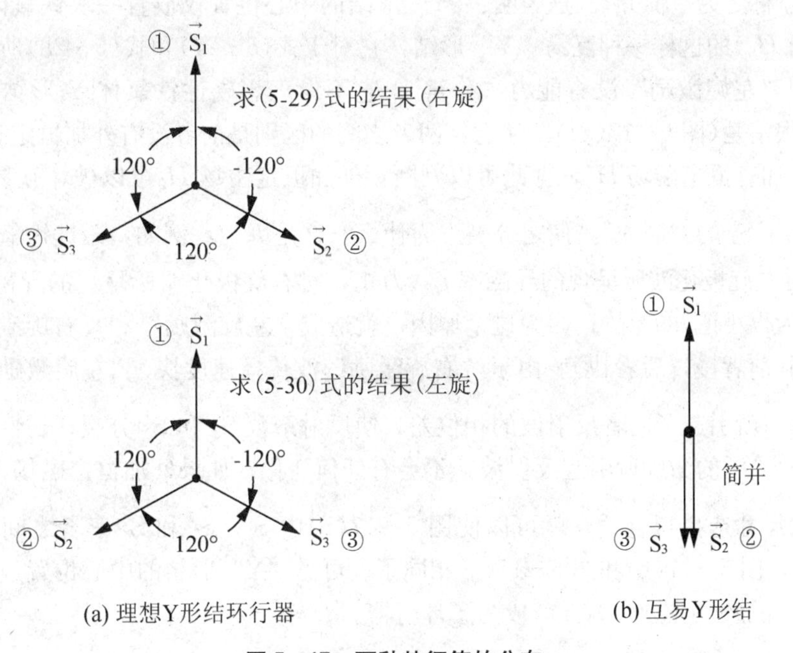

图5－17　两种特征值的分布

现在再来看：假设在图5－15(b)所示“Y”形结的中心位置放置一块铁氧体棒(圆柱形或三角形)，而不加外加恒定磁场H_0。此时，Y形结120°旋转对称性不被破坏仍然为互易三端口“Y”形结，它可以等效为一个三端口无损互易网络。因此，它的散射参数矩阵可以用式(4－42)来表示。

因为Y形结120°旋转对称性，

$$S_{11}=S_{22}=S_{33}=S_r$$
$$S_{12}=S_{21}=S_{13}=S_{31}=S_{23}=S_{32}=S_t \tag{5-32}$$

应该成立。

将式(5－32)代入式(4－42)，可得

$$[S]=\begin{bmatrix} S_r & S_t & S_t \\ S_t & S_r & S_t \\ S_t & S_t & S_r \end{bmatrix} \tag{5-33}$$

如果使用与前相同的输入特征矢量$\vec{a}_1$、$\vec{a}_2$和$\vec{a}_3$去激励Y形结的3个端口，将式(5－33)代入以下本证方程

$$\det([S]-\vec{S}_n[1])=0 \quad (\text{其中}[1]\text{是单位矩阵})$$

就可以得到特征值，即

$$\begin{aligned} \vec{S}_1&=S_r+2S_t \\ \vec{S}_2&=\vec{S}_3=S_r-S_t \end{aligned} \tag{5-34}$$

在与前相同的激励下，$\vec{S}_1$和$\vec{S}_2=\vec{S}_3$三者之间的关系已绘制在图5－17(b)中，其中特征值$\vec{S}_2=\vec{S}_3$称之为“简并”。这表明：“Y”形结的中心位置仅放置一块铁氧体棒(不加外加恒定磁场H_0)的这样一种互易“Y”形结，它对于式(5－27)和式(5－28)所给予的“右旋激励”和“左旋激励”没有能力“分辨”；它不像理想磁性铁氧体Y形结环行器那样“分辨”得很清楚(图5－17(a))。注意：两者之间的区别是前者没有外加恒定磁场H_0，后者则加有外加有恒定磁场H_0，据此可以判断：外加恒定磁场H_0可以破坏互易“Y”形结的特征值$\vec{S}_2=\vec{S}_3$的“简并”，使之分裂。为什么？这是因为：例如，磁性铁氧体在低场区(图5－8)对左旋极化波所呈现的导磁率μ_R^+为正，对右旋极化波所呈现的导磁率μ_R^+为负(可以理解为很小值)的缘故；因为这个原因，就造成“左旋激励”和“右旋激励”波的传播速度不同(前者慢，后者快)。由于“右旋激励”波传播速度快、“左旋激励”波的传播速度慢，所以就引起了两者反射波的相位差，使反射系数$\vec{S}_2$和$\vec{S}_3$分裂；磁性铁氧体对于由式(5－25)给予的激励所引起反射波，不会有任何变化。如果外加恒定磁场H_0、铁氧体参数和形状尺寸选择得合适，就可以使图5－17(b)中$\vec{S}_1$、$\vec{S}_2$和$\vec{S}_3$三者之间的相位差为120°；这样，图5－17(b)和图5－17(a)相同了。可见“Y”形结的中心位置放置一块铁氧体棒，再加外加恒定磁场H_0，就成为了环行器。

5.3.4 带状线集中参数环行器简介

图5－14所示的环行器是一个带状线集中参数环行器内部照片(常使用于米波和分米波波段)，它是一种Y形结结构。由该图可见：Y形结带状线导体带被夹在两片铁氧体圆片中间，对外连接环行器的①、②和③个同轴电缆座端口；两片圆形铁氧体片的另一面是金属接地板，外加恒定磁场H_0的与金属接地板垂直。

带状线集中参数环行器也可以使用上述特征矢量和特征值的方法进行分析，即使用网络分析方法进行分析。如果使用电磁场理论方法分析带状线集中参数环行器，可以将圆形铁氧体片看成以个介质谐振腔(将在第6章介绍)。该介质谐振腔可以看成是由一段介质波

导传输线的横向圆切片构成，当环行器未加外加恒定磁场 H_0时在谐振腔体内将产生一个具有 cosφ(或 sinφ)分布的电磁场最低次 TM 谐振单模。图 5－18(a)所示是谐振单模的电磁场分布，它是一种由环行器输入“端口①”的输入信号激发起的驻波分布场型。根据 Y 形结的 120°旋转对称性可以看出，此时环行器的输出“端口②”和“端口③”有相同的输出(同相电场⊙输出)；该最低次 TM 谐振单模驻波场是由两个谐振频率相近的振荡模式重叠相加而成。再参见图 5－18(b)，当环行器加有合适外加恒定磁场 H_0时，可以使两个谐振频率相近的振荡模出现以下分裂：① 在外加恒定磁场 H_0的条件下选择一个合适的环行器的频率，使得在输出“端口②”振荡模式场重叠相加输出(有同相电场⊙输出)；② 使得在隔离“端口③”的振荡模式场相互抵消，而无输出(由反相等副电场⊙和⊗相减)。根据 Y 形结的 120°旋转对称性，上述输出结果相当于外加恒定磁场 H_0将图 5－18(a)所示的电磁场型分布向右旋转了一个 30°的角度，而获得了图 5－18(b)所示的电磁场型分布，使得“端口②”有输出。

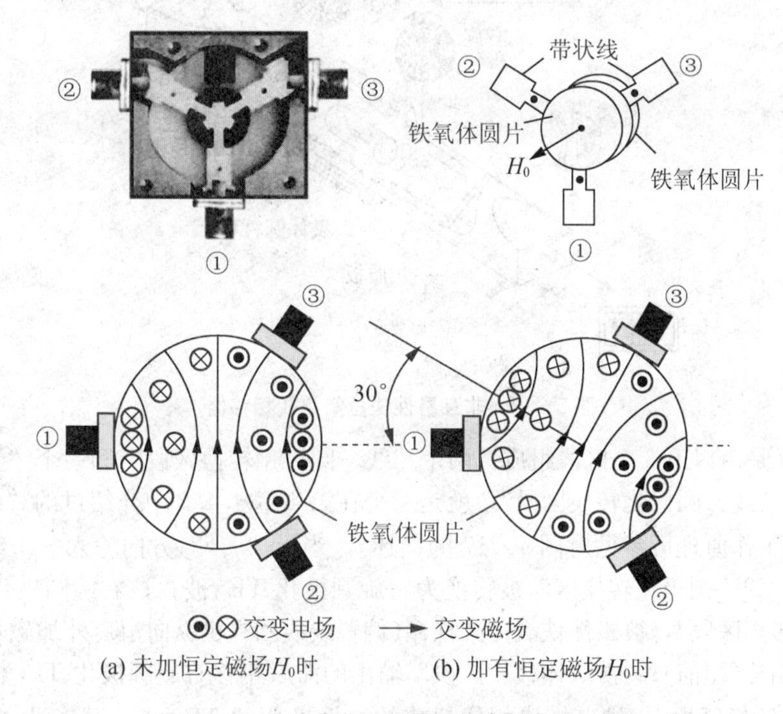

图 5－18　集中参数环行器氧体内部电磁场分布

以上仅对带状线集中参数环行器做了简单描述，限于本书的宗旨不拟对此做更深入的分析。在米波和分米波波段对带状线集中参数环行器得非常广泛，在米波和分米波信号通道中凡是需要前后隔离的地方，使用这种环行器可以取得非常好的效果。

这类环行器通常具有以下技术指标：① 插入损耗(例如，端口①→端口②)：0.2dB 左右；② 隔离度(例如，端口①→端口③)：大于 25 dB(端口③接吸收负载电阻)。

有的这类环行器的 3 个端口上接有可调匹配电容，通过调整匹配电容和更换铁氧体圆片和恒定磁圆片可以达到以上技术指标。

5.3.5 铁氧体相移器

1. 非互易法拉第旋转相移器

实用相移器的种类很多，相移器可以用在测量系统中，但最重要还是用在相控阵天线中。在军事应用领域，相控阵天线处于非常重要的地位，相控阵天线波束扫描可以通过相移器操纵。根据这方面应用的实际需要，已研制出许多不同类型的相移器。铁氧体向移器是最常用的相移器之一。图 5－19 所示的非互易法拉第旋转相移器是一种利用磁性铁氧体引起极化旋转的相移器件。通常将磁性铁氧体引起极化旋转，称为法拉第旋转。

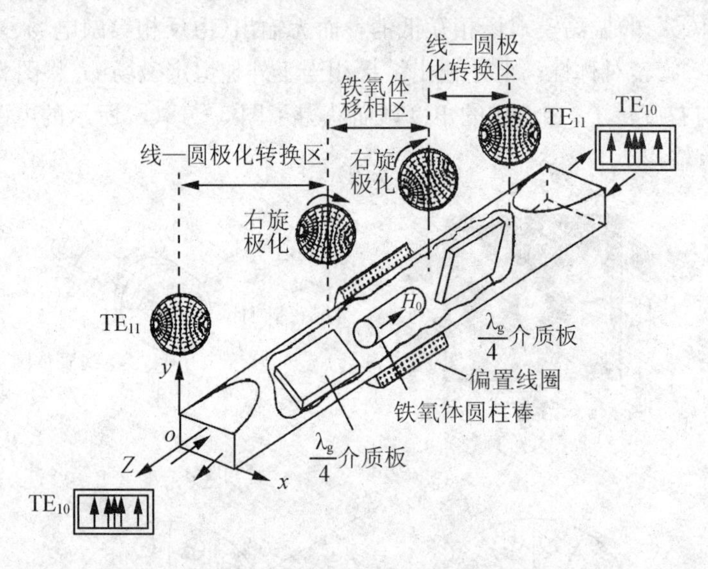

图 5－19 非互易性法拉第旋转相移器

图 5－19 是由以下 3 个区段组成：两个“线—圆极化转换区段”和一个“铁氧体移相区段”；其中“线—圆极化转换区段”，就是一个在第 4 章 4.4.3 中介绍过的“线—圆极化转换器”（其工作原理可参见对图 4－17 的描述）。当沿“$-z$”方向输入一个线性极化的 TE_{10} 波，经“线—圆极化转换区”被转换为右旋圆极化 TE_{11} 波；该右旋圆极化 TE_{11} 波进入“铁氧体移相区段”，被磁性铁氧体圆柱棒(偏置线线圈提供纵向恒定外加磁场 H_0)将它加速而产生相移(超前)；“铁氧体移相区段”输出的滞后相移右旋圆极化 TE_{11} 波再次进入“线—圆极化转换区段”，被转换成相位超前的线性极化的 TE_{10} 波。而当沿“$+z$”方向输入一个线性极化的 TE_{10} 波时，右边“线—圆极化转换区”中的介质板($\lambda_g/4$ 长度是为了获得 90°的时间相移)的放置方位角，将使线性极化的 TE_{10} 波转换为左旋圆极化的 TE_{11} 波；之后的转换过程与前述相同，只是输出的是一个相位滞后线性极化 TE_{10} 波。因此，图 5－19 所示的法拉第旋转相移器是一个相移非互易器件。如果将两个“线—圆极化转换区段”中的介质的方位板调成都产生同一方向的圆极化波时，则也可制成互易型法拉第旋转相移器。

法拉第旋转相移器可以等效为一个二端口网络，非互易法拉第旋转相移器的散射矩阵可以表示为

$$[S]=\begin{bmatrix}0 & e^{-j\Delta\theta}\\ e^{+j\Delta\theta} & 0\end{bmatrix} \tag{5-35}$$

式中：$\pm\Delta\theta$ 相移表明相移是非互易的。

2. 雷贾—斯本塞相移器(互易相移器)

图5-20所示是矩形波导雷贾—斯本塞相移器的结构图，它也可以做成圆形波导结构；雷贾—斯本塞相移器是一种流行的相移器，获得了广泛的应用。放置在波导的纵向中轴线上的两头呈圆锥形(具有图5-19中介质板的功能)磁性铁氧体圆柱棒(偏置线线圈提供纵向恒定外加磁场)能够将电磁场能量吸收并束缚到其内部传输，为产生相移创造了条件。当磁性铁氧体圆柱棒的直径大于某一临界尺寸时，它会将波导场以圆极化波的形式约束在其内部传输，从而利于张量导磁率 $\overleftrightarrow{\mu}$ 获得相移。

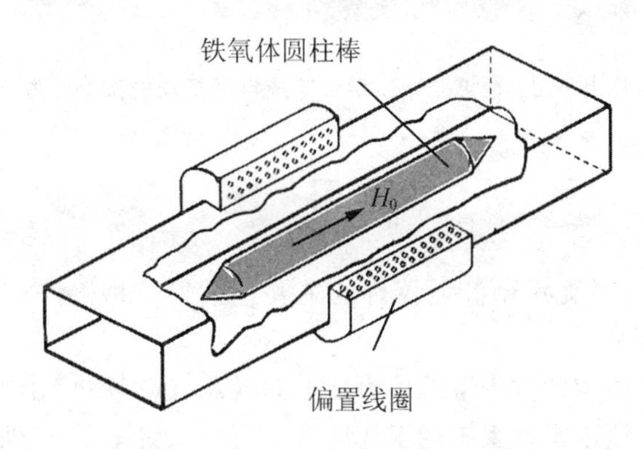

图5-20　雷贾—斯本塞相移器

3. 简谈铁氧体相移器在相控阵天线的应用

图5-21所示是一台导弹系统的相控阵雷达照片合成图，它是一种工作在C波段的多功能雷达。该种雷达可以对目标进行搜索和跟踪，以提供空中防务，同时还可以对导弹进行点火控制。在该系统中使用了5000个铁氧体相移器，对系统中使用的相控阵天线的波束扫描进行操纵。对此，可以引用以下天线阵最大波束辐射方向方位角进行简单说明。

$$\delta_{\max}=\arccos\frac{-\xi}{kd} \tag{5-36}$$

式中：$k=2\pi/\lambda$ 为信号的波数；d 是天线振子之间的距离；ξ 是天线振子之间的相移。

图5-21　某导弹系统的相控阵雷达

由式(5－36)可见：当 d 一定(设计值)时，如果使用相移器控制 ξ 连续变化，就可以控制 δ_{max} 连续变化、就可以操纵天线阵波束在空中进行扫描。所谓相控阵天线就是利用这一原理工作，从而避免使用机械控制天线旋转进行机械扫描。

环行器和相移器都可以集成在微波集成电路中，非常小型化。图 5－22 所示是一个某基地雷达系统中使用的“微波收—发混合集成电路模块”的实物照片(该基地雷达系统包含有 25344 个这样的模块)。这个使用在 X 波段的模块中集成了一个铁氧体环行器、相移器、放大器、耦合器和相关的控制和偏置电路等。

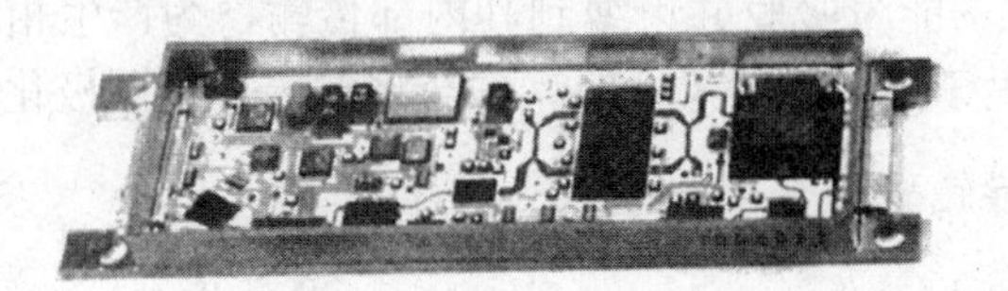

图 5－22　微波收—发混合集成电路模块的实物照片

练　习　题

1. 微波波段中非互易无源微波元器件的主要包括那几种器件？它们的非互易性能主要依靠哪种材料获得的？

2. 试说明图 5－3 所示微波中继通信天线—馈线系统设备的工作原理。

3. 试说明图 5－4 所示雷达系统的工作原理，为什么说图 5－5 所示雷达系统是一种改进系统？

4. 什么是磁性铁氧体？试根据图 5－8 所示的曲线说明它有哪些主要特性。

5. 试画出在图 5－10 中 x 坐标轴上与 x_1 对称的位置 x_2 处观察，所得出的 TE_{10} 沿“$+z$”方向传播时的磁场分量的旋转方向。

6. 某谐振式铁氧体单向器的工作频率为 $f=10$GHz，试求：① 该谐振是单向器的谐振频率 ω_0；② 该单向器的外加恒定磁场(估算值)H_0。

7. 试说明式(5－29)、式(5－30)和式(5－32)所表达的含义有什么区别？使用什么硬件措施使两者统一起来？为什么？

8. 你是怎样理解图 5－18 中铁氧体圆片内部电磁场型分布的？

9. 试写出雷贾—斯本塞相移器的散射矩阵，并解释为什么是这样的形式。

第6章 微波技术中的微波选频器件

教学目标

本章使用微波选频器件的题名，介绍微波技术重常用的微波谐振腔(器)和微波滤波器，这样可以将上述两种器件和实际应用结合起来考虑而减少“就事论事”的感觉。对于具体内容的介绍，本章主要讨论在微波技术实际中常用的谐振腔(器)和以归一化低通原型滤波器为基础的微波滤波器的设计思想；另外，由于实际微波滤波器种类很多，本章只能结合课程内容需要做一些有限介绍。本章选用了15道例题，可帮助对所讨论的内容加深理解。

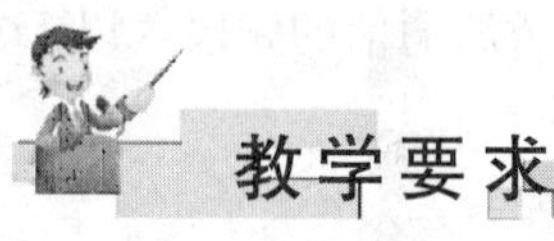

教学要求

① 一般性了解为什么要在通信信道中设置选频器件？它包括哪些器件？② 掌握微波谐振腔(器)原理及其固有谐振频率和品质因素的计算方法；③ 重点掌握 TE_{011} 振荡模金属圆柱形谐振腔的设计方法；④ 一般性了解波谐振腔(器)的用途；⑤ 了解设计滤波器的插入损耗方法；⑥ 重点掌握综合低通原型滤波器的基本方法，和利用阻抗变换方法将低通原型滤波器转换成适用的低通滤波器，以及利用频率变换和低通原型滤波器的归一化元件值数据表和相关工程曲线设计其他适用的滤波器；⑦ 掌握微波滤波器设计实现的基本原理(教师应重点讲授“倒置变换器”和“变形低通原型滤波器”，并建议以微波同轴线低通滤波器的实现为例讲授)。

计划学时和教学手段

本章为6计划学时，使用本书配套的PPT(简单动画)课件完成教学内容讲授。

6.1 泛谈微波选频器件

6.1.1 泛谈选频技术

信息通信技术飞速发展至今，不论是满足和丰富人们的和谐生活需要，还是适应人们不和谐的战争对抗需要，已经给予了人类较为完善的信息交流手段和方法。任何信息交流都寄寓在信号交流之中(顺便提醒一个容易被一般人忽视的以下概念：载波信号载送消息，但消息不等于信息；对收信人有用的消息才算信息，无价值和过时的消息不算信息，其信息量为“零”)，发达的信息技术离不开先进的信号处理技术。信号处理最关键的技术是信号的调制和反调制技术。当代不论是数字信号或是模拟信号的调制和反调制技术都相当发达，但两者都离不开选频技术。简单地说，所谓选频技术就是就将需要的信号(或信息)，从不需要的频谱和噪声中筛选出来，将不需要的抑制掉。试想：如果没有选频技术，如何能将千万人中的你、我、他的信息交流区分开来？例如，在第5章中的图5-3，就较集中展现了一种信号选频技术和信号分割技术(实际也是一种选频技术)的综合利用。

不论是数字通信信号或模拟通信信号，它们都是经过调制处理后的信号，它们都载有你、我、他待传送的消息。经过调制处理后的信号都站有很宽的频谱。例如，在绪论中曾经指出：我国目前使用2、4、6、7、8、11GHz频段作为数字微波通信的频段，以11GHz频段为例粗略估算它所具有的频宽为

$$\Delta f_{11\text{GHz}}=\frac{10}{100}\times 11\text{GHz}\approx 1\text{GHz}$$

根据CCIR387.3建议，在宽$\Delta f_{11\text{GHz}}\approx 1\text{GHz}$的频道内安排了12个标准1920路脉冲编码调制PCM“数字电话”信道；即在$\Delta f_{11\text{GHz}}\approx 1\text{GHz}$的频宽内要载送19200个“你”或“我”或“他”待传送的消息。试想：如果要将这样一个庞大的消息群用微波通信的方式发出去，对方将它收下来又要分发送到每个接收消息的个人，显然应该采用极其复杂的选频技术才有可能实现；除了采用绪论中图0-4那样做一个“收—发”频率总体设计安排外，还需第5章中的图5-3那样一种信号选频和信号分割技术和更多的话音分割技术。

以上所说是一种复杂的选频技术，日常生活中常见和常用的选频技术是收音机和电视机的选台。如图6-1所示，n个无线电发射台向空中发射了各自的调制载波信号频率f_1、f_2、f_3、…、f_n，如果想收听发射频率为f_1的电台的节目就将选频回路调谐到

$$f_1=f_0=\frac{1}{2\pi\sqrt{LC}} \tag{6-1}$$

的频率(不考虑耦合影响)；之后再经过中频放大器的选频回路(中周变压器)再进一步选频(使所接收的电台纯洁到只有唯一频率为f_1的电台)；之后再经过检波(反调制)处理，进一步筛选出音频信号(从复杂的频谱中选取)，就可以享受到想收听的节目内容。电视视频图像的提取过程与此类似。

在现代信息技术中选频技术的方方面面还很多，此处无必要也不可能详述。不论是在数字信号传输通道或是模拟信号传输通道，都要用到选频技术；否则，就不可能获得现代

高质量信息交流享受。如果再回到嘀嘀嗒嗒的“莫尔斯电报”通信时代(非相干电磁波通信)，根本就不需要选频技术。

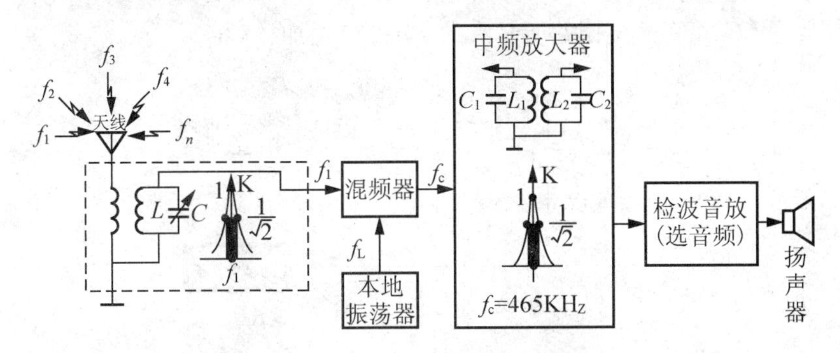

图 6-1 收音机中的选频回路

不管选频技术多么复杂(类似图 5-3 那样复杂)，但支持该项技术的基本选频器件“谐振回路”和“滤波器”就总体而言相对比较单纯。“谐振回路”和“滤波器”另有一套完整的理论体系，用以探求提高信息质量的途径，限于本书的宗旨对此也不涉及太深。

6.1.2 泛谈微波谐振腔和微波滤波器

1. 浅谈微波谐振腔

微波谐振腔(或称微波空腔谐振器)是微波领域使用的微波选频器件之一。在中短波收音机中选电台选频器件很简单(图 6-1)，它就是一个如图 6-2(a)所示的第一种 LC 并联谐振回路。由电感线圈 L 和平板电容 C 并联所构成的谐振回路，只能适用于中短波和米波波段；如果使用频率升高到较长的分米波段(也含部分米波)，通常采用如图 6-2(b)所示的 $\lambda/4$ 双线短路传输线或同轴线作谐振回路；如果使用频率再升高到微波波段(分米波、厘米波和毫米波波段)，就要使用如图 6-2(c)所示的封闭电磁场的金属腔体，或使用能吸收和束缚电磁场的介质块(例如，图 5-14 所示的集中参数环行器中所包含的“铁氧体圆片”)构成的所谓介质谐振器。

实际上，从图 6-2(a)所示的集中参数谐振回路过渡(或发展)到微波空腔谐振器是很自然的。由电感线圈 L 和平板电容 C 并联所构成的普通谐振回路，如果将它们放在更高的频率使用，其品质因数 Q 将非常低(低到无法选频)。如果像图 6-2(a)那样在平板电容 C 上逐步增加并联短路传输线(小于 $\lambda/4$)的条数，那么谐振回路的电感量和损耗电阻都将减小，其结果是提高了谐振回路的固有谐振频率 f_0 和品质因数 Q。例如：如果在平板电容 C 上并联的短路传输线由 1 条增加到 25 条，其并联电感值将减小到 $L_{25}=L_1/25$、损耗电阻 R 将减小到 $R_{25}=R_1/25$。此时，根据式(6-1)计算固有谐振频率 f_0 将增加 5 倍，而根据以下计算回路品质因素的公式：

$$Q=\sqrt{\frac{L}{CR^2}} \tag{6-2}$$

计算得 $Q_{25}=\sqrt{25}Q_1$，即回路品质因素将增加 5 倍。

根据以上简单计算可见：如果继续增加平板电容 C 上并联短路传输线的条数，最后所

有短路传输线将连成一片融合成一个封闭的圆柱形金属空腔谐振器。如果设想上述金属空腔谐振器是由 N 条短路传输线融合而成，经上述粗略计算它的固有谐振频率 f_0 和品质因数 Q 都将较普通 LC 并联谐振回路所具有的 f_0 和 Q 增加 $\sqrt{N}$ 倍。

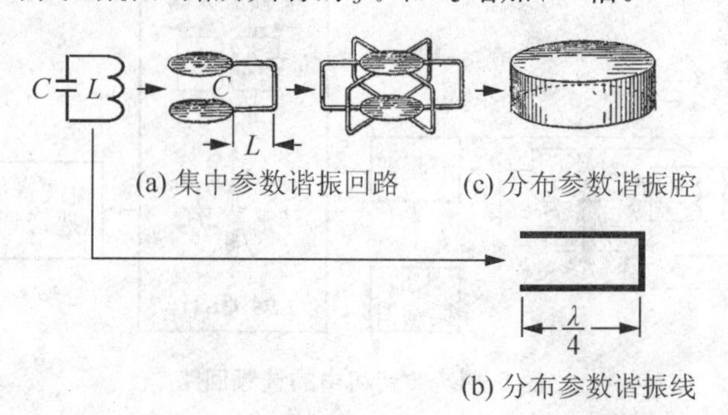

图 6-2　从集中参数谐振回路过渡到谐振腔

微波波段使用的金属空腔谐振器简称为“谐振腔”，图 6-2(c)所示的微波谐振腔只是可能具有的形状之一；根据实际使用需要，还可能将微波谐振腔制造其他形状。在图 6-3 中，给出了几种不同形状的空腔谐振器。其中，图 6-3(b)是使用圆柱形谐振腔制造的“频率计”(或波长计)；图 6-3(c)是磁控管(主要用在雷达机中，家用微波炉中也使用)中使用的金属圆柱形谐振腔(共 8 个腔，它们被“旋转电子云”激励)；图 6-3(d)和图 6-3(e)主要用来做微波电真空器件的谐振回路(目前在大功率微波设备中还部分使用“速调管”等微波电真空器件)；图 6-3(f)所示为同轴线谐振腔，可用于制造的频率(或波长)计及有源微波电路的谐振回路等。

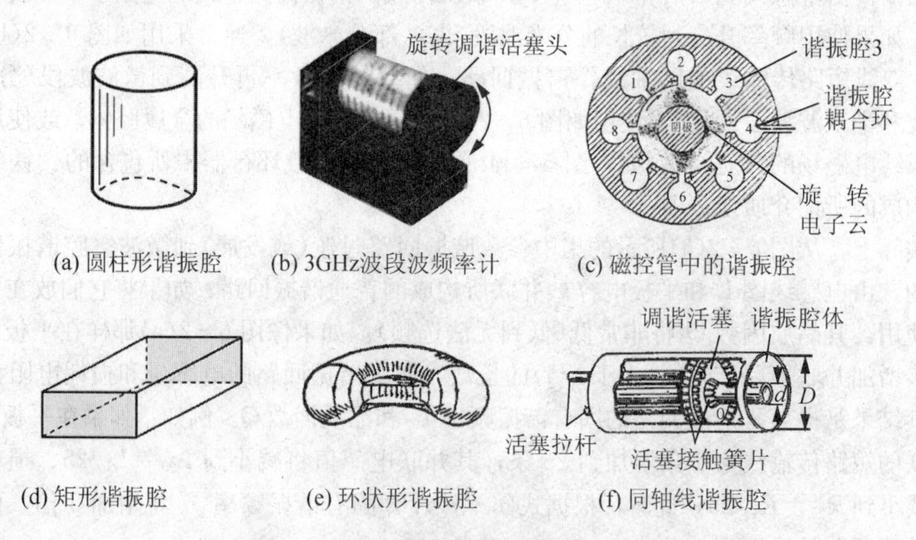

图 6-3　几种不同形状的金属空腔谐振器

不管金属谐振腔的形状如何，它们的共同特点是将振荡电磁场(驻波场)封闭屏蔽在金属腔体中；因此，空腔谐振器没有电磁辐射损耗，空腔内壁金属表面(通常镀金或镀银)电阻损耗也很低。基于以上原因，金属谐振腔的品质因数 Q 值(其含义将在后面的讨论中介

绍)较普通 LC 并联谐振回路 Q 值绝对不止增加$\sqrt{N}$倍；前者可达10^4数量级，后者最高仅为10^2(或更低)数量级。由于高 Q 值谐振腔具有尖锐的选频和抑制杂波的特性，使得它在实际中具有非常高的使用价值。例如，图 6－3(b)所示的频率计其核心部件就是一个高 Q 值金属圆柱形谐振腔，利用其尖锐的选频和抑制杂波的特性可以将当前被测频率选择(突显)出来进行刻度指示。又例如，如果某个“微波振荡源”的输出杂波(噪声)达不到技术指标要求，可以在其输出端接入一个高 Q 谐振腔将杂波(噪声)抑制掉。理论上应该十分关注谐振腔的 Q 值问题，从抑制杂波(噪声)等需要出发，希望谐振腔的 Q 值越高越好。

2. 微波滤波器

和微波谐振腔一样，微波滤波器也是微波领域使用的微波选频器件，但两者有以下区别：微波谐振腔主要用来选择某一个频率 f_0(如波计长)或 f_0 附近有限的频谱(如收音机的窄带选频器件)；而微波滤波器的设计宗旨是如何高质量地选择某一个载频及其附近的有用宽带信号频谱(宽带选频器件)。对于上述微波滤波器的功能，可用图 6－4 为例做以下说明：图中 4 只带通滤波器的频率特性的“排列”是表示图 5－3 中用来从多波道微波信号中选择本波道微波载频(载频间隔 40MHz，如图 0－4 所示)所载送的标准 1920 路“数字电话”微波频谱的情况。即 4 只带通滤波器中的每个本波道的带通滤波器，只让本波道的微波宽带信号通过(产生小于 3dB 的插入损耗 L_r)；对于非本波道的微波宽带信号理论上提供的插入损耗 $L_r\to\infty$而不让通过，从而达到宽带选频的目的。注意：使用微波谐振腔不可能完成上述这样的宽带选频，只能使用微波带通滤波器才有可能做到宽带选频的要求。

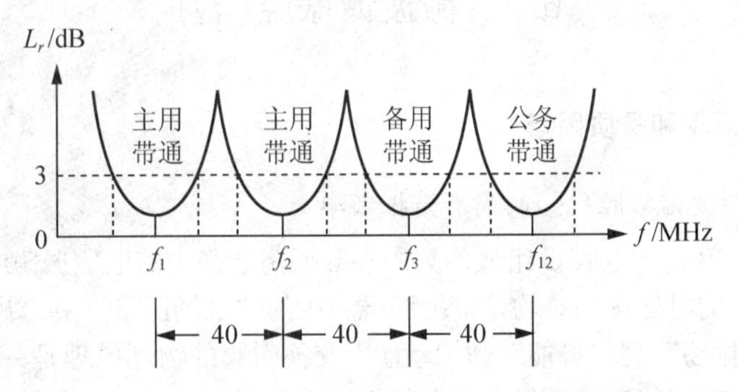

图 6－4　第 5 章图 5－3 中 4 只收信带能滤波器频率特性示意图

图 6－5 所示是一个矩形金属波导带通滤波器和它的等效电路，图 6－5(a)是它的结构示意图。图 6－4 中所说的微波带通滤波器就是这种滤波器。从外形结构上看它与普通集中参数滤波器有很大的不同，但它的等效电路却是如图 6－5(c)所示的普通集中参数滤波器的模型。

图 6－5(a)显示，金属波导微波带通滤波器由①、②、③等 3 个彼此相距 $\lambda_g/4$ 的矩形谐振腔构成；金属波导的 4 个内壁是腔体的 4 面腔壁，另外两个腔壁是由金属销钉组成的“栅网”构成；金属矩形波导通道中传输的 TE_{10} 波既能穿过金属栅网，又能在腔体的两个金属栅网之间来回反射形成驻波振荡。在图 6－5(a)中如果暂不考虑第①腔和第③腔而保留第②个谐振腔，则可以直观获得图 6－5(b)所示的等效电路。在图 6－5(b)所示的等效电路中，运用双线传输线输入阻抗 $Z_{in}(z)$每隔 $\lambda/4$ 重复一次和每隔 $\lambda/2$ 交换一次的性质，可

得到以下实验结果：将 $c-c_1$端“短路”，在 $a-a_1$端观察为“短路”（等效为串联谐振电路）；将 $c-c_1$端“开路”，在 $a-a_1$端观察为“开路”（等效为并联谐振电路）。如果在图 6－5(c)暂不考虑第①和第③腔等效电路存在，将 $c-c_1$端“短路”和“开路”所得的实验结果与上述实验结果完全一样。这表明：图(b)中 $b-b_1$端接的“并联谐振电路”，可以等效为图(c)中 $a-c$ 端接的“串联谐振电路”。如果将两者的第①和第③腔等效电路都恢复接入在 $a-a_1$端和 $c-c_1$端，就可以得到金属波导带通滤波器的集中参数带通滤波器等效电路图 6－5(c)，它是真正意义上的等效电路，而图 6－5(b)只是直观等效电路。

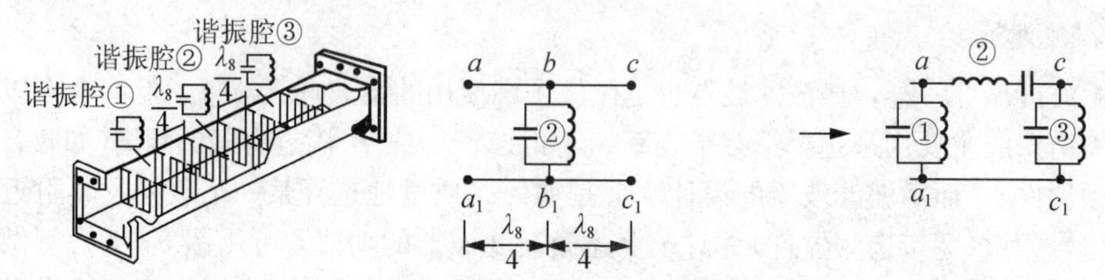

图 6－5　金属矩形波导带通滤波器及其等效电路

以上只是作为一个举例，对微波滤波器做一般性的简单介绍。在后面的讨论中，将较为深入地讨论微波滤波器的基本设计方法。

6.2　微波谐振腔(器)

6.2.1　固有谐振频率和品质因素

1. 怎样计算微波谐振腔(器)的固有谐振频率

不管是在由电感 L 和电容 C 组成的集中参数振荡电路中的电磁振荡或是在具有分布参数的谐振腔(器)中的电磁振荡，均是谐振腔(器)中的“电场能量”和“磁场能量”交换所形成的(与“单摆振荡”是“势能”和“动能”交换引起的物理原理是一样的)。当电场能量和磁场能量相等时就能产生谐振，谐振频率取决于谐振腔(器)的参数。在谐振腔(器)中，要求形成电磁振荡的首要条件是要求它们束缚的电磁场是“驻波场”，而且要求驻波电场 E 和驻波磁场 H 的时间相位差 90°。图 6－6 所示的金属圆柱形谐振腔是由一段金属圆波导，在其两端横截面上用金属圆片短路封闭而成，其横向场为驻波分布(参见式(2－99)和式(2－104))、纵向场也为驻波分布(因为波导中的纵向传输电磁场，在两个封面金属圆片来回反射将形成驻波)。因此，图 6－6 所示的金属圆柱形谐振腔具备了产生自由电磁振荡的驻波条件；至于要求谐振腔中电场 E 和磁场 H 时间相位差 90°，对于具体的“振荡模”来说是可以满足的(将在后面的讨论中介绍)。广义而言，所有的谐振腔(器)都能满足驻波条件和相位条件；否则，就不能称为谐振腔(器)，只能称为金属空盒或其他别的什么。

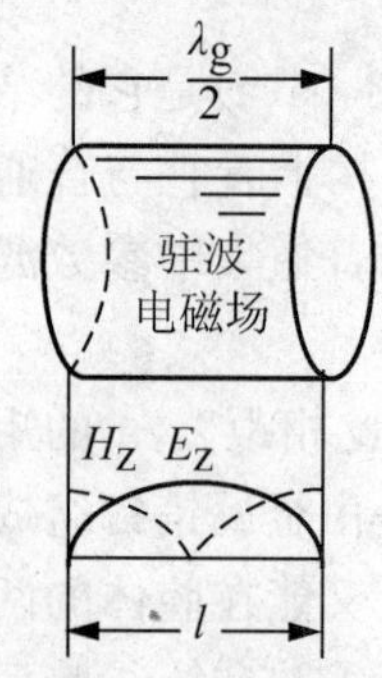

图 6－6　谐振腔的谐振频率计算

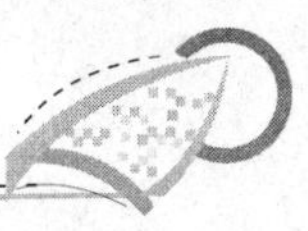

根据以上广义概念，如果将图6-6所示的由圆柱形波导形成的圆柱形谐振腔置换成其他形式，谐振腔(器)的情况下，例如矩形波导形成的矩形谐振腔、同轴线谐振腔和传输线型谐振器等(图6-4(e)所示的环状形谢振腔除外)，在考虑它们满足驻波条件时只需考虑它们“纵向z方向”是否为驻波就可以了。如果它们纵向为驻波，就具备了产生自由电磁振荡的条件；否则，就不具备产生自由电磁振荡的条件。根据这一概念，显然图6-6中谐振腔(器)的纵向长度应该为

$$l=p\frac{\lambda_g}{2} \tag{6-3}$$

式中：$p=1, 2, 3, \cdots$为谐振腔(器)的“纵向波指数”，它表示沿谐振腔的纵向长度半个驻波的分布个数。

式(6-3)是计算谐振腔(器)的基本公式；如果将式(6-3)代入第2章中的式(2-39)或式(2-89)，经过简单变换就可以得到计算上述各种谐振腔(器)谐振频率的一般性公式：

$$f_0=\frac{\upsilon}{2\pi}\sqrt{\left(\frac{p\pi}{l}\right)^2+\left(\frac{2\pi}{\lambda_c}\right)^2} \tag{6-4}$$

式中：$\upsilon=1/\sqrt{\mu\varepsilon}$为介质中的光速，如果谐振腔中填充空气介质则$\upsilon=c=1/\sqrt{\mu_0\varepsilon_0}$；$\lambda_c$是构成谐振腔的波导的截止波长。

【例6-1】 图6-7所示的圆柱形谐振腔是由一段长度为l的传输TE_{01}模的空气填充金属圆波导，两端用金属圆片短路短路封闭而成，试问：(1)如果将该谐振腔中的振荡模记为TE_{mnp}，其振荡模式应该怎样表示？(2)该谐振腔的固有谐振频率f_0应该怎样表示？

解：(1) 说明该谐振腔的振荡模式。

因为圆柱形谐振腔是由一段传输TE_{01}模的金属圆波导封闭而成，故振荡模的波指数$m=0$和$n=1$。从图6-7看出该谐振腔的纵向波指数$p=1$。该谐振腔的振荡模式应该表示成TE_{011}模.

(2) 求该谐振腔的固有谐振频率f_0的表达式。

将圆波导中TE_{mn}的截止波长$\lambda_{cTE_{mn}}$表示式(2-105)代入式(6-4)，可以得到计算圆柱形谐振腔TE_{mnp}振荡模固有谐振频率f_0的一般表达式：

$$f_0=\frac{c}{2}\sqrt{\left(\frac{p}{l}\right)^2+\left(\frac{\xi_{mn}}{\pi a}\right)^2} \tag{6-5}$$

式中：$c=1/\sqrt{\mu_0\varepsilon_0}$为真空中的光速；$a$是圆波导的半径；$\xi_{mn}$是第一类$m$阶贝塞尔函数的导数$J'_m(K_c r)$的第$n$个根，从第2章表2-5中可以查到$\xi_{mn}$的部分值；从表2-5查得$TE_{011}$振荡模($TE_{01}$模)对应的$\xi_{01}=3.8317$，将该值代入式(6-5)可得图6-7所示谐振腔$TE_{011}$振荡模的固有谐振频率的表达式为：

$$f_{0TE011}=\frac{c}{2}\sqrt{\left(\frac{1}{l}\right)^2+\left(\frac{3.83171}{\pi a}\right)^2}$$

由式(6-5)可以看出：当谐振腔的尺寸l和a值一定时，因为波指数$p=1, 2, 3, \cdots$，使谐振腔具有无穷多个固有谐振频率；或者说，谐振腔具有“多谐性”。除了由集中参数电感线圈L和集中电容C并联所构成的普通谐振回路外(其固有谐振频率用式(6-1)唯一确定)，由分布参数构成的微波谐振腔(器)都具有多谐性。

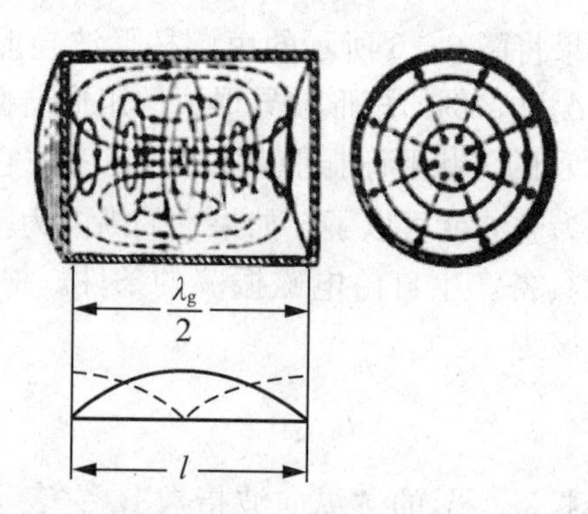

图 6-7　圆柱形谐振腔中振荡模的电磁场分布

2. 怎样计算微波谐振腔(器)的品质因素

谐振腔(器)中的电场能量和磁场能量的交换，形成了谐振腔(器)中的自由电磁振荡；这种自由电磁振荡由外面的能量激发起，也要靠外面的能量来维系；否则，不补充能量就会自然消失掉。这是因为在电磁能量交换过程中，能量将被谐振腔(器)的损耗电阻 R 损耗掉的缘故。因为谐振腔中电场 E 和磁场 H 时间相位差 90°，即在 $t=0$ 时刻，谐振腔中电场 E 最大、磁场 H 最小；在 $t=T/4$ 时刻(即经过四分之一周期之后)，谐振腔中 H 磁场最大、电场 E 最小；如此循环交替变化，谐振腔中的谐振腔(器)中的电场能量和磁场能量每隔 $T/4$ 交换一次；而电磁能量每交换一次，就伴随着一次损耗。综合起来可以这样说：谐振腔(器)的储存电磁能量生成自由振荡，谐振腔(器)的损耗则消耗电磁能量、损耗自由振荡；因此，如果使用谐振腔(器)的“电磁能量的储存量”和“电磁能量的消耗量”来描述其“品质”的优劣，应该是合理的。因此，通常使用以下量化的方式来表达和衡量所有谐振器件的优劣：

$$Q=2\pi\frac{\text{谐振器件中的储能}}{\text{谐振器件在一个振荡周期 }T\text{ 内的耗能}}=\omega_0\frac{W}{P_l} \tag{6-6}$$

式中：$\omega_0=2\pi f_0=2\pi/T$；W 为谐振器件中储存电磁能量；P_l 为谐振器件中一个振荡周期内的功率损耗。

由式(6-6)所确定的 Q 值称为谐振腔(器)的品质因素。由电感线圈 L 和平板电容 C 并联所构成的普通谐振回路 Q 值计算式(6-2)，也是从式(6-6)的概念出发求得的。对于谐振腔(器)的 Q 值，从式(6-6)出发可以求得以下近似计算式：

$$Q_0\approx\frac{1}{\delta}\left(\frac{V}{S}\right) \tag{6-7}$$

式中：$\delta\approx\sqrt{2/\omega\mu\sigma}=\sqrt{2\rho/\omega\mu}$ 是构成谐振腔(器)金属材料的趋表深度(参见式(0-3))；$\rho=1/\sigma$ 是金属材料的电阻率；μ 是金属材料的磁导率；V 是储存电磁能量的体积；S 是引起损耗的金属材料的表面积。

式(6-6)所确定的 Q 值是谐振腔(器)不与外界发生任何联系的品质因素，称为空载品质因素 Q_0。实际上应该像图 6-8 所示的那样，计算接有耦合装置接有负载时的谐振腔(器)的有载品质因素 Q_L 才有意义；可以这样说：空载品质因素 Q_0 具有品牌价值，有载品质因素 Q_L 具有实用意义。因此当从式(6-6)出发计算实际使用的谐振腔(器)时，一个振荡周期内的功率损耗 p_l 应该由以下两部分组成：

$$P_l = P_{l0} + P_{le} \tag{6-8}$$

式中：P_{l0}是为谐振器件自身一个振荡周期内的功率损耗；P_{le}是一个振荡周期内负载吸收功率损耗。

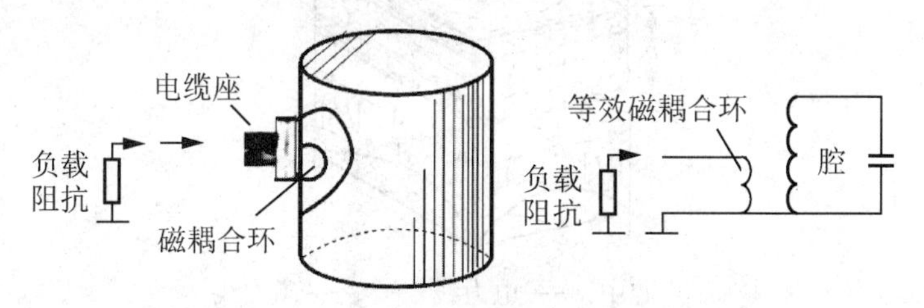

图6-8　一个有载谐振腔及其等效电路

将式(6-8)代入式(6-6)，可得到有载品质因素 Q_L 的表达式为

$$Q_L = \omega_0 \frac{W}{P_{l0} + P_{le}} \tag{6-9}$$

或

$$\frac{1}{Q_L} = \frac{P_{l0}}{\omega_0 W} + \frac{P_{le}}{\omega_0 W} = \frac{1}{Q_0} + \frac{1}{Q_e} \tag{6-10}$$

式中：因为 Q_e 决定于谐振腔(器)所接外部负载的吸收功率 P_{le}，故 Q_e 称为外部品质因素。

注意

利用空载品质因素 Q_0 的品牌价值来评论一个谐振腔(器)的品质优劣，具有非常重要的理论意义；有载品质因素 Q_L 虽然具有实际价值但它随负载变化，因此绝对不可以设想使用 Q_L 来对谐振腔(器)的品质优劣做一般性的理论评述(因为它没有唯一性)。因此，实际中谈论一个谐振腔(器)的品质优劣时，都是用空载品质因素 Q_0 来表述。

6.2.2　介绍几种谐振腔(器)

1. 矩形谐振腔

图 6-3(d)所示的矩形谐振腔是一段金属矩形波导两端使用矩形金属片封闭短路而成；与金属矩形波导中 TE_{mn} 和 TM_{mn} 传输模式相对应，矩形谐振腔中有 TE_{mnp} 和 TM_{mnp} 振荡模。图 6-9 所示是矩形谐振腔中最低(主)振荡模 TE_{101} 模的驻波电磁场结构图。

由第 2 章式(2-8)可以看出：在传输 TE_{10} 模的金属矩形波导中沿 x 坐标轴方向是驻波分布，沿 z 坐标轴传输方向是行波；那么在金属矩形谐振腔中由于矩形波导段两端被金属片短路，此时沿 z 坐标轴传输方向是行波来回反射就形成了驻波。因此，根据式(2-8)可以导出以下 TE_{101} 振荡模的电磁场分布方程：

$$\begin{aligned} E_y &= E_{101} \sin\frac{\pi x}{a} \sin\frac{\pi z}{l} \\ H_x &= -\mathrm{j}\left(\frac{\lambda_0}{2l}\right)\frac{E_{101}}{\eta_0} \sin\frac{\pi x}{a} \cos\frac{\pi z}{l} \\ H_z &= \mathrm{j}\left(\frac{\lambda_0}{2l}\right)\frac{E_{101}}{\eta_0} \cos\frac{\pi x}{a} \sin\frac{\pi z}{l} \end{aligned} \tag{6-11}$$

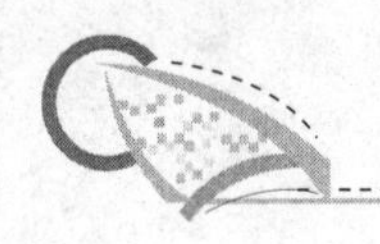

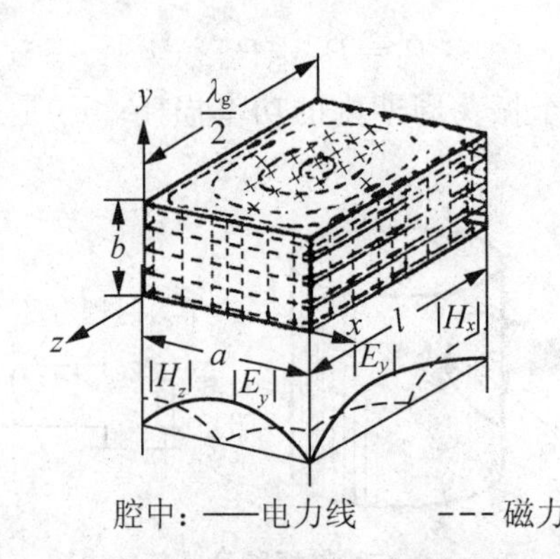

腔中：——电力线　　- - - 磁力线

图 6 - 9　矩形谐振腔中瞬间 TE_{101} 振荡模驻波电磁场分布

式中：$\eta_0=\sqrt{\mu_0/\varepsilon_0}=120\pi\approx377\Omega$ 为波导空气填充时的波阻抗；λ_0 为谐振波长。

根据方程(6 - 11)可得出以下有用结论：① 金属矩形谐振腔中振荡模 TE_{101} 模具有 E_y、H_x 和 H_z 共 3 个电磁场分量，磁场分量 H_x、H_z 和电场分量 E_y 时间相位相差 90°(因为电场分量 E_y 前面没有“j”因子)；② 因为 E_y 和 H_x、H_z 有 90°的时间相位相差，所以腔中驻波分布幅度进行起伏变化交换。即是说：在腔体空间中某处 E_y 分量增长时，H_x、H_z 分量就减弱(反之亦然)，从而进行电磁能量交换形成电磁振荡；③ 图 6 - 9 所示是腔中 TE_{101} 振荡模驻波电磁场的瞬间分布情况，在该瞬间：腔体中心处电场 E_y 分量最强，磁场 H_x、H_z 分量为零；而在腔体内壁附近处磁场 H_x、H_z 分量最强，电场 E_y 分量为零。

金属矩形谐振腔中振荡模 TE_{101} 的固有谐振频率 f_0，可以用式(6 - 4)表达；若将 TE_{10} 模的截止波长 $\lambda_c=2a$ 代入式(6 - 4)，并考虑到纵向波指数 $p=1$ 和腔中为空气填充，就可以得到其具体表示式为

$$f_0=\frac{c\sqrt{a^2+l^2}}{2al} \tag{6 - 12}$$

式中：$c=1/\sqrt{\mu_0\varepsilon_0}$ 为真空期中的光速。

因为微波器件的尺寸可以与微波波长相比拟，故通常习惯认为使用谐振波长 λ_0 较为方便。根据式(6 - 12)，不难求得金属矩形谐振腔中振荡模 TE_{101} 的谐振波长为

$$\lambda_0=\frac{c}{f_0}=\frac{2al}{\sqrt{a^2+l^2}} \tag{6 - 13}$$

将式(6 - 11)的电磁场分量表示式(6 - 6)并经过一些变换，可以求得金属矩形谐振腔工作在 TE_{101} 振荡模时的空载品质因素的表示式为

$$Q_0=\frac{\lambda_0\sqrt{\left(\frac{1}{a^2}+\frac{1}{l^2}\right)^3}}{\delta\left[\left(\frac{2}{a}+\frac{1}{b}\right)\frac{1}{a^2}+\left(\frac{2}{a}+\frac{1}{b}\right)\frac{1}{l^2}\right]} \tag{6 - 14}$$

如果金属腔是立方体且工作在 TE_{101} 振荡模，则可令 $a=b=l$ 代入式(6 - 14)求得其空载品质因素的表示式为

$$Q_0=\frac{\lambda_0}{3\sqrt{2}\delta} \tag{6 - 15}$$

【例 6-2】 某铜质空气填充矩形谐振腔使用国产 BJ-48 标准波导制成，查附录 A 标准波导参数表得知：$a=47.55\text{mm}$，$b=22.15\text{mm}$；要求该谐振腔的振荡模为 TE_{101} 模和谐振波长 $\lambda_0=7.5\text{cm}$。已知在该波长的情况下铜的趋表深度 $\delta=10.4\times10^{-4}\text{mm}$，试求：(1)该谐振腔纵向设计尺寸 l 和 BJ-48 标准波导传输 TE_{10} 波的波导波长 λ_g，并比较两者之间的关系；(2)该谐振腔的空载品质因素 Q_0。

解：(1) 求谐振腔的腔体尺寸 l 和 λ_g。

将已知 $\lambda_0=7.5\text{cm}$ 和 $a=47.55\text{mm}$，代入式(6-13)求得：$l=61\text{mm}$；代入第 2 章式(2-65)求得

$$\lambda_g=\frac{\lambda_0}{\sqrt{1-\left(\frac{\lambda_0}{2a}\right)^2}}=\frac{75}{\sqrt{1-\left(\frac{75}{2\times47.55}\right)^2}}=122\text{mm}$$

通过以上计算数据可见：

$$l=\frac{\lambda_g}{2}=\frac{122\text{mm}}{2}=61\text{mm}$$

所计算的谐振腔尺寸，确实是按照振荡模为 TE_{101} 模的要求设计的。

(2) 求谐振腔的空载品质因素 Q_0。

将已知的 λ_0、a、b、l 及 δ 代入式(6-13)得

$$Q_0=\frac{75\times\sqrt{\left(\frac{1}{2261}+\frac{1}{3721}\right)^3}}{10.4\times10^{-4}\times\left[\left(\frac{2}{47.55}+\frac{1}{22.15}\right)\times\frac{1}{2261}+\left(\frac{2}{47.55}+\frac{1}{22.15}\right)\times\frac{1}{3721}\right]}=3111$$

可见，金属谐振腔的品质因素 Q_0 可达 10^4 数量级，远比 LC 振荡回路品质因素 Q_0(为 $<10^2$)要高得多。

2. 金属圆柱形谐振腔及一些重要问题

图 6-7 和图 6-8 所示都是金属圆柱行谐振腔，腔中可以激发起许多振荡模。与金属圆形波导中 TE_{01}、TE_{11} 和 TM_{01} 传输模式相对应，金属圆柱形谐振腔中常用的有图 6-10 所示的 TE_{011}、TE_{111} 和 TM_{010} 三种振荡模的电磁场结构图；它们分别和第 2 章图 2-23(a)、(b)和图 2-24(a)具有完全相同的电磁场结构，只是沿纵向 l 方向为 1 个“半个驻波”分布而已。

关于金属圆柱形谐振腔中的电磁场分量方程，可以利用第 2 章中方程(2-99)和方程(2-104)推导获得(此处从略，只需注意电场和磁场分量有无“j”因子的差别)。

将金属圆波导中 TE_{mn} 和 TM_{mn} 模的截止波长 λ_c 表示式(2-105)和(2-106)代入式(6-5)，可以得到计算金属圆柱形谐振腔 TE_{mnp} 和 TM_{mnp} 振荡模固有谐振波长 λ_0 的一般表达式：

$$\lambda_{0TE_{mnp}}=\frac{c}{f_0}=\frac{1}{\sqrt{\left(\frac{p}{2l}\right)^2+\left(\frac{\xi_{mn}}{2\pi a}\right)^2}} \qquad (6-16)$$

$$\lambda_{0TM_{mnp}}=\frac{c}{f_0}=\frac{1}{\sqrt{\left(\frac{p}{2l}\right)^2+\left(\frac{\upsilon_{mn}}{2\pi a}\right)^2}} \qquad (6-17)$$

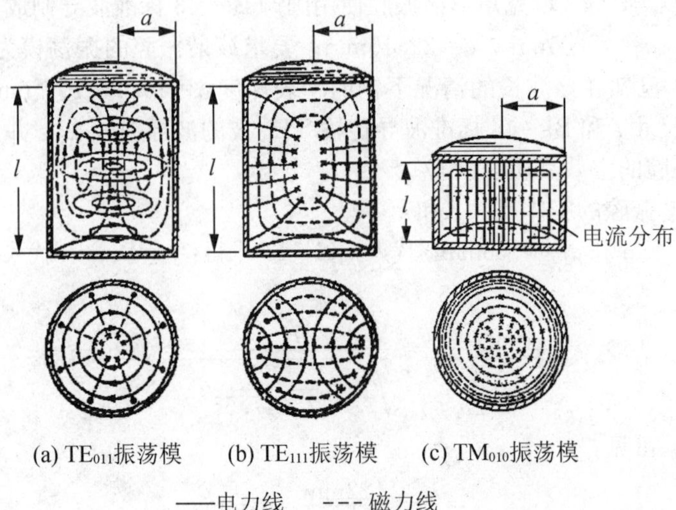

(a) TE_{011}振荡模　(b) TE_{111}振荡模　(c) TM_{010}振荡模

——电力线　---磁力线

图 6-10　圆柱形谐振腔中的 3 种主要振荡模

式中：a 为圆柱腔体的半径；l 为圆柱腔的长度；ξ_{mn} 为第一类 m 阶贝塞尔函数导数 $J'_m(K_c r)$ 的第 n 个根；υ_{mn} 第一类 m 阶贝塞尔函数 $J_m(K_c r)$ 的第 n 个根；从第 2 章表 2-4 和表 2-3 可以查得 ξ_{mn} 和 υ_{mn} 值。

金属圆柱形谐振腔 TE_{mnp} 和 TM_{mnp} 振荡模的空载品质因素 Q_0，可分别用以下式(6-18)和式(6-19)进行计算：

$$Q_{0TE_{mnp}}=\frac{\lambda_0}{2\pi\delta\psi}\left[1-\left(\frac{m}{\xi_{mn}}\right)^2\right]\left[\xi_{mn}^2+\left(\frac{p\pi}{2}\right)^2\left(\frac{2a}{l}\right)^2\right]^{\frac{3}{2}} \tag{6-18}$$

式中：

$$\psi=\xi_{mn}+\left(\frac{p\pi}{2}\right)^2\left(\frac{2a}{l}\right)^3+\left(\frac{p\pi}{2}\right)\left(\frac{2a}{l}\right)^2\left(\frac{m}{\xi_{mn}}\right)^2\left(1-\frac{2a}{l}\right) \tag{6-18a}$$

$$Q_{0TM_{mnp}}=\frac{\lambda_0\left[\upsilon_{mn}^2+\left(\frac{p\pi}{2}\right)^2\left(\frac{2a}{l}\right)^2\right]^{\frac{1}{2}}}{2\pi\delta\left(1+\frac{2a}{l}\right)} \tag{6-19}$$

研究微波谐振器件应该注意一下两方面问题：① 应该知道类似图 6-10 所示的腔体内电磁场分布结构图，因为它可以指导正确设计微波谐振器件的“激励(输入)”和“耦合(输出)”装置；② 应该知道种微波谐振器件的重要参数“固有谐振波长 λ_0”和“空载品质因素 Q_0”。对于一从事微波工程设计人员当遇到微波谐振腔(器)问题时，必须对上述两方面问题有所考虑(即使是使用人员也应有所了解)。以上问题均因谐振腔(器)的振荡模式不同而不同，下面将围绕这些问题进行讨论。

1）金属圆柱形谐振腔中的 TE_{011} 振荡模

(1) TE_{011} 振荡模的场分量方程及怎样计算它的谐振波长。

根据第 2 章式(2-108)，并考虑到金属圆柱形谐振腔纵向 z 方向为驻波，可得 TE_{011} 振荡模的 3 个场分量方为

$$E_{\varphi}=-\frac{\mathrm{j}\omega\mu a}{3.8317}H_{01}J_{1}(\frac{3.8317}{a}r)\sin(\frac{p\pi}{l}z)$$

$$H_{r}=\frac{\mathrm{j}\beta a}{3.8317}H_{01}J_{1}(\frac{3.8317}{a}r)\cos(\frac{p\pi}{l}z) \tag{6-20}$$

$$H_{z}=H_{01}J_{0}(\frac{3.8317}{a}r)\sin(\frac{p\pi}{l}z)$$

图 6－10(a)所示是金属谐振腔 TE_{011} 振荡模的电磁场结构图，它和第 2 章图 2－23(a)所示金属圆形波导中 TE_{01} 模的电磁场结构完全相同，只是沿纵向 l 方向为 1 个“半个驻波”分布而已。因此，金属圆柱形谐振腔若要求对 TE_{011} 振荡模产生谐振，只需变化纵向 l 的长度以适应沿该方向出现 1 个“半个驻波”的需要即可，这个 1 个“半个驻波”，就是金属圆形波导中 TE_{01} 模的 $\lambda_g/2$(图 6－7)；要求沿纵向 l 方向出现 1 个“半个驻波”，等同于要要求方程(6－20)中的波指数 $p=1$。

金属圆柱形谐振腔 TE_{011} 振荡模的谐振波长，可以引用式(6－16)计算。此时，令式中 $p=1$ 和从表 2－5 查得 TE_{011} 振荡模对应的 $\xi_{mn}=3.8317$，并将它们代入式(6－16)，就可以得到计算金属谐振腔 TE_{011} 振荡模的谐振波长的表示式：

$$\lambda_{0TE_{011}}=\frac{1}{\sqrt{(\frac{1}{2l})^{2}+(\frac{3.8317}{2\pi a})^{2}}}=\frac{1}{\sqrt{(\frac{1}{2l})^{2}+(\frac{1}{1.6a})^{2}}} \tag{6-20a}$$

(2) 怎样计算用 TE_{011} 振荡模工作时金属圆柱形谐振腔的 Q_0 值?

TE_{011} 振荡模工作时金属谐振腔的 Q_0 值，可以引用式(6－18)计算。为此，首先令式中的 $m=0$ 和 $p=1$，再从第 2 章表 2－5 查得 TE_{011} 振荡模(TE_{01} 模)对应的 $\xi_{01}=3.8317$；再将已知的 m、p 和 ξ_{01} 代入式(6－18)，经过简单变换就可以得到计算使用 TE_{011} 振荡模工作的金属谐振腔 Q_0 值的表示式：

$$Q_{0TE_{011}}=0.610\frac{\lambda_{0}\left[1+0.168\left(\frac{2a}{l}\right)^{2}\right]^{\frac{3}{2}}}{\delta\left[1+0.168\left(\frac{2a}{l}\right)^{3}\right]} \tag{6-21}$$

(3) 金属圆柱形谐振腔用 TE_{011} 振荡模工作时有哪些特点及其用途?

金属圆柱形谐振腔 TE_{011} 振荡模的一些特性，实际上是沿袭了金属圆形波导中 TE_{01} 传输模的特性，其中有以下三点是值得注意的。

① 根据图 2－38 可知：在谐振腔内表壁上(含圆柱体和腔体的两个圆形端面(腔盖))只有如图 6－11(a)所示的沿圆柱坐标中 φ 方向腔壁电流 J_{φ}，而无纵向 l 方向的电流；因此可以像图 6－11(b)所示的那样，使用不接触式活塞来改变腔体长度 l，以按照式(6－20)的规律对谐振腔进行调谐。调谐活塞不与腔体接触可以破坏其他振荡模式的生成条件，从而排除其他杂波振荡的干扰；另外，调谐活塞不与腔体接触可以大大降低加工的精度要求，有利生产制造类似如图 6－11(c)的波长计和作为标准使用的稳频参考腔。

② 根据场分量方程(6－20)可知，金属圆柱形谐振腔 TE_{011} 振荡模的场分量沿坐标 φ 方向不变化，这表明：如果谐振腔体加工时稍微有点椭圆度或是稍微有点变形，对腔的谐振频率(或谐振波长)影响不大；另外，也不会破坏场分布的稳定以产生模式分裂。这一特性是金属圆柱形谐振腔 TE_{011} 振荡模正常工作的重要条件，这也是制造波长计和参考腔采用 TE_{011} 振荡模的重要原因之一。

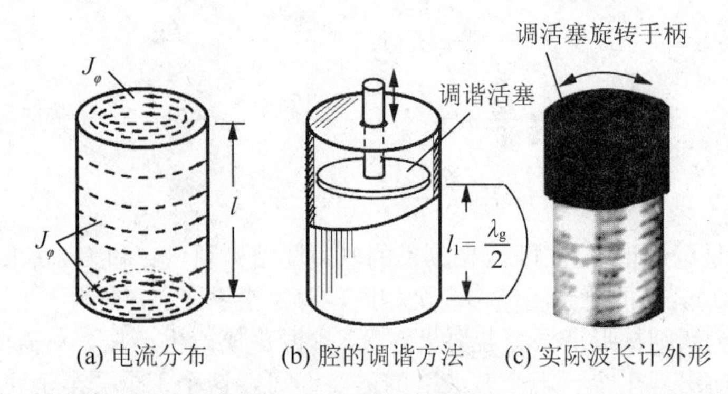

图 6-11　腔中 TE_{011} 振荡模引起的电流分布于腔的调谐方法

③ 因为在谐振腔内表壁上只有如图 6-11(a)所示的沿圆柱坐标中 φ 方向腔壁电流 J_φ 而无纵向 l 方向的电流，故腔盖和腔体的接触损耗小。另外，不接触调谐活塞不产生接触损耗。再有，谐振腔使用频率越高，趋表深度 $\delta\approx\sqrt{2/\omega\mu\sigma}=\sqrt{2\rho/\omega\mu}$ 就越浅。出于上述三方面原因，由式(6-6)和式(6-21)可以看出：TE_{011} 振荡模工作的金属圆柱形谐振腔的 Q_0 值相当高。表 6-1 给出了 TE_{011} 振荡模铜制腔和镀银铜制腔 3 种不同情况的 Q_0 值均达到数万的数量级，这也是制造波长计和参考腔采用 TE_{011} 振荡模的另一重要原因。

表 6-1　TE_{011} 振荡模金属谐振空载品质因素数值表

振荡模型	频率/MHz	$\frac{2a}{l}$	Q_0（铜制腔）	Q_0（镀银铜制腔）
TE_{011}	3232.43	2.103	21000	45000
TE_{011}	3000.00	1.727	23900	51000
TE_{011}	2752.93	1.254	27000	57900

④ 但是 TE_{011} 振荡模有以下缺点。根据第 2 章图 2-28 可以看出金属圆形波导中 TE_{01} 传输模不是最低模，伴随它一起传输的还有 TE_{11}、TE_{21}、TM_{01} 和 TM_{11} 等模，因此相应地在 TE_{011} 振荡模谐振腔中，容易产生 TE_{11p}、TE_{21p}、TM_{01p} 和 TM_{11p} 等不需要的(杂)振荡模。这将会引起两方面的负面效果；其一，杂振荡模耗用腔中电磁储存能量 W 从而降低谐振腔的 Q_0 值；其二，谐振腔容易调谐到杂振荡模的频率，会令人误认为已经调谐到了 TE_{011} 振荡模的频率而产生误判。

(4) 怎样正确设计 TE_{011} 振荡模谐振腔以抑制杂振荡模?

TE_{011} 振荡模优点突出，但其缺点必须设法克服，这样就引出了一个怎样正确设计 TE_{011} 振荡模谐振腔的问题。下面对此问题做进一步讨论，以寻求一种合理的解决办法。

将式(6-5)进行一些简单推广变换，可以得到以下金属圆柱形谐振腔的谐振频率与谐振模式和腔体尺寸的关系表达式：

$$(f_0D)^2=\left(\frac{c\mu_{mn}}{\pi}\right)^2+\left(\frac{cp}{2}\right)^2\left(\frac{D}{l}\right)^2 \tag{6-22}$$

式中：$c=1/\sqrt{\mu_0\varepsilon_0}$ 为真空期中的光速；$D=2a$ 为圆柱腔体的内直径；对于 TE_{mnp} 振荡模

$\mu_{mn}=\xi_{mn}$，对于 TM_{mnp} 振荡模 $\mu_{mn}=\upsilon_{mn}$。

在式(6-22)中如果以$(D/l)^2$ 为自变量、以$(f_0D)^2$ 为因变量和以 m、n、p 为参变量，就可以绘制成如图 6-12 所示的不同振荡模式时$(f_0D)^2\sim(D/l)^2$ 关系的直线簇。图 6-12 称为金属圆柱谐振腔谐振模式图，该图是设计金属圆柱形谐振腔的主要工程用图。谐振模式图中的每一条直线表示腔中出现的振荡模式(一个或几个)，与腔长 l 和腔体的内直径 D 的设计尺寸有关。由该谐振模式图看出：当腔体设计直径 D 选定(通常应该根据金属管型材尺寸确定)后，应该根据被测频率 f_0 的变化范围 $f_{01}\sim f_{02}$ 来设计确定腔长 l 的调谐变化范围 $l_1\sim l_2$；据此，可以在图 6-12 纵坐标轴上找到相应的$(f_{01}D)^2\sim(f_{02}D)^2$ 值；再通过 TE_{011} 振荡模直线在横坐标轴上找到相应的$(D/l_1)^2\sim(D/l_2)^2$ 值，这样就构成了如图 6-13(a)所示的 TE_{011} 振荡模的实线阴影工作框，TE_{011} 振荡模调谐直线处在该阴影工作框的对角线上。由 TE_{011} 振荡模工作框可以看出：在工作框内除 TE_{011} 主振荡模以外，还出现了 TM_{012}、TE_{112}、TE_{311}、TM_{111} 和 TE_{211} 等不需要的(杂)振荡模；因此，如果想要使波长计设计既要获得很宽的测量频率 $f_{01}\sim f_{02}$(即$(f_{01}D)^2\sim(f_{02}D)^2$)范围和很宽的调谐范围 $l_1\sim l_2$(即$(D/l_1)^2\sim(D/l_2)^2$)，又不要出现杂振荡模，从理论上是做不到的。从理论上看，若在腔中出现杂振荡模会给设计带来以下麻烦：① 在工作框内如果调谐到某一个固定的腔长 l，将会引起杂振荡模产生杂频率的振荡，其中只有 TE_{011} 振荡模的振荡频率 f_0 才是需要的；这样就很难在波长计刻度装置上，刻度所需要刻度的 TE_{011} 振荡模的振荡频率 f_0；如果使用另一台标准频率测量设备为标准，勉强将振荡频率 f_0 进行了刻度，而实际使用时会发现许多调谐位置(不同的腔长 l)都可以振荡到频率 f_0，试问：这样的波长计刻度装置有何用处？② 腔中有杂振荡模，它们将耗(占)用腔中的储存电磁能量 W 从而降低腔的 Q_0 值，影响波长计需要的尖锐的选频特性。

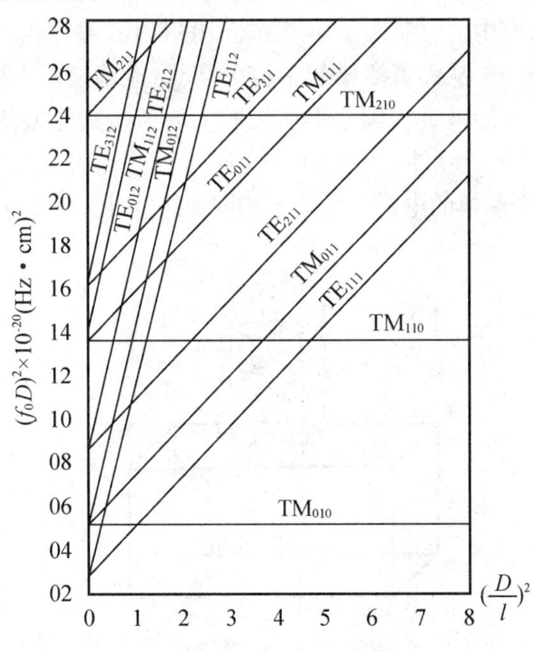

图 6-12　金属圆柱腔谐振模式图

参见图 6-13，解决以上问题有以下 3 个办法：① 沿 TE_{011} 振荡模直线上下移动工作框，使框内的杂振荡模尽量少一些，但仍然要低腔的 Q_0 值；② 将工作框缩小到图中虚线所示的情况，以去除所有的杂振荡模(但腔的调谐覆盖频率范围，会变窄到不是所希望的范围)；③ 采用图 6-13(b)所示的双小孔激励 TE_{011} 振荡模的方法彻底去除某些杂振荡模，使工作框更容易根据需要选择。

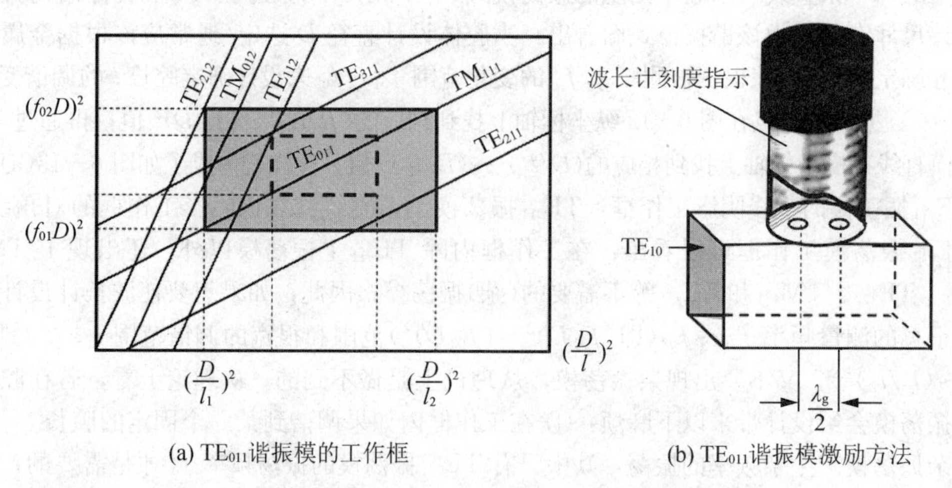

(a) TE_{011}谐振模的工作框　　(b) TE_{011}谐振模激励方法

图 6-13　金属圆柱腔 TE_{011} 谐振模的工作框及其激励方法

关于上述第 3 种去除杂振荡模的方法，可以用图 6-14 做进一步解释。图中开在矩形波导窄壁上激励谐振腔的两个耦合小孔相距 $\lambda_g/2$(即相距矩形波导中 TE_{011} 振荡模的半个波导波长)，这使得通过两个小孔的磁场(磁力线)总是反相位的。这种反相位的磁场(磁力线)通过双小孔用磁耦合方式，耦合到金属圆柱谐振腔中的磁场(磁力线)也是反相位的。或者说，金属圆柱谐振腔中“复制”了矩形波导中的磁场(磁力线)分布；再考虑到磁场激励电场原理(反之也一样)，从而就激励起了腔中 TE_{011} 振荡模的电磁场分布。显然上述矩形波导中激励磁场是不可能被金属圆柱形谐振腔中的某些其他振荡模(包括 TM_{111} 简并型振荡模)所“复制”的(TE_{21p} 除外，但振荡很微弱)，这是因为谐振腔中的其他某些振荡模的电磁场结构与 TE_{011} 振荡模的电磁场结构不相同的缘故(图 6-10)，从而彻底去除了这些杂振荡模振荡。

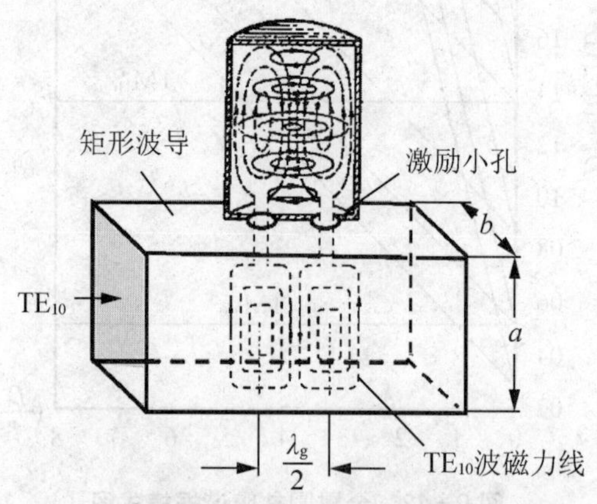

图 6-14　金属圆柱腔 TE_{011} 谐振模双小孔激励方法

激励耦合方式很难去除“自干扰型振荡”的模式，这类模式具有与腔中 TE_{011} 振荡模完全相同的“横向”电磁场分布(即横向波指数 $m=0$ 和 $n=1$ 相同)，其“纵向”场波指数 p 不相同(或者说，沿腔长 l 方向半个驻波分布的个数不同)。例如，TE_{01p}($p=1$，2，3，…)它们与 TE_{011} 振荡模的区别只是纵向场 l 方向的半个驻波个数不同而已；因此，它们完全可以和 TE_{011} 振荡模一样地“复制”矩形波导中 TE_{10} 传输模的磁场，从而构成腔中用激励耦合方式难以去除的杂振荡模式(例如，图 6-13 中的 TE_{012} 振荡模)。对于自干扰振荡型模式，只能依靠移动或缩小工作框的办法将其去除掉。

2) 金属圆柱形谐振腔中的 TE_{111} 振荡模

(1) 怎样计算 TE_{111} 振荡模的谐振波长？

图 6-10(b)所示是金属谐振腔 TE_{111} 振荡模的电磁场结构图，它和第 2 章图 2-23(b)所示金属圆形波导中 TE_{11} 模的电磁场结构完全相同，只是沿纵向 l 方向为 1 个“半个驻波”分布而已。因此，金属圆柱形谐振腔若要求对 TE_{111} 振荡模产生谐振，只需变化纵向 l 的长度以适应沿该方向出现 1 个“半个驻波”的需要即可；要求沿纵向 l 方向出现 1 个“半个驻波”，等同于要要求波指数 $p=1$。

金属谐振腔 TE_{111} 振荡模的谐振波长，可以引用式(6-16)计算。此时，令式中 $p=1$ 和从表 2-5 查得 TE_{111} 振荡模对应的 $\xi_{11}=1.8412$，并将它们代入式(6-16)，就可以得到计算金属谐振腔 TE_{111} 振荡模的谐振波长的表示式：

$$\lambda_{0TE_{111}}=\frac{1}{\sqrt{\left(\frac{1}{2l}\right)^2+\left(\frac{1.8412}{2\pi a}\right)^2}}=\frac{1}{\sqrt{\left(\frac{1}{2l}\right)^2+\left(\frac{1}{3.41a}\right)^2}} \tag{6-23}$$

(2) 怎样计算用 TE_{111} 振荡模工作时金属圆柱形谐振腔的 Q_0 值？

TE_{111} 振荡模工作时金属谐振腔的 Q_0 值，可以引用式(6-18)计算。为此，首先令式中的 $m=1$ 和 $p=1$，再从第 2 章表 2-5 查得 TE_{111} 振荡模(TE_{11} 模)对应的 $\xi_{11}=1.8412$；再将已知的 m、p 和 ξ_{11} 代入式(6-18)，经过变换就可以得到计算使用 TE_{111} 振荡模工作的金属谐振腔 Q_0 值的表示式：

$$Q_{0TE_{111}}=\frac{\lambda_0 1.03\left[0.343+\left(\frac{a}{l}\right)^2\right]^{\frac{3}{2}}}{\delta\left[1+5.82\left(\frac{a}{l}\right)^3+0.86\left(\frac{a}{l}\right)^2\left(1-\frac{a}{l}\right)\right]} \tag{6-24}$$

(3) 金属圆柱形谐振腔用 TE_{111} 振荡模工作时的特点及其用途。

金属圆柱形谐振腔 TE_{111} 振荡模的一些特性，实际上也是沿袭了金属圆形波导中 TE_{11} 传输模的特性。其中有以下问题是值得注意的。

① 根据图 2-35 可知：在谐振腔内表壁上(含圆柱体和腔体的两个圆形端面(腔盖))不仅有沿圆柱坐标中 φ 方向腔壁电流 J_φ，还有纵向 l 方向的电流 J_z；因此，TE_{111} 振荡腔中的损耗功率较 TE_{011} 振荡腔中的大一些。这样，就导致 TE_{111} 振荡腔的 Q_0 值要低一些，比较式(6-24)和式(6-21)就可以看出两者之间的差别。

② 根据第 2 章图 2-28 可以看出金属圆形波导中 TE_{11} 模是最低模，这样就可以避免在 TE_{011} 振荡模谐振腔中产生许多不需要的(杂)振荡模。不过，金属圆形波导中 TE_{11} 传输模有“简并”模仍然会引起“简并型振荡模”。

③ 金属圆形 TE_{111} 振荡模谐振腔的 Q_0 值虽然较金属圆形 TE_{011} 振荡腔的 Q_0 值要低一些，但它没有杂振荡模而避免了许多去除杂振荡模的设计考虑。因此，TE_{111} 振荡模谐振腔用来做波长计也是一种可供选择的方案；但它会引起“简并型振荡模”，使其应用价值受到一定限制。

【例 6-3】 试设计一个谐振频率 $f_0=4\text{GHz}$ 的 TE_{011} 振荡模铜质空气填充圆柱形谐振腔，要求圆柱形腔体长度是圆柱腔内半径的两倍，即要求 $l=2a$。试计算：① 谐振腔的半径 a 和长度 l 的设计尺寸；② 估算所设计的腔体可能具有的 Q_0 值；③ 试用图 6-12 所示的谐振模式图估算谐振腔的半径的尺寸 a。

解： ① 求谐振腔的腔体尺寸 a 和 l。

令 $f_{0TE011}=f_0=4\text{GHz}$，可求得相移常数为

$$K=\frac{2\pi}{\lambda_{0TE_{011}}}=\frac{2\pi f_{0TE_{011}}}{c}=\frac{6.28\times4\times10^9}{3\times10^8}=83.7$$

令 $l=2a$ 经简单变换可得：

$$K=\sqrt{\left(\frac{\pi}{2a}\right)^2+\left(\frac{3.83171}{a}\right)^2}=83.7$$

解上式得：$a=49.5\text{mm}$，从而得 $l=2a=99\text{mm}$。

② 估算所设计的腔体可能具有的 Q_0 值。

先计算

$$\lambda_{0TE_{011}}=\frac{c}{f_{0TE_{011}}}=\frac{3\times10^{11}}{4\times10^9}=75\text{mm}$$

将从例 6-2 中查得 $\delta=10.4\times10^{-4}\text{mm}$ 和 $a=49.5\text{mm}$、$l=99\text{mm}$ 等数值代入式(6-21)可得

$$Q_{0TE_{011}}=0.610\frac{75\times\left[1+0.168\left(\frac{2\times49.5}{99}\right)^2\right]^{\frac{3}{2}}}{0.00104\times\left[1+0.168\left(\frac{2\times49.5}{99}\right)^3\right]}=47531$$

③ 用图 6-12 所示的谐振模式图估算谐振腔的半径 a 的尺寸。

先计算(考虑要求 $l=2a$)

$$\left(\frac{D}{l}\right)^2=\left(\frac{2a}{l}\right)^2=1$$

根据该值查图 6-12 所示的谐振模式图，得

$$(2f_0a)^2\times10^{-20}(\text{Hz}\cdot\text{cm})^2=15.8\times10^{-20}(\text{Hz}\cdot\text{cm})^2$$

$$a=\frac{\sqrt{15.8\times10^{20}}}{2\times f_0}\text{Hz}\cdot\text{cm}$$

将 $f_{011}=f_0=4\text{GHz}=4\times10^9\text{Hz}$ 代入上式，得：$a=49.8\text{mm}$。

3）金属圆柱形谐振腔中的 TM_{011} 振荡模

(1) 怎样计算 TM_{010} 振荡模的谐振波长？

图 6-10(c)所示是金属谐振腔 TM_{010} 振荡模的电磁场结构图，它和第 2 章图 2-24(a)所示金属圆形波导中 TM_{01} 模的电磁场结构完全相同，只是沿纵向 l 方向有零个“半个驻

波”分布；因此，金属圆柱形谐振腔的内上下壁上只有电场的垂直分量而无横向切线分量而已。

金属谐振腔 TM_{010} 振荡模的谐振波长，可以引用式(6-16)计算。此时，令式中 $p=0$ 和从表 2-5 查得 TM_{010} 振荡模对应的 $\upsilon_{01}=2.4048$，并将它们代入式(6-17)，就可以得到计算金属谐振腔 TM_{010} 振荡模的谐振波长的表示式：

$$\lambda_{0TM_{010}}=\frac{1}{\sqrt{\left(\frac{p}{2l}\right)^2+\left(\frac{\upsilon_{01}}{2\pi a}\right)^2}}=2.61a \tag{6-25}$$

(2) 怎样计算用 TM_{010} 振荡模工作时金属圆柱形谐振腔的 Q_0 值？

TM_{010} 振荡模工作时金属谐振腔的 Q_0 值，可以引用式(6-19)计算。为此，首先令式中的 $m=0$ 和 $p=0$，再从第 2 章表 2-5 查得 TM_{010} 振荡模对应的 $\upsilon_{mn}=2.4048$；再将已知的 m、p 和 υ_{mn} 代入式(6-19)，可以得到计算使用 TM_{010} 振荡模工作的金属谐振腔 Q_0 值的表示式：

$$Q_{0TM_{010}}==\frac{2.4048\lambda_0}{2\pi\delta\left(1+\frac{2a}{l}\right)} \tag{6-26}$$

(3) 金属圆柱形谐振腔用 TM_{010} 振荡模工作时有哪些特点及其用途？

金属圆柱形谐振腔 TM_{010} 振荡模的主要特点如下。

① TM_{010} 振荡模的场结构简单，由图 6-10(c)看出：相对于 TE_{011} 和 TE_{111} 振荡模来说它的场结构十分简单，而且在腔中有明显的电场和磁场集中区域。这种特点的场结构和普通 LC 回路中电场和磁场集中很相似，适合做参量放大器的振荡腔(例如将参量二极管放置在电场集中的空间)、介质测量的微扰腔和波长计等。

② 用 TM_{010} 振荡模工作的金属圆柱形谐振腔谐振波长 $\lambda_{0TM_{010}}$ 与腔体长度 l 无关，在图 6-12 中 TM_{010} 振荡模调谐直线是一条与 $(D/l)^2$ 横坐标轴平行的直线。由图 6-12 看出：当 $l<2a$ 时，腔中不会出现杂振荡模。

③ 因为 TM_{010} 振荡模工作的金属圆柱形谐振腔谐振波长 $\lambda_{0TM_{010}}$ 与腔体长度 l 无关，故无法使用像图 6-11(b)所示的活塞调谐的方法进行调谐。通常使用的调谐方法是在腔的底部中心位置(电场集中的位置)，插入腔中一根调谐螺杆进行调谐。相对而言 TM_{010} 振荡模腔调谐要困难一些，在一定程度上限制了 TM_{010} 振荡模的应用。

【例 6-4】 试设计一个谐振频率 $f_0=4\text{GHz}$ 的 TM_{010} 振荡模铜质空气填充圆柱形谐振腔，要求圆柱形腔体长度是圆柱腔内半径的两倍，即要求 $l=2a$。试计算：① 谐振腔的半径 a 和长度 l 的设计尺寸；② 估算所设计的腔体可能具有的 Q_0 值；③ 试用图 6-12 所示的谐振模式图估算谐振腔的半径的尺寸 a。

解： ① 求谐振腔的腔体尺寸 a 和 l。

$$\lambda_{0TM_{010}}=\frac{c}{f_{0TM_{011}}}=\frac{3\times10^{11}}{4\times10^9}=75\text{mm}$$

将以上值代入式(6-25)，可得

$$a=\frac{\lambda_{0\mathrm{TM}_{010}}}{2.61}=\frac{75\mathrm{mm}}{2.61}=28.7\mathrm{mm}$$

和 $l=2a=57.5\mathrm{mm}$。

② 估算所设计的腔体可能具有的 Q_0 值。

将从例 6－2 中查得的 $\delta=10.4\times10^{-4}\,\mathrm{mm}$ 和 $a=28.7\mathrm{mm}$、$l=57.5\mathrm{mm}$ 以及 $\lambda_{0\mathrm{TM}_{010}}=75\mathrm{mm}$ 等数值代入式(6－26)可得

$$Q_{0\mathrm{TM}_{010}}==\frac{2.4048\lambda_{0\mathrm{TM}_{010}}}{2\pi\delta(1+\frac{2a}{l})}=\frac{2.4048\times75}{2\pi\times0.00104\times2}=13807$$

③ 用图 6－12 所示的谐振模式图估算谐振腔的半径 a 的尺寸。

先计算

$$(\frac{D}{l})^2=(\frac{2a}{l})^2=1$$

根据该值查图 6－12 所示的谐振模式图，得

$$(2f_0a)^2\times10^{-20}(\mathrm{Hz\cdot cm})^2=5.3\times10^{-20}(\mathrm{Hz\cdot cm})^2$$

$$a=\frac{\sqrt{5.3\times10^{20}}}{2\times f_0}\mathrm{Hz\cdot cm}$$

将 $f_{010}=f_0=4\mathrm{GHz}=4\times10^9\,\mathrm{Hz}$ 代入上式，得：$a=28.7\mathrm{mm}$。

比较例 6－3 和例 6－4 的计算结果可以看出：TE_{011} 和 TM_{010} 振荡模金属圆柱谐振腔的谐振频率都为 $f_0=4\mathrm{GHz}$ 时，前者虽然腔体尺寸将近大一倍，但 Q_0 值却高出 3.44 倍。如果选择 TE_{011} 振荡模的腔作波长计体积虽然大一些，但可以获得高的选频特性以利于区分被测频率。当然，选择 TE_{011} 振荡模谐振腔还需要设法排除杂振荡模，但它调谐方便(这正是波长计所需要的)。

3. 介质谐振器及其一些相关问题

第 3 章 3.2 节关于介质波导的讨论表明：介质传输线和金属波导传输线一样，可以将电磁场(波)束缚在其中并引导传播、而且两者有许多相同的传输模式。例如，图 3－44 中 TE_{01} 模、TM_{01} 模的场结构图与图 2－23(a)、图 2－24(a)中的 TE_{01} 模、TM_{01} 模场结构图完全一样。既然截取一段金属波导加以封闭可以构成金属谐振，那么截取一段介质传输线构成介质谐振器应该也是可行的。像金属谐振腔那样，介质谐振器同样可以将电磁场约束起来形成电磁振荡。为了保证大部分电磁场约束在介质谐振器内部(注意，介质波导外部有辐射场)，应选择高介电常数的介质材料制作介质谐振器。通常使用的介质材料的介电常数 ε_r 在 6～100 之间，在表 6－2 中给出了几种制作介质谐振器的陶瓷材料。介质谐振器具有以下特点：① 体积小，通常介质想振器的体积不足金属波导谐振腔的 1/10；② 介质谐振器谐振频率温度稳定性好，它可以达到“铟瓦合金谐振腔”温度稳定性的水平；③ Q_0 值较高，在 0.1～30GHz 使用频率范围内 Q_0 值可达 1000～10000；④ 基本上不受使用频率限制，可以在频率高于 100GHz 的毫米波段使用；⑤ 介质谐振器制作容易造价低廉，容易与微波集成电路集成在一起。

图 6－15 给出了一个微波集成电路中介质振器与微带线举例，两者通过磁场进行耦

合、对此在图 6－15(b)等效电路中用变压器耦合等效。显然，在这种情况下是不能使用金属谐振腔的；尽管近代微波集成电路获得了广泛应用，但是在大功率(特别在 10kW～10MW 情况)使用场合金属谐振腔也是无法取代的。

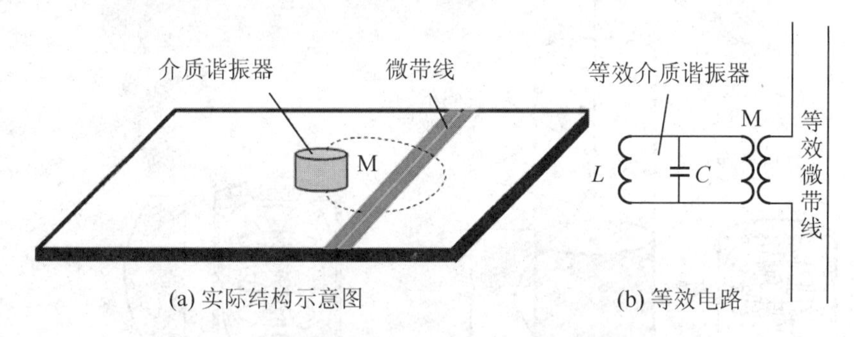

图 6－15　微波集成电路中介质谐振器与微带线的耦合

表 6－2　介质谐振器使用的陶瓷介质材料

材料主要成分	介电常数 ε_r	频率温度系数 ($\eta_f 10^{-6}$/℃)	tanδ (10^{-4})	测试频率 (GHz)
$2MgO.SiO_2$ (镁橄榄石)	6.00	60	1	7
Al_2O_3 (氧化铝)	9.92	65	0.70	9.8
$MgTiO_3$	16.1	60	0.80	8
$(Ca.La)TiO_3-MgTiO_3$	20.1	2	0.35	2.2
$(Zr.Sr)TiO_4$	36.5	2	0.43	0.8
$(Zr.Sr)TiO_4$	36.5	23	0.63	1.6
$BaTi_4O_9$	39.5	2	1.40	6
$Ba_2Ti_9O_{20}$	39.8	2	1.30	4
$BaO.4TiO_2$	80.0	2	1.60	1.15

由第 3 章电磁场分量方程(3－80)可以看出：在介质波导内、外部都有的电磁场分布，内部是传输模、外部是辐射模。因此，如果像图 6－16(a)所示的那样，截取一段介质波导作为介质谐振器，其中振荡模的电磁场有一部分将要泄露在空气中；而图 6－16(b)所示的金属谐振腔中振荡模的电磁场，则被封闭在金属空腔中。注意：图 6－16(a)介质谐振器中的 TE_{011} 振荡模和 图 6－16(b)金属圆柱形谐振腔中的 TE_{011} 振荡模的场结构基本相同，但有区别。仅从图 6－16 看两者区别在于：介质谐振器在空气中有泄露场，沿谐振器纵向 l 方向只有一个驻波最大值而无一个完整的半个驻波分布；金属谐振腔则与之相反。以上的这种区别是两者的边界条件不同引起的。

介质谐振器有外泄露场便于它在微波集成电路中与其他部分耦合，像图 6－15 所示的那样它与微带线耦合是靠外泄露磁场来完成的。另外，在介质谐振器顶部可以加一块可调

高度的金属板对谐振器进行调谐，这种调谐方法之所以可行也是利用了谐振器的外泄电磁场的缘故。

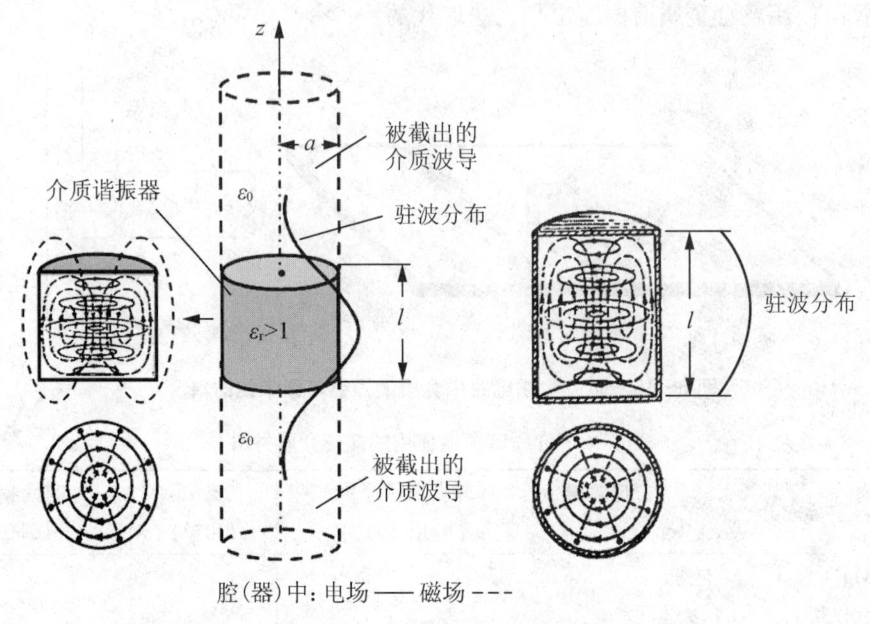

图 6-16　介质谐振器和金属圆柱形谐振腔的中的 TE_{011} 振荡模

图 6-16(a)中，沿介质谐振器纵向 l 方向只有一个驻波最大值且无一个完整的半个驻波分布而可以等效为一小段长度为 l 两端开路介质波导。从第 3 章图 3-44 看出：介质波导中 TE_{01} 是最低模，而 TM_{01} 模是它的简并模，因此介质谐振器中 TE_{011} 振荡是最低次振荡模，其简并波振荡模是 TM_{011} 模，这一点与金属圆柱形谐振腔也是有区别的。

圆柱介质谐振器等效为一小段长度为 l 两端开路介质波导(注意：金属圆形谐振腔等效为两端短路的金属圆形波导)，因此圆柱介质谐振器的长度 l 应该小于介质波导中 TE_{01} 模的半个波导波长，即 $l<\lambda_g/2$。这就是说，对于圆柱介质谐振器中 TE_{01p}($p=1$，2，3，…为驻波最大值的个数)振荡模而言，不能满足式(6-3)。这表明：计算圆柱介质谐振器的谐振频率时，不能简单地从式(6-3)出发求得相应的计算公式。如果将圆柱介质谐振器等效为一小段长度为 l 两端开路介质波导求解，可以得到 TE_{01} 模的相移常数 K_0 值；因此，圆柱介质谐振器 TE_{01p} 振荡模的谐振频率计算式可表示为

$$f_0=\frac{K_0 c}{2\pi} \tag{6-27}$$

式中：$c=1/\sqrt{\mu_0\varepsilon_0}$ 为真空期中的光速；K_0 是自由空间相移常数。

根据第 3 章式(3-76a)，可以求得介质波导中 TE_{01} 传输模传输 z 方向的相移常数为

$$\beta_z=\sqrt{K_0^2\varepsilon_r-\left(\frac{\upsilon_{01}}{a}\right)^2} \tag{6-28}$$

式中：ε_r 为介质波导(圆柱介质谐振器)的介电常数；$\upsilon_{01}=2.4048$(参见式(3-93))。

从式(6-28)求出 K_0 代入式(6-27)，就可以求得圆柱介质谐振器中 TE_{01p} 振荡模的谐

振频率的计算公式。TE_{01} 模在图 6-16 中介质谐振器的上、下磁壁端面(因为其上磁场切线分量为零)上的反射系数表示为

$$\Gamma=\frac{\eta_0-\eta_\varepsilon}{\eta_0+\eta_\varepsilon}=\frac{\sqrt{\varepsilon_r}-1}{\sqrt{\varepsilon_r}+1}\to 1e^{-\beta_z l/2}=1e^{-0^\circ} \tag{6-29}$$

式中：η_0 和 η_ε 分别为介空气中和质谐振器中的波阻抗；因为 ε_r 通常很大，故反射系数幅度近似等于 1；另外，近似认为 $\lambda\gg l$，故相角 $\beta_z l/2\to 0^\circ$(这是一种简单的近似)。

根据式(6-29)可得 $\beta_z\to 0$，将该值代入式(6-28)求得 K_0，再代入式(6-27)可得

$$f_0=\frac{2.4048c}{2\pi a\sqrt{\varepsilon_r}} \tag{6-30}$$

式(6-30)可用来近似估算介质谐振器中 TE_{01p} 振荡模(实际应用中大多被采用)的谐振频率，其估算误差为 10%；近似计算介质谐振器的空载品质因素 Q_0 值时，可以忽略介质谐振器的辐射场损耗，只需考虑谐振器的介质损耗就可以了。因此，介质谐振器的空载品质因素 Q_0 可用下式计算：

$$Q_0=\frac{1}{\tan\delta} \tag{6-31}$$

式中：$\tan\delta$ 是介质谐振器的介质损耗角正切；在表 6-2 中可以查到不同材料的 $\tan\delta$ 值。

【例 6-5】 某圆柱介质谐振器的半径 $a=0.431\text{cm}$、长度 $l=0.8255\text{cm}$；所用的介质材料是表 6-2 中的 $Ba_2Ti_9O_{20}$，其介电常数 $\varepsilon_r=39.8$ 和损耗角正切 $\tan\delta=1.3\times10^{-4}$。试计算：(1)该介质谐振器中 TE_{011} 振荡模的谐振频率 f_0；(2)该介质谐振器的 Q_0 值。

解：(1) 求圆柱介质谐振器 TE_{011} 振荡模的谐振频率 f_0。

将题中给定的已知数据代入式(6-30)，可得

$$f_0=\frac{2.4048c}{2\pi a\sqrt{\varepsilon_r}}=\frac{2.4048\times3\times10^{10}}{6.28\times0.413\times\sqrt{39.8}}=4.4\text{GHz}$$

表 6-2 中的测试频率为 4GHz(估算误差为 10%)，说明 $Ba_2Ti_9O_{20}$ 材料适合于制作 4GHz 波段的介质谐振器。其谐振波长为

$$\lambda_0=\frac{3\times10^{10}}{4\times10^9}=7.5\text{cm}$$

因为 $l=0.8255\text{cm}\ll 6.68\text{cm}$，故沿介质谐振器的长度 l 方向只能出现一个驻波最大值(而不是 1 个半个驻波值)。因此，上述计算结果应是针对 TE_{011} 振荡模的计算结果，而不是泛指针对 TE_{01p} 振荡模的计算结果。

(2) 求介质谐振器的 Q_0 值。

将 $\tan\delta=1.3\times10^{-4}$ 值代入式(6-31)，可得

$$Q_0=\frac{1}{\tan\delta}=7692$$

在图 6-17 中，给出了关于介质谐振器的一般常识性图解：其中图 6-17(a)是与金属谐振腔类同的几种在微波集成电路中常用介质谐振器的可能结构，图 6-17(b)是圆柱介质谐振器几种实用的振荡模式电磁场结构图。不同的介质谐振器被广泛地用在带通滤波器、带阻滤波器和慢波结构中；介质谐振器也可以放置在金属波导系统中，代替金属谐振腔作稳频腔和标准腔使用。

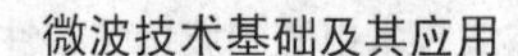

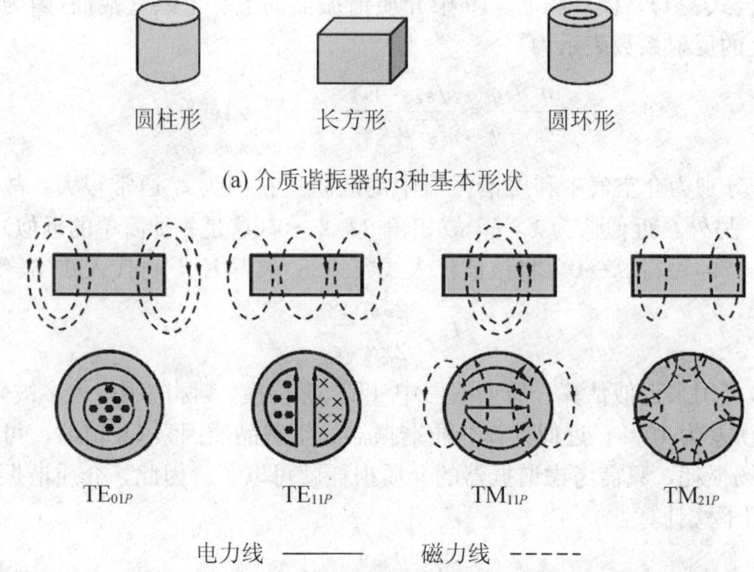

图 6-17 介质谐振器的一般常识性图解

注意

介质谐振器通常使用在屏蔽环境系统中(微波集成电路中或是金属波导中都是屏蔽系统)，其谐振频率都将有些偏移，Q_0 值也都有所降低；对此，应有所考虑和估计。早在 1939 年就有人提出了使用高介电常数和低损耗介质材料制作介质谐振器的设想，因为当时找不到这种介质材料而无法实现；到了 1962 年研制出了使用 TiO_2(二氧化钛)单晶介质谐振器，由于其温度稳定性低使实用遇到了困难。该问题直到 1971 年才得以解决，找到了温度稳定性能满足实用的介质材料(例如表 6-2 中的介质材料)，使介质谐振器获得了当今广泛的应用。

4. TEM 波传输线型谐振腔(器)

前面介绍的金属谐振腔和介质谐振器都可以视为传输线型谐振腔(器)，因为它们是由金属波导传输线和介质传输线演变而成的。金属波导传输线和介质传输线中传输的是非 TEM 波，故金属谐振腔和介质谐振器可以视为一种非 TEM 波传输线型谐振腔(器)。由图 6-18 可以看出：谐振器也可以由 TEM 波传输线来实现，从而构成另一类 TEM 波传输型谐振器。

图 6-18 中所示的 TEM 波双线传输线上输入阻抗 $Z_{in}^{S}(z)$分布是根据第 1 章图 1-12 绘制的，它描述的是终端短路均匀双线传输线上输入阻抗的变化规律。由该图看出：如果在其上从终端算起截取

$$l=(2n+1)\frac{\lambda}{4} \tag{6-32}$$

长度的传输线就是一个 LC 并联谐振回路，式中：λ 是传输线上外加的信号波长，而 $n=0$，1，2，3，…；另外可以想象：如果在从终端算起的开路均匀双线传输线上截取

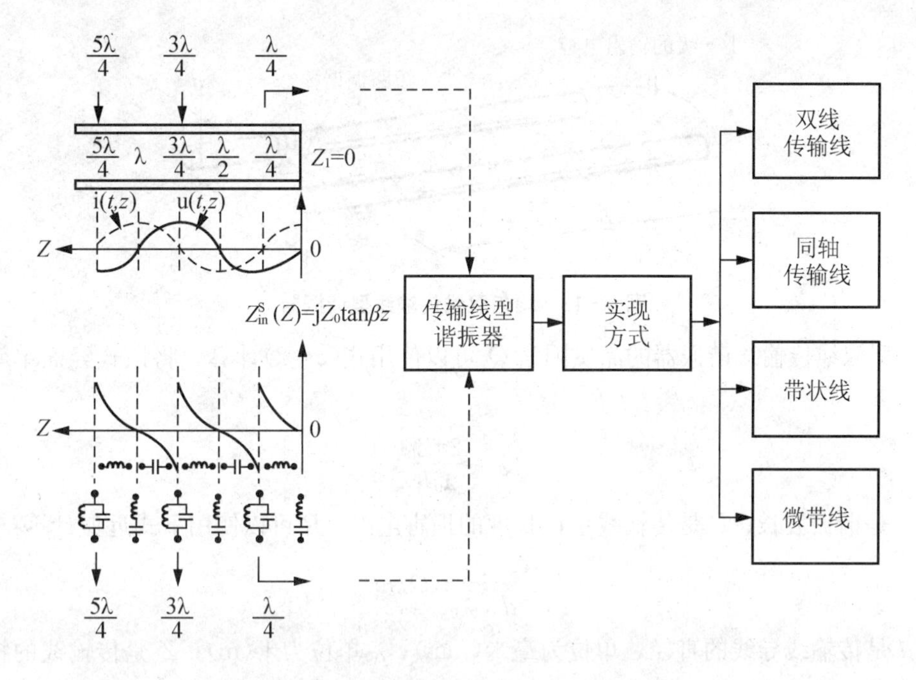

图 6－18　TEM 波传输线型谐振器的实现方式

$$l=n\frac{\lambda}{2} \tag{6-33}$$

长度的传输线也是一个 LC 并联谐振回路，$n=0$，1，2，3，…。即：只要长度满足式(6－32)的终端短路的双线传输线和长度满足式(6－33)的终端开路的双线传输线，就可以构成一个 TEM 波传输线型谐振器。根据图 6－18 可知：对于满足式(6－32)的终端短路双线传输线，应该是一个 LC 并联谐振回路；对于满足式(6－33)的终端开路双线传输线，也应该是一个 LC 并联谐振回路。

在传输线理论的基础上理解式(6－32)和式(6－33)并不困难，同样理解将两式用同轴传输线、带状线和微带线来实现也应该不存在理论上的障碍。因此，下面打算在理解式(6－32)和式(6－33)的基础上简单介绍几种实用的 TEM 波传输型谐振器。

1) $\frac{\lambda}{4}$型均匀双线传输线谐振器

图 6－19 所示是一个使用均匀双线传输线了实现式(6－32)的谐振器，通常称为 $\lambda/4$ 型双线传输线谐振器。这种谐振器是分米波段和米波波段使用最广泛的振荡回路，短波波段大功率无线发射机中也有使用的；在大功率发射机房中，很容易见到这种谐振器。根据式(6－32)，它的谐振波长一般可使用下式计算：

$$\lambda_0=\frac{4l}{2n+1} \tag{6-34}$$

为了避免设计尺寸过大通常在上式中取 $n=0$，即为图 6－19 所示的 $l=\lambda/4$ 情况；不过这种谐振器接入的总是前一级“有源电路”的输出电容，故传输线的长度 $l<\lambda/4$ 用来提供一个等效电感，通过调整“短路调谐棒”的位置来获得谐振。

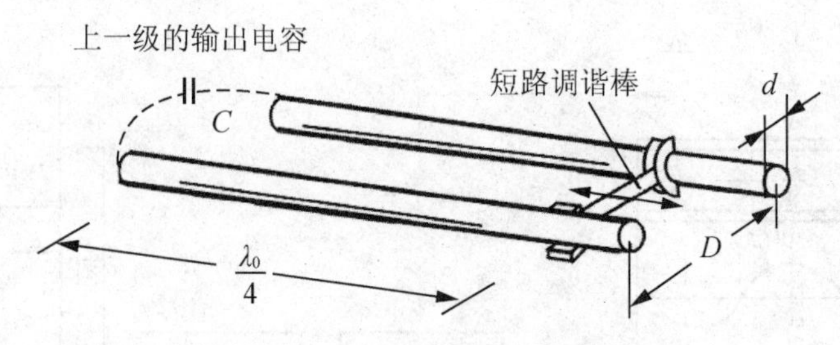

图 6-19　均匀双线传输线型谐振器

$\lambda/4$ 型双线传输线谐振器的品质因素 Q_0 可以使用式(6-2)计算，将该式经简单变换后可得

$$Q_0=\frac{2\pi Z_0}{\lambda_0 R} \tag{6-35}$$

式中：λ_0 是谐振波长；R 是传输线单位长度的损害电阻。R 可以使用下式近似计算：

$$R\approx\frac{3}{d\sqrt{\lambda_0}}(\Omega/\text{m}) \tag{6-36}$$

式中：d 是传输线导线的直径，单位为毫米(mm)；λ_0 单位为米(m)；Z_0 是传输线的特性阻抗，它用第 1 章中的式(1-16)计算。

对于图 6-19 所示的 $\lambda/4$ 型双线传输线谐振器，当 D 值一定时，$(D/d)=12$ 将获得最大的品质因素 Q_0。

【例 6-6】 某大功率米波发射机载波波长 $\lambda_0=10\text{m}$，采用直径 $d=4\text{cm}$ 的铜管制作 $(D/d)=12$ 的 $\lambda/4$ 型双线传输线谐振器用作选频回路，试计算该谐振器的品质因素 Q_0。

解：将 $(D/d)=12$ 代入式(1-16)计算 $Z_0\approx120\ln12=298\Omega$；再将已知数据代入式(6-3)计算 $R=0.075\Omega/\text{m}$；最后根据式(6-36)计算：

$$Q_0=\frac{2\pi Z_0}{\lambda_0 R}=\frac{6.28\times298}{10\times0.075}=2495$$

可见：双线传输线谐振器的 Q_0 值远不如谐振腔体的 Q_0 值高。

2) $\frac{\lambda}{4}$ 型同轴传输线谐振腔(器)

将同轴传输线一端短路和一端开路，就可以构成如图 6-20(a)所示的 $\lambda/4$ 型同轴传输线谐振腔(器)；在同轴腔开路端处，将同轴传输线的外导体延长一段 l_0 以构成截止 TEM 波的圆波导用来减少辐射损耗。由式(6-32)所表示的并联谐振条件，可以在图 6-20(b)所示的导纳圆图上求得：从圆图"短路"点(即从同轴腔"短路面")出发，向信号源方向(即同轴腔"开路截面"方向)沿 $\Gamma(z)=1$ 的圆(即圆图外圆)旋转电长度 l_2/λ_0 求得输入电纳"$-\text{j}\widetilde{B}_{in2}$"；从圆图"开路"点出发(即从同轴腔"开路面")，向信号源方向(即同轴腔"开路截面"方向)沿圆图外圆(即 $\Gamma(z)=1$ 的圆)旋转电长度 l_1/λ_0 求得输入电纳"$+\text{j}\widetilde{B}_{in1}$"；显然，输入电纳 $\text{j}\widetilde{B}_{in}=\text{j}\widetilde{B}_{in1}-\text{j}\widetilde{B}_{in2}=0$ 时，同轴谐振腔对输入信号(同轴腔"开路截面"理解为信号输入端)产生谐振。因为谐振时 $\text{j}\widetilde{B}_{in1}=\text{j}\widetilde{B}_{in2}$，故由

图 6-20(b)可以看出：

$$\frac{l_1}{\lambda_0}+\frac{l_2}{\lambda_0}=0.25=\frac{1}{4} \tag{6-37a}$$

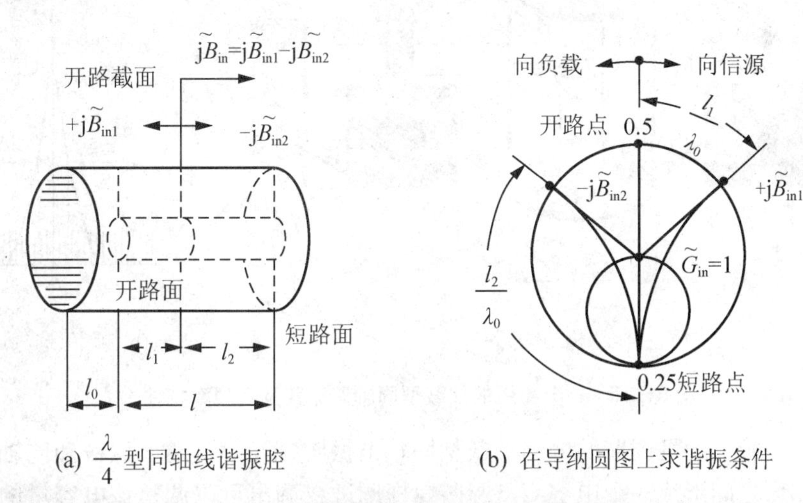

(a) $\frac{\lambda}{4}$型同轴线谐振腔　　(b) 在导纳圆图上求谐振条件

图 6-20　$\frac{\lambda}{4}$型同轴线谐振腔及其谐振条件的求解

因为上述电纳“$-\mathrm{j}\widetilde{B}_{in1}$”和电纳“$+\mathrm{j}\widetilde{B}_{in2}$”每隔 $\lambda/2$ 重复一次(图 6-18)，故上式可以改写成

$$\frac{l_1}{\lambda_0}+\frac{l_2}{\lambda_0}=\frac{1}{4}+n\frac{1}{2}\quad(n=0,\ 1,\ 2,\ 3,\ \cdots) \tag{6-37b}$$

由图 6-20(a)可知：$l=l_1+l_2$，故根据式(6-37b)得

$$l=(2n+1)\frac{\lambda_0}{4} \tag{6-38}$$

和式(6-33)。

应该指出：不论是使用图 6-18 还是图 6-20 的求解方法实际上都是同一个方法，只是前者具有一般性，后者更具体而已。因此，使用两者求解同一个对象时就应该获得相同的求解结果。不过，使用图 6-20 的求解方法得出的电纳“$+\mathrm{j}\widetilde{B}_{in1}$”是一个很值得注意的量。因为实际中所使用的 $\lambda/4$TEM 波传输线型谐振器(腔)的长度，通常总是小于四分之一谐振波长的(即 $l=l_2<\lambda_0/4$)。此时，仅就图 6-20 而言，可以理解为由 l_1 段同轴线提供一个了“$+\mathrm{j}\widetilde{B}_{in1}$”使 l_2 加长到 $l=l_1+l_2=\lambda_0/4$；从一般意义上看：因为“$+\mathrm{j}\widetilde{B}_{in1}$”这个输入电纳是电容性的，故通常可以使用一个外加电容来取代同轴线段 l_1 的功能，从而使“$+\mathrm{j}\widetilde{B}_{in2}$”这个量具有了实际意义。例如：图 6-19 所示的 $\lambda/4$ 型均匀双线传输线谐振器谐振时，其中电容 C 的电纳值就是“$+\mathrm{j}\widetilde{B}_{in1}$”值；因此，该电容 C 值是可以设法求得的。注意：“$+\mathrm{j}\widetilde{B}_{in1}$”这个量更重要的实际意义在于它可以将图 6-20(a)所示的同轴谐振腔，演变成为如图 6-21 所示的可调谐的“电容加载型同轴谐振腔(器)”。

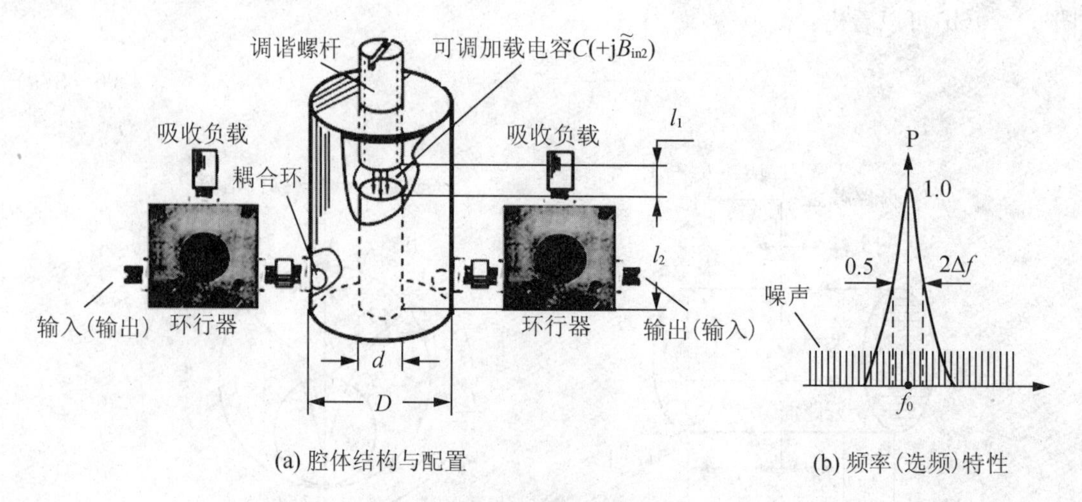

(a) 腔体结构与配置

(b) 频率(选频)特性

图 6-21　一个实用的加载型同轴谐振腔及其频率特性

在图 6-21 所示的可调谐的电容加载型同轴谐振腔(器)中，调谐螺杆和同轴腔内导体的两个圆形端面之间形成一个电容 C，调谐螺杆调进或调出可以调整该电容量的大或小以达到同轴谐振腔调谐的目的；实际上，调整电容 C 相当于调整“$+j\widetilde{B}_{in1}$”值(即调整 l_1 的长短)。当调谐螺杆调整到一个合适的位置时，就可以使式(6-34)获得满足，从而使谐振腔谐振。

在图 6-21 中为了隔离外界条件变化对同轴谐振腔的影响，故在同轴腔的输入端口和输出端口个接了一个环行隔离器。实验表明：具有图 6-21 所示结构和配置的有载同轴谐振腔，获得了非常好的、如图 6-21(b)所示的选频特性。它的相对带宽 $BW=2\Delta f/f_0$ 在 $f_0=400\text{MHz}$ 波段可以做到 0.001～0.00075，即其有载品质因素为

$$Q_L=\frac{1}{BW}=1000\sim1333$$

这是一个非常好的结果，用它来抑制微波固体振荡源的噪声取得了非常好的效果(读者在实际工作中如果遇到这类问题需要解决，不妨可以按照图 6-21 所示的方案进行设计和实验，将会取得所期盼的效果)。

将式(6-35)经过变换并考虑到同轴腔为空气填充，其空载品质因素可用下式计算：

$$Q_0=\frac{2\pi Z_0}{\lambda_0 R}=\frac{120\pi^2 D\ln(D/d)}{\lambda_0 R_s(1+D/d)} \tag{6-37}$$

式中：D 是同轴腔体外导体内直径；d 是内导体外直径；R_S 是同轴腔金属导体的表面电阻。对于铜质金属，有

$$R_S=\frac{4.53\times10^{-3}}{\sqrt{\lambda_0}}(\Omega)$$

当对式(6-37)求极值，即令

$$\frac{dQ_0}{d(D/d)}=0$$

可以求得$(D/d)=3.6$时，同轴谐振腔(器)可以获得最大的 Q_0 值。

【例6-7】 已知某空气填铜质同轴谐振腔的尺寸 $D=100\text{mm}$、$d=27.7\text{mm}$ 和工作波长 $\lambda_0=750\text{mm}$，试计算该同轴腔的空载品质因素 Q_0 值。

解：（1）先计算

$$R_S=\frac{4.53\times10^{-3}}{\sqrt{0.75}}=5.23\times10^{-3}(\Omega)$$

（2）将所有已知数据代入式(6-37)计算可得

$$Q_0=\frac{2\pi Z_0}{\lambda_0 R}=\frac{120\times3.14^2\times100\times\ln3.6}{750\times5.23\times10^{-3}(1+3.6)}=8393$$

应该指出：此处计算所得 $Q_0=8393$ 相对于前面实测 $Q_L=1000\sim1333$ 值高出太多，这是因为式(6-37)是根据近似表达式(6-6)导出的缘故。近似表达式(6-6)没有考虑同轴腔外导体电流流过内导体的损耗，实际上这种损耗必须给予充分重视；否则，就很难得到像图6-21所示同轴谐振腔那样的结果。

3）微带线谐振器简介

在微波集成电路中，广泛使用带状线和微带线谐振器作振荡回路、滤波器、稳频回路和阻抗匹配网络等。总之，在微波集成电路中凡属需要使用谐振回路的地方，都可以使用带状线和微带线谐振器，以利于集成小型化的微波集成电路。

（1）微带线节谐振器。

由图6-18直观得出式(6-32)和式(6-33)也可以用微带线节(含带状线节)来实现，从而构成微带线(或带状线)节谐振器。图6-22所示是一个一端短路一端开路 $\lambda_g/4$ 型微带线节谐振器。另外，例如，第3章图3-36所示的悬置式微带线滤波器就包含了许多节相互耦合的“微带线节谐振器”。

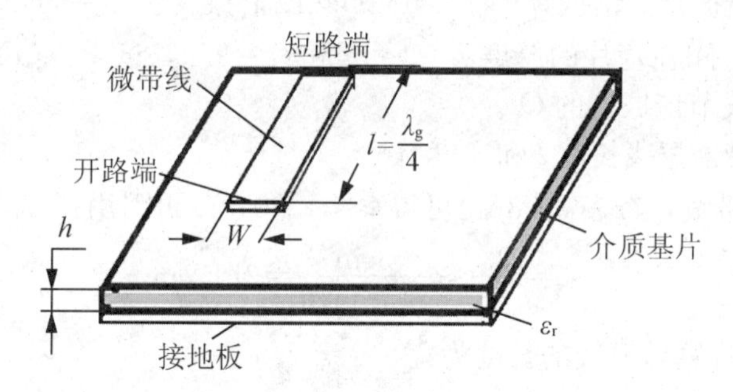

图6-22 一端短路一端开路微带线节谐振器

顺便指出：实际上任何一种谐振腔(器)都是无法孤立使用的，它们必须与外界耦合以构成一种特殊用途的微波器件。例如：图6-5所示的金属矩形波导带通滤波器是由3个矩形波导谐振腔组成，它们通过两个 $\lambda_g/4$ 波导段相互耦合和阻抗转换以构成带通滤波器；图6-13(b)所示的 TE_{011} 振荡模波长计是由金属圆柱谐振腔和矩形波导的耦合装置构成；图6-15所示的微波集成电路中介质谐振器是集成电路中的一部分；图6-21所示的加载型同轴谐振腔，只有装配上耦合环和环形器才能构成抑制噪声腔等。图6-23(a)所示是一个带状线带通滤波器，即其中使用了多节如图6-23(b)所示的“带状线节谐振器”。

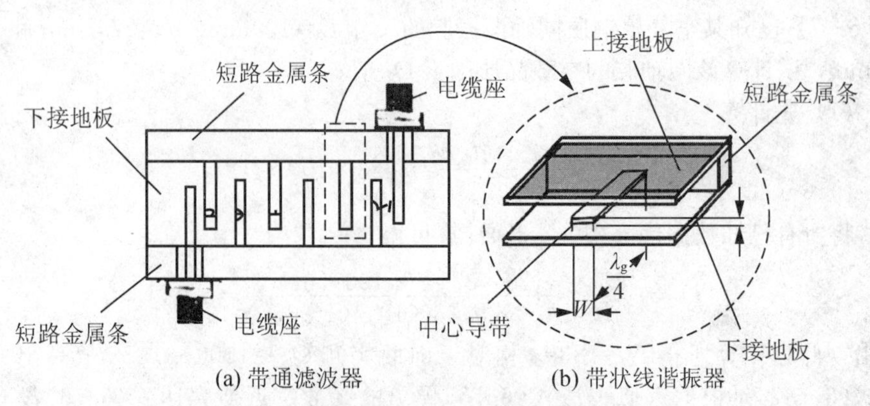

(a) 带通滤波器　　(b) 带状线谐振器

图 6-23　带状线带通滤波中的带状线节谐振器

对于一端短路一端开路微带线节谐振器的品质因素 Q_0 值，可近似按下式计算：

$$Q_0 \approx \frac{27.3}{\alpha_c \lambda_g} \tag{6-38}$$

式中：α_c 是微带线单位长度导体衰减常数；λ_g 是微带线的波导波长(或称为带内波长)。

计算一端开路微带线谐振器的长度 l 时，对于开路端的终端效应和不连续性应加以修正。按照经验通常取

$$l = (2n+1)\frac{\lambda_g}{4} - 0.33h \tag{6-39}$$

式中：λ_g 是谐振器微带线的波导波长；h 是制作谐振器的介质基片的厚度。

【例 6-8】 某一个在氧化铝陶瓷基片上制作的如图 6-22 所示的微带线节谐振器，已知以下条件：微带谐振器的谐振频率 $f=10\text{GHz}$(或谐振波长 $\lambda_0=3\text{cm}$)；谐振器微带线的特性阻抗 $Z_0=50\Omega$；陶瓷基片的厚度 $h=1\text{mm}$ 和 $\varepsilon_r=9.5$，试求：(1)微带谐振线宽度 W 和长度 l；(2)微带线节谐振器的 Q_0。

解：(1) 求微带谐振线长度 l 和宽度 W。

对于 $Z_0=50\Omega$ 的微带线，查表 3-3(1)可得 $\varepsilon_e \approx 1.9049$，再引用式(3-50)计算得

$$\lambda_g = \frac{\lambda_0}{\sqrt{\varepsilon_e}} \approx \frac{3\text{cm}}{\sqrt{1.9049}} = 2.17\text{cm}$$

故根据式(6-39)，计算谐振线的长度为

$$l = \frac{\lambda_g}{4} - 0.33h = \frac{21.7\text{mm}}{4} - 0.33\text{mm} \approx 5\text{mm}$$

如果该 $l=5\text{mm}$ 的长度值在制作上有困难，可取以下值：

$$l = 3\times\frac{21.7\text{mm}}{4} - 0.33\text{mm} \approx 16\text{mm}$$

再根据 $Z_0=50\Omega$ 的微带线，查表 3-3(4)得 $(W/h)\approx 1$，故得 $W=1\text{mm}$。

(2) 计算微带线节谐振器的 Q_0 值。

根据 $Z_0=50\Omega$ 查表 3-3(4)得 $(W/h)\approx 1$，再根据此值查找图 3-20 所示曲线得 $(\alpha_c Z_0 h/R_s)\approx 4.7$，再考虑到铜的表面电阻 $R_s=2.6\times10^{-7}\sqrt{f_0}$，故有

$$\alpha_c = \frac{4.7R_s}{Z_0 h} = \frac{4.7\times2.6\times10^{-7}\sqrt{6400\times10^6}}{50\times0.1} = 0.0196\text{dB/cm}$$

将 $\lambda_g=2.17\text{cm}$ 和 $\alpha_c=0.0196\text{dB/cm}$ 代入式(6-38)得

$$Q_0\approx\frac{27.3}{\alpha_c\lambda_g}=\frac{27.3}{2.17\times0.0196}=612$$

可见：微带线谐振器的 Q_0 值要较其他类型谐振腔(器)的 Q_0 值低许多，这是因为微带线损耗大于其他传输线的损耗缘故。

(2) 简要介绍微带环形谐振器。

图6-24所示是微带环形谐振器的结构示意图，对这种结构的微带线谐振器用镜像原理分析表明：谐振器的振荡模式是 TM_{mn0} 模。在图6-25中给出了其中4种振荡模式的电磁场结构图形；其中，TM_{110} 模是主振荡模。为了保证微带环形谐振器只振荡 TM_{110} 主模，必须将高次振荡模抑制掉。分析表明，当

$$\frac{W}{R}\leqslant0.1 \tag{6-40a}$$

时，可以将环形谐振器中的高次模抑制掉，从而保证 TM_{110} 主模振荡。

式中：R 为微带环形谐振器的平均半径。

$$R=\frac{1}{2}(a+b) \tag{6-40b}$$

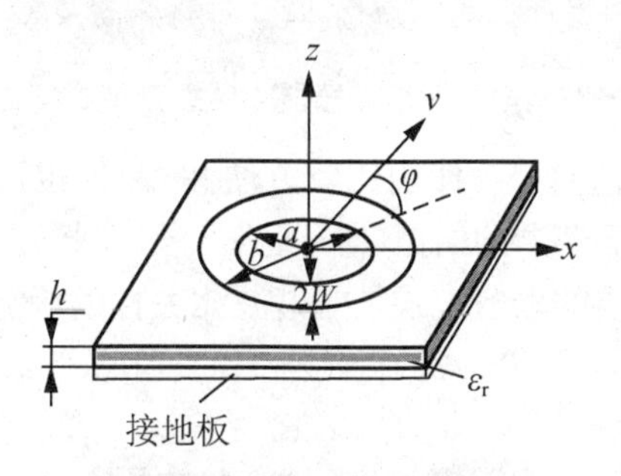

图6-24　微带环形谐振器

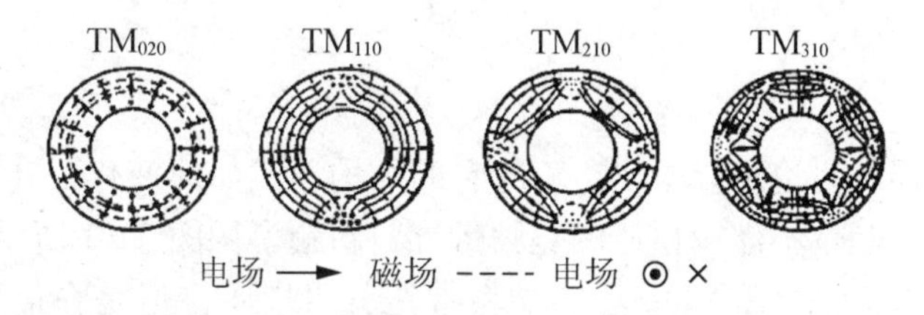

图6-25　微带环形谐振器4种振荡模式场结构图

微带环形谐振器 TM_{m10} 振荡模的谐振波长，可用下式计算：

$$\lambda_{\varepsilon0}=\frac{2\pi R}{m} \tag{6-41}$$

由图6-25所示的场结构图可以看出：TM_{110} 主振荡模的电磁振荡基本上是闭合在圆环内很少有辐射损耗，故用 TM_{110} 主模工作的环形谐振器的 Q_0 值是最高的(与所有微带线谐振器的 Q_0 值相比较)。

(3) 简要介绍微带圆形谐振器。

图6-26所示是微带圆形谐振器的结构示意图，它实际上是$(W/R)\to1$ 情况时的微带

环形谐振器，故谐振器的振荡模式仍然是 TM_{mn0} 模。在图 6－27 中给出了其中 4 种振荡模式的电磁场结构图形，其中 TM_{110} 模仍然是主振荡模。

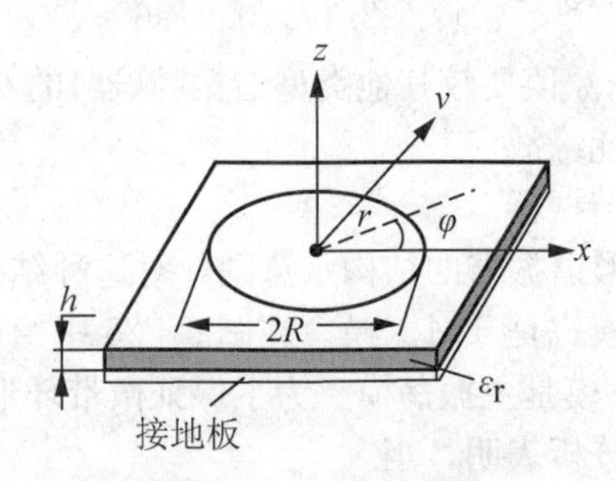

图 6－26　微带圆形谐振器

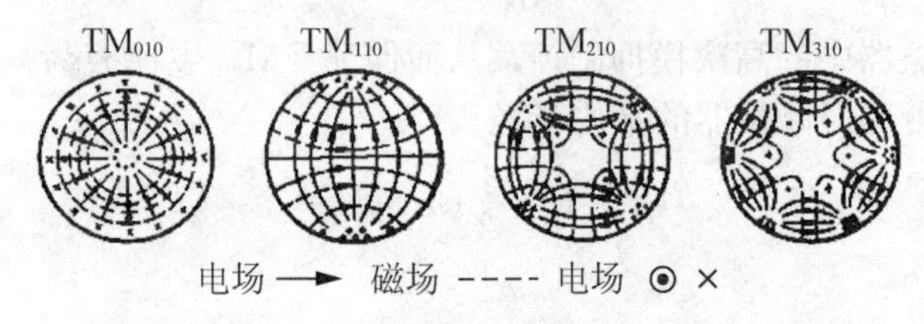

图 6－27　微带圆形谐振器 4 种振荡模式场结构图

微带圆形谐振器具有结构简单，使用比较方便和 Q_0 值也比较高等一系列优点，因此适合于用来体效应管或雪崩管振荡器的谐振(器)回路。微带圆形谐振器不能使用在倍频器和参量放大器中，这是因为谐振器的振荡模式是非谐波相关性的缘故；即一种振荡模式的振荡频率，不能由其他另外两种不同振荡模式的振荡频率的“和频”或“差频”产生获得。

6.3　微波滤波器

6.3.1　滤波器

从对微波谐振器的讨论可以看出：不管它的结构形式如何变化，其功能也只是对单一信号频率进行选择，基本不涉及信号的宽频带(谱)问题。像图 6－1 所示的简单的 LC 选频回路，只需提供 10kHz 左右的 3dB 射频功率带宽就可以了。但是在信号通道中所遇到的大量选频问题，还是对信号频带(谱)的处理。在对原发信号的调制加工的过程中，不管是模拟信号调制还是数字信号调制都要产生很宽的频带(谱)；因此，相应的选频技术问题就变得复杂起来了。为了处理好这种复杂的选频技术，滤波器是一种不可缺的主要器件。对此，在前面的针对图 6－4 讨论中，即从多波道微波信号中，选择本波道微波载频(载频间隔 40MHz，图 0－4)所载送的标准 1920 路“数字电话”微波频谱的情况中可见一斑。

可以抽象地将滤波器看成一个二端口网络，图 6－28 所示的是一个插入信道中 z 节点处的低通滤波器等效二端口网络。图 6－28 中描绘的是这样的理想低通滤波器的频率响应特性：在低通带内插入损耗 L_A(dB)→0、相位特性为线性(即不考虑信号的相位或时延失真)，在阻带内(低通带外)L_A(dB)→∞。滤波器二端口网络除图 6－28 所示的低通频率响

应特性外，还有表 6-3 中所示的高通、带通和带阻等理想频率响应特性，以及其简单的由电感 L 和电容 C 所组成的实际滤波器原理电路。

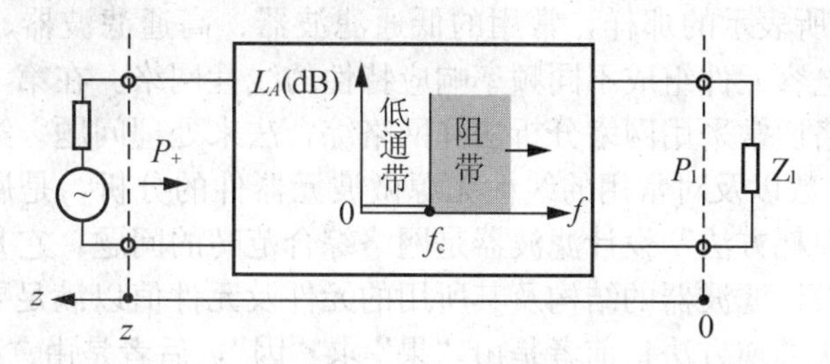

图 6-28　在传输信道中插入低通滤波器二端口网络

插接入信道系统中的滤波器二端口网络，可以按需要来控制系统中的频率响应特性，以达到在系统的某个节点上对信号频谱进行取舍的目的。如果在数字信道系统中某个节点上需要提取基带话音信号，可以在该节点上接入一只低通滤波器滤除 PAM 信号的高频分量后获得(参见通信原理)；如果在信道中系统中某个节点上需要提取高频频谱分量，可以在该节点上接入一只高通滤波器；如果在信道中系统中某个节点上需要提取某一段频谱分量，可以在该节点上接入一只带通滤波器；如果在信道中系统中某个节点上需要阻止某段频谱分量，可以在该节点上接入一只带阻滤波器；等等。总之，滤波器的应用领域极为广泛，无处不在。实际上任何一种信号传输系统(各种通信系统、雷达系统乃至测量系统)本质上是一种复杂的频谱转换、搬运和分配系统(注意：人与人之间的直接面谈是用音频沟通，非常简单，无须对 0.3～3.4kHz 的话音频谱做任何加工处理，人耳就是一个中心频率为(0.8～1)kHz 的话音频谱的“带通滤波器”)；在这种系统中使用了各种各样的元器件，滤波器是不可缺少的，其选频功能远远大于谐振腔(器)。

表 6-3　常用滤波器的理想频响特性及实际原理电路

低通滤波器	L_A/dB；低通带；阻带；0；f_c；f；或	高通滤波器	L_A/dB；阻带；高通带；0；f_c；f；或
带通滤波器	L_A/dB；阻带；通带；阻带；0；f_L；f_H；f；或	带阻滤波器	L_A/dB；低通带；阻带；高通带；0；f_L；f_H；f；或

6.3.2 设计滤波器的插入损耗方法简介

正像表 6-3 中所表示的那样，常用的低通滤波器、高通滤波器、带通滤波器和带阻滤波器都由电感和电容元件组成不同频率响应特性的线性网络。在第 4 章曾指出，在理论上研究这类线性网络通常采用网络分析法和网络综合法来处理问题。第 4 章中所介绍的网络 Z、Y、A 和 S 参数以及对常用的线性无源微波元器件的分析，是属于网络分析范畴的内容。使用“插入损耗方法”设计滤波器是网络综合范畴的问题，它是根据给定的频率响应特性的要求，来设计滤波器的结构及其所用的元件及元件值以满足要求。实际上，网络综合法是网络分析法的逆方法；前者是由“果”求“因”，后者是由“因”求“果”。

将第 1 章中图 1-20 和本章图 6-28 比较，并参见式(1-69)，显然滤波器二端口网络的插入损耗 L_A(dB)可以用式(1-70b)表示为

$$L_A(\text{dB})=10\lg\frac{1}{1-|\Gamma(z)|^2}\text{dB}$$

根据第 1 章式(1-33)和式(1-34)可以看出：因为一般情况下传输线系统的负载阻抗 Z_l 和相常数 β_z 都是频率的函数，故反射系数 Γ 也应该是频率 $\omega=2\pi f$ 的函数，即 $\Gamma(z,\omega)$；如果将传输信道中的滤波器孤立出来研究就可以将变量 z 看成常数，从而可以将反射系数改写成 $\Gamma(\omega)$。因此，就可以将式(1-70a)改写成以下形式：

$$L_A(\omega)=10\lg\frac{1}{1-|\Gamma(\omega)|^2}\text{dB} \tag{6-42}$$

该式就是插接入信道系统中的滤波器二端口网络所引进的插入损耗。由该式看出：如果在信道系统中的某个固定节点 z 上某个频率 f_c(或 f_L 和 f_H，称为截止频率)对应的 $\Gamma(\omega)=1$，则 $\Gamma(\omega)=1$ 和 $L_A(\omega)\to\infty$，这就是表 6-3 中所示的理想滤波器的插入损耗频率响应特性。在表 6.3 中，理想滤波器的截止频率 f_c都作了相应的标注(表中 f_L和 f_H分别为低端和高端截止频率)。注意：这里所说的“插入损耗频率响应特性”实际是不存在的，这是因为实际中不可以在物理上实现如此理想滤波器的缘故。为此，下面还需进一步在数学上寻求描述物理上可实现的滤波器“插入损耗频率响应特性”的数学途径。

可以证明：反射系数 $\Gamma(\omega)$是频率 $\omega=2\pi f$ 的偶函数，因而它可以表示为以下以 ω^2 为变量的多项式：

$$|\Gamma(\omega)|^2=\frac{\text{M}(\omega^2)}{\text{M}(\omega^2)+\text{N}(\omega^2)} \tag{6-43}$$

式中：$\text{M}(\omega^2)$和 $\text{N}(\omega^2)$是 ω^2 的实数多项式，将该式代入式(6-42)可得

$$L_A(\omega)=10\lg\left[1+\frac{\text{M}(\omega^2)}{\text{N}(\omega^2)}\right]\text{dB} \tag{6-44}$$

这就是所要寻求的数学途径，它表明：凡属物理意义上可以实现的滤波器电路，其数学意义上插入损耗必须采用式(6-44)来表达；或者说，这就是使用插入损耗 $L_A(\omega)$方法设计(或综合)滤波器的基本出发点和依据。也即是说：式(6-44)表达的 $L_A(\omega)$是设计者所要求的结果；设计(或综合)所得的滤波器是引起这一结果的“因”。如果要求设计(而不是分析)滤波器，显然采用网络综合法是合理的。

下面介绍两种滤波器的插入损耗 $L_A(\omega)$频率响应特性，这两种频响特性在实际中是常用的，可以用实际电路来实现的频响特性。

1. 最平频率响应特性

所谓最平特性在第 4 章“最平通频带阶梯阻抗变换器”讨论中，已用式(4－79)做过描述；从式(4－79)出发用牛顿二项式将它展开和推导，最后综合出简单的设计公式(4－91)；而例题例 4－13 是用金属矩形波导实现了“最平通频带阶梯阻抗变换器”(图 4－45)。

对于具有图 6－29 中所示的最平频响特性的低通滤波器而言，其插入损耗 $L_A(\omega)$ 频率响应特性可以用以下牛顿二项式进行描述：

$$L_A(\omega)=10\lg\left[1+k^2\left(\frac{\omega}{\omega_c}\right)^{2N}\right]\mathrm{dB} \tag{6-45a}$$

式中：N 是低通滤波器的阶数(例如，表 6－3 中的低通滤波器的阶数 $N=2$)；ω_c 是低通滤波器的截止频率，其通频带从 $\omega=0$ 起一直延伸到 ω_c。这里所指通频带是指传输功率衰减(或损耗)3dB 后的带宽，因此图 6－29 中 $L_{Am}=3\mathrm{dB}$ 点对应的 $k=1$；注意：当 $\omega\gg\omega_c$ 时，

$$L_A(\omega)\approx10\lg\left(\frac{\omega}{\omega_c}\right)^{2N}\mathrm{dB} \tag{6-45b}$$

该式表明：由式(6－45a)所描述的在通频带外频响特性的插入损耗，将按照每 10 倍频程 20NdB 的速率增加；这样的频响特性损耗增加速率，虽然不像表 6－3 中所示的那种理想的 $L_A(\mathrm{dB})\to\infty$ 的截止情况，但也是够典型的。因此，用式(6－45a)所描述的频响特性来综合或设计低通滤波器是可行的。

2. 等波纹(切比雪夫)频率响应特性

这里所指的等波纹频率响应特性是引用切比雪夫多项式来表述的频响特性，在第 4 章“切比雪夫阶梯阻抗变换器”讨论中已经概念性地描述过。等波纹插入损耗 $L_A(\omega)$ 频率响应特性，可以用下式进行描述：

$$L_A(\omega)=10\lg\left[1+k^2T_N^2\left(\frac{\omega}{\omega_c}\right)\right]\mathrm{dB} \tag{6-46}$$

式中：$T_N(x)=T_N(\omega/\omega_c)$ 为切比雪夫多项式；由图 6－29 看出：虽然在通带内频响特性的幅度值有 $10\lg(1+k^2)$dB 的波纹波动，但在通带外它具有比最大平坦频响特性更陡峭的截止响应特性，它虽然不能视为理想的 $L_A(\mathrm{dB})\to\infty$ 的截止情况，但也是典型的。因此，用式(6－46)所描述的频响特性来综合或设计低通滤波器也是可行的。对此，下面将做进一步说明。

所谓切比雪夫多项式是一个关于自变量 x 的 N 阶多项式 $T_N(x)$，具体可展开为

$$\begin{aligned}
&1\text{ 阶：}T_1(x)=x;\\
&2\text{ 阶：}T_2(x)=2x^2-1;\\
&3\text{ 阶：}T_3(x)=4x^3-3x;\\
&4\text{ 阶：}T_4(x)=8x^4-8x^2+1;\cdots;\\
&N\text{ 阶：}T_N(x)=2xT_{N-1}(x)-T_{N-2}(x)
\end{aligned} \tag{6-47}$$

当自变量 x 很大时，$T_N(x)\approx0.5\times(2x)^N$。因此，在通带外对于 $\omega\gg\omega_c$ 的所有频率点上，式(6－46)可以近似为

$$L_A(\omega)\approx10\lg\frac{k^2}{4}\left(\frac{2\omega}{\omega_c}\right)^{2N}\mathrm{dB} \tag{6-48}$$

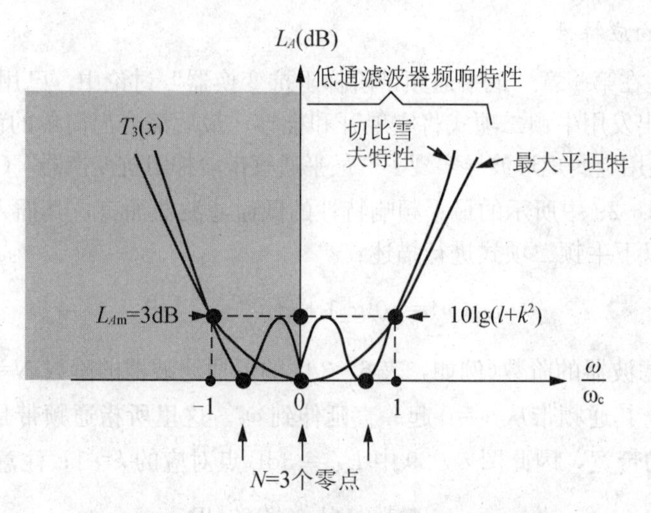

图 6-29　两种低通滤波器 $L_A(\omega)$ 频率响应特性

该式表明：由该式所描述的频响特性在通频带外的插入损耗 $L_A(\omega)$，也按照每10倍频程 $20N$dB 的速率增加(考虑 $k=1$)，但是将式(6-48)与式(6-45b)比较发现：在通带外对于任意给定频率 $\omega \gg \omega_c$ 处，等波纹(切比雪夫)频响特性的插入损耗比最大平坦频的特性的插入损耗大 $10\lg[(2^{2N})/4]$dB(考虑 $k=1$)。这是因为

$$L_A(\omega) \approx 10\lg \frac{k^2}{4}\left(\frac{2\omega}{\omega_c}\right)^{2N} = 10\lg \frac{2^{2N}}{4} + 10\lg\left(\frac{\omega}{\omega_c}\right)^{2N} \ (\text{dB})$$

上式右边的第1项是等波纹(切比雪夫)频响特性的插入损耗较最大平坦频响特性的插入损耗的增加值；显然，第2项就是最平频响特性带外频响特性的插入损耗式(6-45b)。即是说：在通带外等波纹(切比雪夫)频响特性，比最大平坦频响特性具有更陡峭的截止响应特性。

另外，图6-30是绘制的 $T_1(x)$、$T_2(x)$、$T_3(x)$ 和 $T_4(x)$ 曲线，由该组曲线可以看出：① 当变量 $|x| \leqslant 1$ 时，多项式 $T_N(x)$ 在"+1"和"-1"之间波动振荡；当变量 $|x| \geqslant 1$ 时，多项式 $T_N(x)$ 急剧无限增加；② 变量 $|x| \leqslant 1$ 在范围内，$T_1(x)$ 有1个零点；$T_2(x)$ 有2个零点；$T_3(x)$ 有3个零点；$T_4(x)$ 有4个零点。如果将切比雪夫多项式的这些特点反映在图6-29中，就表明：① 图中 $L_{Am}=3$dB 点对应的 $k=1$；② 图中的 $T_N(x)=T_3(x)$，即通频带内具有3个波纹零点(考虑第二象限阴影部分)，这表明：图6-29所示的频响特性所具体描述的等波纹(切比雪夫)低通滤波器是由 $N=3$ 个元件组成。

3. 关于相位频率响应特性的问题

在通信信道中不论是数字信号或是模拟信号，引起传输失真的原因是多方面的。其中例如：信道中所使用的选频网络的通频带不够宽，而压缩信号的频谱分量造成失真(这是上面所讨论的振幅频响问题)；选频网络通带内相位频响特性的非线性将引起时延失真(关于时延失真问题，在本书前面几章都反复涉及过)，为了避免这种时延失真，最好使网络通带内具有线性相位频响特性；但是，$L_A(\omega)$ 陡峭的截止响应特性与好的直线相位频响特性往往是不可以兼得的。即是说：滤波器的相位频响特性尽管经过精心综合，但常常不能同时获得好的 $L_A(\omega)$ 截止响应特性。

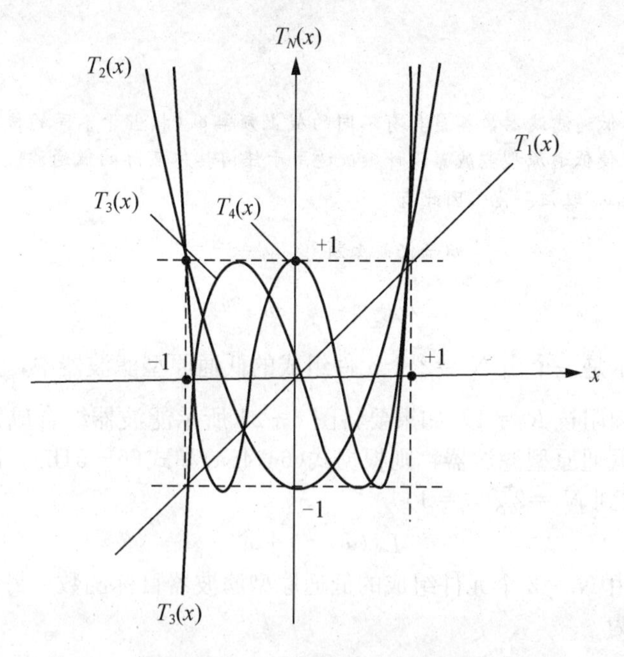

图 6－30　切比雪夫多项式曲线

要想获得滤波器网络的线性相位频响特性，可以采用下式进行综合：

$$\varphi(\omega)=A\omega\left[1+\xi\left(\frac{2\omega}{\omega_{\mathrm{c}}}\right)^{2N}\right] \tag{6-49}$$

式中：$\varphi(\omega)$是滤波器网络电压传输系数的相位；ξ是一个常数。

根据式(6－49)，可以求得信号通滤波器网络引起的时延为

$$\tau_d=\frac{\mathrm{d}\varphi(\omega)}{\mathrm{d}\omega}=A\left[1+\xi(2N+1)\left(\frac{2\omega}{\omega_{\mathrm{c}}}\right)^{2N}\right] \tag{6-50}$$

将该式(6－50)和式(6－45a)比较可以看出：线性相位滤波器网络的时延特性是一个最平坦特性函数，它表明在滤波器网络通频带内有比较均匀的时延，从而使传输信号只引进很小的时延失真(或色散失真)。

6.3.3　怎样综合最平低通原型滤波器

为了解决微波技术领域各式各样阻抗匹配问题，人们建立了一个具有通用性的阻抗归一化 Smith 圆图，它给许多工程设计带来方便；同样，在滤波器的设计中也可以建立一个归一化的原型模板，用以给滤波器的设计带来方便。这个归一化的原型模板是指阻抗和频率归一化的低通原型滤波器。利用归一化低通原型滤波器，可以大大简化各种滤波器(低通、高通、带通和带阻滤波器)的设计。

建立 Smith 圆图是根据均匀传输线的基本理论；建立一个归一化的低通原型滤波器模板是根据网络综合理论。下面将使用简单的网络综合理论，采用由“个例”到“一般”的推理方法，以得到所需归一化低通原型滤波器的一些设计数据和图表依据。图 6－31 所示是一个由 $N=2$ 个元件组成的低通原型滤波器，作为一个举例可以将它综合成为一个最平 $L_A(\omega)$频响特性或等波纹 $L_A(\omega)$频率响应特性的归一化低通原型滤波器。

注意

实际中使用的具体低通滤波器，各自具有不同的截止频率 ω_c（相当于不同的传输线各具有不同的特性阻抗 Z_0 一样），为了使低通原型滤波器设计模板适用于任何具体实际的低通滤波器，必须将滤波器的使用频率 ω 对截止频率 ω_c 取归一化。因此有

$$\text{归一化截止频率：}\widetilde{\omega}_c=\frac{\omega_c}{\omega_c}=1 \tag{6-51a}$$

$$\text{归一化使用频率：}\widetilde{\omega}=\frac{\omega}{\omega_c} \tag{6-51b}$$

在图 6-31 所示是一个由 $N=2$ 个元件组成的低通原型滤波器中，为了使阻抗归一化可以假设信号源的内阻抗 $\widetilde{R}_0=1$。如果要将图 6-31 所示滤波器综合成为一个最平 $L_A(\omega)$ 频响特性的归一化低通原型滤波器，则根据式(6-45a)和式(6-51b)，该滤波器的插入损耗应该表示为(考虑到 $N=2$ 和 $k=1$)

$$L_A(\widetilde{\omega})=1+\widetilde{\omega}^4 \tag{6-52}$$

该式是要求综合的由 $N=2$ 个元件组成的低通原型滤波器目标函数。另外，图 6-31 所示滤波器的输入阻抗为

$$Z_{in}(\widetilde{\omega})=j\widetilde{\omega}L+\frac{R(1-j\widetilde{\omega}RC)}{1+\widetilde{\omega}^2R^2C^2} \tag{6-53}$$

再根据第 1 章中式(1-35)，可将图 6-31 所示滤波器引进的插入损耗表示为

$$\Gamma(\widetilde{\omega})=\frac{Z_{in}(\widetilde{\omega})-1}{Z_{in}(\widetilde{\omega})+1} \tag{6-54}$$

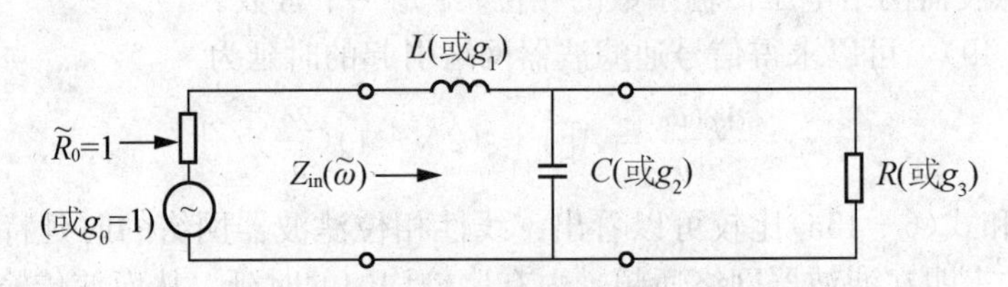

图 6-31 低通原型滤波器($N=2$)

根据式(6-54)和仿照式(6-42)，可得图 6-31 所示滤波器归一化最平 $L_A(\widetilde{\omega})$ 频响特性为

$$L_A(\widetilde{\omega})=\frac{1}{1-|\Gamma(\widetilde{\omega})|^2}=\frac{|Z_{in}(\widetilde{\omega})+1|^2}{2[Z_{in}(\widetilde{\omega})+Z_{in}^*(\widetilde{\omega})]} \tag{6-55}$$

式中：$Z_{in}^*(\widetilde{\omega})$ 是 $Z_{in}(\widetilde{\omega})$ 的共轭值；它们的和为

$$Z_{in}^*(\widetilde{\omega})+Z_{in}(\widetilde{\omega})=\frac{2R}{1+\widetilde{\omega}^2R^2C^2} \tag{6-56}$$

再有

$$|Z_{in}(\widetilde{\omega})+1|^2=\left(\frac{R}{1+\widetilde{\omega}^2R^2C^2}+1\right)^2+\left(\widetilde{\omega}L-\frac{\widetilde{\omega}CR^2}{1+\widetilde{\omega}^2R^2C^2}\right)^2 \tag{6-57}$$

将式(6-56)和式(6-57)代入式(6-55)，经整理后得

$$L_A(\tilde{\omega}) = 1 + \frac{1}{4R}[(1-R)^2 + (R^2C^2 + L^2 - 2LCR^2)\tilde{\omega}^2 + L^2C^2R^2\tilde{\omega}^4] \tag{6-58}$$

该式是根据图 6－31 直接求得的插入损耗 $L_A(\tilde{\omega})$，它是一个关于 $\tilde{\omega}$ 变量的多项式。如果要求图 6－31 所示滤波器按照最平响应目标函数进行综合，就要求式(6－58)与式(6－52)相等。此时，必须要求式(6－58)中的 $R=1$ 和含 $\tilde{\omega}^2$ 项的系数必须为零以及含 $\tilde{\omega}^4$ 项的系数必须等于 1。这是因为：如果式(6－58)中的 $R=1$ 和 $\tilde{\omega}^2$ 项的系数 $[RC^2+(L^2/R)-2LCR]/4=0$ 以及含 $\tilde{\omega}^4$ 项的系数 $L^2C^2R/4=1$ 时，式(6－58)就变成了式(6－52)。这就表明：图 6－31 所示的低通原型滤波器被综合成了具有最平 $L_A(\tilde{\omega})$ 频响特性的归一化低通原型滤波器。

因此，根据 $R=1$ 和 $[RC^2+(L^2/R)-2LCR]/4=0$ 可得

$$C^2+L^2-2LC=(C-L)^2=0$$

从而得 $L=C$，再根据 $R=1$ 和 $L^2C^2R/4=1$ 可得

$$\frac{1}{4}L^2C^2=\frac{1}{4}L^4=1$$

最后得

$$L=C=\sqrt{2}=1.4142$$

这就是图 6－31 所示的 $N=2$ 低通原型滤波器归一化元件值。另外，滤波器激励信号源的归一化内阻抗 $\tilde{R}_0=1$ 和负载阻抗 $R=1$。通常将它们表示为 $g_0=1$；$g_1=1.4142$；$g_2=1.4142$ 和 $g_3=1$。

以上所述是针对图 6－31 所示 $N=2$ 低通原型滤波器分析和综合的结果。如果 $N\geqslant 2$ 时，则可以使用相同的思路和一般化的分析综合方法(但应该保持基本前提条件 $Rg=1$、$R=1$ 和 $\omega_c=1$ 不变)可得出一般化的结果。为了避免过多和更复杂的推导，下面将直接给出适合于图 6－32 所示低通原型滤波器电路设计使用的最平坦特性的归一化元件数值表 6－4(含 $N=1\sim10$ 个电抗元件值)；最平坦特性的归一化元件数值表可以使用附录 E 中的程序计算。

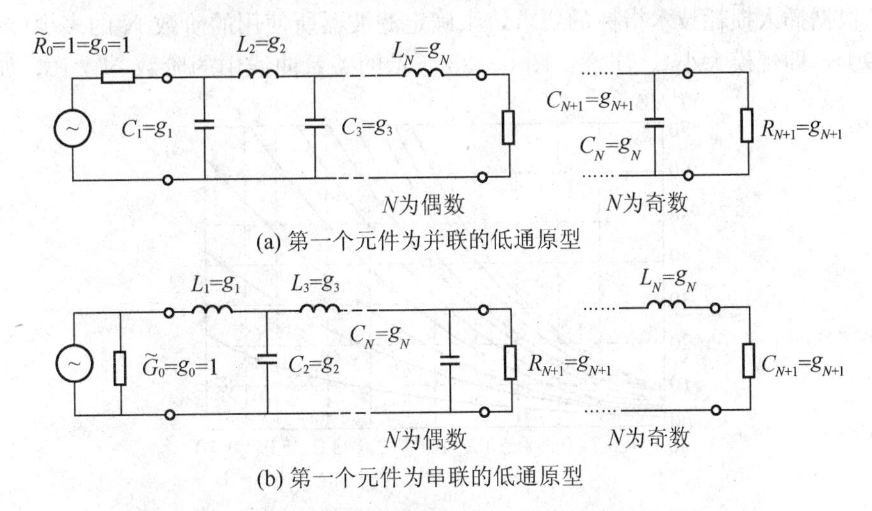

图 6－32　梯形电路低通原型滤波器及其元件的定义

在图 6 - 32 所示并、串联电路中，信号源的内阻抗 g_0、负载阻抗 g_{N+1} 和电路元件 g_k 它们交替出现。为了明确它们在电路中的具体作用，应给予以下细节定义。

$$g_0=\begin{cases}\text{信号源(电压源)内电阻：对于图 6-32(a)}\\ \text{信号源(电流源)内电导：对于图 6-32(b)}\end{cases}$$

$$g_k=\begin{cases}\text{并联电容：对于图 6-32(a)}\\ \text{串联电感：对于图 6-32(b)}\end{cases}\text{下标：}k=1\sim(N+1)$$

$$g_{N+1}=\begin{cases}\text{负载电阻：对于图 6-32(a)}\\ \text{负载电导：对于图 6-32(b)}\end{cases}$$

表 6 - 4　最平坦低通原型滤波器的元件值($g_0=1$, $\tilde{\omega}_c=1$)

N	g_1	g_2	g_3	g_4	g_5	g_6	g_7	g_8	g_9	g_{10}	g_{11}
1	2.0000	1.0000									
2	1.4142	1.4142	1.0000								
3	1.0000	2.0000	1.0000	1.0000							
4	0.7564	1.8478	1.8478	1.7654	1.0000						
5	0.6180	1.6180	2.0000	1.6180	0.6180	1.0000					
6	0.5176	1.4142	1.9318	1.9318	1.4142	0.5176	1.0000				
7	0.4450	1.2470	1.8019	2.0000	1.8019	1.2470	0.4450	1.0000			
8	0.3902	1.1111	1.6629	1.9615	1.9615	1.6629	1.1111	0.3902	1.0000		
9	0.3743	1.0000	1.5321	1.8794	2.0000	1.8794	1.5321	1.0000	0.3473	1.0000	
10	0.3129	0.9080	1.4142	1.7820	1.9754	1.9754	1.7820	1.4142	0.9080	0.3129	1.0000

实际中对信道中插接入滤波器的插入损耗是有要求的，这个要求通常是用滤波器阻带中某一个频率处引进的插入损耗为标准，作为技术指标 L_{AT} 来提出；而 L_{AT} 技术指标，应该由滤波器所使用的阶数 N 的多少(或滤波器规模大小)来保证。图 6 - 33 所示的关系曲线可以用来根据插入损耗技术指标的要求，来确定滤波器所使用的阶数 N 的多少(或滤波器元件数多少，即规模大小)。注意：图 6 - 33 所示的关系曲线中的阶数 $N<10$，如果所设

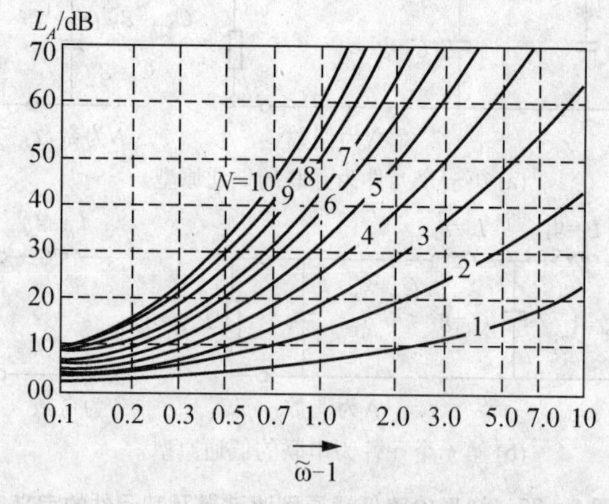

图 6 - 33　最平坦低通原型滤波器插入损耗与归一化频率关系曲线

计的滤波器所需的阶数 $N>10$ 时应该如何处理？如果遇到这种情况，可以分别设计两个阶数 $N<10$ 的滤波器将它们级联起来以获得预期的效果。

6.3.4 怎样综合等波纹低通原型滤波器

如果要将图 6-31 所示的低通原型滤波器($N=2$)综合成等波纹低通原型滤波器，可以根据式(6-46)对其进行综合。令截止频率 $\omega_c=1$，由式(6-46)可得

$$L_A(\tilde{\omega})=1+k^2T_N^2(\tilde{\omega}) \tag{6-59}$$

式中：参见图 6-30 曲线可知，在 $x=0$ 处切比雪夫多项式 $T_N(\tilde{\omega})$ 有以下特性：

$$T_N(0)\begin{cases}0 & \text{当下标 } N \text{ 为奇数时}\\ 1 & \text{当下标 } N \text{ 为偶数时}\end{cases}$$

相应的在 $\tilde{\omega}=0$ 处，式(6-59)将有以下两种值：

$$L_A(\tilde{\omega})\begin{cases}1 & N \text{ 为奇数时}\\ 1+k^2 & N \text{ 为偶数时}\end{cases}$$

因此，使用式(6-59)对图 6-31 所示的低通原型滤波器进行综合时，应考虑 N 的取值是奇数还是偶数。

如果要将图 6-31 所示的低通原型滤波器($N=2$)综合成等波纹低通原型滤波器，需令式(6-58)等于式(6-59)(注意：此时式中应该用 $T_2(x)=2x^2-1$ 代入，见式(6-47))。令上述两式相等后，可得

$$\begin{aligned}1+k^2(4\omega^4-4\omega^2+1)=1+\frac{1}{4R}[(1-R)^2\\ +(R^2C^2+L^2-2LCR^2)\tilde{\omega}^2+L^2C^2R^2\tilde{\omega}^4]\end{aligned} \tag{6-60}$$

当 N 为偶数和在 $\tilde{\omega}=0$ 处，由式(6-60)可得

$$k^2=\frac{(1-R)^2}{4R} \tag{6-61}$$

因此可得

$$R=1+2k^2\pm2k\sqrt{1+k^2}\quad(N\text{ 为偶数时}) \tag{6-62}$$

再令式(6-60)两边的 $\tilde{\omega}^4$ 和 $\tilde{\omega}^2$ 的系数分别相等，可得

$$4k^2=\frac{1}{4R}L^2C^2R^2 \tag{6-63}$$

和

$$-4k^2=\frac{1}{4R}(R^2C^2+L^2-2LCR^2) \tag{6-64}$$

注 意

在图 6-29 中 $L_{Am}=3\text{dB}$ 点对应的 $k=1$，即是说：k 值决定了等波纹低通原型滤波器波纹起伏的最大幅度值 L_{Am}；如果在给定 L_{Am}(即给定 k 值)的情况下，可以利用式(6-62)和式(6-63)求得 R(或 g_3)、L(或 g_1)和 C(或 g_2)等归一化值。上述 3 个归一化元件值，可以将图 6-31 所示的低通原型滤波器($N=2$)综合成等波纹低通原型滤波器。如果 $N\geqslant2$，则可以使用相同的思路和一般化的分析综合方法(但应该保

持基本前提条件$\tilde{R}_0=1$、$R=1$和$\omega_c=1$不变)可得出一般化的结果。为了避免过多和更复杂的推导,下面将直接给出适合于图 6-32 所示低通原型滤波器电路设计使用的等波纹特性的归一化元件数值表 6-5($L_{Am}=0.5$dB)和表 6-6($L_{Am}=3$dB);等波纹特性的归一化元件数值表可以使用附录 E 中的程序计算。

表 6-5　等波纹低通原型滤波器的元件值($g_0=1$,$\tilde{\omega}_c=1$,$L_{Am}=0.5$dB)

N	g_1	g_2	g_3	g_4	g_5	g_6	g_7	g_8	g_9	g_{10}	g_{11}
1	0.6986	1.0000									
2	1.4029	0.7071	1.9841								
3	1.5963	1.0967	1.5963	1.0000							
4	1.6703	1.1926	2.3661	0.8419	1.9841						
5	1.7058	1.2296	2.5408	1.2296	1.7058	1.0000					
6	1.7254	1.2479	2.6064	1.3137	2.4758	0.8696	1.9841				
7	1.7372	1.2583	2.6381	1.3444	2.6381	1.2583	1.7372	1.0000			
8	1.7451	1.2647	2.6564	1.3590	2.6964	1.3389	2.5093	0.8796	1.9841		
9	1.7504	1.2690	2.6678	1.3673	2.7239	1.3673	2.6678	1.2690	1.7504	1.0000	
10	1.7543	1.2721	2.6754	1.3725	2.7392	1.3806	2.7231	1.3485	2.5239	0.8842	1.9841

表 6-6　等波纹低通原型滤波器的元件值($g_0=1$,$\tilde{\omega}_c=1$,$L_{Am}=3$dB)

N	g_1	g_2	g_3	g_4	g_5	g_6	g_7	g_8	g_9	g_{10}	g_{11}
1	1.9953	1.0000									
2	3.1013	0.5339	5.8095								
3	3.3487	0.7117	3.3487	1.0000							
4	3.4389	0.7483	4.3471	0.5920	5.8095						
5	3.4817	0.7618	4.5381	0.7618	3.4817	1.0000					
6	3.5045	0.7685	4.6061	0.7929	4.4641	0.6033	5.8095				
7	3.5182	0.7723	4.6386	0.8039	4.6386	0.7723	3.5182	1.0000			
8	3.5277	0.7745	4.6575	0.8089	4.6990	0.8018	4.4990	0.6073	5.8095		
9	3.5340	0.7760	4.6692	0.8118	4.7272	0.8118	4.6692	0.7760	3.5340	1.0000	
10	3.5384	0.7771	4.6768	0.8136	4.7425	0.8164	4.7260	0.8051	4.5142	0.6091	5.8095

注 意

当 $N=2$ 时,根据式(6-62)计算出的 $R\neq1$;此时如果滤波器实际负载归一化阻抗等于 1 时,滤波器和负载之间将是失配的(在表 6-5 和表 6-6 中当 N 为偶数时,均属这种情况)。解决上述问题有以下两个办法:① 在滤波器和负载之间,插接入一个阻抗变换器;② 像图 6-32 所示的那样,再加接入一个 N 为奇数的滤波器单元进行调整(例如,将表 6-5 或表 6-6 中的 1.9841 或 5.8095 调整到 1)。当 N 为奇数时,归一化负载 $R=1$(这是因为在$\tilde{\omega}=0$处$L_A(\tilde{\omega})=1$,故由式(6-59)和式(6-62)可知 $k=0$ 和 $R=1$);此时如果滤波器实际负载归一化阻抗等于 1 时,滤波器和负载之间将是匹配的(因此,表 6-3 中的简单滤波器均由 $N=3$ 个电抗元件组成)。

图 6-34 和图 6-35 所示的两组关系曲线和图 6-33 曲线一样，可以用来根据滤波器插入损耗技术指标的要求确定滤波器的所使用的阶数 N 的多少(或滤波器元件数多少，即规模大小)。注意：图 6-34 关系曲线适用于波纹起伏的最大幅度值 $L_{Am}=0.5\text{dB}$ 的滤波器；图 6-35 关系曲线适用于波纹起伏的最大幅度值 $L_{Am}=3\text{dB}$ 的滤波器。

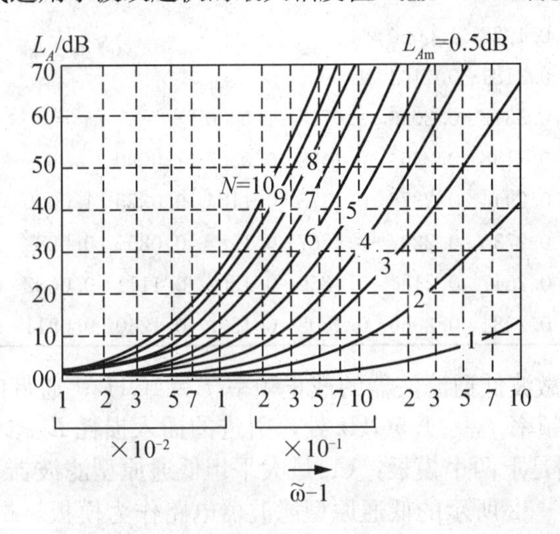

图 6-34 等波纹低通原型滤波器插入损耗与归一化频率关系曲线

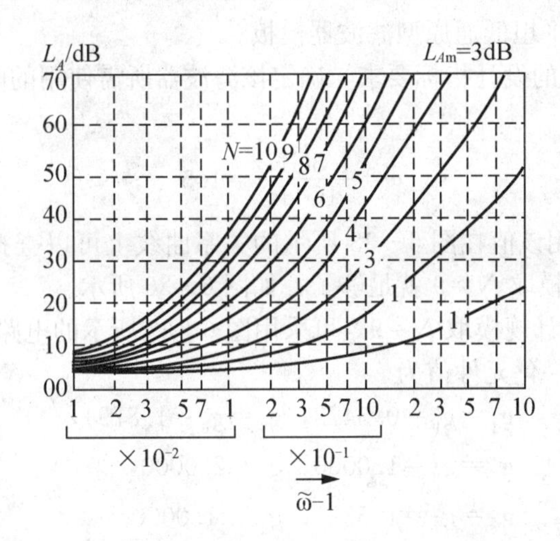

图 6-35 等波纹低通原型滤波器插入损耗与归一化频率关系曲线

6.3.5 关于线性相位低通原型滤波器

要想获得线性相位频响特性的原型低通滤波器，可以采用式(6-49)为目标函数进行综合，但是求原型低通滤波器本身的电压相位传输函数却不像求振幅传输函数 $L_A(\widetilde{\omega})$ 那么简单。因此尽管有式(6-49)为目标函数，然而线性相位频响特性的原型低通滤波器的综合仍然是复杂的。为此，下面将直接给出适合于图 6-32 所示低通原型滤波器电路设计使用的线性相位频响特性归一化元件数值表 6-7；当然按照表 6-7 归一化元件值设计出的低通滤波器，也应该具有最平坦的时延特性，即要求在滤波器的通频带内的时延为 $\tau_d=(1/\omega_c)=1$。

表 6-7 最平坦时延低通原型滤波器的元件值($g_0=1$，$\tilde{\omega}_c=1$)

N	g_1	g_2	g_3	g_4	g_5	g_6	g_7	g_8	g_9	g_{10}	g_{11}
1	2.0000	1.0000									
2	1.5774	0.4226	1.0000								
3	1.2550	0.5528	0.1922	1.0000							
4	1.0598	0.5116	0.3181	0.1104	1.0000						
5	0.9303	0.4577	0.3312	0.2090	0.0718	1.0000					
6	0.8377	0.4116	0.3158	0.2364	0.1480	0.0505	1.0000				
7	0.7677	0.3744	0.2944	0.2378	0.1778	0.1104	0.0375	1.0000			
8	0.7225	0.3446	0.2735	0.2297	0.1867	0.1387	0.0855	0.0289	1.0000		
9	0.6678	0.3203	0.2547	0.2184	0.1859	0.1506	0.1111	0.0682	0.0230	1.0000	
10	0.6305	0.3002	0.2384	0.2066	0.1808	0.1539	0.1240	0.0911	0.0557	0.0187	1.0000

【例 6-9】某一个微波低通滤波器的截止频率 $f_c=1\text{GHz}$；通带内最大插入损耗 $L_{Am}=3\text{dB}$；滤波器阻带中的频率 $f_{cT}=1.5\text{GHz}$ 处，引进的插入损耗 $L_{AT}\geqslant 30\text{dB}$。设计这个微波低通滤波器的原始根据是下两个模板：(1)最大平坦低通原型滤波器；(2)等波纹低通原型滤波器。如果采用图 6-32 所示的低通原型滤波器电路作为模板，试求：低通滤波器模板电路中各归一化元件值。

解：(1) 采用最大平坦低通原型滤波器模板。

① 根据微波滤波器的设计指标要求，确定该滤波器所需使用的阶数 N。
已知归一化频率

$$\tilde{\omega}=\frac{1.5\text{GHz}}{1\text{GHz}}=1.5$$

从而得 $\tilde{\omega}-1=0.5$，使用该值在图 6-33 所示的关系曲线上可以查找到：如果要求 $L_{AT}\geqslant 30\text{dB}$，滤波器的设计规模取 $N=9$ 就足够了，如图 6-36 所示。

② 根据滤波器的设计规模取 $N=9$，可采用图 6-37 所示的电路设计模板；查表 6-4 可得模板电路中的各归一化元件值为

$$g_1=g_9=0.3473,\ g_4=g_6=1.8794,$$

$$g_2=g_8=1.0000,\ g_5=2.0000,$$

$$g_3=g_7=1.5321,\ g_{10}=1.0000。$$

(2) 采用等波纹低通原型滤波器模板。

① 根据微波滤波器的设计指标要求，确定该滤波器所需使用的阶数 N。

根据 $L_{Am}=3\text{dB}$ 和 $\tilde{\omega}-1=0.5$ 在图 6-36 所示的关系曲线上可以查找到：如果要求 $L_{AT}\geqslant 30\text{dB}$，滤波器的设计规模取 $N=5$ 就足够了。

② 根据滤波器的设计规模取 $N=5$，可采用图 6-38 所示的电路设计模板。查表 6-6 可得模板电路中的各归一化元件值为

$$g_1=g_5=3.4817,\ g_3=4.5381,$$

$$g_2=g_4=0.7618,\ g_5=1,$$

$$g_6=1.0000。$$

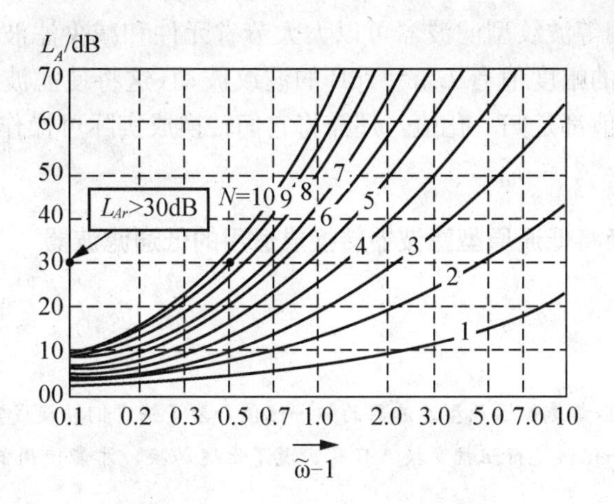

图 6-36 例 6-9 求阶数 N 的用图

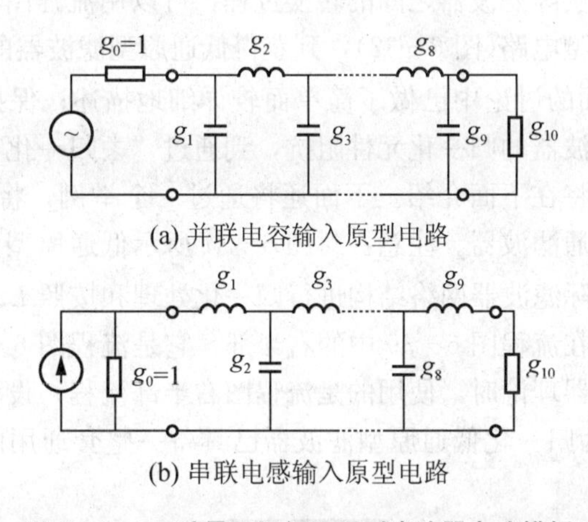

(a) 并联电容输入原型电路

(b) 串联电感输入原型电路

图 6-37 两种最平坦低通原型滤波器电路模板

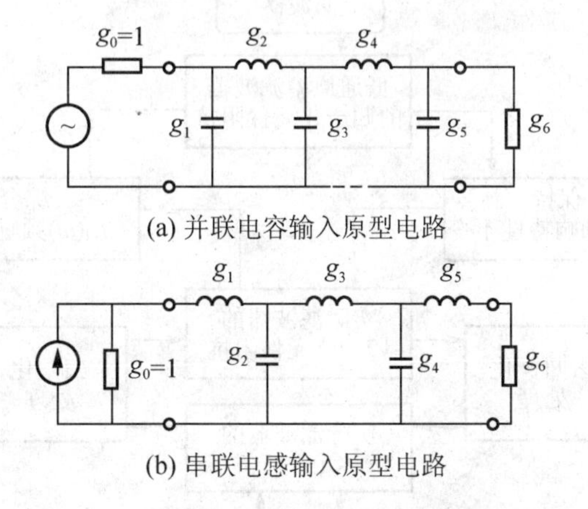

(a) 并联电容输入原型电路

(b) 串联电感输入原型电路

图 6-38 两种等波纹低通原型滤波器电路模板

由该题计算可以看出：设计滤波器达到相同的指标要求，采用等波纹型只需 $N=5$ 阶，而采用最大平坦型则需要 $N=9$ 阶(这是因为前者具有更陡峭的截止频率响应特性的缘故)。这说明：采用等波纹型滤波器可以大大节省元件和减少滤波器的体积尺寸，但滤波器通带内频响特性的幅度值有 $L_{Am}=3\mathrm{dB}$ 的波纹波动(这将使滤波器的时延特性变坏)。所得到滤波器的元件值都是归一化值，还需将它们转换成实际可操作的值才具有实现微波滤波器的实际意义。

6.3.6 利用阻抗变换将低通原型滤波器转换成适用的低通滤波器

注意

例 6-9 所得元件数据都是低通原型滤波器的归一化值，为了将它们转换成实际可操作的值，需对低通原型滤波器元件的归一化值进行阻抗变换。只有实现了上述转换，才能使用低通原型滤波器对实际低通滤波器进行设计。

低通原型滤波器和实际滤波器之间的转换过程，可以用流程图 6-39 表示；其中：建立低通原型滤波器的模型电路(图 6-32)，到获得低通原型滤波器的归一化元件值(通过网络综合)的过程，在前面的讨论中已做了简单而较详细地描述；保持 $L_A(\tilde{\omega})$ 频率响应特性不变到获得实际低通滤波器的归一化元件阻抗，到通过“去归一化处理”获得实际低通滤波器的元件值的过程，将在下面介绍。下面还将通过一个举例，将例 6-9 所得的原型低通滤波器转换成实际低通滤波器。注意：对图 6-31 所示低通原型滤波器综合过程，就是对具有图 6-31 所示实际滤波器网络结构进行归一化处理和按照 $L_A(\tilde{\omega})$ 频率响应特性综合的过程；这个过程表现在流程图 6-39 中的右半部，它是流程图 6-39 中的左半部的反过程。建立低通原型滤波器理论时，使用的是流程图右半部流程；设计滤波器时，使用的是流程图左半部流程(因为归一化低通原型滤波器已具备一整套通用的图表数据，可供设计使用)。

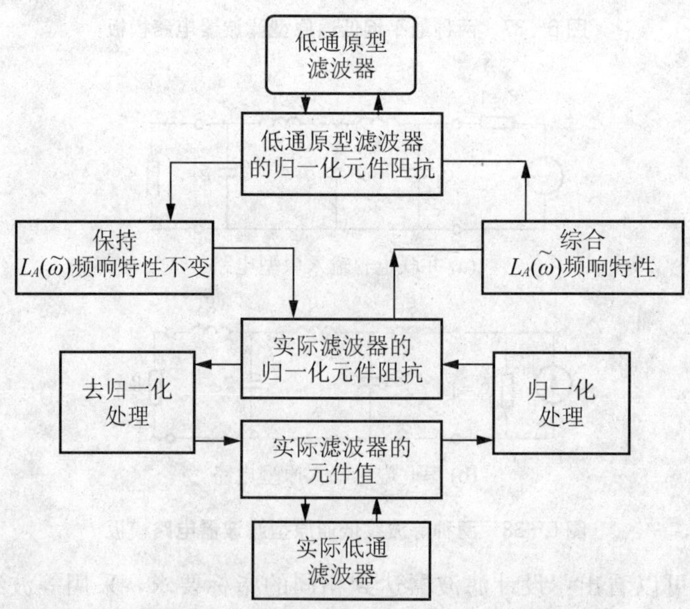

图 6-39 原型低通和实际低通滤波器的转换

下面具体介绍是怎样获得实际滤波器设计元件值。

一个实际工作在实际频率ω的低通滤波器的网络结构，也是如图 6－32 所示的梯形电路结构；如果令该实际低通滤波器电路中的归一化元件值为L_k^S和C_k^S，为了使实际低通滤波器与低通原型滤波器具有相同的$L_A(\tilde{\omega})$频率响应特性，就必须令

$$\mathrm{j}\omega L_k^S=\mathrm{j}\tilde{\omega}g_k=\mathrm{j}\frac{\omega}{\omega_c}g_k$$

和

$$\frac{1}{\mathrm{j}\omega C_k^S}=\frac{1}{\mathrm{j}\tilde{\omega}g_k}=\frac{1}{\mathrm{j}\frac{\omega}{\omega_c}g_k}$$

由以上两式此可得

$$L_k^S=\frac{g_k}{\omega_c}\quad 和\quad C_k^S=\frac{g_k}{\omega_c}\tag{6-65}$$

该式说明：低通原型滤波器的归一化元件值除以实际低通滤波器的截止频率ω_c，就是实际低通滤波器的归一元件化值；为了获得实际可设计操作的元件设计值，还须对L_k^S和C_k^S进行反归一化处理。

如果令L_k^P和C_k^P为实际低通滤波器的真实元件值，它们可以通过以下两个归一化阻抗关系式获得。

$$\omega L_k^S=\frac{\omega L_k^P}{R_0}\quad 和\quad \frac{1}{\omega C_k^S}=\frac{1}{\omega L_k^P R_0}\tag{6-66}$$

式中：R_0是实际低通滤波器的内阻抗。上式表明：实际低通滤波器的归一阻抗值是对R_0取归一化获得的。

将式(6－65)代入式(6－66)，就可以得到通过低通原型滤波器的归一化元件值。实际低通滤波器真实元件值的计算公式为

$$\begin{aligned}
&L_k^P=\frac{g_k}{\omega_c}R_0\quad（实际低通滤波器网络中的电感值）\\
&C_k^P=\frac{g_k}{\omega_c R_0}（实际低通滤波器网络中的电容值）\\
&R_l=g_{N+1}R_0（实际低通滤波器网络中的负载值）
\end{aligned}\tag{6-67}$$

【例 6－10】 试将例 6－9 所得到的图 6－38 所示的等波纹低通原型滤波器电路，转换成具有真实元件值的实际低通滤波器电路。

解： 由例 6－9 可知低通滤波器模板电路中的各归一化元件值为

$$g_1=g_5=3.4817$$
$$g_2=g_4=0.7618$$
$$g_3=4.5381$$
$$g_6=1.0000$$

和

$$\omega_c=2\pi\times10^9\,\mathrm{Hz}$$

并设

$$R_0=50\Omega$$

下面求图 6－38 中的并联电容输入低通原型滤波器电路，转换成实际低通滤波器后的各元件值。根据式(6－67)可求得

$$C_1^p = C_5^p = \frac{g_1}{\omega_c R_0} = \frac{3.4817}{2\pi \times 10^9 \times 50} = 11\text{pF}$$

$$C_3^p = \frac{g_3}{\omega_c R_0} = \frac{4.5381}{2\pi \times 10^9 \times 50} = 14\text{pF}$$

$$L_2^p = L_4^p = \frac{g_2}{\omega_c} \times R_0 = \frac{0.7618}{2\pi \times 10^9} \times 50 = 6\text{nH}$$

$$R_l = g_6 \times R_0 = 1.0000 \times 50 = 50\Omega(\text{因为 } N=5 \text{ 为奇数})$$

图 6－40 所示电路是以上两种滤波器电路元件值的对照。图 6－40(b)所示的实际滤波器电路若使用微波分布元件来实现，就构成了微波低通滤波器；若使用低频中的集中电容和电感元件来实现，就构成低频电路中常用的低通滤波器。

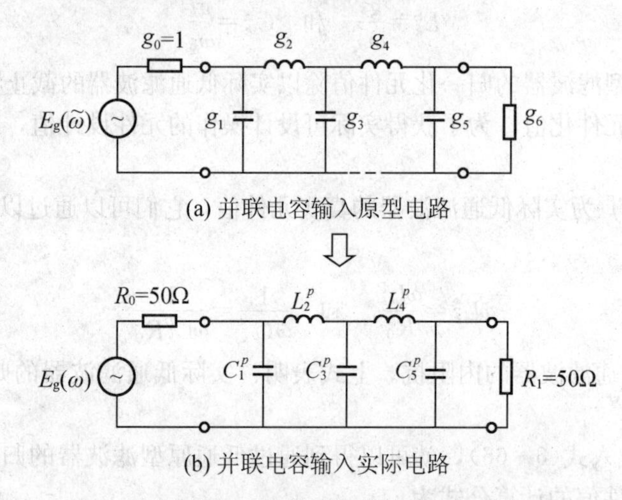

图 6－40　低通原型滤波器转换成实际低能滤波器

6.3.7　利用频率变换和低通原型滤波器设计其他适用的滤波器

在信号通道中对信号频谱按需要进行裁剪加工，需要使用表 6－3 中的各种滤波器。在前面讨论中已具体看到，如何使用阻抗变换将低通原型滤波器转换成实际低通滤波器的设计过程。当设计高通、带通和带阻滤波器时仍需利用低通原型滤波器的数据图表，为此必须将它们通过频率变换转换成低通原型滤波器。所谓“频率变换”是指实际滤波器的 $L_A(\omega)\sim\omega$ 频响特性与低通原型滤波器的 $L_A(\text{dB})\sim\tilde{\omega}$ 频响特性之间的互换。

1. 怎样通过频率变换实现高通滤波器和低通原型滤波器之间的转换

如果将最大平坦低通原型滤波器的 $L_A(\text{dB})\sim\tilde{\omega}$ 频响特性沿 $L_A(\text{dB})$ 轴(纵轴)折叠，就可以得到图 6－41(a)所示的、具有低通原型滤波器数据特点的 $L_A(\text{dB})\sim\tilde{\omega}$ 频响特性。利用图 6－41(a)第一象限的频响特性，就是低通原型滤波器；利用图 6－41(a)第二象限的频响特性通过频率变换，将它向右横向平移到图 6－41(b)坐标系中第一象限就构成了如图 6－41(b)所示的实际高通滤波器的频响特性。由图 6－41 很容易看出：在图 6－41(a)和图 6－41(b)两种坐标系之间进行

$$\tilde{\omega} = -\frac{\omega_c}{\omega} \tag{6-68}$$

的频率变换，就可以完成从低通原型滤波器到实际高通滤波器的转换(或相反变换)。注意：在频率变换过程中，插入损耗 L_A(dB)是不变的，因为沿 L_A(dB)轴(纵轴)折叠，没有变换。

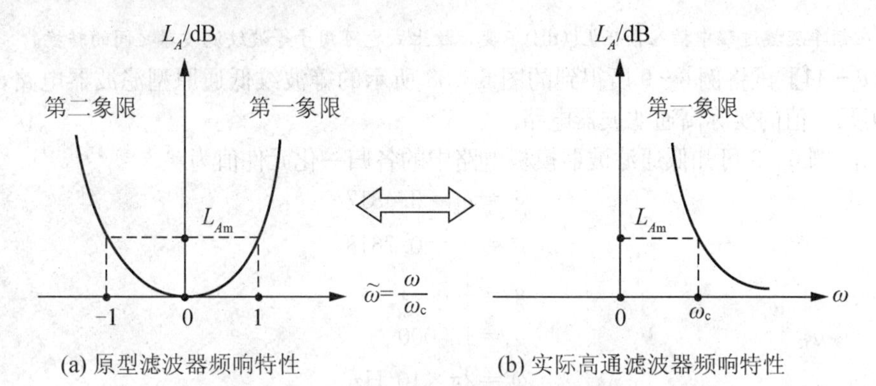

图 6-41 原型低通转换为实际高通滤波器的频率变换

图 6-42 给出了低通原型滤波器和实际高通滤波器之间元件值的对应关系，注意：图 6-42(a)中是低通原型滤波器归一化元件值，它用归一化频率 $\tilde{\omega}$ 信号源激励；图 6-42(b)中是实际高通滤波器真实元件值，它用实际频率 ω 信号源激励。图 6-42(a)和图 6-42(b)之间通过式(6-68)确定的频率变换可以相互转换，两者就应该建立以下归一化电抗关系：

$$-\mathrm{j}\frac{1}{\omega C_k^{\mathrm{S}}}=\mathrm{j}\tilde{\omega}g_k=\mathrm{j}\left(-\frac{\omega_c}{\omega}\right)g_k \quad (\text{图 6-42 中的串臂归一化阻抗})$$

和

$$\mathrm{j}\omega L_k^{\mathrm{S}}=-\mathrm{j}\frac{1}{\tilde{\omega}g_k}=-\mathrm{j}\frac{1}{\left(-\frac{\omega_c}{\omega}\right)g_k} \quad (\text{图 6-42 中的并臂归一化阻抗})$$

将上式仿照式(6-66)的处理方式，可以得到高通滤波器真实元件值的计算公式：

$$\begin{aligned} C_k^P&=\frac{1}{\omega_c g_k R_0} \quad (\text{实际高通滤波器网络中的电容值}) \\ L_k^P&=\frac{R_0}{\omega_c g_k} \quad (\text{实际高通滤波器网络中的电感值}) \\ R_l&=g_{N+1}R_0 \quad (\text{实际高通滤波器网络中的负载值}) \end{aligned} \tag{6-69}$$

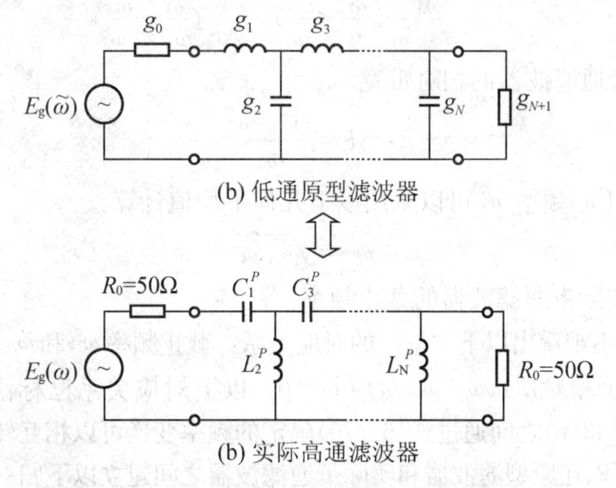

图 6-42 低通原型滤波器转换成实际高通滤波器

注 意

因为在频率变换过程中插入损耗L_A(dB)不变，故上式也可用于等波纹滤波器之间的转换。

【例6-11】 试将例6-9所得到的图6-38所示的等波纹低通原型滤波器电路，转换成具有真实元件值的实际高通滤波器电路。

解： 由例6-9可知低通滤波器模板电路中的各归一化元件值为

$$g_1=g_5=3.4817$$

$$g_2=g_4=0.7618$$

$$g_3=4.5381$$

$$g_6=1.0000$$

和
$$\omega_c=2\pi\times10^9\,\text{Hz}$$

并设
$$R_0=50\Omega$$

下面求图6-38中的串联电感输入低通原型滤波器电路，转换成实际高通滤波器后的各元件值。根据式(6-67)可求得

$$L_1^P=L_5^P=\frac{R_0}{\omega_c g_1}=\frac{50}{2\pi\times10^9\times3.4817}=2.3(\text{nH})$$

$$L_3^P=\frac{R_0}{\omega_c g_3}=\frac{50}{2\pi\times10^9\times4.5381}=1.75(\text{nH})$$

$$C_2^P=C_4^P=\frac{1}{\omega_c g_2 R_0}=\frac{1}{2\pi\times10^9\times0.7618\times50}=4.2(\text{pF})$$

$$R_l=g_6\times R_0=1.0000\times50=50\Omega(\text{因为 }N=5\text{ 为奇数})$$

2. 怎样通过频率变换实现带通滤波器和低通原型滤波器之间的转换

从图6-43可以看出：通过频率变换将图6-43(a)第1和第2象限所示原型滤波器频响特性向右横向平移到图6-43(b)所示的L_A(dB)$\sim\omega$坐标系第1象限中，就构成了如图6-43(b)所示的实际带通滤波器的频响特性。此时，图6-43(a)和图6-43(b)两种坐标系之间频率变换关系为

$$\tilde{\omega}=\frac{\omega_0}{\omega_2-\omega_1}\left(\frac{\omega}{\omega_0}-\frac{\omega_0}{\omega}\right)=\frac{1}{\Delta F}\left(\frac{\omega}{\omega_0}-\frac{\omega_0}{\omega}\right) \tag{6-70}$$

式中：ΔF是实际带通滤波器的相对带宽。

$$\Delta F=\frac{\omega_2-\omega_1}{\omega_0} \tag{6-71}$$

为了简化公式，其中心频率ω_0可以采用以下几何平均值计算：

$$\omega_0=\sqrt{\omega_1\omega_2} \tag{6-72}$$

式中：ω_1和ω_2是实际带通滤波器的截止频率。

根据式(6-70)不难看出以下“量”的对应关系：截止频率ω_1和ω_2分别和归一化截止频率$\tilde{\omega}_c=-1$和$\tilde{\omega}_c=1$相对应；$\omega=\omega_0$对应$\tilde{\omega}=0$。以上对应关系已标注在图6-43中，在图6-43(a)和图6-43(b)之间通过式(6-70)确定的频率变换可以相互转换。根据式(6-70)和参见图6-44，可以在原型滤波器和实际带通滤波器之间建立以下归一化阻抗变换关系。

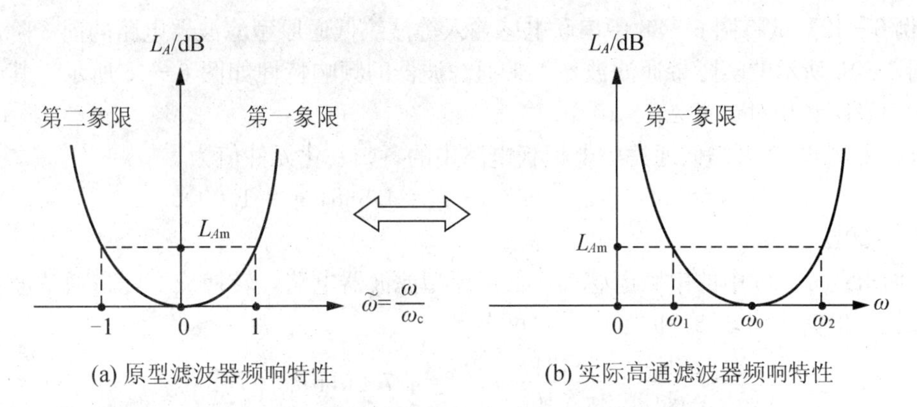

图 6-43　原型低通转换为实际带通滤波器的频率变换

低通原型滤波器和实际带通滤波器的串臂归一化电抗变换关系为

$$\mathrm{j}\widetilde{X}_k=\mathrm{j}\widetilde{\omega}g_k=\mathrm{j}\,\frac{1}{\Delta F}\left(\frac{\omega}{\omega_0}-\frac{\omega_0}{\omega}\right)g_k=\mathrm{j}\left(\omega L_{\mathrm{k}}^{\mathrm{S}}-\frac{1}{\omega C_{\mathrm{k}}^{\mathrm{S}}}\right)$$

将上式仿照式(6-66)的处理方式，可以得到高通滤波器真实元件值的计算公式：

$$L_k^P=\frac{g_kR_0}{\Delta F\omega_0}\quad\text{（实际带通滤波器串联 }LC\text{ 回路中的电感值）}$$
$$C_k^P=\frac{\Delta F}{\omega_0 g_kR_0}\quad\text{（实际带通滤波器串联 }LC\text{ 回路中的电容值）}\tag{6-73}$$

低通原型滤波器和实际带通滤波器的并臂归一化电纳变换关系为

$$\mathrm{j}\widetilde{B}_k=\mathrm{j}\widetilde{\omega}g_k=\mathrm{j}\,\frac{1}{\Delta F}\left(\frac{\omega}{\omega_0}-\frac{\omega_0}{\omega}\right)g_k=\mathrm{j}\left(\omega C_{\mathrm{k}}^{\mathrm{S}}-\frac{1}{\omega L_{\mathrm{k}}^{\mathrm{S}}}\right)$$

将上式仿照式(6-66)的处理方式，可以得到高通滤波器真实元件值的计算公式：

$$L_k^P=\frac{\Delta FR_0}{\omega_0 g_k}\quad\text{（实际带通滤波器并联 }LC\text{ 回路中的电感值）}$$
$$C_k^P=\frac{g_k}{\omega_0\Delta FR_0}\quad\text{（实际带通滤波器并联 }LC\text{ 回路中的电容值）}\tag{6-74}$$

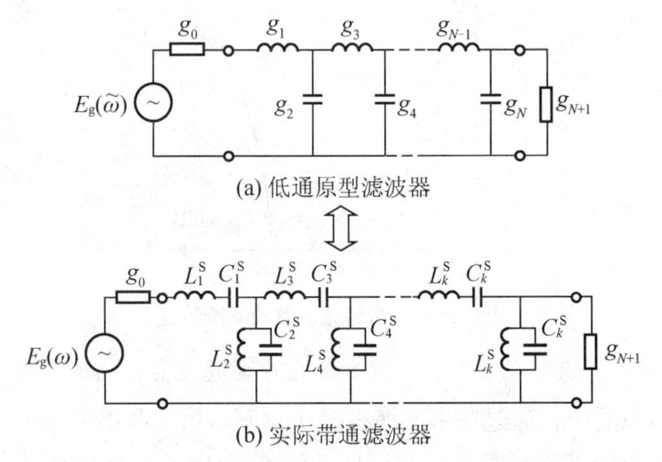

图 6-44　低通原型滤波器转换成实际带通滤波器

【例 6-12】 试将图 6-38 中串联电感输入等波纹低通原型滤波器电路的前 3 阶，转换成如图 6-45 所示的实际带通滤波器。带通滤波器的频响特性如图 6-46 所示，其中心频率 $f_0=1\text{GHz}$ 和相对带宽 $\Delta F=10\%$。

解：由例 6-9 可知低通滤波器模板电路中的各归一化元件值为

$$g_1=3.4817\ g_2=0.7618\ g_3=4.5381\ g_6=1.0000$$

并设 $R_0=50\Omega$

下面求图 6-38 中的串联电感输入低通原型滤波器电路，转换成实际带通滤波器后的各元件值。根据式(6-73)和式(6-74)可求得

$$L_1^P=\frac{g_1R_0}{\Delta F\omega_0}=\frac{3.4817\times50}{2\pi\times10^9\times0.1}=277.2\text{nH}$$

$$C_1^P=\frac{\Delta F}{\omega_0g_1R_0}=\frac{0.1}{2\pi\times10^9\times3.4817\times50}=0.091\text{pF}$$

$$L_2^P=\frac{\Delta FR_0}{\omega_0g_2}=\frac{0.1\times50}{2\pi\times10^9\times0.7618}=1.05\text{nH}$$

$$C_2^P=\frac{g_2}{\omega_0\Delta FR_0}=\frac{0.7618}{6.28\times0.1\times50}=24.26\text{pF}$$

$$L_3^P=\frac{g_3R_0}{\Delta F\omega_0}=\frac{4.5381\times50}{2\pi\times10^9\times0.1}=361.31\text{nH}$$

$$C_3^P=\frac{\Delta F}{\omega_0g_3R_0}=\frac{0.1}{2\pi\times10^9\times4.5381\times50}=0.071\text{pF}$$

$$R_l=g_4\times R_0=1.0000\times50=50\Omega(\text{因为 }N=3\text{ 为奇数})$$

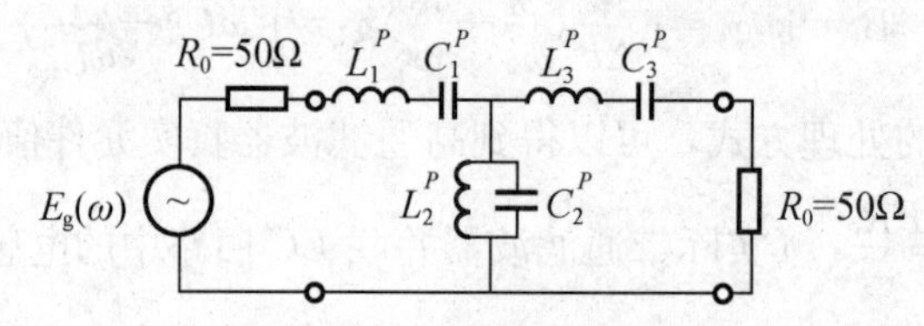

图 6-45　实际带通滤波器

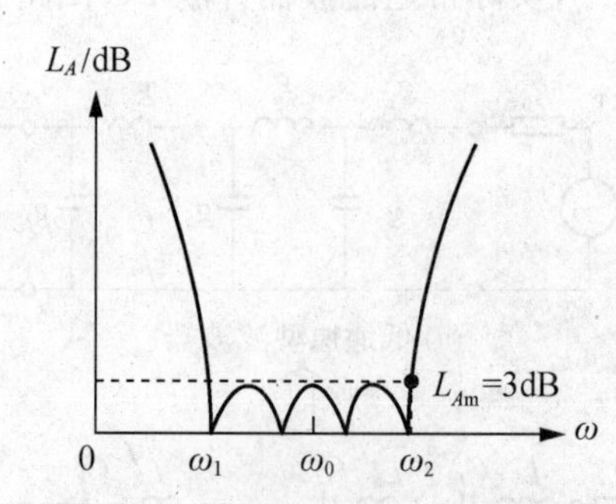

图 6-46　带通滤波器的频响特性

3. 怎样通过频率变换实现带阻滤波器和低通原型滤波器之间的转换

从图 6-47 可以看出：通过频率变换将图 6-47(a)第 1 和第 2 象限中所示原型滤波器频响特性向右横向交错平移到图 6-47(b)所示的 L_A(dB)～ω 坐标系第 1 象限，就构成了

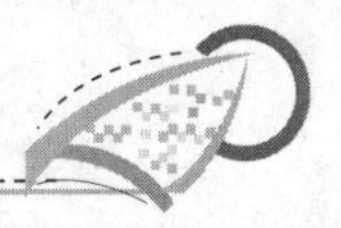

如图 6－47(b)中的实际带阻滤波器的频响特性。此时，图 6－47(a)和图 6－47(b)两种坐标系之间频率变换关系为

$$\tilde{\omega}=\Delta F\left(\frac{\omega}{\omega_0}-\frac{\omega_0}{\omega}\right)^{-1} \tag{6-75}$$

式中：ΔF 和 ω_0 的定义，分别与式(6－71)、式(6－72)相同。

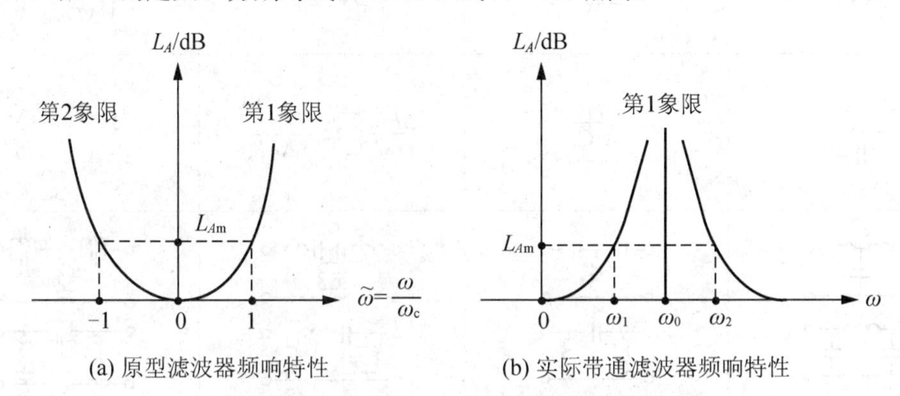

图 6－47　原型低通转换为实际带阻滤波器的频率变换

根据式(6－75)和图 6－44(a)与图 6－47 可见：通过频率变换可以将低通原型滤波器中串臂的归一化值 g_k(归一化串联电感)，变换为带阻通滤波器串臂并联 LC 回路中的元件值为

$$L_k^P=\frac{\Delta F g_k R_0}{\omega_0}\quad(\text{实际带阻滤波器并联 } LC \text{ 回路中的电感值})$$

$$C_k^P=\frac{1}{\Delta F\omega_0 g_k R_0}\quad(\text{实际带阻滤波器并联 } LC \text{ 回路中的电容值})$$

将低通原型滤波器中并臂的归一化值 g_k(归一化并联电容)，变换为带阻通滤波器(图 6－48)并臂串联 LC 回路中的元件值为

$$L_k^P=\frac{R_0}{\Delta F\omega_0 g_k}\quad(\text{实际带阻滤波器串联 } LC \text{ 回路中的电感值})$$

$$C_k^P=\frac{\Delta F g_k}{\omega_0 R_0}\quad(\text{实际带阻滤波器串联 } LC \text{ 回路中的电容值})$$

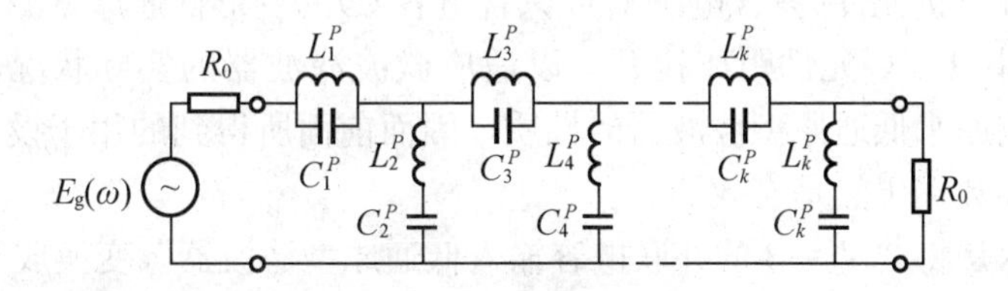

图 6－48　实际带阻滤波器

表 6－8 给出了根据低通原型滤波器设计实际高通、带通和带阻滤波器时，所需元件值转换关系。注意：为了概念明确起见，在表 6－8 中归一化元件 $g_k=\tilde{L}_k$(感性)和 $g_k=\tilde{C}_k$(容性)作了区分；而在表 6－4～表 6－7 中归一化元件 g_k 的性质是没有区分的，g_k 元件性质是根据设计者选用的滤波器电路而定(参见前面相关例题)。

表 6-8　低通原型滤波器转换成实际滤波器设计简表

低通原型	实际高通	实际带通	实际带阻
$g_k=\widetilde{L}_k$	$\dfrac{1}{\omega_c=\widetilde{L}_k R_0}$	$\dfrac{L_k R_0}{\omega_0 \Delta F}$　$\dfrac{\Delta F}{\omega_0 \widetilde{L}_k R_0}$	$\Delta F\widetilde{L}_k R_0/\omega_0$ $1/\Delta F\omega_0\widetilde{L}_k R_0$
$g_k=\widetilde{C}_k$	$\dfrac{R_0}{\omega_c \widetilde{C}_k}$	$\dfrac{\Delta F R_0}{\omega_0 \widetilde{C}_k}$　$\dfrac{\widetilde{C}_k}{\omega_0 \Delta F R_0}$	$R_0/\omega_0\widetilde{C}_k\Delta F$ $\Delta F\widetilde{C}_k/\omega_0 R_0$
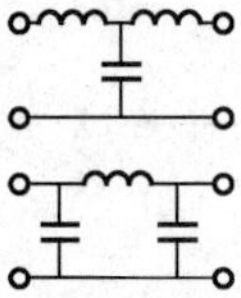	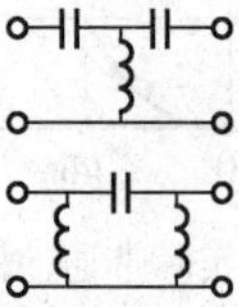	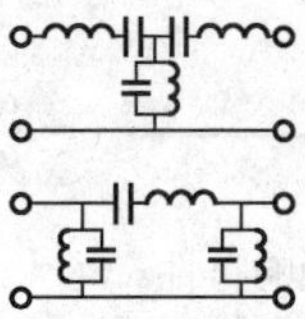	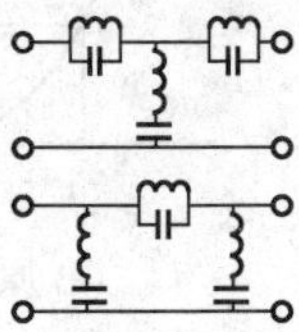

6.3.8　关于微波滤波器设计的实现

1. 问题的提出和解决途径

图 6-49 所示是利用低通原型滤波器设计各种滤波器的流程，最后一个步骤是用具体元件来实现滤波器。注意：按照图 6-49 的流程设计，由集中参数 L、C 元件实现的低频滤波器可以获得较好的效果；但是要将以 L、C 元件为基础元件的低通原型滤波器概念，简单移用于微波滤波器的设计将会遇到一些困难。这些困难来至下两方面：① 微波波段滤波器元件参数是分布的，因此在微波波段不能直接接受使用大量的 L、C 元件集中混装在一起的低通原型滤波器概念；② 实际微波滤波器中元件之间必须拉开一定的距离，像图 6-5 所示的那样，只有转换构成一种低频等效带通滤波器的概念才能使人接受(这一点如果简单引用低通原型滤波器进行变换的概念是做不到的)。为了克服上述困难，可以将以 L、C 元件为基础元件的低通原型滤波器的概念作以下变换处理：通过一种“阻抗变换装置”将它变换成只含有一种电抗元件(只含电感 L 或只含电容 C)的变形低通原型滤波器，从而利用“阻抗变换装置”将 L、C 元件距离拉开，以适应微波滤波器的实际状况。应该指出：这种变换丝毫不影响原来低通原型滤波器的性质，因而前面所得到的用于设计滤波器的低通原型滤波器的图表数据仍然是有效的。

图 6-50 所示是将“$N=3$ 的并联电容输入低通原型滤波器”变换成“只含电感 L 的变形低通原型滤波器”的示意图；图 6-50(b)中使用了两个称之为“阻抗倒置变换器”的 K_1 和 K_2，将图 6-50(a)中的两个并臂电容 $g_1=\widetilde{C}_1$ 和 $g_3=\widetilde{C}_3$ 分别变换为后者中的电感 $\widetilde{L}_1$ 和 $\widetilde{L}_{02}$。经过阻抗倒置变换器 K_1 和 K_2 进行上述变换后，就使得变形低通原型滤波器中只含电感元件了；也只有这样的低通原型滤波器，才适合微波波段使用。

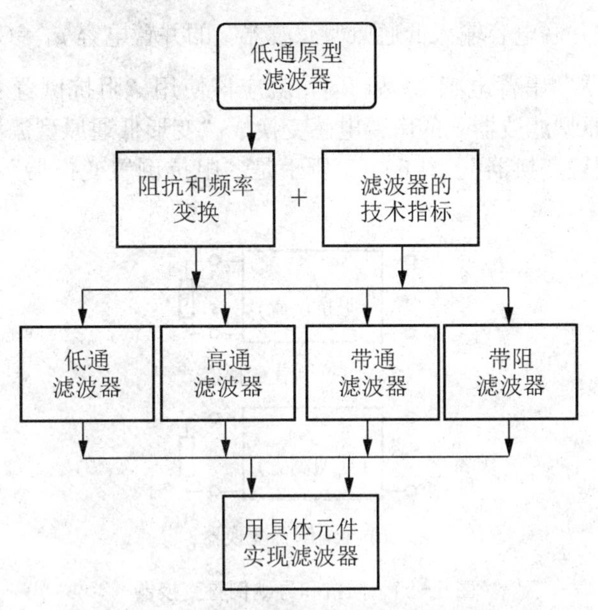

图 6-49　利用低通原型设计实际滤波器的流程

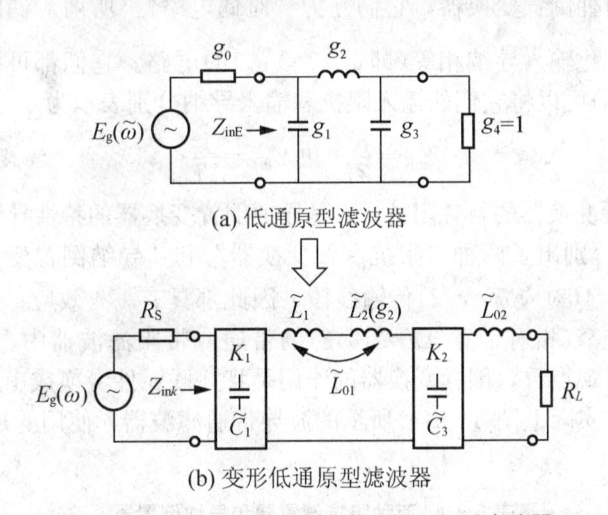

图 6-50　低通原型变换成变形低通原型滤波器

这里顺便请读者注意：在 6.1.2 节所示的图 6-5(b)变换成图 6-5(c)，实际上是由“阻抗倒置变换器”完成的，该阻抗倒置变换器由两段“$\lambda_g/4$ 的波导段”组成；从等效电路观点看，两段“$\lambda_g/4$ 波导段”将图 6-5(b)中“并联谐振电路”变换成了图 6-5(c)中的“串联谐振电路”；只有经过上述变换，才能将图 6-5(a)所示的微波波导滤波器等效成带通滤波器，才能使人理解那样的波导结构可以起到微波带通滤波器的作用。另外，假设将图 6-5(b)中的并接的“并联谐振电路”改换成电容 C，此时在图 6-5(c)中就将变换成串臂的电感 L，这就是图 6-50 中所设置的“阻抗倒置变换器”的功能。

2. 关于倒置变换器

从图 6-5(a)看出，阻抗倒置变换器是微波滤波器不可缺的重要组成部分。如图 6-51 所示，倒置变换器有“阻抗倒置变换器”和“导纳倒置变换器”两种形式。像图 6-50 中所示的那样，要将“并联电容输入低通原型滤波器”的并臂电容 $g_1=\tilde{C}_1$ 和 $g_3=\tilde{C}_3$ 变换成“变形低通原型滤波器”串臂电感 $\tilde{L}_1$ 和 $\tilde{L}_{02}$，就应该使用“阻抗倒置变换器”；如果要将“串联电感输入低通原型滤波器”的串臂电感变换成“变形低通原型滤波器”中并联电容，就应该使用“导纳倒置变换器”。图 6-51 所示是“阻抗倒置变换器”和“导纳倒置变换器”的方框图。

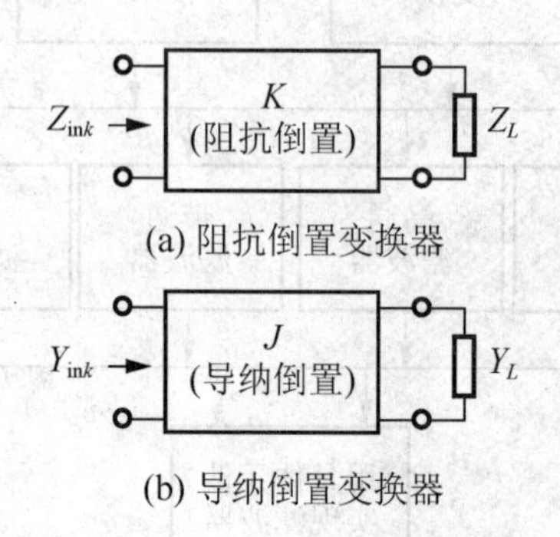

(a) 阻抗倒置变换器

(b) 导纳倒置变换器

图 6-51　阻抗和导纳倒置变换器

图 6-51 中的两种倒置变换器，它们互为“对偶电络”。所谓对偶网络是指它们的归一化输入阻抗和归一化输入导纳相等(即 $\overleftrightarrow{Z}_{\text{in}K}=\tilde{Y}_{\text{in}J}$)的电路。它们都可以看成一个二端口网络，仿照式(1-83)可以将它们的输入阻抗和输入导纳分别表示为

$$Z_{\text{in}K}=\frac{K^2}{ZL} \text{ 和 } Y_{\text{in}J}=\frac{J^2}{YL} \tag{6-76}$$

式中：K 是阻抗倒置变换器的特性阻抗；J 是导纳倒置变换器的特性导纳。

在表 6-9 中给分别出了两种“阻抗倒置变换器”和“导纳倒置变换器”的具体电路结构，它们都含有 $\lambda/4$(对应 $\theta=\pi/2$)传输线段，因此都具有 $\lambda/4$ 效应；这种倒置变换器特别适合用在通频带较窄(相对带宽 $\Delta F<10\%$)的带通或带阻滤波器中。从该表 6-9 中看出：从低频等效电路观点看，倒置变换器的作用是将并联元件变换成串联元件或将串联元件变换成并联元件。实际上图 6-5(a)所示的波导带通滤波器，使用的是表 6-9 中第二种阻抗倒置变换器。

表 6-9　两种阻抗倒置器和导纳倒置器

阻抗倒置变换器	低频等效电路	导纳倒置变换器
$\frac{\lambda}{4}$，$K=Z_0$	a —L— c；b —— d	$\frac{\lambda}{4}$，$J=Y_0$
$\frac{\theta}{2}$，$\frac{\theta}{2}$；a，c，e；Z_0，$\text{j}XZ_0$；b，d，f	a —L— c；b —— d	$\frac{\theta}{2}$，$\frac{\theta}{2}$；$\text{j}B$；Y_0，Y_0

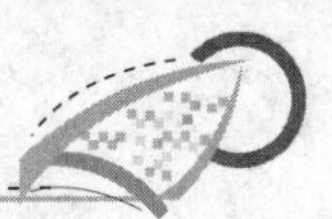

续表

计算倒置变换器公式	等效原理	计算倒置变换器公式
$K=Z_0\tan(\theta/2)$ $X=-K[1-(K/Z_0)^2]^{-1}$ $\theta=\arctan(2X/Z_0)$	将 $c-d$ 端或 $e-f$ 端短路→$a-b$ 端为电感；将 $c-d$ 端或 $e-f$ 端开路→$a-b$ 端为开路；在倒置变换器中可得相同结果	$J=Y_0\tan(\theta/2)$ $B=J[1-(J/Y_2)^2]^{-1}$ $\theta=-\arctan(2B/Y_0)$

3. 关于变形低通原型滤波器

为了确定“低通原型滤波器”和“变形低通原型滤波器”之间的定量关系，可以将图 6-50 抽象成图 6-52 所示的一般二端口网络形式。它们都由相同的归一化频率 $\tilde{\omega}$ 的信号源 $E_g(\tilde{\omega})$激励。前者的信源内阻为 g_0，后者的信源内阻为 R_s；前者的网络负载为 g_{N+1}，后者的网络负载为 R_L；前者的输入阻抗为 Z_{inE}，后者的输入阻抗为 Z_{inK}。如果将图 6-52(b) 输入端口的反射系数用 Γ_K 表示，则根据第 1 章式(1-33)有

$$\Gamma_K=\frac{Z_{inK}-R_S}{Z_{inK}+R_S}=\frac{(Z_{inK}/R_S)-1}{(Z_{inK}/R_S)+1} \tag{6-77}$$

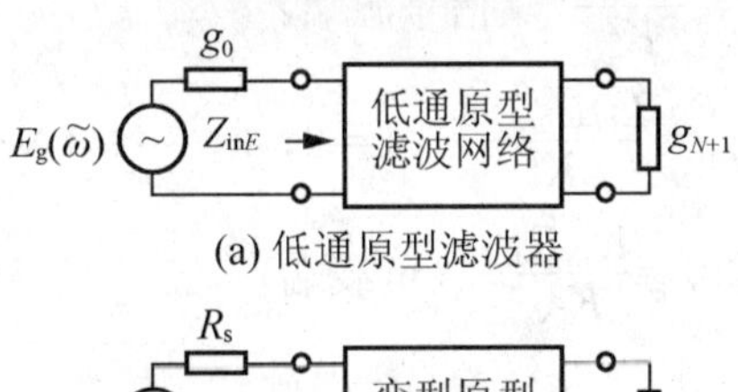

(a) 低通原型滤波器

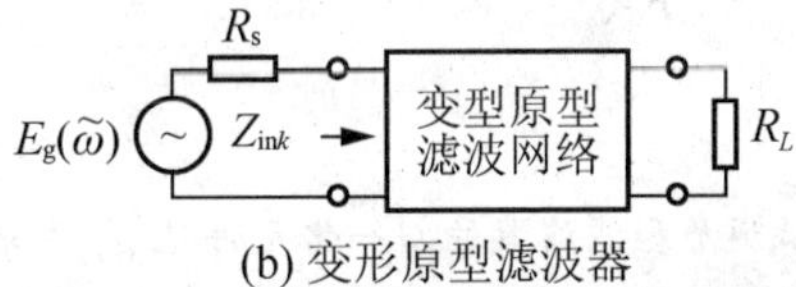

(b) 变形原型滤波器

图 6-52　两种原型滤波网络的等效

如果令

$$\frac{Z_{inE}}{g_0}=\frac{Z_{inK}}{R_S}\text{(此时 } g_0 \text{ 为电压源内电阻)}$$

或

$$Z_{inE}\,g_0=\frac{Z_{inK}}{R_S}\text{(此时 } g_0=G_S=1/R_S \text{ 为电流源内电导)} \tag{6-78}$$

则可以使图 6-52(a)和(b)的反射系数相等。据此，可以得到“低通原型滤波器”和“变形低通原型滤波器”相同的 L_A(dB)频响特性。

根据式(6-77)和式(6-78)的概念，可以利用图 6-50 为例来具体求解“低通原型滤波器”和“变形低通原型滤波器”的等效条件(在具有相同的 L_A(dB)频响特性的条件下等效)。为此，需分别求图 6-50(a)和(b)的输入阻抗。参见图 6-50(a)，其输入阻抗为

$$Z_{inE}=\cfrac{1}{j\tilde{\omega}g_1+\cfrac{1}{j\tilde{\omega}g_2+\cfrac{1}{j\tilde{\omega}g_3+1/g_4}}} \tag{6-79}$$

参见图 6-44(b)，其输入阻抗为

$$
\begin{aligned}
Z_{\text{in}K} &= \frac{K_1^2}{\mathrm{j}\tilde{\omega}L_{01} + \dfrac{K_2^2}{\mathrm{j}\tilde{\omega}L_{02} + R_L}} \\
&= \frac{1}{\dfrac{\mathrm{j}\tilde{\omega}L_{01}}{K_1^2} + \dfrac{1}{\dfrac{(\mathrm{j}\tilde{\omega}L_{02} + R_L)K_1^2}{K_2^2}}}
\end{aligned}
\tag{6-80}
$$

由式(6-78)可知，当

$$
Z_{\text{in}K} = \frac{R_S}{g_0} Z_{\text{inE}} \tag{6-81}
$$

时，“低通原型滤波器”和“变形低通原型滤波器”就具有相同的 L_A(dB)频响特性而等效。据此，将式(6-79)和式(6-80)代入式(6-81)就可以得到图 6-50(b)所示的“变形低通原型滤波器”一些重要的转换参量。

$$
g_0 g_1 = \frac{L_{01} R_S}{K_1^2} \quad 和 \quad g_1 g_2 = \frac{L_{01} L_{02}}{K_2^2} \tag{6-82}
$$

推广到一般情况，当滤波器中 N 个元件时，有

$$
\begin{aligned}
& g_0 g_1 = \frac{L_{01} R_S}{K_1^2} \quad （信号源端） \\
& g_k g_{k-1} = \frac{L_{0k} L_{0(k-1)}}{K_k^2} \quad k=2，3，\cdots，(N-1) \\
& g_N g_{N-1} = \frac{L_{0N} R_L}{K_N^2} \quad （负载端）
\end{aligned}
\tag{6-83}
$$

注 意

求式(6-83)的目的是要根据低通原型滤波器的归一化元件值 g_k 去求“阻抗倒置变换器”的特性阻抗 K；再根据 K 值设计“阻抗倒置变换器”，从而进一步设计微波滤波器。为此，由式(6-83)求得

$$
\begin{aligned}
& K_1 = \sqrt{\frac{L_{01} R_S}{g_0 g_1}} \quad （信号源端） \\
& K_k = \sqrt{\frac{L_{0k} L_{0(k-1)}}{g_k g_{k-1}}} \quad k=1，2，3，\cdots，(N-1) \\
& K_{N+1} = \sqrt{\frac{L_{0N} R_L}{g_N g_{N+1}}} \quad （负载端）
\end{aligned}
\tag{6-84}
$$

从实际应用角度看，式中的 R_s、R_L 和 L_{0k}、$L_{0(k-1)}$ 等值可任意选择；而 g_k 值可从低通原型滤波器归一化元件值表 6-4～表 6-6 中查得。因此，设计“阻抗倒置变换器”具有一定的变通性。

如果是图 6-32(b)所示的“串联电感输入低通原型滤波器”，根据对偶电路原理可得其“导纳倒置变换器”特性导纳的计算公式为

$$
\begin{aligned}
& J_1 = \sqrt{\frac{C_{01} G_S}{g_0 g_1}} \quad （信号源端） \\
& J_k = \sqrt{\frac{C_{0k} C_{0(k-1)}}{g_k g_{k-1}}} \quad k=2，3，\cdots，(N-1) \\
& J_{N+1} = \sqrt{\frac{C_{0N} G_L}{g_N g_{N+1}}} \quad （负载端）
\end{aligned}
\tag{6-85}
$$

式中：C_{0k}和$C_{0(k-1)}$是“串联电感输入低通原型滤波器”串臂上的电感元件，经过“导纳倒置变换器”变换所得的并联电容值；同样，G_S、G_L 和 C_{0k}、$C_{0(k-1)}$ 等值可任意选择，g_k 值可从低通原型滤波器归一化元件值表 6－4～表 6－6 中查得。因此，设计“导纳倒置变换器”也具有一定的变通性。

4. 关于耦合线微波带通滤波器的实现

图 6－53 所示是耦合微带线(或带状线)微波滤波器的结构及其集中参数等效电路(N=2)，图 6－53(b)中导纳倒置变换器 J_1、J_2 和 J_3 之间各有一段电长度为 2θ($\theta=\pi/2$ 对应 $\lambda_{g0}/4$)线段。注意：电长度为 2θ 的线段在 $\Delta\omega_0$ 通频带范围内，可以构成 LC 等效并联谐振回路。等效并联谐振电路中的 L 和 C 值，可以用下两式计算：

$$L=\frac{2Z_0}{\pi\omega_0}$$
$$C=\frac{1}{\omega_0^2 L} \tag{6-86}$$

式中：Z_0 和 ω_0 分别为“2θ 的线段”的特性阻抗和带通滤波器的中心工作频率。

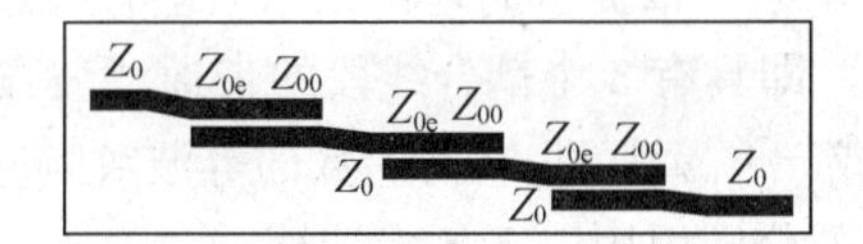

(a) 微波带通滤波器结构(微带线或带状线)

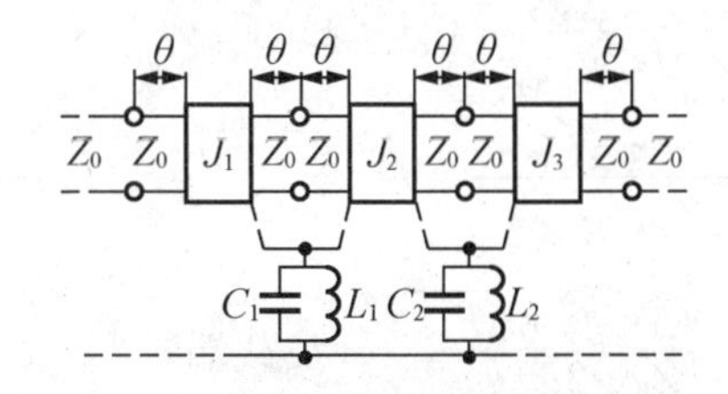

(b) 两个倒置器J之间等效并联谐振电路

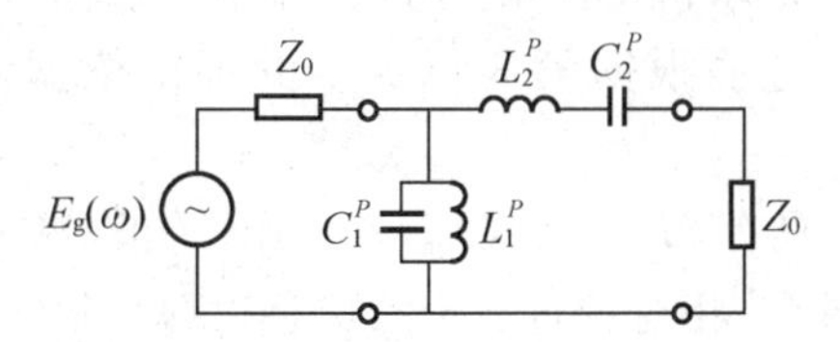

(c) N=2带通滤波器集中参数等效电路

图 6－53　微波微带线(或带状线)带通滤波器及其等效电路

在图 6－53(b)中具有两个上述等效并联谐振电路，它们分别用 L_1C_1 和 L_2C_2 并联谐振电路表示在图中；其中和并联谐振电路 L_1C_1 对应的带通滤波器实际元件值，以及并联谐振电路 L_2C_2 经过导纳倒变换置器 J_2 变换成串联谐振电路，其实际元件值分别为(表 6－8)

$$L_1^P=\frac{\Delta F Z_0}{\omega_0 g_1} \quad 和 \quad C_1^P=\frac{g_1}{\Delta F\omega_0 Z_0}$$
$$L_2^P=\frac{g_2 Z_0}{\Delta F\omega_0} \quad 和 \quad C_2^P=\frac{\Delta F}{\omega_0 g_2 Z_0} \tag{6-87}$$

式中：ΔF 是由式(6－71)确定的带通滤波器的相对带宽。

根据式(6－86)和式(6－87)，可以推导出导纳倒置变换器的特性阻抗器 J_1、J_2 和 J_3 的表达式为

$$J_1=\frac{1}{Z_0}\sqrt{\frac{\pi\Delta F}{2g_1}}$$

$$J_2=\frac{\pi\Delta F}{2Z_0\sqrt{g_1g_2}} \qquad (6-88)$$

$$J_3=\frac{1}{Z_0}\sqrt{\frac{\pi\Delta F}{2g_2}}$$

另外，图 6－53(a)中耦合线的偶模和奇模特性阻抗可用以下两式分别计算：

$$Z_{0e}=Z_0[1+Z_0J+(Z_0J)^2]$$
$$Z_{00}=Z_0[1-Z_0J+(Z_0J)^2] \qquad (6-89)$$

因此根据式(6－88)求得特性阻抗器 J_1、J_2 和 J_3 后，就可以通过式(6－89)求得各耦合线段的 Z_{0e} 和 Z_{00}，进而根据第 3 章提供的理论依据对耦合线进行具体的尺寸设计。

上面分析是针对 $N=2$，即具有 3 个耦合线段的带通滤波器的情况进行的；对于任意线段数和负载阻抗 $R_L\neq Z_0$ 或 $g_{N+1}\neq 1$(即 N 为偶数的等波纹响应的情况)的一般情况，“导纳倒置变换器”的特性阻抗可分别用用以下各式计算：

$$J_1=\frac{1}{Z_0}\sqrt{\frac{\pi\Delta F}{2g_1}} \quad (信号源端)$$

$$J_k=\frac{\pi\Delta F}{2Z_0\sqrt{g_kg_{k-1}}} \quad k=2,\ 3,\ \cdots,\ (N-1) \qquad (6-90)$$

$$J_{N+1}=\frac{1}{Z_0}\sqrt{\frac{\pi\Delta F}{2g_Ng_{N+1}}} \quad (负载端)$$

同理根据式(6－90)一般地求得特性阻抗 J_1、J_k 和 J_{N+1}后，就可以通过式(6－89)求得个耦合线段的 Z_{0e} 和 Z_{00}，进而根据第 3 章提供的理论依据对耦合线进行具体的尺寸设计。

【例 6－13】 试设计一个具有 $N=3$ 和 $L_{Am}=0.5$dB 等波纹响应的耦合线微波带通滤波器，要求中心频率 $f_0=2$GHZ、相对带宽 $\Delta F=10\%$和 $Z_0=50\Omega$；并求在频率 $f=1.8$GHZ 处插入损耗 L_A。

解：(1) 设计思路与结果如下。

根据 $N=3$ 和 $L_{Am}=0.5$dB 两个数据，查表 6－5 得到 $g_1=1.5963$、$g_2=1.0967$、$g_3=1.5963$ 和 $\tilde{Z}_0=g_4=1.0000$。再将查得的 g_k 值代入式(6－90)，计算导纳倒置变换器的特性阻抗 Z_0J_k 得

$$Z_0J_1=\sqrt{\frac{\pi\Delta F}{2g_1}}=0.3137 \quad 和 \quad Z_0J_2=\frac{\pi\Delta F}{2\sqrt{g_1g_2}}=0.1187$$

$$Z_0J_3=\frac{\pi\Delta F}{2\sqrt{g_1g_2}}=0.1187 \quad 和 \quad Z_0J_4=\sqrt{\frac{\pi\Delta F}{2g_3g_4}}=0.3137$$

之后将 Z_0J_k 值代入式(6-90)，计算各耦合线段的偶模和奇模特性阻抗 Z_{0e}和 Z_{00}得

$$Z_{0e1}=Z_0[1+Z_0J_1+(Z_0J_1)^2]=70.60\Omega$$

$$Z_{001}=Z_0[1-Z_0J_1+(Z_0J_1)^2]=39.24\Omega$$

表 6-10(例 6-13 数据表)为其他各 Z_{0e}和 Z_{00}值。

最后可根据第 3 章提供的理论依据，完成对耦合线具体尺寸设计。

表 6-10 例 6-13 数据表

k	Z_{0e}/Ω	Z_{00}/Ω
2	56.64	44.77
3	56.64	44.77
4	70.61	39.24

(2) 求在频率 $f=1.8$GHZ 处插入损耗 L_A。

在频率 $f=1.8$GHZ 处的插入损耗 L_A 值，可以在图 6-34 所示的 $L_{Am}=0.5$dB 的曲线求得。为此，必须将频率 $f=1.8$GHZ 转换为以下归一化低通形式：

$$\tilde{\omega}=\frac{1}{\Delta F}\left(\frac{\omega}{\omega_0}-\frac{\omega_0}{\omega}\right)=\frac{1}{0.1}\times\left(\frac{1.8}{2.0}-\frac{2.0}{1.8}\right)=-2.11$$

因为图 6-34 所示曲线的横坐标是 $\tilde{\omega}-1$，故

$$\tilde{\omega}-1=|-2.11|-1=1.11$$

据此值和 $N=3$ 查图 6-34 所示曲线，得到在频率 $f=1.8$GHz 处的插入损耗 $L_A\approx20$dB。

5. 关于微波带阻滤波器的实现

图 6-54(a)所示是传输线并联谐振器带阻滤波器，它由 3 个相距 θ(对应 $\lambda/4$)电长度的振振器并联构成；谐振器是一个 $\lambda/4$(对应 θ)开路传输线串联谐振器(等效于 LC 串联谐振电路)。图 6-54(b)是该带阻谐振器的使用导纳倒置变换器 J 的等效电路，电路中变换器 J_1 和 J_2 分别各由图 6-54(a)一条 θ 电长度线构成；变换器 J_1 将 L_1C_1 串联谐振器转换成为图 6-54(c)中的 $L_1^PC_1^P$ 并联谐振电路，变换器 J_{12}将 L_2C_2 串联谐振器转换成为图 6-54(c)中的 $L_2^PC_2^P$ 并联谐振电路。经过上述变换，最后得到图 6-54(c)所示的带阻滤波器集中参数等效电路。注意：图 6-54(a)所示的带阻滤波器，可以由带状线或微带线来实现。

实现耦合微带线(或带状线)微波滤波器设计所追求的初始数(依)据，是要获得各耦合线段的偶模和奇模特性阻抗 Z_{0e}和 Z_{00}；同理，传输线并联谐振器特性阻抗 Z_{0k}则是设计带阻滤波器的初始数(依)据。为此，必须求得并联谐振器特性阻抗 Z_{0k}。图 6-48(a)中的串联谐振器是由一段 $\lambda/4$(对应 θ)开路传输线构成，根据第 1 章传输理论可以求得这种谐振器的所适应传输线的特性阻抗为

$$Z_{0k}=\frac{4\omega_0 L_k}{\pi} \tag{6-91}$$

式中：ω_0 是谐振器的中心工作频率(与 $\lambda_0/4$ 对应)；L_k 是谐振器的等效电感。

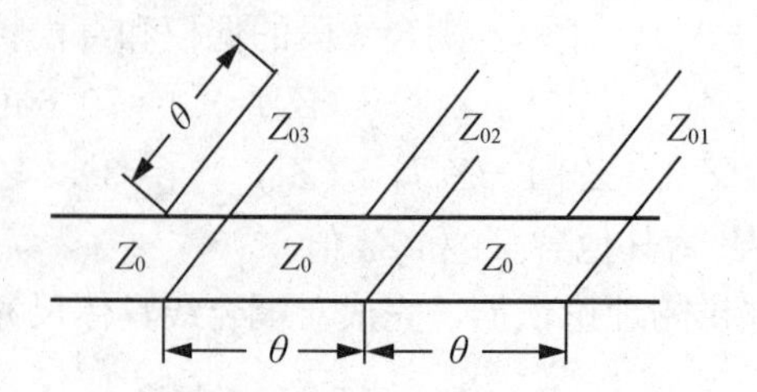

(a) 传输线并联谐振器带阻滤波器

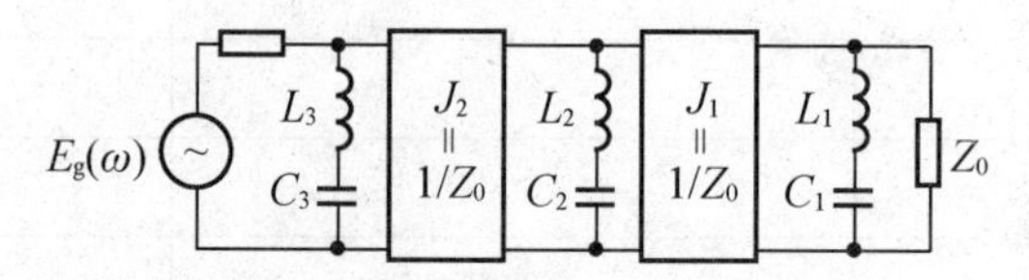

(b) 使用导纳倒置变换器的等效电路

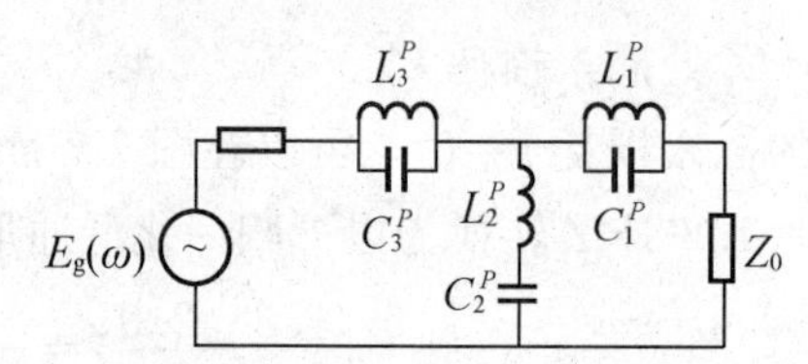

(c) N=3带阻滤波器集中参数等效电路

图 6－54　传输线并联谐振器带阻滤波器

可以证明，图 6－54(b)和(c)中的元件参数值有以下关系：

$$L_1=L_3=\frac{Z_0^2}{\omega_0^2 L_1^P}$$
$$L_2=L_2^P \tag{6-92}$$

根据式(6－91)和表 6－8 中的带阻滤波器的元件值，可以得到图 6－54(a)中谐振线的特性阻抗分别为

$$Z_{01}=Z_{03}=\frac{4Z_0^2}{\pi\omega_0 L_1^P}=\frac{4Z_0}{\pi g_1 \Delta F}$$
$$Z_{02}=\frac{4\omega_0 L_2^P}{\pi}=\frac{4Z_0}{\pi g_2 \Delta F} \tag{6-93}$$

式中：Z_0 是带阻滤波器骨干传输线的特性阻抗；ΔF 是待阻滤波器的相对带宽。

显然，式(6－93)的一般表达式应该为

$$Z_{0k}=\frac{4Z_0}{\pi g_k \Delta F} \tag{6-94}$$

对于传输线并联谐振期带通滤波器，其 Z_{0k} 可以表示为

$$Z_{0k}=\frac{\pi Z_0 \Delta F}{4g_k} \tag{6-95}$$

因为滤波器的输入和输出阻抗为骨干传输线的特性阻抗 Z_0，故根据表 6－5 和表 6－6 可以看出：为

了使滤波器输入和输出端口匹配，式(6-94)和式(6-95)不适合用于对N为偶数的等波纹滤波器的设计；否则，就需要在滤波器的输入和输出端口采取匹配措施。

【例6-14】 试设计一个具有$N=3$和$L_{Am}=0.5$dB等波纹响应的传输线并联谐振器带阻滤波器，要求中心频率$f_0=2$GHZ、相对带宽$\Delta F=15\%$和骨干传输线的特性阻抗$Z_0=50\Omega$。

解：(1) 设计思路与结果如下。

根据$N=3$和$L_{Am}=0.5$dB两个数据，查表6-5得到$g_1=1.5963$、$g_2=1.0967$、$g_3=1.5963$和$\widetilde{Z}_0=g_4=1.0000$；再将查得的$g_k$值代入式(6-94)，计算并联谐振器特性阻抗$Z_{0k}$。

$$Z_{01}=\frac{4Z_0}{\pi g_1\Delta F}=266.0\Omega \quad 和 \quad Z_{02}=\frac{4Z_0}{\pi g_2\Delta F}=387.1\Omega$$

$$Z_{03}=\frac{4Z_0}{\pi g_3\Delta F}=266.0\Omega$$

(2) 实现滤波器的考虑：有了$Z_0=50\Omega$、$Z_{01}=Z_{03}=266.0\Omega$和$Z_{02}=387.1\Omega$等原始数据，就可以对滤波器的实现方式进行具体考虑。例如图6-54(a)所示是传输线并联谐振器带阻滤波器结构，可以用带状线和微带线来具体实现(参见第3章相关例题)。

6. 关于微波低通滤波器的实现

微波低通滤波器的实现设计相对比较简单，无须像微波带通和带阻滤波器设计那样需经过阻抗和频率变换处理。微波低通滤波器的实现设计，只需直接将归一化低通原型滤波元件值g_k作去归一化处理，就可以得到实际微波低通滤波器设计所需的实际元件值。下面举例说明。

【例6-15】 试设计一个等波纹同轴线低通滤波器，同轴线内导体外直径$d=6.95$mm和外导体内直径$D=16$mm；对滤波器的指标要求为：① 滤波器通带内波纹起伏的最大幅度值$L_{Am}=0.5$dB；② 滤波器阻带中的频率$f_{cT}=3.4$GHz处，引进的插入损耗$L_{AT}\geqslant 30$dB；③ 滤波器的截止频率$f_c=2$GHz；④ 滤波器的输入和输出端口同轴线的特性阻抗$Z_0=50\Omega$。设计具体要求：① 计算等波纹同轴线低通滤波器的具体尺寸；② 绘制滤波器的结构简图(如果要求加工成可以滤波器，应该绘制总装图和零件图)。

解：(1) 计算滤波器的原始数据。

① 首先确定低通滤波器的所需元件数N，为此根据

$$\widetilde{\omega}_c-1=\frac{f_{cT}}{f_c}-1=\frac{3.4}{2}-1=0.7$$

在图6-55求得$N=5$，此时对应的$L_{AT}\geqslant 30$dB，见图6-55虚线路径。根据$N=5$，为了同轴线滤波器加工合理，应选用图6-56所示的并联电容输入低通滤波器草图。

② 求图6-49所示的低通滤波器所需的归一化元件值

根据$N=5$在表6-11中可以查得低通原型归一化元件值(专用表虚线框中的元件值)为：$g_1=g_5=1.7058$、$g_2=g_4=1.2296$、$g_3=2.5408$和$g_6=1.0000$。

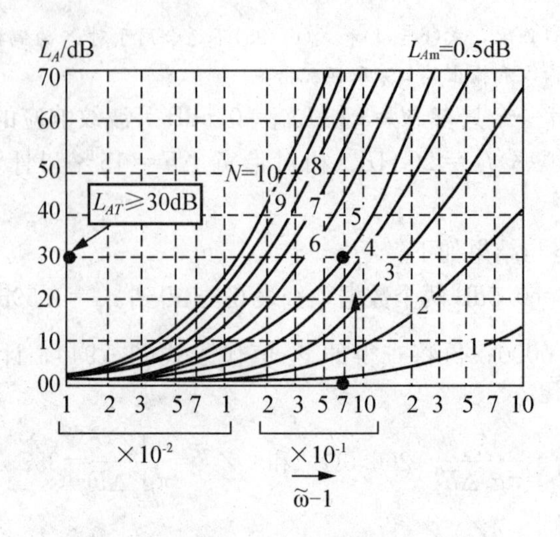

图 6-55　例 6-15 求阶数 N 的用图

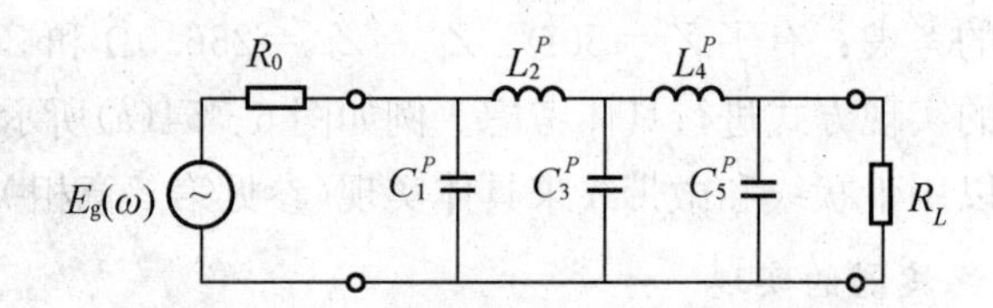

图 6-56　同轴线低通滤波器原理草图

表 6-11　仅供例 6-15 求数据用($g_0=1$，$\tilde{\omega}_c=1$，$L_{Am}=3$dB)

N	g_1	g_2	g_3	g_4	g_5	g_6	g_7	g_8	g_9	g_{10}	g_{11}
1	0.6986	1.0000									
2	1.4029	0.7071	1.9841								
3	1.5963	1.0967	1.5963	1.0000							
4	1.6703	1.1926	2.3661	0.8419	1.9841						
5	1.7058	1.2296	2.5408	1.2296	1.7058	1.0000					
6	1.4254	1.2479	2.6064	1.3137	2.4758	0.8696	1.9841				
7	1.7372	1.2583	2.6381	1.3444	2.6381	1.2583	1.7372	1.0000			
8	1.7451	1.2647	2.6564	1.3590	2.6964	1.3389	2.5093	0.8796	1.9841		
9	1.7504	1.2690	2.6678	1.3673	2.7239	1.3673	2.6678	1.2690	1.7504	1.0000	
10	1.7543	1.2721	2.6754	1.3725	2.7392	1.3806	2.7231	1.3485	2.5239	0.8842	1.9841

③ 计算图 6-56 所示的低通滤波器的实际元件值。

根据式(6-67)可求得

$$C_1^P=C_5^P=\frac{g_1}{\omega_c Z_0}=\frac{1.7058}{2\pi\times2\times10^9\times50}=2.72\text{pF}$$

$$C_3^P=\frac{g_3}{\omega_c Z_0}=\frac{2.5408}{2\pi\times2\times10^9\times50}=4.04\text{pF}$$

$$L_2^P = L_4^P = \frac{g_2}{\omega_c} \times Z_0 = \frac{1.2296}{2\pi \times 2 \times 10^9} \times 50 = 4.89\text{nH}$$

$$R_l = g_6 \times Z_0 = 1.0000 \times 50 = 50\Omega(\text{因为 } N=5 \text{ 为奇数})$$

(2) 等波纹同轴线低通滤波器的实现。

如果使用同轴传输线来实现图 6-56 所示的并联电容输入低通滤波器草图，就应该做以下考虑：滤波器中的并联电容 $C_1^P = C_5^P$ 和 C_3^P 应该使用低特性阻抗同轴线段(图 6-57 中的 l_1、l_3 和 l_5 线段)来实现，这样做可以给加工带来方便和合理；滤波器中的串联电感 $L_2^P = L_4^P$ 应该使用高特性阻抗同轴线段(图 6-57 中的 l_2 和 l_4 线段)来实现，这样做可以节省支撑绝缘材料。注意：第 1 章式(1-14)是计算同轴传输线特性阻抗依据；根据该式和结合图 6-57 可见：当同轴线外导体内直径 D 尺寸一定(最好使用铜管型材作外导体)时，高、低特性阻抗的内导体的外直径 d 的粗细是不同的；前者细，后者粗。因此为了保证图 6-57 所示的合理结构，线段 l_1、l_3 和 l_5 以及线段 l_2 和 l_4 的特性阻抗 Z_0^l 和 Z_0^h 的选择应有所考虑：与 Z_0^h 对应的内导体的外直径 d 不能过于细，与 Z_0^l 对应内导体的外直径 d 不能过于粗；线段 l_1、l_3 和 l_5 以及线段 l_2 和 l_4 的长度均应小于 $\lambda_{c\varepsilon}/8$，以使同轴线低通滤波器不过于太长，而将滤波器的长度控制在 $\lambda_{c\varepsilon}/2$ 左右(例如，f_c=2GHZ 的同轴线低通滤波器的长度应控制在 7.5cm 左右)。

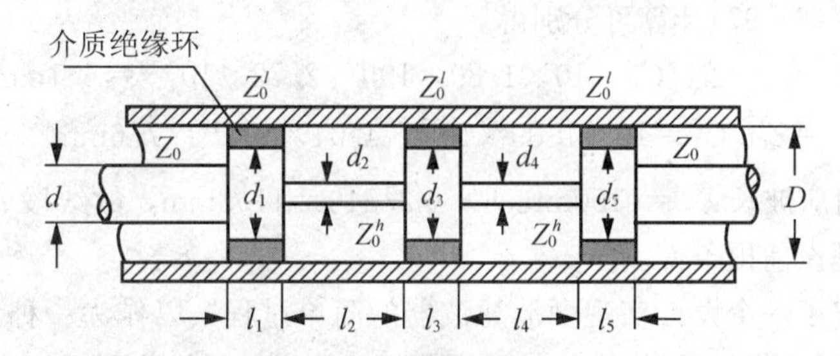

图 6-57　同轴线低通滤波器结构剖图

① 高特性阻抗线段的设计。

可以将高特效阻抗线段的特性阻抗选择为：Z_0^h=138Ω；再考虑到高特性阻抗线段是由空气介质填充(ε_r=1)，故根据式(1-14)和 D=16mm

$$Z_0^h = 138\Omega = 138\lg\frac{D}{d_2}(\Omega)$$

可求得 $D/d_2=10$ 和 $d_2 = d_4 = \frac{16\text{mm}}{10} = 1.6\text{mm}$

在忽略高特性阻抗电感线段 l_2 和 l_4 两端等效并联电容影响的情况下，线段 l_2 和 l_4 的长度可以使用下式计算：

$$l_2 = l_4 = \frac{g_2 Z_0 \upsilon_p}{Z_0^h \omega_c} = \frac{L_2^P \upsilon_p}{Z_0^h} \tag{6-96}$$

式中：υ_p 是高特性阻抗线段中 TEM 波的相速；考虑高特性阻抗线段是由空气介质(ε_r=1)填充，故 $\upsilon_p = c = 3\times10^{11}$ mm/s(光速)。将所有已知数据代入式(6-96)计算可得

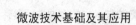

$$l_2=l_4=\frac{L_2^P\upsilon_p}{Z_0^h}=\frac{4.89\times10^9\times3\times10^{11}}{138}=10.6\text{mm}$$

因为 $f_c=2$GHz 对应波长 $\lambda_c=150$mm，故线段 l_2 和 l_4 均小于(150mm/8)＝18.75mm 而符合题设前提条件。

② 低特性阻抗线段的设计。

可以将低特效阻抗线段的特性阻抗选择为：$Z_0^l=10\Omega$；再考虑到低特性阻抗线段内外导体间是由介质绝缘环(通常是聚苯乙烯环)介质填充(通常 $\varepsilon_r=2.54$)，故根据式(1-14)和 $D=16$mm、$Z_0^l=10\Omega=\dfrac{138}{\sqrt{2.54}}\lg\dfrac{D}{d_1}(\Omega)$ 可求得 $D/d_1=1.3$ 和 $d_1=d_3=d_5=\dfrac{16\text{mm}}{1.3}=12.3$mm

在忽略低特性阻抗电容线段 l_1、l_3 和 l_5 两端的等效串联电感和阶梯边缘电容影响的情况下，线段 l_1、l_3 和 l_5 的长度可使用下式计算：

$$l=\frac{g_kZ_0^l\upsilon_p}{Z_0\omega_c}=Z_0^l\upsilon_pC_k^P \tag{6-97}$$

式中：υ_p 是低特性阻抗线段中 TEM 波的相速；考虑低特性阻抗线段是由介质环的介质填充(通常 $\varepsilon_r=2.54$)，故 $\upsilon_p=c=(3\times10^{11}/\sqrt{2.54})=1.89\times10^{11}$mm/s(介质中光速)。将所有已知数据代入式(6-97)计算可分别得

$$l_1=l_5=Z_0^h\upsilon_pC_1^P=10\times1.89\times10^{11}\times2.72\times10^{-12}=5.1\text{mm}$$

$$l_3=Z_0^h\upsilon_pC_3^P=10\times1.89\times10^{11}\times4.04\times10^{-12}=7.6\text{mm}$$

因为 $f_c=2$GHz 对应波长 $\lambda_{c\varepsilon}=(150\text{mm}/8\times\sqrt{2.54})=11.8$mm，故线段 l_1、l_3 和 l_5、l_2 均小于该值而符合题设前提条件。

本例题仅给出了一个设计实现微波滤波器的简单过程，以作为一种设计思路的参考；如果读者具有一定的机加工知识和机械制图能力，加之如果工作需要，可以根据本例题的思路做出一个完整的工程设计文件(包括原始数据计算设计、材料的选用、组装图和零件图的绘制、公差配合、光洁度和金属镀层选用等)。微波滤波器设计理论的内容很多，限于本书的宗旨只能进行有限的介绍；如读者因工作需要，可以进一步研究一些相关资料。

练 习 题

1. 通信系统中为什么要使用选频器件？微波波段中使用哪两类微波选频器件？

2. 在通信信道中为什么要使用谐振器？试说明微波谐振腔和低频集中参数谐振回路的区别。

3. 试用第 2 章式(2-99)和式(2-104)说明为什么谐振腔(器)中能建立起电磁振荡。在微波腔中要形成电磁振荡必须满足哪两个条件？为什么？

4. 为什么由集中参数电感线圈 L 和集中电容 C 并联所构成的普通谐振回路的谐振频率是唯一的，而由分布参数构成的微波谐振腔(器)的谐振频率是多谐性的？

5. 在通信信道中为什么要使用滤波器？为什么说图 6-5(a)所示结构的金属矩形波导

滤波器是一个带通滤波器？

6. 什么是谐振腔(器)的空载品质因数、有载品质因数和外部品质因数？为什么理论上使用空载品质因数 Q_0 来评论一个谐振腔(器)的品质优劣是合理的？

7. 试解释以下 TE_{101} 振荡模的电磁场分布方程的物理意义。

$$E_y=E_{101}\sin\frac{\pi x}{a}\sin\frac{\pi z}{l}$$

$$H_x=-j\left(\frac{\lambda_0}{2l}\right)\frac{E_{101}}{\eta_0}\sin\frac{\pi x}{a}\cos\frac{\pi z}{l}$$

$$H_z=j\left(\frac{\lambda_0}{2l}\right)\frac{E_{101}}{\eta_0}\cos\frac{\pi x}{a}\sin\frac{\pi z}{l}$$

8. 某铜制矩形谐振腔的尺寸为：$a=l=20\text{mm}$，$b=10\text{mm}$；该谐振腔内为空气填充，其振荡模式为 TE_{101}。要求：① 试根据以下式(6-6)

$$f_0=\frac{c}{2\pi}\sqrt{\left(\frac{\pi}{l}\right)^2+\left(\frac{2\pi}{\lambda_c}\right)^2}$$

计算该谐振腔的谐振频率；② 计算该谐振腔的空载品质因数 Q_0。

9. 为什么 TE_{011} 振荡模工作的金属圆柱形谐振腔，可以像图 6-11(b)所示的那样使用不接触活塞进行调谐？

10. 为什么 TE_{011} 振荡模工作的金属圆柱形谐振腔中，容易产生杂 TE_{11p}、TE_{21p}、TM_{01p} 和 TM_{11p} 等不需要的(杂)振荡模？腔中杂振荡模有些什么害处？

11. 如果想要设计一个图 6-11(c)所示那样的 TE_{011} 振荡模波长计，既要求具有很宽的调谐范围又不允许在腔中产生杂振荡模，为什么说这种想法在理论上是行不通的？

12. 为什么说采用双小孔激励 TE_{011} 振荡模的方法，可以彻底去除某些杂振荡模？

13. 某 TE_{011} 振荡模工作的金属圆柱形谐振腔波长计，其腔体内直径 $D=3\text{cm}$；已知直径 D 与谐振波长 λ_0 之比的平方为 1.5 ～3，试问：该波长计的频率测量范围是多少？

14. 试设计一个谐振频率 $f_0=8\text{GHz}$ 的 TE_{011} 振荡模铜质空气填充圆柱形谐振腔要求圆柱形腔体长度是圆柱腔内半径的两倍，即要求 $l=2a$。试计算：① 谐振腔的半径 a 和长度 l 的设计尺寸；② 估算所设计的腔体可能具有的 Q_0 值；③ 试用图 6-12 所示的谐振模式图估算谐振腔的半径的尺寸 a。

15. 试设计一个谐振频率 $f_0=8\text{GHz}$ 的 TM_{010} 振荡模铜质空气填充金属圆柱形谐振腔，要求圆柱形腔体长度是圆柱腔内半径的两倍，即要求 $l=2a$。试计算：① 谐振腔的半径 a 和长度 l 的设计尺寸；② 估算所设计的腔体可能具有的 Q_0 值；③ 试用图 6-12 所示的谐振模式图估算谐振腔的半径的尺寸 a。

16. 某金属圆柱形谐振腔半径 $a=5\text{cm}$ 腔长度 $l=10\text{cm}$ 和 12cm，试问：① 该谐振腔的最低振荡模是什么模？② 该谐振腔的最低振荡模的谐振频率 f_0 为多少？

17. 为什么介质材料也可以用来制造谐振器？介质谐振器具有哪些不同于金属谐振腔的特点？

18. 简单回答介质谐振器是怎样调谐的？

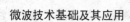

19. 介质谐振器中的 TE_{011} 振荡模和金属圆柱形谐振腔中的 TE_{011} 振荡模的场结构有什么同异？

20. 类似图 6-21 所示的谐振的“电容加载型同轴谐振腔”的加载电容 C，可以根据下式计算：

$$C=\frac{1}{2\pi Z_0 f_0}\cot\frac{2\pi l}{\lambda_0}$$

式中：Z_0 为同轴线(同轴腔体)的特性阻抗；f_0 和 λ_0 分别为同轴谐振腔的谐振频率和谐振波长。假设加载电容 $C=1\text{pF}$、同轴线的特性阻抗 $Z_0=50\Omega$；试求：当谐振波长 $\lambda_0=30\text{cm}$，同轴腔的内导体的长度 $l2$ 为多少？

21. 一个插接入信道系统中的滤波器二端口网络可以按需要来控制系统中的频率响应特性，以达到在系统的某个节点上对信号频谱进行取舍的目的。如果要在数字信道系统中某个节点上需要提取基带话音信号，需要使用何种滤波器？为什么？

22. 在理论上研究由电感 L 和电容 C 元件组成的线性网络通常采用网络分析法和网络综合法来处理问题，试问：什么网络分析法和网络综合法？设计滤波器的插入损耗方法属于网络综合法，试问：它采用哪两种插入损耗频率响应特性函数综合低通滤波器网络？试画出它们的归一化频率响应特性图形。

23. 由表 6-5 和表 6-6 可以看出：当等波纹低通原型滤波器的归一化元件数 N 为偶数时，为什么滤波器与负载是失配的？若遇到这种情况，可采用什么办法解决？

24. 某一个微波低通滤波器的截止频率 $f_c=1\text{GHz}$；通带内最大插入损耗 $L_{Am}=3\text{dB}$；滤波器阻带中的频率 $f_{cT}=1.7\text{GHz}$ 处，引进的插入损耗 $L_{AT}\geqslant 30\text{dB}$。设计这个微波低通滤波器的原始根据是以下两个模板：① 最大平坦低通原型滤波器；② 等波纹低通原型滤波器；如果采用图 6-32 所示的低通原型滤波器电路作为模板，试求：① 低通滤波器模板电路中，各归一化元件值；② 图 6-38(b)所示的串联电感输入等波纹低通原型滤波器电路，转换成具有真实元件值的实际等波纹低通滤波器电路和等波纹带阻滤波器电路。

第7章

微波工程仿真设计简介

教学目标

从前面几章讨论可以看出，微波工程技术设计是一个非常复杂的领域(尽管只涉及主要概念部分)。随着信息社会的飞速发展、特别是当今世界的隐形对抗激烈竞争的需要，微波工程设计越来越复杂、各种指标参数要求越来越高、且设计周期要求越来越短。在今天的历史背景下，传统的微波工程设计方法越来越显得不能满足需要，这样就迫使微波工程设计采用软件工具、以使当今发达的计算机技术得到充分的应用。因此，使用类似微波EDA(Electronic Design Automation，电子设计自动化)软件工具进行微波工程设计已成必然的发展趋势。目前基于个人计算机的各种商业化微波 EDA 软件工具很多，限于本书的宗旨本章只能对美国安捷伦(Agilent)公司的 ADS 软件的使用做简单的介绍。为此，作为本章重点主要限于介绍 ADS2009 的基本工作界面、用具体实例说明如何利用 ADS2009 实现匹配电路设计。

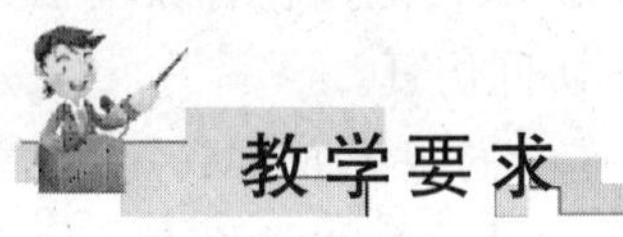

教学要求

① 了解微波工程仿真软件设计的发展趋势；② 重点掌握 ADS2009 仿真工具基本工作界面的操作。

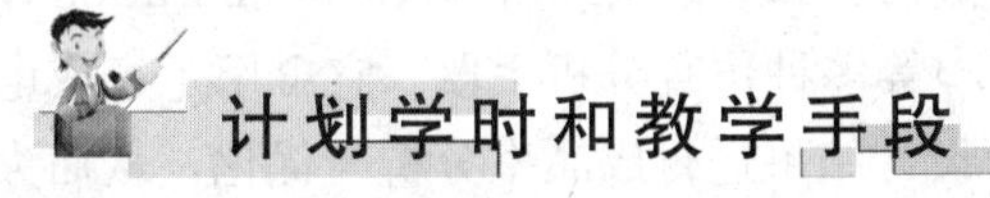

计划学时和教学手段

本章为 2 计划学时，使用本书配套的 PPT(简单动画)课件完成教具软件的基本工作界面的操作(要求个人计算机中安装 ADS2009 仿真软件)；学内容讲授。

7.1 ADS简介

微波EDA软件工具集计算电磁学、数学分析和虚拟环境仿真方法等为一体，构成一个十分强大的实用软件体系；借助微波EDA软件工具设计微波电路，可获得提高设计效率、缩短研发周期和降低研发成本等方面的好处，微波EDA已显现出逐渐成为微波电路设计的主流的趋势。目前，市场上微波EDA软件众多，主流的有Agilent公司的ADS、Ansoft公司的HFSS和Designer、CST公司的CTS以及AWR公司的MWoffice。

AnsoftDesigner是Ansoft公司推出的基于MoM（矩量法是一种将微分或积分方程转换为代数方程求解的数值计算方法；这是因为计算机只会计算加、减、乘、除，不会计算微分和积分；所以，必须人为地将微分方程和积分方程转换为代数联立方程、利用计算机的高速计算能力求解）的微波电路和通信系统仿真软件。它采用了最新的视窗技术，从而构成了第一个将高频电路系统版图和电磁场仿真工具无缝地集成到同一个环境的设计软件工具；它可以帮助设计者根据所需选择“求解器”，实现设计过程的完全控制。

Ansoft HFSS是Ansoft公司推出的3D电磁仿真软件，它是世界上第一个商业化的三维结构电磁场仿真软件。HFSS采用FEM(有限元法和矩量法一样也是一种数值求解方法)能计算任意形状三维无源结构的S参数和全波电磁场，具有强大的天线设计功能。它可以计算天线参量、绘制天线方向图等，有利于设计结构复杂的天线等器件。

CST Microwave Studio，是德国CST(Computer Simulation Technology)公司推出的基于FETD(时域有限差分法也是一种数值求解方法)的高频3D电磁场仿真软件CST Microwave Studio，具有CAD文件的导入功能及SPICE参量的提取功能；它有效增强了设计的可能性、并缩短了设计时间。此外，CST还可以和ADS协同仿真。

ADS全称为Advanced Design System，是Agilent公司推出的基于MoM(矩量法)的微波电路和通信系统软件。ADS与其他软件相比，它的综合软件包能非常强大、仿真手段丰富多样，主要包括：时域电路仿真(SPICE - like Simulation)、频域电路线性分析(Harmonic Balance Linear Analysis)、三维电磁仿真和通信系统仿真(Communication System Simulation)和数字信号处理仿真设计(DSP)等多种仿真分析手段。它可用于集成电路(IC)、封装、模块和电路板协同设计，并可对设计结果进行成品率分析与优化，从而大大提高了复杂电路的设计效率。ADS 2009还可与Cadence和Mentor后端设计平台交互操作，以完成物理实施。ADS是非常优秀的微波电路和系统信号链路的设计工具，是目前国内各大院校和研究所使用最多的软件之一。

ADS内容非常丰富(读者可参见参考文献[18])，下面主要限于介绍ADS2009的基本工作界面和用具体实例说明如何利用ADS2009软件工具进行微波匹配电路设计(代替传统的在Smith圆图上手工操作)。在Smith圆图上传统的手工操作存在以下缺点：① 由于Smith圆图上的归一化阻抗圆和导纳圆曲线束太密集，使得在图上“读数”依靠“估计”而导致误差较大且容易出错；② 在Smith圆图上求解电路匹配问题，要求具有较为熟练和细心的专业技巧。如果运用ADS2009软件工具设计，则可以避免上述缺点。

7.2　ADS主要操作窗口

ADS主要操作窗口有4种，包括主窗口、原理图设计窗口、数据显示窗口和布局图窗口。下面分别介绍这4种窗口。

1. 主窗口

启动ADS软件后，首先弹出一个如图7-1所示的主窗口。该主窗口主要用于创建或打开现有工程、文件浏览、工程管理、提供设计指南功能等。用户在主窗口上不能做任何射频和微波电路的设计工作，但通过主窗口可进入原理图设计窗口、数据显示窗口和布局图窗口。主窗口主要有菜单栏、工具栏、文件浏览区、工程管理区和状态栏几个工作界面。

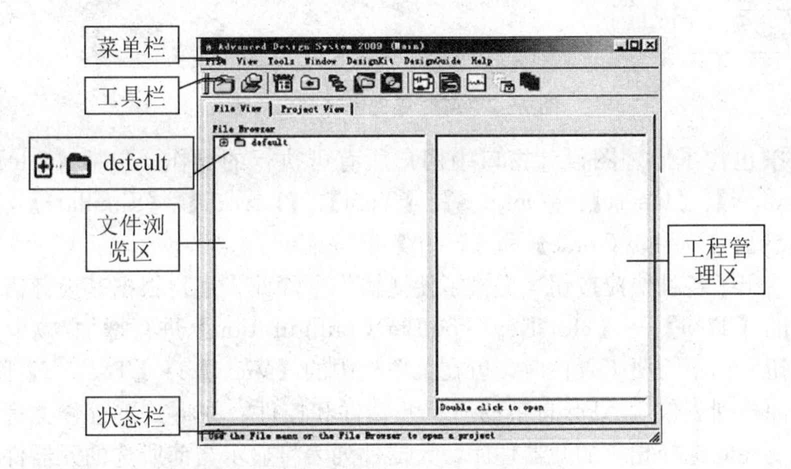

图7-1　ADS主窗口界面

菜单栏中包含了主窗口中用户所有可执行的操作，包括【File】、【View】、【Tools】、【Window】、【Design Kit】、【Design Guide】和【Help】7个下拉菜单。

工具栏提供了各种快捷按钮，用户可以通过单击工具栏上的快捷按钮来实现更为方便的操作。此外，用户根据其设计需要还可以通过菜单栏中的【Tools】→【Hot Key/Tool-Bar Configuration】，进行增加或减少工具栏上的快捷按钮。

文件浏览区可浏览ADS系统中的所有文件，也可以浏览Windows系统中所有文件。文件浏览区的内容确定后，工程管理区显示与其相关的内容。

状态栏给出了当前的操作状态，包括用户当前打开ADS的路径以及“鼠标”下一步操作提示等，可以帮助用户顺利完成操作。

2. 原理图设计窗口

原理图设计窗口主要用于电路原理图设计和仿真，是用户使用最频繁的窗口。在原理图窗口上可以创建和修改电路图，可放置仿真控制器，可指定层和参数等功能。如图7-2所示，原理图设计窗口的工作界面主要包括有菜单栏、工具栏、元器件面板列表、元器件列表、编辑器和状态栏。

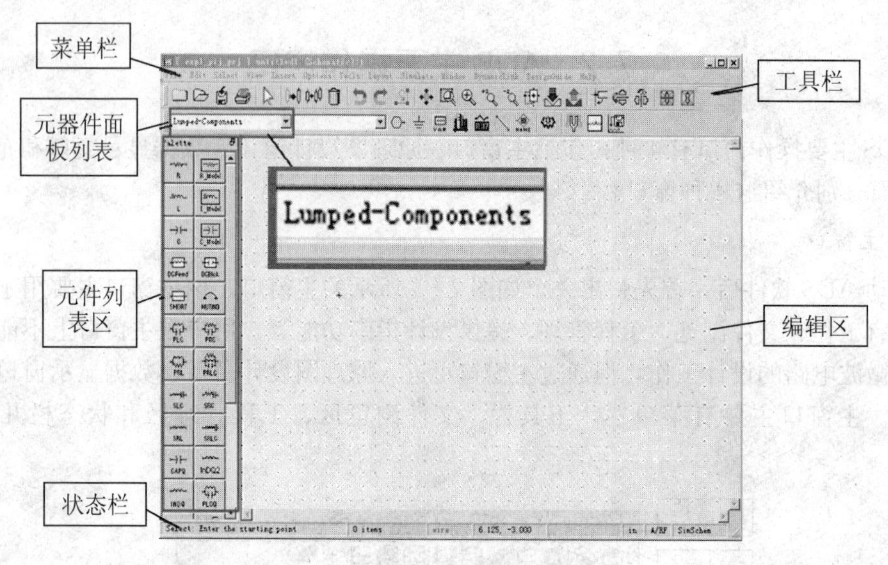

图 7-2　ADS 原理设计窗口界面

菜单栏中包含了原理图设计窗口中用户所有可执行的操作，包括【File】、【Edit】、【Select】、【View】、【Insert】、【Options】、【Tool】、【Layout】、【Simulate】、【Window】、【Dynamic link】、【Design Guide】和【Help】下拉菜单。

工具栏给出了各种快捷按钮，提供了便捷操作。除此，用户根据其设计需要还可以通过菜单栏中的【Tool】→【Hot Key/ToolBar Configuration】进行增加/减少更改工具栏上的快捷按钮。如不需要工具栏时，可在菜单栏中的【View】→【Toolbar】隐藏工具栏。

元器件面板列表包含 ADS 自带的所有元器件和控件，并将其进行分类管理。用户可根据设计需要在此选择相应的元器件库，元器件列表将显示当前所选的元器件库中的所有元器件。

用户可以利用菜单栏、工具栏、元器件面板列表和元器件列表，在“编辑器”中完成原理图设计、仿真和优化等工作。

3. 数据显示窗口

原理图设计窗口完成电路设计，可进行仿真。当仿真运算完毕以后，ADS 就会自动弹出一个如图 7-3 所示的数据显示窗口以显示仿真结果。除了菜单栏、工具栏、显示区外，还有数据显示方式面板。利用数据显示方式面板，可将仿真结果用不同形式显示出来，便利于用户对数据进行分析。如图 7-4 所示的数据显示区给出了放大器参数 S_{21} 仿真结果的 4 种显示方式，它们分别为：直角坐标系显示方式、数据列表显示方式、史密斯圆图显示方式和极坐标系显示方式。

4. 布局图窗口

原理图设计完毕以后需转化成版图设计，图 7-5 所示是主要用于电路版图设计的“ADS 布局图窗口界面”。通过原理图设计窗口界面菜单栏中的【Layout】→【Generate/Update Layout】进入布局图窗口。图 7-5 所示的布局图窗口，其界面和图 7-2 所示的 ADS 原理图设计窗口基本一致，使用方法也基本相同。值得注意的是：在 ADS 中版图仿

真，采用的是矩量法(Momentum)仿真，和原理图的仿真方法有所不同。所以两者仿真结果会存在一些差异，Momentum 仿真更符合实际情况。因此，原理图设计完毕后，版图往往还需要修改。

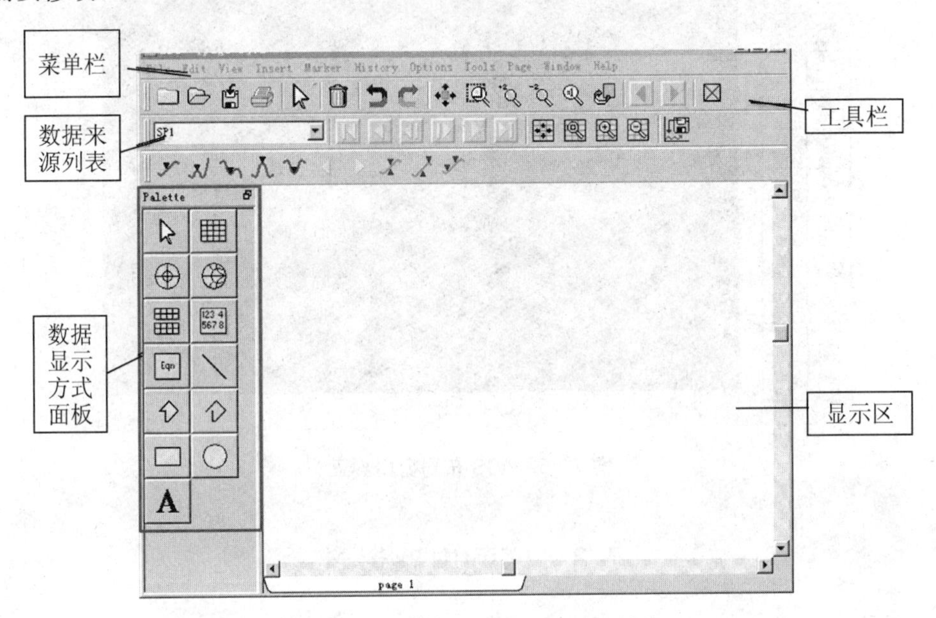

图 7-3 ADS 数据显示窗口界面

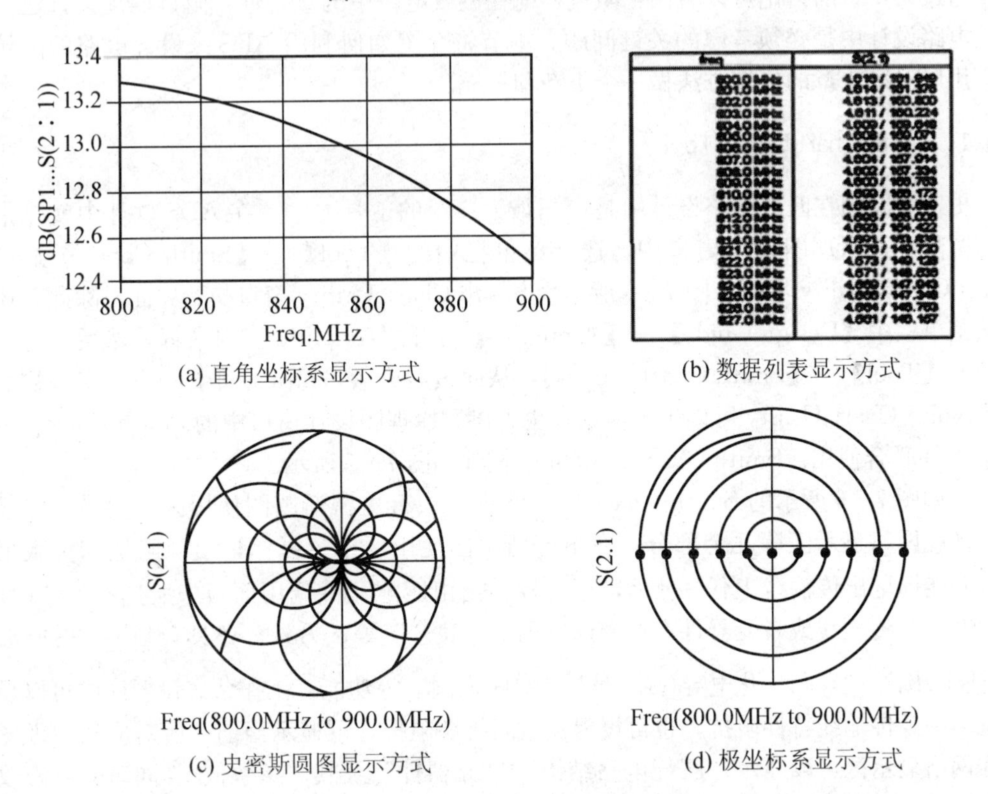

(a) 直角坐标系显示方式

(b) 数据列表显示方式

(c) 史密斯圆图显示方式

(d) 极坐标系显示方式

图 7-4 数据显示区不同的显示方式

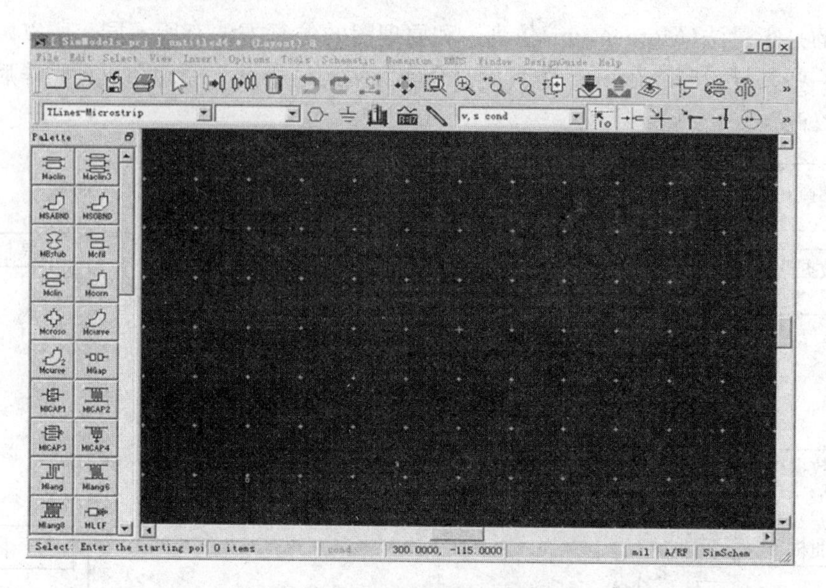

图 7-5　ADS 布局窗口界面

7.3　匹配电路设计

通过第 1 章的讨论可以看出：阻抗匹配在微波电路中的重要性，阻抗匹配设计也是在微波电路设计中是必须考虑的关键问题。本节将介绍如何利用 ADS 来设计电路的阻抗匹配，用以对第 1 章的传统方法做一个更新和补充。

7.3.1　Smith Chart Utility Tool

史密斯圆图在匹配电路设计中是应用最为广泛的工具之一，在 ADS 软件中就自带史密斯圆图。在原理图设计窗口中，选择菜单栏中的【Tool】→【Smith Chart …】打开 Smith Chart Utility 界面，图 7-6 所示为 Smith Chart Utility 窗口初始界面；除此，还可以从菜单栏中【Design Guide】→【Amplifier】打开“Amplifier”对话框，然后在对话框中选择【Tool】→【Smith Chart Utility】，从而最后进入 Smith Chart Utility 窗口初始界面。Smith Chart Utility 可以单独使用，也可以和原理图设计窗口中的 Smith Chart Matching 控件联合使用。Smith Chart Matching 控件如图 7-7 所示。

在如图 7-6 所示的 Smith Chart Utility 窗口中有史密斯圆图使用区、网络响应显示区、匹配网络显示区等几个部分。在史密斯圆图使用区中，可标记出源阻抗和负载阻抗 Z_l，并能标记出传输线上任一点 z，也可标记出由匹配元件调用面板中所选择的“串联”或“并联”传输线或者元器件在史密斯圆图上“轨迹”等；另外，还具有画出“等驻波比(VSWR)圆”、“等归一化电导($\widetilde{G}_{in}$)圆”、“等噪声圆”等功能。工作状态设置区中可以设置系统频率及传输线特性阻抗，也可设置负载阻抗源阻抗，可显示当前“所对应的原理图”。匹配网络显示区可以显示“匹配电路结构”、“元器件”及其“参数值”，同时还可修改电路中的元器件参数或者删除元器件。在匹配网络显示区中的操作同样影响史密斯圆图使用

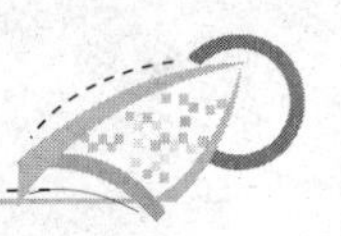

区史密斯圆图的显示结果。网络响应显示区可使用户在设计中及时观察匹配网络的响应和性能，从而进行调整以满足设计指标。

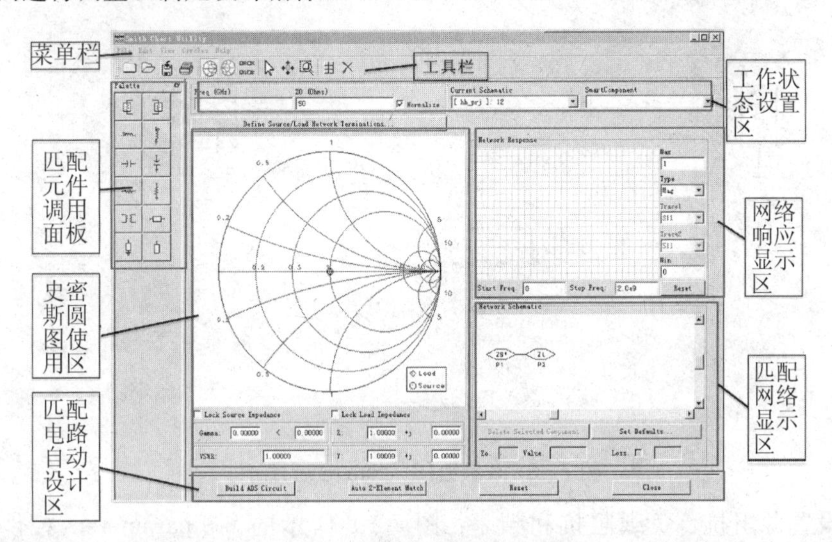

图 7-6　Smish Chart Matching 控件

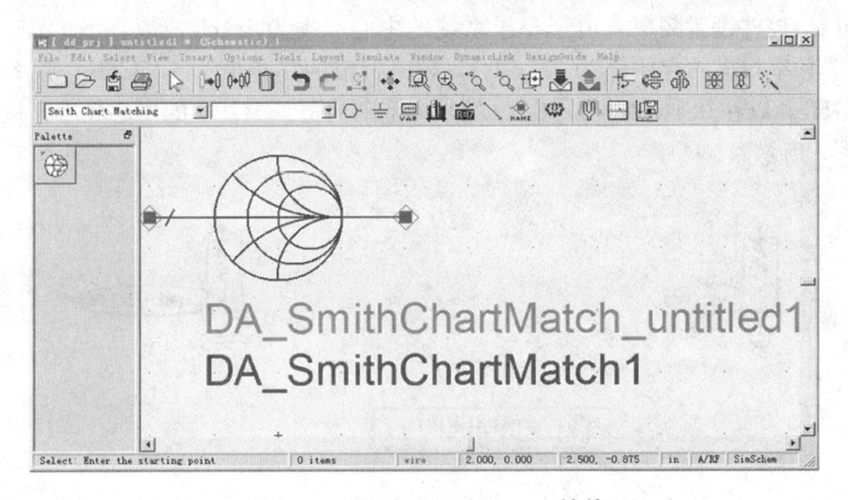

图 7-7　Smish Chart Matching 控件

匹配电路自动设计区可自动建立“匹配电路”，并提供选择“二元器件匹配电路”方式，其基本设计步骤如下：① 在原理图上设置输入输出端口参数，插入 Smith Chart Matching 控件并设置相关参数；② 打开 Smith Chart Utility，设置相关参数使其与 Smith Chart Matching 控件联合使用；③ 在 Smith Chart Utility 匹配电路自动设计区中选用匹配电路方式，完成匹配。

【例 7-1】 试运用 ADS2009 软件工具设计一个匹配网络，要求：中心频率为 1GHz，传输线的特性阻抗为 $Z_0=50\Omega$ 和负载阻抗为 $Z_l=100+j*50\Omega$(此处“*”号表示“乘号”，这是 ADS 原代码的规定)。

试运用 ADS2009 软件工具求解此题，可以按以下 9 个步骤操作。

(1) 新建工程和新原理图：在原理图设计窗口中，选择菜单栏中的【Insert】→

【Template】打开“Insert Template”对话框，在对话框中选择【S－params】按钮在原理图编辑区中插入 S－parameters 控件，以便观察匹配网络以后的参数结果，如图 7－8 所示。

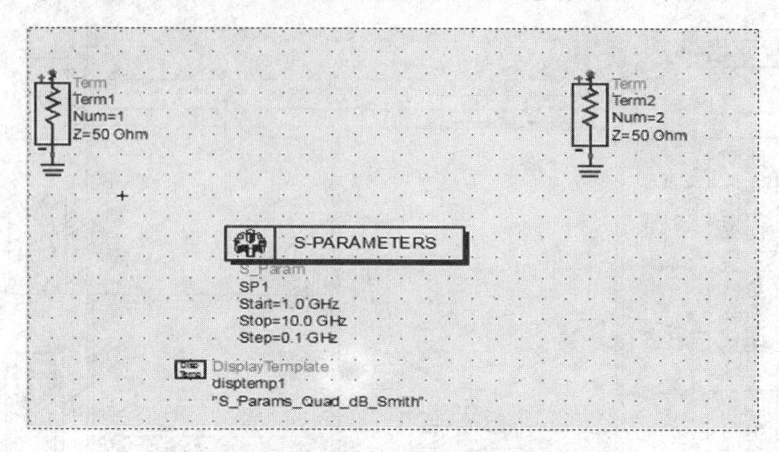

图 7－8　S 参数(S－parameter)控件

（2）设置源阻抗、负载阻抗和频率：图 7－8 所示的 S－parameters 控件中，设置 Term1 作为传输线特性阻抗 $Z_0=50\Omega$，设置 Term2 作为负载阻抗 $Z_l=100+j*50\Omega$。双击 S－parameter 控件设置频率，由于要求系统的中心频率为 1GHz，故在 S－parameters 控件中可设置频率扫描的起始值为 0.1GHz，频率扫描的终止值为 1.5GHz，频率扫描的步长为 0.1GHz，以在 0.1GHz～1.5GHz 的频率范围内覆盖 1GHz 的中心频率；以上设置结构如图 7－9 所示。

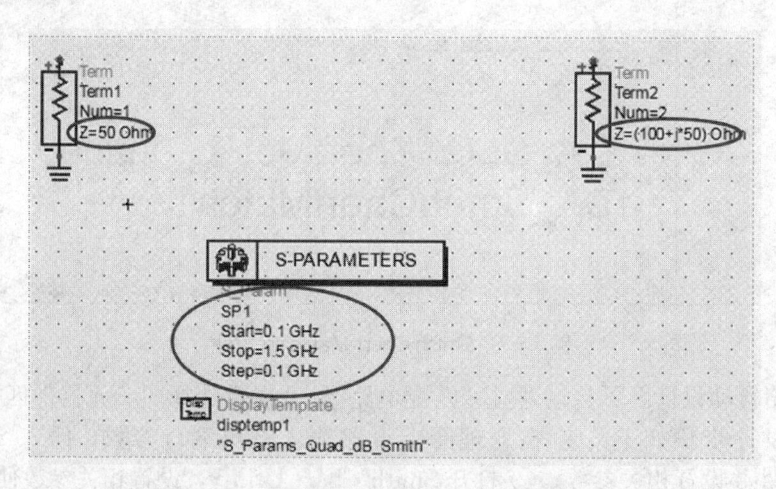

图 7－9　S 参数(S－parameter)控件参数设置

（3）插入 Smith Chart Matching 控件：在元器件面板列表中选择【Smith Chart Matching】命令，在元器件列表区中，选择 Smith Chart Matching“⊕”图标并将其插入到原理图编辑区中，单击工具栏中的＼按钮，将图 7－9 所示的 S－parameters 控件的 Term1 和 Term2 端口分别和 Smith Chart Matching 控件连接起来，如图 7－10 所示。

（4）设置 Smith Chart Matching 控件参数：双击 Smith Chart Matching 控件，弹出“Smith Chart Matching Network”对话框，在对话框中根据题目要求对其参数进行设置，

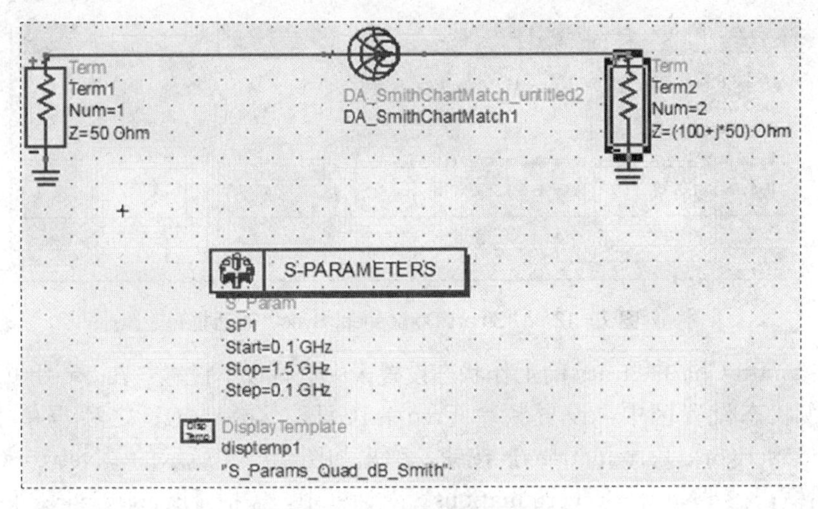

图 7-10　加入匹配电路原理图

主要设置如下。

① Fp = 1GHz；② SourceType = ComplexImpedance；③ SourceEnable = True；④ SourceImType=SourceImpedance；⑤ LoadType=ComplexImpedance；⑥ LoadEnable =True；⑦ Z_g=50Ω(源阻抗)；⑧ Z_l=100+j＊50Ω。

以上参数设置，可在如图 7-11 所示的"Smith Chart Matching Network"对话框中操作。

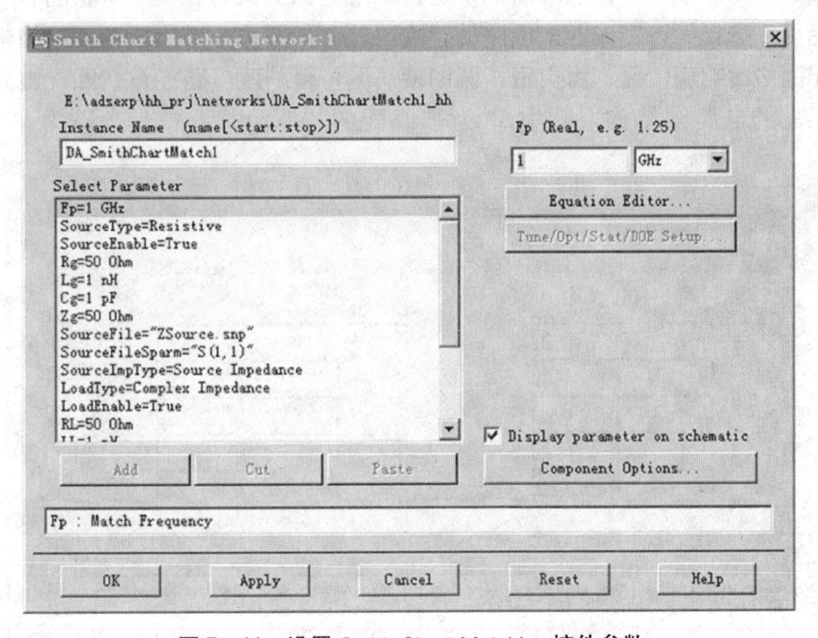

图 7-11　设置 Smith Chart Matching 控件参数

(5) 打开 Smith Chart Utility：在原理图设计窗口中，选择菜单栏中【Tool】→【Smith Chart …】，此时弹出如图 7-12 所示的"Smart Component Sync"对话框，在带对话框中选择【Update Smart Component from Smith Chart Utility】单击按钮，单击【OK】按钮进入 Smith Chart Utility。

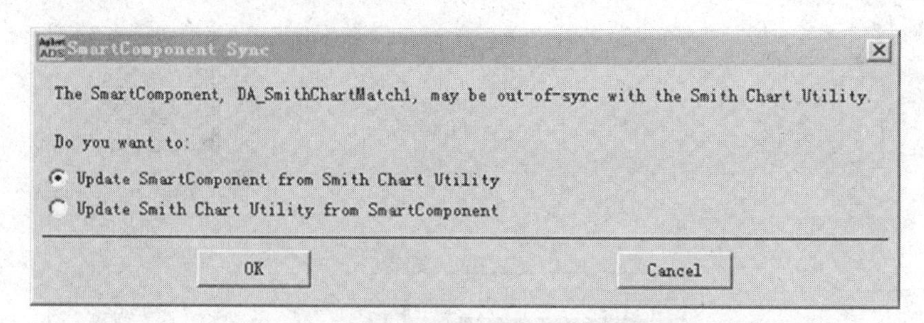

图 7－12　“Smart Component Sync”对话框

（6）在 Smith Chart Utility 的工作状态设置区中进行以下设置：在 Smith Chart Utility 窗口工作状态设置区中，设置频率 Freq＝1GHz，$Z_0=50\Omega$；之后再单击【Define Source/Load Network Terminations】按钮，弹出如图 7－13 所示的“Network Terminations”对话框；在“Network Terminations”对话框中，需把【Enable Source Termination】和【Enable Load Termination】两个选项勾上，再分别设置源阻抗和负载阻抗；设置完毕后，随即依次单击【Apply】和【OK】按钮，此时在史密斯圆图上就显示如图 7－14 所示的源阻抗和负载阻抗。

（7）利用匹配电路自动设计区设计匹配网络：在 Smith Chart Utility 窗口匹配电路自动设计区中，单击【Auto 2－Element Match】按钮，随即弹出如图 7－15 所示的“Network Selector”对话框、并在该对话框中选择匹配电路方式，在此“串联电容”和“并联电感”图标可供选择，以完成匹配电路的建立。此时如图 7－16 所示，由网络响应显示区可了解匹配网络的响应情况；由史密斯圆图使用区可得到匹配路径；在匹配电路显示区还可以显示匹配的电路图结构，其中 P_1 为被匹配的“源阻抗”端口、P_2 为“负载阻抗”端口。

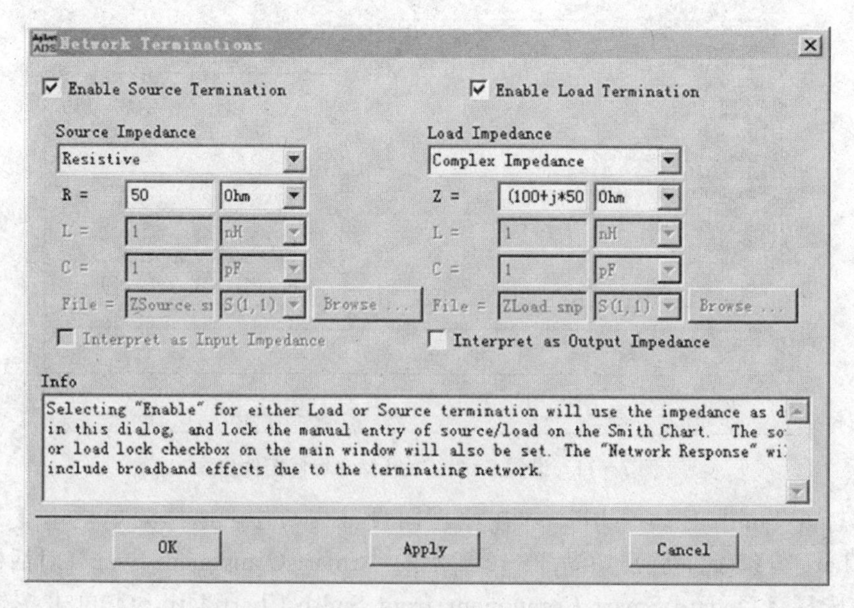

图 7－13　“Network Terminations”对话框

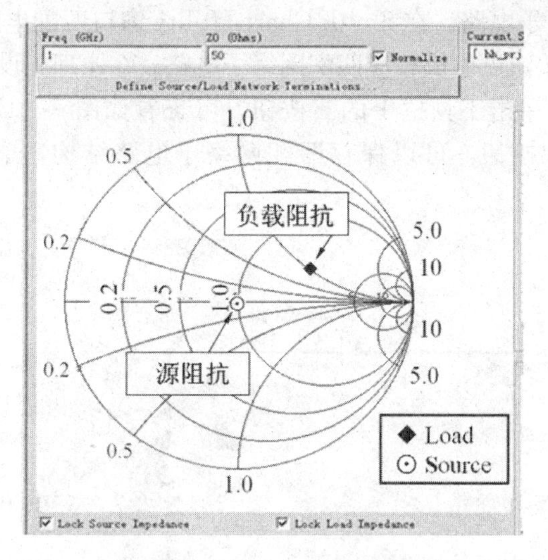

图 7-14 显示源阻抗和负载阻抗的史密斯圆图

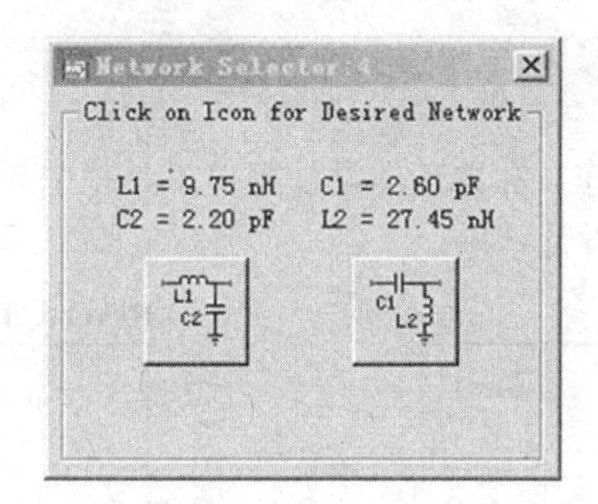

图 7-15 "Network Selector"对话框

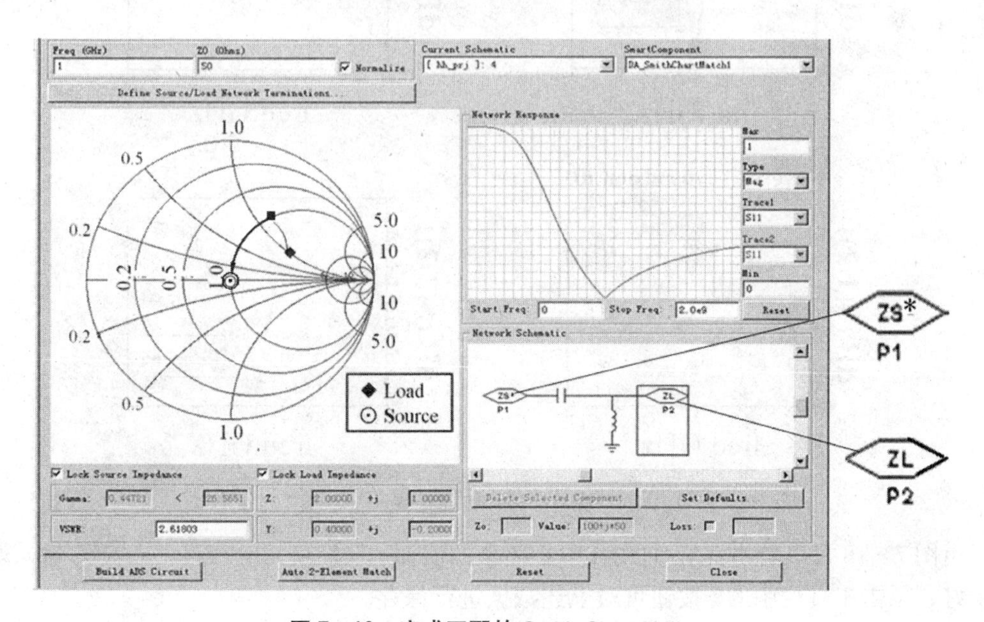

图 7-16 完成匹配的 Smith Chart Utility

（8）生成匹配网络子电路：在 Smith Chart Utility 窗口匹配电路自动设计区中，单击【Build ADS Circuit】按钮可生成相应匹配网络子电路。在原理图设计窗口中，选中 Smith Chart Matching 控件，单击工具栏中的按钮，可查看如图 7－17 所示的匹配网络子电路；单击工具栏中的按钮，可以保存匹配网络子电路结构，单击按钮可返回上层电路。

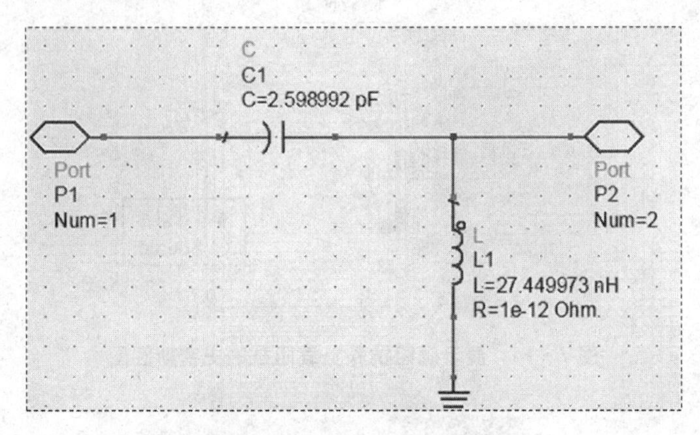

图 7－17　匹配网络子电路

（9）进行 S 参数仿真操作：在原理图设计窗口工具栏中单击按钮可进行仿真设计。图 7－18 所示是本题的仿真设计结果。

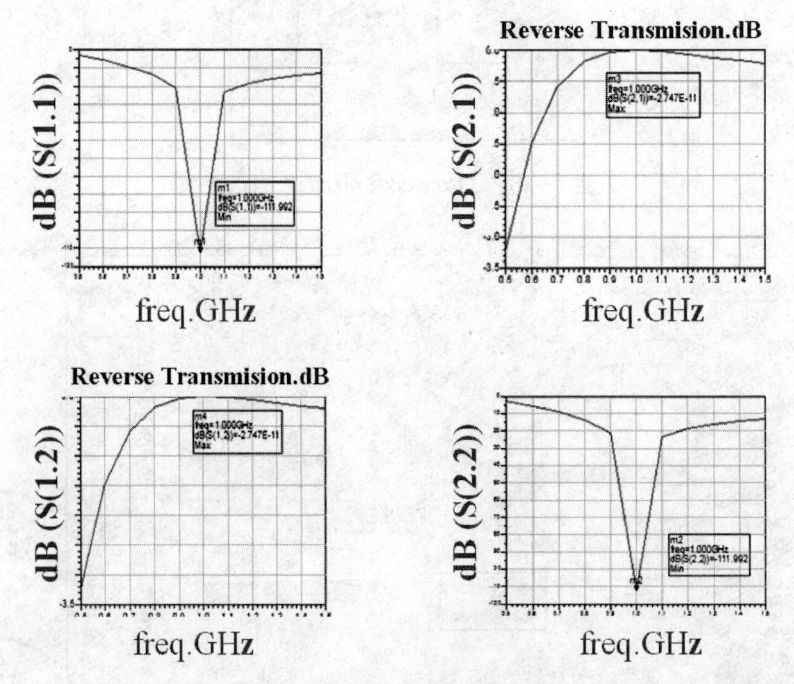

图 7－18　仿真结果

由图 7－18 可以看出：S_{11} 曲线在中心频率的值 dB(S(1.1))＝－111.992dB，输入端匹配良好；单击工具栏中的按钮可对上述数据进行保存。

7.3.2　短路线分支阻抗匹配网络设计

在第1章1.4.3节中已经对“短路线分支阻抗匹配实现的基本原理”进行了繁琐的数学描述(具体数学处理根据可参见图1-30)，概括地说可以这样表达：在原本不匹配的传输线上设计选择一个距离负载终端为L距离的位置，设该位置的输入导纳为$Y_{in}=G_{in}\pm jB_{in}$，要求获得匹配时应使$G_{in}=Y_0$；为此，在距离负载终端为L距离的位置位处应并联电纳值上为$\mp jB_{in}$的“短路线分支”，从而得到$Y_{in}=Y_0$以实现全线匹配。对于上述短路线分支阻抗匹配问题，运用ADS2009软件工具求解更加快捷和方便。对此，可以使用以下两种方法求解：① 可利用史密斯圆图求解；② 利用设计向导求解。下面以第1章例1-13为例来说明两种匹配网络设计具体步骤，该题设置的设计目标是：设计一个短路线分支阻抗匹配网络，使得归一化负载阻抗$\widetilde{Y}_l=0.5-j0.6$与传输线Y_0相匹配。

1. 利用史密斯圆图实现短路线分支阻抗匹配网络

(1) 新建工程和新建原理图：从插入Smith Chart Matching控件与S-parameter控件和设置好相应参数起步；然后打开Smith Chart Utility，使其与Smith Chart Matching控件联合使用。由于目标是设计短路线分支阻抗匹配网络，用导纳圆图更为便捷。为此，在Smith Chart Utility工具栏上单击按钮；或者在Smith Chart Utility菜单栏选择【View】→【Chart Options】设置为导纳圆图，再依据题意设置如图7-19所标注的源阻抗和负载阻抗。

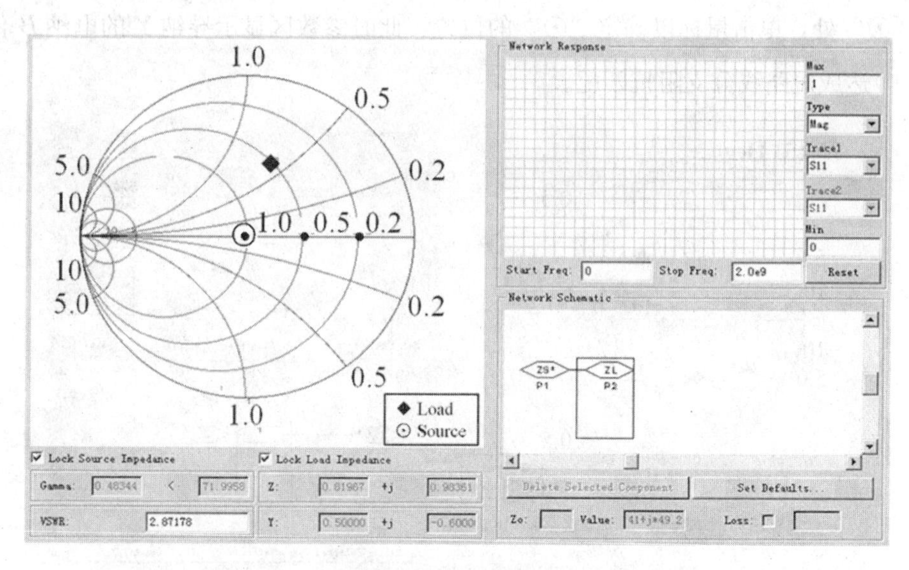

图7-19　设置源和负载阻抗的Smith Chart Utility

(2) 插入并联短路线分支：在匹配元件调用面板中鼠标单击传输线按钮，将鼠标光标移至史密斯圆图使用区中，单击确定其位置“◆”；在参数区中导纳Y的实部电导G的提示处，输入$G=1$(即$\widetilde{G}_{in}=1$的等电导圆)，并自动将“◆”沿图7-20所示的“虚线”路径调节到另一个“◆”与$G=1$的圆相交的位置，此时是沿“虚线”等驻波比圆旋转了

95.453°(见图 7-21 左上角显示的读数)。注意：上述旋转 95.453°是 ADS 软件中旋转所计的读数，在第 1 章所述 Smith 圆图的概念中应是 190.9 °(因为 ADS 软件中旋转 180°，表示沿 Smith 圆图旋转一周)。

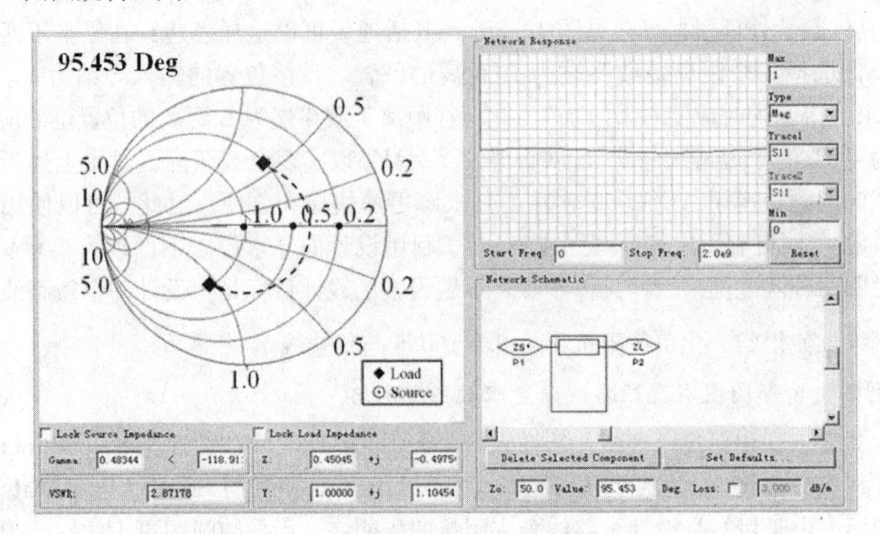

图 7-20　加入串联传输线的史密斯圆图

(3) 下一步操作：在匹配元件调用面板中鼠标选择选择短路线按钮，将鼠标光标移至史密斯圆图使用区中，再使“◆”沿如图 7-21 所示“实线箭”路径自动移至源阻抗 Source“⊙”处，单击鼠标以确定“⊙”的位置，此时参数区显示导纳 Y 的电纳 B 值为零(即 $\widetilde{B}=0$)达成短路线分支阻抗匹配。

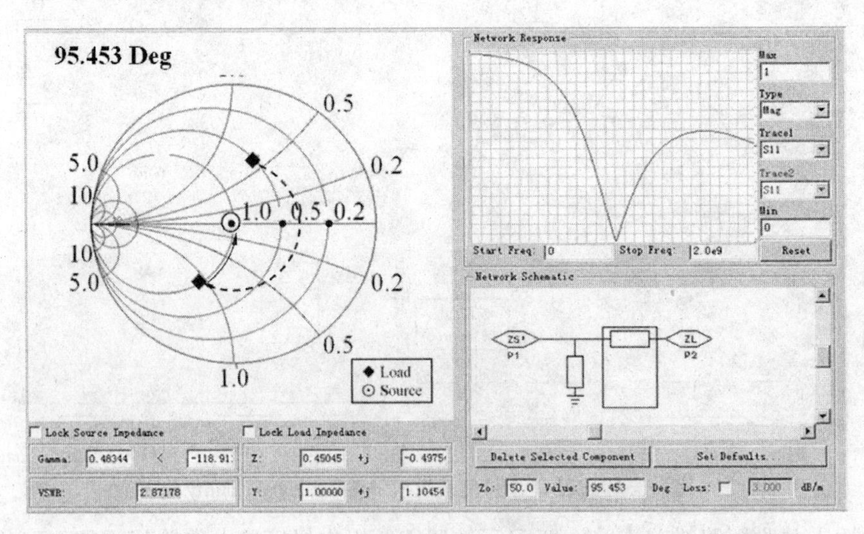

图 7-21　完成匹配的 Smith Chart Utility

(4) 生成匹配网络的子电路：在 Smith Chart Utility 窗口匹配电路自动设计区中单击【Build ADS Circuit】按钮可生成相应匹配网络子电路。此时在原理图设计窗口中选中 Smith Chart Matching 控件，再单击工具栏中的按钮，就可以查看到如图 7-22 所示的

匹配网络子电路，单击工具栏中的按钮可以将子电路保存；单击工具栏中的按钮可返回上层电路。

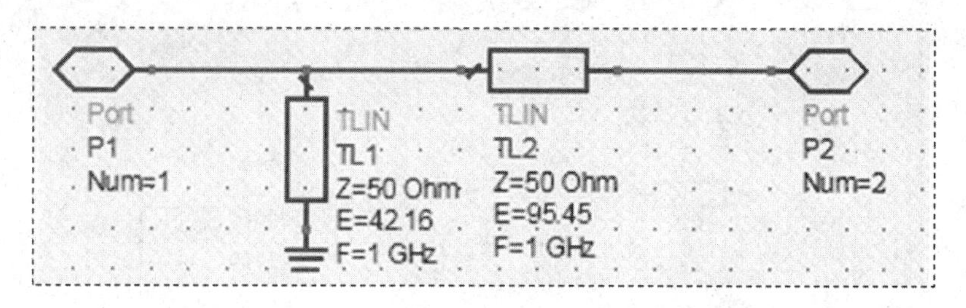

图 7-22 短路线分支阻抗匹配网络子电路

(5) 进行S参数仿真操作：在原理图设计窗口中，设置 Term1 阻抗 $Z=50\Omega$，Term2 阻抗 $Z=40.9835+j^{*}4901805(\Omega)$。双击 S-parameters 控件，设置频率扫描为 0～2GHz、频率扫描的步长为 0.001GHz。单击工具栏上按钮进行S参数仿真，可得图 7-23 所示的仿真结果，所设计的匹配电路的反射系数 S_{11} 曲线在中心频率的值 dB(S_{11})$=-82.710$dB，表明输入端获得很好的匹配。

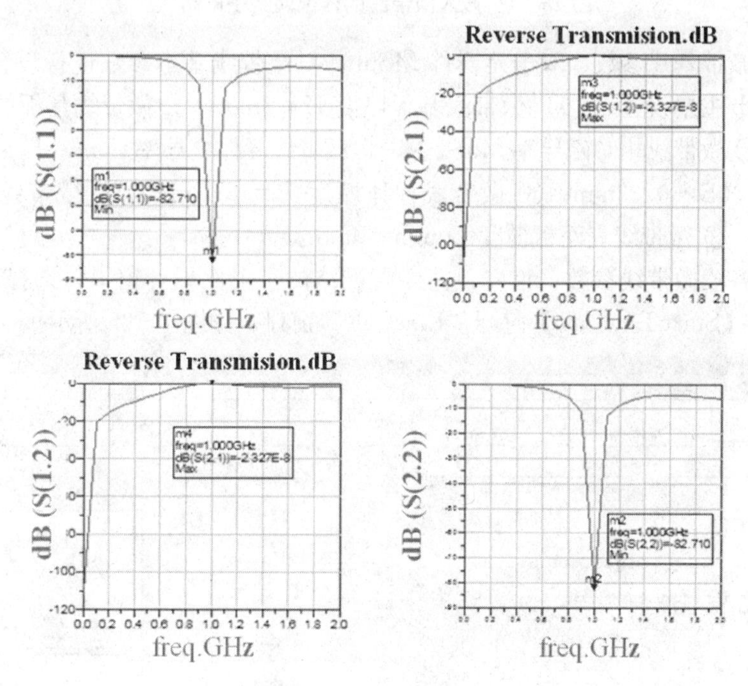

图 7-23 短路线分支阻抗匹配网络仿真结果

(6) 完成上述普通传输线短路线分支阻抗匹配网络设计后，还可以将其置换为微带线。首先在匹配网络的子电路设计窗口的元器件面板列表中，选择【TLines—Microstrip】下拉选项；在此选项的元器件列表区中，鼠标选择所需的微带基片“【MSUB】”图标、T形微带线结“【MTEE】”图标、微带短路枝节线“【MLSC】”图标和微带线“【MLIN】”图标，分别将它们插入到如图 7-24 所示的匹配网络的子电路设计窗口的编辑区中。

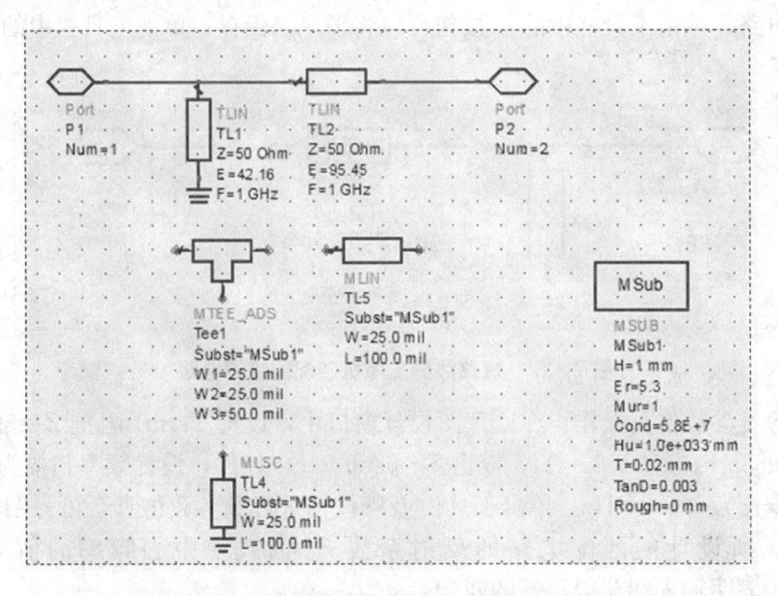

图 7-24 置入微带线的匹配网络子电路

（7）设置微带基片参数：双击元器件 MSub，对微带线基本参数进行设置，图 7-24 中所示的 MSub 主要设置有：① 微带线基板厚度 H=1mm；② 微带线基板的相对介电常数 E_r=5.3；③ 微带线相对磁导率 Mur=1；④ 微带线导体电导率 Cond=5.8E+7；⑤ 封装高度 Hu=1.0E+0.33mm；⑥ 微带线导体厚度 T=0.02mm；⑦ 微带线损耗角正切 TanD=0.003；⑧ 微带线表面粗糙度 Rough=0mm。

（8）设置各段微带线参数：首先，在匹配网络的子电路设计窗口，选择【Tools】→【LineCalc】→【Start LineCalc】打开“LineCalc”窗口，如图 7-25 所示。

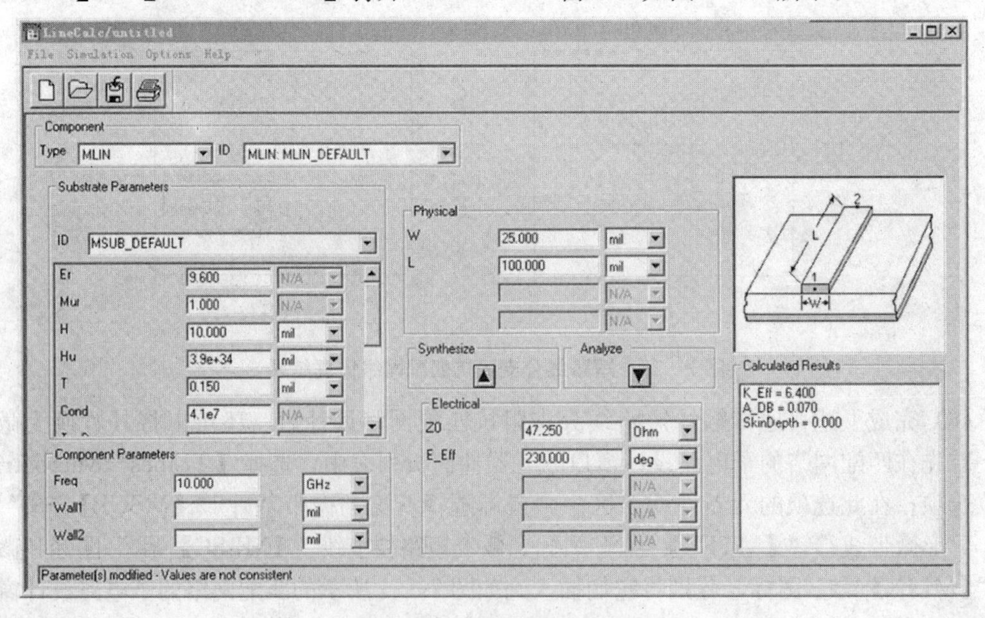

图 7-25 “LineCalc”窗口

（9）下一步操作：LineCalc 是 ADS2009 提供的一个用于计算微带线参数的工具，在此利用 LineCalc 得到各段微带线的物理宽度和长度。在图 7－25 所示的“LineCalc”窗口的“Substrate Parameters”选择区域中，按微带基片 MSub 的基本参数将其设置好介质参数；在“Component Parameters”选择区域中，设置 Freq＝1GHz。

（10）下一步操作：设置好公共参数以及频率后，即可计算微带线的宽度和长度。首先计算微带线 MLIN（在本图中该段微带线 MLIN 初始名为 TL5）：由子电路可知该段传输线的特性阻抗 Z_0＝50Ω、电长度 E _ Eff＝95. 45deg，将它们输入到“Electrical”区中并单击【Synthesize】按钮，即可在“Physical”区中得到微带线 MLIN（TL5）的物理宽度 W＝64. 291339mil 和长度 L＝1591. 492126mil，这些计算结果均显示在图 7－26 所示的窗口中。

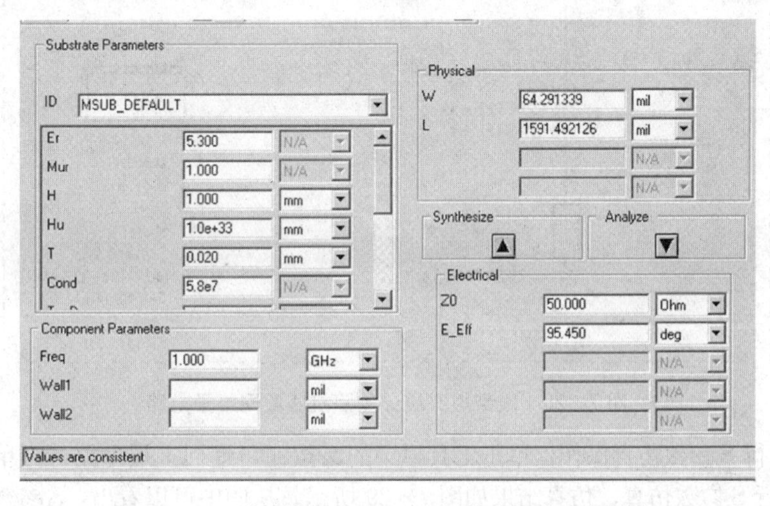

图 7－26　计算微点线 NLIN（TL5）的物理宽度和长度

（11）下一步操作：将“LineCalc”窗口最小化，即回到匹配网络的子电路设计窗口界面，双击匹配网络的子电路设计窗口中的微带线 MLIN（TL5），并在其名下设置其物理宽度和长度，如图 7－27 所示。

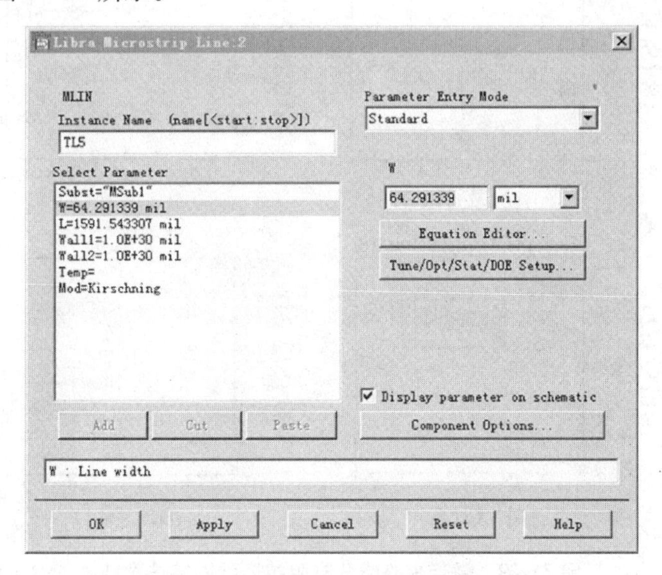

图 7－27　微带线 MLIN（TL5）参数设置

(12) 下一步操作：按照上述(10)和(11)步骤计算并设置微带短路枝节线 MLSC(在本图中该段微带线 MLIN 初始名为 TL4)的物理宽度 $W=64.291339$mil 和长度 $L=702.956693$mil。设置微带 T 形结 MTEE $W_1=W_2=W_3=64.291339$mil。单击工具栏中按钮以将各段微带线相互连接；同时删除普通传输线，将端口"P1"和"P2"分别和微带短路枝节线 MLSC(TL4)与微带线 MLIN(TL5)连接，从而获得图 7-28 所示的结果，最后单击工具栏中的按钮对所得结果进行保存。

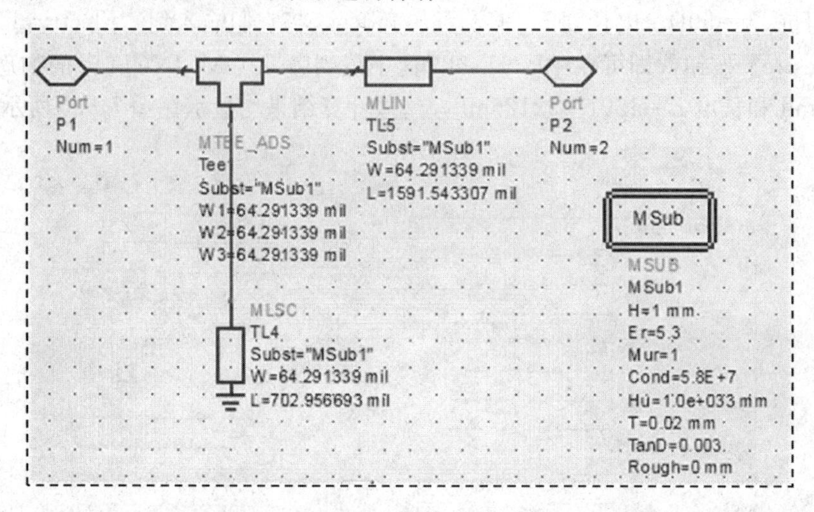

图 7-28　微带短路线分支阻抗匹配网络子电路

(13) 进行 S 参数仿真操作：单击工具栏中的按钮可返回上层电路，再单击工具栏中的按钮进行 S 参数仿真，仿真结果如图 7-29 所示。从图中可以看出：S 参数值都比较理想，说明微带短路枝节线阻抗匹配良好。最后，单击工具栏中的按钮保存所得数据。

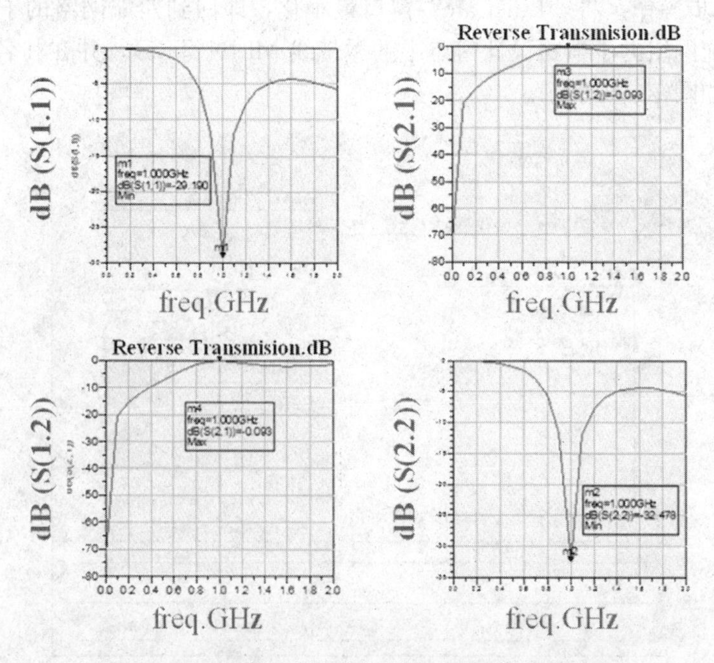

图 7-29　微带短路线分支阻抗匹配网络仿真结果

2. 利用设计向导实现短路线分支阻抗匹配网络

（1）新建工程和新建原理图：在原理图设计窗口中的元器件面板列表中选择【Passive Circuit DG - Microstrip Circuits】下拉选项，在此元器件列表区中选择微带基片“【MSUB】”图标将其插入到原理图编辑区中；之后双击元器件 MSUB，对微带线基本参数进行如图 7-30 所示的设置，主要设置有：① 微带线基板厚度 H=1mm；② 微带线基板的相对介电常数 E_r=5.3；③ 微带线相对磁导率 Mur=1；④ 微带线导体电导率 Cond=5.8E+7；⑤ 封装高度 Hu=1.0e+033mm；⑥ 微带线导体厚度 T=0.02mm；⑦ 微带线损耗角正切 TanD=0.003；⑧ 微带线表面粗糙度 Rough=0mm。

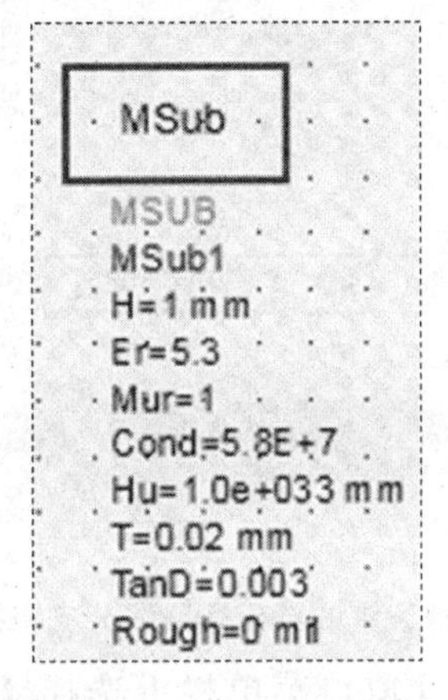

图 7-30　MSub 参数设置

（2）设置单枝节匹配元器件：在元器件列表区中单击单支节匹配元器件“【SSMtch】”按钮，将其插入到原理图编辑区中；之后双击元器件 SSMtch 对其进行如图 7-31 所示的参数设置，主要设置有：① 该单支节匹配元器件 SSMtch 采用微带基片 MSub 控件 Subst=“MSub1”；② 系统中心频率 F=1GHz，单支节匹配网络输入阻抗 Zin=50Ω；③负载阻抗 Zload=40.9835+j＊49.1805(Ω)；④ 支节特性阻抗 Zstub=50Ω，传输线特性阻抗 Zline=50Ω。

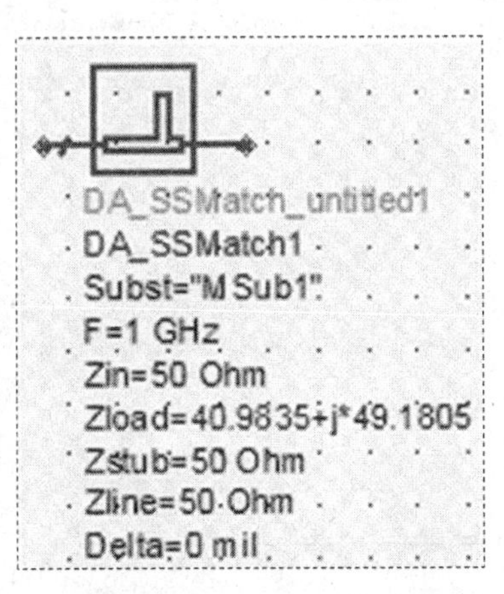

图 7-31　SSMatch 参数设置

(3) 设置 S - parameters 控件参数：在原理图设计窗口中，选择菜单栏中的【Insert】→【Template】打开“Insert Template”对话框，在对话框中选择【S - params】按钮在原理图编辑区中插入 S - parameters 控件，设置 Term1 阻抗 $Z=50\Omega$ 和 Term2 阻抗 $Z=40.9835+j*49.1805(\Omega)$，设置频率扫描范围为 0～2GHz 和频率扫描的步长为 0.001GHz。设置好上述参数后单击工具栏中╲按钮将 Term1 和 Term2 分别和 SSMtch 连接，可得图 7 - 32 所示的分支阻抗匹配电路原理图。

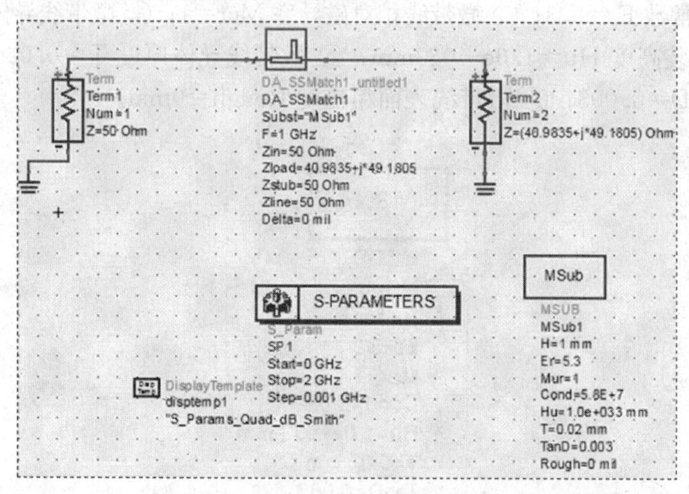

图 7 - 32　完成参数设置的微带短路线分支阻抗匹配电路原理图

(4) 实现匹配：在原理图设计窗口菜单栏上选择【Design Guide】→【Passive Circuit】，弹出如图 7 - 33 所示的“Passive Circuit”对话框；在该对话框中选择【Passive Circuit Control Window…】选项进行双击，以打开如图 7 - 34 所示的“Passive Circuit Design Guide”窗口；选择“Passive Circuit Design Guide”窗口中的【Design Assistant】→【Design】，当 Design Progress 显示为 100%时，表明自动完成了匹配过程。关闭“Passive Circuit Design Guide”窗口，返回到原理图设计窗口。

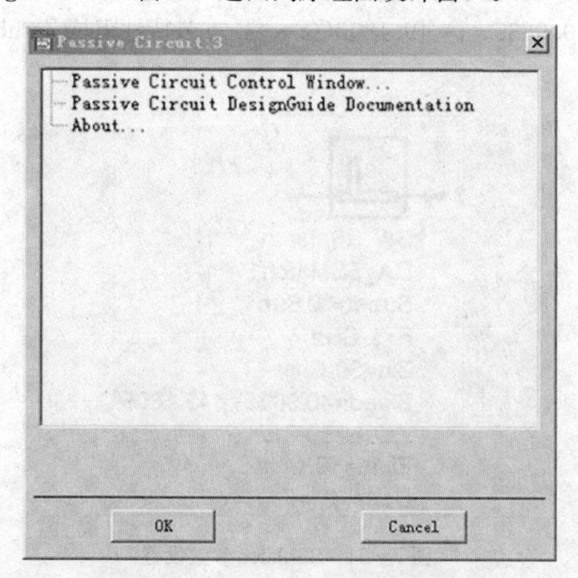

图 7 - 33　“Passive Circuit”对话框

Passive Circuit DesignGuide

File Tools View

Current Schematic: [shuangma_prj]: 3

SmartComponent: DA_SSMatch1

Current Design: untitled1

SmartComponent Capability: Design, Simulation, Optimization, Display

Overview | Design Assistant | Simulation Assistant | Optimization Assistant | Display Assistant

Passive Circuit DesignGuide: SmartComponent Overview

1. Place a SmartComponent from one of the "Passive Circuit" palettes (accessible from the toolbar buttons or "View" menu above).
2. Place an appropriate substrate ("MSUB" or "MLSUBSTRATE") if required for selected SmartComponent (accessible from "Passive Circuit" palettes).
3. Select the SmartComponent from the "SmartComponent" list above.
4. Design SmartComponent from the "Design Assistant" tab.
5. Set SmartComponent simulation frequencies from the "Simulation Assistant" tab. The "Automatically Display Results" option controls automatic launching of display following simulation.
6. Simulate SmartComponent from the "Simulation Assistant" tab.
7. If you did not choose to "Automatically Display Results," open display from the "Display Assistant" tab.
8. If the performance is not satisfactory, optimize SmartComponent from the "Optimization Assistant" tab.
9. Re-simulate SmartComponent from the "Simulation Assistant" tab.

图 7-34　"Passive Circuit Design Guide"窗口

(5) 匹配完成后，可查看匹配网络的子电路：在原理图设计窗口中选中元器件SSMtch，单击工具栏中的按钮，可查看如图 7-35 所示的匹配网络子电路，单击按钮对其进行保存，单击工具栏中的按钮可返回上层电路。

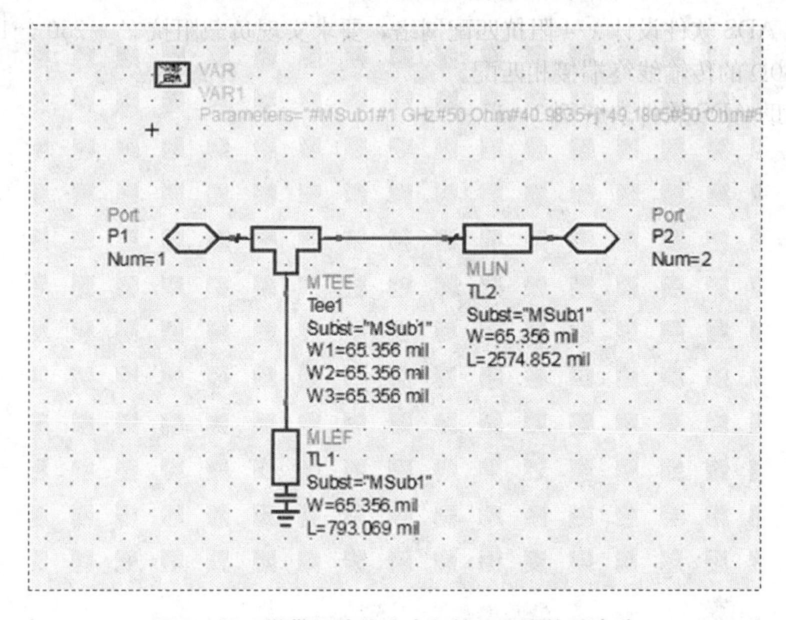

图 7-35　微带短路线分支阻抗匹配网络子电路

(6) 进行 S 参数仿真操作：单击原理图设计窗口中工具栏按钮进行 S 参数仿真，可

得到如图 7－36 所示的仿真结果；由图 7－36 可以看出：所设计的匹配电路的反射系数 S_{11} 随频率变化曲线(即 S_{11} 的频响特性)在中心频率处的值为 dB(S_{11})＝－33.113dB，表明匹配电路输入端匹配良好。最后，单击工具栏中的按钮保存所得数据。

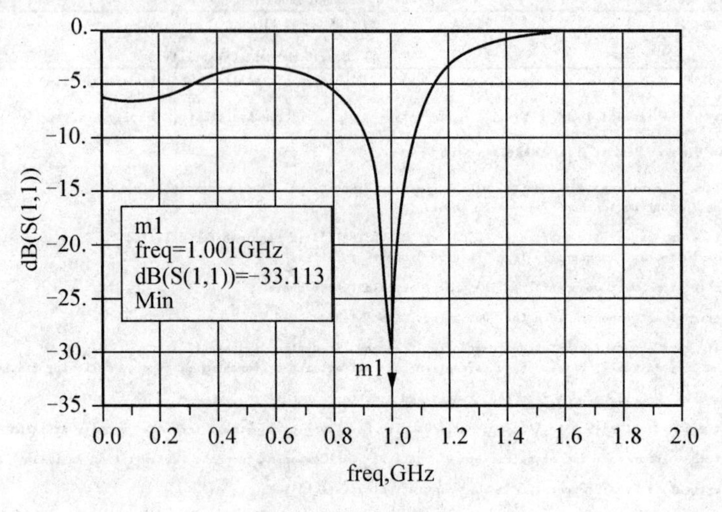

图 7－36　仿真结果

练　习　题

1. 试用 ADS 软件设计短路线分支阻抗匹配网络，要求实现负载阻抗 $Z_l=25\Omega+j75(\Omega)$ 和特性阻抗 $Z_0=50\Omega$ 的传输线终端接相匹配。

2. 试用 ADS 软件设计 λ/4 阻抗匹配网络，要求实现负载阻抗 $Z_l=250+j100\Omega$ 和特性阻抗 $Z_0=150\Omega$ 的传输线终端接相匹配。

3. 试借助 ADS 软件求解例 3－15。

附录A

Smith 圆图和绘制史密斯圆图的程序简介

一、Smith 圆图及其上的特性点

在使用 Smith 圆图(如附图 A－1 所示)时，应该注意表 1－4 中的一些特殊点的含义。

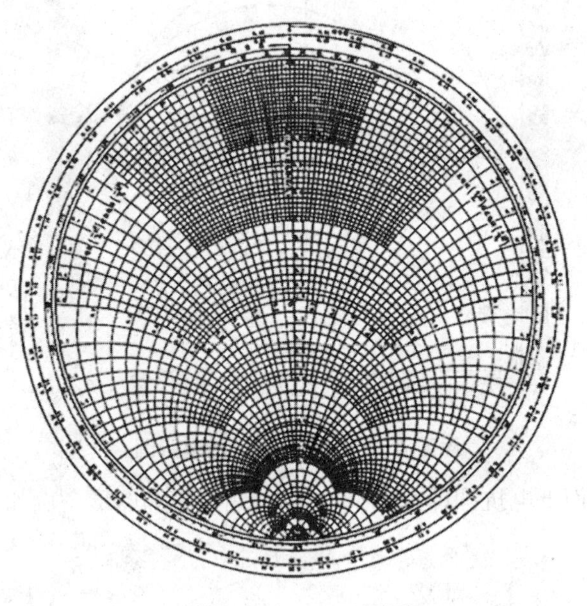

附图 A－1　Smith 圆图

二、绘制史密斯圆图的应用程序简介

利用 MATLAB 7.0 的数据处理和图形显示功能，得到有关绘制史密斯圆图的应用程序。在 MATLAB 语言中使用 plot()函数来绘制电阻圆和电抗画圆。下面给出相关程序的部分运行结果供参考。

(1) Γ复平面上电阻圆(附图 A－2)的绘制程序和图形举例如下。

```
clear
title('史密斯圆图')
hold on;
axis([-1.1,1.1,-1.1,1.1])
axis square
sita=0:pi/50:2*pi;
```

```
R=0;
r=1/(R+1);
    plot((r*cos(sita)+R/(R+1)),r*sin(sita))
R=0.25;
while R<=2
    r=1/(R+1);
    plot((r*cos(sita)+R/(R+1)),r* sin(sita))
R=R*2;
end
plot([0,0],[-1.1,1.1],'r')
plot([-1.1,1.1],[0,0],'r')
```

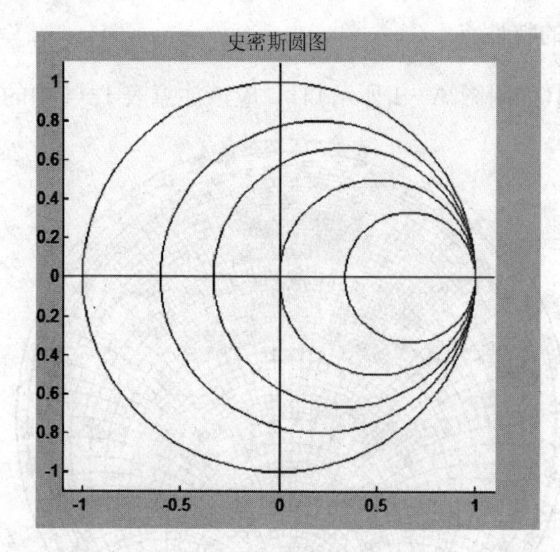

附图 A-2 Γ复平面上的电阻圆

(2) Γ复平面上电抗圆(附图 A-3)的绘制程序和图形举例如下。

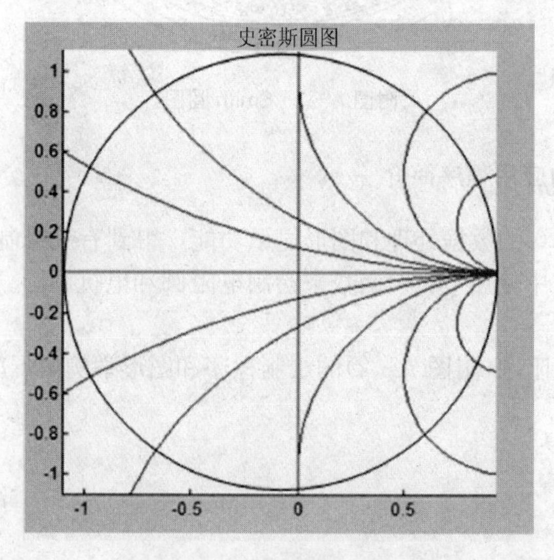

附图 A-3 Γ复平面上的电抗圆

```
clear
title('史密斯圆图')
hold on;
axis([-1.1,1.1,-1.1,1.1])
axis square
sita=0:pi/50:2*pi;
X=0.25;
while X<=4
    r=1/X;
    plot((r*cos(sita)+1),(r*sin(sita)+1/X))
X=X*2;
end
X=-0.25;
while X>=-4
    r=1/X;
    plot((r*cos(sita)+1),(r*sin(sita)+1/X))
X=X*2;
end
plot([0,0],[-1.1,1.1],'r')
plot([-1.1,1.1],[0,0],'r')
```

(3) 最后在Γ复平面上将附图 A-2 和附图 A-3 合成为 Smith 圆图并加读数标注的完整程序如下，程序运行结构举例图如附图 A-4 所示。

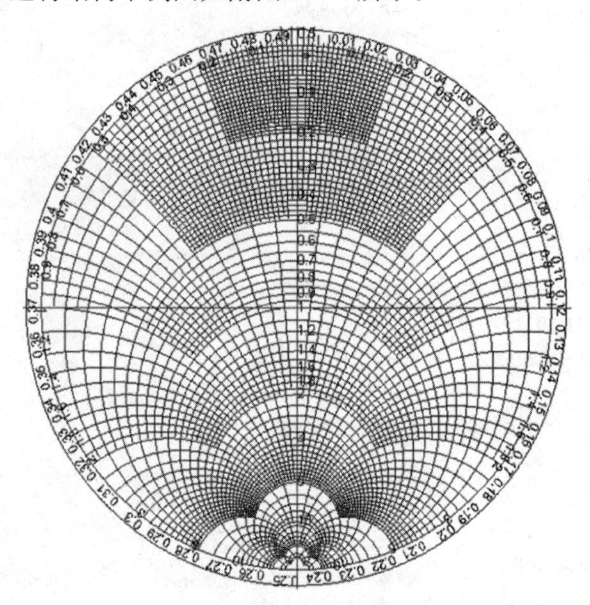

附图 A-4 Smith 圆图

```
clear all
title('史密斯圆图')
hold on;
axis([-1.1,1.1,-1.1,1.1])
axis square
```

```
sita=0:pi/1000:2*pi;
R=0;
x=(1/(R+1)*cos(sita)+R/(R+1));
y=1/(R+1)*sin(sita);
plot(x,y)
R=0.01;
L=0.01;
while R<=50
    if (R<0.2)
        L=0.01;
       if (mod(R,0.1)==0)
           max_b=(-1+2^2+R^2)/(2^2+R^2+2*R+1);
       elseif(mod(R,.02)==0)
           max_b=(-1+0.5^2+R^2)/(0.5^2+R^2+2*R+1);
       else
           max_b=(-1+0.2^2+R^2)/(0.2^2+R^2+2*R+1);
       end
    elseif (R<0.5)
        L=0.02;
       if(mod(R,0.2)==0)
         max_b=(-1+5^2+R^2)/(5^2+R^2+2*R+1);
      elseif(mod(R,.1)==0)
         max_b=(-1+2^2+R^2)/(2^2+R^2+2*R+1);
      elseif(R<0.5)
         max_b=(-1+0.5^2+R^2)/(0.5^2+R^2+2*R+1);

      end
     elseif (R<1)
        L=0.05;
       if(mod(R,0.2)==0)
         max_b=(-1+5^2+R^2)/(5^2+R^2+2*R+1);
      elseif(mod(R,0.1)==0)
         max_b=(-1+2^2+R^2)/(2^2+R^2+2*R+1);
      else
         max_b=(-1+1^2+R^2)/(1^2+R^2+2*R+1);
      end
    elseif (R<2)
        L=0.1;
     if(mod(R,0.2)==0)
         max_b =(-1+5^2+R^2)/(5^2+R^2+2*R+1);
      elseif(mod(R,.1)==0)
         max_b =(-1+2^2+R^2)/(2^2+R^2+2*R+1);
      else
         max_b=(-1+1^2+R^2)/(1^2+R^2+2*R+1);
      end
  elseif(R<5)
```

```
    L=0.2;
   if(mod(R,2)==0)
      max_b=(-1+20^2+R^2)/(20^2+R^2+2*R+1);
   elseif(mod(R,1)==0)
      max_b=(-1+10^2+R^2)/(10^2+R^2+2*R+1);
   else
  max_b=(-1+5^2+R^2)/(5^2+R^2+2*R+1);
   end
elseif(R<10)
    L=1;
   if(mod(R,2)==0)
      max_b =(-1+20^2+R^2)/(20^2+R^2+2*R+1);
   else
      max_b =(-1+10^2+R^2)/(10^2+R^2+2*R+1);
   end
else
   if(R==10|R==20)
      max_ b=(-1+50^2+R^2) / (50^2+R^2+2*R+1);
   elseif (R==50)
      max_ b=1;
   elseif (R<20)
      L=2;
      max_ b=(-1+20^2+R^2) / (20^2+R^2+2*R+1);
   else
      L=10;
      max_ b=(-1+50^2+R^2) / (50^2+R^2+2*R+1);
   end
  end

  x=(1/ (R+1) *cos (sita) +R/ (R+1));
  y=1/ (R+1) *sin (sita);
  r=1/ (1+R);
  num=ceil ( (acos ( (max_ b-1+r) /r)) / (pi/1000));
  plot (x (num: 2000-num), y (num: 2000-num));

if (R==.05 |R==.15   )
    min_ b=(-1+.5^2+R^2) / (.5^2+R^2+2*R+1);
    max_ b1=(-1+1^2+R^2) / (1^2+R^2+2*R+1);
    num1=ceil ( (acos ( (min_ b-1+r) /r)) / (pi/1000));
    num2=ceil ( (acos ( (max_ b1-1+r) /r)) / (pi/1000));
    plot (x (num2: num1), y (num2: num1));
    plot (x (2000-num1: 2000-num2), y (2000-num1: 2000-num2));
end
% 标注电阻 R
xx=(R-1) / (R+1);
if (R<=1.0)
```

```
      if (mod (R, 0.1) ==0)
      text (xx, 0, num2str (R), 'Rotation', 90) ;
      end
   elseif (R<=2.0)
      if (mod (R, 0.2) ==0)
      text (xx, 0, num2str (R), 'Rotation', 90) ;
      end
   elseif (R==3.0)
       text (xx, 0, num2str (R), 'Rotation', 90) ;
   elseif (R==5.0)
      text (xx, 0, num2str (R), 'Rotation', 90) ;
   elseif (R==10)
      text (xx, 0, num2str (R), 'Rotation', 90) ;
   end
    R=R+L ;
    R=roundn (R, -2);
end
text (-0.97, 0.03, '0', 'FontSize', 8);

hold on
X=0.01;
while X<=50
    if (X<0.2)
      L=0.01;
     if (mod (X, 0.1) ==0)
       max_ b =(-1+X^2+2^2) / (X^2+2^2+2*2+1);
     elseif (mod (X, 0.02) ==0)
       max_ b =(-1+X^2+0.5^2) / (X^2+0.5^2+2*0.5+1);
     else
       max_ b=(-1+X^2+0.2^2) / (X^2+0.2^2+2*0.2+1)
     end
    elseif (X<0.5)
      L=0.02;
      if (mod (X, 0.2) ==0)
       max_ b=(-1+5^2+X^2) / (5^2+X^2+2*5+1);
     elseif (mod (X, .1) ==0)
       max_ b=(-1+2^2+X^2) / (2^2+X^2+2*2+1);
     else
       max_ b=(-1+0.5^2+X^2) / (0.5^2+X^2+2*0.5+1);
     end
    elseif (X<1)
      L=0.05;
      if (mod (X, 0.2) ==0)
       max_ b=(-1+5^2+X^2) / (5^2+X^2+2*5+1);
     elseif (mod (X, 0.1) ==0)
       max_ b=(-1+2^2+X^2) / (2^2+X^2+2*2+1);
```

```
    else
      max_ b=(-1+1^2+X^2) / (1^2+X^2+2*1+1);
    end
  elseif (X<2)
      L=0.1;
    if (X==1)
      max_ b =(-1+10^2+X^2) / (10^2+X^2+2*10+1);
    elseif (mod (X, 0.2) ==0)
      max_ b =(-1+5^2+X^2) / (5^2+X^2+2*5+1);
    elseif (mod (X, 0.1) ==0)
      max_ b =(-1+2^2+X^2) / (2^2+X^2+2*2+1);
    else
      max_ b=(-1+1^2+X^2) / (1^2+X^2+2*1+1);
    end
elseif (X<5)
     L=0.2;
    if (mod (X, 2) ==0)
      max_ b=(-1+20^2+X^2) / (20^2+X^2+2*20+1);
    elseif (mod (X, 1) ==0)
      max_ b=(-1+10^2+X^2) / (10^2+X^2+2*10+1);
    else
      max_ b=(-1+5^2+X^2) / (5^2+X^2+2*5+1);

    end
elseif (X<10)
     L=1;
    if (mod (X, 2) ==0)
      max_ b =(-1+20^2+X^2) / (20^2+X^2+2*20+1);
    else
      max_ b =(-1+10^2+X^2) / (10^2+X^2+2*10+1);
    end
else
    if (X==10|X==20)
      max_ b=(-1+50^2+X^2) / (50^2+X^2+2*50+1);
    elseif (X==50)
      max_ b=1;
    elseif (X<20)
        L=2;
      max_ b=(-1+20^2+X^2) / (20^2+X^2+2*20+1);
    else
        L=10;
      max_ b=(-1+50^2+X^2) / (50^2+X^2+2*50+1);
    end
end
  x=1/X*cos (sita) +1;
  y=1/X*sin (sita) +1/X;
```

```
    r=1/X;
    num=ceil ( (acos ( (1-max_ b) /r) +pi) / (pi/1000));
    min_ b=(X^2-1) / (X^2+1);
    if (X<1)
        numm=ceil ( (acos ( (1-min_ b) /r) +pi) / (pi/1000));
    end
    if (X>1)
        numm=ceil (acos (- (1-min_ b) /r) / (pi/1000));
    end
    plot (x (numm: num), y (numm: num))
    plot (x (numm: num), -y (numm: num))

    % 标注电抗 X
    xx=(X^2-1) / (X^2+1);
    yy=2*X/ (X^2+1);
    beta=acot (xx/yy);
    if (X<=1)
       if (mod (X, 0.1) = =0)
       text (xx, yy, num2str (X), 'Rotation', 180*beta/pi+90)
       text (xx, -yy, num2str (X), 'Rotation', -180*beta/pi+90)
       end
   elseif (X<=2)
       if (mod (X, 0.2) = =0)
       text (xx, yy, num2str (X), 'Rotation', 180*beta/pi-90)
       text (xx, -yy, num2str (X), 'Rotation', -180*beta/pi-90)
       end
    end
   if (X= =3)
        text (xx, yy, num2str (X), 'Rotation', 180*beta/pi-90)
        text (xx, -yy, num2str (X), 'Rotation', -180*beta/pi-90)
   end
   if (X= =5.0)
       text (xx, yy, num2str (X), 'Rotation', 180*beta/pi-90)
       text (xx, -yy, num2str (X), 'Rotation', -180*beta/pi-90)
   end
   if (X= =10)
       text (xx, yy, num2str (X), 'Rotation', 180*beta/pi-90)
       text (xx, -yy, num2str (X), 'Rotation', -180*beta/pi-90)
    end

    X=X+L ;
    X=roundn (X, -2);
end

plot ( [0, 0], [-1.1, 1.1], 'r')
plot ( [-1.1, 1.1], [0, 0], 'r')
```

```
% 标注电长度
for beta=0: pi/25: 49*pi/25
    text (1.04*cos (pi+beta), 1.04*sin (pi+beta), num2str (0.5-beta*0.25/pi),
'Rotation', 180*beta/pi+90)
end
plot (1.06*cos (sita), 1.06*sin (sita), 'k')
hold off
```

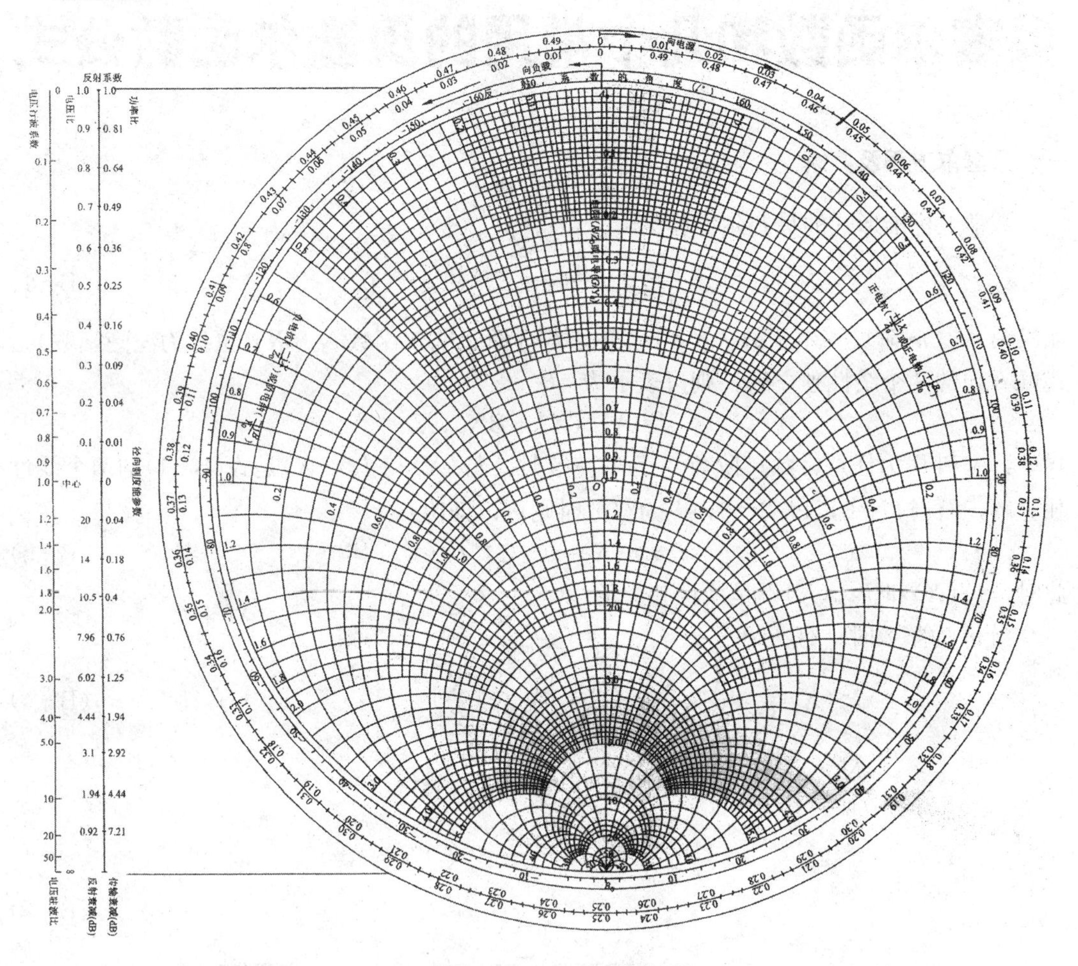

附图 A-5 Smith 圆图

附录B

贝塞尔函数和几个常用的贝塞尔函数公式

一、贝塞尔方程及其解

数学上标准形式的贝塞尔方程为

$$x^2 \frac{d^2 y}{dx^2}+x \frac{dy}{dx}+(x^2-m^2) y=0 \tag{B-1}$$

如果第一类 m 阶贝塞尔函数 $J_m(X)$和第二类 m 阶贝塞尔函数 $N_m(X)$(也称为涅曼函数)是式(B－1)的两个线性独立解，则可表示为

$$y=AJ_m(X)+BN_m(X) \tag{B-2}$$

式中：A 和 B 为任意常数；阶数 m 为非整数时，$J_m(X)$和 $J_{-m}(X)$是式(B－1)的两个线性独立解，而当 $m=0$，1，2，3，…为整数时则可以证明：

$$J-m(X)=(-1)^m J_m(X) \tag{B-3}$$

此时，$J_m(X)$和 $J_{-m}(X)$不是线性独立的。

当 m 为整数时，有

$$J_m(X)=\left(\frac{X}{2}\right)^m \sum_{n=0}^{\infty} \frac{(-1)^n}{n!(n+m)!}\left(\frac{X}{2}\right)^{2n} \tag{B-4}$$

$$\begin{aligned} N_m(X) = & \frac{2}{\pi}\left(\eta+\ln \frac{X}{2}\right)J_m(X) \\ & -\frac{1}{\pi}\sum_{n=0}^{m-1}\frac{(m-n-1)!}{n!}\left(\frac{2}{X}\right)^{m-2n} \\ & -\frac{1}{\pi}\sum_{n=0}^{m-1}\frac{(-1)^n\left(\frac{X}{2}\right)^{m+2n}}{n!(n+m)!}\left(1+\frac{1}{2}+\frac{1}{3}+\cdots+\right. \\ & \left.\frac{1}{n}+1+\frac{1}{2}+\frac{1}{3}+\cdots+\frac{1}{m+n}\right) \end{aligned} \tag{B-5}$$

式中：$\eta=0.5772$。

由式(B－4)和式(B－5)可见：$J_m(X)$和 $N_m(X)$分别是两个级数解，在附图 B－1 中绘制了它们的部分曲线(m=1，2，3)图形(看起来像一种衰减波振荡，它们像正弦函数描述等幅振荡那样，可以用来描述许多物理学中的许多衰减振荡现象)。在物理学现象中，如果能够建立起式(B－1)所表达的贝塞尔方程，也就具有了 $J_m(X)$和 $N_m(X)$形式的解答(例如，金属圆柱形波导、介质波导和光纤中的电磁波传播问题的解答)。

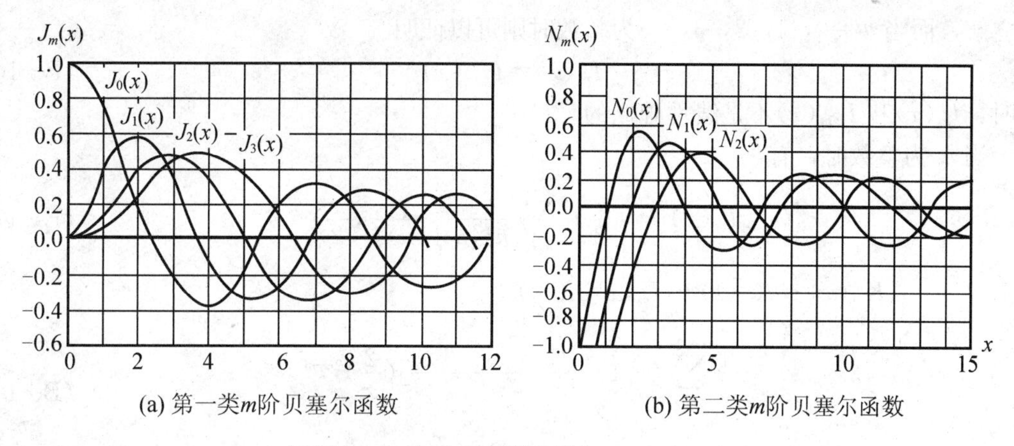

(a) 第一类m阶贝塞尔函数　　(b) 第二类m阶贝塞尔函数

附图B-1　贝塞尔函数曲线(m=1，2，3)

二、贝塞尔函数的常用公式

1. 贝塞尔函数近似表达式

当x为实数且无限增大时，贝塞尔函数有以下近似表达式：

$$J_m(x)\approx\sqrt{\frac{2}{\pi}}\cos\left(x-\frac{2m+1}{4}\pi\right) \tag{B-6}$$

$$N_m(x)\approx\sqrt{\frac{2}{\pi}}\sin\left(x-\frac{2m+1}{4}\pi\right) \tag{B-7}$$

2. 贝塞尔函数递推公式

$$xJ'_m(x)=mJ_m(x)-xJ_{m+1}(x) \tag{B-8}$$

$$xJ'_m(x)=-mJ_m(x)+xJ_{m-1}(x) \tag{B-9}$$

$$2\frac{m}{x}J_m(x)=J_{m+1}(x)+J_{m-1}(x) \tag{B-10}$$

$$2J'_m(x)=J_{m-1}(x)-J_{m+1}(x) \tag{B-11}$$

$$J'_0(x)=-J_1(x) \tag{B-12}$$

3. 常用积分公式(Lommel 积分)

$$\int_0^x xJ_m^2(kx)\mathrm{d}x=\frac{x^2}{2}\left[J'^2_m(kx)+\left(1-\frac{m^2}{k^2x^2}\right)J_m^2(kx)\right] \tag{B-13}$$

三、变态贝塞尔方程及其解

$$x^2\frac{\mathrm{d}^2y}{\mathrm{d}x^2}+x\frac{\mathrm{d}y}{\mathrm{d}x}-(x^2+m^2)y=0 \tag{B-14}$$

如果第一类m阶变态贝塞尔函数$I_m(x)$和第二类m阶变态贝塞尔函数$K_m(x)$是式(B-1)的两个线性独立解，则可表示为

$$y=CI_m(x)+DK_m(x) \tag{B-15}$$

式中：C和D为任意常数；阶数m为非整数时，$I_m(x)$和$I_{-m}(x)$是式(B-14)的两个线性

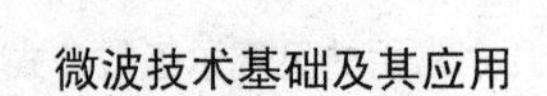
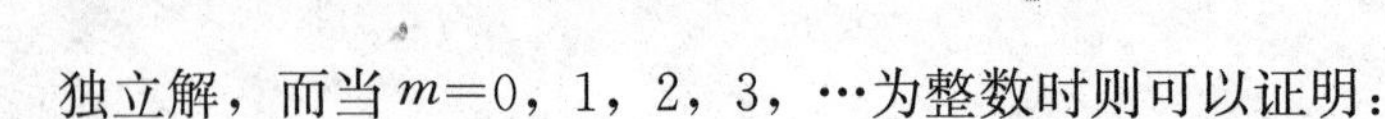

独立解，而当$m=0$，1，2，3，…为整数时则可以证明：

$$I_m(x)=I_{-m}(x) \tag{B-16}$$

此时，$I_m(x)$和$I_{-m}(x)$不是线性独立的。

当m为整数时，有

$$I_m(x)=\left(\frac{x}{2}\right)^m\sum_{n=0}^{\infty}\frac{1}{n!(n+m)!}\left(\frac{x}{2}\right)^{2n} \tag{B-17}$$

$$\begin{aligned}K_m(x)=&(-1)^{m+1}I_m(x)\ln\left(\frac{x}{2}\right)\\&+\frac{1}{2}\sum_{n=0}^{m-1}(-1)^n\left[\frac{(m-n-1)!}{n!}\right]\left(\frac{2}{x}\right)^{2n-m}\\&+(-1)^{m+1}\frac{1}{2}\sum_{n=0}^{\infty}\frac{(-1)^n\left(\frac{x}{2}\right)^{2n+m}}{n!(n+m)!}[\psi(n)+\psi(m+n)]\end{aligned} \tag{B-18}$$

式中：

$$\psi(0)=-N；\psi(n)=-\eta+1+\frac{1}{2}+\frac{1}{8}+\cdots+\frac{1}{n}；\eta=0.5772。$$

由式(B-17)和式(B-18)可见：$I_m(x)$和$K_m(x)$分别是两个级数解，在附图B-2中绘制了$K_m(x)$的部分曲线($m=0$，2)图形(看起来像一种衰减曲线，可以用来描述许多物理学中的许多衰减现象)。在物理学现象中，如果能够建立起式(B-1)所表达的贝塞尔方程、也就具有了$I_m(x)$和$K_m(x)$形式的解答(例如，用$K_m(x)$描述介质波导外和光纤纤芯中的衰减波的解答)。

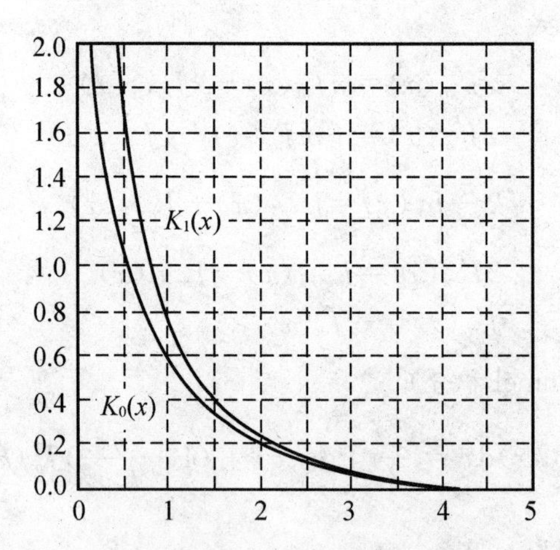

附图B-2 第二类变态贝塞尔函函数曲线($m=1$，0)

四、变态贝塞尔函数的常用公式

1. 变态贝塞尔函数近似表达式

当x为实数且无限增大时，变态贝塞尔函数有以下近似表达式：

$$I_m(x) \approx \frac{1}{\sqrt{2\pi x}} e^x \tag{B-19}$$

$$K_m(x) \approx \sqrt{\frac{\pi}{2x}} e^{-x} \tag{B-20}$$

2. 变态贝塞尔函数递推公式

$$xK'_m(x) = -mK_m(x) - xK_{m-1}(x) \tag{B-21}$$

$$xK'_m(x) = mK_m(x) - xK_{m+1}(x) \tag{B-22}$$

$$2mK_m(x) = xK_{m+1}(x) - xK_{m-1}(x) \tag{B-23}$$

$$K_1(x) = K_{-1}(x) \tag{B-24}$$

3. 常用积分公式

$$\int_0^x xK_m^2(kx)\mathrm{d}x = \frac{x^2}{2}\left[K'^2_m(kx) - \left(1 + \frac{m^2}{k^2x^2}\right)K_m^2(kx)\right] \tag{B-25}$$

当 $x \to 0$ 时，$K_m(x)$有以下渐近表达式：

$$K_0(x) \approx \ln\frac{2}{x} \qquad m=0 \tag{B-26}$$

$$K_0(x) \approx \frac{1}{2}(m-1)!\left(\frac{2}{x}\right)^m \qquad m \neq 0 \tag{B-27}$$

五、第三类贝塞尔函数

第三类贝塞尔函数又称汉克尔函数，其定义如下：

$$H_m^{(1)}(x) = \mathrm{J}_m(x) + \mathrm{j}N(x) \tag{B-28}$$

$$H_m^{(2)}(x) = \mathrm{J}_m(x) - \mathrm{j}N(x) \tag{B-29}$$

当 x 为实数且无限增大时，有以下近似表达式：

$$H_m^{(1)}(x) \approx \sqrt{\frac{2}{\pi x}} e^{\mathrm{j}\varphi} \tag{B-30}$$

$$H_m^{(2)}(x) \approx \sqrt{\frac{2}{\pi x}} e^{-\mathrm{j}\varphi} \tag{B-31}$$

式中：$\varphi = x - (m+0.5)\pi/2$。

第二类变态贝塞尔函数和第三类贝塞尔函数(汉克尔函数)有如下关系：

$$K_m(x) = \frac{\pi}{2}\mathrm{j}^{(1+m)} H_m^{(1)}(\mathrm{j}x) \quad 当 \quad -\pi < \arg x < \frac{\pi}{2} \tag{B-32}$$

$$K_m(x) = -\frac{\pi}{2}\mathrm{j}^{(1-m)} H_m^{(2)}(-\mathrm{j}x) \quad 当 \quad -\pi < \arg x < \frac{\pi}{2} \tag{B-33}$$

本附录引用汉克尔函数部分公式，仅供第 3 章分析解释圆柱形介质波导外部的电磁场使用。

附录C

标准矩形波导和射频同轴电缆的型号及参数

附表C-1中的金属矩形波导是我国部颁标准，基本同于美国KIAWR－X序列(参见相关的《微波工程手册》可查到细节说明)；金属矩形波导有标准型材可供选择，无须另行加工制造。

附表C-1　标准矩形波导型号和参数

波导型号		主模带宽/GHz	截止频率/MHz				衰减(dB/m)	美国型号对照EIAWR-
IECRI-	部标准BJ-			内尺寸 a/mm	内尺寸 b/mm	管壁厚 t/mm		
3		0.32～0.49	256.58	584.2	292.1		0.00078	23000
4		0.35～0.53	281.02	533.1	266.7		0.00090	2100
5		1.41～0.62	327.86	457.2	228.6		0.00113	1800
6		0.49～0.75	393.43	381.0	190.5		0.00149	1500
8		0.64～0.98	513.17	292.0	146.0	3	0.00222	1150
9		0.76～1.15	605.27	247.6	123.8	3	0.00284	975
12	12	0.96～1.46	766.42	195.6	97.80	3	0.00405	770
14	14	1.14～1.73	907.91	165.0	82.50	2	0.00522	650
18	18	1.45～2.20	1137.1	129.6	64.8	2	0.00749	510
22	22	1.72～2.61	1372.4	109.2	54.6	2	0.0097	430
26	26	2.17～3.30	1735.7	86.4	43.2	2	0.0138	340
32	32	2.60～3.95	2077.9	72.14	34.04	2	0.0189	284
40	40	3.22～4.90	2576.9	58.20	29.10	1.5	0.0249	229
48	48	3.94～5.99	3152.4	47.55	22.15	1.5	0.0355	187

续表

波导型号		主模带宽/GHz	截止频率/MHz				衰减(dB/m)	美国型号对照EIAWR-
IECRI-	部标准BJ-			内尺寸a/mm	内尺寸b/mm	管壁厚t/mm		
58	58	4.64～7.05	3711.2	40.40	20.20	1.5	0.0431	159
70	70	5.38～8.17	4301.2	34.85	15.80	1.5	0.0576	139
84	84	6.57～9.99	5259.7	28.50	12.6	1.5	0.0794	112
100	100	8.20～12.5	6557.1	22.86	10.16	1	0.110	90
120	120	9.84～15.0	7868.6	19.05	9.52	1	0.133	75
140	140	11.9～18.0	9487.7	15.80	7.90	1	0.176	62
180	180	14.5～22.0	11571	12.96	6.48	1	0.238	51
220	220	17.6～26.7	14051	10.67	4.32	1	0.370	42
260	260	21.7～33.0	17357	8.64	4.32	1	0.435	34
320	320	26.4～40.0	21077	7.112	3.556	1	0.583	28
400	400	32.9～50.1	26344	5.690	2.845	1	0.815	22
500	500	39.2～59.6	31392	4.775	2.388	1	1.060	19
620	620	49.8～75.8	39977	3.759	1.880	1	1.52	15
740	740	60.5～91.9	48369	3.099	1.549	1	2.03	12
900	900	73.8～112	59014	2.540	1.270	1	2.74	10
1200	1200	92.2～140	73768	2.032	1.016	1	2.83	8

附表C-2是我国国产同轴射频电缆参数表，可供使用参考。表中同轴电缆型号组成符号说明如下：第1个字母：S表示同轴射频电缆；第2个字母：Y表示同轴电缆的绝缘介质为聚乙烯；W表示绝缘介质为稳定聚乙烯；第3个字母：V表示同轴电缆保护层为聚氯乙烯；Y表示同轴电缆保护层为聚乙烯；第4位数字：表示同轴电缆的特性阻抗；第5位数字：表示同轴电缆内芯线绝缘外径：第6位数字：表示同轴电缆结构序号。

附表C-2　国产同轴射频电缆参数表

参数→ 型号↓	特性阻抗/Ω	衰减dB/m (45MHz)	电晕电压/kV	绝缘电阻/(MΩ/km)	相应旧型号
SYV—50—2—1	50	0.26	1	10000	IEC—50—2—1
SYV—50—2—2	50	0.156	1	10000	PK—19
SYV—50—5	50	0.082	3	10000	PK—29
SYV—50—11	50	0.052	5.5	10000	PK—48

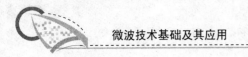

续表

参数→ 型号↓	特性阻抗/Ω	衰减 dB/m (45MHz)	电晕电压 /kV	绝缘电阻 /(MΩ/km)	相应旧型号
SYV—50—15	50	0.039	8.5	10000	PK—61
SYV—75—2	75	0.28	6.9	10000	
SYV—75—7	75	0.067	4.5	10000	PK—20
SYV—75—18	75	0.026	8.5	10000	PK—8
SYV—75—5—1	75	0.082	2	10000	PK—1
SYV—100—7	100	0.066	3	10000	PK—2
SYV—50—2	50	0.160	3.5	10000	PK—119
SYV—50—7—2	50	0.065	4	10000	PK—128
SYV—75—1	75	0.082	2	10000	PK—101
SYV—75—7	75	0.067	3	10000	PK—120
SYV—100—7	100	0.066	3	10000	PK—102

附录D

网络分析仪简单原理方框图

下图是第 4 章图 4－12 所示惠普 HP8510B 矢量网络分析仪的实物照片，附图 D－1 所示是一般(不是惠普 HP8510B 矢量网络分析仪的)矢量网络分析仪简单原理方框图。

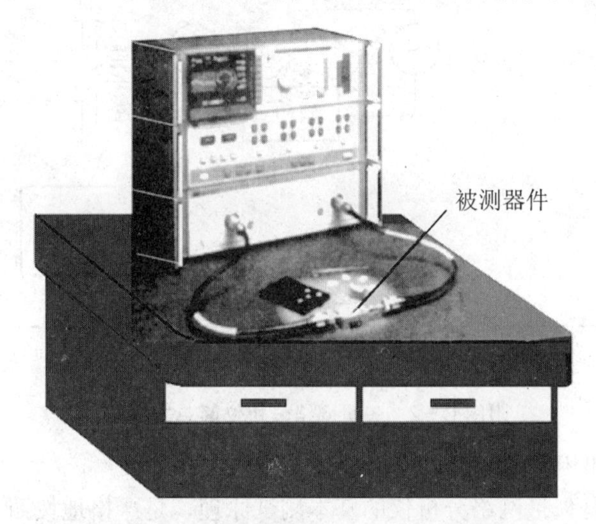

附图 D－1　矢量网络分析仪简单方框图

矢量网络分析仪实际上相当于一台四信道的微波接收机，它用来处理被测网络器件输出端口的传输波和反射波的幅度和相位。它由以下三部分组成：① 微波信号源和面向调测人员的测试设备部分，该部分的微波信号源的转换开关置于“向前”的位置，可向“被测器件”的端口①注入微皱激励信号；微波信号源的转换开关置于“向后”的位置，可向“被测器件”的端口②注入微波激励信号；② 中频处理部分，该部分的 4 个二次变频信道将来至第一部分的 4 个微波信号变频为 100kHz 的中频信号送入数字处理部分；③ 数字处理部分，该部分对上述中频信号进行“检测”、“抽样”和“A/D 变换”处理，以将其变换为数字信号；数字处理部分具有一台内置计算机，它用来计算 S 参数的幅度和相位以及计算与 S 参数相关的参量(例如，驻波比 SWR、回波损耗、群时延和阻抗等)。

第 4 章 4.3.3 中所介绍的 S 参数三点测量法是一种基本原理方法，它有可能引起较大误差；因此，实际中多采用多点测量法。上述矢量网络分析仪可以在微波信号源频带中设置指定的带宽，在该带宽内进行扫描以纠错误差。为此，在网络分析仪中配置了一套提高测试精度的误差纠错软件。另外，网络分析仪中的定向耦合器匹配不完善、方向性不理想、系统损耗和系统频响特性变化等都会引起测试误差。对于后者，网络分析仪系统中预

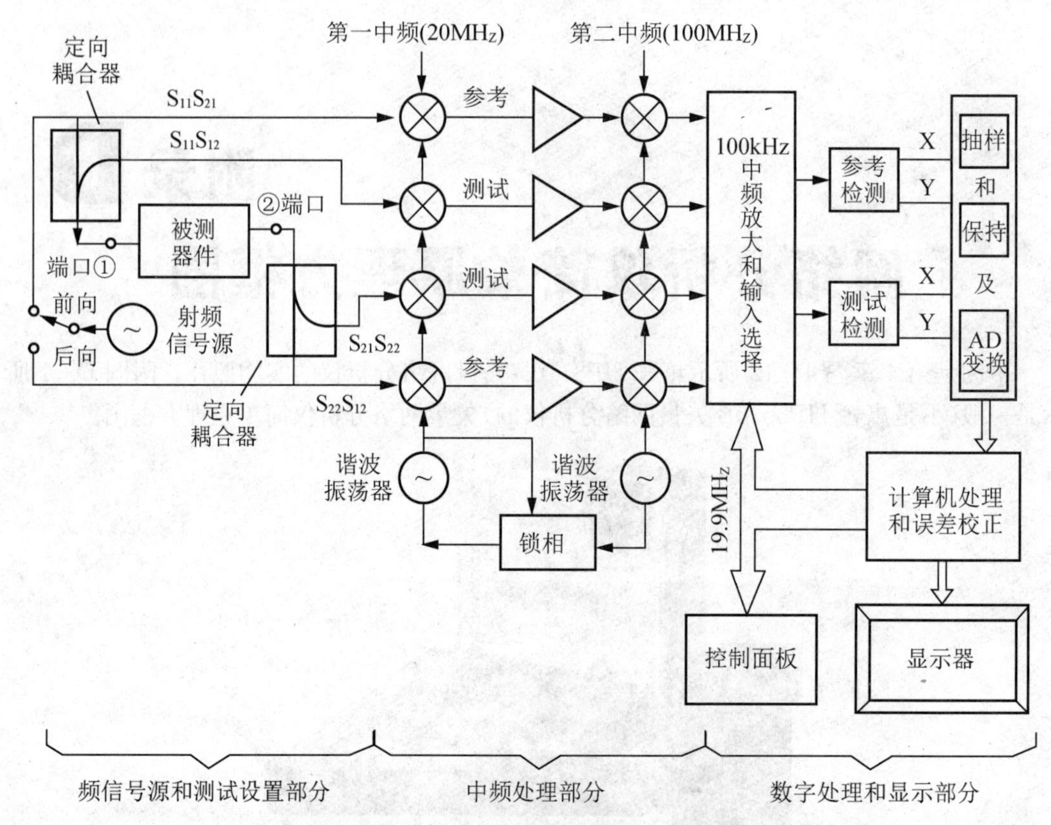

附图 D-2　矢量网络分析仪简单方框图

设了 12 项误差模型和相应的计算机应用程序进行纠错。

附图 D-1 所示是矢量网络分析仪的基本测试原理，是严格地按照 S 参数定义设计的。例如，测试参数 S_{22} 和 S_{21} 的测试信号是来自“被测器件端口②”的反射信号和端口①至端口②的传输信号；测试参数 S_{11} 和 S_{12} 的测试信号是来自“被测器件端口①”的反射信号和端口至②端口①的传输信号等。

附录E 计算低通原型滤波器元件值的程序

一、程序简介及实用程序

本程序的基本功能是：将VC++程序的实用计算和VC++与MATLAB的混合编程，程序的关键参数均设置成由用户自行输入。对于VC和MATLAB的混合编程有3种方式：① 利用MATLAB自身的编译器调用工具箱中的函数；② 利用Matcom实现VC++和MATLAB的结合；③ 利用MATLAB引擎。利用MATLAB引擎的方法不仅简单高效，而且兼容性十分强，但它必须有MATLAB软件的支持，而不像Matcom程序那样可以编译独立的可执行程序。下面给出具有上述功能计算低通原型滤波器的基本程序。

```
# include <stdlib.h>
# include <stdio.h>
# include <string.h>
# include "engine.h"
# include<iostream.h>
# include<math.h>
# include<iomanip.h>
# define PI 3.14159265
int main()
{
    int       RIPPLE,N;
    double     time[1];
    float     a[40] , b[40] , g[40];
    float     B , r , CLAR;
    float R0,f1,C[20],L[20];
    g[0]=1;a[0]=0;b[0]=0;
    cout<<"请输入滤波器级数"<<'\n';
    cin>>N;
    cout<<"请输入选择的滤波器原型类型(0表示最平坦特性、不等于0表示切比雪夫坦特性)"<<'
\n';
    cin>>RIPPLE;
    cout<<"请输入低通滤波器的衰减特性(波纹值)"<<'\n';
    cin>>CLAR;
    cout<<"请输入已知的电阻值R0"<<'\n';
    cin>>R0;
    time[0]=N;
```

```
cout<<"输出各原件值"<<'\n';
cout<<setprecision(5);
for(int n=2;n<=N;n++)
{
    cout<<"n="<<n<<'\n';
    B=log(1/(tanh(CLAR/17.37)));
    r=fabs(sinh(B/2/n));
    if(RIPPLE= =0)
     {
        for(int i=1;i<=n;i++)
        {
            g[i]=2*sin((2*i-1)*PI/2/n);
            cout<<g[i]<<'\t';
        }
    }
    else
    {
        for(int k=1;k<=n;k++)
        {
            a[k]=sin((2*k-1)*PI/2/n);
            b[k]=r*r+sin(k*PI/n)*sin(k*PI/n);
            g[1]=2*a[1]/r;
        }
        cout<<g[1]<<'\t';
        for(k=2;k<=n;k++)
        {
            g[k]=4*a[k]*a[k-1]/b[k-1]/g[k-1];
            cout<<g[k]<<'\t';
        }
        if(n% 2)
            g[n+1]=1.0000;
        else
            g[n+1]=(1/tanh(B/4))*(1/tanh(B/4));
        cout<<g[n+1]<<'\n';
    }
    cout<<'\n';
}
    cout<<"各元件的实际数值:"<<endl;          cout<<"R0="<<R0<<'\t';
for(int j=1;j<=N;j++)
{
    if(j% 2= =0)
    {
        L[j]=R0/(2*PI)*g[j];
        cout<<"L["<<j<<"]="<<L[j]<<'\t';
    }
    else
    {
```

```
            C[j]=1000/R0/(2*PI)*g[j];
            cout<<"C["<<j<<"]="<<C[j]<<'\t';
        }
    }
    cout<<endl;
    Engine *ep;
    mxArray *T =NULL, *result =NULL, *Y =NULL;
    if (! (ep =engOpen("\0")))
    {
        fprintf(stderr, "\nCan't start MATLAB engine\n");
        return EXIT_FAILURE;
    }
    T =mxCreateDoubleMatrix(1, 1, mxREAL);
    memcpy((void *)mxGetPr(T), (void *)time, sizeof(time));
    engPutVariable(ep, "T", T);
    if(0= =RIPPLE)
    {
        engEvalString(ep, "w=0:0.01:2;");
        engEvalString(ep, "la=10*log10(1+(10^0.3-1)*w.^(2*T));");
        engEvalString(ep, "posplot=['2,2',num2str(i)];");
        engEvalString(ep, "subplot(posplot);");
        engEvalString(ep, "plot(w,la);");
        engEvalString(ep, "axis([0,2,0,5])");
        engEvalString(ep, "xlabel('w/w1');");
        engEvalString(ep, "ylabel('La');");
        engEvalString(ep, "grid on;");
        engEvalString(ep, "end");
    }
    else
    {
        engEvalString(ep, "if(w<1);");
        engEvalString(ep, "w=0:0.01:2;");
        engEvalString(ep, "la=10*log10(1+(10^0.3-1)*(cos(T*acos(w))).^2);");
        engEvalString(ep, "else;");
        engEvalString(ep, "la=10*log10(1+(10^0.3-1)*(cosh(T*acosh(w))).^2);");
        engEvalString(ep, "end;");
        engEvalString(ep, "posplot=['2,2',num2str(i)];");
        engEvalString(ep, "subplot(posplot);");
        engEvalString(ep, "plot(w,la);");
        engEvalString(ep, "axis([0,2,0,10])");
        engEvalString(ep, "xlabel('w/w1');");
        engEvalString(ep, "ylabel('La');");
        engEvalString(ep, "grid on;");
        engEvalString(ep, "end");
    }
}
```

二、程序运行部分结果举例

运行 VC6.0 并打开程序，编译通过后用户会被要求输入相应的参数；依次输入相应的参数后值执行程序将会得到归一化元件值表和各元件的实际数。附图 E-1 所示为 $N=5$ 和 $L_{Am}=0.3\text{dB}$ 等波纹低通滤波器的计算结果，其中 $R_0=50\Omega$；附图 E-2 所示为 $N=15$ 和 $L_{Am}=0.1\text{dB}$ 等波纹低通滤波器的计算结果，其中 $R_0=50\Omega$。

```
MATLAB:I18n:LocaleDatabaseNotFound - Cannot find the MATLAB locale database. The
 MATLAB process default locale is set to "en_US.US-ASCII".
请输入滤波器级数
5
请输入选择的滤波器原型类型（0表示最平坦特性、不等于0表示切比雪夫坦特性）
0
请输入低通滤波器的衰减特性（波纹值）
0.3
请输入已知的电阻值R0
50
输出各原件值
n=2
1.4142  1.4142
n=3
1       2       1
n=4
0.76537 1.8478  1.8478  0.76537
n=5
0.61803 1.618   2       1.618   0.61803
各元件的实际数值:
R0=50   C[1]=1.9673     L[2]=12.876     C[3]=6.3662     L[4]=12.876     C[5]=1.9
673
Press any key to continue
```

附图 E-1　N=5 和 $L_{Am}=0.3\text{dB}$ 等波纹滤波器部分结果

```
请输入滤波器级数
15
请输入选择的滤波器原型类型（0表示最平坦特性、不等于0表示切比雪夫坦特性）
1
请输入低通滤波器的衰减特性（波纹值）
0.1
请输入已知的电阻值R0
50
输出各原件值
n=2
0.84307 0.62202 1.3554

n=3
1.0316  1.1474  1.0316  1

n=4
1.1088  1.3062  1.7704  0.81808 1.3554

n=5
1.1468  1.3712  1.975   1.3712  1.1468  1

n=6
1.1681  1.404   2.0562  1.5171  1.9029  0.86185 1.3554

n=7
1.1812  1.4228  2.0967  1.5734  2.0967  1.4228  1.1812  1

n=8
1.1898  1.4346  2.1199  1.601   2.17    1.5641  1.9445  0.87782 1.3554

n=9
1.1957  1.4426  2.1346  1.6167  2.2054  1.6167  2.1346  1.4426  1.1957  1

n=10
1.2     1.4482  2.1445  1.6266  2.2254  1.6419  2.2046  1.5822  1.9629  0.88532
1.3554
```

附图 E-2　N=5 和 $L_{Am}=0.1\text{dB}$ 等波纹低通滤波器部分结果

程序运行后，在得到归一化元件值的同时，VC 程序能够自动调用 MATLAB 进行低通原型滤波器衰减特性曲线的绘制。附图 E-3 和附图 E-4 所示分别是最大平坦型和等波纹型低通原型滤波器的衰减频率响应特性曲线。由两种图形看出：滤波器的设计规模越大(即 N 值越大)，频响特性就越陡峭。

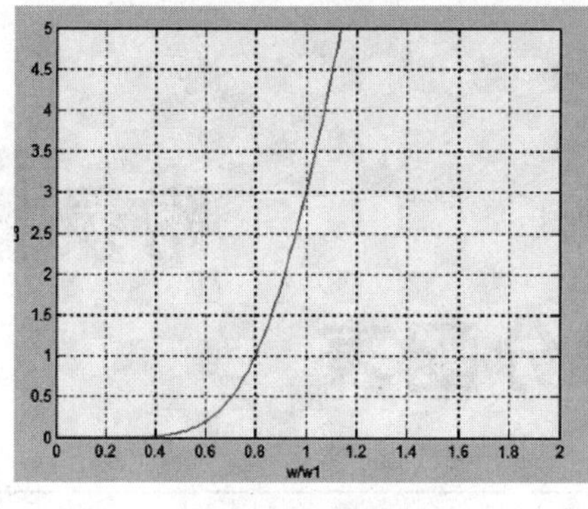

(a) N=3时的情况

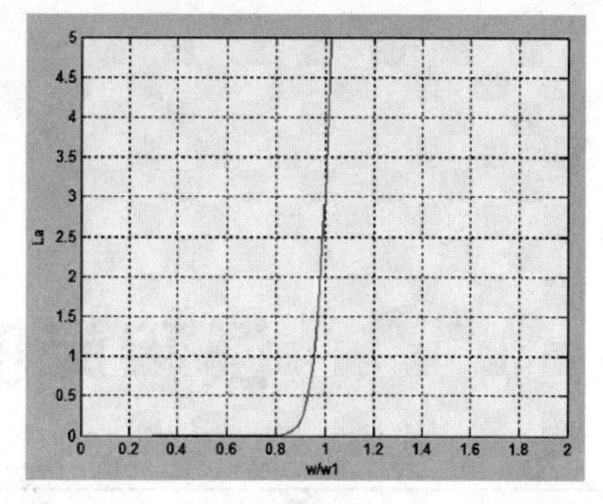

(b) N=15时的情况

附图 E-3　最大平坦型低通原型滤波器插入损耗频响特性曲线

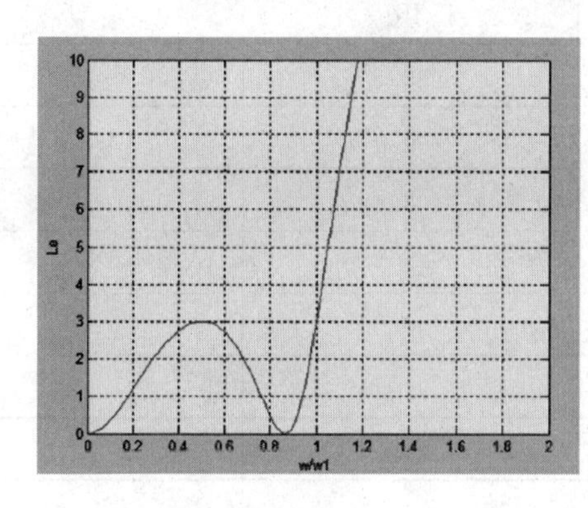

(a) N=3时的情况

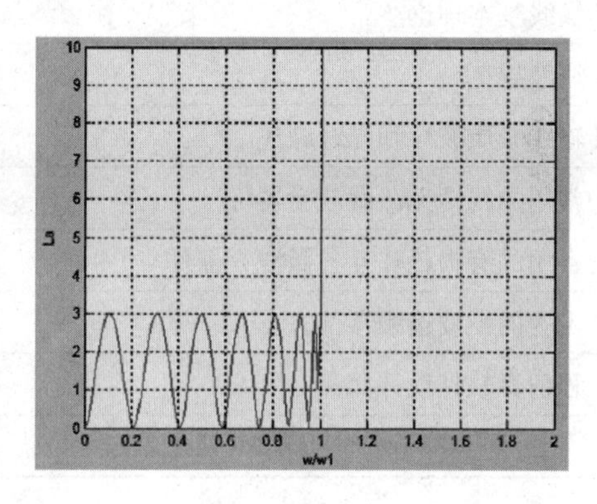

(b) N=15时的情况

附图 E-4　等波纹型低通原型滤波器插入损耗频响特性曲线

课程学时分配表

教学内容	讲课学时	上机学时
绪论	2	
均匀传输线基本理论	10	
规则金属波导	8	
微带传输线介质波导和光纤综述	8	
实际中常用的线性无源微波元器件	8	
实际中常用的有损耗非互易微波元器件	4	
微波技术中的微波选频器件	6	
微波工程仿真软件设计简介	1	1
合　计	47	1

说明：

(1) 本课程计划学时为48学时(3学分)；

(2) 课程内容所设章节、任课教师教师可以根据学生情况选择讲授，不要面面俱到，重点要讲授每一具体内容的基本原理方法，使学生受益。

例如：第2章规则金属波导中求解波导场电磁场分布方程的数学分析处理方法，对于通信信息专业工科本科生是一个必须掌握的难点。为此，对于“金属矩形波导”可结合图2-7将求解思路交代清楚；到讲授“金属圆波导”时，因为要引入“贝塞尔函数”和其他更多的概念，就必须具体分析以使学生取得一个完整的数学处理方法。又例如：讲授某种具体微波元器件时，应该根据具体情况选择讲授，不要每一种都做交代，始终要注意基本原理方法的传授(这一点在讲授微波滤波器时最为突出)。

(3) 应该运用好PPT教学手段，要注意将“板书”和PPT讲解进行很好的结合和发挥(不要照本宣科PPT课件)；PPT讲授可以大量节省“板书”时间，仅此而已。

参考文献

[1] David M Pozar. Microwave Engineering [M]. Addison - Wesley Publishing Company, Inc. , 1990.
[2] 陈振国. 微波技术基础与应用[M]. 北京：北京邮电大学出版社，2002.
[3] [美]David M Pozar. 微波工程(英文版)(第三版)[M]. 北京：电子工业出版社，2006.
[4] 廖承恩. 微波技术基础[M]. 北京：国防工业出版社，1984.
[5] 廖承恩. 微波技术基础[M]. 西安：电子科技大学出版社，1989.
[6] 黄明英，毛秀华. 微波技术[M]. 西安：西北电讯工程学院出版社，1985.
[7] 叶培大. 微波技术基础[M]. 北京：人民邮电出版社，1976.
[8] 刘学观，郭辉萍. 微波技术与天线[M]. 西安：电子科技大学出版社，2006.
[9] 王新稳，李萍. 微波技术与天线[M]. 北京：电子工业出版社，2003.
[10] И П 热列布佐夫. 微波技术概说[M]. 北京：人民邮电出版社，1958.
[11] K C Gupta. Microstrip line and Slotlines[M]. Artech House, Inc. , 1996.
[12] Brian C Wadell. Transmission line Design Handbook[M]. Artech House, Inc. , 1991.
[13] Я. Д. ШМАН. РАРДИОВОЛНОВОДЫ И ОБЬЁМНЫ РЕЗОНАТОРЫ[M]. МОСКВА , 1959.
[14] В А СМРНОВ. РАРДИОСВЯЗИ НА УЛБТРАКОРТИХ ВОЛНАХ[M]. МОСКВА , 1957.
[15] [美]Joseph F white. 射频与微波工程实践导论[M]. 李秀萍，高建军，译. 北京：电子工业出版社，2009.
[16] 陈艳华，李朝辉，夏玮. ADS 应用详解——射频电缆设计与仿真[M]. 北京：人民邮电出版社，2008.
[17] 李泽民. 光纤通信（原理和技术）[M]. 北京：科学技术文献出版社，1992.
[18] 李泽民. 现代信息和通信原理综述[M]. 北京：科学技术文献出版社，2000.
[19] 黄小英. 切比雪夫微波低通滤波器的设计及研究 [J]. 中国科技信息，2010，(8)：101 - 104.
[20] 周文表. 微波集成电路计算机设计手册[M]. 北京：人民邮电出版社，1988.
[21] 李胜先，等. 一种微波滤波器机辅调试的新方法 [J]. 空间电子技术，2004，1(2)：4 - 11.
[22] 王璨，等. 基于 Visual C 的数字低通滤波器软件的研究与设计 [J]. 应用科技，2008，35(10)：41 - 44.
[23] 苏金明，等. MATLAB 与外部程序接口[M]. 北京：电子工业出版社，2004.
[24] 王正林，等. 精通 MATLAB7[M]. 北京：电子工业出版社，2006.
[25] 微波工程手册编译组. 微波工程手册. 西安，1975.
[26] [法] 安德烈·安戈. 电工、电信工程师数学[M]. 陆志刚，等译. 北京：人民邮电出版社，1979.
[27] 管致中，何振亚，贡璧. 无线电技术基础[M]. 北京：高等教育出版社，1963.

参考文献

北京大学出版社本科计算机系列实用规划教材

序号	标准书号	书　名	主　编	定价	序号	标准书号	书　名	主　编	定价
1	7-301-10511-5	离散数学	段禅伦	28	38	7-301-13684-3	单片机原理及应用	王新颖	25
2	7-301-10457-X	线性代数	陈付贵	20	39	7-301-14505-0	Visual C++程序设计案例教程	张荣梅	30
3	7-301-10510-X	概率论与数理统计	陈荣江	26	40	7-301-14259-2	多媒体技术应用案例教程	李　建	30
4	7-301-10503-0	Visual Basic 程序设计	闵联营	22	41	7-301-14503-6	ASP .NET 动态网页设计案例教程(Visual Basic .NET 版)	江　红	35
5	7-301-21752-8	多媒体技术及其应用(第2版)	张　明	39	42	7-301-14504-3	C++面向对象与 Visual C++程序设计案例教程	黄贤英	35
6	7-301-10466-8	C++程序设计	刘天印	33	43	7-301-14506-7	Photoshop CS3 案例教程	李建芳	34
7	7-301-10467-5	C++程序设计实验指导与习题解答	李　兰	20	44	7-301-14510-4	C++程序设计基础案例教程	于永彦	33
8	7-301-10505-4	Visual C++程序设计教程与上机指导	高志伟	25	45	7-301-14942-3	ASP .NET 网络应用案例教程(C# .NET 版)	张登辉	33
9	7-301-10462-0	XML 实用教程	丁跃潮	26	46	7-301-12377-5	计算机硬件技术基础	石　磊	26
10	7-301-10463-7	计算机网络系统集成	斯桃枝	22	47	7-301-15208-9	计算机组成原理	娄国焕	24
11	7-301-22437-3	单片机原理及应用教程(第2版)	范立南	43	48	7-301-15463-2	网页设计与制作案例教程	房爱莲	36
12	7-5038-4421-3	ASP .NET 网络编程实用教程(C#版)	崔良海	31	49	7-301-04852-8	线性代数	姚喜妍	22
13	7-5038-4427-2	C 语言程序设计	赵建锋	25	50	7-301-15461-8	计算机网络技术	陈代武	33
14	7-5038-4420-5	Delphi 程序设计基础教程	张世明	37	51	7-301-15697-1	计算机辅助设计二次开发案例教程	谢安俊	26
15	7-5038-4417-5	SQL Server 数据库设计与管理	姜　力	31	52	7-301-15740-4	Visual C# 程序开发案例教程	韩朝阳	30
16	7-5038-4424-9	大学计算机基础	贾丽娟	34	53	7-301-16597-3	Visual C++程序设计实用案例教程	于永彦	32
17	7-5038-4430-0	计算机科学与技术导论	王昆仑	30	54	7-301-16850-9	Java 程序设计案例教程	胡巧多	32
18	7-5038-4418-3	计算机网络应用实例教程	魏　峥	25	55	7-301-16842-4	数据库原理与应用(SQL Server 版)	毛一梅	36
19	7-5038-4415-9	面向对象程序设计	冷英男	28	56	7-301-16910-0	计算机网络技术基础与应用	马秀峰	33
20	7-5038-4429-4	软件工程	赵春刚	22	57	7-301-15063-4	计算机网络基础与应用	刘远生	32
21	7-5038-4431-0	数据结构(C++版)	秦　锋	28	58	7-301-15250-8	汇编语言程序设计	张光长	28
22	7-5038-4423-2	微机应用基础	吕晓燕	33	59	7-301-15064-1	网络安全技术	骆耀祖	30
23	7-5038-4426-4	微型计算机原理与接口技术	刘彦文	26	60	7-301-15584-4	数据结构与算法	佟伟光	32
24	7-5038-4425-6	办公自动化教程	钱　俊	30	61	7-301-17087-8	操作系统实用教程	范立南	36
25	7-5038-4419-1	Java 语言程序设计实用教程	董迎红	33	62	7-301-16631-4	Visual Basic 2008 程序设计教程	隋晓红	34
26	7-5038-4428-0	计算机图形技术	龚声蓉	28	63	7-301-17537-8	C 语言基础案例教程	汪新民	31
27	7-301-11501-5	计算机软件技术基础	高　巍	25	64	7-301-17397-8	C++程序设计基础教程	郗亚辉	30
28	7-301-11500-8	计算机组装与维护实用教程	崔明远	33	65	7-301-17578-1	图论算法理论、实现及应用	王桂平	54
29	7-301-12174-0	Visual FoxPro 实用教程	马秀峰	29	66	7-301-17964-2	PHP 动态网页设计与制作案例教程	房爱莲	42
30	7-301-11500-8	管理信息系统实用教程	杨月江	27	67	7-301-18514-8	多媒体开发与编程	于永彦	35
31	7-301-11445-2	Photoshop CS 实用教程	张　瑾	28	68	7-301-18538-4	实用计算方法	徐亚平	24
32	7-301-12378-2	ASP .NET 课程设计指导	潘志红	35	69	7-301-18539-1	Visual FoxPro 数据库设计案例教程	谭红杨	35
33	7-301-12394-2	C# .NET 课程设计指导	龚自霞	32	70	7-301-19313-6	Java 程序设计案例教程与实训	董迎红	45
34	7-301-13259-3	VisualBasic .NET 课程设计指导	潘志红	30	71	7-301-19389-1	Visual FoxPro 实用教程与上机指导（第2版）	马秀峰	40
35	7-301-12371-3	网络工程实用教程	汪新民	34	72	7-301-19435-5	计算方法	尹景本	28
36	7-301-14132-8	J2EE 课程设计指导	王立丰	32	73	7-301-19388-4	Java 程序设计教程	张剑飞	35
37	7-301-21088-8	计算机专业英语(第2版)	张　勇	42	74	7-301-19386-0	计算机图形技术(第2版)	许承东	44

序号	标准书号	书　　名	主　编	定价	序号	标准书号	书　　名	主　编	定价
75	7-301-15689-6	Photoshop CS5 案例教程(第 2 版)	李建芳	39	87	7-301-21271-4	C#面向对象程序设计及实践教程	唐　燕	45
76	7-301-18395-3	概率论与数理统计	姚喜妍	29	88	7-301-21295-0	计算机专业英语	吴丽君	34
77	7-301-19980-0	3ds Max 2011 案例教程	李建芳	44	89	7-301-21341-4	计算机组成与结构教程	姚玉霞	42
78	7-301-20052-0	数据结构与算法应用实践教程	李文书	36	90	7-301-21367-4	计算机组成与结构实验实训教程	姚玉霞	22
79	7-301-12375-1	汇编语言程序设计	张宝剑	36	91	7-301-22119-8	UML 实用基础教程	赵春刚	36
80	7-301-20523-5	Visual C++程序设计教程与上机指导(第 2 版)	牛江川	40	92	7-301-22965-1	数据结构(C 语言版)	陈超祥	32
81	7-301-20630-0	C#程序开发案例教程	李挥剑	39	93	7-301-23122-7	算法分析与设计教程	秦　明	29
82	7-301-20898-4	SQL Server 2008 数据库应用案例教程	钱哨	38	94	7-301-23566-9	ASP.NET 程序设计实用教程(C#版)	张荣梅	44
83	7-301-21052-9	ASP.NET 程序设计与开发	张绍兵	39	95	7-301-23734-2	JSP 设计与开发案例教程	杨田宏	32
84	7-301-16824-0	软件测试案例教程	丁宋涛	28	96	7-301-24245-2	计算机图形用户界面设计与应用	王赛兰	38
85	7-301-20328-6	ASP. NET 动态网页案例教程(C#.NET 版)	江　红	45	97	7-301-24352-7	算法设计、分析与应用教程	李文书	49
86	7-301-16528-7	C#程序设计	胡艳菊	40					

北京大学出版社电气信息类教材书目(已出版)

欢迎选订

序号	标准书号	书　名	主　编	定价
1	7-301-10759-1	DSP 技术及应用	吴冬梅	26
2	7-301-10760-7	单片机原理与应用技术	魏立峰	25
3	7-301-10765-2	电工学	蒋　中	29
4	7-301-19183-5	电工与电子技术(上册)(第 2 版)	吴舒辞	30
5	7-301-19229-0	电工与电子技术(下册)(第 2 版)	徐卓农	32
6	7-301-10699-0	电子工艺实习	周春阳	19
7	7-301-10744-7	电子工艺学教程	张立毅	32
8	7-301-10915-6	电子线路 CAD	吕建平	34
9	7-301-10764-1	数据通信技术教程	吴延海	29
10	7-301-18784-5	数字信号处理(第 2 版)	阎　毅	32
11	7-301-18889-7	现代交换技术(第 2 版)	姚　军	36
12	7-301-10761-4	信号与系统	华　容	33
13	7-301-19318-1	信息与通信工程专业英语（第 2 版）	韩定定	32
14	7-301-10757-7	自动控制原理	袁德成	29
15	7-301-16520-1	高频电子线路(第 2 版)	宋树祥	35
16	7-301-11507-7	微机原理与接口技术	陈光军	34
17	7-301-11442-1	MATLAB 基础及其应用教程	周开利	24
18	7-301-11508-4	计算机网络	郭银景	31
19	7-301-12178-8	通信原理	隋晓红	32
20	7-301-12175-7	电子系统综合设计	郭　勇	25
21	7-301-11503-9	EDA 技术基础	赵明富	22
22	7-301-12176-4	数字图像处理	曹茂永	23
23	7-301-12177-1	现代通信系统	李白萍	27
24	7-301-12340-9	模拟电子技术	陆秀令	28
25	7-301-13121-3	模拟电子技术实验教程	谭海曙	24
26	7-301-11502-2	移动通信	郭俊强	22
27	7-301-11504-6	数字电子技术	梅开乡	30
28	7-301-18860-6	运筹学(第 2 版)	吴亚丽	28
29	7-5038-4407-2	传感器与检测技术	祝诗平	30
30	7-5038-4413-3	单片机原理及应用	刘　刚	24
31	7-5038-4409-6	电机与拖动	杨天明	27
32	7-5038-4411-9	电力电子技术	樊立萍	25
33	7-5038-4399-0	电力市场原理与实践	邹　斌	24
34	7-5038-4405-8	电力系统继电保护	马永翔	27
35	7-5038-4397-6	电力系统自动化	孟祥忠	25
36	7-301-24933-8	电气控制技术(第 2 版)	韩顺杰	28
37	7-5038-4403-4	电器与 PLC 控制技术	陈志新	38
38	7-5038-4400-3	工厂供配电	王玉华	34
39	7-5038-4410-2	控制系统仿真	郑恩让	26
40	7-5038-4398-3	数字电子技术	李　元	27
41	7-5038-4412-6	现代控制理论	刘永信	22
42	7-5038-4401-0	自动化仪表	齐志才	27
43	7-5038-4408-9	自动化专业英语	李国厚	32
44	7-301-23081-7	集散控制系统(第 2 版)	刘翠玲	36
45	7-301-19174-3	传感器基础(第 2 版)	赵玉刚	32
46	7-5038-4396-9	自动控制原理	潘　丰	32
47	7-301-10512-2	现代控制理论基础(国家级十一五规划教材)	侯媛彬	20
48	7-301-11151-2	电路基础学习指导与典型题解	公茂法	32
49	7-301-12326-3	过程控制与自动化仪表	张井岗	36
50	7-301-23271-2	计算机控制系统(第 2 版)	徐文尚	48
51	7-5038-4414-0	微机原理及接口技术	赵志诚	38
52	7-301-10465-1	单片机原理及应用教程	范立南	30
53	7-5038-4426-4	微型计算机原理与接口技术	刘彦文	26
54	7-301-12562-5	嵌入式基础实践教程	杨　刚	30
55	7-301-12530-4	嵌入式 ARM 系统原理与实例开发	杨宗德	25
56	7-301-13676-8	单片机原理与应用及 C51 程序设计	唐　颖	30
57	7-301-13577-8	电力电子技术及应用	张润和	38
58	7-301-20508-2	电磁场与电磁波（第 2 版）	邬春明	30
59	7-301-12179-5	电路分析	王艳红	38
60	7-301-12380-5	电子测量与传感技术	杨　雷	35
61	7-301-14461-9	高电压技术	马永翔	28
62	7-301-14472-5	生物医学数据分析及其 MATLAB 实现	尚志刚	25
63	7-301-14460-2	电力系统分析	曹　娜	35
64	7-301-14459-6	DSP 技术与应用基础	俞一彪	34
65	7-301-14994-2	综合布线系统基础教程	吴达金	24
66	7-301-15168-6	信号处理 MATLAB 实验教程	李　杰	20
67	7-301-15440-3	电工电子实验教程	魏　伟	26
68	7-301-15445-8	检测与控制实验教程	魏　伟	24
69	7-301-04595-4	电路与模拟电子技术	张绪光	35
70	7-301-15458-8	信号、系统与控制理论(上、下册)	邱德润	70
71	7-301-15786-2	通信网的信令系统	张云麟	24
72	7-301-23674-1	发电厂变电所电气部分(第 2 版)	马永翔	48
73	7-301-16076-3	数字信号处理	王震宇	32
74	7-301-16931-5	微机原理及接口技术	肖洪兵	32
75	7-301-16932-2	数字电子技术	刘金华	30
76	7-301-16933-9	自动控制原理	丁　红	32
77	7-301-17540-8	单片机原理及应用教程	周广兴	40
78	7-301-17614-6	微机原理及接口技术实验指导书	李干林	22
79	7-301-12379-9	光纤通信	卢志茂	28
80	7-301-17382-4	离散信息论基础	范九伦	25
81	7-301-17677-1	新能源与分布式发电技术	朱永强	32
82	7-301-17683-2	光纤通信	李丽君	26
83	7-301-17700-6	模拟电子技术	张绪光	36
84	7-301-17318-3	ARM 嵌入式系统基础与开发教程	丁文龙	36
85	7-301-17797-6	PLC 原理及应用	缪志农	26
86	7-301-17986-4	数字信号处理	王玉德	32
87	7-301-18131-7	集散控制系统	周荣富	36
88	7-301-18285-7	电子线路 CAD	周荣富	41
89	7-301-16739-7	MATLAB 基础及应用	李国朝	39
90	7-301-18352-6	信息论与编码	隋晓红	24
91	7-301-18260-4	控制电机与特种电机及其控制系统	孙冠群	42
92	7-301-18493-6	电工技术	张　莉	26
93	7-301-18496-7	现代电子系统设计教程	宋晓梅	36
94	7-301-18672-5	太阳能电池原理与应用	靳瑞敏	25

序号	标准书号	书　　名	主　编	定价	序号	标准书号	书　　名	主　编	定价
95	7-301-18314-4	通信电子线路及仿真设计	王鲜芳	29	130	7-301-22111-2	平板显示技术基础	王丽娟	52
96	7-301-19175-0	单片机原理与接口技术	李　升	46	131	7-301-22448-9	自动控制原理	谭功全	44
97	7-301-19320-4	移动通信	刘维超	39	132	7-301-22474-8	电子电路基础实验与课程设计	武　林	36
98	7-301-19447-8	电气信息类专业英语	缪志农	40	133	7-301-22484-7	电文化——电气信息学科概论	高　心	30
99	7-301-19451-5	嵌入式系统设计及应用	邢吉生	44	134	7-301-22436-6	物联网技术案例教程	崔逊学	40
100	7-301-19452-2	电子信息类专业 MATLAB 实验教程	李明明	42	135	7-301-22598-1	实用数字电子技术	钱裕禄	30
101	7-301-16914-8	物理光学理论与应用	宋贵才	32	136	7-301-22529-5	PLC 技术与应用(西门子版)	丁金婷	32
102	7-301-16598-0	综合布线系统管理教程	吴达金	39	137	7-301-22386-4	自动控制原理	佟　威	30
103	7-301-20394-1	物联网基础与应用	李蔚田	44	138	7-301-22528-8	通信原理实验与课程设计	邬春明	34
104	7-301-20339-2	数字图像处理	李云红	36	139	7-301-22582-0	信号与系统	许丽佳	38
105	7-301-20340-8	信号与系统	李云红	29	140	7-301-22447-2	嵌入式系统基础实践教程	韩　磊	35
106	7-301-20505-1	电路分析基础	吴舒辞	38	141	7-301-22776-3	信号与线性系统	朱明早	33
107	7-301-22447-2	嵌入式系统基础实践教程	韩　磊	35	142	7-301-22872-2	电机、拖动与控制	万芳瑛	34
108	7-301-20506-8	编码调制技术	黄　平	26	143	7-301-22882-1	MCS-51 单片机原理及应用	黄翠翠	34
109	7-301-20763-5	网络工程与管理	谢　慧	39	144	7-301-22936-1	自动控制原理	邢春芳	39
110	7-301-20845-8	单片机原理与接口技术实验与课程设计	徐懂理	26	145	7-301-22920-0	电气信息工程专业英语	余兴波	26
111	301-20725-3	模拟电子线路	宋树祥	38	146	7-301-22919-4	信号分析与处理	李会容	39
112	7-301-21058-1	单片机原理与应用及其实验指导书	邵发森	44	147	7-301-22385-7	家居物联网技术开发与实践	付　蔚	39
113	7-301-20918-9	Mathcad 在信号与系统中的应用	郭仁春	30	148	7-301-23124-1	模拟电子技术学习指导及习题精选	姚娅川	30
114	7-301-20327-9	电工学实验教程	王士军	34	149	7-301-23022-0	MATLAB 基础及实验教程	杨成慧	36
115	7-301-16367-2	供配电技术	王玉华	49	150	7-301-23221-7	电工电子基础实验及综合设计指导	盛桂珍	32
116	7-301-20351-4	电路与模拟电子技术实验指导书	唐　颖	26	151	7-301-23473-0	物联网概论	王　平	38
117	7-301-21247-9	MATLAB 基础与应用教程	王月明	32	152	7-301-23639-0	现代光学	宋贵才	36
118	7-301-21235-6	集成电路版图设计	陆学斌	36	153	7-301-23705-2	无线通信原理	许晓丽	42
119	7-301-21304-9	数字电子技术	秦长海	49	154	7-301-23736-6	电子技术实验教程	司朝良	33
120	7-301-21366-7	电力系统继电保护(第 2 版)	马永翔	42	155	7-301-23754-0	工控组态软件及应用	何坚强	49
121	7-301-21450-3	模拟电子与数字逻辑	邬春明	39	156	7-301-23877-6	EDA 技术及数字系统的应用	包　明	55
122	7-301-21439-8	物联网概论	王金甫	42	157	7-301-23983-4	通信网络基础	王　昊	32
123	7-301-21849-5	微波技术基础及其应用	李泽民	49	158	7-301-24153-0	物联网安全	王金甫	43
124	7-301-21688-0	电子信息与通信工程专业英语	孙桂芝	36	159	7-301-24181-3	电工技术	赵　莹	46
125	7-301-22110-5	传感器技术及应用电路项目化教程	钱裕禄	30	160	7-301-24449-4	电子技术实验教程	马秋明	26
126	7-301-21672-9	单片机系统设计与实例开发（MSP430）	顾　涛	44	161	7-301-24469-2	Android 开发工程师案例教程	倪红军	48
127	7-301-22112-9	自动控制原理	许丽佳	30	162	7-301-24557-6	现代通信网络	胡珺珺	38
128	7-301-22109-9	DSP 技术及应用	董　胜	39	163	7-301-24777-8	DSP 技术与应用基础(第 2 版)	俞一彪	45
129	7-301-21607-1	数字图像处理算法及应用	李文书	48	164	7-301-24812-6	微控制器原理及应用	丁筱玲	42

相关教学资源如电子课件、电子教材、习题答案等可以登录 www.pup6.cn 下载或在线阅读。

扑六知识网(www.pup6.com)有海量的相关教学资源和电子教材供阅读及下载(包括北京大学出版社第六事业部的相关资源)，同时欢迎您将教学课件、视频、教案、素材、习题、试卷、辅导材料、课改成果、设计作品、论文等教学资源上传到 pup6.com，与全国高校师生分享您的教学成就与经验，并可自由设定价格，知识也能创造财富。具体情况请登录网站查询。

如您需要免费纸质样书用于教学，欢迎登陆第六事业部门户网(www.pup6.com)填表申请，并欢迎在线登记选题以到北京大学出版社来出版您的大作，也可下载相关表格填写后发到我们的邮箱，我们将及时与您取得联系并做好全方位的服务。

扑六知识网将打造成全国最大的教育资源共享平台，欢迎您的加入——让知识有价值，让教学无界限，让学习更轻松。

联系方式：010-62750667，pup6_czq@163.com，szheng_pup6@163.com，欢迎来电来信咨询。